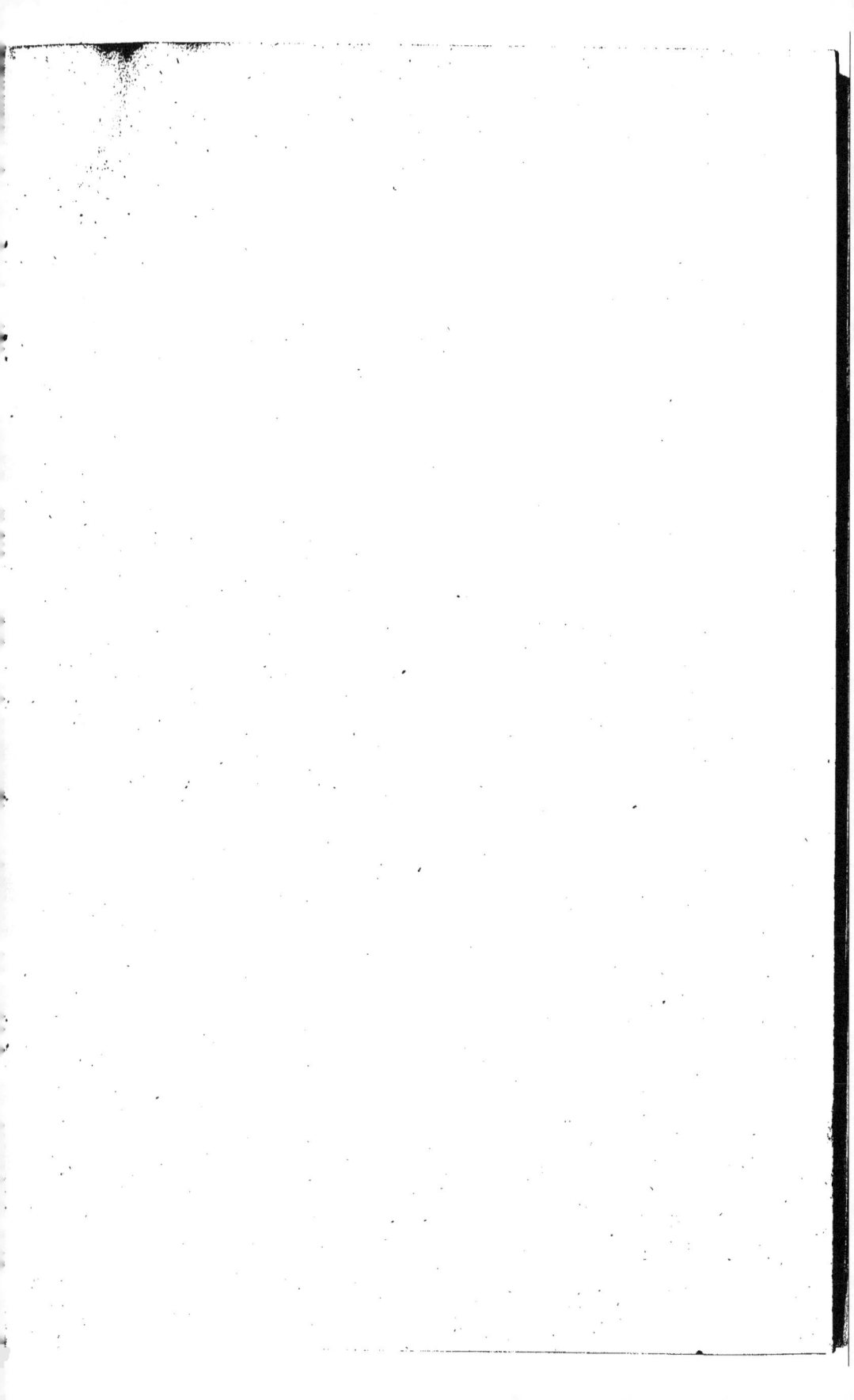

Ta 16.
20.

52 Plancher

ANATOMIE
MICROSCOPIQUE,

PAR

LE DOCTEUR LOUIS MANDL.

Troisième Série

Deuxième Livraison

PARIS,

CHEZ J. B. BAILLIÈRE,

LIBRAIRE DE L'ACADÉMIE ROYALE DE MÉDECINE,

RUE DE L'ÉCOLE DE MÉDECINE, N° 17;

A LONDRES, même maison, 219, Regent Street.

ALLEMAGNE, CHEZ BROCKHAUS ET AVENARIUS, A PARIS ET LEIPSIG.

1839

ANATOMIE
MICROSCOPIQUE

PAR

LOUIS MANDL,

DOCTEUR EN MÉDECINE DE LA FACULTÉ DE PARIS, PROFESSEUR PARTICULIER D'ANATOMIE MICROSCOPIQUE,
CHEVALIER DE LA LÉGION-D'HONNEUR, MEMBRE CORRESPONDANT DE L'ACADÉMIE DES SCIENCES DE NAPLES, DE LA SOCIÉTÉ IMPÉRIALE ET ROYALE
DES MÉDECINS DE VIENNE, DE LA FACULTÉ DE MÉDECINE DE PEST, DE L'ACADÉMIE HONGROISE, DES SOCIÉTÉS ANATOMIQUE,
PHILOMATIQUE, ETHNOLOGIQUE DE PARIS, ETC.

TOME PREMIER :

HISTOLOGIE,

OU

RECHERCHES SUR LES ÉLÉMENTS MICROSCOPIQUES DES TISSUS, DES ORGANES ET DES LIQUIDES,
DANS LES ANIMAUX ADULTES ET A L'ÉTAT NORMAL.

ATLAS

DE CINQUANTE-DEUX PLANCHES.

A PARIS,

CHEZ J.-B. BAILLIÈRE,
LIBRAIRE DE L'ACADÉMIE ROYALE DE MÉDECINE,
RUE DE L'ÉCOLE-DE-MÉDECINE, 17,
A LONDRES, CHEZ H. BAILLIÈRE, 219, REGENT STREET.

1838 — 1847

PARIS. — IMP. D'ÉDOUARD BAUTRUCHE,
90, rue de la Harpe.

REMARQUES PRÉLIMINAIRES.

Pour mieux faire connaitre l'état de la Micrographie au moment où j'ai entrepris la publication de cet ouvrage, j'ai cru devoir faire précéder, dans chaque mémoire, les planches consacrées à mes recherches, par les dessins des auteurs, publiés sur le même sujet. En reproduisant ces figures, je me suis proposé un double but. D'une part, on pourra, en examinant ces planches, acquérir en peu d'instants une notion historique de l'objet traité et embrasser d'un seul coup-d'œil les progrès faits depuis les premiers observateurs jusqu'à nos jours. Mieux que toutes les descriptions, ces dessins représentent la marche de la Micrographie et les opinions des auteurs : aussi, cela m'a-t-il permis, dans le texte, d'abréger considérablement les citations, en même temps que la partie historique de cet ouvrage en est devenue plus claire. D'autre part, ces figures établissent exactement les droits de priorité et font voir que les diverses opinions ne diffèrent souvent entre elles que par l'interprétation donnée à l'objet vu et figuré de la même manière.

En reproduisant les figures des divers auteurs, je me suis toujours fait un devoir de donner fidèlement le caractère du dessin original; et dans l'explication que j'en ai donnée, je me suis servi, autant que possible, des termes mêmes de l'auteur. Le texte fait comprendre quelle est la valeur soit de l'interprétation, soit du dessin.

Quant aux planches consacrées aux dessins de mes propres recherches, j'ai eu principalement en vue de donner des figures nettes et claires. Aussi ai-je attaché beaucoup plus d'importance à leur fidélité qu'à la beauté de l'exécution artistique. Si de telles planches produisent moins d'effet aux yeux du public, il n'en sera pas ainsi pour le véritable savant. Celui-ci sait que le but que l'on se propose en publiant des figures consiste à donner une image qui permette à l'observateur de reconnaître l'objet microscopique, et au lecteur de s'en former une idée précise, capable de le guider dans ses recherches. Les micrographes comprennent que ce but sera atteint plus fidèlement par des figures formées par quelques contours simples que par des dessins à effet.

Nous avons fait usage dans nos premières recherches d'un microscope de M. Charles Chevalier et plus tard d'un instrument de M. Georges Oberhaeuser. Pour les faibles grossissements nous avons employé un microscope de M. Ploessl, de Vienne.

Paris, ce 1er avril 1847.

D' LOUIS MANDL.

ANATOMIE

MICROSCOPIQUE.

TOME PREMIER.

HISTOLOGIE.

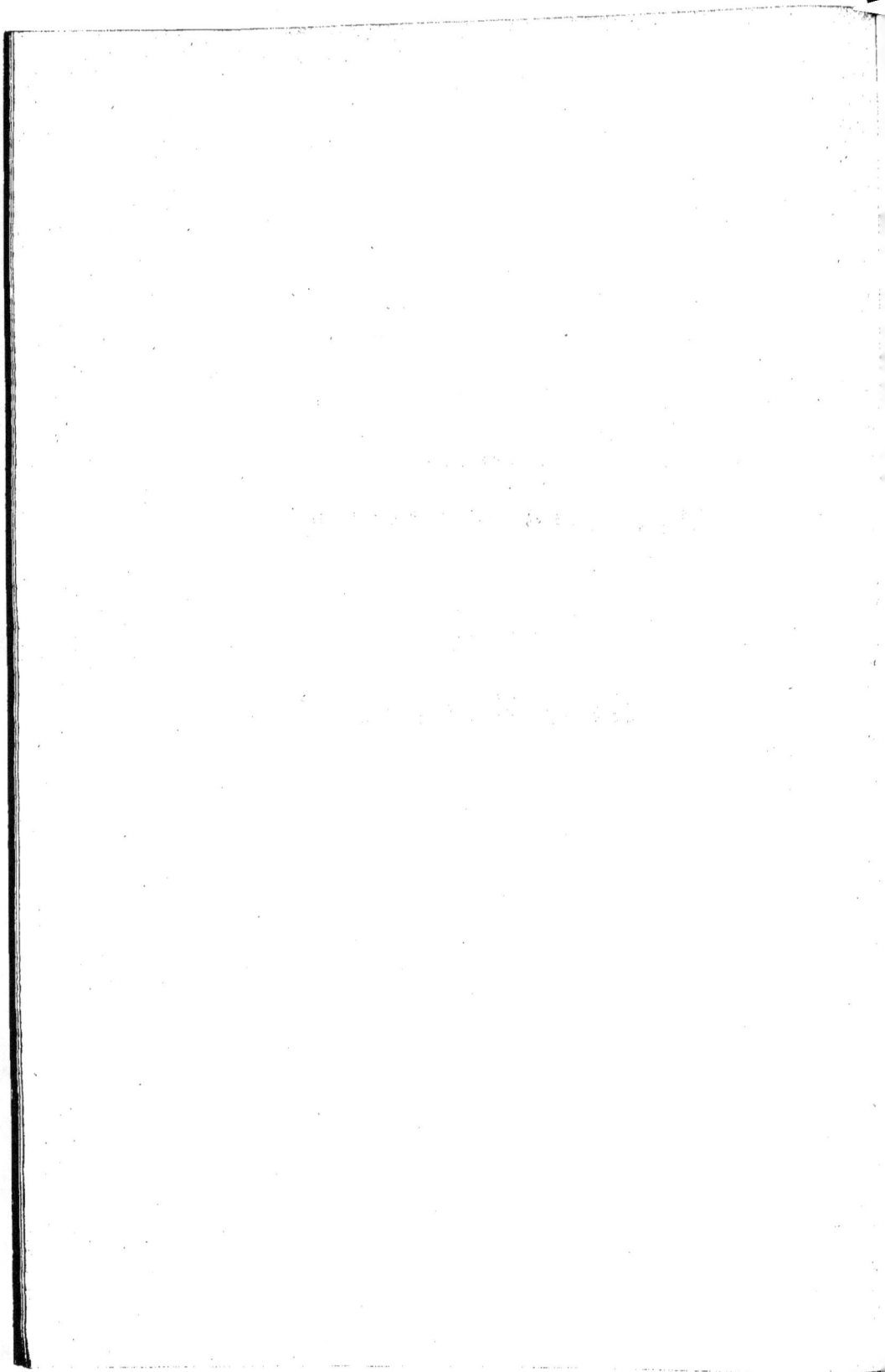

ANATOMIE

MICROSCOPIQUE

PAR

LOUIS MANDL,

DOCTEUR EN MÉDECINE DE LA FACULTÉ DE PARIS, PROFESSEUR PARTICULIER D'ANATOMIE MICROSCOPIQUE,
CHEVALIER DE LA LÉGION-D'HONNEUR, MEMBRE CORRESPONDANT DE L'ACADÉMIE DES SCIENCES DE NAPLES DE LA SOCIÉTÉ IMPÉRIALE ET ROYALE
DES MÉDECINS DE VIENNE, DE LA FACULTÉ DE MÉDECINE DE PEST, DE L'ACADÉMIE HONGROISE, DES SOCIÉTÉS ANATOMIQUE
PHILOMATIQUE, ETHNOLOGIQUE DE PARIS, ETC.

TOME PREMIER :

HISTOLOGIE.

OU

RECHERCHES SUR LES ÉLÉMENTS MICROSCOPIQUES DES TISSUS, DES ORGANES ET DES LIQUIDES,
DANS LES AIMAUX ADULTES ET A L'ÉTAT NORMAL.

ACCOMPAGNÉ D'UN ATLAS DE CINQUANTE DEUX PLANCHES.

A PARIS,

CHEZ J.-B. BAILLIÈRE,

LIBRAIRE DE L'ACADÉMIE ROYALE DE MÉDECINE,
RUE DE L'ÉCOLE-DE-MÉDECINE, 17,

A LONDRES, CHEZ H. BAILLIÈRE, 219, REGENT STREET.

1838 — 1847

MÉMOIRE

SUR LA

STRUCTURE INTIME

DES MUSCLES,

PAR

LE DOCTEUR LOUIS MANDL.

ACCOMPAGNÉ DE DEUX PLANCHES.

PARIS,

CHEZ J.-B. BAILLIÈRE,
LIBRAIRE DE L'ACADÉMIE ROYALE DE MÉDECINE,
RUE DE L'ÉCOLE DE MÉDECINE, 17;

A LONDRES, même maison, 219, Regent Street.
POUR L'ALLEMAGNE : CHEZ CH. HEIDELOFF, RUE VIVIENNE, 16.

1838

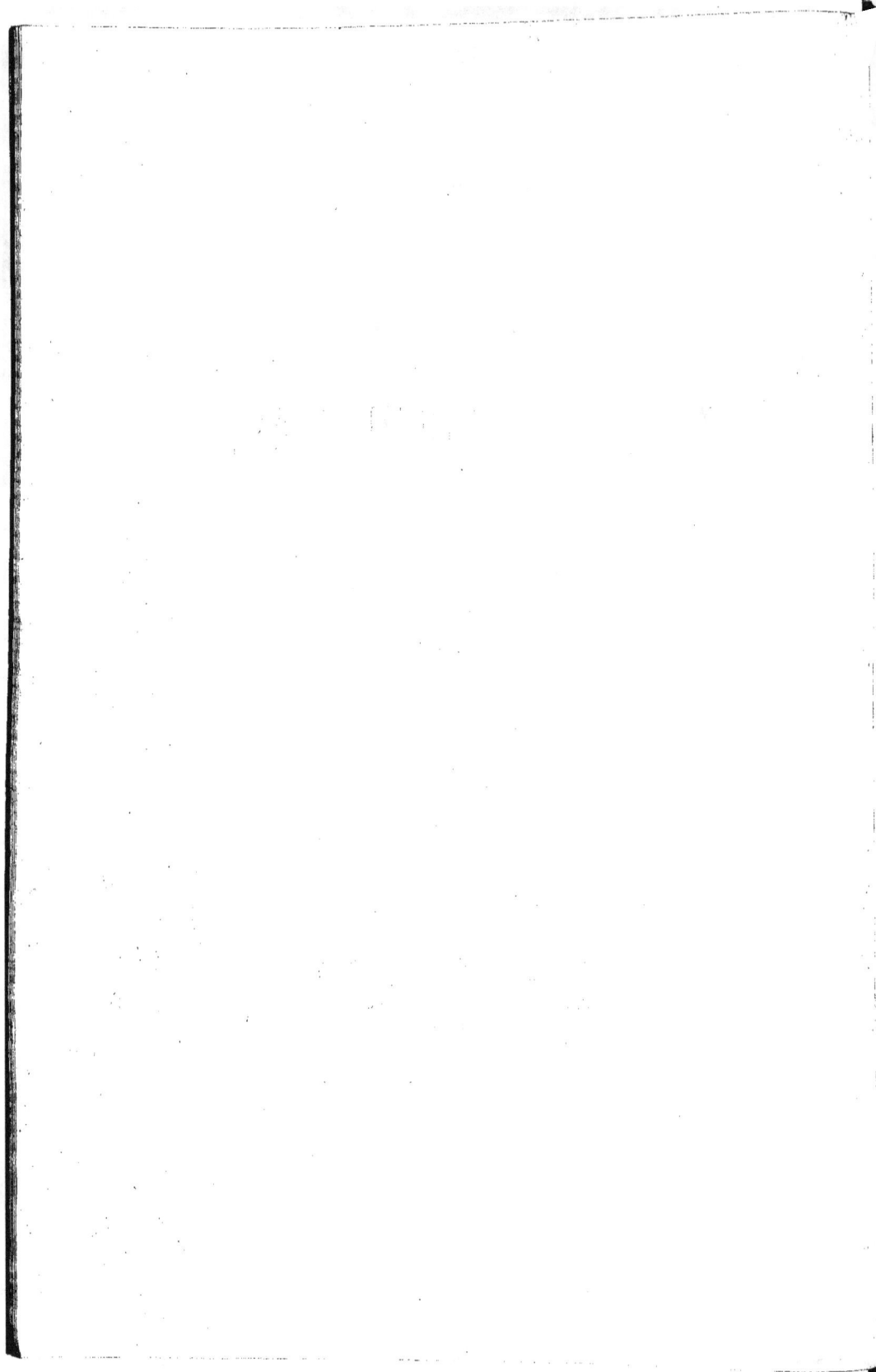

PREMIÈRE SÉRIE :

TISSUS ET ORGANES.

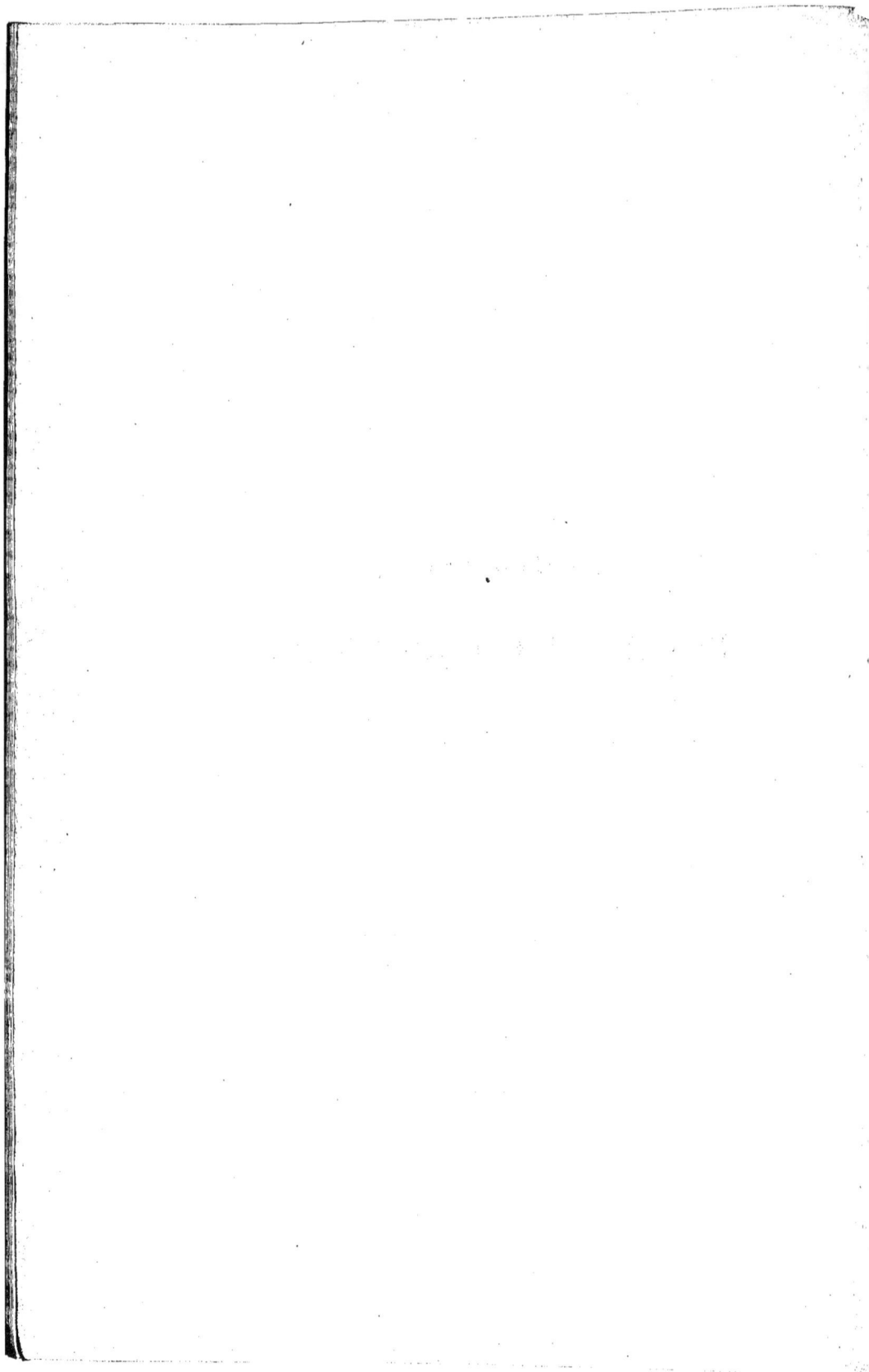

PRÉFACE.

Si l'Anatomie est la base de toute la Médecine, cette base elle-même est fondée sur l'étude des parties élémentaires des corps organisés. Le haut intérêt que la science médicale, et principalement la physiologie, doit attacher à la connaissance de la structure intime des tissus du corps animal est trop évident, trop généralement reconnu, pour que nous fassions les éloges d'une science que nous avons cultivée depuis plusieurs années.

L'importance de l'anatomie microscopique a procuré beaucoup de sectateurs à cette science. C'est principalement dans les derniers temps que les savants de l'Allemagne, de la France, et de quelques autres pays ont beaucoup contribué à l'avancement de ces connaissances. Le perfectionnement des instruments n'a pas peu servi à ce nouveau progrès.

Mais on ne peut guère cultiver une science sans la connaissance exacte des travaux de ceux qui sont venus avant nous. Reproduire des opinions qui sont depuis long-temps reconnues fausses ou vraies, cela a un double inconvénient; car l'auteur supporte innocemment tout le mal d'un vol littéraire; et d'un autre côté, ce n'est pas faire avancer la science, que de répéter des choses connues.

Aussi nous nous sommes efforcé de donner l'histoire complète des recherches de nos prédécesseurs sur chaque tissu que nous traiterons. On trouvera donc chacun de nos mémoires divisé en deux parties: la première contient le simple récit des faits historiques; la seconde, nos propres recherches. J'ajouterai, quant à la première partie, que j'ai toujours cherché à rendre le sens de l'auteur cité le plus exactement possible. Peut-être cette tâche était-elle plus facile à remplir pour nous à cause de notre familiarité avec une langue presque maternelle, qui malheureusement pour les Allemands n'est encore que très peu cultivée en France. Pour abréger les citations, nous renvoyons toujours par un numéro le lecteur à la liste des ouvrages, qui se trouve placée à la fin de notre mémoire.

Quant au second chapitre, contenant nos propres recherches, nous exposons d'abord nos observations nouvelles, et nous ajoutons ensuite l'interprétation que nous donnons, d'après notre propre opinion, aux observations des auteurs. Toutes individuelles que seront ces idées, elles seront d'autant plus facilement jugées, que nous avons donné nous-même les matériaux de comparaison.

Nous publions séparément chaque mémoire contenant les observations sur un tissu particulier. Après avoir parcouru les tissus, nous examinerons les organes qui auront déjà souvent trouvé des mentions dans les mémoires précédents. Dans une seconde série seront traités les fluides organiques principaux.

Notre attention étant toujours fixée sur les rapports physiologiques, nous avons, autant que possible, dirigé nos observations dans ce but. L'examen des tissus s'est étendu sur les classes supérieures des animaux, sans négliger tout à fait les organismes inférieurs.

Il n'existe aucun ouvrage contenant une histoire de l'anatomie microscopique; nous étions donc forcé d'en rassembler les premiers éléments. Nous espérons qu'ils pourront un jour servir à la composition d'un ouvrage plus complet que le nôtre.

Paris, le 1er août 1838.

L'AUTEUR.

MÉMOIRE

SUR LA STRUCTURE INTIME

DES MUSCLES.

CHAPITRE PREMIER.—HISTORIQUE.

(PLANCHE I.)

L'histoire des recherches sur la structure intime des muscles commence par une querelle de priorité. Dans ses œuvres posthumes, *Borelli* (n° 1, p. 5) décrit les muscles comme des faisceaux sur lesquels on voit des fibres transversales nerveuses, et il s'exprime ainsi : Præterea iidem fasciculi alicubi investiuntur et colligantur ab *innumeris fibris transversalibus*, ut in musculo elixato et mox exsiccato patet, quæ *fibræ nervosæ* membranas quasdam reticulares componere videntur. *Malpighi* avait toujours vécu dans une grande intimité avec Borelli ; il sacrifiait son amour-propre à l'amitié, lorsqu'il vit paraître l'ouvrage cité ; mais il ne pouvait pas s'empêcher de prendre un petit dédommagement. Dans ses mémoires, contenant l'histoire de sa vie, qui ne devaient paraître qu'après sa mort, il raconte comment, nommé dans l'année 1656 professeur de médecine, à Pise, il se trouvait dans les relations les plus amicales avec ses collègues, et principalement avec le professeur de mathématiques, Alphonse Borelli ; comment ce dernier était son maître en philosophie, et comment lui, Malpighi, pour répondre à tant d'amitié, lui faisait voir souvent des pièces d'anatomie, et entre autres les muscles avec leurs stries transversales. Ses titres à la priorité ressortent de la phrase suivante : . . . dum in cocto, maceratoque corde fibrarum inclinationem indagabam, spiralis ipsarum tractus occurrit, quem ipsi primo ostendi, licet in sui posthumo libro me exaratæ observationis testem tantum enunciet (n° 2, p. 3).

Nous voyons donc que la véritable découverte des stries transversales remonte bien à quelques années plus haut que l'époque des recherches de Leeuwenhoëk, à laquelle on commence généralement l'histoire des muscles. Mais il est très probable que ce dernier auteur n'avait aucune connaissance des recherches faites ailleurs, d'autant plus que ses premières observations étaient bien différentes de celles de Malpighi. On ne trouvera guère en général de chapitre, dans l'histoire des recherches sur la structure élémentaire des tissus, aussi riche et varié en opinions que celui que nous traitons actuellement. Chacun de nos auteurs aura sa manière de voir, chacun donnera des descriptions différentes ; et tout cela s'expliquera pour nous facilement, si nous tenons compte des circonstances qui accompagnent les observations, lorsque, par un heureux hasard, l'auteur les aura énumérées.

Presque tous les auteurs, et nous ne trouverons que très peu d'exceptions, ont vu les lignes transversales très serrées les unes contre les autres, à la surface des muscles ; mais c'est sur l'explication et la description de ces stries, c'est sur la forme de ce qu'on appelle fibres élémentaires, que nous trouverons de grandes différences. D'après le témoignage de Muys (n° 6), c'est *Hook* qui a vu le premier les fibres musculaires les plus petites ; il croyait qu'elles étaient composées de globules.

Telle était d'abord aussi l'opinion de *Leeuwenhœk* (n° 3); mais plus tard il dit s'être convaincu que ces globules n'existent pas véritablement, mais qu'ils sont produits par une illusion d'optique. Il dit que les muscles sont composés de fibres (fila, fibræ, striæ carnosæ), sur lesquelles on voit des contractions circulaires. Ces plis, qui disparaissent par les mouvements des muscles, ont bientôt la forme de fig. 1 (puce), bientôt celle de fig. 2 (bœuf). Mais dans ses derniers dessins l'auteur a donné la fig. 6. La largeur d'une de ces fibres est le quart d'un cheveu de la tête, ou le neuvième d'un cheveu de la barbe ; deux cents à peu près forment un muscle. Mais chacune de ces fibres est composée elle-même d'une à deux centaines de fibres élémentaires (filamenta seu fila parva), (fig. 3). Si on fait la section transversale du muscle, on voit que chaque fibre est entourée d'une membrane, qui est la même que celle qui entoure les tendons (fig. 4). La manière dont les fibres, composant le muscle, sont rangées autour du tendon, est représentée par la fig. 5. Leeuwenhoek a fait des observations sur un grand nombre d'animaux, comme le bœuf, l'agneau, la brebis, la vache, des insectes, serpents, poissons, etc. ; il a vu quelquefois varier l'épaisseur des fibres selon les animaux et selon leur âge ; mais il dit pourtant expressément que la largeur d'une fibre musculaire du bœuf est égale à celle de la souris (n° 3, T. I, ps. I, p. 49, ps. II, p. 43 et 54, T. II, p. 31, et ép. 82, T. IV, ép. 1, 2, 6, 10, 11, 12, 15, 16, 17, 23, 33, 37).

Deheyde (n° 4) établit dans la structure des muscles des faisceaux qu'il appelle *fibra*, et qui sont à peu près de l'épaisseur d'un cheveu ; ils contiennent treize fibres nommées *fibrillæ*; ces fibres plus petites ont paru à cet auteur parallèles (fig. 9), et quelquefois courbées (fig. 8); il est très étonné de les voir quelquefois comme composées d'une série de petits sachets (fig. 7); mais il est très porté à croire que c'est une illusion d'optique, parce qu'il ne les a vus qu'en rapprochant l'objet du microscope.

Stuart (n° 5) croit les muscles composés de vésicules. *Muys* (n° 6) dit que les *fibrillæ* et les *fila* sont les parties qu'on peut distinguer avec le microscope ; il parle en outre de trois ordres de fibræ, mais visibles déjà à l'œil nu, et de deux autres ordres de fibrillæ et de fila plus épais, visibles au microscope. Mais ces trois séries qui se trouveraient entre les fibrillæ et les fila de notre auteur, paraissent être produites par la méthode artificielle qu'il a employée, et dont nous parlerons plus tard. Les *fibrillæ* de Muys contiennent dix-huit fila (fig. 10, 11); elles paraissent quatre fois plus petites qu'un globule du sang, et dix-huit fois plus petites qu'un cheveu ; elles sont cylindriques, mais serrées les unes contre les autres, elles s'aplatissent et deviennent prismatiques.

Della Torre a représenté les muscles sous la fig. 12 (grossissement 840 fois), 13 et 14 (grossissement 650 fois); il dit que les fibres musculaires sont rondes, et qu'elles sont composées de filaments (n° 7, p. 133); on trouve à leur surface un grand nombre de lamelles très minces, transparentes et petites, qui n'appartiennent pas au tissu cellulaire; il faut les attribuer à la transpiration, et ce sont probablement les enveloppes des globules du sang déchirés, poussés hors de la circulation, pour fortifier la fibre.

Prochaska (n° 8) apelle aussi les fibres les plus petites *fila* ; il voit les fibres musculaires traversées par des lignes parallèles ; les fibres mêmes sont toutes parallèles les unes aux autres, et sont continues depuis le commencement du muscle jusqu'à son insertion; il contredit donc Haller, qui les croyait toujours plus petites que le muscle, et qui pensait qu'elles se perdent au-dessous des fibres voisines (Phisiologia, IV, lib. XI, où on trouve encore des renseignements sur quelques auteurs que nous devons passer sous silence); au contraire, dans les muscles creux, par exemple le cœur, etc., il les voyait se réunir et se séparer alternativement. Il a trouvé les fibres musculaires dans l'homme toutes égales; mais dans la langue, au sphincter et releveur de l'anus, aux constrictoribus pharyngis et aux muscles du larynx, il les a trouvées moins épaisses. Pr. a vu les fila comme des fils droits, quelquefois ondulés, pas tout à fait ronds, souvent aplatis et transparents; sur leur surface de section il ne pouvait pas découvrir une cavité (fig. 19). Les courbures ondulées donnaient quelquefois l'aspect de fils articulés (fig. 18). Il voyait des stries transversales luisantes, si le muscle n'était point encore macéré, bien qu'il fût déjà cuit (fig. 16); et il les a attribuées aux impressions faites par les vaisseaux, nerfs, etc., à la surface des muscles ; il obtenait les fila par la macération (fig. 17), et dit que le diamètre d'un globule du sang est sept ou huit fois plus grand. La fig. 15 représente une fibre musculaire grossie 200 fois, contractée en zig-zag, dessinée de côté. La lentille dont il se servait en général grossissait 400 fois.

Fontana s'exprime de la manière suivante sur la composition des muscles : « En décomposant peu à peu le muscle avec des aiguilles ou des pointes très aiguës, on parvient enfin à le résoudre en fils très-fins, qui ne sont plus divisibles en d'autres moindres, quelque soin qu'on y apporte. J'appelerai ces filaments *fils charnus primitifs*. Quelques centaines de ces fils unis ensemble forment un faisceau simple, que j'appelerai *faisceau charnu primitif*. Le muscle résulte enfin de l'assemblage d'un grand nombre de ces faisceaux. Examiné avec des lentilles de 1/90 de pouce de foyer, ils offrent des taches blanches curvilignes, transversales, semi-circulaires, uniformes, et non interrompues sur les faisceaux couverts de leur tissu cellulaire (fig. 20). Les fils charnus primitifs sont des cylindres solides, égaux entre eux, et marqués visiblement à distances égales de petits signes, comme d'autant de petits diaphragmes ou rides (fig. 21, 22). Les petites lignes observées dans différentes positions, auraient pu passer pour de petits globules. Je n'ose rien décider touchant leur véritable nature. Quelquefois on croirait que ces apparences des globules sont autant de rides, nées de la contraction des fils mêmes. Je les ai observées tant immédiatement après la mort, que lorsqu'elles étaient sur le point de se putréfier. » (n° 9, t. 11, p. 227)

2.

Parmi les figures données par *Monro*, concernant la structure des muscles, quelques-unes offrent des fibres tortueuses : « serpentine and convoluted, » qu'il rencontrait partout; il croyait d'abord y voir des nerfs (fig. 23); mais il s'est bientôt convaincu lui-même de l'illusion d'optique par laquelle il était abusé. La fig. 24 obtenue par le grossissement de 146 fois par un microscope est beaucoup plus juste (n° 10).

Les observations de *Meerem* et *Metzger* (n° 11), n'offrent rien de particulier.

Treviranus voit des cylindres entourés de stries transversales parallèles ; il croyait que chaque cylindre a ses stries transversales à lui appartenant (fig. 26, Coccinella quadripustulata); les stries disparaissaient lorsqu'il comprimait les fibres, et sont, d'après son opinion, des rides formées par le raccourcissement des cylindres; s'il comprimait les fibres à un de leurs bouts, il voyait sortir à l'autre bout des cylindres élémentaires, ainsi qu'il les appelle, et avec eux sortir souvent de petits globules enveloppés dans un liquide visqueux (fig. 25, muscle du bœuf). Il ne pouvait pas trouver de fibres chez les polypes, pas plus que Rudolphi chez les vers intestinaux. Il croit que les stries transversales ne sont produites, chez quelques animaux que par la raideur cadavérique (n° 12, p. 134). Nous verrons plus tard que Treviranus a tout à fait changé son opinion dans son dernier ouvrage.

Mascagni a vu avec son microscope presque tous les tissus, ainsi que les muscles (fig. 27), composés de vaisseaux absorbants. Mais l'examen qu'il fit avec une lentille simple était un peu plus exact (fig. 28); il vit alors les filaments charnus formés des faisceaux divergents, etc., (n° 13).

Bauer et *Home* regardent les fibres élémentaires comme composées de globules qui ont la grandeur des noyaux des globules du sang, c'est-à-dire, les deux tiers du diamètre de ceux-ci (fig. 33, grossissement de 200 fois, fig. 34, 35, de 400 fois). Ces globules forment une série non interrompue, comme des fils de perles; les globules séparés les uns des autres font voir une masse intermédiaire, d'une consistance muqueuse (n° 14).

Milne Edwards a vu les fibres comme une série de globules (fig. 29); ces globules ont un diamètre de 1/300 de millimètre, qui est celui des noyaux des globules du sang, qui, selon cet auteur, ont la moitié du diamètre du globule encore enveloppé de sa matière colorante (n° 15). Il dit avoir trouvé partout les globules qui par leur réunion en série linéaire, constituent les fibres charnues primitives, du même diamètre dans les animaux de différents âges et de différentes espèces.

Prevost et *Dumas* disent que les fibres musculaires se montrent souvent sous la forme suivante : « On les voit comme des cylindres, barrés en travers par un nombre considérable de petites lignes sinueuses, placées à la distance régulière de 1/300 de millimètre (fig. 31). Cet aspect paraît dû à la gaîne membraneuse dont ils sont revêtus, et on ne le retrouve pas dans les fibres secondaires qui ont été fendues ou déchirées. Il disparaît également sous certaines conditions d'éclairage, et l'on arrive à la véritable structure musculaire. La fibre musculaire se montre alors (fig. 32), comme l'a fort bien vu M. Edwards, et paraît composée d'un très grand nombre de petits filets élémentaires, placés parallèlement ou à peu près, et de même forme que ceux dont M. Home a signalé l'existence.» (n° 16). (Voir plus tard la dernière opinion de Prevost).

Les belles expériences de ces auteurs sur la forme en zig-zag qu'affecte le muscle par la contraction, ainsi que les observations sur ce sujet faites par Wagner, Valentin, etc., seront discutées dans notre mémoire sur la contraction des tissus.

Dutrochet dit que le muscle est composé « de fibrilles transparentes disposées longitudinalement, et dans les intervalles desquelles il existe une grande quantité de globules transparents. » Ces globules sont appelés corpuscules musculaires, qui forment avec les fibrilles le tissu musculaire fibrillo-corpusculaire (fig. 30, n° 17).

Raspail dit que les muscles se composent d'emboîtements cellulaires presqu'à l'infini. Ces emboîtements se rapprochent de la forme du cylindre. La substance musculaire présente un faisceau de cylindres agglutinés les uns aux autres, et disposés en spirales très lâches autour de l'axe idéal du faisceau. Chacun de ces cylindres est plein d'une substance qui ne se dissout pas entièrement dans l'eau froide, et dans l'intérieur de laquelle on aperçoit çà et là des globules isolés et disposés irrégulièrement contre la surface interne du cylindre (fig. 36). Ces cylindres qui, dans le bœuf, atteignent environ un vingtième de millimètre, paraissent légèrement colorés en pourpre. La gaine qui enveloppe ce faisceau primitif est tout aussi lisse que la paroi de chacun des cylindres qui le composent. Lorsque le déchirement des parois a lieu dans le sens de la longueur des cylindres, chacun d'eux semble se subdiviser en tout autant de tubes que le déchirement a produit de lanières (n° 18).

Il ne paraît pas que *Hodgkin et Lister* aient vu les fils élémentaires, parce qu'ils ne parlent que des lignes paralèlles transversales qui entourent la fibre d'un bord à l'autre; ils ajoutent que quelquefois les parties de la fibre sont déplacées, et qu'on voit alors des lignes qui ne sont pas continues, mais qui touchent les intervalles entre les lignes de l'autre partie (n° 19).

Selon *Straus-Dürkheim*, les muscles sont « formés de fibres isolées, d'une égale grosseur dans toute leur étendue, ou bien légèrement coniques, variant dans leur épaisseur de 1/50 à 1/100 de millimètre, et elles sont très distinctement articulées. » (fig. 37, 38.) « Les articles des fibres sont de petites plaques, dont l'épaisseur n'excède guère le quart de leur largeur, et placées obliquement les unes au-dessus des autres. » Les deux figures représentent les deux côtés de la même fibre. L'auteur a vu cette structure dans les insectes et l'aigle (n° 20, p. 143).

C'est ici que doivent trouver place les recherches de *M. Turpin.* Nos lecteurs nous sauront gré, nous l'espérons, de leur donner communication d'un travail encore inédit, et que nous devons à l'extrême obligeance de ce savant distingué. « Qu'on isole de l'un des muscles de la cuisse d'une grenouille un filet gros comme le quart ou la moitié d'un cheveu, et qu'on le place ensuite sous le microscope, muni du seul grossissement de 250 fois : on voit alors très clairement que cette fibre est cylindrique, et qu'elle se compose des deux parties suivantes : 1° d'une quantité considérable de filaments parallèles, très ténus, irrégulièrement noduleux, incolores, d'une substance molle et muqueuse, rassemblés en faisceau , et simulant assez bien un écheveau de fil; 2 d'un tube ou boyau membraneux , aponévrotique, d'une minceur extrême, blanc , transparent , et finement froncé ou plissé en travers ; ces plis pouvant être rigoureusement comparés à ceux , également transversaux , qui existent à la surface de la peau des sangsues contractées, et d'un grand nombre d'autres annélides. Ce boyau aponévrotique est d'une grande transparence (fig. 39), ce qui permet de voir, comme dans un tube de cristal , le faisceau longitudinal de filaments qu'il contient et qu'il protége , et en même temps les nombreuses fronces transversales qui facilitent alternativement la contraction et l'alongement de la fibre (comme chez les sangsues). En laissant trempées dans l'eau , pendant quelques jours, des fibres, à mesure que l'eau s'interpose dans la substance du boyau , il s'étend, et les plis transversaux disparaissent, comme si on trempait dans l'eau un morceau de linge finement plissé. Les filaments intérieurs forment aux extrémités des pinceaux plus ou moins longs et plus ou moins divergents. Plus tard, les filaments, d'une substance moins dense que celle du boyau, se dissolvent en granules , et le boyau en reste rempli comme un boudin, jusqu'à ce qu'il les expulse au dehors. » (M. Turpin, dans une lettre inédite adressée à l'Académie des sciences, le 12 décembre 1831.)

Valentin a établi une différence entre les muscles volontaires et involontaires; les premiers ont des lignes transversales; les derniers en sont privés. Il ne voyait donc pas des lignes transversales au cœur Mais Wagner s'oppose à cette classification (n° 24); il a trouvé les lignes dans les muscles du cœur, soit sur l'homme, soit sur quelques oiseaux. Valentin n'a pas trouvé de fibres musculaires sur le limaçon , mais seulement une masse composée d'une série linéaire de globules, et en partie de grumeaux ; il a trouvé des fibres bien distinctes avec des lignes transversales, ondulées et parallèles, chez les mouches: les lépidoptères , coléoptères et neuroptères font voir ces lignes transversales plus épaisses et inégales; les crustacés et les arachnides ont les fibres épaisses et cylindriques ; les lignes transversales sont très minces et n'embrassent pas tout le cylindre. Les muscles des poissons sont composés, d'après le même auteur, de fibres moins épaisses que celles des crustacés, et entourées de lignes transversales plus épaisses. Les oiseaux ont des lignes transversales presque spirales ; les serpents, des ondulées. Les fibres musculaires du fœtus sont composées dans les premiers mois d'une masse gélatineuse, globuleuse; plus tard, le fœtus fait voir des lignes transversales (n° 21).

Les parties les plus petites des muscles sont appelées par *Krause* (n° 22, p. 57), *fibrillæ musculares seu fila muscularia;* leur diamètre est de 1/800 à 1/1060 d'une ligne ; elles sont composées d'une série de globules très serrés, unis par un liquide visqueux, et très facilement séparables les uns des autres. Huit à cinq cents de ces éléments, placés parallèlement les uns à côté des autres, entourés d'une enveloppe de tissu cellulaire , forment les *fibræ musculares;* ceux-ci font voir à leur surface les stries transversales, plis de l'enveloppe , séparées par une distance presque constante de 1/1280 d'une ligne.

Nous sommes heureux de pouvoir publier ici les recherches inédites d'un observateur aussi habile que consciencieux; *M. de Mirbel* a bien voulu nous communiquer les lignes suivantes, avec les dessins que nous publions sous les figures 40, 41, 42, 43, et qu'il avait dessinés dans l'année 1834. La granulation, disposée en échiquier, de la membrane des fibres, dit M. Mirbel, forme des stries longitudinales, transversales et diagonales, de droite à gauche ou de gauche à droite; selon le point de vue sous lequel on examine les grains, l'un ou l'autre des quatre modes se manifeste.

Wagner dit que le muscle apparaît sous le microscope composé de faisceaux musculaires, séparés, prismatiques, qui font voir à la surface des lignes transversales. W. croit à la présence de véritables rides, dont l'intervalle est toujours marqué par la ligne noire. Ces rides sont toujours parallèles, mais elle n'entourent pas quelquefois tout le faisceau, parce qu'elles se trouvent déviées; elles sont éloignées les unes des autres de $1/800$ à $1/1000$ d'une ligne; ce qui s'accorde à peu près avec la mesure faite par Prévost et Dumas. Ces rides appartiennent à chaque faisceau isolément; elles ne sont que superficielles et ne sont pas des cloisons, parce qu'elles disparaissent à une forte pression, et ne se voient bien que dans un certain foyer du microscope. Chaque faisceau renferme des fibres primitives très-minces, pas tout-à-fait parallèles, que W. a trouvées, en général, de la même grandeur dans tous les animaux vertébrés, les insectes, le cœur du hélix-pomatia, etc. Il existe, selon cet auteur, une grande uniformité dans la structure des muscles chez l'homme, les mammifères, les oiseaux, les poissons, les insectes et les crustacés. Il n'a jamais vu un passage entre les muscles et le tissu cellulaire; mais il ne pouvait pas trouver ces lignes transversales chez la sangsue et le limaçon; les muscles de ces derniers paraissent en forme de rubans aplatis, leur cœur fait voir un amas de faisceaux se croisant. Il a trouvé en outre ces stries transversales dans toute la série des insectes, des crustacées, cirrhipèdes, arachnides; les mollusques et les échynodermes en manquent. Les faisceaux primitifs ont des diamètres différents : $\frac{1}{15}$ à $\frac{1}{80}$ d'une ligne chez le lapin, $\frac{1}{18}$ à $\frac{1}{85}$ chez les hiboux, $\frac{1}{40}$ à $\frac{1}{69}$ chez la grenouille, $\frac{1}{50}$ chez le dysticus marginalis. Les fibres primitives ont presque partout le diamètre de $\frac{1}{800}$ à $\frac{1}{1000}$ d'une ligne (n. 23 et 24, p. 147).

L'opinion de Straus est combattue par *Lauth*, qui croit lui-même les fibres composées de globules (n. 25).

Ficinus a vu la naissance de rides secondaires, transversales, pareilles à celles décrites par Müller, dans les muscles des insectes. Il dit que les muscles striés se trouvent dans toute l'étendue de l'œsophage, dans l'estomac des oiseaux, et dans le voisinage du rectum. Les parties élémentaires se divisent bientôt après la mort dans une série de globules. Elles mesurent 0,00001 à 0,000066 de pouce paris. chez les mammifères, et 0,0000142 chez la sangsue. Cette mesure n'est pas peut-être tout-à-fait exacte, parce qu'elle est obtenue par la division de la mesure du faisceau, par le nombre des éléments visibles à la surface (n. 26).

Raeuschel a trouvé de véritables fibres musculaires, à l'origine des veines pulmonaires et des veines caves (n. 27).

Treviranus (n. 28, p. 68) a nouvellement décrit la forme des muscles. Il reconnaît que ce qu'il a jadis décrit sous le nom des fibres primitives n'étaient

3

que des faisceaux primitifs. Il croit que ces lignes sont des plis de la membrane des faisceaux. Les globules et les cylindres qu'il a vu jadis sortir du bout du muscle (fig. 25), ne sont que des globules et des vaisseaux du sang. La fibre primitive elle-même a un diamètre de 0,001 à 0,002 de mill. ; chez la grenouille 0,003 de mill. Les faisceaux primitifs ne sont pas parallèles chez les mollusques et les vers; mais ils sont dirigés en sens différent (Voir p. 8.).

Müller a trouvé, chez les insectes, une seconde espèce de lignes transversales secondaires, qui sont beaucoup plus éloignées les unes des autres que les primitives, mais leur distance est régulière; il croit que c'est une expression de la contraction des faisceaux; il a vu sur les muscles gardés dans l'alcool, une espèce de ventre entre ces lignes secondaires transversales (indiquées déjà par Valentin, n. 21) et les muscles mêmes resserrés à l'endroit de cette ligne secondaire (n. 27, p. xi.). Il a trouvé, en outre, sur le palais des Cyprines, un organe particulier, élastique; si l'on comprime une partie de cet organe, la partie correspondante à la compression s'élève et forme une espèce de saillie; il l'a trouvée composée de fibres musculaires avec des lignes transversales; entre ces fibres, il se trouve un grand nombre de gouttes d'huile (n. 29, p. 35).

Dutrochet (n. 30, V. II, p. 476), après avoir répété les expériences de Turpin, abandonne la fibre dans l'eau, pendant deux heures environ; « tous ces plis transversaux cessent d'exister, et on voit par transparence les nombreuses fibrilles qu'elle contient dans son intérieur, et ces fibrilles offrent à leur surface des ponctuations opaques tout-à-fait semblables à celles qui existent sur les utricules cérébrales. Ces globules ponctiformes sont simplement appliqués sur la surface des fibrilles. La fibrille musculaire paraît donc être un utricule extrêmement alongé. »

Schwann établit aussi une différence entre les muscles volontaires et involontaires (n. 29, p. 32). Les premiers, excepté ceux de la vessie urinaire, ont une structure variqueuse dans leurs fibres primitives, et des lignes transversales sur les faisceaux; à cette série appartient aussi le cœur. Les fibres primitives font voir des renflements réguliers, qui sont opaques, éloignés les uns des autres de 0,0006 à 0,0010 d'une ligne anglaise et disposés en chapelets. Les stries transversales à la surface des muscles, tirent leur origine des rangées collatérales des renflements noirs. Les muscles involontaires consistent en fibres cylindriques, non variqueuses. On les trouve dans tous les intestins, l'œsophage, la vessie, etc.

D'après *Prevost* (n. 31), les muscles de la grenouille sont composés de petits cylindres, dont le diamètre varie entre cinq et vingt centièmes de millimètre. On remarque à la surface de ces fibres, des anneaux qui entourent toute leur circonférence; ils sont distants les uns des autres de $\frac{1}{100}$ de mill. environ. Si la fibre se fend longitudinalement, on voit saillir dans la fente les fibrilles longitudinales, dont le diamètre est de $\frac{1}{300}$ de millim. environ (Fig. 44). On voit en outre les filets nerveux se jeter dans les anneaux des fibres; ils semblent ainsi les envelopper comme le ferait une suite d'anses.

Skey fait aussi la distinction déjà citée entre les muscles volontaires et involontaires (n. 32, p. 377).

CHAPITRE SECOND.

RECHERCHES DE L'AUTEUR.

(PLANCHE II.)

§ 1.

Nous avons rencontré dans le corps animal deux grandes classes de muscles. La première est celle qui offre à sa surface des stries transversales, parallèles, innombrables; cette classe se trouve continuellement en contact avec les fluides alcalins de l'organisme. La seconde classe n'offre que des fibres longitudinales, placées les unes à côté des autres; elle est exposée à l'influence des liquides acides du corps.

En effet, si on prend une parcelle d'un des muscles, qui sont exposés à l'influence continuelle du sang, par exemple un muscle des extrémités, et si on l'examine au microscope avec un grossissement de 300 fois environ, on la verra (fig. 1) composée des parties cylindriques qui sont transversées par des lignes noires. L'espace qui se trouve entre deux lignes est uniforme est blanc; on peut donc si l'on veut, l'appeler ligne blanche; ce que nous ferons aussi à l'avenir pour abréger. La largeur de cette ligne noire et celle de la blanche, varient sur les différents muscles et les animaux, mais en général, la dernière se trouve deux fois plus grande que la première. Si on comprime la partie observée fortement à l'aide du compresseur, on verra apparaître le long de cette partie cylindrique des lignes noires parallèlement placées (fig. 2). On verra encore pendant quelque temps les lignes transversales, qui, par la pression continue, finissent par disparaître, de sorte qu'il ne reste que les lignes longitudinales. Si on poursuit, pendant la compression, ces lignes longitudinales noires jusqu'à un bout de la partie observée, alors on se convaincra facilement qu'elles ne sont que les bords des fibres très-minces, contenues dans la partie cylindrique.

Nous appellerons désormais ces fibres très-minces, les *fibres élémentaires*, parce que jusqu'à présent on n'a pas pu les décomposer en parties plus petites. La réunion de ces fibres élémentaires forme la partie cylindrique, qui s'appelle *faisceau élémentaire*.

Tous les muscles, au contraire, qui pendant la vie sont exposés à l'action continue des liquides acides, n'offrent rien de semblable aux stries transversales; on ne les voit composés que de fibres élémentaires. Tels sont les muscles de la vessie, de l'estomac, des intestins jusqu'au cœcum. Nous avons trouvé que la sécrétion de l'utérus même est acide, ce qui est d'autant plus remarquable que M. *Donné* a établi que la sécrétion du col de l'utérus est alcaline. Conformément à notre observation, l'utérus est composé de muscles qui sont tout-à-fait privés des lignes transversales.

Ces observations offraient assez d'intérêt pour qu'une imagination vive les eût expliquées par des effets d'électricité de nature différente.

Mais nous avons cru devoir résoudre cette question d'une manière un peu plus positive. En effet, si d'un côté le sang, comme partie alcaline, parcourt des muscles striés, et d'un autre côté si l'influence alcaline du sang est effacée par les liquides acides plus abondants, ne serait-il pas possible de démontrer cette influence chimique par une expérience directe? Les stries transversales se conserveront-elles mieux dans les alcalis que dans les acides?

Nous avons exposé une partie d'un muscle des extrémités à l'influence de l'alcool, des alcalis (potasse, soude etc.) et des acides (hydrochlorique, acétique etc.) affaiblis. Après un intervalle de quelques heures, plus ou moins long selon le degré de concentration des réactifs acides, les stries transversales disparaissent à la surface des faisceaux musculaires. Elles paraissent au contraire être mieux marquées par le séjour dans l'alcool.

Mais nous avons dit que ces lignes transversales s'effacent par une forte compression; donc si on opère sur une très petite portion d'un muscle qui lui-même est très mou, on conçoit que par la seule manœuvre de l'observateur les lignes transversales peuvent être détruites. Ajoutons à cela que l'état de fraicheur et la consistance plus ou moins forte du muscle ont une grande influence sur la persistance de ces stries; alors nous comprendrons dès à présent que cette cause a pu être une source d'erreurs nombreuses pour les observateurs.

Peut-être ces circonstances nous aideront dans l'explication de la nature des lignes transversales. Tous les anatomistes nous racontent que les muscles sont enveloppés d'une gaine formée par le tissu cellulaire, qui se continue dans l'intérieur des fibres charnues. L'apparition plus ou moins forte de ces stries, selon l'état de leur consistance, et leur destruction par la compression, les acides etc. devaient nous encourager à chercher la cause de ces lignes dans le tissu cellulaire. Cette idée a déjà été émise par quelques auteurs; mais ils cherchaient la cause des lignes noires dans les plis de cette gaine produits par la contraction. Rien ne pouvait nous déterminer à accepter cette hypothèse, à laquelle s'opposent non seulement la régularité de ces plis, mais aussi leur absence sur les muscles des intestins, leur disparition par les acides, et plusieurs autres circonstances. Voici notre opinion. Si on regarde attentivement toutes les différentes parties du muscle sujettes à l'observation, on trouvera bientôt un faisceau qui est encore muni en partie de stries transversales, mais dont l'autre moitié s'est dissoute en fibres élémentaires. On découvre à côté de ces fibres élémentaires un filament très-long, différemment plié et tortillé (Fig. 3. bœuf.). De quelle manière ce filament, qui est étranger aux fibres élémentaires, pourrait-il contribuer à la présence des lignes noires? Nous pensons que ce filament est tordu en spirale autour du faisceau élémentaire. Là où les bords de ce filament se touchent, naissent les lignes noires; les intervalles entre les lignes noires ou les lignes blanches sont le filament même (Fig. 15.). Ce filament est en outre du tissu cellulaire.

Nous avons apporté le plus grand soin à examiner et à constater cette opinion basée sur les observations. Nos lecteurs se rappelleront d'abord toutes les raisons que nous avons données de la présence d'une gaine de tissu cellulaire.

La largeur des lignes blanches est toujours exactement celle des filaments du tissu cellulaire, qui se trouve à côté des muscles. Elle varie avec celle du tissu cellulaire, dans les différentes parties du corps et les différentes classes d'animaux. La dessiccation qui fait entièrement disparaître les fibres élémentaires du tissu cellulaire, efface pareillement les lignes transversales des faisceaux musculaires (fig. 5, veau). Les réactifs chimiques produisent le même effet. Si le tissu cellulaire est plus fort, le muscle offre plus de consistance, les stries persistent davantage. Si nous regardons enfin le bout du muscle par lequel il se fixe au tendon (fig. 13), nous voyons comment le filet commence à entourer le faisceau. Nous tenons d'autant plus à cette structure que nous avons démontré ailleurs (n. 33) l'importance de la disposition en spirale, non seulement dans les appendices tégumentaires, mais aussi dans la disposition entière des tissus. Nous avons en outre indiqué (n. 34) un petit instrument pour tourner à volonté sur eux-mêmes les objets les plus petits observés sous le microscope. On peut, par ce moyen, poursuivre facilement la continuation non interrompue des lignes blanches autour du faisceau. Ce ne sont pas des anneaux, mais bien une spirale continue.

Nous comprenons maintenant que les stries transversales disparaissent plus vite chez les jeunes individus, par la macération, dans les muscles des hydropiques. On conçoit aussi la possibilité d'un tel état des muscles sur le cadavre, que toutes les lignes transversales se soient effacées avant que les lignes longitudinales aient encore paru; les faisceaux présentent alors l'aspect de cylindres longs et jaunes. Dans d'autres cas, au contraire, les deux espèces de lignes sont présentes.

Les muscles des insectes (fig. 9) offrent le tissu cellulaire entourant le faisceau dans une spirale très-lâche (fig. 14), de sorte qu'on peut voir dans les intervalles les fibres élémentaires du faisceau.

Nous avons représenté le muscle frais du veau (fig. 4), celui d'un oiseau (fig. 6), d'un poisson (fig. 7), de la grenouille (fig. 8), des crustacées (fig. 10). La fig. 12 indique les lignes secondaires provoquées par la contraction du muscle correspondantes aux contractions du faisceau; la fig. 11, la manière dont les faisceaux entourent le tendon pour former le muscle. Dans la fig. 16, chaque intervalle entre deux lignes a la valeur de $\frac{1}{100}$ de millimètre.

Les parties élémentaires des muscles apparaissent rougeâtres sous le microscope, ce qui doit être attribué à la présence de la matière colorante dissoute dans ces organes; car on est bien convaincu, par le grossissement appliqué, de l'absence des globules de sang. Les jeunes individus sont pourvus de faisceaux élémentaires plus minces que les adultes, mais on en trouve aussi chez ces derniers quelques-uns moins épais. Les formes variées de stries transversales sont produites par le changement de la forme cylindrique du faisceau.

§ 2.

Une des conditions les plus nécessaires à l'étude des tissus des animaux, est leur parfaite pellucidité. Aussitôt que la transparence est troublée, on peut tomber dans une foule d'erreurs, à cause des apparences fictives qui naissent de cet état dénaturé. Quelle conséquence peut-on donc tirer des observations de ceux qui croyaient devoir faire bouillir, rôtir, cuire, putréfier, triturer la fibre musculaire, et la torturer de toutes manières, pour qu'elle fît voir ses parties élémentaires? C'est pourtant la méthode appliquée par *Muys, Prochaska* et quelques autres auteurs. Les muscles mouillés de sérum organique, qui contient de l'albumine, donnent par la coction, etc., naissance à une quantité immense de globules et grumeaux de toutes formes qui, lors même que le tissu ne serait pas changé, devraient déjà empêcher l'observation exacte de l'objet. On ne sera donc pas surpris de voir tant d'opinions différentes, et on ne sera étonné que du peu de vérité qui se faisait jour à travers tant de circonstances défavorables. Il faut, en général, observer les tissus, autant que possible, dans leur état frais. Nous avons vu le changement des fibres par la dessiccation (fig. 5); il est vrai qu'elles reprennent quelquefois les stries transversales par l'humectation. Mais cela n'arrive pas toujours; ce qui peut expliquer quelques observations de *Leeuwenhoek*, qui souvent est arrivé à des résultats différents quand il faisait d'abord dessécher les muscles et les humectait ensuite.

Nos observations sont toujours faites sur le muscle frais, en isolant une parcelle avec précaution par une aiguille, et en la plaçant ensuite sur un verre dans une goutte d'eau. Pour que l'évaporation de l'eau n'empêche pas l'observation, l'objet est couvert d'une lame de verre très mince. Nous avons adopté aussi quelquefois la manière suivante, qui peut être suivie avec avantage dans les observations des tissus organiques. Après avoir placé l'objet sur le verre dans la goutte d'eau, on tourne le verre et on observe de cette manière à travers la lame. Cette méthode a l'avantage de ne pas exposer à la pression d'un second verre, quelque léger qu'il soit, l'objet retenu par l'eau à la surface du verre. L'éclairage est toujours opéré par la lumière réfléchie; la lumière directe a donné naissance aux illusions optiques de *Mascagni* et *Monro*, qui ont raconté des phénomènes de difraction. On arrive à des résultats satisfaisants par un grossissement de 300 fois. *Treviranus*, qui observait avec des lentilles moins fortes, ne parvint pas à la distinction des fibres élémentaires, et ne pouvait pas même voir la différence qui existe entre les globules du sang et les globules albumineux, qui sont quatre ou cinq fois plus petits. Il est probable que si le grossissement n'était pas assez fort, *Straus-Dürkheim* a vu seulement la position des muscles autour du tendon, ainsi que Leeuwenhoek l'avait dessiné. La goutte d'eau, dans laquelle le muscle est mis, empêche sa dessiccation, et fait disparaître les gouttelettes de sérum qui adhèrent au verre, et qui avaient donné à *Della Torre* l'idée des enveloppes de globules de sang transpirés. Il avait, en effet, vu les mêmes « lamelles » dans la transpiration de la peau.

Si un tissu quelconque est sujet à la macération, il se forme, par l'influence de l'eau, et probablement de ses sels, une quantité innombrable de molécules qui nagent dans l'eau, et couvrent tout le tissu. Quelques observateurs ont cru devoir décrire ces molécules comme des parties intégrantes du muscle. Il s'opère, en outre, par l'influence de la macération, un changement lent dans la structure des muscles. Ce que nous pouvons subitement produire par la compression (la disparition des stries transversales et l'apparition des fibres longitudinales), s'effectue dans un temps plus ou moins long, selon la température, la saison, la pureté de l'eau, etc., dans la macération. Si on observe le muscle à l'époque de la présence des stries transversales et longitudinales, on conçoit que l'on puisse alors se former l'idée de globules composant le muscle (Fig. 39, 43, pl. I.). Qu'on prenne un morceau de grosse toile, et qu'on le regarde de côté, on se convaincra alors par l'aspect globuleux de ce tissu, comment cette idée pouvait se former chez les auteurs. Il est assez curieux de voir que beaucoup d'auteurs, tels que Leeuwenhoek, Treviranus, Prevost, etc., qui croyaient d'abord à la présence de globules, ont changé d'opinion dans leurs travaux postérieurs. L'idée des fibres noduleuses n'est qu'une variation de l'expression globuleuse.

Les changements qu'éprouve le muscle mou, peu résistant à la compression, expliqueront la différence de l'opinion de *Valentin* et *Schwann*, sur la structure de l'œsophage, de *Valentin* et *Wagner*, sur la composition intime des muscles de quelques animaux des classes inférieures, qui n'offrent, en général, que peu de résistance, et présentent bientôt l'aspect noduleux, globuleux, etc.

Finissons ce tableau, riche et varié, par une remarque assez curieuse. Nous voyons, en effet, que la première et dernière des opinions émises sur la structure des muscles, celle de *Borelli* et de *Prevost*, se rencontrent en plusieurs points. Mais la nature nerveuse des stries transversales qui, selon notre opinion, ne doivent pas être dessinées comme des lignes doubles, n'est nullement démontrée; si Borelli vivait, nous aurions encore une querelle de priorité.

LITTÉRATURE.

N. 1. Borelli. De motu animalium. Romæ. 1681.

N. 2. Malpighi. Opera posthuma. Amstelodami. 1700.

N. 3. Leeuwenhœk. Opera omnia, quatuor tomis distincta. Lugd. Bat. 1722. (Tom. I Anatomia et contemplationes, en 3 parties. T. II. Arcana naturæ T. III. Continuatio arcanorum; en 2 parties. T. IV. Epist. physiologicæ.).

N. 4. De Heyde (Anton.) Exp. circa sanguinis missionem. Amstelodami. 1686.

N. 5. Stuart. Lectures of muscular motion. London. 1739.

N. 6. Muys. Investigatio fabricæ quæ in partibus musculos componentibus exstat. Lugd. Batav. 1741. 4°.

N. 7. Della Torre. Nuove osservazioni intorno la storia naturale. Napoli. 1763.

N. 8. Prochaska. De carne musculari. Viennæ. 1778. 8.

N. 9. Fontana. Traité sur le venin de la vipère. T. II. Florence. 1781.

N. 10. Monro. Observations on the structure and functions of the nervous system. Edinburgh. 1783.

N. 11. Schriften der Berliner Gesellschaft naturforschender Freunde. Bd. 4 et 5.

N. 12. Treviranus. Vermischte Schriften. Heft. I. Gottingen 1816.

N. 13. Mascagni. Prodromo della grande anatomia. Firenze. 1819.

N. 14. Bauer et Home. Philos. Transact. for the year 1818. and 1826.

N. 15. Milne Edwards. Mémoire sur la structure élémentaire des principaux tissus organiques des animaux. Paris 1823.

N. 16. Prevost et Dumas ; dans le Journal de Physiologie expérimentale, par Magendie. 1823.

N. 17. Dutrochet. Recherches sur la structure intime des animaux et des végétaux. Paris. 1824.

N. 18. Raspail. Répertoire d'anatomie, etc. par Breschet. 1827, et nouveau système de Chimie organique. Paris. 1833.

N. 19. Hodgkin et Lister. Annals for philos. for Aug. 1828.

N. 20. Straus-Durkheim. Animaux articulés. Paris. 1828. 4.

N. 21. Valentin. Historiæ evolutionis syst. muscularis prolusio. Vratisl. 1832. 4.

N. 22. Krause. Handbuch der menschlichen Anatomie. Hannover. 1833.

N. 23. Müller Archiv für Anatomie. Berlin. 1835.

N. 24. Burdach. Physiologie. Leipzig. 1835. Bd. 5.

N. 25. L'Institut. 1835. N. 126. 325.

N. 26. Ficinus. De fibræ muscularis forma. Lipsiæ. 1836. 4.

N. 27. Müller. Archiv für Physiologie. Berlin 1836.

N. 28. Treviranus. Erscheinungen des organischen Lebens. Bremen. 1836. V. 1. Cah. I.

N. 29. Müller. Physiologie. Koblenz. 1837. Bd. II. Abth. I.

N. 30. Dutrochet. Mémoires pour servir à l'hist. des anim. et des vég. Paris. 1837.

N. 31. Prevost. Bibliothèque de Genève. Novembre 1837.

N. 32. Skey. Lond. and Edimb. Philos. Mag. 3e série. t. 10, p. 377.

N. 33. Mandl. L'Institut. 1838. Vol. 6. N. 231, p. 178.

N. 34. Mandl. Annales des sciences natur. Partie zoologique. Mai. 1838.

MÉMOIRE

SUR LA

STRUCTURE INTIME

DES NERFS

ET DU CERVEAU

PAR

LE DOCTEUR LOUIS MANDL.

PREMIÈRE PARTIE

ACCOMPAGNÉE DE DEUX PLANCHES.

PARIS,

CHEZ J.-B. BAILLIÈRE,
LIBRAIRE DE L'ACADÉMIE ROYALE DE MÉDECINE,
RUE DE L'ÉCOLE DE MÉDECINE, 17;

A LONDRES, même maison, 219, Regent Street.
POUR L'ALLEMAGNE : CHEZ CH. HEIDELOFF, RUE VIVIENNE, 16.

1838

MÉMOIRE

SUR LA STRUCTURE INTIME

DES GLANDES

PAR

LE DOCTEUR LOUIS MANDL.

ACCOMPAGNÉ DE DEUX PLANCHES.

PARIS,

CHEZ J.-B. BAILLIÈRE,
LIBRAIRE DE L'ACADÉMIE ROYALE DE MÉDECINE,
RUE DE L'ÉCOLE DE MÉDECINE, 17;

A LONDRES, CHEZ H. BAILLIÈRE, 219, Regent Street.

1844

1846

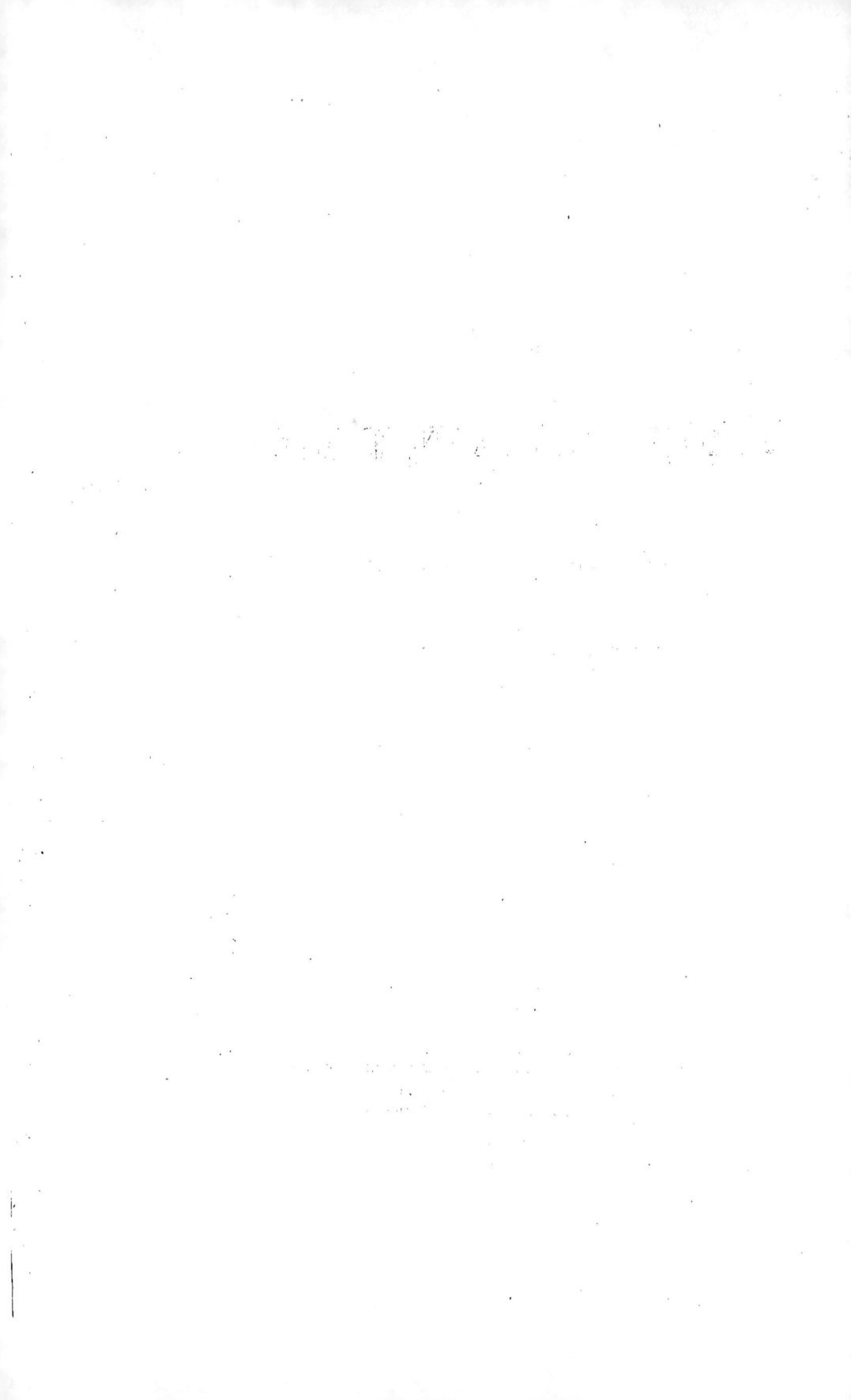

MÉMOIRE

SUR LA STRUCTURE INTIME

DES GLANDES.

CHAPITRE PREMIER. — HISTORIQUE.

PLANCHE I.

(Planche vingt-et-une de la première partie.)

§ 1.

Nous nous occuperons dans ce mémoire de l'histoire générale des organes auxquels on attribue la fonction de sécréter un liquide et qui sont pourvus d'un conduit excréteur aboutissant à la surface du système cutané. C'est par conséquent
cette série de glandes que l'on appelle les véritables glandes et qui diffèrent des
glandes vasculaires et des lymphatiques. Ces deux dernières espèces seront examinées dans des mémoires particuliers. Quant aux premières, nous allons exposer seulement les résultats généraux des recherches faites à leur égard, c'est-à-
dire l'idée que l'on s'est formée de leur structure à des époques diverses : nous
aurons l'occasion, plus tard, de revenir sur l'histoire de chaque espèce de glandes en nous occupant des organes de digestion, de respiration, etc.

Une remarque générale, par laquelle nous ferons précéder l'histoire des glandes, suffira pour caractériser toutes ces recherches : c'est que tous les auteurs,
jusqu'aux temps les plus modernes, se sont bornés à injecter les vaisseaux sanguins
ou les conduits excréteurs, et qu'ils ont examiné ensuite la glande ainsi préparée à des grossissements plus ou moins considérables. Mais ce n'est pas là, à proprement dire, l'examen de la structure intime de ces parties : c'est uniquement
l'étude de la distribution des vaisseaux ou des conduits excréteurs, mais nullement celui des parties élémentaires dont se composerait le parenchyme glandulaire. Des recherches sur la structure élémentaire des glandes n'ont été entreprises que depuis quelques années ; et conformément au cadre de cet ouvrage, nous
devrions nous borner seulement à l'exposition historique de ces observations.
Mais l'histoire des travaux faits sur les glandes à l'aide des injections est instructive,
et elle se trouve aussi liée à celle de l'anatomie microscopique : nous en donnerons
par conséquent ici un aperçu général. Au reste, nous verrons plus tard quelle
confiance mérite la méthode des injections, dont on aurait pu du moins attendre
quelques renseignements positifs sur la terminaison des conduits excréteurs.

C'est à *Malpighi* que l'on doit les premières connaissances positives sur la
structure des glandes autres que les simples qui étaient connues depuis long-

temps. Si l'on veut se convaincre de l'état des connaissances anatomiques à ce sujet avant Malpighi, on n'a qu'à lire par exemple l'ouvrage de *Wharton* (n. 1.), où les condylomes figurent parmi les glandes accidentelles. On savait bien que les glandes salivaires, mammaires, le pancréas etc., se composent de lobules et de grains (*Acini*), et que le conduit excréteur principal se partage en conduits d'un diamètre moindre; mais les connaissances sur la structure des plus petits grains étaient à peu près nulles. C'est *Malpighi* (n. 2.) qui s'en occupa le premier avec succès. Il publia vers l'année 1665 ses premières recherches sur la structure des organes (n. 2, *a. De structura viscerum exercitationes anat.*), et en 1688 il écrivit une lettre à l'Académie royale de Londres sur la structure des glandes (n. 2, *b. De structura glandularum conglobatarum*), qui toutefois ne fut imprimée que plus tard, en 1690. Voici comment Malpighi résume ses recherches (n. 2, *b.* p. 133.). Décrivant d'abord la structure des glandes simples, ensuite celle des glandes composées et enfin des conglobées, qui toutes sont construites d'une manière égale et par les mêmes éléments, il a fait voir que les glandes conglobées se composent d'une foule de follicules, ou pour ainsi dire de glandes simples. Ces dernières (*De struct. gland.*) sont des vésicules renflées, de formes différentes, pourvues de vaisseaux sanguins, de nerfs et de vaisseaux lymphatiques, entourées et consolidées par des fibres charnues et ayant à leur intérieur une cavité qui communique avec le conduit excréteur. Malpighi compte parmi les glandes, outre le foie, la rate, le pancréas, les glandes mammaires, etc., encore les testicules, le péricarde, les plèvres etc., et même le cerveau, l'estomac et les intestins. Quelques faits d'anatomie pathologique peu connus alors, comme par exemple les hydatides, ont été interprétés par Malpighi en faveur de son opinion. Cet auteur a surtout fait usage des injections avec de l'encre.

L'opinion de Malpighi, qui a fait époque dans l'histoire de l'anatomie, a été combattue par un homme non moins célèbre dans son temps, nous voulons parler de *Ruysch*. Quoique des opinions analogues eussent été déjà émises avant lui par *King*(n. 3.), par *Lossius*(n. 4.), par *Grew*, etc., cette théorie n'a eu pourtant de retentissement que lorsqu'elle eût été adoptée par cet anatomiste, si habile pour les injections. *Ruysch* (n. 5.) dès 1696, abandonnant ses opinions précédentes analogues à celles de Malpighi et à une époque où ce dernier était mort, affirme que les glandes conglomérées et tous les organes se composent uniquement de vaisseaux sanguins et de tissu cellulaire, sans qu'il existe un follicule entre les artères et les conduits excréteurs. Il nia par conséquent la nature glandulaire de ces parties et même de la plupart des glandes simples, en s'appuyant sur ce fait que la graisse, injectée par les vaisseaux sanguins, sort facilement par les conduits excréteurs. Il voulut expliquer par des lois hydrostatiques le petit globule que forme dans d'autres glandes la graisse injectée, et qui en réalité est un follicule injecté.

Boerhaave (n. 6.) défendit la théorie de Malpighi contre Ruysch. Toute la glande, dit-il, n'est pas remplie par les vaisseaux injectés, mais il en reste toujours une partie qui n'est pas détruite ni par la putréfaction, ni par la macération : elle s'altère seulement peu à peu dans l'eau, se précipite alors au fond du

vase sous forme d'une matière muqueuse. Il affirme aussi que les follicules sont
détruits par la compression que détermine l'injection des artères. Une figure
schematique (fig. 1.) donnée par Boerhaave d'après Malpighi, qui toutefois ne se
trouve pas dans les œuvres de ce dernier, représente la forme générale des
glandes.

Ruysch (n. 6.), en réponse à Boerhaave, affirme d'abord que la force employée
par lui, en faisant les injections, n'a pas pu rompre les follicules, de sorte que
l'on ne doit pas chercher dans la déchirure de ces membranes la raison qui fait
que les matières injectées passent des vaisseaux sanguins dans les conduits excréteurs. Dans cette lettre et ailleurs (n. 5. Thes. I à X.) il s'efforça de prouver
que tout ce que Malpighi avait appelé grain (acinus) se compose uniquement
de vaisseaux sanguins, et que ces grains sont réunis par du tissu cellulaire. Il a
comparé ces grains avec quelques parties vasculaires des pommes et des poires où
pourtant personne ne voudra admettre une structure glandulaire. Boerhaave
lui-même faisait cette concession, que les grains du foie se composent seulement
de vaisseaux. Ruysch donna aussi, dans sa lettre à Boerhaave, une figure des glandes lymphatiques du mésentère, que nous reproduisons (fig. 2.) parce qu'elle
résume, pour ainsi dire, ses idées sur la structure des glandes.

Nous passons sous silence de longues discussions, qui avaient pour but de savoir si les conduits excréteurs se terminent en cul-de-sac dans l'intérieur des
glandes, ou dégénèrent en vaisseaux sanguins, et les diverses opinions de beaucoup d'auteurs, dont les recherches ont peu d'importance et qui se sont déclarés
partisans, soit de Malpighi, soit de Ruysch. L'histoire de cette époque est men-
tionnée dans la physiologie de Haller, où l'on trouve cités Nuck, Mylius, Heister,
Vieussens, Morgagni, Mauchart, Burchart, etc. Il en résulte que la plupart des
anatomistes avaient, du temps de Haller, abandonné l'opinion de Malpighi, et
adopté celle de Ruysch, à laquelle s'étaient aussi ralliés Boerhaave dans les dernières années de sa vie et Haller (n. 7. L. V. Secretio humorum.).

Duvernoy (n. 8.) apporta de nouvelles preuves en faveur des idées de Malpighi,
en démontrant les extrémités renflées en vésicules closes dans une glande
conglomérée, à savoir dans la glande mammaire du hérisson pleine de lait.
Cruikshank (n. 9.) dit que des vésicules lagéniformes constituent le parenchyme
de la glande mammaire. Mascagni (n. 10, a.) arriva à des résultats analogues en
injectant cette même glande avec du mercure chez la femme. Plus tard (n. 10, b.)
il énonça une opinion pareille sur la structure des autres glandes, par exemple
des tonsilles, du foie, des reins etc., en employant de forts grossissements
pour l'examen des pièces injectées. Nous devons encore mentionner les travaux de Ferrein et de Schumlansky sur la structure des reins, et ceux de
Soemmerring et de Reisseissen (n. 12.) sur les poumons, où ces auteurs ont vu
les branches se terminer en cul-de-sac, travaux sur lesquels nous reviendrons
ailleurs. L'opinion de Prochaska (n. 11.), qui avait travaillé sur la parotide, est
analogue à celle de Mascagni.

Ces travaux ont de nouveau mis en faveur la théorie de Malpighi. On tomba
d'accord sur ce point, que chaque globule glandulaire se résout en grains (acini),
et que les acini se réduisent finalement en cellules rondes, dont chacune est
pourvue d'un canal, qui par conséquent est clos à son origine. Meckel et Bé-

clard se prononcent dans ce sens. Mais les auteurs des travaux cités ne s'étaient pas suffisamment préoccupés de l'idée à savoir, si les vésicules obtenues à l'aide de leurs injections et dont ils avaient négligé de donner la mesure, étaient véritablement des vésicules élémentaires, ou seulement de très-petits lobules, c'est-à-dire des vésicules élémentaires agglomérées. La première indication précise et certaine à ce sujet fut donnée par *Weber*, d'après la parotide humaine et le pancréas d'une oie.

Weber (n. 14, p. 274.) s'exprime de la manière suivante au sujet de la connexion des vésicules les unes avec les autres. Chaque branche, dit-il, se termine dans une petite grappe de cellules, qui sont très-rapprochées les unes des autres, en sorte qu'il n'y a que quelques-unes d'entre elles qu'on voit munies d'un conduit excréteur, qui se réunit en un gros canal commun avec les conduits appartenant à la même grappe. D'ailleurs, le conduit excréteur du petit nombre des cellules qui en offrent un, est très-court et n'a pas un diamètre fort inférieur à celui de la cellule close, dans laquelle il se termine. Dans beaucoup d'endroits, il semble que les cellules communiquent immédiatement ensemble, ou, en d'autres termes, que les grappes ne soient partagées en cellules, qu'au moyen de rebords membraneux faisant saillie dans leur cavité (fig. 3-5.). Weber est arrivé à des résultats analogues en faisant des recherches sur la structure de la parotide du veau, des glandes mucipares composées de la langue et des sous-maxillaires des oiseaux. Le diamètre moyen d'une vésicule élémentaire de la parotide humaine est, d'après cet auteur, de 0,02 l. d. P.

Huschke (n. 15. p. 560.) a voulu démontrer par l'injection de liquides dans les uretères, que les canalicules urinaires de la grenouille se terminent en partie en vésicules rondes, déjà visibles à l'œil nu, et que ceux des reins d'oiseaux sont également pourvus de terminaisons en cul-de-sac un peu renflées.

Müller (n. 16.) s'est occupé, dans un ouvrage très-étendu, de la structure de toutes les glandes. Ces organes ne sont, selon cet auteur, que des dépressions de la membrane sur laquelle ils existent, et partout se répandent des vaisseaux capillaires sur leur paroi. A l'instar de Weber, il leur assigna pour but principal de multiplier la surface sécrétoire dans le plus petit espace possible, et il fit connaître la grande diversité des formes par laquelle la nature arrive à cette fin. Müller dit positivement que les radicules de tous les conduits excréteurs commencent par des extrémités fermées en cul-de-sac, dans l'intérieur de la glande même, et qu'elles peuvent être remplies par l'injection du mercure ou de l'air. Il les a décrits dans un grand nombre de glandes conglomérées d'animaux vertébrés et sans vertèbres, qu'on n'avait point examinées avant lui : partout où l'injection ne démontrait point leur existence, il la rendit probable par l'histoire du développement. Les glandes sont divisées par lui en neuf classes comme il suit :

La première classe comprend quatre formes de glandes simples, qui sont ou isolées ou réunies en nombre plus grand, agminées : *a.* Cryptes (fig. 6.), *b.* follicules (fig. 7.), *c.* utricules (fig. 8.), *d.* tubes ou culs-de-sac (fig. 9.).

La seconde classe se compose de quatre formes correspondantes de glandes, qui ne sont plus simples, mais composées, c'est-à-dire où plusieurs cryptes, ou follicules, etc. sont pourvus d'un seul conduit excréteur (fig. 10, 11.).

La troisième classe comprend les mêmes espèces, lorsqu'elles versent leur liquide dans un sac commun.

La quatrième classe renferme des glandes en grappe dans lesquelles la nature celluleuse des lobules glandulaires a été constatée. Il en existe cinq variétés (fig. 12.).

La cinquième classe est formée par des glandes qui se composent de petits tubes terminés en cul-de-sac et réunis sous forme de faisceaux, ou sous celle de feuilles, ou irrégulièrement (fig. 13.).

La sixième classe comprend les glandes dont les conduits sont couverts de grappes dès le commencement; la septième et la huitième renferment celles où les extrémités seules des conduits sont renflées en vésicules, et la différence entre les glandes de ces deux dernières classes ne tient qu'à la manière dont le conduit excréteur se ramifie (fig. 14, 15.).

La neuvième et dernière classe se compose de glandes dont les éléments sont des tubes très-longs, droits ou ondulés, conservant presque partout le même diamètre jusqu'à leur terminaison en cul-de-sac; ils se bifurquent souvent à leur origine; mais plus tard ils restent simples, sans donner des rameaux (fig. 16.).

Les réseaux capillaires, qui se répandent sur les parois des canalicules glandulaires, ont des formes très-variées qui ne répondent pas toujours à celles de ces canalicules; mais le diamètre des vaisseaux sanguins les plus déliés est toujours plus petit que celui des conduits excréteurs sur lesquels ils se distribuent. Voici le diamètre des parties élémentaires de quelques glandes : vésicules élémentaires des mamelles d'un hérisson allaitant : 0,00712-0,00928 pouces de Paris; cellules terminales de la glande salivale d'une oie, remplies de mercure 0,00260; les mêmes de la parotide de l'homme 0,00082: cellules de la glande lacrymale d'une oie 0,00327, etc.

Il serait inutile de citer ici les noms des auteurs qui, tels que *Berres* (n. 17.), *Krause* (n. 18.), *Rudolphe Wagner*, etc., se sont depuis cette époque occupés de la forme des conduits excréteurs les plus déliés, des lobules et des vésicules, puisque nous nous en occuperons dans les mémoires concernant la structure intime de diverses espèces de glandes. Il suffit de faire remarquer que l'on est maintenant presque généralement d'accord sur la terminaison en cul-de-sac des conduits excréteurs, excepté en ce qui concerne quelques glandes. En effet, malgré le travail remarquable de *Muller*, dans lequel l'auteur s'appuyait sur un grand nombre d'injections pour combattre toute idée de communication entre les vaisseaux sanguins et les conduits excréteurs, quelques auteurs ont pourtant affirmé, jusque dans les derniers temps, qu'une pareille communication existe dans le foie et surtout dans les reins. Telle est l'opinion de *Dollinger* (n. 13.), de *Berres* (n. 17.), *Hyrtl* et *Cayla*. D'un autre côté, *Bourgéry* (n. 19.) combat l'existence des bronches terminées en cul-de-sac.

§ 2.

Ainsi que nous l'avons déjà fait remarquer précédemment, dans les travaux de *Ruysch* et de *Malpighi* et dans tous ceux que nous avons cités jusqu'à présent, il s'agissait uniquement de la terminaison des conduits excréteurs et des vaisseaux sanguins, mais nullement de la structure intime du parenchyme glandulaire. Ces recherches n'ont été faites que dans ces derniers temps. Il fallait, à cet effet, non plus examiner la glande injectée, mais soumettre à l'observation microscopique une parcelle très-mince, et conséquemment transparente, de la glande à son état naturel.

Eÿsenhardt (n. 20.) est le premier qui ait adopté ce genre de recherches dans son travail sur les reins. Les canalicules urinaires, examinés à un grossissement d'à peu près 90 fois, apparurent à cet observateur comme articulés (fig. 17.). En faisant macérer les reins pendant quelque temps dans l'eau, ces canalicules se dissolvent en globules plus ou moins grands (fig. 18.). La fig. 19 représente les canalicules urinaires de la substance médullaire du rein d'un nouveau-né, examinés au même grossissement.

Dutrochet (n. 21.) dit que la glande salivaire chez tous les *hélix* est entièrement composée par une agglomération de corps globuleux irrégulièrement déformés par leur compression mutuelle et demi-transparents. Ce ne sont plus des globules, à proprement parler, dit-il, ce sont de véritables utricules ou cellules globuleuses, tout-à-fait analogues aux cellules végétales. Une lentille d'une ligne de foyer les fait paraitre grosses comme des pois; on distingue sur leurs parois une grande quantité d'utricules plus petites qui ne sont encore que des globules.

Raspail (n. 22, vol. II.) a peut-être observé ces mêmes globules, lorsqu'il dit que « lorsqu'on peut arriver à la dernière cellule en formation, on la trouve, chez les glandes, remplie d'une substance oléagineuse, qui s'échappe en gouttelettes à la surface de l'eau du porte-objet ».

Boehm (n. 23, p. 42.) décrit le contenu des glandes du gros intestin de l'homme comme un liquide clair, avec des corpuscules amorphes, floconneux. Il a trouvé oblongs et irréguliers les corpuscules des mêmes glandes chez le lièvre et une grande quantité de globules ronds dans le liquide contenu dans les glandes de Peyer.

Berres (n. 17, p. 138, 154, 160.) a le premier examiné la structure de la paroi des vésicules des glandes composées. Il a décrit en plusieurs endroits comme une petite plaque cornée, parsemée de molécules. Par lamelle cornée il faut entendre probablement une membrane dépourvue de structure.

Purkinje (n. 24, p. 174.) a le premier fait des observations détaillées sur le parenchyme glandulaire. Cet auteur décrit dans les derniers utricules des glandes salivaires, du pancréas et des glandes muqueuses, des grains aux angles arrondis et pourvus de noyaux, semblables à ceux du liquide sécrété. Il les nomme *grains d'enchyme* et les compare aux parties élémentaires des plantes où chaque cellule, par sa vie propre, produit un contenu spécifique.

Henle (n. 25, p. 104.), ayant vu ces globules composés d'un noyau et d'une enveloppe et fréquemment réunis en portion de membranes, les décrit comme

cellules épithéliales des vésicules glandulaires. Leurs noyaux ont un diamètre
de 0,0033 ligne. La cellule elle-même est souvent difficile à distinguer. Il présente la paroi des vésicules des glandes composées comme homogène ; mais il
exprime en même temps la conjecture qu'elle est composée de filaments de
tissu cellulaire solidement unis ensemble. *Pappenheim* (n. 26.) a objecté avec
raison que la membrane ne se réduit point en fibres par la macération.

Schwann (n. 27, p. 197.) dit également que la tunique propre des canalicules
urinaires, dans les fœtus des mammifères, est extrêmement délicate, homogène,
et non un composé de tissu cellulaire.

Bischoff (n. 28, p. 513.) affirme que le contenu des glandes stomachiques est
composé de granules irréguliers, dans lesquels les grossissements les plus forts
n'ont pas fait connaître une structure particulière, un noyau, etc. Il en conclut
que ces granules ne peuvent pas être une formation d'épithélium.

Il résulte de ces recherches que le parenchyme des glandes doit être regardé
comme composé de granules ou de cellules pourvues de noyaux renfermés dans
des canalicules, dont les parois sont formées par une membrane homogène.
Sur cette paroi, *Pappenheim* (n. 26. p. 18) et *Wasmann* (n. 29) ont démontré
la présence d'un épithélium à cylindres dans les glandes stomacales.

Tels sont les principaux résultats des recherches faites sur la structure intime
des glandes jusqu'en 1839. Nous passerons maintenant sous silence plusieurs
observations isolées concernant quelques glandes spéciales, dont nous aurons
l'occasion de nous occuper ailleurs, pour arriver à quelques travaux concernant
la structure élémentaire des glandes en général.

Henle (n. 30) démontre l'exactitude des faits généraux que nous venons d'indiquer dans toutes les glandes qu'il a soumises à son examen. Il adopte d'abord,
avec les auteurs, l'existence de follicules clos dans les membranes muqueuses.
Nul doute, dit-il, qu'en certaines circonstances ces follicules percent à la surface, et qu'après avoir laissé échapper leur contenu, elles se convertissent pendant plus ou moins longtemps en fossettes simples, dont les parois se continuent avec la membrane au-dessous de laquelle elles se sont développées. Il
regarde ces vésicules comme l'élément morphologique du tissu glandulaire, et
il leur donne le nom de vésicules glandulaires. En s'accumulant, en s'arran-
geant suivant des types divers, et s'ouvrant les unes dans les autres, elles donnent
naissance aux glandes composées (fig. 20). La paroi des plus petites vésicules
glandulaires est complétement claire et sans structure, et il l'appelle tunique
propre des vésicules glandulaires. D'autres, plus grosses, sont pourvues de plusieurs couches de noyaux de cellules, qui sont prolongés en corpuscules obscurs, pointus aux deux bouts. Dans d'autres encore, la substance comprise entre
les noyaux est manifestement fibreuse et marquée de stries concentriques au
pourtour. Henle n'a jamais pu apercevoir de noyau, même dans les plus petites
vésicules ; il croit par conséquent que ce noyau est absorbé de très-bonne
heure. Le contenu de ces vésicules contient des granulations élémentaires, et
des cellules dont le noyau se compose de un à trois granules et qui ne sauraient
être distinguées des corpuscules du pus. Leur diamètre moyen est de 0,005 li
gne ; celui des granulations de 0,001 à 0,002. Ces cellules peuvent, d'après

l'auteur, dans l'occasion, devenir épithélium. En effet, lorsque la vésicule est ouverte et qu'il y a un canal excréteur, l'épiderme de la membrane muqueuse se continue avec des couches de cellules rangées sur la tunique propre et constituant l'épithélium de ces dernières.

En résumé donc on peut, d'après cet auteur, concevoir toutes les glandes comme produites par une réunion de vésicules, consistant en une tunique propre, sans structure ou formée de tissu cellulaire et pleine de cellules qui, dans l'occasion, deviennent épithélium. Il n'y a d'exception que pour des petites glandes de follicules pileux et pour le foie.

En partant de ces principes, Henle partage les autres glandes du corps humain en trois groupes : glandes en forme de cœcum, glandes en forme de grappe et glandes rétiformes.

Les glandes en forme de cœcum contiennent à la partie inférieure des noyaux de cellules bien marqués; plus haut, les noyaux des cellules sont entourés de bandes claires, et à la surface on les voit dans la paroi de grandes cellules finement grenues. Dans d'autres cas, le développement du contenu de la glande prend un autre développement. La masse grenue offre aussi inférieurement des noyaux de cellules; mais plus haut, on trouve des corpuscules oblongs, coniques ou cylindriques, en un mot, les degrés divers de développement d'épithélium qui existe sur la membrane muqueuse et avec lequel les cellules du contenu de la glande se continuent.

La classe des glandes en forme de grappes comprend les petites glandules mucipares des lèvres, des joues, du palais, de la langue, de l'œsophage, du larynx, de la trachée-artère et des bronches, les glandes de Brunner dans l'intestin grêle, les glandules muqueuses du vagin, les amygdales, les glandes lacrymales et salivaires, le pancréas, les glandes mammaires, les glandes de Cowper des deux sexes et la prostate. Toutes se rassemblent exactement, eu égard à la disposition de leurs éléments. Quant à ce qui concerne le contenu des vésicules, on rencontre là les mêmes éléments microscopiques que dans les glandes en forme de cœcum. Le principal conduit excréteur se divise, à la manière de vaisseaux, en branches de plus en plus grêles. Les ramifications les plus déliées, qui continuent bien encore à se diviser, mais ne diminuent plus de calibre, ont un diamètre d'environ 0,080 ligne ou un peu davantage. On voit quelquefois ces branches se terminer précisément dans un lobule glandulaire, en sorte que la cavité centrale de celui-ci est la prolongation immédiate de la lumière du conduit excréteur, et que la membrane musculaire de ce dernier devient, en s'amincissant rapidement, la tunique propre du lobule.

A la classe des glandes rétiformes appartiennent les reins et les testicules. Les canaux sécréteurs sont des tubes droits ou flexueux qui communiquent les uns avec les autres par des anastomoses plus ou moins fréquentes.

Todd (n. 31) représente les follicules comme la forme la plus simple des dépressions de la muqueuse (fig. 21); l'épithélium s'y continue sans interruption. Cet auteur appelle les cellules qui constituent le contenu de lobules: *globular epithelium.* Bowmann (n. 32, *mucous membrane*) et *Valentin* (n. 33) se prononcent dans le même sens sur la nature de cellules renfermées dans les canaux sécréteurs.

CHAPITRE SECOND.

RECHERCHES DE L'AUTEUR.

PLANCHE II.

(Planche vingt-deux de la première partie.)

§ 1. *Les Glandes.*

On distingue, en général, dans chaque glande le parenchyme et les canaux, dont nous établissons deux ordres : les canalicules sécréteurs et les canaux ou *conduits excréteurs* (§ 2). Ces derniers tiennent aux expansions cutanées, à la surface desquelles elles s'ouvrent, et se continuent avec les *canalicules sécréteurs* (§ 3). Ceux-ci sont composés d'une membrane particulière très-mince, la *tunique propre glandulaire*, qui est en général amorphe, et qui, par un tissu cellulaire extérieur plus ou moins dense, se trouve réunie aux tissus voisins. Les canalicules sécréteurs forment ou des conduits allongés, isolés et terminés en cul-de-sac (fig. 1) ou réfléchis en forme d'anse (fig. 2) ou pelotonnés (fig. 3), ou arrondis sous formes de vésicules conglomérées (fig. 4); ils renferment une masse plus ou moins compacte et adhérente aux parois des canalicules et composée de cellules (fig. 7, *a*; 8, *a*; 9; 10, *a*; 12, *b*). Cette masse cellulaire compose ce qu'on appelle le *parenchyme* (§ 4) de la glande, tandis que le *liquide sécrété* (§ 5) est formé par le sérum sanguin, et par le liquide renfermé dans les cellules du parenchyme charriant avec lui les débris de ces mêmes cellules. A la surface externe des canalicules, se distribuent les *vaisseaux* et les *nerfs* (§ 6).

Après avoir donné ainsi une idée générale de la composition des glandes, nous allons examiner en détail la structure intime de chaque partie.

§ 2. *Les conduits excréteurs.*

L'épithélium des membranes muqueuses ou de la peau se continue, en général, sans changer de forme dans les conduits excréteurs, dont il occupe la surface libre. Toutefois, on voit souvent une transformation de l'épithélium s'opérer brusquement à l'orifice du canal excréteur. L'épithélium en pavé ou celui en cylindres s'observe le plus fréquemment : l'épithélium vibratile est beaucoup plus rare. L'épithélium du conduit excréteur est souvent composé de plusieurs couches de corpuscules, dont les plus externes sont les plus développés. Plus l'on s'éloigne de l'orifice, plus cet épithélium devient mince et moins développé. Immédiatement au-dessous de l'épithélium existe une membrane transparente, limpide, sans structure apparente, qui, d'un côté, est la continuation de la tunique propre des canalicules sécréteurs, et d'un autre côté, la continuation de la tunique propre de la peau et des

I   (3)   43

membranes muqueuses. Quelquefois seulement on croit pouvoir y distinguer des stries longitudinales qui peuvent être, soit des plis accidentels, soit la première indication de fibres produites par la scission spontanée de la membrane. Toutefois, cette transformation de la *tunique propre glandulaire* en fibres, n'est pas encore un fait positif acquis à la science : il nous paraît même probable que souvent elle persiste comme membrane amorphe.

La tunique propre glandulaire est recouverte, du côté où le conduit excréteur s'unit aux tissus voisins, par du tissu cellulaire aux divers degrés de son développement, quelquefois aussi par des fibres circulaires ou obliques, par des fibres élastiques, ou même par des fibres musculaires involontaires (fig. 14.), pourvues d'un grand nombre de corpuscules. Le tissu cellulaire forme, en général, la couche la plus abondante; les fibres, qui ne sont pas encore parfaitement développées, présentent, de distance en distance, des nodules naviculaires qui sont les traces des corpuscules primitifs dont les fibres ont pris naissance. C'est à tort que *Valentin* en fait un tissu particulier, le tissu d'enveloppement.

De même que l'épithélium, la couche du tissu cellulaire et des autres fibres qui entourent le conduit excréteur est d'autant plus considérable que l'on s'approche davantage de l'orifice, et diminue peu à peu aux endroits où le canal excréteur communique avec les canalicules sécréteurs. Les fibres cellulaires sont les dernières à disparaître.

§. 3. *Les Canalicules sécréteurs.*

Les derniers éléments des glandes sont de petites vésicules, formées par une membrane transparente, amorphe, la *tunique propre glandulaire*, entourées de fibres cellulaires plus ou moins développées et renfermant les cellules qui composent le parenchyme (fig. 6; fig. 12, *a*). La tunique propre est extrêmement mince : son épaisseur ne dépasse pas souvent 0,001 de millimètre. Elle se déchire très-facilement, et l'on pourrait se demander comment cette membrane, lorsque par des injections on veut démontrer la structure intime des glandes, peut résister à la force de l'impulsion donnée au liquide injecté. D'autres raisons encore, que nous exposerons tout à l'heure (§. 4), nous font supposer que les parties élémentaires des glandes n'ont guère été vues dans les glandes injectées.

La forme des canalicules sécréteurs est celle de vésicules arrondies, terminées en cul-de-sac, isolées (fig. 1, *a*), ou réunies ensemble (fig. 4; 11; 12, *a*) ou celle de vésicules, également terminées en cul-de-sac, mais allongées, isolées (fig. 1, *b*), ou réunies plusieurs ensemble (fig. 5, 13). D'autres forment des canaux réfléchis sous forme d'anses (fig. 2.), ou pelotonnés (fig. 3). Les canalicules sécréteurs se terminent dans la plupart des glandes en cul-de-sac.

Le diamètre des canalicules sécréteurs varie beaucoup dans les glandes. Lorsqu'ils existent isolés, sous forme de follicules ou de vésicules allongées et terminées en cul-de-sac, ils sont en général plus grands que sous forme de

vésicules arrondies et agglomérées. Ces dernières n'ont souvent qu'un diamètre de 0,01 à 0,03 de millimètre. Les utricules et les tubes en cul-de-sac
présentent à leur intérieur un épithélium en pavé ou en cylindres (fig. 6, *a*):
lorsqu'on coupe le bout d'un de ces tubes, on voit le bord se renverser
comme s'il était contracté par des fibres musculaires. Dans les vésicules les
plus petites des glandes agglomérées on ne trouve pas de trace d'épithélium.

§. 4. *Le Parenchyme.*

L'intérieur des canalicules sécréteurs est occupé par des cellules à divers
degrés de développement, qui forment ce qu'on appelle le parenchyme des
glandes. Les corpuscules primitifs d'où proviennent ces cellules et les cellules les moins parfaites existent en général dans le voisinage de la tunique
propre glandulaire ou de l'épithélium, s'il y en a, tandis que l'axe du canalicule est occupé par les cellules les plus parfaites. Aux endroits où, par la
pression, on a éloigné le contenu des vésicules, apparait la tunique propre de
ces dernières, transparente, amorphe.

Jamais nous n'avons pu observer une transition entre les cellules du parenchyme et les éléments qui composent l'épithélium, contrairement à ce qu'affirme *Henle*, et d'après lui *Todd*, *Valentin*, etc. Pour s'en convaincre, on n'a
qu'à examiner les glandes de quelques animaux inférieurs. Analysons par
exemple un des tubes en cul-de-sac dont se compose la vésicule multifide
des colimaçons. Un épithélium à cylindres revêt toute la surface interne du
canalicule (fig. 6, *a*) qui est rempli par une matière blanchâtre (fig. 6, *b*).
Les éléments de cette matière sont des molécules extrêmement petites et des
cellules granulées (fig. 7, *a*) ayant un diamètre de 0,003 à 0,008 de millimètre, formant une masse cohérente à l'aide des molécules dont nous venons
de parler (fig. 7, *b*); on ne peut reconnaître ces cellules que lorsqu'on a pris
le soin de les isoler. Qu'on les compare dans leurs divers degrés de développement (fig. 8, *a*) avec les éléments de l'épithélium (fig. 8, *b*), et l'on se convaincra facilement que jamais une transition entre ces deux espèces d'éléments
ne peut avoir lieu.

Ce que nous avançons deviendra encore plus clair par l'examen de la glande
qu'on appelle le sac calciphore du colimaçon. Ce sac est entièrement rempli
par des cellules calcaires (fig. 9, *a*), composées d'un ou de plusieurs globules
réunis, noires lorsqu'elles sont vues par transparence, et blanches à la lumière
réfléchie, présentant même souvent à l'intérieur un point lumineux à l'instar
des bulles d'air. La description que nous venons de donner de ces éléments,
qui constituent le parenchyme de ce sac, suffit déjà pour faire voir quelle
différence existe entre eux et les éléments de l'épithélium à cylindres qui revêt
la surface de ce sac.

Nous ajouterons seulement encore une remarque concernant ces cellules.
L'épithélium à cylindres du sac calciphore laisse transsuder, comme tout
autre épithélium (Voir notre *mémoire sur l'épithélium*) une matière amorphe
blanchâtre, par l'effet du séjour de ce tissu dans l'eau, et qui forme des

gouttelettes arrondies et transparentes (fig. 9, *b*). Or, on voit quelquefois ces gouttelettes renfermer dans leur intérieur une cellule calcaire (fig. 9, *c*), de manière que l'ensemble imite parfaitement l'aspect que présenterait une cellule, dont le noyau serait la cellule calcaire. On peut à volonté augmenter le nombre de ces cellules artificielles. Que l'on laisse séjourner une particule de cette glande dans de l'eau, sans en détacher les cellules calcaires adhérentes, l'eau fera sortir une foule de gouttelettes de la matière blanche amorphe, qui s'amassent sur le bord de la particule et dont la plupart renferment chacune une cellule calcaire. Lorsqu'au contraire on a pris le soin de détacher les cellules calcaires, sans mettre le tissu glandulaire lui-même dans l'eau, ces cellules artificielles manquent entièrement ou sont extrêmement rares. Nous avons déjà rapporté un fait analogue en parlant de la structure intime de la *rétine*, où ces produits ont été signalés par *Valentin* comme de véritables cellules.

Dans le foie du dytique, les cellules (fig. 10, *a*) qui remplissent les utricules sont bien différentes des éléments de l'épithélium (fig. 10, *b*) qui occupe la surface des canalicules. Ces exemples, et bien d'autres que nous aurions pu encore citer, suffisent pour prouver qu'il n'existe aucune transition entre les cellules qui composent le parenchyme des glandes et l'épithélium qui recouvre les surfaces libres des canalicules sécréteurs. Ce qui a pu tromper les auteurs cités, c'est la présence des corpuscules primitifs dans le voisinage de la tunique propre glandulaire, corpuscules que sans doute ils ont pris pour les premiers éléments d'un épithélium qui toutefois n'existe pas même dans les vésicules les plus petites des glandes agglomérées. Il est vrai que lorsqu'on n'a que des corpuscules primitifs sous les yeux, il est dans quelques cas très difficile de décider s'ils appartiennent à un épithélium ou à d'autres cellules; mais dans ce cas les éléments voisins doivent donner des renseignements suffisants. Si l'on ne trouve, tout autour de ces éléments, que des cellules qui forment le parenchyme glandulaire, il serait tout-à-fait arbitraire de supposer que les corpuscules primitifs appartiennent aux éléments d'un épithélium dont on ne trouve aucune trace.

Les corpuscules primitifs et les cellules les moins développées du parenchyme sont adhérentes à la tunique propre glandulaire à l'aide d'une matière transparente, peu solide, qui est la matière organisatrice ou le *blastème*. Mais au fur et à mesure que les cellules se développent et qu'elles se rapprochent de l'axe du canalicule, elles se détachent du blastème et deviennent libres. Ce sont ces dernières que l'on voit en grande quantité nager dans l'eau autour des canalicules, lorsqu'on prépare ceux-ci pour l'examen microscopique.

Les cellules du parenchyme des glandes remplissent entièrement les vésicules élémentaires. Il est alors difficile à comprendre comment la matière injectée pourrait trouver place dans ces vésicules. Si l'on se rappelle encore ce que nous avons déjà dit sur la facilité avec laquelle se déchire la membrane qui compose la vésicule, on aura des raisons graves pour mettre en doute les résultats obtenus à l'aide des injections, et concernant la structure et la forme des éléments les plus petits dont se composent les glandes.

§ 5. *Les liquides sécretés.*

Les liquides sécrétés par les glandes proviennent de deux sources; la première est le plasma sanguin, la seconde est le liquide renfermé dans les cellules du parenchyme glanduleux. En effet, les éléments qui remplissent les canalicules sécréteurs sont de véritables cellules remplies, à leur état parfait de développement, d'un liquide qui lui-même tient souvent de molécules en suspension. Ce liquide est versé par suite d'une rupture ou d'une dissolution de l'enveloppe cellulaire, et c'est lui qui constitue le caractère spécial de chaque sécrétion glandulaire.

Nous avons déjà fait connaître (§ 4) sommairement les divers degrés de développement que parcourent les cellules du parenchyme, depuis l'apparition des corpuscules primitifs placés dans le blastème qui les réunit jusqu'à celle des cellules parfaites, détachées du blastème et amassées dans l'axe des canalicules sécréteurs. Nous ajouterons encore qu'un caractère essentiel de ces cellules est la production d'un liquide dans leur intérieur, dont la présence devient très-manifeste lorsqu'il tient en suspension des particules qui offrent le mouvement moléculaire dans l'intérieur de la cellule. Nous avons observé des faits analogues dans les cellules des reins, du foie (fig. 10, *a*) etc. Parvenues au plus parfait degré de leur développement, les cellules crèvent ou se dissolvent, et le liquide qui est versé par le conduit excréteur contient souvent ces débris et d'autres cellules, détachées de l'intérieur des canalicules sécréteurs et plus ou moins développées. C'est là que nous les connaissons sous le nom de globules de mucus, du lait, des zoopermes, etc. Toutefois trois glandes, à savoir les reins, les poumons et le foie, paraissent en faire exception; nous en parlerons dans les mémoires destinés à ces organes.

§ 6. *Les vaisseaux et les nerfs.*

Les vaisseaux et les nerfs se distribuent à la surface externe des glandes, dans le tissu cellulaire qui les réunit aux parties voisines. Plusieurs auteurs ont admis une communication directe entre les vaisseaux sanguins et les canalicules sécréteurs (p. 187); mais cette opinion, qui est déjà réfutée par la simple inspection microscopique, et qui se fonde sur l'examen des glandes injectées, est aussi détruite par l'absence complète de globules sanguins dans les liquides sécrétés. Elle peut s'expliquer de deux manières différentes: soit par l'extravasation de la matière injectée, soit par cette circonstance, que que l'on prend pour une communication de vaisseaux sanguins avec les canalicules ce qui en réalité n'est que superposition de ces deux éléments. En effet, on examine habituellement les pièces injectées, desséchées et vernies, comme corps opaques. On est alors forcé de n'employer que des grossissements faibles, et le diamètre peu considérable de ces éléments rend alors difficile de distinguer s'il y a communication directe ou simplement superposition. Mais dans plusieurs cas nous avons pu nous convaincre, en faisant un examen attentif des pièces qui nous ont été présentées pour prouver cette communication directe, par les auteurs mêmes qui s'étaient prononcées en faveur de cette opinion, qu'il n'y avait que vaisseaux et canaux superposés et qu'il n'y existait aucune communication directe.

§ 7. *Les diverses espèces de glandes.*

Nous ne croyons pas nécessaire d'entrer ici dans les détails d'une classification des glandes qui, au reste, a été déjà exposée par nous ailleurs (n. 34). Nous rappelerons seulement que l'on divise les glandes en simples et en composées, selon que leurs canaux sécréteurs sont simples ou composés. Les premières se composent d'une seule vésicule glandulaire pourvue d'un orifice simple (fig. 1), ou de plusieurs vésicules ayant un canal excréteur non ramifié (fig. 5). Les glandes composées, au contraire, ont un canal excréteur ramifié dont les formes diverses fournissent les éléments des sous-divisions. Les parties élémentaires des glandes composées sont des vésicules arrondies (fig. 11), ou allongées (fig. 13) remplies de cellules et groupées autour d'une masse compacte de cellules analogues à la partie centrale du parenchyme. Quelques vésicules seulement sont parfaitement closes : ce sont celles qui se trouvent sur le bord de la glande et qui ne sont pas encore parfaitement développées (n. 34. §. 197); toutes les autres communiquent à un endroit de leur circonférence, avec une cellule voisine ou avec la portion centrale du parenchyme. Ajoutons encore, avant d'aller plus loin, qu'il existe beaucoup de formes transitoires non seulement entre les diverses espèces de glandes composées, mais aussi entre celles-ci et les glandes simples.

Tout ce que nous avons dit jusqu'à présent se rapporte aux glandes en général : nous allons maintenant indiquer les mémoires dans lesquels nous donnerons en détail la description des diverses espèces de glandes.

A. Glandes simples.
     a. Glandes simples terminées en cul-de-sac.
         1. Gl. mucipares simples. . . . . ⎫
         2. Gl. intestinales. . . . . ⎬ : *Peau et membranes muqueuses.*
         3. Gl. de l'estomac. . . . . ⎭
         4. Gl. de Meibom. . . . · . . .   : *Organes de sens*
     b. Gl. simples pelotonnées.
         1. Gl. sudorifères . . . .   : *Peau et membranes muqueuses.*
         2. Gl. auriculaires. . . . .   : *Organes de sens.*
         3. Gl. sébacées. . . . .   : *Peau et membranes muqueuses.*
     c. Ovaire. . . . .   : *Organes de génération.*
B. Glandes composées.
     a. Gl. lobulées.
     aa. Gl. lob. conglomérées.

    1. Gl. lob. mucipares. . . . . .   : *Peau et mem. muq., org. de genér.*

    2. Tonsilles, gl. salivaires, lacrymales.   : *Organes de sens.*

    3. Gl. de Cowper, mamelles, prostate : *Organes de génération.*

bb. Gl. lob. pelotonnées. . . . . . .

    1. Testicules. . . . . : *Organes de respiration.*

b. Gl. réticulaires.

aa. Poumons. . . . . : *Organes de génération.*

bb. Foie. . . . . : *Mémoire sur le foie.*

cc. Reins. . . . . : *Organes urinaires.*

LITTÉRATURE.

N. 1. Wharton. Adenographia. Londres. 1656. (Manget, Bibl. anat. Vol. II).

N. 2. Malpighi. *a.* Opera omn. Leyde. 1687. *b.* Op. posth. Amsterdam. 1700.

N. 3. King. Philosophical transactions. n. 52. Londres. 1666.

N. 4. Lossius. De glandulis in genere. Witteb. 1685.

N. 5. Ruysch. Opera omnia. Amsterdam. 1733. 3 Vol.

N. 6. Boerhaave, Ruysch. Opusculum anatomicum de fabrica glandularum in corpore humano, continens binas epistolas, quarum prior est H. Boerhaave....., altera Fr. Ruyschii. Leyde. 1722. (Réimprimée dans les œuvres de Ruysch).

N. 7. Haller. De fabrica partium corporis humani. Berne. 1788. 8 Vol. in-8.

N. 8. Duvernoy. Comment. Petropolit. Tom. XIV. 1751.

N. 9. Cruikshank. The anatomy of the absorbing vessels. Londres. 1786.

N. 10. Mascagni. *a.* Vasorum lymphatic. hist. Senis. 1787. *b.* Prodomo della grande anatomia. Florence. 1819. 2ᵉ éd. Milan. 1821. 4 vol. in-8. fig.

N. 11. Prochaska. Disquisitio anatomico-physiolog. Vienne. 1812.

N. 12. Sœmmerring et Reisseissen. Bau der Lungen. Berlin. 1808.

N. 13. Dollinger. Was ist Absonderung. Würzbourg. 1819.

N. 14. Weber. Archiv. für Physiol. und Anatomie von Meckel. Leipsik. 1827.

N. 15. Huschke. Isis. 1818.

N. 16. Müller. De glandularum secernentium structura. Leipsik. 1830.

N. 17. Berres. *a.* Anatomia microscopica. Vienne. 1836. *b.* Med. Jahrb. de œsterr. Kaiserst. 1840.

N. 18. Krause. Archives de Müller. 1837.

N. 19. Bourgery. Anatomie de l'homme. Vol. IV. Paris. 1835.

N. 20. Eysenhardt. De structura renum observ. microsc. Berlin. 1818.

N. 21. Dutrochet. Structure intime des animaux. Paris. 1824 (Mémoires anat. et phys. sur les animaux et les végétaux. Paris. 1837; 2 Vol. atlas).

N. 22. Raspail. Chimie organique. Paris. 1838. 3 Vol.

N. 23. Bœhm. De glandularum intestinalium structura penitiori. Berlin. 1835.

N. 24. Purkinje. Naturforscher zu Prag im Jahre 1837. Prague 1838.

N. 25. Henle. Archives de Müller. 1838.

N. 26. Pappenheim. Zur Kenntniss der Verdauung. Berlin. 1839.

N. 27. Schwann. Mikroskopische Untersuchungen. Berlin. 1839.

N. 28. Bischoff. Archives de Müller. 1838.

N. 29. Wassmann. De digestione nonnulla. Thèse. Berlin. 1839.

N. 30. Henle. Allgemeine Anat. Leipsik. 1841. Trad. par Jourdan. Paris. 1843.

N. 31. Todd. Anat. and physiol. of the intestinal canal. Lond. med. Gazet. 1842.

N. 32. Bowmann. Cyclopædia of Anatomy and Physiology. Londres. 1842.

N. 33. Valentin. Handwœrterbuch der Physiol. von Wagner. Brunswick. 1842.

N. 34. Mandl. Anatomie générale. Paris. 1843.

MÉMOIRE

SUR LA STRUCTURE INTIME

DES VAISSEAUX

SANGUINS.

PAR

LE DOCTEUR LOUIS MANDL.

ACCOMPAGNÉ DE DEUX PLANCHES.

PARIS,

CHEZ J.-B. BAILLIÈRE,

LIBRAIRE DE L'ACADÉMIE ROYALE DE MÉDECINE,

RUE DE L'ÉCOLE DE MÉDECINE, 17;

A LONDRES, CHEZ H. BAILLIÈRE, 219, Regent Street.

1845

MÉMOIRE

SUR LA STRUCTURE INTIME

DES VAISSEAUX

SANGUINS.

Depuis que les auteurs se sont occupés de recherches microscopiques sur les vaisseaux sanguins, ceux-ci ont été examinés sous plusieurs points de vue. En effet, les uns se sont contentés d'injecter les vaisseaux et d'examiner, à de faibles grossissements, la manière dont se distribuent les dernières terminaisons; d'autres ont décrit les phénomènes que présente la circulation; enfin, dans les derniers temps, quelques auteurs ont fixé leur attention sur la structure intime des parois de ces vaisseaux. Ces dernières recherches nous intéressent spécialement, et le plan de cet ouvrage histologique nous permettrait de passer sous silence les études concernant les formes diverses des vaisseaux capillaires : mais l'ensemble du sujet nous engage d'exposer également, quoique d'une manière succincte, l'histoire de ces observations.

CHAPITRE PREMIER. — VAISSEAUX CAPILLAIRES.

§ 1. *Formes diverses des capillaires.*

PLANCHE I. Fig. 1-13.

(Planche vingt-trois de la première partie.)

Harvey, auquel les sciences anatomiques doivent la découverte importante de la circulation, croyait encore qu'il n'existe pas entre les artères et les veines d'anastomoses appréciables à nos sens. *George Ent,* qui a vu les matières injectées par les artères revenir facilement par les veines, adopte la même opinion, mais il nie l'existence de ce parenchyme intermédiaire, dans lequel, selon les anciens, le sang des gros vaisseaux s'épancherait. Cette théorie des anciens, plus ou moins modifiée, a été défendue encore plus tard par *Majow, Duverney, Kerkung,* etc., et même de nos jours par *Wilbrandt* et *Vogel*: mais le fait est qu'elle avait déjà été complétement renversée par les injections de *Bidloo,* de *Cowper, Swammerdamm, Ruysch,* etc., et surtout par les observations micrographiques de *Borellus, Malpighi* et *Leeuwenhoëk* (chap. II), qui ont constaté la circulation du sang dans les vaisseaux capillaires. A partir de cette époque on a

I.   (1)   45

décrit, et surtout figuré, les formes diverses des capillaires injectés soit avec de
la cire, selon la découverte de *Swammerdamm*, soit avec d'autres matières, par
exemple l'air, l'eau, le lait, l'encre, l'huile de térébenthine, la graisse, etc. De
nos jours, *Berres* et *Hyrtl* ont montré une grande habileté dans la préparation
de ces injections, et *Krause* a proposé de prendre deux substances parfaitement
dissoutes qui servent à deux injections successives et qui, en se décomposant
mutuellement, colorent les capillaires.

Nous allons maintenant rappeler les principales découvertes concernant les
formes diverses des capillaires.

Bidloo (n. 4) rapporte que les vaisseaux sanguins les plus petits, surtout les
artériels, se répandent dans les parties, tantôt droits, tantôt courbés, sous forme
de spirale ou d'une ligne ondulée, présentant des angles aigus ou obtus, de
manière que ces vaisseaux puissent se conformer à la position, la figure, la disposition et l'usage des organes mobiles et contribuer à la circulation du sang.
Verheyen (n. 6.) a découvert les *stellulæ Verheyenii* à la surface des reins, *Ferrein* (n. 11.) les *stellulæ Ferreini*, *Winslow* (n. 7.) les *stellulæ Winslowi* dans la
membrane de Ruysch de l'œil du bœuf, et *Steno* les *vortices Stenoni* dans la choroïde. *Ruysch* (n. 8.) a décrit exactement la distribution des vaisseaux sanguins
dans le foie, la rate, le cœur, les lèvres, les joues, etc.; mais il ne paraît pas
avoir vu les capillaires les plus ténus. Nous avons déjà exposé, dans notre mémoire sur les *glandes* (p. 184.) la discussion qui s'était élevée entre *Ruysch* et les
défenseurs de *Malpighi* (n. 3.), concernant la structure des glandes, que Ruysch
disait entièrement composées de vaisseaux sanguins. *Haller* (n. 14. *Descriptio art.
oculi* p. 49. *Commentar. Boerh.* t. IV, § DXXIV.) s'est occupé des artères et des
veines capillaires de l'œil humain, et il reconnaît que les capillaires de la capsule
du cristallin ont une double source. *Albinus* (n. 16.) décrit la distribution des
vaisseaux dans les papilles, sous les ongles, dans la capsule postérieure du cristallin, etc.

Les auteurs dont nous venons de parler n'ont véritablement figuré que
les artères et les veines les plus petites; mais les capillaires eux-mêmes, ceux
que *Berres* appelle les vaisseaux intermédiaires, leur ont échappé. Ces vaisseaux
avaient été déjà vus par les micrographes, tels que *Malpighi*, *Leeuwenhoëk*, etc.,
(chap. II.); mais nous devons à *Lieberkühn* (n. 10.) les premières notions sur
leur distribution dans les villosités intestinales, et à *Zinn* (n. 13.) sur leurs
formes dans l'œil humain. *Hewson* (n. 18.) donne également une description
exacte des capillaires des villosités. *Prochaska* (n. 19.) s'était d'abord seulement occupé, comme *Muys* (n. 12.) des capillaires des muscles, plus tard
(n. 25.) il a fait des recherches sur les capillaires de tout l'organisme, et il
en distingue trois ordres, qui diffèrent seulement par la ténuité plus ou
moins grande des capillaires. Cet auteur appelle capillaires tous les vaisseaux
qui par leur diamètre s'approchent de celui d'un cheveu et que l'on distingue
difficilement à l'œil nu; les artères et les veines se confondent insensiblement.
Prochaska a fait usage d'un grossissement de douze fois. *Bichat* (n. 22.) distingue deux systèmes de vaisseaux capillaires, l'un opposé à l'autre, le premier dans les poumons, le second dans les autres parties du corps. Après s'être

divisées et subdivisées, dit-il, les artères se terminent dans le système capillaire général. « Montrer où ce système commence et où les artères finissent, c'est chose difficile. On peut bien établir que c'est là où le sang cesse d'être entièrement sous l'influence du cœur, pour ne circuler que par l'influence de la contractilité organique insensible des parois vasculaires ; mais comment rendre sensible à l'œil la ligne de démarcation ? Ce système existe dans tous les organes ; tous sont composés, en effet, d'une infinité de capillaires qui se croisent, s'unissent, se séparent et se réunissent ensuite, en communiquant de mille manières les uns avec les autres. Les capillaires seuls font essentiellement partie des organes ; ils sont tellement combinés avec eux qu'ils entrent vraiment dans la composition de leur tissu. » Nous n'avons guère besoin de réfuter cette opinion de Bichat, dont les recherches modernes ont démontré l'inexactitude. *Sœmmerring* (n. 24.) a fait des observations étendues sur les capillaires d'un grand nombre de tissus ; mais la description qu'il en donne est peu détaillée ; ainsi, il dit (*Fabrica*, t. v. § 70.) que les artères se distribuent dans les intestins comme les rameaux d'un arbre dépouillé de feuilles, qu'ils forment une couronne dans l'iris, etc., ces formes sont caractéristiques pour les organes, selon cet auteur, et l'on peut facilement distinguer le foie injecté des reins, etc. Les dernières ramifications des vaisseaux sanguins forment, d'après *Mascagni* (n. 27, *a*. Tab. 3, fig. 23 ; n. 27, *b*. Tab. 2. fig. 7, 8, Tab. 3, fig. 41, 42, etc.) tantôt des papilles, tantôt de follicules. *Béclard* (n. 28.) dit : « Les vaisseaux capillaires sanguins sont les derniers ramuscules des artères et les premières radicules des veines, ou bien ils sont intermédiaires aux artères et aux veines. C'est dans ces vaisseaux que, insensiblement et sans limite déterminée, les artères se changent en veines ; ce dont on peut juger par le changement successif du volume des vaisseaux dans un sens ou dans l'autre, par le sens dans lequel se font les divisions ou les réunions successives, » etc. *Dœllinger* (n. 35. 1820. Tab. IV, fig. 13-15) a fait des injections très-heureuses dans les capillaires des muscles et plus tard (n. 37.) dans les villosités intestinales. *OEsterreicher* (n. 3o. p. 114.) trouve le nom des vaisseaux capillaires impropre pour caractériser les vaisseaux les plus ténus, dont le diamètre, dit-il, dépasse de beaucoup celui d'un cheveu.

Panizza (n. 42.) ne décrit pas en détail les caractères particuliers des capillaires dans les membranes muqueuses et dans la peau ; mais il dit pouvoir distinguer facilement la muqueuse du nez de celle de la trachée, de l'estomac, etc. *Czermak* (n. 76. p. 15.) croit que le sang se meut, dans les capillaires, tantôt en avant tantôt en arrière, et que par conséquent les vaisseaux dans lesquels la circulation a lieu dans un sens déterminé n'appartiennent pas aux capillaires, même lorsque leur diamètre ne permettrait de passer aux globules de sang qu'un à un (Comp. chap. 2.) *Marshall Hall* (n. 43, *b*) divise les vaisseaux capillaires en artères très-petites, veines très-petites et en véritables capillaires. Tant que les vaisseaux, par les ramifications, changent de diamètre, ils doivent être rangés parmi les artères ou les veines. Les véritables capillaires au contraire conservent constamment le même diamètre, malgré leurs anastomoses, réunions et subdivisions fréquentes. « Jamais, dit cet auteur, les artères ne communiquent directement avec les veines; mais toujours par l'intermédiaire des vaisseaux capillaires.

Berres (n. 56.) a commencé à publier, dès 1833, des recherches fort étendues et relatives aux capillaires de presque tous les systèmes organiques. Outre ses propres injections, il pouvait encore consulter celles de *Lieberkuhn, Barth* et *Prochaska*; il donne le résultat suivant de ses observations. Les vaisseaux capillaires sont de trois espèces : les vaisseaux capillaires artériels, le système des vaisseaux intermédiaires et les capillaires veineux. Les vaisseaux intermédiaires sont ceux que Marshal Hall appelle véritables capillaires; mais ce dernier auteur n'a soumis à l'inspection microscopique que quelques membranes animales transparentes, tandis que Berres a fait des recherches sur des pièces injectées, appartenant aux tissus organiques divers, et même, selon plusieurs témoignages dignes de foi, longtemps avant la publication des recherches de Marshall Hall. Berres a acquis, à juste titre, une grande célébrité par ses belles injections : nous avons vu cet auteur reconnaître la nature du tissu par la simple inspection des vaisseaux injectés. Il établit que les vaisseaux intermédiaires constituent un système particulier, et il attache beaucoup plus d'importance aux formes diverses de ces vaisseaux qu'à celles des artères et des veines capillaires. Les vaisseaux intermédiaires forment une anse dans les organes de tact et de goût, une maille dans les organes où la sécrétion prédomine et des anses et des mailles, mêlées ensemble, dans les organes de tact et de sécrétion, comme par exemple dans la peau. Les vaisseaux communiquent, d'après cette auteur, avec les vaisseaux lymphatiques et les canalicules excréteurs du foie et des reins (Voy. §3.). Nous avons reproduit (Pl. I. fig. 1 à 13) quelques-unes des figures données par Berres dans son grand ouvrage, et nous avons conservé dans l'explication de la planche les dénominations latines données par l'auteur. Ces figures suffisent pour donner une idée du système ingénieux, mais trop artificiel et guère soutenable, qui a été établi par Berres et qui se rapporte aux diverses formes qu'affectent les vaisseaux capillaires. Nous devons encore ajouter que cet auteur admet des communications directes entre les artères et les veines capillaires, sans vaisseaux intermédiaires, et que le tissu érectile, qu'il trouve dans le corps ciliaire, la rate, le corps caverneux du pénis et le parenchyme de quelques organes, et placé dans son système entre les capillaires et les vaisseaux intermédiaires.

Nous aurons l'occasion de revenir sur quelques-unes des formes particulières des vaisseaux capillaires dans le courant de cet ouvrage. Ainsi, nous parlerons du tissu érectile, dont s'est occupé *Müller* (n. 50. 1835, 1838.), *Valentin* (n. 50. 1838.), *Krause*, (n. 50. 1837.), *Hyrtl* (n. 66. 1838), *Henle* (n. 80.), dans notre mémoire sur les *organes de génération*, des corpuscules de Malpighi, qui ont été examinés par *Muller* (n. 41.), *Huschke* (n 45.), *Krause* (n. 50. 1837), *Wagner* (n. 72, *b*, pl xx.), *Bowmann, Hyrtl*, etc., en examinant les reins, etc. Nous devons seulement mentionner ici une forme particulière de distribution. On sait qu'en général, les branches artérielles et veineuses diminuent peu à peu de calibre par l'effet d'une fusion continuelle. Cependant on trouve des exceptions, qui sont caractéristiques pour certains organes. A la choroïde, on voit partir tout-à-coup d'un tronc une masse de petites branches qui forment des tourbillons, que l'on connait sous le nom de *vasa vorticosa*. Le faisceau vasculaire qui nait ainsi par la résolution soudaine d'un tronc est appelé *rete admirabile*, réseau admirable. *J. Muller* (n. 5o, 1840, p. 119. 1841, p. 263) divise les réseaux admirables en unipolaires ou diffus, et bipolaires ou amphicentriques. Dans ceux de la seconde espèce, les vaisseaux, immédiatement après être sortis d'un tronc, se réunissent sur-le-champ en un tronc nouveau, d'où les branches naissent ensuite à la manière ordinaire. Il n'est pas rare que les réseaux admirables bipolaires soient agglomérés en organes compactes et glanduliformes; ces formations ont même été décrites comme des glandes privées de conduits excréteurs, par exemple la glande carotidienne des grenouilles et la glande choroïdienne des poissons. Les organes appelés branchies accessoires, chez ces derniers animaux, sont également des réseaux admirables, suivant Müller, qui a constaté la présence de ces réseaux encore dans un grand nombre d'animaux. Nous devons aussi rappeler ici les travaux de *Carlisle* (n. 21), *Vrolik* (n. 32), *Rapp* (n. 35, 1827), *Barkow* (n. 35, 1829), *Hahn* (n. 39), *Huschke* (n. 45), *Eschricht* et *Muller* (n. 54), *Breschet* (n. 61), *Barth* (n. 62) *Rathke* (n. 5o, 1838), *Jones* (n. 71), *Baër* (n. 49), et *Burow* (n. 5o, 1838); ces auteurs se sont également occupés des réseaux admirables.

De très-belles figures de différents réseaux capillaires se trouvent en grand nombre dans *Berres* (n. 56), *Arnold* (n. 69), *Wagner* (n. 72, *b*). Quelques bonnes figures ont été données par *Ruysch* (n. 8), *Lieberkuhn* (n. 10), *Zinn* (n. 13), *Prochaska* (n. 19), *Soemmerring* (n. 24), *Bleuland* (n. 33), *Doellinger* (n. 35, 1820; n. 37), *Mascagni* (n. 27), *Reisseisen*, *Muller* (n. 41), *Marshall Hall* (n. 43, *b*.), *Schultz* (n. 53.), etc.

§ 2. *Calibre des vaisseaux capillaires.*

Muller (n. 41, p. 112.) dit que le diamètre des vaisseaux capillaires dès reins varie de 0,0037 à 0,0069 de ligne; il porte celui des procès ciliaires à 0,0064. Suivant les mesures que *Weber* (n. 43, vol. 3. p. 45.) a prises sur les vaisseaux fortement distendus par le sang, de la peau du scrotum d'un enfant nouveauné, les capillaires les plus étroits avaient un diamètre de 0,0037 ligne. Ceux pleins de sang du cartilage rouge de la rotule, en train de s'ossifier, étaient de 0,0077. D'après les mesures prises par le même auteur sur des préparations injectées et sèches de Lieberkühn, les vaisseaux capillaires du cerveau et de la substance nerveuse ont un diamètre moyen de 0,003; parmi les vaisseaux capillaires de la surface des membranes muqueuses et de la peau, peu avaient un diamètre de 0,003, et la plupart n'avaient guère de 0,004 ligne. *Valentin* (n. 46.) évalue le diamètre des plus petits vaisseaux à 0,0057 dans l'estomac et à 0,0048 dans l'intestin grêle. *Krause* (n. 5o, 1837, p. 4.) a vu des vaisseaux d'un diamètre moindre que celui des corpuscules du sang, dans des parties injectées; il en a trouvé, par exemple, de 0,0008 de ligne dans le muscle tibial. *Henle*, (n. 80. t. 2, p. 5.) présume que l'injection avait été incomplète. Ce dernier auteur a mesuré le diamètre des capillaires les plus déliés, après les avoir isolés de la substance environnante, dans le cerveau et la rétine; ils n'avaient pas moins de 0,00204 0,0023 de ligne. La plupart des capillaires, mesurés par Henle sur des préparations, avait un diamètre de 0,003 de ligne. Cependant il dit en avoir vu, sur des pièces de Lieberkühn, qui n'avaient que 0,002 de ligne, et même d'autres un peu plus petits. Mais on peut supposer avec raison que les capillaires de ces pièces, desséchés depuis longtemps, se sont rétrécis, et présentent par conséquent un diamètre plus petit. Henle signale aussi, dans la substance cérébrale, la présence de filaments très-déliés, munis de noyaux ovales, dont le diamètre à peine appréciable ne permet pas le passage des globules du sang, et qui semblent être des filets de jonction entre les vaisseaux sanguins. Mais la nature capillaire de ces filets est fort problématique, ainsi que le passage du sérum sanguin dans leur intérieur.

§. 3. *Quelques considérations générales.*

Les vaisseaux capillaires sont généralement étalés en surface sur des membranes, ou dirigés en tous sens dans des organes parenchymateux. Cependant, dans les membranes, les réseaux d'une couche communiquent par des anastomoses avec ceux qui sont situés plus profondément; d'un autre côté les couches membraneuses, que forment les vaisseaux capillaires, représentent ou des sphères creuses ou des cylindres creux, suivant la forme des parties élémentaires. Ce cas arrive, par exemple, pour les cellules adipeuses et les canalicules sécréteurs des glandes: mais dans d'autres tissus, comme par exemple dans les muscles, le tissu cellulaire, les fibres nerveuses, les parties élémentaires sont plus petites que les vaisseaux capillaires. La distribution des capillaires dans les tissus se règle en général sur celle du tissu cellulaire; toutefois ce n'est pas constant, comme le prouve par exemple le cerveau.

La différence entre les réseaux capillaires dépend : 1° du calibre des capillaires; 2° du diamètre et 3° de la forme géométrique des espaces compris entre eux. En général, le *calibre* des capillaires (vaisseaux intermédiaires de Berres), est en raison du diamètre des corpuscules du sang. Toutefois, chez les reptiles, nous avons trouvé des vaisseaux trop étroits pour laisser passer ces corpuscules, et lorsque ceux-ci y étaient poussés par le courant de la circulation, ils s'allongeaient considérablement et ne passaient qu'avec difficulté. (Pl. II. fig. 16, *b*; fig. 19, *e*.) La matière injectée arrive-t-elle dans tous les capillaires? On a résolu affirmativement cette question en s'appuyant sur les mesures des capillaires injectés; mais on a oublié que la violence de l'injection dilate les vaisseaux outre mesure et même qu'elle les déchire, ainsi que le prouvent les prétendues communications des vaisseaux avec les glandes ou avec les lymphatiques et dont nous avons déjà parlé dans nos mémoires sur les *glandes* et dans celui sur les *lymphatiques.* Les tissus qui possèdent les vaisseaux capillaires les plus étroits et les plus rares ont aussi, en général, les *mailles* les plus larges. Les mailles les plus étroites existent dans les poumons. La *forme* des mailles est ronde ou oblongue; les mailles en anse constituent une variété des dernières; enfin il y a encore des réseaux irréguliers, à interstices ronds, oblongs, carrés et polygones; d'autres fois la distribution des vaisseaux est dendritique, en forme de houpe, etc.

CHAPITRE SECOND.—CIRCULATION.

Pl. I. Fig. 14—21.

(Planche vingt-trois de la première partie.)

La découverte de *Harvey* a fixé, dès l'invention du microscope, l'attention des observateurs sur la circulation du sang. Ainsi, on trouve dans *Borellus* (n. 1, obs. 11.) La phrase suivante qui prouverait qu'il ne fut pas le premier à observer ce phénomène curieux, si toutefois il a réellement vu la circulation : « In pediculo vero præter formam horrendam ingentem transparentiam observabis, cujus favore circulationem sanguinis in ejus corde cum admiratione videbis, et si eum cum pulice conjungas, pugnam quasi duorum monstrorum, tanquam in amphitheatro cernes, ut et motus ac et *ebullitiones sanguinis* ab ira excitatas, quod olim ex erudissimi Gassendi relatu Magnus observavit Peirescius : nil intentatum relinquere enim optabat. » Et plus loin, en parlant des mouches (obs. 50.) : « Ebulliens sanguis ejus non sine admiratione conspicitur. » *Malpighi* (n. 3.) a observé, dès 1661, la continuité des artères avec les veines et la circulation des corpuscules de sang dans les vaisseaux ; *Heyde* (n. 2, p. 1 et 172) parle du changement de la direction du sang en circulation dans les petits vaisseaux. *Leeuwenhoëk* (n. 5, Tom. II, p. 17. Epist. 65, 66, 67, 68, 84, 86 ; t. III. Epist. 112, 119, 122, 123, 129) a fait un grand nombre d'observations sur la circulation dans les membranes transparentes des poissons, des têtards et des grenouilles. Les artères, dit-il, se continuent avec les veines, et les plus petits vaisseaux qui établissent cette communication (les vaisseaux intermédiaires) sont beaucoup plus minces qu'un cheveu (T. II, p. 17.); il y en a même qui ne laissent passer le globule du sang qu'avec difficulté ; alors il s'arrondit. Cet auteur a vu également des mouvements oscillatoires, des retards dans la circulation, etc.; il rapporte que les vaisseaux s'élargissent (Ep. 66) lorsque le sang s'arrête ou, comme il dit, lorsqu'il se coagule. Le sang circule partout avec la même vitesse (Ep. 67.). Leeuwenhoëk a fait également des observations sur la circulation du sang dans les pieds d'une écrevisse marine (Ep. 84, 86), dans les membranes transparentes de la chauve-souris, dans les oreilles du chien, etc. Ces observations n'ont pas peu contribué à faire accepter la théorie de Harvey; des figures nombreuses, dont nous en reproduisons une (Pl. I. fig. 14.), accompagnent le texte.

Depuis cette époque une foule d'auteurs, parmi lesquels nous pouvons citer dans le siècle passé *Cowper* (n. 9, pl. 3 de l'appendice, fig. 4-7.) et *Ledermuller* (n. 15. pl. 1.), et dans ce siècle *Doellinger* (n. 36.), *Kaltenbrunner* (n. 29.) *Meyen*, (n. 31), *Baumgaertner* (n. 40.) et d'autres encore, dont nous exposerons tout-à-l'heure les observations, ont constaté la circulation et en ont donné des figures plus ou moins bonnes. *Carus* a découvert la circulation dans les insectes : mais sans nous arrêter davantage à ces recherches, nous parlerons maintenant des études faites sur la manière dont le sang se comporte dans les vaisseaux capillaires.

Haller (n. 14.), *Spallanzani* (n. 23.) et M. *de Blainville* ont constaté une couche transparente qui garnit les parois des vaisseaux. M. *Poiseuille* (n. 48.) a fait

des études très-étendues, non seulement sur cette couche, mais aussi sur la circulation en général; voici les résultats de ce travail : « Le calibre que présentent les
artères et les veines est dû à la pression du sang qu'elles charrient; leurs parois
sont incessamment distendues par le sang qu'elles reçoivent : ces vaisseaux reviennent subitement sur eux-mêmes, par suite de l'élasticité de leurs parois, dès
que la cause qui les dilate cesse d'agir. Les troncs artériels et veineux, ainsi que
les petites artères et les veines, partagent cette propriété; mais, en outre, ces
dernières, lorsqu'elles ne reçoivent plus de sang, reviennent peu à peu sur elles-
mêmes, et la diminution de leur diamètre continue d'avoir lieu pendant un temps
plus ou moins long. Ce retrait, toutes choses égales d'ailleurs, est plus prononcé
dans les artères que dans les veines. Ces faits bien établis, il est facile de se rendre compte des mouvements du sang dans les parties séparées du tronc, soit par
une ligature, soit par un instrument tranchant; ces mouvements résultent
tout simplement du rapprochement des parois des vaisseaux vers leur axe; ils
doivent alors pousser le sang vers leur ouverture libre. De nombreuses expériences ont convaincu l'auteur que le cœur et l'élasticité des parois artérielles
sont les seuls agents de la circulation capillaire. En s'appuyant sur les faits
précédents, les circulations continue-saccadée, intermittente, oscillatoire, qui
précédent la mort de l'animal, s'interprètent avec la plus grande facilité; il en
est de même de la circulation rétrograde qu'offrent les artères après la mort de
l'animal et celle du cœur. »

« Quand on examine le cours du sang dans une veine ou une artère mésentérique d'une grenouille, d'une jeune souris, etc., on voit, en allant de l'axe du
vaisseau vers les parois, les globules doués de vitesses très-différentes; au centre, la vitesse est à son maximum. Tout près des parois, on distingue un espace
très-transparent (Pl. B. fig. 15.), où se montrent rarement des globules; cet
espace a une longueur égale environ au huitième ou au dixième du diamètre
du vaisseau, et n'est qu'une couche de sérum appartenant au sang qui se meut
dans les vaisseaux. En effet, si l'on circonscrit par deux cylindres de platine
une portion d'artère, on voit cette couche disparaitre aussitôt, et si l'on enlève
les cylindres, la couche transparente reparait aussitôt. L'épaisseur de cette
couche de sérum devient beaucoup moins grande quand la vitesse des globules
est plus petite, de sorte qu'elle disparait, quand la vitesse est nulle. Ainsi, lorsque par un obstacle placé sur un vaisseau on a empêché la circulation (Pl. I.
fig. 19.), ou bien qu'elle a cessé dans quelques vaisseaux; si la suspension de la
circulation a été prolongée assez longtemps pour que les vaisseaux aient diminué notablement de diamètre (fig. 18.), quand la circulation a été rétablie,
la vitesse des globules est plus considérable dans les points rétrécis; dans ces
points la couche transparente est aussi plus large. Si l'on examine le cours des
globules dans un vaisseau dont le diamètre permette le passage à plusieurs globules de front, la vitesse des globules dans l'axe du vaisseau est la plus grande;
cette vitesse diminue de plus en plus en s'approchant de la couche de sérum; les
globules (fig. 17, d) qui la touchent, roulent pour ainsi dire sur elle, et offrent un
mouvement de translation beaucoup moins vite que ceux de l'axe du vaisseau.
Lorsque quelques globules (fig. 17, a, b, c), heurtés par leurs voisins, se trou-

vent lancés plus ou moins profondément dans cette couche, les globules placés au milieu de son épaisseur ont un mouvement extrêmement lent, et ils cessent de se mouvoir quand ils sont presque en contact avec les parois du vaisseau. Chez les grenouilles, on voit fréquemment les globules lymphatiques (fig. 17, *f*, *g*, *h*) occuper ces différents points de la couche de sérum, et offrir les divers degrés de lenteur dont nous venons de parler. Le sang se meut donc dans les tubes vivants, comme le ferait un liquide, d'après les travaux de Girard, dans un tube inerte. »

Les figures 15 et 16 donneront une idée des divers accidents de la circulation dans les artères, les veines et les capillaires. M. Poiseuille a ensuite étudié l'influence du froid et de la chaleur sur la couche de sérum. « Lorsqu'on met des morceaux de glace dans l'auge où est placée une des pattes de grenouille, la partie transparente de sérum augmente manifestement d'épaisseur ; les vaisseaux conservent sensiblement leurs diamètres, la vitesse dans les capillaires est considérablement diminuée, et dans quelques-uns de ces vaisseaux, elle devient complétement nulle. On remplace la glace de l'auge par de l'eau à 38° centigr., et la vitesse des globules devient alors si grande, qu'on peut à peine distinguer leur forme. Ainsi le ralentissement de la circulation par le froid, sa vitesse plus grande par l'action de la chaleur, s'interprètent naturellement par l'augmentation de l'épaisseur de cette couche dans le premier cas, et sa diminution dans le second. » L'auteur a encore fait construire un appareil, auquel il a donné le nom de Porte-objet-pneumatique et qui est destiné à faire connaître l'influence de la pression atmosphérique sur la circulation capillaire. L'épaisseur de la couche transparente est indépendante de la pression ambiante, et la circulation n'a offert aucun changement, en portant la pression, même brusquement, à 8 atmosphères ; de là, l'intégrité de la circulation chez les animaux qui supportent une pression plus ou moins considérable.

· *Schultz* (n. 53, p. 46.) a également vu rouler, comme Poiseuille, le long des parois, des corpuscules qu'il regarde comme étant ceux de la lymphe mêlés avec le sang. Dans un autre endroit, cependant (p. 179), il dit que ce qu'on a pris pour la couche claire du plasma est la paroi vasculaire elle-même, qui, suivant lui, est susceptible de s'épaissir et de s'amoindrir. *Weber* (n. 50, 1837, p. 267) croyait le vaisseau sanguin entouré d'un vaisseau lymphatique, et il prit la couche de plasma sanguin pour de la véritable lymphe ; c'est ainsi qu'il s'expliqua la présence des globules blancs dans le sang. Cette erreur a été réfutée par *Mayer* (n. 67) et par *Ascherson* (n. 50, 1837, p. 452). Ce dernier a reconnu que le ralentissement du mouvement des globules blancs dépendait de leur surface hérissée d'aspérités, explication qu'ont adoptée *Weber* (n. 50, 1838. p. 450) lui-même, *Wagner* (n. 72), et actuellement presque tous les auteurs. Suivant *Wagner* (n. 51, *a*. Cah. 2, p. 33), la couche claire de plasma n'existe point dans les vaisseaux capillaires du poumon, et en général (n. 72 p. 190) dans les vaisseaux intermédiaires qui ne donnent passage qu'à une ou à deux séries de globules. Toutefois les figures qu'il donne (Pl. I, fig. 20, 21) ne répondent point à cette opinion. *Gluge* (n. 68) dit avoir constaté cette couche dans les poumons. Suivant nos observations, la couche transparente n'est bien visible dans les poumons que lors-

La *première couche*, ou la plus interne, est l'épithélium en pavé. On peut très-bien l'examiner sur les bords des valvules, ou en râclant la surface interne d'un vaisseau, après l'avoir fait macérer. Toutefois, dans ce dernier cas, on obtient en même temps quelques fragments des couches suivantes.

La *seconde couche* est la *tunique striée* ou *fenêtrée* (Pl· II, fig. 11.); c'est une membrane très-mince, limpide, cassante, qui s'enroule facilement par son bord supérieur et inférieur. Elle se distingue par des stries délicates et très-serrées qui affectent rarement une direction longitudinale et qui, lorsqu'il reste plusieurs couches de cette membrane, marchent en travers, se ramifient beaucoup, et s'anastomosent ensemble par les branches qu'elles fournissent sous des angles aigus. Ces lignes sont produites par des fibres larges de 0,001 de millimètre. On découvre, épars entre les fibres, des trous (fig. 11, *a*.) de dimensions variables, la plupart arrondis, quelques-uns cependant irréguliers, et comme déchirés. On peut se procurer cette membrane en détachant transversalement quelques lambeaux très-fins de la tunique circulaire; l'action de l'acide acétique la rend plus visible. Dans d'autres cas, cette membrane est composée de plusieurs couches superposées : mais il semble alors que la base membraneuse se soit perdue au côté externe, et que la membrane se soit réduite à des fibres isolées (fig. 12.).

La *troisième couche* ou la *tunique à fibres longitudinales* est une membrane pâle et grenue (fig. 10, *a*.) que des stries obscures, dirigées en long, semblent séparer en fibres plates, longitudinales, situées les unes à côté des autres. Elle a, comme la membrane fenêtrée, de la tendance à se rouler dans le sens de sa longueur. Le diamètre des lignes longitudinales est, dans un vaisseau large de 9 millimètres, de 0,002 mill., et celui des fibres plates intermédiaires de 0,01 à 0,015 mill. Les anastomoses des lignes deviennent d'autant plus nombreuses que les vaisseaux acquièrent plus de développement, et leur aspect s'approche davantage alors de celui des fibres du tissu élastique. Il y a de grosses veines où le réseau de fibres rameuses semble seul persister, sans substance intermédiaire (fig. 13); c'est par cette raison que l'on ne peut pas isoler dans les veines une membrane moyenne. Il y a des cas pourtant où cette membrane se trouve très-développée. Toutefois, alors elle se rapproche, par la nature de ses fibres, plutôt de la texture de la quatrième couche. Dans des vaisseaux très-petits on n'aperçoit que quelques lignes longitudinales.

La *quatrième couche*, ou la *tunique à fibres annulaires*, acquiert bien plus de puissance que les couches précédentes; c'est d'elle principalement que dépend l'épaisseur considérable de la paroi des gros vaisseaux. Cette tunique (fig. 10, *b*) renferme, dans les vaisseaux dont le diamètre est de 0,02 à 0,04 mill., des stries transversales (fig. 10, *c*), larges de 0,0018 et longues de 0,01 mill., droites pour la plupart, quelquefois aussi un peu obliques, placées alternativement les unes sur les autres. La distance entre les lignes transversales est occupée par des fibres larges de 0,006 à 0,009 mill. Cette couche est très-développée dans les grands vaisseaux; elle constitue là principalement ce qu'on appelle la tunique moyenne; en détachant de celle-ci un petit fragment, on y aperçoit un réseau de lignes (fig. 14.) s'anastomosant ensemble, ayant des mailles très-larges Tantôt elles occupent le milieu de la fibre; tantôt, mais plus rarement, elles en suivent le bord. Ces fibres plates forment la base principale de la tunique moyenne ; elles forment plusieurs couches, et l'on peut les dérouler, suivant *Purkinje* et *Raeuschel* (n.58) sous forme de rubans spiraux (Pl. II fig. 3-5.); l'acide acétique les dissout. Les fibres qui viennent d'être décrites possèdent une certaine élasticité; les bifurcations sont des exceptions fort rares; dans les stries, au contraire, on observe des communications par des branches transversales et obliques (fig. 14,c), comme on peut s'en convaincre en dissolvant, à l'aide de l'acide acétique, les fibres et en se procurant des stries isolées (fig. 15). Il n'y a point de tissu cellulaire proprement dit dans la tunique à fibres annulaires, même pour en unir les différentes couches. Les stries ou lignes, dont nous avons parlé précédemment, se développent des noyaux des cellules (fig. 9.); nous y reviendrons dans notre mémoire sur l'*Histogénèse*.

Une *cinquième couche* ne se rencontre à l'état de membrane cohérente, que dans les artères d'un grand calibre. C'est une tunique de véritable *tissu élastique*. C'est une membrane blanche, élastique, solide, qu'il n'est pas possible de déchirer par fibres ni en long ni en travers; l'acide acétique ne la rend pas transparente. Elle se compose uniquement de fibres fortes, obscures, et ramifiées, réunies souvent en membranes réticulaires (fig. 13.)

Enfin la *sixième couche*, qu'on peut désigner sous le nom de *tunique celluleuse* ou *adventice*, dégénère insensiblement en tissu cellulaire amorphe dans les gros vaisseaux. On la voit d'une manière très-distincte dans les petits vaisseaux qui peuvent être placés en entier sous le microscope (fig. 9,c); cependant elle n'est point absolument constante. Ses fibres, parfaitement semblables à celles du tissu cellulaire ordinaire, suivent toujours une direction longitudinale.

Nous exposerons maintenant les différences entre les capillaires, les artères et les veines. Pour examiner des capillaires, on peut choisir le cerveau, dont on éloigne les éléments par le lavage ou la macération.

Les *vaisseaux capillaires* les plus déliés, dont on peut, soit par leur contenu, soit par leur rapport avec des vaisseaux sanguins plus grands, déterminer la nature, ont, selon Henle et nos propres observations, au moins encore un diamètre de 0,0045 millimètre. Leurs contours sont simples (fig. 8.) et leurs membranes amorphes sans aucune trace de fibres, mais pourvues çà et là de corpuscules (fig. 8, a) tantôt ronds, tantôt ovales, qui ressemblent aux noyaux des cellules de l'épithélium. Lorsqu'on fait des recherches sur les capillaires de la substance cérébrale des grenouilles et qu'on a fait macérer ce tissu dans l'eau, les globules s'arrondissent (Pl. II, fig. 17, d), et l'on finit par ne plus apercevoir que les noyaux (fig. 17, c), que l'on ne doit pas confondre avec les corpuscules des parois vasculaires (fig. 8, a). Nulle part on n'aperçoit une trace de pores. Dans des vaisseaux de 0,01 mill., on distingue déjà facilement les parois du canal interne, qui est tapissé de corpuscules ronds, tandis que la paroi externe est pourvue de corpuscules oblongs, placés transversalement. A fur et mesure que le vaisseau acquiert un diamètre plus considérable, les membranes différentes deviennent plus distinctes; c'est ainsi que l'on aperçoit sur de petites artères une membrane tapissant le canal et pourvue de corpuscules placés parallèlement à l'axe du vaisseau (fig. 9, *d*), une autre pourvue de corpuscules transversaux et du tissu cellulaire externe. On ne peut guère trouver un caractère manifeste artériel ou veineux entre les vaisseaux n'ayant qu'un cinquième de mill. pour diamètre.

Les *artères* sont caractérisées par l'épaisseur considérable de la quatrième et de la cinquième couche : la première produit la couleur jaune grisâtre, la dernière l'élasticité de ces vaisseaux. Ces deux membranes constituent ce que les anatomistes appellent la tunique moyenne des artères. La troisième membrane manque habituellement aux artères. Dans les *veines*, au contraire, les trois premières membranes sont considérablement développées, tandis que la quatrième est remplacée par des faisceaux de tissu cellulaire contractile, et que la cinquième n'existe pas.

Nous allons maintenant comparer avec ses résultats les recherches de quelques observateurs. La tunique à fibres annulaires des artères est celle qu'on a le plus étudiée ; on a décrit les éléments comme des fibres particulières au vaisseau, mais le plus ordinairement on l'a confondu avec les fibres de la tunique élastique. *Hodgkin* et *Lister* (n.34.) ont vu de longues fibres droites, très-déliées et uniformes ; *Schultz* (n. 38) les définit comme des fibres arrondies, courtes, très-fines, élastiques et cassantes. *Lauth* (n.37), *Eulenberg* (n. 57) et *Schwann* (n. 59) n'ont vu que les stries obscures des tuniques à fibres longitudinales et annulaires, et les ont déclarées élastiques. Suivant *Lauth*, les fibres longitudinales des artères se croisent sous des angles aigus ; elles sont parfois dichotomes. Les fibres transversales se croisent sous des angles moins aigus ; les unes sont droites, les autres un peu arquées. Schwann décrit exactement les fibres de la tunique élastique des artères et des veines ; mais il les regarde comme des éléments de la tunique cellulaire. Celles de la tunique moyenne doivent aussi, suivant lui, ressembler à celle-ci, mais s'en distinguer parce qu'elles contractent plus fréquemment des anastomoses ensemble, et qu'elles ont moins de tendance à se courber en arcade. *Raeuschel* (n. 58) a décrit beaucoup plus exactement que Eulenberg, sous la direction de *Purkinje*, les fibres propres de la tunique à fibres annulaires ; mais il les identifie avec les fibres élastiques de Schwann ; de là vient qu'il nie les anastomoses des fibres, qu'à ses yeux les lignes obscures, dont nous avons parlé précédemment, sont un canal des fibres élastiques, et qu'il évalue beaucoup plus haut que Schwann le diamètre des fibres élastiques. Du reste, Raeuschel croit les fibres artérielles proprement dites, les fibres de la tunique annulaire, analogues aux fibres élémentaires des ligaments jaunes. Outre cette fibre propre, il admet, dans les artères et les veines, une fibre cellulaire molle, qui unit les fibres spéciales, et dans les veines, un tissu tendineux. Il rapporte également au tissu cellulaire les fragments de tunique striée qui se rencontrent dans l'aorte, entre les diverses couches de la tunique à fibres annulaires, et, dans les petites artères, la tunique à fibres longitudinales, qui, sur les coupes transversales, apparait, comme une bandelette plus claire, entre la tunique striée et celle à fibres annulaires. Raeuschel dit qu'on peut distinguer dans les plus petites artérioles, tant les fibres longitudinales de la tunique externe que les fibres transversales de la tunique moyenne; il a vu une série de globules le long du bord (Pl. II. fig. 415.), et il pense qu'ils doivent naissance aux flexions des fibres transversales, quand celles-ci passent du bord antérieur au postérieur. Nous donnons quelques figures (Pl. II. fig. 1-7) de cet auteur, pour mieux faire comprendre ses opinions.

D'après *Schultz* (n. 53), la fibre artérielle est réticulaire, forme des mailles allongées et a plus d'épaisseur que le tissu cellulaire. La figure que *Gurlt* (n. 63) donne de la tunique moyenne des artères, semble devoir être rapportée à la tunique élastique. *Skey* (n. 64) nie l'analogie de la tunique à fibres annulaires des artères avec le tissu élastique, et la rapproche des muscles de la vie organique. Dans une dissertation plus récente, *Purkinje* (n. 73) se rapproche des opinions de Schwann; *Valentin* (n. 72, *a*, p. 137) a décrit les fibres granulées comme parois desséchées de cellules. La description que donne *Weber* (n. 75) se rapporte probablement aux lignes obscures.

On ne s'est pas mieux entendu pour la description de la tunique interne des vaisseaux. Les fibres de la tunique striée ont été déjà très-bien caractérisées par *Muys* (n. 12); *Hodgkin* et *Lister, Schwann* et *Eulenberg* les ont vues également. Suivant *Weber* (n. 75) et *Gurlt* (n. 63), cette tunique se compose de fibrilles très-déliées qui, d'après Gurlt, forment des réseaux à mailles étroites. Mais cet auteur a pris les noyaux de l'épithélium, pour les interstices des mailles. *Henle* (n. 50, 1838, p. 127) a, le premier, remarqué qu'un véritable épithélium en pavé revêt la face interne des vaisseaux, ce que *Schwann* (n. 74), *Valentin* (n. 50, 1840, p. 215) et *Rosenthal* (n. 73) ont confirmé.

Henle avait vu des noyaux de cellules sur les plus petits vaisseaux de la piemère et du cerveau; mais il hésitait à les regarder comme un prolongement de l'épithélium interne. *Schwann* (n. 59) a prouvé qu'ils ne sauraient appartenir à l'épithélium interne; il les déclare noyaux des cellules primitives des vaisseaux capillaires; *Treviranus* les croyait des corpuscules de sang; *Ehrenberg* (n. 60) les a regardés comme des noyaux de globules de sang. Enfin nous devons mentionner les diverses interprétations qu'on a données des noyaux de la tunique adventice et même des tuniques à fibres annulaires et à fibres longitudinales des vaisseaux capillaires. *Valentin* (n. 50, p. 218) les compte parmi les épithéliums disposés en filaments. *Remak* (n. 70, p. 25) les croit des noyaux de fibres nerveuses organiques qui courent le long des vaisseaux. *Purkinje* a vu tant les noyaux de la membrane primaire des vaisseaux, que les noyaux transversaux de la tunique à fibres annulaires et les noyaux longitudinaux de la tunique adventice (n. 73, p. 12).

Depuis la publication des recherches de *Henle*, Reichert s'est occupé du même sujet, et il a surtout fait des études sur le développement des membranes diverses, dont nous parlerons dans l'*Histogénèse*; nous nous bornerons à rappeler ici, que selon *Reichert* (n. 50. 1841, CLXXXII), qui distingue cinq tuniques dans les artères, la tunique à fibres longitudinales est tout à fait différente de la tunique fenêtrée, et que *Henle* n'a pas vu le véritable épithélium interne découvert par *Remak. Valentin* (n. 81. Vol. I, p. 675) croit que les trous de la tunique fenêtrée sont recouverts par une membrane très-mince.

LITTÉRATURE.

N. 1. Borellus. Observationum microscopicarum centuria. Hagæ com. 1656.

N. 2. Heyde. Experim. circa sanguinis missionem. Amsterdam. 1686.

N. 3. Malpighi. Opera omnia. Leyde. 1687.—Op. posth. Amsterd. 1700.

N. 4. Bidloo. Opera omnia. Lugd. Batav. 1715.

N. 5. Leeuwenhoek. Opera omnia. 4 vol. Lugd. Batav. 1722.

N. 6. Verheyen. Anatomia corp. hum. Amsterd. et Leipsik. 1731.

N. 7. Winslow. Exposition anat. de la structure du corps humain. Paris. 1732.

N. 8. Ruysch. Opera omnia. Amsterdam. 1737. 4 tomes en 2 vol.

N. 9. Cowper. Anatomia corporum humanorum, aucta a Cowper. Leyde. 1739.

N. 10. Lieberkühn. Diss. de fabrica et actione villorum intest. tenuium hominis. Amsterdam. 1745.

N. 11. Ferrein. Mém. de l'Acad. des sciences. Paris. 1749.

N. 12. Muys. Musculorum artificiosa fabrica. Leyde. 1751.

N. 13. Zinn. Descr. anat. oculi humani. Gottingue. 1755.

N. 14. Haller. Elementa physiologiæ. 9 vol. Lausanne. 1757. Mém. 1. sur la circulation. Lausanne. 1756.

N. 15. Ledermüller. Amusements microscopiques. Nuremberg. 1760.

N. 16. Albinus. Adnotationes academicæ. Leyde. 1764.

N. 17. Reichel. De sanguine ejusque motu experimenta. Leipsik. 1767.

N. 18. Hewson. Experimental inquiries. 2ᵉ vol. Londres. 1774.

N. 19. Prochaska. De carne musculari tractatus. Vienne. 1778.

N. 20. Haase. De fine arteriarum, earumque cum venis anastom. Leipsik. 1792.

N. 21. Carlisle. Philosoph. transact. 1800.

N. 22. Bichat. Anatomie générale; Paris. 1801. Nouv. éd. Paris. 1831.

N. 23. Spallanzani. Expér. sur la circulation, trad. de l'italien. Paris. An VIII.

N. 24. Soemmerring. De corporis humani fabrica, 6 vol. Trajecti ad Moenum. 1794-1801. Vol. V. – Icones org. auditus. Francfort. 1806.—Icones org. olfactus. Ib. 1810.—Icones org. gustus et vocis. Ib. 1808.

N. 25. Prochaska. Disquisitio anatomico-physiolog. organismi corp. humani. Vienne. 1812.—Bemerkungen über den Organismus des menschlichen Kœrpers. Vienne. 1810.

N. 26. Doellinger. Was ist Absonderung. Wurzbourg. 1819. Mém. de l'Acad. de Munich. 1821.

N. 27. Mascagni. a. Historia vasorum lymph. et iconographia. Sienne. 1784. b. Prodromo d'una grande anatomia. Milan. 1821.

N. 28. Béclard. Anatomie générale. Paris. 1823.

N. 29. Kaltenbrunner. Exper. de inflammatione. Munich. 1826.

N. 30. Oerterreicher. Kreislauf des Blutes. Nuremberg. 1826.

N. 31. Meyen. De primis vitae phaenomenis. Thèse. Berlin. 1826.

N. 32. Vrolick. De peculari arteriarum extrem. dispositione. Amsterdam. 1826.

N. 33. Bleuland. Icones. anat.-physiol. Fasc. 1. 2. Trajecti ad rhenum. 1827.

N. 34. Hodgkin et Lister. Philosoph. Mag. Londres. 1827.

N. 35. Archives de Meckel. 1820-29.

N. 36. Wedemeyer. Kreislauf des Blutes. Hannovre. 1828.

N. 37. Doellinger. De vasis sanguinis quae villis intest. insunt. Munich. 1828.

N. 38. Schultze. Allgemeine Anatomie. Berlin. 1828.

N. 39. Hahn. De arteriis anatis. Hannovre. 1830.

N. 40. Baumgaertner. Nerven und Blut. Fribourg. 1830.

N. 41. Müller. De glandularum secernentium struct. Leipsik. 1830.

N. 42. Panizza. Osserv. antropo-zootomiche-fisiologiche. Pavie. 1830.

N. 43. a. Weber. Hildebrandt's Anatomie. Brunswick. 1830.

N. 43. b. Marshall Hall. Circulation of the Blood. Londres. 1831.

N. 44. Windischmann. Auris in amphibiis structura. Bonn. 1831.

N. 45. Huschke. Journal de Tiedemann et Treviranus. Heidelberg. 1832. 4° vol.

N. 46. Valentin. Hecker's Annalen. 1834.

N. 47. Lauth. L'Institut. Paris. 1834.

N. 48. Poiseuille. Mémoires des savants étrangers. Paris. 1835. Vol. 7.

N. 49. Baer. N. A. nat. curios. Vol. 17. Bonn. 1835.

N. 50. Archives de Müller. 1835-1841.

N. 51. Wagner. a Physiologie des Blutes. 2 cahiers. Leipsik. 1833-38. b. Physiol. de Burdach. Vol. 5. Leipsik. 1835. Trad. par A. J. L. Jourdan. Paris. 1838.

N. 52. Valentin. Entwickelungsgeschichte. Berlin. 1835.

N. 53. Schultz. System der Circulation. Stuttgard. 1836.

N. 54. Eschricht und Müller. Uiber die Wundernetze des Thunfisches. Berlin. 1836.

N. 55. Miescher. De inflammatione ossium. Berlin. 1836.

N. 56. Berres. Medizinische. Jahrbücher des oesterreichischen Staates. 1833-4. —Anatomie der mikroskopischen Gebilde. Vienne. 1836-1842.

N. 57. Eulenberg. De tela elastica diss. Berlin. 1836.

N. 58. Raeuschel. De arteriarum et venarum structura diss. Breslau. 1836.

N. 59. Schwann. Berliner Encyclopedie. Art. Gefaesse. Berlin. 1836.

N. 60. Ehrenberg. Mém. de l'Académie de Berlin, pour 1834. Berlin. 1836.

N. 61. Breschet. Hist. d'un organe de nature vasculaire dans les cétacés. Paris. 1836.—Nova act. N. C. Vol. XIII. Pars. I.

N. 62. Barth. De retibus mirabilibus. Berlin. 1837.

N. 63. Gurlt. Vergl. Physiologie der Haussaeugethiere. Berlin. 1837.

N. 64. Skey. Philos. Transactions. Londres. 1837.

N. 65. Treviranus. Beytraege zur Aufklaerung, etc. 4 cahiers. Brème. 1835-7.

N. 66. Hyrtl. Medizinische Jahrbücher. Vienne. 1838-40. Archives de Müller. 1839.—Strena anatomica de novis pulmonum vasis in ophidiis observ. Prague. 1837.

N. 67. Mayer. Notizen vou Froriep. 1837.

N. 68. Gluge. Bulletin de l'Académie de Bruxelles. 1838.

N. 69. Arnold. Tabulæ anatomicæ. Fascic. I. II. Zurich. 1838.

N. 70. Remak. Obs. de syst. nervosi structura. Berlin. 1838.

N. 71. Jones. London med. Gazette. 1838.

N. 72. Wagner. a. Physiologie. Leipsik. 1839 b. Icones physiologicae. Leipsik. 1839.

N. 73. Rosenthal. De formatione granulosa. Thèse. Breslau. 1839.

N. 74. Schwann. Mikroskopische Untersuchungen. Berlin. 1839.

N. 75. Weber. Rosenmüller's Anatomie. Leipsik. 1840.

N. 76. Voigt. De systemate intermedio vasorum. Vienne. 1840.

N. 77. Bruns. Allgemeine Anatomie. Brunswik. 1841.

N. 78. Müller. Physiologie. 4° éd. Coblence. 1841. Trad. par Jourdan. Paris. 1845.

N. 79. Krause. a. Anatomie. 1re éd. Hannovre. 1833. b. 2e éd. Ib. 1841.

N. 80. Henle. Allgemeine Anatomie. Leipsik. 1841. — Encyclopédie anatomique, trad. par A. J. L. Jourdan. Paris. 1843. Vol. 6 et 7.

N. 81. Valentin. Wagner's Handwoerterbuch der Physiologie. Brunswick. 1842.

MÉMOIRE

SUR LA STRUCTURE INTIME

DES VAISSEAUX ET DES GLANDES

LYMPHATIQUES.

PAR

LE DOCTEUR LOUIS MANDL.

ACCOMPAGNÉ DE DEUX PLANCHES.

PARIS,

CHEZ J.-B. BAILLIÈRE,
LIBRAIRE DE L'ACADÉMIE ROYALE DE MÉDECINE,
RUE DE L'ÉCOLE DE MÉDECINE, 17;
A LONDRES, CHEZ H. BAILLIÈRE, 219, Regent Street.

1845

MÉMOIRE

SUR LA STRUCTURE INTIME

DES VAISSEAUX ET DES GLANDES

LYMPHATIQUES.

CHAPITRE PREMIER.—HISTORIQUE.

§ 1.

Le système lymphatique nous offre plusieurs points qui ont un intérêt
histologique. Ce sont d'abord les villosités intestinales que l'on a toujours regardées comme les radicules lymphatiques et qui souvent ont été soumises à l'investigation microscopique; ensuite les radicules et la distribution des lymphatiques des autres tissus. Très-peu d'observations existent encore sur la structure
intime des glandes et des vaisseaux lymphatiques; nous allons, en exposant
l'histoire de ces recherches, y joindre celle du chyle et de la lymphe, parce que
ces liquides, contenus dans les glandes et dans les vaisseaux, ont été souvent
étudiés par les auteurs en même temps que ces tissus, et parce que leur connaissance donne des renseignements précieux sur la valeur physiologique et
anatomique du système lymphatique.

§ 2. *Les villosités intestinales.*

PLANCHE I.
(Planche vingt-cinq de la première partie).

Le 22 ou le 23 juillet 1622, *Aselli* (n. 1.) découvrit les vaisseaux chylifères
sur un chien qu'il avait ouvert vivant. Il pensa que les vaisseaux lymphatiques
des intestins y pompaient le chyle par une succion comparable à celle des sangsues : « *ad intestina instar hirudinum orificia horum vasorum hiant.* »

Bartholin (n. 2) et *Olaüs Rudbeck* (n. 3), qui découvrirent les absorbants des
autres parties du corps, et en général les anciens anatomistes, à l'exemple
d'Aselli, admettaient des pores absorbants, parce que, sans de pareilles ouvertures béantes, ils ne pouvaient concevoir l'absorption des liquides.

Brunn (n. 4) fut le premier qui examina les villosités, tant dans l'état de
réplétion que dans celui de vacuité. Dans le premier de ces deux cas, il les désigne sous le nom de *capillamenta albicantia*, et il les décrit comme racines des
vaisseaux lactés qui faisaient saillie à la surface de la membrane muqueuse;

1   (1)

il leur attribue un mouvement particulier qui favorise la marche du chyle. Dans l'état de vacuité, au contraire, il les décrit comme de petits tubes pourvus d'un orifice. Il lui échappa le fait que ces racines et ces tubes étaient des éléments identiques.

Peyer (n. 5.) distingue des vaisseaux lactés les villosités pleines de chyle; il ajoute que les vaisseaux sont plus fins et qu'il n'en naît qu'un seul du concours de plusieurs villosités; il s'en suit, dit-il, que les vaisseaux lactés n'absorbent point le chyle par des orifices, mais par l'intermédiaire des villosités. *Malpighi* (n. 6.) suppose, sans l'affirmer, que les vaisseaux lymphatiques naissent dans les petites glandes intestinales. *Helvetius* (n. 7.) dit que la surface des villosités, qu'il appelle mamelons, est gercée en mille endroits, comme une espèce d'éponge très-fine (fig. 1). Les vaisseaux lactés s'ouvrent dans ces mamelons.

Lieberkühn (n. 9.) pense que, dans chaque villosité, il entre un rameau lacté garni de valvules qui se dilate en petite ampoule ovalaire, au sommet de laquelle on aperçoit au microscope, une ouverture et quelquefois plusieurs pores. Dans chaque villosité pénètrent aussi plusieurs artérioles et veinules qui se ramifient en serpentant autour de cette ampoule et paraissent la perforer. Il aperçut cette ouverture, en retournant l'anse d'intestin, sans enlever le mucus par le lavage, de manière à placer la membrane muqueuse en dehors, la tendant sur un anneau, et la laissant flotter dans l'eau, par conséquent à l'aide d'un grossissement médiocre. On cherche en vain ces ouvertures sur les planches qui accompagnent le mémoire de Lieberkühn, et il est probable que cet auteur prit pour des ouvertures qui, en réalité, n'existent point, des vides dans l'épithélium dont les cylindres se détachent aisément. En poussant de l'air ou en injectant de la cire dans les artères de la villosité, il rendait visible, par déchirure, une cavité qu'il croyait identique avec l'ampoule, et qu'il disait remplie d'une substance celluleuse, spongieuse ; suivant lui les artères et les veines ont des orifices béants qui font saillie dans l'ampoule. Jamais Lieberkühn ne faisait parvenir artificiellement aucune matière dans les vaisseaux lactés eux-mêmes, se contentant de nourrir les animaux avec du lait, ou d'en faire boire à des personnes mourantes.

Bohl (n. 8) et *Sheldon* (n. 12), décrivent les villosités comme Lieberkühn ; mais il paraît que Sheldon a pris les glandes intestinales pour des villosités. *Hewson* (n. 10, p. 182) s'élève contre les ampoules de Lieberkühn ; il trouva les commencements des vaisseaux lactés rétiformes, non-seulement chez l'homme, mais encore chez les animaux ; toutefois il affirme avoir constaté les orifices dans les villosités complétement injectées. *Mascagni* (n. 11) admet les ampoules, mais il conteste l'existence des orifices. *Werner* et *Feller* (n. 13) parlent d'ampoules ouvertes dans les villosités (p. 14), mais ils donnent aussi le nom d'ampoules aux grandes nodosités des lymphatiques. Il en résulte une grande confusion dans leurs descriptions, de manière que Hedwig avait même supposé, mais à tort, qu'ils ne connaissaient pas les villosités.

Cruikshank admet d'abord un renflement des lymphatiques à leur origine dans les villosités, mais il renonça plus tard (n. 14) à cette idée. D'après ses dernières recherches, les villosités remplies de chyle sont tantôt dilatées en

petites vésicules, tantôt pourvues d'un canal médian, résultant des branches
disposées en rayon qui s'ouvrent en dehors sur toute la surface des villosités.
Le nombre des orifices sur chaque villosité est environ de quinze à vingt
(fig. 2).

Hedwig (n. 15) a représenté les villosités d'une manière analogue à l'idée
qu'en avait Lieberkühn ; mais il paraît entendre par ampoule la villosité
tout entière. Cet auteur se prononce pour l'existence des ouvertures au sommet des villosités, et il donne les figures des villosités de neuf animaux différents, savoir : celles de l'homme, du cheval, du chien, de la poule, de l'oie, de
la carpe, du chat, de la souris et du veau; nous en avons reproduit quelques
unes (fig. 3 à 10). De ces neuf figures, trois seulement présentent les prétendus
orifices ; ce sont les villosités intestinales de l'homme, du cheval et de l'oie.
Sur quarante-quatre villosités de l'homme dont il donne la figure, il n'y en a
que cinq à six où l'on aperçoive les orifices; on peut en dire autant pour les
figures des villosités du cheval et de l'oie, et celles des grandes villosités de
l'intestin de la poule et du chien n'en présentent aucune. Hedwig insiste sur la
nécessité d'examiner les villosités plongées dans une goutte d'eau, et sur les
erreurs qui résultent lorsqu'on les observe à sec.

Nous passerons ici sous silence les observations de quelques auteurs qui
s'étaient servi de grossissements trop faibles, comme par exemple *Bleuland*
(n. 16) qui affirme avoir vu, à l'aide d'une loupe, les ouvertures des villosités.

Rudolphi (n. 17) a suivi le même procédé que Hedwig, pour examiner les
villosités, mais il a obtenu des résultats tout contraires. Les singularités
que nous avons déjà signalées dans les figures de Hedwig lui font élever
des doutes sur l'exactitude de ces observations. Les recherches nombreuses
que Rudolphi a faites sur les villosités de l'homme et d'un grand nombre d'animaux, ne lui ont jamais permis de constater l'existence d'orifices, tandis qu'il
a très-bien vu les ramifications des vaisseaux sanguins dans les villosités non
injectées. Cet auteur vit, chez une souris, le canal des villosités pénétrer
quelquefois jusqu'au sommet, et s'y terminer par une dilatation. Chez un
embryon de cochon, les villosités lui parurent creuses et vides sur leur coupe
transversale. Ces observations furent confirmées par *Meckel* (n. 19, p. 316),
qui dit que les villosités de l'homme ont la forme d'une languette étroite;
mais il n'admet point d'artères.

Prochaska (n. 18, § 742) affirme que les ampoules des villosités s'abouchent
avec de petites ouvertures. Les vaisseaux lymphatiques prennent leur origine
dans les premières. Les ampoules elles-mêmes ont été constatées par cet auteur
sur un cadavre humain, dont les villosités étaient turgescentes, et en outre
sur les intestins injectés, d'après la méthode de Lieberkühn.

Dollinger (n. 20) a toujours parfaitement distingué les veines et les artères qui se distribuent sur les villosités; et, dans tous les points, il a vu ces
deux ordres de vaisseaux s'anastomoser entre eux un grand nombre de
fois (fig. 11). Nulle part cet auteur ne fait mention d'orifices sur les
villosités.

Lauth (n 21, *a*) a eu l'occasion, comme Cruikshank, d'examiner le corps

d'une femme morte deux heures après son repas. Les villosités étaient distendues par du chyle, ovoïdes et un peu rugueuses vers leur extrémité : mais
jamais il ne parvint à y voir un orifice distinct. Les vaisseaux sanguins des
villosités, injectés sur un fœtus, formaient un réseau élégant, surtout vers l'extrémité libre de la villosité. Il ajoute (p. 19) que « toute la surface de la
membrane qui revêt extérieurement la villosité était parsemée de pores,
dont il ne put reconnaître au juste la nature. » Nul doute que Lauth ne parle
ici de noyaux des cylindres de l'épithélium qui existe à la surface externe des
villosités. Lauth n'a pas pu non plus découvrir les orifices des villosités
dans ses recherches postérieures (n. 21, b).

Treviranus (n. 22) affirme que les racines des lymphatiques dans les villosités
ne sont plus que des cylindres élémentaires de tissu cellulaire qui, réunis ensemble, s'ouvrent à l'extrémité intestinale d'un gros lymphatique. Quand on examine les villosités pleines de chyle, on aperçoit à leur surface des vésicules saillantes, dont les bords latéraux donnent naissance à des lignes obscures, qui,
selon cet auteur, ne peuvent être que les bords latéraux des racines des vaisseaux lactés (fig. 12-13). Au milieu de la surface de chacune des vésicules saillantes, on découvre un point circulaire qui est constant. La vésicule sur
laquelle il se trouve ressemble avec lui à une papille percée au sommet. Ce
point est plus manifeste dans les papilles dont est muni l'intestin grêle des
reptiles. Il est évident que Treviranus s'est laissé de nouveau entraîner à admettre des ouvertures, en prenant pour telles, comme Cruikshank, les
noyaux des cylindres de l'épithélium.

Suivant *Krause* (n. 23), le petit tronc lymphatique naît, dans le milieu de la
villosité, dont le diamètre ne dépasse point 0,0139 lignes, de plusieurs petits
vaisseaux, qui en partie commencent par des extrémités libres, et en partie
communiquent ensemble par des réseaux. Les plus gros de ces vaisseaux qui
passaient immédiatement dans le petit tronc, avaient un diamètre de 0,0123
ligne; celui des plus petits étaient de 0,0061 ligne (fig. 14).

Selon *Henle* (n. 24), les villosités sont formées par la membrane muqueuse
du canal intestinal qui, couverte de son épithélium (fig. 16), fait saillie
dans l'intérieur de l'intestin, sous la forme d'un doigt de gant ou d'un petit
pli. Les villosités étroites ont une cavité centrale simple, qui commence à leur
sommet par un cul-de-sac, quelquefois dilaté un peu en ampoule, et qui suit
l'axe jusqu'à la base (fig. 15). Les villosités larges ont également un canal simple, ou bien elles en ont deux qui naissent, à côté l'un de l'autre, au sommet
du pli, par des extrémités en cul-de-sac, et qui partent de ce point, en divergeant, pour suivre chacune l'un des bords latéraux de la lamelle. Sur les coupes transversales, les canaux apparaissent comme des ouvertures rondes
(fig. 17); dans les villosités pleines de chyle, ils sont le siège de la couleur
blanche argentine. Ces observations ont été faites sur les villosités d'un homme
mort pendant le travail de la digestion. *Schwann* a, sur la même pièce, injecté
le canal médian avec du mercure; *Vogel* et *Wagner* ont fait les mêmes observations dans des cas analogues (n. 28, t. II, p. 81).

Les ampoules de Lieberkühn on trouvé un nouveau défenseur dans *Bœhm*

(n. 25). Cet écrivain a vu très-souvent, chez les cholériques, ce qu'on rencontre aussi de temps en temps dans d'autres cadavres, que les villosités contenaient une gouttelette de graisse à leur sommet (fig. 18, 19). Cette gouttelette pouvait quelquefois être poussée de la cavité qu'elle occupait dans le canal central, vers la base de la villosité (fig. 20), mais plus souvent elle s'échappait à l'extrémité de celle-ci (fig. 21) par la pression ou par le traitement avec la potasse caustique. Bœhm a laissé indécise la question de savoir si l'effet a lieu par une ouverture normale. La cavité dans laquelle se trouve la gouttelette de graisse est évidemment le commencement du vaisseau chylifère, et si l'on veut donner le nom d'ampoule à ce commencement, en raison de la forme enflée qu'il offre quelquefois, il n'y a rien à objecter contre.

Valentin (n. 26) s'est déclaré pour l'opinion suivant laquelle les lymphatiques commencent par des réseaux dans les villosités; il regarde même les petits troncs multiples et en cul-de-sac, dont Krause a donné la description, non comme des commencements réellement distincts, mais seulement comme des parties d'un réseau incomplétement rempli, dans lequel seraient restés des vides. Cet auteur pense aussi que l'apparence d'un canal central provient d'une distension extrême du réseau aux dépens des interstices; mais *Henle* (n. 28) fait avec raison remarquer qu'on l'aperçoit également dans les villosités qui n'ont point été injectées.

Gerber(n. 27) affirme que les noyaux des cellules de l'épithélium qui recouvre les villosités, sont des vésicules creuses et pédiculées, dont l'intérieur communique, par le pédicule, avec une grosse ampoule lymphatique, qui se présente aussi quelquefois sous forme de réseau, et d'où partent les origines des lymphatiques, etc. C'est une opinion complétement inexacte et purement imaginaire.

Henle confirme dans son dernier ouvrage (n. 28) ses observations précédentes, tandis que *Valentin* (n. 29, p. 684) admet maintenant dans les villosités du lapin, du chat, etc., deux canaux qui s'unissent au bout de la villosité sous forme d'une anse. *Müller* (n. 30) injecte du lait dans l'intérieur d'une portion d'intestin de brebis, jusqu'à ce que les vaisseaux lymphatiques se remplissent tout à coup, vraisemblablement par suite d'une déchirure de la membrane interne; on trouve ensuite que la liqueur a rempli un certain nombre de villosités. Quand on examine alors au microscope ces villosités, dit Müller, on croit ne voir qu'un canal simple dans celles qui sont grêles et cylindriques; celles qui sont larges et plates contiennent plusieurs canaux, irrégulièrement anastomosés ensemble, mais dirigés la plupart du temps de la base au sommet, où tantôt ils finissent en cul-de-sac, tantôt ils envoient un prolongement dans les appendices terminaux.

Goodsir (n. 31) trouva, chez des chiens tués pendant l'acte de la digestion, les villosités dépouillées de leur épithélium et remplies de chyle. Les cylindres de l'épithélium se retrouvent dans le chyme, la plupart remplies de globules huileux (fig. 26, a). Dans la villosité existent des vaisseaux chilifères ramifiés à leur extrémité et quelques vésicules de grandeur différente et probablement de nature graisseuse, provenant du chyle, mais que l'auteur prend à tort pour des cellules qui président à l'acte de l'absorption. Les villosités se dépouillent constamment, selon Goodsir, de leur épithélium, pendant la digestion, et celui-ci se reproduit de noyaux de la membrane propre de la villosité (fig. 25). Cette membrane se partage en deux pendant le renouvellement de l'épithélium, dont une partie reste attachée au sommet des cylindres.

Lacauchie (n. 32, 22 mai et n. 33) décrit de la manière suivante les villosités prises sur un animal vivant. « Les éléments de la villosité sont au nombre de trois : l'un forme la base de l'organe et est constitué par un faisceau de vaisseaux chylifères très-nombreux, tous de même diamètre et de même longueur, dans les villosités cylindriques. Un réseau vasculaire sanguin enveloppe ce faisceau et forme un deuxième élément... Le troisième élément est constitué par une substance organique, spongieuse, transparente. » Ce troisième élément dont parle l'auteur est l'épithélium qui recouvre la villosité. « Après s'être offerte ainsi, la villosité éprouve un changement lent, mais manifeste dans sa forme. L'organe tout entier se raccourcit en même temps qu'il devient plus large, plus opaque et plus régulièrement strié dans sa partie centrale; mais le changement le plus remarquable s'observe dans la substance spongieuse, qui se fronce d'une manière très-régulière, lorsque la villosité se rétracte. Le chyle est en globules sphériques, dont le diamètre est approprié à la grandeur des ouvertures innombrables de la surface de la villosité.» On voit que Lacauchie prend aussi, comme Helvetius, Cruikshank, Tréviranus, etc., le noyau de la cellule épithéliale pour une ouverture (fig. 27, 28).

Gruby et Delafond (n. 32, paquet cacheté déposé le 5 sept. 1842 et ouvert le 5 juin 1843) affirment « que dans un chien vivant, et pendant la chylification, la partie libre de chaque cellule de l'épithélium de l'intestin grêle montre une cavité de grandeur variable, et affectant une forme différente, selon la quantité de matière qu'elle contient; que la même disposition se rencontre dans les cellules d'épithélium des gros intestins du même animal; que les cellules d'épithélium sont en contact immédiat avec le tissu vasculaire sanguin des villosités; que les villosités de l'intestin grêle, examinées sur l'animal vivant, ont un triple mouvement, consistant, le premier dans un allongement, le second dans un raccourcissement et le troisième dans un mouvement latéral. » Les auteurs ajoutent (dans un mémoire présenté le même jour) : « Les villosités dans l'intestin grêle sont recouvertes, non seulement des épithéliums cylindriques, mais encore d'autres épithéliums que nous nommons *capitatum* ou à tête. Ces derniers, beaucoup plus longs que les premiers, sont disséminés à la surface des villosités et à une distance symétrique. Chaque cellule d'épithélium est pourvue d'une cavité dont l'ouverture externe est parfois béante et d'autres fois plus ou moins exactement fermée. Au-dessous des épithéliums, la villosité n'est composée que d'une couche vasculaire et fibrillaire; et, en dedans de cette couche, d'un vaisseau ou canal chylifère unique. »

Nous n'avons pas cité *Loder, Soemmerring, Raspail*, etc., parce que leurs opinions se rapprochent plus ou moins de celles de leurs contemporains.

§ 3. *Radicules des lymphatiques.*

Il est généralement connu que les valvules empêchent d'injecter les lymphatiques jusqu'à leurs radicules. De cette circonstance est résultée la diversité des opinions qui ont été émises sur l'origine des vaisseaux lymphatiques. Les moyens ordinaires qu'on emploie pour les mettre en évidence, sont les deux suivants : on chasse l'injection d'un gros vaisseau dans les branches, c'est ainsi que *Haase* (n. 34) et *Lauth* (n. 21) ont démontré les vaisseaux lymphatiques de la peau. Mais dans cette méthode, on reste incertain de savoir si l'on a pénétré jusqu'au commencement; d'ailleurs elle peut entrainer des déchirures, et, en effet, Haase a souvent vu le mercure suinter par les pores de la peau. La seconde méthode consiste à introduire la canule au hasard dans la peau, le tissu cellulaire, etc. Il s'opère d'abord une extravasation, et puis les troncs des lymphatiques se remplissent. *Fohmann* (n. 36), *Arnold* (fig. 38), *Panizza* (n. 37), ont procédé ainsi. Quoi qu'il en soit de l'exactitude des résultats obtenus par ces méthodes, le système lymphatique, dans ses ramifications les plus déliées, se présente toujours, suivant *Panizza*, sous l'aspect d'un réseau continu et dépourvu de branches libres, à l'extrémité desquelles seraient des orifices béants; selon *Fohmann*, les origines ou les terminaisons des vaisseaux lymphatiques sur l'intestin des poissons ou des autres animaux n'ont jamais d'orifices béants, et ces orifices n'existent pas non plus dans la peau selon *Fohman*, *Lauth*, *Breschet* (n. 39), etc.

Une troisième méthode a été proposée par *Mascagni* : après avoir injecté de l'eau tiède et de l'encre dans les cavités, il en abandonna l'absorption à l'activité propre des vaisseaux lymphatiques; cet auteur rapporte avoir rendu visibles de cette manière des réseaux très-fins dans la plèvre, le péritoine, etc. *Lauth* a également employé ce moyen avec succès, tandis qu'il n'a point réussi à *Cruikshank*, pas plus qu'à *Henle* (n. 28).

§ 4. *Distribution des lymphatiques.*

PLANCHE II. Fig. 1-10.

(Planche vingt-six de la première partie.)

L'histoire des vaisseaux lymphatiques offre les exemples les plus curieux d'erreurs commises par suite des idées préconçues et de théories que l'on s'était créées concernant la fonction de ce système. Pour satisfaire à ces théories, il fallait trouver les vaisseaux lymphatiques dans tous les tissus, jusque dans le tissu cellulaire; l'inexpérience des micrographes qui se sont occupés de recherches à ce sujet et l'interprétation erronée de quelques phénomènes optiques n'ont pas peu contribué à répandre ces erreurs. Ainsi, nous voyons dans le siècle passé *Monro*, *Fontana*, *Mascagni*(n. 35. Pl. II. fig. 2-4.), dont nous avons eu déjà plusieurs fois occasion, dans le courant de cet ouvrage, de rectifier les observations, prendre pour des vaisseaux lymphatiques les irisations produites, à la surface des tissus composés de fibres, par la lumière directe du soleil. De nos jours *Arnold* (n. 38), et *Berres* (n. 41. p. 72, 86), prennent les fibres du tissu cellulaire pour des vaisseaux lymphatiques. Mais la plupart de ces auteurs paraissent avoir renoncé à ces idées dans leurs observations ultérieures.

Une autre source d'erreurs abondante se trouve dans les procédés mis en usage pour démontrer l'origine des vaisseaux lymphatiques (Voy. § 3.). Ainsi, par exemple, on pique avec l'extrémité d'un tube très-fin, sans les traverser, les, membranes séreuses ; alors «on voit le mercure distendre ces feuillets, et former bientôt, d'abord un réseau à mailles très-fines et de plus en plus serrées, puis une véritable lame d'argent où l'œil ne distingue plus les compartiments vasculaires» (*Breschet* n. 39, p. 23). Nous verrons dans le chapitre suivant que les vaisseaux lymphatiques capillaires, rendus visibles de cette manière, sont fort problématiques et ne méritent pas plus ce nom que les prétendus lymphatiques utéro-placentaires de *Lauth*, reniés plus tard par l'auteur lui-même.

Ce qui paraît pourtant résulter des injections les moins contestables de *Panizza* (n. 37. Pl. II. fig. 1.), c'est que les lymphatiques les plus ténus forment des réseaux presque carrés; une observation que nous avons faite sur la queue du têtard paraît confirmer cette opinion (voyez notre Mémoire sur les *terminaisons des nerfs*, Pl. II).

§ 5. *Structure intime.*

Henle (n. 28), le premier, a fait des recherches sur la structure intime des lymphatiques. Les commencements de ces vaisseaux, dans les villosités, se composent, d'après cet auteur, d'une seule membrane qui correspond, pour la structure, à la tunique à fibres longitudinales des veines (Pl. I. fig. 25) Les troncs lymphatiques d'un certain calibre et le canal thoracique sont composés de la manière suivante : La première couche, ou la plus interne, forme un épithélium pavimenteux, qui se comporte comme celui des vaisseaux sanguins et qui peut être remplacé par une membrane homogène avec des noyaux de cellules. La seconde couche est une tunique à fibres longitudinales. On y trouve toutes les espèces de formes transitoires entre les fibres granulées et les faisceaux de tissu cellulaire; ces faisceaux ne sont pas tout-à-fait parallèles, surtout du côté externe, mais forment un réseau à mailles rhomboïdales, très-allongées, qu'on découvre déjà à l'œil nu. La troisième couche est une tunique à fibres annulaires; ces faisceaux représentent de larges rubans annulaires sans interruption et séparés par des intervalles de même largeur qu'eux. La couche de fibres transversales se continue insensiblement avec le tissu cellulaire qui entoure le vaisseau lymphatique.

Valentin (Repertorium. 1837. — n. 29. vol. I. p. 683) n'a pas pu se convaincre de l'existence de fibres transversales particulières. Parmi les fibres longitudinales, il décrit des fibres spéciales, aplaties, pâles, différentes du tissu cellulaire, qui sont onduleuses dans l'état de liberté et qui ont 0,0018 ligne de diamètre. *Krause* (n. 23, b.) présume que ce sont là des fibres élastiques. Nous croyons que ce sont des faisceaux du tissu cellulaire, qui ne sont pas encore partagés en fibres. (Voy. *Histogénèse*).

§ 6. Les glandes lymphatiques.

On pensa d'abord que les glandes lymphatiques avaient des cellules dans lesquelles les vaisseaux afférents épanchaient la lymphe, que les vaisseaux efférents reprenaient ensuite, à travers les parois de ces cellules (*Werner* et *Feller*, *Malpighi*, *Cruikshank*). Cette opinion ne diffère pas essentiellement de l'hypothèse opposée, qui les fait considérer comme de simples paquets de vaisseaux ; les cellules ne seraient alors que des dilatations des vaisseaux, normales ou produites soit par l'art, soit par la maladie(*Lauth*, *Weber*, *Burdach*, *Meckel*). D'autres observateurs enfin ont avancé que les vaisseaux lymphatiques communiquent, dans ces glandes, avec les vaisseaux sanguins. *Hewson* (n. 10, t. 2), et peut-être déjà *Ruysch*, parle de corpuscules ronds et solides que l'on trouve au milieu d'un liquide laiteux, lorsqu'on déchire ces glandes, et qui ressemblent aux grains (acini) des glandes conglomérées. *Purkinje* (n. 40, p. 175) a, le premier, examiné ces grains au microscope, et il les voit composés d'éléments qu'il compare à l'enchyme des glandes. Selon *Henle* (n. 28), ces éléments sont des grains arrondis, ayant un diamètre de 0,0015 à 0,002 ligne. Ils présentent, dans leur milieu, une tache obscure, punctiforme. Leur surface est un peu tuberculeuse. Ils sont parfois entourés d'une enveloppe pâle et serrée, et ne subissent aucun changement dans l'acide acétique.

§ 7. Le chyle.

Les globules de chyle étaient déjà connus de *Leeuwenhoëk* (n. 42. II. p. 11.), qui avait vu le chyle d'un vaisseau lymphatique de l'intestin se séparer en caillot et en sérum. Le caillot était formé d'une substance claire, dans laquelle se trouvaient épars des corpuscules ayant à peu près un sixième du volume de ceux du sang, et réunis ensemble par paquets; d'autres, pareils, nageaient dans le sérum, avec un grand nombre de corpuscules encore plus petits. *Della Torre* (n. 43. p. 28) avait vu dans le chyle des particules irrégulières, se rapprochant de la forme ronde. Ces corpuscules ont été examinés avec plus de soin par *Hewson* (n. 10. vol. I.) qui leur attribue une forme oblongue. *Valentin* (n. 47) trouva des noyaux dans les globules du chyle d'un homme décapité, que *Bischoff* (n. 48) ne put pas constater dans des circonstances tout-à-fait analogues. *Tiedemann* et *Gmelin* déclarèrent que ce sont les globules de graisse, constatés déjà par *Haller*, qui donnent une couleur blanche au chyle, parce que ce liquide s'éclaircit lorsqu'on l'agite avec de l'éther. *J. Müller* (n. 30) s'éleva contre leur assertion, disant que l'éther éclaircit bien le chyle, mais laisse des globules sans leur avoir fait subir aucun changement : ce qui reste se compose, d'après *Henle*, des corpuscules de la lymphe et des noyaux de ces corpuscules, peut-être aussi d'une partie de granules élémentaires métamorphosées. Les corpuscules de la lymphe, qui existent dans le chyle, parurent à Müller plus petits que ceux du sang.

Nous voyons donc que les auteurs cités jusqu'à présent distinguent déjà dans le chyle des globules de graisse et des corpuscules particuliers, qui, selon Müller, ne sont autre chose que les corpuscules de la lymphe, dont nous parlerons dans le paragraphe suivant. Quant aux globules de graisse, ils ont été constatés par presque tous les auteurs qui se sont occupés de recherches sur le chyle, comme par exemple par *Krause, Valentin, Schultz, Gurlt, Bischoff*, etc. Toutefois, *Nasse* (n. 29, vol. I, p. 226) n'a pas toujours trouvé des gouttelettes d'huile transparente, mais, en leur absence, des molécules très-fines, réunies quelquefois en flocons et qui, se dissolvant dans l'éther, paraissent être formées d'une graisse solide. Ces molécules ont été également signalées par plusieurs auteurs. L'autre espèce de corpuscules, les corpuscules de la lymphe qui existent dans le chyle, ont été différemment décrits par les divers auteurs. *Krause* (n. 23, *b*) les décrit comme des corpuscules arrondis, blancs, opaques, d'un diamètre de 0,0009 à 0,0015 ligne; *Valentin* (n. 47, p. 278) aperçut des corpuscules imparfaitement ronds avec une tache centrale et un diamètre de 0,0024 ligne; *Bischoff* (n. 48, p. 497) parle de corpuscules du diamètre de ceux du sang, et il les croit solubles dans l'éther. Ces corpuscules paraissent à *Wagner* (n. 45, *b*, p. 25) plus ronds, moins délicats que ceux de la lymphe, auxquels ils ressemblent beaucoup; quelques-uns présentent une aréole transparente, leur diamètre est un peu plus variable que celui des corpuscules de la lymphe. *Schultz* (n. 46) croit que les globules de graisse se transforment peu à peu en corpuscules du chyle; ceux-ci sont moins obscurs sur le bord, grenus, et quoique en général ronds, cependant peu réguliers, en partie ovales ou anguleux. Leur diamètre varie, chez les lapins et les chevaux, entre 0,0005 et 0,0008 ligne, et ils ressemblent aux noyaux des globules de sang. *Nasse* (n. 49, *a*) distingue deux espèces de globules ronds : les uns, les véritables corpuscules du chyle, sont obscurs, leur diamètre moyen est (n. 49, *b*) chez l'homme de 0,0024; chez le bœuf de 0,003, chez le chat de 0,0027, chez le lapin de 0,00228 de ligne, etc.; leur bord est irrégulier, frangé, leur surface granulée; le noyau n'apparait que dans les corpuscules desséchés ou quelquefois par l'action de l'acide acétique. L'aréole observée par Wagner sur quelques globules n'est probablement qu'un effet de la coagulation, elle est insoluble dans l'éther. Les corpuscules de la seconde espèce, signalés par Nasse, sont plus grands, plus clairs, moins distincts, leurs grains sont plus gros; ils sont moins sphériques, l'acide acétique les attaque facilement; leur nombre est d'autant plus grand que l'animal a jeûné depuis plus longtemps. Les corpuscules du chyle sont insolubles dans l'éther et dans l'eau; l'acide acétique les rétrécit et met en évidence chez les herbivores une aréole transparente qui se dissout peu à peu, tandis que le magma des molécules très-ténues est insoluble dans cet acide. L'auteur croit que ces corpuscules se composent de graisse et de fibrine, tandis que l'aréole est formée de caséine.

Quelques auteurs, comme *Prévost* et *Dumas, Lecoyer, Mayo*, etc., ne parlent de globules du chyle qu'accidentellement, et ils fixent leurs grandeurs en les comparant aux globules du sang. Nous finirons ce paragraphe en rappelant les observations de *Gerber, Valentin* (n. 29), *Arnold* (n. 51), *Gruby* et *Delafond* (n. 32); les deux derniers auteurs ne voient dans le chyle que des molécules extrêmement petites et des globules de lymphe; les premiers ont donné des dessins (reproduits sur la Pl. II, fig. 7, 9 et 10) qui représentent suffisamment les opinions qu'ils se sont formées des corpuscules existant dans le chyle. Du reste, nous aurons occasion de revenir plus en détail sur toutes ces recherches dans notre mémoire sur l'*Histogénèse*, lorsque nous parlerons du développement des globules du sang et de la prétendue transformation des globules de chyle en globules de sang.

§ 8. La lymphe.

Mascagni (n. 11) décrit pour la première fois les globules de la lymphe et il les appelle *sphaerulae;* mais c'est à *Hewson* (n. 10, vol. II, p. 100; vol. III, p. 67) que nous devons les premiers renseignements un peu plus détaillés sur ces éléments. Il se servit du liquide qu'il obtenait en exprimant les glandes lymphatiques et aussi du contenu des vaisseaux lymphatiques, notamment de ceux du thymus (vol. III, p. 81). En étendant la lymphe avec du sérum où de l'eau salée, Hewson y découvrit des particules microscopiques, ressemblant aux noyaux des corpuscules du sang pour la forme et le volume, insolubles dans le sérum et l'eau salée, mais solubles dans l'eau pure (Pl. II, fig. 6). Il vit dans la lymphe des vaisseaux lymphatiques quelques-uns de ces globules entourés d'une enveloppe rouge, d'où il conclut que le vaisseau sécrète l'enveloppe, ou modifie le liquide qu'il renferme, au point d'y déterminer la formation d'une enveloppe et de matière colorante. *Müller* (n. 30) et *H. Nasse* observèrent en 1832, à Bonn, les globules dans la lymphe des vaisseaux lymphatiques avant que ceux-ci eussent traversé aucune glande, à savoir dans la lymphe s'écoulant d'une petite plaie qui, par suite d'une lésion au dos du pied, est restée longtemps ouverte. Müller rectifia l'assertion de Hewson que les globules de la lymphe sont solubles dans l'eau.

Nous passons maintenant sous silence les recherches de plusieurs auteurs, comme par exemple celles de *Wagner, Horn* (n. 50) et de la plupart des auteurs cités déjà dans le paragraphe précédent, et qui se rapportent soit à la lymphe, soit aux globules de lymphe (globules blancs) trouvés dans le sang. Nous avons eu déjà l'occasion de les mentionner en partie dans notre mémoire sur *le sang,* et nous en parlerons encore en détail lorsqu'il s'agira, dans le mémoire sur l'*Histogénèse*, de la transformation des globules de lymphe en globules de sang.

Ces diverses observations ne s'accordent point toujours, parce qu'on trouve dans la lymphe les globules à divers degrés de développement, et parce que les auteurs, en fixant leur attention tantôt sur l'une, tantôt sur l'autre de ces formes, ont dû nécessairement arriver à des résultats différents. Les recherches les plus récentes sont celles de *Henle* et de *Nasse* que nous allons exposer.

Henle (n.28, vol. I, p. 445) s'est procuré de la lymphe des grenouilles en suivant la méthode indiquée par *Müller,* qui consiste à fendre la peau de la cuisse, et à la détacher des muscles sous-jacents, avec la précaution d'épargner les gros vaisseaux sanguins; mais la lymphe obtenue de cette manière sera toujours mêlée d'un peu de sang. Selon cet auteur, la plupart des corpuscules de la lymphe sont arrondis, d'un diamètre de 0,003 ligne, d'un tissu à grains fins, d'un volume et d'une forme très-constants; mais il y en a aussi d'autres beaucoup plus gros, d'un diamètre de 0,006. Ceux-là sont lisses, d'un jaunâtre tirant sur le rougeâtre, en partie elliptiques et un peu plats. En les traitant par l'acide acétique, on reconnaît qu'ils sont formés d'une enveloppe et d'un noyau. L'enveloppe est pâle, transparente et susceptible de se détacher ; le noyau restant ressemble aux petits corpuscules arrondis de la lymphe ; parfois pourtant il est beaucoup plus gros, et alors l'acide acétique le réduit en deux ou trois petits corps arrondis. Parmi les corpuscules de la lymphe des animaux supérieurs et de l'homme, la plupart sont plus volumineux, parfois même du double, que les globules du sang du même animal. Ils sont ronds, tantôt lisses, tantôt grenus (Pl. II, fig. 8) ; l'action plus ou moins prolongée de l'eau fait apercevoir dans tous des noyaux, qui sont un peu plus petits que les corpuscules du sang, simples, arrondis, avec une tache centrale, de teinte plus foncée, ou irrégulièrement partagés, ou composés de deux à trois granules. La plupart de ces corpuscules offrent à peine des traces de coloration ; mais beaucoup d'entre eux, surtout les petits, ont d'une manière bien prononcée la couleur jaune-rougeâtre des globules du sang. Indépendamment de ces corpuscules, on en découvre d'autres encore qui ressemblent aux noyaux, et qui sont ou isolés ou réunis deux à deux, trois à trois. Ceux-là sont solubles dans l'eau et l'acide acétique. Il est rare que la lymphe renferme aussi des corpuscules plus petits encore, punctiformes, semblables à ceux du pigment ou de grosses gouttes de graisse. Pendant la coagulation, une partie des corpuscules de la lymphe s'engage dans le caillot, l'autre reste en suspension dans le sérum.

Nasse (n. 49), qui depuis 1832 s'occupe de la lymphe et qui a publié ses observations dans plusieurs journaux allemands, donne dans son dernier mémoire (n. 29, vol. II. p. 363) le résultat suivant de ses recherches. Les globules de la lymphe sont incolores, clairs, transparents ; ce ne sont pas des globules parfaits, puisqu'un diamètre surpasse quelquefois l'autre de 1/5e à 1/6e ; quelques-uns paraissent aplatis. Ces globules sont granuleux, les grains sont de force différente ; ils adhèrent facilement au verre, quelques-uns s'agglomèrent ; d'autres restent isolés, leur transparence est très-variable ; quelques uns sont plus obscurs, presque rouge-jaunâtres ; mais cette couleur ne disparaît pas dans l'eau. Un noyau simple ou double n'est visible que dans quelques globules très-transparents. Leur grandeur varie chez les lapins de 0,0022 à 0,0027 de ligne, chez les oiseaux, de 0,0024 à 0,003 ; chez les amphibiens, de 0,0036 à 0,0042, etc. Les globules de graisse, de pigment et de sang, que l'on trouve quelquefois dans la lymphe, n'y existent qu'accidentellement. L'acide acétique fait paraître un noyau dans la plupart des globules, d'autres se rétrécissent seulement. Il n'y a guère de différence entre les globules de chyle et les globules de la lymphe.

Nous renvoyons également à notre Mémoire sur l'*Histogénèse* les opinions de *Henle* et de *Nasse*, concernant la transformation supposée des globules de la lymphe en globules de sang.

CHAPITRE SECOND.

RECHERCHES DE L'AUTEUR.

Pl. II. Fig. 11-16.
(Planche vingt-six de la première partie).

Pour exposer clairement la manière dont nous envisageons la structure du système lymphatique et sa valeur physiologique, nous commencerons par la description des glandes lymphatiques que nous ferons suivre de celle de la lymphe. La distribution et l'origine des vaisseaux lymphatiques nous occupera ensuite, et nous ajouterons à la fin un mot sur les villosités intestinales.

Les *glandes lymphatiques*, soumises à l'investigation microscopique, se présentent sous des formes diverses. Les unes, comme par exemple celles de la rate de plusieurs animaux, se composent de canalicules pelotonnés comme les canalicules sécréteurs des autres glandes (Voy. *glandes*, p. 192.). Les canalicules qui composent ces pelotons conservent constamment le même diamètre ou ils présentent çà et là des dilatations, des renflements cœcaux (fig. 11, *a*). D'autres glandes lymphatiques sont composées de lobules (fig 12), comme les véritables glandes lobulées; telles sont, par exemple, les glandes du mésentère. D'autres enfin se composent, comme les glandes sébacées, d'un sac simple avec une terminaison cœcale plus ou moins renflée; les recherches de *Henle*, de *Schwann*, etc., et nos propres observations, dont nous allons parler tout à l'heure, démontrent que les vaisseaux lymphatiques se terminent de cette manière dans les villosités intestinales. Ainsi, nous voyons que les glandes lymphatiques présentent diverses formes de structure que l'on rencontre chez les autres glandes, appelées habituellement glandes véritables, et que par conséquent les glandes lymphatiques doivent être rangées, à cause de leur structure, dans le système glandulaire. Examinons maintenant si leur structure intime est en rapport avec ce premier résultat. Nous nous occuperons ici d'abord du parenchyme et ensuite des parois.

Le *parenchyme des glandes lymphatiques* est cohérent et composé de corpuscules primitifs (fig. 13, *a*, *b*), transparents, ronds ou un peu allongés, ayant un nucléole punctiforme et un diamètre de 0,004 à 0,005 mm. Quelques-uns sont entourés d'une enveloppe pâle et serrée; c'est le premier degré de transformation du corpuscule primitif en corpuscule secondaire ou cellule (fig. 13, *c*). Tel est leur aspect, lorsqu'on les examine dans un animal qu'on vient de tuer. Mais quelques heures après la mort ou lorsqu'ils ont séjourné pendant quelque temps sur le porte-objet, leur surface devient tuberculeuse, comme si des grains peu nombreux s'étaient formés, par coagulation, dans l'intérieur du corpuscule (fig. 13, *d*).

Les éléments que nous venons de décrire et qui composent le parenchyme de la glande, existent en amas serré, formant une masse cohérente, près de la paroi du canalicule ou du lobule de la glande lymphatique. Les grains les plus serrés et les moinsdéveloppés se trouvent sur la paroi ou dans son voisinage le plus rapproché; plus l'on s'éloigne de la paroi, d'autant moins cohérents sont ces éléments, d'autant plus ont-ils pris la forme de cellules parfaites. Au milieu des lobules existe un liquide laiteux qui, examiné au microscope, se présente composé d'éléments du parenchyme détachés, à des degrés divers de développement, de globules lymphatiques parfaits (fig. 14), qui présentent distinctement, après l'action de l'acide acétique, une enveloppe transparente et un noyau composé de deux ou de plusieurs granules, et enfin d'autres corpuscules qui font voir tous les degrés intermédiaires de transformation entre les éléments du parenchyme glandulaire et les globules lymphatiques parfaits. Nous ne décrivons pas en détail ici toute cette métamorphose; l'ensemble des recherches faites sur les transformations diverses des corpuscules primitifs exige le renvoi de ces observations, pour leur plus juste appréciation, à notre mémoire sur l'*Histogénèse*. Seulement, nous pouvons dire dès à présent, en comparant ces résultats avec ceux exposés dans notre mémoire sur les *glandes*, que les globules lymphatiques étant produits par la transformation des éléments du parenchyme des glandes lymphatiques, la lymphe doit être considérée comme un liquide sécrété par ces glandes.

Nous avons exposé précédemment la structure des glandes lymphatiques; chaque lobule ou le peloton de canalicules sécréteurs qui constitue la glande ou le sac cœcal des villosités, communique avec un vaisseau lymphatique qui verse le liquide sécrété, la lymphe, et qui constitue ainsi le canal excréteur. Ce canal excréteur communique avec une glande voisine, et il est appelé, en sortant de la glande, vaisseau efférent; en entrant dans une autre glande, vaisseau afférent. Tout le système lymphatique ne compose par conséquent qu'une seule glande, formée par une chaine de petites glandes nombreuses; c'est pour ainsi dire une glande lobulée, étalée, dont les lobules sont placés à de grandes distances les uns des autres. Le conduit excréteur commun est appelé canal thoracique; il verse le liquide sécrété, non pas comme chez les véritables glandes, à la surface du système dermoïde, mais dans le système vasculaire. Quelques recherches paraissent établir une communication analogue des systèmes lymphatique et vasculaire dans quelques autres endroits, notamment dans la rate; mais ces résultats sont fort problématiques et ne méritent pas plus de confiance que la communication qui, selon quelques auteurs, existerait entre les glandes et les vaisseaux sanguins. En effet, l'extrême ténuité des parois des canalicules sécréteurs dans les glandes lymphatiques permet facilement, par déchirure, la transvasation des matières injectées.

Quant à la *structure intime des canalicules sécréteurs* des glandes lymphatiques, elle est analogue à celle de ces mêmes canalicules dans les autres glandes, et nous renvoyons par conséquent le lecteur à ce que nous avons déjà dit dans notre mémoire sur les *Glandes* (Chap. II. § 2 et 3.)

Ainsi le système lymphatique, considéré dans son ensemble, a pour fonction de secréter la lymphe; mais en outre il absorbe, comme les véritables glandes, comme les veines, sans avoir besoin pour cela de bouches béantes que les auteurs les plus consciencieux n'ont pas pu constater et qui ont été créées par des vues théoriques. Il résulte aussi de notre manière de voir que les vaisseaux lymphatiques, constituant partout des canaux excréteurs, ne peuvent tirer leur origine que des glandes lymphatiques, et par conséquent nulle part commencer par des radicules. Dans la méthode que l'on a employée pour présenter ces radicules (chap. I, § 3.) ou les vaisseaux lymphatiques capillaires (ib. § 4.), on n'a injecté que le tissu cellulaire. En effet, l'organe injecté de cette manière ne montre d'abord que des cellules pressées les unes contre les autres et pleines de mercure, qui se comportent de même dans toutes les parties. Ces cellules sont les espaces aréolaires du tissu cellulaire ; c'est pourquoi *Fohmann* et *Arnold* regardent les cellules du tissu cellulaire lui-même comme les commencements des vaisseaux lymphatiques. En poussant l'injection plus en avant, on remplit de mercure les intervalles laissés entre les faisceaux des fibres cellulaires, et l'on obtient de cette manière des réseaux de vaisseaux très-serrés. Il est par conséquent nécessaire, pour former ces prétendus lymphatiques, que le tissu cellulaire offre une certaine cohérence ; aussi n'a-t-on vu nulle part des réseaux plus admirables que dans les membranes séreuses qui se composent uniquement de tissu cellulaire. En examinant ces injections au microscope, nous avons vu le mercure, renfermé dans le tissu cellulaire, former des espèces de vaisseaux qui ne présentaient la moindre régularité ni pour leur forme, ni pour leur diamètre ou leur distribution (fig. 15.). On trouve en outre des globules de mercure isolés. D'un autre côté, ces injections n'ont pas pu réussir lorsque le tissu cellulaire est lâche ou lorsque les tissus, comme par exemple les os, sont privés de fibres cellulaires.

Nous dirons encore un mot sur les *villosités intestinales* (fig. 16). Elles sont recouvertes par l'épithélium à cylindres, dont nous avons déjà donné la description dans notre mémoire sur l'*épithélium*. Ce sont les noyaux des cylindres de la couche supérieure (*a*), ou ceux de la couche inférieure (*b*) qui ont été pris pour des ouvertures par divers auteurs. Les bords des cylindres de la couche supérieure, placés parallèlement les uns à côté des autres, produisent des lignes qui s'étendent sur la villosité (*c*) et qui ont été pris par quelques auteurs pour les bords des vaisseaux chylifères rangés en faisceau. Souvent, mais non constamment, nous avons pu reconnaître, dans les villosités bien développées, des fibres longitudinales (*d*), et d'autres transversales (*e*); ce sont probablement des fibres musculaires involontaires. Dans le même plan se distribuent des vaisseaux sanguins (*v*). Entre les vaisseaux sanguins et l'épithélium existe une membrane amorphe (*f*). Derrière les vaisseaux sanguins vient le vaisseau chylifère, formant un sac, qui se termine par un, rarement par deux cœcums ; sa paroi est composée d'une tunique amorphe, ou d'autres fois d'une membrane pourvue de corpuscules, placés longitudinalement (*g*). Enfin on aperçoit encore attachés à la membrane les éléments (*h*) qui se transforment en globules lymphatiques.

LITTÉRATURE.

§ 1-2.

N. 1. Aselli. De lactibus, sive de venis lacteis. Mediol. 1627.

N. 2. Bartholinus. De lacteis thoracicis. Disputatio. Hafn. 1652.

N. 3. Rudbeckius. Nova exerc. exhib. ductus hepaticos aquosos. Aros. 1653.

N. 4. Brunn. Miscell. ac. N. C. 1686. Glandulae duodeni. Fr. et Heidelberg. 1687. ed. alt. 1715.

N. 5. Peyer. Miscell. ac. N. C. 1687. p. 275. De glandulis intestinorum. Schaffhouse. 1677.

N. 6. Malpighi. De glandulis conglobatis. Londres. 1689.

N. 7. Helvetius. Mémoires de l'Académie des Sciences. Paris. 1721.

N. 8. Bohl. Viae lacteae corporis humani. Regiom. 1741.

N. 9. Lieberkühn. De fabr. et actione villorum. Leyde. 1745. Diss. quatuor. Londres. 1782.

N. 10. Hewson. Exper. inquiries. III. vol. Londres. 1774 — 1777.

N. 11. Mascagni. Prodrome d'un ouvrage sur les vaisseaux lymph. Paris. 1784.

N. 12. Sheldon. Hist. of the absorbent system. Londres. 1784.

N. 13. Werner et Feller. Vasorum lact. atque lymphaticorum descr. Fasc. 1. Leipsik. 1784.

N. 14. Cruikshank. Anatomy of the absorbent vessels. Londres. 1786. Trad. Paris. 1787.

N. 15. Hedwig. Disqu. ampullularum Lieberkühnii (sectio prima.). Leipsik. 1797.

N. 16. Bleuland. Vasculorum in intestinorum tenuium tunicis etc. descriptio. Traj. ad Rh. 1797.

N. 17. Rudolphi. Archives de Reil. 1800. Tome 4. Cah. 1 et 3. Anat. phys. Abhandl. Berlin. 1802.

N. 18. Prochaska. Institutiones physiologiae humanae. Vienne. 1805.

N. 19. Meckel. Deutsches Archiv, par Meckel. 1819.

N. 20. Doellinger. De vasis sanguiferis quae villis intestinorum insunt. Munich. 1828.

N. 21. Lauth. a. Essai sur les vaisseaux lymph. Strasb. 1824. — b. Manuel de l'anatomiste. Ib. 1835.

N. 22. Treviranus. Beytraege zur Aufklaerung des organ. Lebens. Cah. 2 et 4. Brème. 1835-37.

N. 23. Krause. a. Archives de Müller. 1837. b. Anatomie. 2e Ed. Hannovre. 1841.

N. 24. Henle. Symbolae ad anatomiam villorum intestinalium. Berlin 1837.

N. 25. Bohm. Die Kranke Darmschleimhaut. Berlin. 1838.

N. 26. Valentin. Repertorium. 1838. — Archives de Muller. 1839.

N. 27. Gerber. Allgemeine Anatomie. Berne. 1840.

N. 28. Henle. Allgemeine Anatomie. Leipsik. 1841. Trad. par Jourdan. Paris. 1843. 2 vol.

N. 29. Valentin. Nasse. Handwoerterbuch der Physiologie, par Wagner. 9 livr. Brunswick. 1842-45.

N. 30. Muller. Physiologie. 4e édit. Coblence. 1841. Trad. par Jourdan. Paris. 1845. 2 vol. in-8. avec fig.

N. 31. Goodsir. The Edinburgh new philosoph. Journal. Avril. Edinburgh. 1842.

N. 32. Gruby et Delafond, Lacauchie. Comptes rendus de l'Acad. des Sciences. Paris. 1843.

N. 33. Lacauchie, Études hydrotomiques et micrographiques. Paris 1844.

§ 3-6.

N. 34. Haase. De vasis cutis et intestinorum absorbentibus. Leipsik. 1786.

N. 35. Mascagni. Prodromo della grande anatomia. Milan. 1821.

N. 36. Fohmann. Saugadersyst. der Fische. Heidelberg. 1827. Vaiss. lymph. du syst. cutané. Liége. 1833.

N. 37. Panizza. Osserv. Antropo-zoot.-Fisiol. Pavie. 1830.—Sistema linf. dei Rettili. Pavie. 1833.

N. 38. Arnold. Anat. und phys. Unters. uber das Auge des Menschen. Heidelberg. 1832.

N. 39. Breschet. Le système lymphatique. Thèse de concours. Paris. 1836.

N. 40. Purkinje. Naturforscher in Prag. 1838.

N. 41. Berres. Anatomie der mikroskopischen Gebilde. Vienne. 1839.

§ 7-8.

N. 42. Leeuwenhoëk. Opera omnia. 4 vol. Leyde. 1722.

N. 43. Della Torre. Nuove osservazione. Naples 1776.

N. 44. Trog. Diss. inaug. de lympha. Halle. 1837.

N. 45. Wagner. a. Hecker's Annalen. Février 1834. b Physiologie des Bluts. 2 cahiers. Leipsik. 1833-38.

N. 46. Schultz. System der Circulation. Stuttgard. 1836.

N. 47. Valentin. Repertorium fur Anat. und. Physiol. 1er vol. Berlin. 1836.

N. 48. Bischoff. Archives de Muller. 1838.

N. 49. Nasse. a. Untersuch. zur Phys. und Pathol. vol. 2. b Simon's Beytraege. 1e vol. Berlin. 1843.

N. 50. Horn. Das Leben des Blutes. Wurzbourg. 1842.

N. 51. Arnold. Handbuch der Anatomie des Menschen. 1er vol. Fribourg. 1843.

MÉMOIRE

SUR LA STRUCTURE INTIME

DU FOIE

ET DES GLANDES VASCULAIRES.

PAR

LE DOCTEUR LOUIS MANDL.

ACCOMPAGNÉ DE DEUX PLANCHES.

PARIS,

CHEZ J.-B. BAILLIÈRE,
LIBRAIRE DE L'ACADÉMIE ROYALE DE MÉDECINE,
RUE DE L'ÉCOLE DE MÉDECINE, 17;

A LONDRES, CHEZ H. BAILLIÈRE, 219, Regent Street.

1846

MÉMOIRE

SUR LA STRUCTURE INTIME

DU FOIE

ET DES GLANDES VASCULAIRES.

CHAPITRE PREMIER.— HISTORIQUE.

PLANCHE I.

(Planche vingt-sept de la première partie.)

§ 1. *Le foie.*

Wepfer (n. 2) a, le premier, aperçu les lobules (*acini*) dans le foie du cochon soumis à la coction : « *Invenies detracta extima membrana, totam et vastam hanc molem quasi ex innumeris glandulis combinatam.... vidi glandulas quadrangulares, aliterque ratione figuratas.* » Mais il fallait l'autorité de *Malpighi* (n. 3) pour faire admettre ces lobules, qu'il appelait *acini;* cet observateur croyait qu'ils étaient hexagones et appendus aux dernières ramifications de la veine porte. L'existence de ces lobules a déterminé Malpighi à ranger le foie parmi les glandes conglomérées.

Depuis Malpighi, tout le monde est d'accord sur l'existence des lobules ou grains glanduleux ; mais on a émis des opinions fort diverses sur la manière dont les capillaires et les conduits biliaires se distribuent dans ces lobules. Nous exposerons fort succinctement l'histoire de ces recherches, c'est-à-dire l'histoire des injections du foie, parce que le point qui nous intéresse le plus dans l'étude de la structure intime du foie est l'étude micrographique des éléments qui composent le parenchyme de cette glande.

Ruysch (n. 4) crut pouvoir conclure de ses injections que les lobules ne sont pas autre chose qu'un pelotonnement des vaisseaux capillaires.

Tant que la surface du foie est couverte par le péritoine, on y remarque tantôt des taches rondes et jaunes, d'environ un millimètre de diamètre, séparées les unes des autres par des stries un peu plus larges, rougeâtres et réticulées, tantôt des taches obscures, arrondies, encadrées par des stries plus claires. Cette différence de couleur, qui est plus ou moins frappante, détermina *Ferrein* (n. 5) à distinguer une substance corticale et une substance médullaire. Il trouva les granules clairs à l'extérieur, obscurs à l'intérieur, et appela écorce la substance claire, moëlle la substance obscure. *Autenrieth* (n. 6, p. 299.), qui avait sous les yeux des taches claires, entourées de stries obscures, donne le nom

de moëlle aux parties jaunes, et celui d'écorce aux parties obscures. Son opinion était que les taches jaunes correspondent aux extrémités des lobules, qui
partout, cette extrémité exceptée, sont entourés par une substance plus molle,
d'un brun rougeâtre. Cet auteur décrit aussi avec plus d'exactitude les lobules du
foie de l'homme; il leur assigne la forme de feuilles étoilées ou ramifiées, rappelant un peu en petit celle des lamelles du cervelet. Plusieurs auteurs, comme
Mappes (n. 9) et *Meckel* (n. 8), adoptèrent aussi une substance corticale et une
médullaire.

Mascagni (n. 10, b) dit que le foie est composé d'un très-grand nombre de
petites parties ou *acini*, et ces acini sont eux-mêmes formés d'un amas de cellules,
pourvues chacune d'un conduit excréteur. Les parois de ces cellules, ainsi que
celles de tous les canaux biliaires, sont formées de trois membranes.

Prochaska (n. 7), *Meckel* (n. 8), *Walter, Soemmerring, Rudolphi, Cruveilhier* et
beaucoup d'autres anatomistes ont décrit la forme des dernières ramifications
des capillaires dans les lobules du foie. Mais presque toutes ces recherches ont
été faites sans le secours de verres grossissants et n'ont pu par conséquent fournir
que des résultats fort incomplets. *Haller, Walter, Sœmmerring* affirment que les
matières injectées passent des conduits biliaires dans les vaisseaux, opinion qui
fut déjà combattue par *Glisson* (n. 1), et plus tard par *Mappes* (n. 9), *Bermann*
(n. 10) et *Müller* (n. 12); ce dernier appuie son opinion sur l'examen des injections de *Walter* lui-même. *Vivenot* (n. 11) avait à sa disposition les injections
de *Lieberkühn*, de *Barth*, *Prochaska* et de *Czermak*; il affirme que la distribution des capillaires est chez tous les vertébrés insensiblement la même. Les
figures (fig. 1-3), que donne l'auteur, représentent les lobules injectés par les
vaisseaux sanguins; elles ne présentent pas des résultats très-clairs.

Müller (n. 12) donne des figures grossies des lobules (fig. 6); il les regarde
comme les ramifications des canalicules biliaires eux-mêmes. Cet auteur a trouvé,
dans l'écureuil, d'innombrables corpuscules allongés et cylindriques, qui se terminaient en cul-de-sac, et sans renflement; il considère ces petits corps comme tubuleux, et comme étant les dernières ramifications du conduit excréteur. *Weber*
(n. 13) rapporte que Müller est parvenu plus tard, chez le lapin, à remplir les
canalicules par le canal biliaire; après l'injection, ils avaient un diamètre de 0,012
à 0,013 de ligne; partis de la profondeur, ils gagnaient la surface en divergeant
et en se divisant, sans toutefois ni s'amincir, ni devenir plus larges. Ce qui confirma Müller dans sa manière de voir, c'était l'opinion qu'il s'était formée sur
le développement du foie. En effet, cet auteur croit que le foie apparait dans
l'embryon sous forme d'appendice, en cul-de-sac, du canal intestinal; que c'est
le conduit biliaire qui constitue le cul-de-sac (fig. 4-5); que cette appendice est
pourvue plus tard d'autres latérales et ainsi de suite. Mais on sait actuellement
que ce mode de développement, que l'on croyait propre à toutes les glandes,
n'est pas conforme à la vérité, et que le conduit excréteur ne se forme que postérieurement au milieu du lobule glandulaire (n. 30, § 197). Müller a donc pris
les lobules pour des conduits biliaires; en outre, il n'a pas employé de grossissements assez considérables pour éclaircir le point de la terminaison de ces derniers.

Kiernan (n. 14) a publié le travail le plus complet sur la distribution des capillaires dans le foie; mais la question de la terminaison des conduits biliaires n'y
est pas plus résolue que dans les recherches précédemment citées. Les lobules
sont, d'après cet auteur, de petits corps irréguliers, se ressemblant dans leur
forme générale, et serrés les uns à côté des autres comme les grains nombreux
du fruit du grenadier (fig. 12). Ils sont suspendus aux ramifications de la veine
hépatique (fig. 11), et la matière des lobules (fig. 11, *b*) est disposée autour des
petites veines hépatiques de la même manière que le parenchyne d'une feuille l'est
autour de la nervure principale. Chaque lobule contient dans son centre une
petite veine hépatique (fig. 13, *a*, 14, *a*), qui se ramifie, et sa circonférence est limitée par les ramifications de la veine porte (fig. 14, *b*) et de l'artère hépatique. *Kiernan* appelle *veine intralobulaire* la petite veine hépatique centrale, qui s'abouche
avec une veine plus grande, nommée *veine sublobulaire*. La différence établie par
les auteurs entre une substance médullaire et une autre corticale du foie, ne provient que de la quantité plus ou moins grande de sang dans le vaisseau central ou
dans les vaisseaux périphériques du lobule. Les ramifications de la veine porte
(fig. 14, *b*) communiquent directement avec celles de la veine hépatique centrale
(fig. 14, *a*). L'artère hépatique ne fournit que des vaisseaux de nutrition pour les
canaux biliaires et pour les enveloppes des lobules qui proviennent de la capsule
de Glisson. Elles se termineraient, dans l'enveloppe des conduits biliaires, par
un réseau capillaire, d'où partent des veines qui vont aboutir aux ramifications
de la veine porte. Ainsi l'artère hépatique ne communique pas directement avec
la veine hépatique. Kiernan suppose que les canaux biliaires se terminent par
des plexus à mailles arrondies, formés par les conduits biliaires dans chaque
lobule (fig. 12, *b*), analogues à ceux qui existent entre les conduits biliaires d'une
grosseur notable dans le ligament gauche inférieur; mais cet auteur avoue avec
sincérité, dans l'explication des figures, qu'on ne peut jamais voir le foie injecté,
comme il l'a représenté.

Après avoir injecté de l'air dans les conduits biliaires, *Krause* (n. 15) parvenait à les distinguer entre les lobules jusqu'à ce qu'ils fussent réduits à un calibre de 0,05 à 0,026 de ligne au plus; mais alors ils se soustrayaient d'une
manière subite à l'aiguille qui les suivait, et semblaient avoir crevé. Une fois,
sur le foie d'un hérisson, dans lequel l'air, poussé à l'aide d'une pompe, avait
pénétré avec une grande violence, les lobules parurent à la surface de l'organe,
distendus par de l'air, et à un grossissement modéré, ils se montrèrent composés de vésicules régulières, rondes, serrées les unes contre les autres, bour-
souflées d'air, et d'un diamètre de 0,02 de ligne. On conçoit qu'il n'était pas
possible de suivre bien loin ces vésicules pleines d'air avec l'instrument tranchant, de manière qu'en les regardant comme les extrémités dilatées des canalicules biliaires, Krause n'a émis qu'une simple hypothèse.

Berres (n. 16) affirme de nouveau que les conduits biliaires les plus ténus
communiquent avec les vaisseaux sanguins capillaires; mais on peut toujours
se demander pourquoi le sang ne passerait pas alors dans les conduits biliaires?

Les auteurs dont nous avons parlé jusqu'à présent se sont uniquement occupés de la distribution des capillaires et des conduits biliaires. C'est *Purkinje*

(n. 17), qui a parlé le premier, dans le congrès scientifique de Prague, de vésicules ou cellules du foie, en exposant ses recherches sur le parenchyme des
glandes. Sans avoir connaissance de cette découverte *Henle,* (n. 18, mai, p. 8)
annonça, que le parenchyme du foie se compose, comme l'épiderme, de cellules dont les noyaux, ronds ou un peu aplatis, de grandeur constante, ont un
diamètre de 0,0030 à 0,0033 de ligne. Les cellules elles-mêmes sont polygonales,
quadrangulaires ou pentagonales, et ont en général un diamètre de 0,007 de
ligne. Toutefois, nous devons ajouter ici que la description que *Krause* (n. 15)
a faite des lobules du foie frais, non injecté, convient très-bien en partie à ces
cellules; il a trouvé de petits amas de corpuscules ronds, serrés les uns contre les
autres, jaunes ou d'un brunâtre terne, d'un diamètre de 0,013 ligne, la plupart
oblongs, longs de 0,014 et épais de 0,010; quelquefois il distinguait un espace
intérieur plus clair, entouré d'une paroi obscure. Comme il n'isolait pas les
vésicules, le noyau a pu aisément échapper à l'observation. Mais Krause dit
plus loin que les corpuscules tenaient les uns aux autres par des fibres délicates
de tissu cellulaire, et aussi, à ce qu'il paraît, par des vaisseaux ; qu'en injectant
les vaisseaux sanguins, leur paroi, épaisse de 0,0032 ligne, se colorait et que
cette coloration dépendait de capillaires n'ayant en partie que 0,0018 de
diamètre. Ceci ne saurait se rapporter aux cellules.

Dujardin et Verger (n. 19) affirment que les branches terminales de la veine
porte, de l'artère hépatique, et des conduits biliaires forment, en arrivant aux
lobules, des houppes de vaisseaux qui recouvrent la surface de ces granulations
(fig. 15), mais sans jamais pénétrer dans leur intérieur. Si des injections poussées dans ces vaisseaux ou dans la veine hépatique arrivent jusque dans l'intérieur des lobules, elles n'y parviennent que par une véritable imbibition. Le
microscope n'y peut faire découvrir alors que des points colorés, en séries plus ou
moins régulières, qui vont du centre à la circonférence, et qui occupent visiblement les interstices d'une autre substance; celle-ci se compose d'une aggrégation de globules glutineux parsemés de granules concrets, huileux pour la
plupart (fig. 16). Ces prétendus globules glutineux de Dujardin et Verger
sont les cellules décrites par Purkinje et par Henle ; en se fondant entre eux,
disent les auteurs, ils forment des séries rayonnant autour de la cavité
centrale et séparées par des interstices rectilignes ou ondulés, mais non point
par des vaisseaux. Le sang circulerait dans l'intérieur des lobules à travers
ces interstices.

Hallmann (n. 20) trouve que les cellules du foie sont polyédriques, et pourvues chacune d'un noyau. La cellule est remplie de granules opaques ou de
vésicules transparentes ou enfin de gouttelettes de graisse. Dans ce dernier cas
on peut faire sortir, par la pression, les gouttelettes; mais il est impossible d'obtenir un résultat analogue, lorsqu'on comprime les cellules remplies de granules
ou de vésicules transparentes. Les cellules renfermant des vésicules ou des gouttelettes sont souvent privées du noyau. Outre les cellules transparentes, il en existe
aussi dans le foie d'autres, remplies en partie ou entièrement par une masse opaque, brune, granuleuse. Les cellules du foie se conservent longtemps dans l'acide
acétique délayé, tandis qu'une dissolution très-faible de potasse les dissout

bientôt. On aperçoit aussi quelques fibres de tissu cellulaire dans le parenchyme du foie.

Wagner (n. 21) décrit également les cellules dont se compose la substance compacte des lobules. Dans le foie d'un homme âgé de 40 ans, les cellules avaient un diamètre de 0,01 ligne (fig. 17). Le noyau est distinct, clair et plus petit qu'un globule de sang; presque toutes les cellules étaient remplies de molécules très-tenues, quelques-unes seulement, plus grandes, sont noirâtres ou jaunâtres. Les conduits biliaires s'anastomosent dans les lobules, et renferment dans leurs mailles des groupes de ces cellules. Quant à la distribution des vaisseaux sanguins, Wagner adopte l'opinion de Kiernan. Les figures 7-10 se rapportent au développement successif du foie, dont nous parlerons plus tard (chap. II.)

Lambron (n. 22, p. 167) dit que « avec un grossissement de deux à trois cents fois, on voit que les branches de la veine porte, situées à la circonférence des lobules, se sont pour ainsi dire épuisées en se divisant et se subdivisant dans la coiffe des lobules comme dans une espèce de pie-mère, puisque l'injection a pénétré chacun de ces lobules dans tous les points, aussi bien à la circonférence qu'au centre, en formant une infinité de petites figures polygonales qui circonscrivent autant de petits espaces incolores. Ces espaces ressemblent parfaitement à des cellules. Si l'on examine le lobule d'un foie, dans lequel on ait réussi à injecter les canaux biliaires jusqu'à leurs dernières limites, on voit que ces espaces sont tous pénétrés par l'injection, et que celle-ci ne s'est point mélangée à l'injection qui circonscrit ces mêmes espaces et qu'on a poussée par les vaisseaux sanguins. L'injection qui circonscrit ces cellules n'est point contenue dans des vaisseaux, mais dans les intervalles que ces utricules laissent entre elles. Un seul conduit biliaire se rend à chaque lobule, puis, après un très-court trajet, il semble se terminer dans une cellule. »

Vogel (n. 23) a porté le diamètre des cellules à 0,010-0,013 de ligne et affirme que nulle part on ne peut voir de véritables fibres du tissu cellulaire qui réuniraient ces cellules entre elles.

Selon *Henle* (n. 24), les lobules du foie se composent uniquement d'un amas de cellules à noyaux, serrées les unes contre les autres, et closes de toutes parts, qui remplissent les mailles entre les vaisseaux. Lorsqu'on déchire la surface d'un foie frais, on se procure aisément ces cellules disposées en séries simples et rameuses, et quand on examine une tranche mince d'un lobule, on voit qu'elles sont situées à l'extérieur des parois de vaisseaux pleins de sang, tantôt en amas irréguliers, tantôt en courtes séries longitudinales, placées régulièrement les unes à côté des autres, qui se comportent comme de petits cœcums, lorsqu'on fait abstraction des divisions transversales. Les cellules ont un diamètre moyen de 0,007 ligne; le noyau est parfaitement rond, quelquefois un peu aplati, d'un diamètre de 0,0030 à 0,0033 ligne, et pourvu d'un ou de deux nucléoles. Elles ont une couleur jaunâtre, et contiennent une multitude de corpuscules ponctiformes, qui semblent adhérer aux parois; on y voit aussi fréquemment, chez l'homme et les mammifères, des gouttelettes de graisse plus ou moins volumineuses. On rencontre aussi des cellules dont les cavités communiquent ensemble, ou du moins entre lesquelles on n'aperçoit aucun vestige de cloison,

Outre les celules, on n'aperçoit que de la graisse dans les interstices des lobules, des fibres dans les parois des vaisseaux et des conduits biliaires d'un certain calibre, et des celules épithéliales cylindriques, qui se sont détachées de ces dernières.

En accordant que les cellules contiennent la sécrétion du foie, il reste encore à rechercher comment ce liquide arrive des cellules dans les conduits excréteurs. Henle établit l'hypothèse suivante qui lui paraît la plus probable : qu'on se figure le parenchyme du foie une masse compacte de cellules parcourues par des vaisseaux, et les cellules ne s'écartant les unes des autres qu'assez pour laisser des espaces creux, cylindriques, dans lesquels le produit excrété se rassemble. L'endroit que le produit occupe ne serait par conséquent d'abord qu'un simple conduit intercellulaire. Alors seulement que plusieurs de ces conduits se réunissent, il se produit, pour leur servir de paroi, une membrane propre, au côté de laquelle les cellules s'appliquent comme une sorte d'épithélium, tandis qu'extérieurement se forment de nouvelles couches, et enfin des fibres annulaires.

Bowmann (n. 25) signale particulièrement la présence de globules de graisse dans l'intérieur des cellules du foie (fig. 19-20) chez les phthisiques, fait qui ailleurs a été déjà signalé par Hallmann.

Valentin (n. 26) donne les dessins (fig. 21) des différentes formes qu'adoptent les cellules du foie, en s'aplatissant mutuellement.

Les recherches de *Weber* (n. 26) et de *Kruckenberg* (n. 27) ont pour but de démontrer l'existence de réseaux capillaires, qui seraient les dernières ramifications de la veine porte et les radicules des veines hépatiques. Les mailles de ces réseaux sont remplies par les canaux biliaires qui, à leur tour, forment un réseau. D'après ces mêmes auteurs, l'artère hépatique communique directement, soit avec la veine porte, soit avec le réseau capillaire; ils diffèrent par conséquent, sous ce point de vue, de Kiernan, qui disait que cette artère ne fournit que des vaisseaux de nutrition pour les canaux biliaires et pour les enveloppes qui proviennent de la capsule de Glisson et qui isolent les lobules.

Mais c'est surtout l'existence des lobules qui est niée par Weber et par Kruckenberg. Le foie se compose, d'après ces auteurs, d'une masse continue, qui n'est pas séparée par des fentes et par du tissu cellulaire en lobules, mais dans laquelle les vaisseaux sanguins et les canaux biliaires sont placés dans des gouttières. Les plus petites ramifications de la veine hépatique se distribuent entre les ramifications de la veine porte. mais de manière qu'entre elles il existe une distance de $\frac{1}{6}$ à $\frac{1}{7}$ de ligne de Paris, qui est remplie par le réseau vasculaire et par celui des canaux bilifères. La forme régulière de ces petits ramuscules détermine l'aspect des lobules.

Müller (n. 27.) s'oppose à cette manière de voir; si Weber et Kruckenberg n'ont pas vu les parois des tissus cellulaire et fibreux qui enveloppent les lobules, ce serait seulement l'effet des injections qui, en distendant par trop les vaisseaux, ont comprimé les cloisons interlobulaires. Au reste, pour se convaincre de l'existence de ces parois, on n'a qu'à faire macérer le foie dans l'acide acétique, par exemple un foie de cochon dans le vinaigre, pendant huit

jours. L'acide acétique dissout le tissu cellulaire, tandis que les lobules restent
suspendus aux ramuscules de la veine hépatique, ainsi que Kiernan l'avait
décrit.

Selon M. *Nath. Guillot* (n. 28.) les conduits environnent, soit d'un réseau, soit
de touffes épaisses toute la superficie de chacune des houppes des veines hépatiques, et offrent avec la veine porte les rapports suivants : toutes les ramifications
ultimes de ces conduits biliaires se répandent sur la superficie de chacun des
ramuscules de la veine porte. Le premier ordre de ces vaisseaux environne et
couvre le second, autour des divisions duquel il se répand. Ces conduits biliaires, agglomérés à la surface des dernières ramifications de la veine porte, ne
se terminent que lorsque cette veine s'abouche dans l'un des points de la circonférence de la houppe formée par les veines hépatiques dans chaque granulation
du foie. D'après cette disposition, les conduits biliaires concourent à former,
avec l'artère hépatique, un double réseau de conduits disposés tout autour des
derniers rameaux de la veine porte. Les vaisseaux biliaires, après avoir parcouru,
en s'étendant en flocons et en rameaux multipliés, toute la circonférence des
ramuscules les plus fins de la veine porte, se réunissent en canaux d'un volume
considérable, dont les dispositions offrent des variétés nombreuses.

Parmi les injections faites par *Müller* (n. 29, 1er vol. p. 346), il s'en trouve plusieurs, selon cet auteur, qui indiquent une distribution rétiforme des canaux
biliaires dans les lobules; mais il ajoute qu'il ne saurait distinguer ce réseau de
celui des vaisseaux sanguins; de sorte qu'en jugeant d'après ses préparations, il
regarde le passage d'un ordre de vaisseaux dans les autres, par extravasation,
comme une chose très-possible et même facile.

§ 2. *Les glandes vasculaires.*

La structure intime des organes compris sous cette dénomination, à savoir
de la rate, du thymus, de la thyroïde et des capsules surrénales, est encore
presque totalement ignorée. Sans nous arrêter ici à la description des éléments
visibles à l'œil nu, tels que les enveloppes, les vaisseaux sanguins, lymphatiques, les cellules, etc., nous fixerons notre attention seulement sur les faits histologiques, relatifs soit au parenchyme plus ou moins liquide qui remplit ces
cellules, soit aux corpuscules particuliers de la rate.

La découverte de corpuscules particuliers, propres à la rate, est due à *Malpighi* (n. 3), en 1666. Cet auteur les décrit comme des glandules blanches, ovales,
de la grandeur des corpuscules (de Malpighi) des reins et disposées à la façon
des grappes de raisin, à raison de sept à huit par grappe. Dans des rates injectées, il a pu s'assurer qu'elles sont en rapport avec les prolongements de la capsule (la gaine des vaisseaux) et que les derniers ramuscules des artères viennent
se distribuer à leur surface. Malpighi considère ces corpuscules comme des véritables follicules simples, creux à l'intérieur, formés par une membrane qui
affecte la forme d'un petit sac, dans laquelle viennent se terminer les derniers ramuscules artériels et même des nerfs. Les liquides sécrétés seraient
d'une nature particulière et serviraient de ferment pour la sécrétion de la bile,
attendu que les veines de la rate doivent être considérées comme canaux secré-

teurs du fluide liénique qui arriverait par cette voie dans la veine porte et dans le foie. On trouve ces corpuscules très facilement chez certains animaux, tels que le bœuf, la chèvre, etc., et chez l'homme, dans certaines maladies.

Ces idées, quoique appuyées par des autorités telles que Bidloo, W. Cooper, Bartholin, Winslow. Lieutaud, Boerhaave, etc., furent cependant mises de côté par suite de la controverse qui s'était engagée au sujet de la structure des glandes en général, d'une part, entre les partisans de Malpighi, et de l'autre, entre Ruysch et les siens. *Ruysch* (n. 4, t. II, p. 6; 1696) commence par avouer son ancienne croyance à l'existence des corpuscules. Mais en remplissant les vaisseaux sanguins jusqu'à les rendre turgides, Ruysch dit n'avoir trouvé dans la substance intacte de la rate qu'une sorte d'agglomération d'artères, de veines, de vaisseaux lymphatiques et de nerfs, environnés et réunis par des membranes. Ce qui paraît représenter des glandules n'est rien autre chose que les susdits prolongements, disposés en faisceaux, et concentrés en corpuscules ronds, très mous et diffluents.

Les opinions de Ruysch remportèrent la victoire, grâce à l'appui qu'elles reçurent des plus grands anatomistes du siècle passé, tels que Haller, Albinus, Sœmmerring, etc.; ce n'est qu'après un siècle d'oubli que les idées de Malpighi ont été remises en honneur. Nous n'exposerons point ces opinions diverses, fondées sur des recherches faites sans l'emploi du microscope, et nous rappellerons seulement que *Winslow* (1732) déclare nécessaire l'emploi des verres grossissants pour voir les glandules qui, selon *Boerhaave* (1722; *Ruysch Opusc. anat. de Fabr. glandul.*), seraient une espèce de follicules intermédiaires entre les artères et les veines. *De Lasône*, dont l'*Histoire anatomique de la rate* a été présentée, en 1753, à l'Académie des sciences de Paris, appelle les corpuscules en question des follicules pulpeux; il les considère comme des organes singuliers d'une nature particulière. Les recherches de *Leeuwenhoëk* (n. 31) sont fort incomplètes; il décrit les fibres qui tirent leur origine, selon lui, des membranes : entre ces fibres existent des petits corpuscules ronds.

Hewson (n. 32, t. 3, p. 107) parle des cellules analogues à celles des glandes lymphatiques et visibles seulement à l'aide d'une forte loupe; les capillaires sanguins forment le plus beau réseau à leur surface. Ces cellules ne sauraient être les corpuscules de Malpighi.

Au commencement de ce siècle, *Cuvier* (*Anat. comp.*) et *Dupuytren* (*Assolant*, n. 33) rappelèrent l'attention des anatomistes sur ces corpuscules. Assolant se prononce à la fois contre l'opinion de Malpighi et contre celle de Ruysch ; il nie positivement les cellules, qu'il regarde comme le résultat de déchirures interstitielles causées par l'insufflation. Pour les corpuscules, il est parvenu à les voir par la congélation dans le chien et le chat, mais il n'y croit pas dans l'homme; il nie la présence d'un liquide dans l'intérieur de ces corpuscules qu'il considère, en conséquence, comme solides, tout en leur attribuant une consistance très faible. Les vaisseaux lymphatiques ne se réunissent pas, selon cet auteur, dans les corpuscules pour s'y distribuer comme dans les glandes lymphatiques, et pourtant on trouve (p. 80) le passage suivant : « Ne servent-ils pas à opérer une sécrétion dont le produit est absorbé par les lymphatiques? » En général, il existe beaucoup de contradictions dans ce travail, et l'anatomie de texture y est très stérile.

Selon *Moreschi* (n. 34), toute la rate est composée de vaisseaux sanguins, et d'un grand nombre de lymphatiques qui, injectés chez les poissons (carpe) par le canal thoracique, remplissent la rate presque toute entière.

Home (n. 35) regardait en 1808 les corpuscules comme des cellules communiquant avec des vaisseaux qui viennent de l'estomac. Ces vaisseaux sont uniquement des ramuscules artériels; aucune veine ne se distribue dans la paroi de ces cellules. Quand les cellules se trouvaient à l'état de contraction, toute apparence de cellules avait disparu. Plus tard, en 1811, il prend les vaisseaux lymphatiques pour les conduits excréteurs du fluide sécrété par les cellules. Il diffère de Hewson, en ce qu'il considère comme une véritable sécrétion ce qui se passe dans les cellules, et non pas comme une fonction de sanguification.

Parmi les auteurs du siècle actuel, *Prochaska* et *Ch. H. Schmidt* regardent comme Ruysch, les corpuscules blancs de la rate composés de petites artères, qui paraissent blanches, parce que le sang s'en est retiré. *Heusinger* (n. 36), au contraire, affirme que les organes en question sont de véritables corpuscules membraneux, susceptibles d'une extension plus ou moins grande, et qui reçoivent un grand nombre d'artères et de veines très-déliées formant des ramifications pénicillées. Les cellules de la rate ont paru à Heusinger être le résultat de l'insufflation de l'air dans les corpuscules. Mais plus tard (n. 40), cet auteur croit les corpuscules formés par un tissu cellulaire amorphe, qui adopte la forme vésiculaire par l'insufflation de l'air dans les vaisseaux.

D'après *C. A. Schmidt* (n. 37), les corpuscules possèdent une membrane propre, qui crève facilement et qui est formée par la gaine cellulaire qui, dans la rate, accompagne les artères. C'est dans cette membrane qu'il se distribue une infinité de petits vaisseaux, dont le tronc commun forme le pédicule sur lequel les corpuscules sont fixés. Les veines sont les conduits excréteurs du liquide sécrété dans l'intérieur de ces corpuscules. Les anatomistes, depuis, ont trouvé ces remarques exactes jusqu'à *Rudolphi* (n. 38), qui nie l'existence des corpuscules chez l'homme, le cochon et le cheval. Mais *Berthold* (n. 39), signale leur existence chez l'homme et chez beaucoup d'animaux, et il fait remarquer avec *Heusinger* (n. 36), *Home* (n. 35, 1821) et *Meckel* (n. 8, t. 3), que ces corpuscules deviennent surtout fort turgescents après que le sujet a pris des boissons.

Suivant *J. Muller* (43, 1834; p. 80), il y aurait une distinction à faire entre les véritables corpuscules de Malpighi, qui ne se trouvent que dans quelques mammifères herbivores, tels que le bœuf, le mouton, la chèvre, et d'autres tout à-fait dissemblables que l'on rencontre quelquefois chez l'homme et d'autres animaux. L'auteur ne traite que des premiers. Ce sont de petits corps arrondis (Pl. I, fig. 22), blancs, unis les uns aux autres par des filaments; si l'on poursuit les ramuscules auxquels les corpuscules sont fixés sous forme de grappe, on arrive jusqu'aux troncs artériels de la rate. Des injections fines, poussées dans les artères, lui ont prouvé que chaque petite artériole est logée dans une gaine blanche, qui l'accompagne jusqu'à ses dernières ramifications. Les corpuscules ne sont que les excroissances de cette gaine blanche des ramuscules artériels;

les artères ne se terminent jamais sur les corpuscules, qui sont des vésicules à parois épaisses, renfermant dans leur intérieur un liquide granuleux.

Giesker (n. 44), les a vus aussi fermes chez l'homme que chez les animaux ; ils sont suspendus, chez l'homme, à un mince pédicule de vaisseaux sanguins. Dans une rate insufflée et ensuite desséchée, l'auteur a trouvé tous les corpuscules ridés et collés ensemble par la dessiccation. *Giesker* (n. 44; p. 180), *Krause* et *Bischoff* (n. 43, 1838, p. 500), ont vu les corpuscules de la rate chez l'homme, et depuis *Muller* (n. 29) déclare aussi en avoir découvert de véritables dans la rate de l'homme. *Hessling* (n. 48) croit que ces corpuscules sont en rapport intime avec la digestion et la sanguification. Suivant *Spring* (n. 49), les corpuscules sont creux et reliés ensemble par des vaisseaux lymphatiques; mais ce dernier résultat n'a été obtenu que par quelques expériences physiologiques et non histologiques.

Enfin suivant *Bourgery* (n. 50), « la rate se compose de deux appareils différents, l'un vésiculaire et l'autre glanduleux, scindés par petits organules et juxtaposés, élément à élément, dans toute l'étendue de ce viscère. L'appareil vésiculaire, ou la succession des vésicules continues entre elles par leurs orifices de communication, comprend, outre les veines spléniques, les corpuscules vasculaires flottants ou glandules de Malpighi et le champ granulo-vasculaire. » Les corpuscules sont portés à l'extrémité d'un étroit pédicule, ainsi que l'a déjà décrit Malpighi; ils se sont présentés à Bourgery sous divers aspects : Quand leurs capillaires sanguins ont été injectés par une matière grasse ou avec la gomme arabique, ils ont paru globulaires ou lenticulaires, d'un aspect vermiculé dû à un épais réseau de petits vaisseaux sanguins développés dans leur intérieur et à leur surface. Injectés par voie de double décomposition, ou, quelle que fût la matière d'injection, quand il n'y a eu de rempli que les lymphatiques, les corpuscules se sont offerts flottants et encore sous deux aspects : Si les corpuscules sont peu turgides, leur forme est lenticulaire et constituée, comme celle du cristallin, par deux segments de circonférences inégales; si au contraire les corpuscules sont bien turgides, leur forme générale est globuleuse, leur volume plus considérable, et ils semblent formés par un assemblage de petites aigrettes, rayonnant d'un centre ou noyau corpusculaire vers la circonférence, de manière à figurer une fleur d'ombellifère. Chacune de ces aigrettes se compose d'un filament, terminé par une, deux, trois et jusqu'à quatre petites sphérules brillantes, assemblées bout à bout, en chapelet. Malgré ces aspects différents, il n'existe qu'une seule espèce de corpuscules. — Le champ granulo-vasculaire est la surface injectée de la membrane vésiculaire. — L'appareil glanduleux se compose des glandes et des vaisseaux lymphatiques. L'auteur décrit les vaisseaux sanguins et les nerfs de la rate.

Voici maintenant le résultat des observations qui concernent la structure intime du parenchyme et des corpuscules de la rate. *Hewson* (n. 32, t. III, p. 84) donne le nom de corpuscules de la lymphe aux granules contenus dans les glandes vasculaires sanguines. *Muller* (n. 43, p. 88) trouve les granules, qui s'échappent des corpuscules de la rate, et ceux qui composent le parenchyme, irrégulièrement sphériques et non plats comme les globules du sang. *Ehrenberg*

(n. 45, p. 29 et 41) compare ces granules aux noyaux des globules du sang et aux globules de la substance médullaire détruite ; il propose d'appeler le thymus une bourse à moëlle. *Bischoff* (n. 43, 1838, p. 501) trouve les granules de la rate semblables à ceux du chyle. *Purkinje* (n. 17 ; p. 175) parle, sans plus de détails, de la masse d'enchyme grenu dans la rate, le thymus et la thyroïde. *Henle* croyait autrefois que les cellules qui constituent les *acini* des glandes vasculaires contiennent des noyaux et ressemblent aux cellules des épithélium en pavé délicats : mais actuellement (n. 24), il dit que ces granules sont pour la plupart pafaitement sphériques, insolubles dans l'eau et dans l'acide acétique et n'excèdent pas la grandeur de 0,0018 de ligne. Dans leur intérieur ils sont tout à fait homogènes, et privés de noyau ; du moins les cellules à noyau proprement dites sont très rares. A leur surface sont accolées des molécules élémentaires qui la rendent inégale et âpre. L'auteur insiste sur l'analogie qui existe entre les granules de toutes les glandes vasculaires. Les parois des corpuscules de Malpighi se composent de granules ; à leur surface externe existent quelques fibres cellulaires. *Gluge* (n. 47) trouve le parenchyme composé de globules irréguliers gris-blanchâtres, inaltérables par l'acide acétique et par l'eau. Chaque globule consistait en une masse blanchâtre, qui en renfermait une autre plus obscure dans son intérieur. Le noyau manquait. Tous avaient le même diamètre, à savoir 0,0003 pouce de Paris. Selon *Hessling* (n. 48), ces granules ressemblent à ceux de la lymphe. Suivant *Schwager-Bardeleben* (n. 46), il existe, dans la masse pulpeuse rouge de la rate, des cellules microscopiques remplies de granules ; les corpuscules blancs de Malpighi diffèrent de ces dernières seulement par la grandeur ; les granules sont sphériques et privés de noyaux. Enfin *Spring* (n. 49) affirme que les granules sont sphériques, à surface inégale, comme déchiquetés. Leur grandeur varie entre 0,007 et 0,010 m. m. L'eau ne change pas leur forme. Quant à leur coloration, on observe de grandes différences. Par la macération chaque granule se dissout en une masse grumeleuse ; jamais l'auteur n'a pu distinguer un noyau. Il existe encore des globules plus petits, ayant 0,005 m.m. pour diamètre, accolés les uns aux autres et insolubles dans l'acide acétique.

CHAPITRE SECOND.

RECHERCHES DE L'AUTEUR.

PLANCHE II·

(Planche vingt-huit de la première série).

§ 1. *Les Cellules hépatiques.*

Les recherches des auteurs dont nous avons parlé jusqu'à présent ont laissé tout à fait indécise la manière dont se terminent les canaux biliaires et dans quel rapport se trouvent ces derniers avec les cellules hépatiques. Nous exposerons l'opinion que nous nous sommes formée sur ce sujet, d'après les observations nombreuses que nous avons faites depuis plusieurs années.

L'existence des cellules hépatiques est maintenant un fait constaté par tous les micrographes. Tout le monde sait que ce sont de véritables cellules, pourvues d'une membrane particulière et d'un noyau, renfermant des granules et quelquefois des gouttelettes de graisse. Dans nos recherches sur les divers animaux, nous avons tantôt rencontré des foies dont les cellules se laissaient facilement isoler, comme par exemple chez le bœuf (fig. 17), tantôt elles formaient des amas irréguliers (fig. 13), ou des séries longitudinales (fig. 18, *b*). Dans tous les cas, il suffit de laisser séjourner une parcelle de foie, pendant une demi-heure ou une heure, dans une solution concentrée de potasse caustique, pour voir facilement les cellules; leurs noyaux sont alors aussi beaucoup plus distincts (fig. 15, 19). Le séjour trop prolongé dans la potasse, ou une pression exercée sur les cellules, détruit la membrane cellulaire, et le contenu, les granules et les gouttelettes, s'échappent. L'abondance des granules ou des gouttelettes, dans l'intérieur de la cellule, rend quelquefois fort difficile de voir le noyau (fig. 16); la potasse extrait les gouttelettes et l'on reconnaît alors facilement ce dernier (fig. 19). A côté des cellules se voient souvent des corpuscules, primitifs (noyaux), (Fig. 14, *b*; 17, *d*), nageant librement.

Comme toutes les cellules, celles qui constituent le tissu hépatique parcourent divers degrés de développement; on ne doit donc pas s'étonner de trouver de grandes différences dans leurs dimensions, non seulement chez les divers animaux, mais aussi dans la même espèce et le même individu. Toutefois, on doit se tenir, comme partout ailleurs, pour les dimensions, aux cellules parfaites. D'après nos recherches, elles mesurent chez la grenouille (fig. 14, 15), 0,02 à 0,015 mill.; chez l'ablette (fig. 16), 0,008 à 0,01 mill.; chez le bœuf (fig. 17), 0,02 à 0,03 mill.; chez l'homme (fig. 18, 19), 0,01 à 0,02. Leurs noyaux ont 0,005 à 0,008 mill. pour diamètre. Elles sont tantôt rondes, tantôt aplaties; d'une forme polygonale très-prononcée chez l'homme.

Ces faits réfutent suffisamment l'opinion de *Dujardin* (n. 19), et *N. Guillot*

(n. 57, 7 sept.), suivant laquelle ces cellules sont des particules irrégulières qui ne sont limitées par aucune membrane et se trouvent dans un état intermédiaire entre le liquide et le solide. Nous n'avons non plus constaté le fait avancé par *Huschke* (n. 53, p. 125), à savoir que de chaque cellule part un filament qui la mettrait en rapport avec le canalicule biliaire et par laquelle la bile s'échapperait.

Les cellules hépatiques, pressées les unes contre les autres, forment des ilots qui sont entourés de vaisseaux sanguins (fig. 11 et 12, B.). Examinons maintenant ces derniers.

§ 2. *Vaisseaux sanguins.*

Nous n'avons rien à ajouter à l'état actuel de nos connaissances sur la distribution des vaisseaux sanguins dans le foie, connaissance que nous devons presque entièrement aux recherches de *Kiernan*. On peut du reste se convaincre de l'existence des capillaires, même sans faire des injections, en examinant sous le microscope, à un grossissement de 100 à 200 fois, le bord libre et transparent du foie d'un petit animal, par exemple d'une grenouille ou d'une souris. On choisira, en prenant des grenouilles, de préférence des individus dont le foie est privé de pigment noir, et on évitera, autant que possible, toute compression.

Dans ces circonstances, il est facile de voir un très-beau réseau de vaisseaux capillaires, à parois très-distinctes, et le tissu hépatique placé dans les mailles arrondies ou un peu polygonales (pl. II, fig. 11). En déchirant la préparation, on rencontre des vaisseaux capillaires très-tenus, dont la structure s'accorde avec celle des capillaires des autres tissus (pl. II, fig. 12, B) et se trouve en rapport avec leur diamètre. Les personnes moins familières avec les recherches histologiques pourront facilement se convaincre de l'existence de ces capillaires en injectant préalablement les vaisseaux sanguins avec la teinture d'iode. Les capillaires se trouvent alors vivement teints en jaune, et sont faciles à reconnaitre au milieu des cellules hépatiques. On voit alors fréquemment des troncs d'artères ou de veines, ces dernières recouvertes des cellules pigmentaires (pl. II, fig. 12, A), et auxquelles sont encore appendus les capillaires.

Nous ne pouvons par conséquent partager l'opinion de MM. *Dujardin* et *Verger* (n. 19), qui supposent que le sang circule librement à travers le tissu hépatique, sans être renfermé dans des vaisseaux particuliers. Nous sommes également obligés de combattre la manière de voir de M. *N. Guillot* (n. 57), qui suppose que le sang circule, dans le foie, dans des canaux non membraneux. Tous les faits histologiques sont contraires à ces opinions, et l'examen attentif du tissu hépatique démontre leur inexactitude.

§ 3. *Les canaux biliaires.*

Nous connaissons jusqu'à présent des amas de cellules entourés de vaisseaux capillaires. Il s'agit encore de connaitre la terminaison des canaux biliaires: c'est une question extrêmement difficile et qui demande peut-être encore un grand nombre de nouvelles recherches. Pour l'élucider, nous avons cru utile d'étudier d'abord le foie des animaux inférieurs, et nous avons choisi dans ce but les crustacés et particulièrement l'écrevisse.

Dans ces animaux, comme on le sait, le foie se compose de lobules isolés, qui ont la forme de tubes. Chacun de ces tubes, placé dans une gouttelette d'eau sans être recouvert d'un second verre et examiné à un grossissement de 150 à 200 diamètres, se compose, d'après nos recherches, d'une membrane très-mince extérieure (pl. II, fig. 1), d'un parenchyme (fig. I, a, b) et d'une cavité interne remplie de bile (fig. 1, c, d.). Le parenchyme est le plus épais à l'extrémité libre du tube, et se continue de là, en s'amincissant, vers l'extrémité opposée. Il se compose de cellules à divers degrés de développement (fig. 9). La cavité interne ou le canalicule biliaire est rempli de gouttelettes de graisse (fig. 8), et de gouttelettes d'une substance blanche amorphe (fig. 5), que nous avons eu déjà plusieurs fois l'occasion de signaler. Ces gouttelettes renferment quelquefois accidentellement des granules (fig. 4, a), ou même des cellules hépatiques, ce qui leur donne l'apparence de véritables cellules. Peu à peu elles deviennent opaques, et il se forme à l'intérieur une, deux (fig. 6) ou même plusieurs gouttelettes transparentes (fig. 7), d'une teinte gris-rougeâtre.

Ces recherches étaient finies depuis longtemps (voy. 58, p. 69), lorsque nous avons reçu plusieurs mémoires (n. 52 à 57) sur le même sujet, qui renferment quelques résultats inexacts. Ainsi le parenchyme du tube a été pris par *Karsten* (n. 52, p. 295) et *Nicolucci* (n. 55), pour un vaisseau sanguin périphérique, de même que les gouttelettes de la substance blanche amorphe figurent chez ce dernier et chez *Meckel* (n. 56, p. 36), pour des cellules hépatiques. Le parenchyme se distingue parfaitement des vaisseaux sanguins par les cellules qui le composent, tandis que dans tout vaisseau sanguin on trouve les globules qui existent dans le sang (fig. 3). On trouve quelquefois à côté du tube une traînée de tissu cellulaire sur lequel sont placées accidentellement quelques cellules hépatiques d'un tube déchiré; d'autres fois on voit ces dernières sur une traînée d'une substance coagulable (fig. 2). Ces diverses traînées ont été prises par *Karsten* pour le vaisseau sanguin périphérique détaché. Nulle part nous n'avons pu découvrir une trace de vaisseau sanguin sur le tube. En le comprimant, on le vide (fig. 10), et l'on voit s'y former des plis. Quelquefois nous avons rencontré à l'extrémité du tube des fibres transversales (fig. 10, a). Ce sont probablement ces fibres ou ces plis qui ont été pris par *Karsten* pour des vaisseaux capillaires. *Nicolucci* déclare comme tels les intervalles entre les gouttelettes de la substance blanche amorphe qu'il prend, ainsi que nous l'avons déjà dit, pour des cellules hépatiques.

Les faits que nous venons de citer prouvent évidemment que les cellules hépatiques chez les crustacés ne se détachent point pour être charriées dans la bile, comme cela a lieu pour les cellules de toutes les autres glandes. *Lereboullet* (n° 57, 19 janvier) avait d'abord avancé que, chez les cloportides, les cellules du foie sont charriées dans l'intérieur du tube alimentaire; nous avons immédiatement combattu cette manière de voir (n. 58, p. 69), et nous ne trouvons plus de trace de cette opinion dans un mémoire publié postérieurement par *Lereboullet* (n° 59, 20 mars).

Quelle est la raison qui empêche les cellules hépatiques, chez les crustacés, de tomber dans le canal biliaire? C'est la présence d'une membrane particulière qui limite ce canal, dont nous avons déjà précédemment (n. 58, p. 69) annoncé l'existence, et qui a été également vue par *Karsten* et par *Meckel* (n. 56, p. 36).

Les recherches dont nous venons de parler sont délicates et très-difficiles à faire; mais les difficultés augmentent encore, lorsqu'il s'agit du foie des animaux supérieurs, et particulièrement des vertébrés. Existe-t-il d'abord une tunique propre autour de chaque lobule? *Valentin* est porté à admettre cette membrane, et *Krause* (n. 54, p. 524) affirme qu'il est parvenu à la voir. Nous sommes également porté à supposer son existence, non pas autour de chaque lobule, mais bien autour de chaque îlot compris entre les mailles des capillaires. Ces derniers se trouveraient donc en dehors de la substance propre du foie, et se répandraient seulement à la surface du lobule; les îlots compris entre les mailles présenteraient par conséquent les culs-de-sac des glandes qui, dans le foie, adoptent une forme polygonale. En effet, dans aucune glande nous ne voyons les vaisseaux sanguins pénétrer dans le parenchyme même, et nous ne pouvons pas supposer une anomalie pareille pour le foie. On ne doit par conséquent considérer le lobule, grain, *acinus* du foie, comme l'analogue des culs-de-sac des glandes lobulées; mais ces derniers sont réellement représentés par les îlots polygonaux qu'entourent les capillaires.

Quant à l'origine des canalicules biliaires, nous ne savons pas encore s'ils commencent par une radicule dans chaque îlot, ou par un tronc commun dans le lobule; nous ne savons pas non plus si, comme dans les animaux inférieurs, ces radicules sont pourvues d'une membrane particulière, ce qui est probable. Du reste, les cellules hépatiques sont, en général, très-cohérentes dans les animaux supérieurs, par suite d'une substance intercellulaire qui les réunit, et cette circonstance suffirait déjà pour expliquer leur absence dans la bile.

Ainsi, en résumé, chaque lobule se compose d'une foule d'îlots, pressés les uns contre les autres, ce qui leur donne une forme polygonale. Pourvus d'une membrane propre, comme les culs-de-sac de toutes les autres glandes, ils sont entourés des vaisseaux capillaires. La veine-porte entoure les lobules; la veine hépatique arrive au centre, probablement accompagnée d'un canalicule biliaire, dont l'origine est encore inconnue. Nulle part les vaisseaux sanguins ne pénètrent dans la substance même du foie.

§ 4. *Les glandes vasculaires.*

Nous avons vu précédemment que nos connaissances sur la structure intime des glandes vasculaires sont à peu près nulles. Nos recherches ont été principalement dirigées en vue de connaître les éléments divers histologiques que l'on y rencontre; nous avons lieu de penser que ceux-ci sont principalement des globules sanguins à divers degrés de développement. Mais comme ces observations regardent principalement l'histoire du développement des liquides, nous réservons leur exposition pour notre mémoire sur l'*Histogénèse*. Ajoutons seulement que les corpuscules blancs de la rate ne sont autre chose que des glandes lymphatiques.

LITTÉRATURE.

§ 1. *Foie.*

N. 1. Glisson. Anatomia hepatis. Londres. 1654.
N. 2. Wepfer. De dubiis anatomicis, epist. ad J. H. Paulum. Nuremberg. 1664.
N. 3. Malpighi. De viscerum structura exercit. Bonon. 1666. Opera omnia. Leyde. 1687.
N. 4. Ruysch. Opera omnia. Amsterdam. 1737. 4 tomes en 2 vol.
N. 5. Ferrein. Mémoires de l'Académie des Sciences de Paris. 1733, 1749, 1755.
N. 6. Autenrieth. Archives de Reil. Vol vii. 1807.
N. 7. Prochaska. Organismus des menschlichen Kœrpers. Vienne. 1810.
N. 8. Meckel. Handbuch der menschlichen Anatomie. 4 vol. Halle 1815-1820. Trad. par Jourdan. Paris. 1825. 3 vol.
N. 9. Mappes. De penitiori hepatis humani structura. Tubingue. 1817.
N. 10,*a.* Bermann. De structura hepatis, etc. Wurzbourg. 1818.
N. 10,*b.* Mascagni. Prodromo delle grande anatomia. Florence. 1819.
N. 11. Vivenot. Diss. de vasis hepatis. Vienne. 1830.
N. 12. Müller. De glandularum secernentium struct. Leipzig. 1830.
N. 13. Weber. Hildebrandt, Anatomie. Brunswick. 1830-52. 4 vol.
N. 14. Kiernan. The anat. and physiol. of the liver. Phil. transact. 1833. Part. II.
N. 15. Krause. Archives de Müller. 1857.
N. 16. Berres. Anatomie der microscopischen Gebilde. Vienne. 1857.
N. 17. Purkinje. Naturforscher zu Prag. Prague. 1838.
N. 18. Henle. Journal de Hufeland. Berlin. 1838.
N. 19. Dujardin et Verger. Ann. d'anat. et de physiol., par Laurent, etc. Paris. 1838.
N. 20. Hallmann. De cirrhosi hepatis. Berlin. 1839.
N. 21. Wagner. *a.* Physiologie. Leipzig. 1839. *b.* Icones physiol. Ibid. 1839.
N. 22. Lambron. Archiv. génér. de Médecine. 1841. (Voir aussi Dutrochet, Mémoires anatomiques et physiologiques. Paris. 1857. 2 vol.).
N. 23. Vogel. Gebrauch des Microskopes. Leipzig. 1841.
N. 24. Henle. Allgemeine Anatomie. Leipzig. 1841. (Encyclopédie anat., tome 6 et 7. Paris. 1843).
N. 25. Bowmann. Lancet. Janvier. 1842.
N. 26. Valentin. Handwoerterbuch der Physiol. von Wagner. Brunswick. 1842. Vol 1.
N. 27. Weber, Kruckenberg, Müller. Archives de Müller. 1843.
N. 28. Guillot. Comptes-rendus de l'Acad. des Sciences. Paris. 1844.
N. 29. Müller. Manuel de Physiologie. Paris. 1845. 2 vol.
N. 30. Mandl. Anatomie générale. Paris. 1843.

§ 2. *Glandes vasculaires.*

N. 31. Leeuwenhœk. Structure of the spleen. Philos. transact. 1706.
N. 32. Hewson. Experimental inquiries. 3 vol. Londres. 1774-77.
N. 33. Assolant. Diss. sur la rate. Paris. An x (1801).
N. 34. Moreschi. Uso della milza. Milan. 1803.
N. 35. Home. Philosoph. transact. for the year 1808, 1811, 1821.
N. 36. Heusinger. Bau und Verrichtung der Milz. Thionville. 1817.
N. 37. Schmidt. Diss. de structura lienis. Halæ. 1819.
N. 38. Rudolphi. Grundriss der Physiologie. Berlin. 1821-28.
N. 39. Berthold. Physiologie. Gottingue. 1829.
N. 40. Heusinger. Nachtraege über die Entzuendung und Vergroesserung der Milz. Eisenach. 1823.
N. 41. Haugstedt. Thymi in homine etc. descriptio. Havniæ. 1832.
N. 42. Cooper. The anatomy of the thymus gland. Londres. 1832.
N. 43. Müller, Bischoff. Archives de Müller. 1834, 1838.
N. 44. Giesker. Untersuchungen ueber die Milz des Menschen. Zurich. 1835.
N. 45. Ehrenberg. Unerkannte structur. etc., Berlin. 1836.
N. 46. Schwager-Bardeleben. De glandularum ductu excretorio carentium structura. Berlin. 1841.
N. 47. Gluge. Haeser's Archiv. 1841.
N. 48. Hessling. Weisse Kœrperchen der menschlichen Milz. Ratisbonne. 1842.
N. 49. Spring. Corpuscules de la rate. Liège. 1842.
N. 50. Bourgery. Anatomie microscopique de la rate. Paris. 1843.

Suite du § 1. — *Foie.*

N. 51. Theile, dans Wagner, Handwoerterbuch der Physiologie. (Vol. II, p. 308). Brunsvik. 1845.
N. 52. Karsten. Nova acta Nat. curios. Vol. XXI, 1re partie.
N. 53. Huschke. Splanchnologie. (Encyclopédie anatom., trad. par A.J. L. Jourdan. Paris 1845. Vol. 5).
N. 54. Krause. Archives de Müller. Berlin. 1845.
N. 55. Nicolucci. Struttura intima del fegato. Naples. 1846.
N. 56. Meckel. Archives de Müller. 1846.
N. 57. Lereboullet, Guillot. Acad. des sciences. Paris. 1846.
N. 58. Mandl. Archives d'anatomie générale et de physiologie. Février. Paris. 1846.
N. 59. Lereboullet. Gazette médicale de Strasbourg. 1846.

MÉMOIRE

SUR LA STRUCTURE INTIME

DES ORGANES

DE RESPIRATION.

PAR

LE DOCTEUR LOUIS MANDL.

ACCOMPAGNÉ DE DEUX PLANCHES.

PARIS,

CHEZ J.-B. BAILLIÈRE,

LIBRAIRE DE L'ACADÉMIE ROYALE DE MÉDECINE,

RUE DE L'ÉCOLE DE MÉDECINE, 17;

A LONDRES, CHEZ H. BAILLIÈRE, 219, Regent Street.

1846

MÉMOIRE

SUR LA STRUCTURE INTIME

DES ORGANES

DE RESPIRATION.

CHAPITRE PREMIER. — HISTORIQUE.

PLANCHE 1.

(Planche vingt-neuf de la première série.)

§. 1. *Poumons de l'homme et des mammifères.*

Malpighi (n. 1) fut le premier observateur qui s'aida du microscope pour étudier la structure intime des poumons. Avant lui, c'est-à-dire jusque vers le milieu du dix-septième siècle, tous les anatomistes regardaient le poumon, comme le foie et la rate, composé d'une masse charnue, molle, appelée *paren-chyme;* ils n'avaient pu suivre les bronches jusqu'à leur terminaison, et croyaient qu'elles s'ouvraient dans ce parenchyme. Malpighi fit connaître que tout le tissu des poumons était formé par une aggrégation d'un nombre infini de vésicules orbiculaires, dilatées en ampoules, et qui paraissent être les termi-naisons des bronches. Les poumons ont été insufflés ou injectés avec du mer-cure; quelquefois les vaisseaux ont été préalablement vidés du sang dont ils sont remplis, soit par la compression, soit par de l'eau injectée. Voici comment Malpighi résume ses observations : « Adinveni totam pulmonum molem, quæ vasis excurrentibus appenditur, esse aggregatum quid ex levissimis et tenuis-simis membranis, quæ extensæ et sinuatæ pene infinitas vesiculas orbiculares et sinuosas efformant, veluti in apum favis alveolis ab extensa cera in parietes conspicimus; hæ talem habent situm et connexionem ut ex trachea in ipsas mox ex una in alteram patens sit aditus, et tandem desinant in continentem membranam » (Pl. 1. fig. 4, 5.) Malpighi décrit aussi avec détail le réseau des capillaires qui entoure les vésicules des poumons.

Une opinion tout-à-fait contraire est prononcée par *Helvetius* (n. 5), qui nia la structure décrite par Malpighi; il prétend que les lobules du poumon sont composés d'un tissu spongieux ou celluleux, où l'air se répand, comme le sang dans les cellules de la rate du mouton, ou comme dans le corps caverneux. Voilà les principaux résultats énoncés par Helvetius: Il n'y a point de vésicu-les. Les cellules ou cavités qui forment le tissu spongieux ou celluleux ne sont pas un épanouissement de bronches, et elles ne sont pas formées par les mêmes

membranes (p. 28. l. c.). On peut comparer les poumons de la tortue et de la grenouille à plusieurs lobules du poumon de l'homme joints les uns aux autres, avec cette différence, néanmoins, que les lobules, dans le poumon de l'homme, ne communiquent point ensemble, et que les cellules sont beaucoup plus petites et disposées d'une manière différente (p. 31. l. c.). Ces cellules sont formées par la membrane externe de la plèvre et par la gaine des vaisseaux.

Tous les autres anatomistes qui se sont occupés de la structure des poumons ont adopté, avec de légères modifications, soit l'opinion de Malpighi, soit celle de Helvétius ; toutefois, la manière de voir de Malpighi a eu le plus grand nombre de sectateurs. *Senac*, *Hales*, *Bartholinus*, *Borellus*, *Keil*, *Lieberkühn*, *Willis*, etc., confirmèrent la structure vésiculeuse du poumon. Les deux premiers donnaient aux vésicules une forme polyédrique. *Willis* (n. 3.) représenta les bronches se terminant sous la forme de grappes de raisin (Pl. 1. fig. 6—9); les bronches se terminent directement en vésicules closes ou seulement après avoir subi une ou plusieurs dilatations sous forme d'ampoules. *Haller* (n. 6. t. III), au contraire, admet la structure aréolaire décrite par Helvétius. Ce célèbre physiologiste ne croit pas que chaque rameau bronchique se termine en une ampoule, et il dit que les lobules, composés d'aréoles qui s'ouvrent les unes dans les autres, sont séparés les uns des autres et ne communiquent pas entre eux. C'est aussi l'opinion de *Sœmmerring* (n. 7), suivant lequel les bronches se terminent dans des cellules polygonales et irrégulières, formées par l'entrelacement des vaisseaux.

Ainsi, on le voit, deux opinions principales régnaient au commencement de ce siècle : suivant les uns, les bronches se terminaient en vésicules ou en ampoules ; suivant les autres, elles aboutissent à un tissu aréolaire à mailles irrégulières. C'est alors que parut la thèse inaugurale de *Reisseissen* (n. 8) qui a été accueillie très-favorablement dès son apparition. L'auteur indique plusieurs procédés, tels que l'injection au mercure ou avec une matière grasse, ou la macération. Voici la description de ce dernier procédé et les résultats obtenus de cette manière : « In primis necesse est pulmone utaris recenti, ex infante vel juniori animali eruto, quia in his incorrupta adhuc fabrica, laxiorque cellulosa tela est. Postquam hunc pulmonem per diem aut ultra aquæ infuderis aut aëri exposueris, ut undique pressus aër ex plerisque fistulis avolet, tepidæ immitte, ut aër qui in paucis adhuc remanserit, expandatur, tunc surculi extremibronchiorum jucundissimo spectaculo ex profundis ramis ascendentes, pellucidi, cylindrici ac ad arboris modum divisi, et extremo fine, cœco, neque in sacculum, nec ampullulam dilatato, sed in superficiem protuberante, in conspectum veniant. » Il résulte évidemment de cette description que, pour Reisseissen les bronches se terminent par des culs-de-sacs et non par des ampoules (Malpighi) ou par des cavités aréolaires (Helvétius).

L'académie des sciences de Berlin ayant mis au concours plusieurs questions importantes concernant la structure intime du poumon, le mémoire de Reisseissen obtint le premier prix, et celui de Soemmerring le second. L'académie fut obligée, par les circonstances, de faire paraître ces deux mémoires réunis en une seule brochure et sans dessins (n. 9). Ces derniers ne furent publiés

que plus tard lorsque Rudolphi donna, au nom de l'Académie, une édition de
luxe (n. 11). Nous reproduisons quelques figures de Reisseissen (Pl. I, fig. 10
à 13) et nous transcrivons ici la première question posée par l'académie et les
réponses des auteurs, telles qu'on les trouve dans leur mémoire (n. 9), en passant
sous silence les autres questions relatives à la distribution des vaisseaux.

Première question : Comment et où se termine la trachée-artère? Se perd-elle
dans le tissu cellulaire des poumons et se change-t-elle en tissu cellulaire, ou a-t-
elle des limites déterminées? Reste-t-elle cartilagineuse jusque dans ses dernières
ramifications ou se termine-t-elle ainsi dans le tissu cellulaire environnant?

Reisseissen : La trachée-artère se divise en rameaux qui vont toujours en
diminuant en diamètre et en augmen-
tant en nombre, jusqu'au dernier ramuscule qui se termine par une extrémité arrondie. Ainsi elle ne se change
pas en tissu cellulaire, et conserve son
organisation jusqu'à la fin; elle forme,
par ses terminaisons cœcales, les cavités appelées *cellules* ou *vésicules aériennes*. Elle ne reste cartilagineuse qu'aussi
loin que le comporte la finesse de sa
texture; alors elle n'est plus que membraneuse.

Soemmerring : La trachée-artère se
perd dans le tissu cellulaire des poumons, et se change en tissu cellulaire
(cellules aériennes). Ses limites ont lieu
à l'endroit où les rameaux ont moins
de un huitième de ligne de diamètre.
Ses tuyaux membraneux se confondent
peu à peu avec les parois des cellules
aérifères.

En ce qui concerne la distribution des vaisseaux, nous rapporterons seulement que, d'après Reisseissen, l'artère pulmonaire se divise, sur les culs-de-sac
des bronches, en un réseau vasculaire anastomotique, d'où proviennent les
veines pulmonaires.

Les résultats obtenus par Reisseissen furent presque généralement adoptés
en Allemagne, tandis qu'en Angleterre, et surtout en France, on revint aux
idées de Helvétius plus ou moins modifiées. *Home* (n. 12, pl. I, fig. 14) parle,
d'après les recherches de *Bauer*, des grandes et des petites cellules, s'ouvrant les
unes dans les autres, et dans lesquelles se terminent les bronches; *Magendie*
(n. 10) adopte une manière de voir conforme à celle de Soemmerring; *Cruveilhier* énonce une opinion analogue; *Meckel* admet d'abord, dans son Manuel
d'Anatomie, que les dernières ramifications des bronches se terminent en cul-
de-sac; plus tard, dans son Anatomie comparée, il croit le poumon de l'homme
construit comme celui des reptiles. Enfin, *Bourgery* (n. 14) dit qu'il n'existe
dans les poumons ni cellules, ni vésicules, mais des canaux aériens capillaires
entrelacés en divers sens, communiquant les uns avec les autres, de manière à
donner l'idée d'un labyrinthe, et qu'il appelle, à cause de cela, canaux labyrinthiques. Si l'on examine, dit l'auteur, une tranche de poumon desséchée, on
voit des cavités séparées par des cloisons. Ces cavités, qui semblent, au premier abord, être des cellules, sont des canaux dont les parois sont elles-mêmes
criblées de petits trous, orifices d'autres canaux. Ces canaux sont très-fluxueux,

et s'abouchent les uns dans les autres par un grand nombre d'ouvertures (Pl. I, fig. 16). L'auteur expose, en outre, avec beaucoup de détails, la distribution des capillaires à la surface des canaux labyrinthiques. Pour combattre les faits publiés par Reisseissen, Bourgery attribue au poids de la colonne mercurielle la production des espèces de cœcums que figurent les cellules.

Si les auteurs que nous venons de citer repoussent la terminaison des bronches en cul-de-sac, il n'en est pas ainsi de ceux que nous allons nommer. *Müller* (n. 13) démontre cette terminaison dans le poumon du fœtus de brebis (Pl. I. fig. 15). *Retzius* dit que les dernières ramifications des bronches conduisent à des cellules terminales, sans posséder de cellules pariétales. Ces cellules terminales ne communiquent point ensemble, mais seulement avec le ramuscule bronchique qui leur amène l'air. *Bazin* (n. 16) réfute les assertions de Bourgery, en voyant, dans une préparation faite sur les poumons d'un fœtus de lapin, les bronches se terminer en cul-de-sac, sans anastomoses; il a également injecté au mercure les poumons des mammifères, d'après la méthode de Reisseissen, et il a pu constater la terminaison en cul-de-sac. *Burggraeve* (n. 17.) se range du côté de Reisseissen, et combat les observations de Bourgery. *Rathke* a vu, dans un embryon de cochon, les extrémités des canaux aériens se terminer par des renflements vésiculeux. *Lereboullet* (n. 19), élève de *Duvernoy*, et travaillant, pour ainsi dire, sous ses yeux , expose, un long et savant mémoire, toutes les raisons qui lui font adopter l'opinion de Reisseissen. Les cellules ou plutôt les capsules terminales des bronches sont, dit-il, distinctes les unes des autres, et ne communiquent entre elles qu'au moyen des canaux bronchiques dont elles sont la terminaison (Pl. I. fig. 17).

Wagner (n. 20) dit que les bronches finissent par devenir membraneuses et se terminent alors en cul-de-sac, ou plutôt sous forme de grappes (Pl. I. fig. 19, 20). Les cellules pulmonaires sont, par conséquent, des cellules terminales qui sont entourées de fibres élastiques (fig. 18), tandis que les vaisseaux se distribuent sur leurs parois. Cet auteur s'appuie également, comme Müller, Rathke, etc., sur le développement des poumons dans l'embryon des oiseaux (fig. 21 et 22), et des mammifères.

Plusieurs auteurs encore, qu'il serait inutile de citer ici, puisqu'ils ont purement répété les procédés indiqués par Reisseissen, affirment que les bronches se terminent par des cellules en cul-de-sac. *Gerber* (n. 21) parle également de ces cellules terminales (Pl. I. fig. 24), sans exposer la méthode employée pour les voir. *Valentin* (n. 23.) donne des figures de poumons non injectés (Pl. I. fig. 25-28), dans lesquelles on voit représentées les cellules terminales. *Addisson* (n. 22) dit que les cellules communiquent partout ensemble par des canaux; les bronches ne se terminent donc pas par des vésicules closes. *Moleschott* (n. 24) enfin, en examinant des coupes très-minces des poumons desséchés, a vu les plus petites bronches pourvues de vésicules terminales et d'autres latérales ; le diamètre de ces vésicules excède en général celui de la bronche, dont elles constituent par conséquent une ampoule terminale ou des dilatations latérales. Leur grandeur varie chez l'homme adulte depuis un vingtième de ligne jusqu'à une ligne. Les plus grandes sont près de la surface des poumons.

Rochoux (n. 26) résume en ces termes ses recherches sur la structure intime des poumons :

« Ainsi que Malpighi l'a démontré le premier, c'est un organe essentiellement membraneux, dont le tissu, véritablement exsangue, quoique livrant passage à tout le sang en circulation, se trouve disposé de manière à former un très grand nombre de petites cellules ou vésicules communiquant entres elles par des ouvertures proportionnellement très larges, et au milieu desquelles se terminent les divisions beaucoup moins nombreuses des bronches. Des nerfs, de nombreux vaisseaux sanguins et lymphatiques se ramifient sur les parois, et surtout dans les angles que forment entre eux les petits plans, ou plutôt les petites surfaces courbes dont se composent les cellules, qu'il est bien important de connaître, puisqu'il règne à leur égard un très grand dissentiment entre les anatomistes. »

« Mesurés et pesés avec une exactitude qui ne laisse place qu'à de très légères rectifications, les poumons m'ont donné, en volume, 4,453,000 millimètres cubes, et en poids, 1 kilogramme, représentant, en volume, 952,300 millimètres cubes. Cette quantité, plus 199,800 millimètres cubes, pour le volume des bronches, ôtée de la première, restent 3,400,900 millimètres cubes, qui, pour les deux poumons, donnent 583,000,000 de vésicules, en portant le diamètre de chacune d'elles à mm. 0,18. A présent, comme les bronches ne sont pas soumises à plus de 15 divisions dichotomiques, après la dernière desquelles elles ont environ mm. 0,26 de diamètre, leur nombre s'élève seulement à 32,768, nombre qui, dans l'hypothèse de Reisseissen, serait celui des cellules. Mais, comme il y en a, au lieu de cela, près de 600,000,000, il en résulte que 17,790 de ces cellules se trouvent groupées autour de chaque bronche terminale, occupant dans cette répartition un cube de 5,102 millimètres de côté. Dans le dernier millimètre environ de son trajet, chacune des divisions bronchiques reçoit tout autour les ouvertures de plusieurs cellules, puis se termine en s'abouchant dans trois ou quatre à la fois. »

« On voit par cet exposé avec quelle admirable égalité de répartition l'air arrive dans tous les points du poumon. Pour achever de s'en faire une idée exacte, il faut se rappeler que les vésicules communiquent toutes entre elles par de larges ouvertures. Hales leur suppose, en étendue, le tiers de la surface des cloisons dont sont formées les cellules : elles m'ont paru en avoir près de la moitié. D'après cela, la surface de 583,000,000 de vésicules, déduction faite de la moitié, à cause de leurs ouvertures, étant de 56,660,000 millimètres carrés, cette quantité, augmentée de 1,298,000 millimètres carrés, étendue de la surface des bronches, donne 57,949,000 millimètres carrés pour la surface des voies aériennes en contact avec l'air, ou plus de trente-trois fois l'étendue de la peau. »

« Tel se présente le poumon examiné sec, et après avoir été insufflé, comme le faisait Malpighi, sans autre préparation, sans injection aucune, et seulement en examinant au microscope ceux des vaisseaux capillaires dont la cavité ne s'est pas vidée de sang, comme on en trouve toujours, soit dans un point, soit dans un autre, on s'assure que ces vaisseaux forment autour de chaque paroi de cellule, des espèces d'anneaux, d'où résulte un vaste réseau à plusieurs cen-

taines de millions de mailles, où se rendent les dernières ramifications artérielles, et d'où partent les premiers ramuscules veineux. »

« A l'état frais, et sous un grossissement de 400 à 500 diamètres, le tissu des
vésicules semble entièrement formé, comme celui des membranes séreuses,
par ces filaments déliés dont le tissu dit cellulaire est essentiellement composé.
Ils y semblent seulement plus serrés, plus rapprochés que dans les membranes
séreuses ordinaires. Aux orifices de communication des vésicules entre elles, ce
tissu forme une sorte de bourrelet à filaments à peu près parallèles dans leur
contour, tandis que sur le reste de la surface des cloisons, il offre cet entrecroisement tortueux, vermicellé qui le caractérise. Les cloisons elles-mêmes ont
une épaisseur de 0,0168 mm. ; ce qui est en parfait accord avec les résultats établis ci-dessus, d'après le poids et le volume du poumon. »

§ 2. *Structure intime des bronches.*

Jusqu'aux derniers temps on s'était peu préoccupé de la structure intime des
bronches. Les observateurs n'avaient fixé leur attention que sur leur mode de
terminaison; toutefois déjà *Willis* avait parlé de leur amincissement successif
avant leur terminaison. Les recherches histologiques modernes ont fait connaitre
les éléments divers dont se composaient les bronches, et qui sont, comme on sait,
une membrane muqueuse pourvue d'un épithélium vibratile, des cartilages, des
fibres élastiques, cellulaires et musculaires involontaires, des follicules muqueux, des vaisseaux sanguins et des nerfs. — La plèvre est une membrane fibreuse
revêtue d'un épithélium en pavé.

Eichholtz (n. 25) émet une opinion toute particulière sur la structure intime
des poumons. Cet auteur constate d'abord la présence des fibres élastiques à divers degrés de développement dans les enfants nouveau-nés, et d'autres parfaitement développées chez l'homme adulte ; ces fibres forment des arcs qui
limitent des espaces ovales. Mais Eichholtz nie l'existence des vésicules pulmonaires et celle d'une membrane muqueuse dans le tissu pulmonaire : il parle
au contraire d'un parenchyme tout particulier, ainsi que nous le verrons tout-
à-l'heure.

« Quoique le tissu pulmonaire des nouveau-nés ne présentât pas encore
sous le microscope des fibres élastiques parfaitement développées, dit l'auteur,
comme chez l'adulte, il pouvait cependant être soumis à l'insufflation, et offrait
alors l'aspect d'un poumon normal, à l'exception près que le tissu cellulaire
intermédiaire devenait emphysémateux. Ne faut-il pas maintenant en conclure
que la structure vésiculaire, devenue manifeste par l'insufflation, est due à une
disposition anatomique toute autre que la terminaison des bronches en vésicules ? On ne voit de membrane muqueuse ni dans les poumons des adultes, ni
dans ceux des enfants nouveau-nés. Veut-on admettre que la charpente, c'est
ainsi qu'on a nommé les fibres tendineuses du poumon, est formée plus tard
que la membrane à laquelle elle doit servir de soutien ? Mais la circonstance de
la réplétion du tissu cellulaire intermédiaire par l'insufflation ne contredit-
elle pas la supposition de vésicules pulmonaires fermées et en connexion immédiate avec les bronches ? Si on cherchait la cause de ce phénomène dans les

déchirures des vésicules pulmonaires, il faudrait cependant s'étonner qu'elles se soient déchirées toutes ensemble. et non-seulement dans une observation, mais encore dans toutes celles que j'ai faites plus tard, et dont le nombre s'élève au moins à 5. »

« Tout liquide mêlé à une suffisante quantité d'une matière organique, par exemple de l'eau albumineuse, produit des cellules par l'insufflation; la part physique qu'ont ici dans le phénomène, d'un côté l'air, de l'autre le liquide albumineux, ne doit non plus être négligée dans l'insufflation d'une masse aussi spongieuse que l'est le tissu pulmonaire. On peut presque présumer que chaque glande en quelque sorte spongieuse, si elle était traversée par des canaux terminés par des orifices béants et insufflés par son conduit excréteur, présenterait une structure semblable à celle du poumon insufflé. On objectera peut-être que toujours l'insufflation porte sur les vésicules qui appartiennent à une bronche et à ses subdivisions, tandis que les voisines n'y participent pas; mais cette objection n'a pas de portée, le même but pouvant être atteint par une disposition différente. On sait que les lobules sont séparés entre eux par un tissu cellulaire intermédiaire. Ce tissu cellulaire n'est pas apparent chez les adultes, et se montre seulement quelquefois dans l'état pathologique très évident, par exemple, dans cette forme d'inflammation du poumon qui est analogue à la pneumonia typhosa epizootica des bêtes à cornes, et dans laquelle le tissu pulmonaire offre, sur une coupe tranversale, l'aspect d'un échiquier. Il était aussi assez apparent dans les poumons des enfants déjà cités. Une disposition particulière de ce tissu intermédiaire fin, qui peut se tasser en une lame mince, n'empêchera-t-elle pas les communications entre chaque espace aérien? est-il besoin d'en chercher la cause dans la dépendance d'une quantité considérable de vésicules aériennes d'une seule bronche? »

Les bronches se terminent donc par des bouches béantes dans un tissu spongieux, dont la texture est la suivante: « Si on râcle avec un scalpel le tissu pulmonaire privé de sang autant que possible, si on mêle la goutte ainsi recueillie à une suffisante quantité de solution sucrée, en éloignant les vésicules aériennes qui troublent l'observation, et si on la soumet au microscope, on voit beaucoup de grandes et de petites cellules faiblement granulées qui, ressemblant singulièrement aux cellules du foie, ont le plus souvent une forme aplatie et comprimée. Les plus petites sont rondes ou s'en rapprochent le plus possible; plus elles sont grandes, plus leur forme est irrégulière; cependant la forme ovale paraît prédominer. Chez quelques unes, mais chez le plus petit nombre, seulement on voit un noyau faiblement éclairé, qui est aussitôt mis en pleine évidence par l'addition d'un peu d'acide acétique, la membrane cellulaire devenant d'abord peu apparente, puis disparaissant tout-à-fait. Les cellules paraissent tantôt isolées, tantôt groupées au nombre de 2, 3 et plus, et forment des fragments membraneux, tout-à-fait de la même manière que les cellules du foie. » Quoique ces cellules soient depuis longtemps connues sous le nom de cellules d'épithélium, l'auteur leur attribue pourtant une signification tout-à-fait différente.

En effet, les noyaux de ces cellules sont, d'après Eichholtz, ou plutôt ils deviendraient des véritables globules sanguins qui se détachent à une certaine époque de leur développement, et entrent dans la circulation. Couleur, forme, grandeur, dépression centrale, tout est parfaitement identique dans ces noyaux et dans les globules sanguins; seulement ces derniers sont plus rougeâtres que les premiers. L'auteur ne donne aucun détail sur la voie que prennent les globules pour entrer dans la circulation.

Nous nous occuperons plus tard (Chap. II.) de la valeur de ces observations.

§ 3. *Poumons des autres vertébrés.*

Dès qu'on s'est occupé de recherches sur la structure des poumons des *reptiles*, on les a vus composés d'un sac pourvu de cellules pariétales; ces dernières s'ouvrent dans l'espace libre qui occupe le centre des poumons; les vaisseaux capillaires se répandent dans leurs parois. Des grossissements faibles suffisent pour faire ces recherches : on était donc bientôt d'accord sur ce point. Il en est de même des poumons des *oiseaux*. On sait que chez ces animaux les bronches forment des tuyaux membraneux, pourvus de petites cellules pariétales, à la surface desquelles se distribuent les vaisseaux sanguins. Retzius et quelques autres observateurs ont vu les renflements terminaux des tubes chez l'embryon d'oiseau.

§ 4 *Branchies et trachées.*

La forme et la composition des trachées chez les insectes a été déjà reconnue par *Swammerdam* (n. 2) et par *Leeuwenhoëk* (n. 4, tome II, Ep. 73, etc.). Nous reproduisons (Pl. I, fig. 1-3) les figures données par ces observateurs, ce qui nous dispense de citer une foule d'auteurs qui ont publié des dessins identiques.

Quant aux *branchies*, on s'est surtout attaché à étudier la distribution des capillaires dans ces organes respiratoires. *Leukart* (n. 15) a fait des recherches sur les branchies externes des embryons des raies et des squales; mais les grossissements employés par l'auteur étaient trop faibles pour qu'il ait pu faire des observations histologiques.

CHAPITRE SECOND.

RECHERCHES DE L'AUTEUR.

PLANCHE II.

(Planche trente de la première série.)

---

§ 1. *Remarques générales.*

Si nous jetons un coup d'œil sur les recherches concernant la structure intime des poumons (chapitre I.), nous voyons que les opinions des auteurs peuvent être rangées en deux classes bien distinctes. Selon les uns, les bronches se terminent par une ou par plusieurs vésicules closes, qui affectent la forme d'ampoules ou de culs-de-sac : Malpighi est le premier qui ait émis une manière de voir analogue. Selon les autres, ou les bronches présentent des bouches béantes terminales, ou se perdent dans un parenchyme, le tissu pulmonaire ; ou elles forment un lacis de canaux labyrinthiques : dans tous les cas, il y a absence complète de vésicules, d'ampoules, de culs-de-sac. Ainsi, en résumé, il n'y a parmi les anatomistes que deux opinions sur la structure des poumons, mais deux opinions essentiellement différentes l'une de l'autre : absence ou présence de vésicules aux extrémités des bronches ; voilà par conséquent la question qui doit préoccuper les auteurs dans les recherches sur la structure intime des poumons.

Mais avant d'aborder cette question, avant d'exposer nos observations sur ce point, qu'il nous soit permis de soulever une autre question dont la solution pourrait nous aider singulièrement dans les recherches histologiques. Si nous pouvions décider, sinon d'une manière absolue, du moins approximativement, à quelle classe d'organes appartiennent les poumons par leur structure étudiée à l'œil nu et par leur développement, nous pourrions déjà nous guider dans nos recherches, d'après les analogies, d'après les autres faits positifs acquis à la science. Si, par exemple, nous étions portés à croire que les poumons doivent être rangés dans le système glandulaire, soit à cause de la forme qu'ils affectent dans le fœtus, soit à cause de la distribution particulière des bronches dans les poumons des adultes, nous aurions déjà un argument puissant pour adopter l'existence de vésicules aux extrémités des bronches. En effet, nous serions alors sollicités par les faits à considérer les bronches comme les canaux excréteurs de ces glandes et à supposer à l'extrémité de ces canaux des vésicules closes, analogues à ce que nous voyons dans toutes les autres glandes, où également des vésicules closes, des culs-de-sac terminent les canaux excréteurs. On voit donc toutes les ressources que peut nous offrir l'examen préalable des questions soulevées dans les recherches sur la structure intime des poumons.

I   (3)   59

§ 2. Poumons des fœtus.

Tous les auteurs qui jusqu'à présent se sont occupés de l'examen des poumons dans le fœtus s'accordent parfaitement dans leurs descriptions. Tous
voient les bronches se diviser et se subdiviser comme les branches d'un arbre,
tous voient les extrémités de ces bronches se terminer par des renflements, des
culs-de-sac. C'est ainsi que Müller décrit les poumons du fœtus de brebis (pl. I,
fig. 15) et Wagner ceux des fœtus d'oiseaux (pl. I, fig. 21 et 22).

Nous avons eu l'occasion d'examiner les poumons d'un fœtus humain, âgé
à peu près de deux mois et demi, conservé déjà depuis plusieurs mois dans
l'alcool. En coupant le bord libre d'un lobule et en plaçant ce morceau mince
dans une goutte d'eau sous le microscope, sans autre préparation, sans injection ou insufflation préalable, et en l'examinant ensuite avec un grossissement
de 40 à 50 fois, nous avons aperçu distinctement autour des extrémités des
bronches une agglomération de vésicules plus ou moins arrondies, quelquefois
allongées, communiquant d'un côté avec les bronches, se terminant à leur extrémité libre en cul-de-sac (Pl. II, fig. 1). L'agglomération de ces vésicules présentait exactement la forme d'un *follicule composé*, tels qu'on les trouve par exemple
parmi les glandes de l'estomac, les glandes mucipares, etc. Ces agglomérations de
vésicules, ou pour mieux dire, en les caractérisant par leur forme, ces follicules
composés, étaient séparés les uns des autres par un tissu cellulaire transparent en voie de développement. Le diamètre de chaque vésicule, à son extrémité,
était variable entre six à dix centièmes de millimètre. Enfin l'intérieur de ces
vésicules était formé par un parenchyme opaque qui, examiné à un grossissement de 500 fois, présentait des éléments analogues aux cellules des autres
organes, notamment des glandes, mais dont il nous a été impossible de déterminer exactement la forme, vu le séjour prolongé du fœtus dans l'alcool.

Or, si nous résumons maintenant tous ces faits, si nous comparons la forme,
la structure intime, la disposition des éléments aux mêmes caractères des autres organes, nous trouverons l'analogie la plus complète entre les poumons
des fœtus et les glandes composées. En effet, les bronches se divisent et
se subdivisent comme les conduits excréteurs des glandes en question ; aux
extrémités des bronches les plus ténues est suspendu un groupe de vésicules terminées en cul-de-sac, comme le sont dans les glandes, aux extrémités des conduits excréteurs, les vésicules terminales que nous appelons les canalicules
sécréteurs. En un mot, quant à la forme, identité parfaite entre les poumons
et les glandes composées lobulées, ressemblance complète d'un lobule pulmonaire, comme des lobules glandulaires en général, avec la tête d'un chou-
fleur, où la division et la subdivision des branches rappelle les conduits
excréteurs et les bourgeons suspendus aux extrémités des canalicules sécréteurs.

Si nous comparons encore les éléments du parenchyme du poumon fœtal
avec celui des autres glandes, nous voyons dans l'un et dans l'autre cas les
vésicules terminales formées par une membrane amorphe renfermant une agglomération des cellules à divers degrés de développement. C'est un caractère
de plus qui complète l'analogie entre le poumon fœtal et la glande.

D'après les observations citées, nul doute ne peut donc exister pour nous que le poumon fœtal présente complétement la forme d'une glande lobulée composée. Nous disons uniquement la forme; nous n'avançons point que le poumon soit une glande, c'est-à-dire qu'il ait aussi les fonctions d'une glande, car l'examen de cette question nous ferait sortir du cercle de nos recherches. Toutefois, il nous sera permis de demander : peut-on logiquement supposer qu'un organe, ayant une structure identique à celle des autres glandes, possède une fonction différente? Les faits cités nous paraissent donc pouvoir aider les physiologistes dans leurs recherches sur les fonctions des poumons dans le fœtus.

Dans les poumons de fœtus que nous avons examinés jusqu'à présent, nous avons trouvé les vésicules terminales occupées par un parenchyme qui remplissait même les bronches jusqu'à un certain point, sinon entièrement, du moins en grande partie; dans les poumons des adultes au contraire, on sait que les bronches sont vides et que tout le poumon peut être facilement insufflé. Par conséquent, sans savoir même exactement comment ce changement s'est opéré, nous pouvons toujours dire qu'une partie du parenchyme a été résorbée. Mais cette résorption s'est-elle opérée aux dépens de la forme primitive des poumons? Les vésicules terminales existent-elles toujours chez l'adulte comme chez le fœtus? Y a-t-il seulement résorption du parenchyme dans leur intérieur; se creusent-ils des canaux dans les vésicules ; ces dernières se subdivisent-elles, ou y a-t-il formation de nouvelles vésicules, en un mot le poumon de l'adulte conserve-t-il toujours la forme primitive d'une glande, ou cette forme est-elle perdue par suite de la disparition du parenchyme? Pour répondre à ces questions, il faut nous occuper maintenant de l'examen des poumons de l'adulte ; mais, on le voit, nous avons déjà fait un pas dans la solution de cette question : nous savons que les poumons affectent la forme d'une glande chez le fœtus. En l'examinant chez l'adulte, nous chercherons d'abord à constater à l'œil nu jusqu'à quel point cette forme est conservée, et nous nous aiderons ensuite du microscope pour résoudre complétement cette question.

§ 3. *Poumons de l'adulte examinés à l'œil nu.*

La division et la subdivision des poumons en lobes et en lobules est connue de tout le monde. Un fait analogue se voit non-seulement dans les grands organes glandulaires, comme le foie, mais aussi dans les petites glandes, par exemple dans les glandes salivaires. Nous voyons par conséquent déjà, au premier aspect, analogie de la forme externe des poumons avec la forme lobulée des glandes, et nous pouvons en conclure que, sans rien préjuger sur la structure interne de ces organes, les poumons ont, dans leur forme externe, conservé le caractère glandulaire qu'ils avaient dans le fœtus.

Ce caractère deviendra encore plus évident par l'examen de la distribution des bronches et à l'aide de certaines injections dont nous parlerons tout à l'heure, et qui feront mieux ressortir la composition lobulaire. En ce qui regarde d'abord les bronches, c'est un fait généralement connu qu'elles se divisent et se subdivisent, comme les canaux excréteurs de toutes les glandes. Arrivé à un certain degré de ténuité, il n'est plus possible au scalpel de les poursuivre; on les voit se perdre dans le tissu parenchymateux du lobule, mais on n'acquiert à l'aide de ces recherches aucun renseignement sur le mode de terminaison des plus petites bronches.

Tout ce que l'on sait par conséquent, en examinant à l'œil nu la structure des poumons, c'est que la forme lobulée et la division des bronches répondent aux mêmes caractères des glandes lobulées. La division et la subdivision en lobules très-petits est très-manifeste dans les poumons des enfants nouveau-nés, où un tissu cellulaire abondant les sépare les uns des autres. Mais ce tissu intercellulaire est considérablement réduit dans les poumons des adultes et dans ceux des animaux, par exemple dans ceux du chien ; alors on ne peut plus distinguer ces lobules, et l'on ne voit que les grandes surfaces unies des lobes. Pour savoir si dans ces poumons cette subdivision en lobules existe toujours, nous avons pensé pouvoir y arriver en trouvant un procédé d'injection particulier qui ferait ressortir uniquement les contours des lobules. En effet, on sait que les bronches sont creuses et qu'elles se terminent d'une manière quelconque dans les lobules. Que l'on injecte une substance colorée, préparée de telle sorte que la matière colorante se précipite avant la solidification de la substance entière ; alors les bronches seront remplies par une substance incolore, mais les terminaisons, ou plutôt les contours internes de ces cavités, seront indiqués par la matière colorante précipitée. Or, nous avons obtenu ce résultat en choisissant pour les injections une solution de gélatine tenant en suspension de l'arséniate de cuivre. On comprend facilement que toutes les couleurs végétales ou autres, solubles dans l'eau, ne pouvaient pas être employées dans ces recherches. Parmi les couleurs minérales, insolubles dans l'eau, l'arséniate de cuivre se recommande par sa belle couleur et par sa pesanteur spécifique considérable. En prenant par conséquent une solution peu concentrée de gélatine, qui se solidifie lentement, beaucoup plus lentement qu'aucune matière grasse, et en la colorant par l'arséniate de cuivre, nous pouvions espérer d'arriver à un résultat net dans la question qui nous préoccupe. Encore fallait-il choisir un poumon à lobules assez grands pour que leurs contours pussent être distingués à l'œil nu, ou à l'aide des faibles grossissements de 4 à 5 diamètres, car nous savions d'avance que ces injections ne pourraient pas servir à des recherches micrographiques. En effet, en marquant uniquement les contours par la matière colorée précipitée, nous devions nous attendre à y trouver des interruptions et d'autres irrégularités, qui pouvaient bien échapper à l'œil nu, mais qui deviendraient manifestes même à un grossissement de 40 ou 50 fois. En outre, nous voulions uniquement colorer les contours : nous ne devions par conséquent attendre aucun secours du microscope dans l'examen de la structure même du lobule, rempli uniformément par une matière gélatineuse peu consistante.

Toutes ces prévisions se sont réalisées dans les recherches que nous avons faites sur la structure des poumons du chien, chez lequel la surface unie du lobe ne présente guère à l'inspection une trace quelconque des lobules plus petits. En injectant la matière précédemment indiquée et en la laissant se coaguler, nous avons vu paraître, de la manière la plus distincte, à la surface du lobe, les contours des lobules, et à l'intérieur de ces derniers les contours d'autres plus petits et ainsi de suite (fig. 3). Ces contours, d'une belle couleur verdâtre, se composent de demi-cercles, ou de quarts de cercles, rangés les uns à côté des autres dans une ligne courbe plus ou moins arrondie. Ces portions de cercles rappellent exactement les contours des lobules de toute glande lobulée. La transparence donnée à l'organe par cette injection gélatineuse permet de voir jusqu'à une certaine profondeur dans l'intérieur des poumons. On aperçoit alors les lobules se pressant et se dépassant les uns les autres.

En faisant des coupes transversales dans ces poumons injectés, on obtient des aspects analogues à celui que présentait la surface du lobe entier.

Ainsi en résumé, l'examen à l'œil nu de la distribution des bronches, de la division et de la subdivision en lobes et en lobules, étudiée sur les poumons des adultes préalablement injectés, toutes ces recherches nous apprennent que ceux-ci sont également analogues aux glandes lobulées quant à leur forme extérieure et quant à la distribution des conduits excréteurs. Étudions maintenant la terminaison des conduits excréteurs, c'est-à-dire la terminaison des bronches.

§ 4. *Terminaison des bronches dans les poumons des adultes.*

S'il s'agit pour nous, dans ces recherches, de connaître la manière dont se terminent les bronches, nous comprendrons facilement d'avance qu'il sera impossible d'arriver à un résultat positif en examinant de petites parcelles des poumons frais sous le microscope. En effet, les bronches destinées au passage de l'air, comme tout le monde sait, sont vides; par conséquent, en se procurant de petites parcelles des poumons, on les coupe, on les déchire, et leur forme primitive sera perdue, puisque aucune substance interne ne soutient les parois bronchiques. Il est vrai que cette forme se conserve toujours jusqu'à un certain point à l'aide des fibres élastiques que l'on rencontre même dans les bronches les plus ténues; mais, n'ayant aucun point de comparaison, on ne saura décider si les figures qu'on a sous les yeux sont naturelles ou factices. D'autres circonstances viennent encore se joindre pour rendre difficile, sinon impossible, la découverte de cette forme primitive. Supposons, par exemple, que nous voulions examiner, comme tous les tissus, le poumon frais, dans un liquide, dans l'eau, le sérum sanguin, etc., alors les bulles d'air qui remplissent les bronches empêchent de faire un examen distinct du tissu soumis à l'observation. Si, au contraire, nous faisons dessécher la parcelle du poumon, les bronches vont s'affaisser, et les tissus ambiants recouvriront si bien, dans la généralité des cas, les contours bronchiques, que l'on n'obtiendra aucune image claire. Il s'agit donc de trouver un mode de préparation qui, n'altérant en rien le tissu pulmonaire, permette d'examiner sa structure intime.

On a dû penser tout d'abord à l'insufflation des poumons, méthode déjà proposée par Malpighi et Borelli. En se procurant ensuite des coupes très-minces de ce tissu desséché, et en l'examinant à des grossissements convenables, on a pu concevoir la juste espérance d'arriver à quelques résultats satisfaisants. Cette méthode a été employée par Moleschott, ainsi que nous l'avons vu précédemment. Les coupes longitudinales des bronches présentent exactement l'image d'une glande lobulée complétement vide, insufflée, desséchée et coupée dans le sens d'un canalicule excréteur.

Mais on comprend facilement qu'il est nécessaire, pour obtenir des résultats analogues, de se procurer des lamelles très-minces et des coupes longitudinales d'une bronche terminale. C'est le hasard seul qui peut nous fournir ces dernières. Lorsqu'on n'a sous les yeux que des coupes transversales des bronches, on voit seulement des figures rondes ou ovales ; et si la lamelle est épaisse, on verra une foule de ces cercles superposés, ce qui a donné lieu aux idées inexactes de M. Bourgery touchant l'existence de canaux labyrinthiques. En examinant des lamelles très-minces, il est, en outre, nécessaire d'employer des grossissements suffisants. En effet, les vésicules latérales sont petites ; leur diamètre, par exemple, chez l'enfant nouveau-né, est de 0,06 à 0,09 de millimètre ; il faut donc employer, pour les voir distinctement, un grossissement de 30 à 40 fois.

En faisant ces recherches sur des coupes de poumons desséchés, nous avons pu nous convaincre que les vésicules latérales et terminales des bronches les plus ténues ne communiquent jamais avec des vésicules voisines (Pl. II, fig. 2). Elles ne peuvent être par conséquent insufflées que par la bronche terminale à laquelle elles sont appendues, et ne communiquent nullement avec des interstices qui existeraient dans le tissu interlobulaire.

Nous croyions d'abord pouvoir nous en tenir à ces observations ; mais un examen plus attentif nous a montré des objections graves que les préparations mentionnées pourraient faire naître. En effet, d'une part, on pourrait peut-être voir, dans les figures citées, non pas la coupe longitudinale d'une bronche terminale, mais la coupe transversale d'une bronche à l'endroit où plusieurs bronches latérales viennent de naître. D'autre part, on voit souvent la paroi d'une vésicule latérale se continuer, jusqu'à une certaine distance, dans l'intérieur de la bronche terminale, et former ainsi une proéminence isolée (Pl. II, fig. 2, d). La première objection tombe d'elle-même, car on ne voit dans les poumons que des divisions dichotomiques ; mais la dernière circonstance acquiert plus de gravité lorsqu'on réfléchit que l'on expérimente sur un tissu desséché, que par conséquent ces proéminences pourraient bien n'être que les restes des cercles entiers qui auraient appartenu primitivement à des coupes transversales des bronches , et dont une portion serait tombée pendant la préparation.

Pour mettre par conséquent en dehors de toute contestation l'existence de ces vésicules terminales des bronches les plus ténues, nous avons eu recours aux injections avec la gélatine ou les matières résineuses. Nous avions déjà sous les yeux de très-belles injections de M. Hyrtl, de Vienne, et de M. Retzius, de Stockholm, qui démontrent d'une manière très-évidente l'existence de ces vésicules terminales dans les poumons des chevaux. Nous étions empressés de démontrer cette même structure dans les poumons de l'homme.

En faisant ces injections, nous nous sommes appliqués, au rebours des injections des autres tissus, à ne les faire qu'incomplètement. De cette manière, nous pouvions espérer de voir des bronches terminales, faciles à distinguer du tissu ambiant par suite de la matière colorée injectée. Le résultat a répondu à notre attente : nous avons trouvé des lobules pressées les unes contre les autres, suspendues à un tronc commun, et composées elles-mêmes d'une foule de vésicules (Pl. II, fig. 4); en un mot, une structure tout à fait analogue à celle des glandes lobulées. Cette structure se reconnaît même à la surface des poumons entièrement injectés : en faisant des coupes transversales dans ces derniers, on rencontre des grosses bronches autour desquelles se pressent les vésicules des bronches terminales (Pl. II, fig. 5).

Les bronches se terminent par une agglomération de vésicules qui ne communiquent qu'avec le tronc auquel elles sont suspendues; la plus parfaite analogie existe entre la structure des poumons et celle des glandes lobulées composées : nul doute par conséquent que les poumons des mammifères, des fœtus et des individus adultes, ne doivent être rangés dans le système glandulaire.

Il sera maintenant facile de répondre aux questions soulevées à la fin du deuxième paragraphe, en faisant l'application de nos connaissances sur le développement des glandes à celui des poumons.

§ 5. Examen histologique du tissu pulmonaire.

Lorsqu'on examine à un grossissement de cinq cents fois l'épithélium qui recouvre les bronches, on y reconnaît les divers éléments que nous avons déjà décrits précédemment (Mém. sur l'épiderme et l'épithélium). En examinant à un grossissement analogue le tissu pulmonaire, c'est-à-dire le tissu mou, rougeâtre et rempli de bulles d'air, qui environne les bronches, après l'avoir suffisamment divisé pour le rendre transparent, et l'avoir placé dans une gouttelette d'eau, nous y avons observé un lacis de fibres élastiques (Pl. II fig. 9) et des éléments analogues à ceux qui composent la couche inférieure de l'épithélium vibratile. (Pl. II, fig. 10). Toutefois il existe une certaine différence entre ces derniers et les éléments du tissu pulmonaire. En effet, dans les premiers le noyau est constamment transparent, et la cellule elle-même finement granulée; ici au contraire nous avons trouvé la cellule transparente et le noyau granulé. Mais des recherches ultérieures sont encore nécessaires, pour décider si c'est là une véritable différence. Il n'est guère nécessaire de combattre les idées d'Eichholtz (chap. I) qui voit dans ces noyaux des globules sanguins. Déjà l'examen du tissu pulmonaire des oiseaux réfute cette opinion ; comment du reste ces prétendus globules entreraient-ils dans les vaisseaux capillaires?

§ 6. Branchies des crustacés.

Les crustacés possèdent des branchies en forme de peignes ; plusieurs séries de tubes pendent à chaque branchie; le sang circule dans des vaisseaux d'une conformation particulière. En effet, on n'y rencontre point de capillaires; mais le vaisseau sanguin principal, qui existe au centre de la branchie, envoie une branche dans chaque tube (pl. II, fig. 6 et 8). Partout le vaisseau sanguin est pourvu d'une membrane particulière qui sépare le sang du parenchyme même de la branchie (pl. II, fig. 7) Dans les homards morts depuis quelque temps, et lorsque le sang est déjà coagulé, on peut facilement isoler ce vaisseau sanguin central avec ses branches latérales.

LITTÉRATURE.

N. 1   Malpighi. De pulmonibus epist. II. Bonon. 1661.—Op. omnia. Leyde. 1687.

N. 2.   Swammerdam. De respiratione usuque pulmonum, etc. Lugd. Batav. 1667.— Biblia naturæ. Lugd. Bat. 1737. 2 vol.

N. 3.   Willis. Opera omnia. Amsterdam. 1682.

N. 4.   Leeuwenhoek. Opera omnia. 4 vol. Lugd. Batavorum. 1722.

N. 5.   Helvetius. Mém. de l'académie des sciences. Paris. 1718.

N. 6.   Haller. Elementa physiologiæ. Lausanne. 1761.

N. 7.   Sœmmerring. De corporis humani fabrica. T. VI. Traj. ad. M. 1801.

N. 8.   Reisseissen. De pulmonis structura; specimen inaugur. Argentor. 1803.

N. 9.   Reisseissen und Sœmmerring. Uiber den Bau der Lungen. Berlin. 1808.

N. 10.   Magendie. Journal de physiologie. Tome I. Paris. 1821.

N. 11.   Reisseissen. De fabrica pulmonum commentatio. Berlin. 1822.

N. 12.   Home. Philosoph. transact. 1827. Part. I.

N. 13.   Müller. De glandularum secernentium struct. Leipzig. 1830.

N. 14.   Bourgery. Traité complet d'anatomie de l'homme. T. IV. (30' livraison); Paris. 1835.— Acad. des sciences, mai 1836, et deux lectures faites à l'académie des sciences en juin 1842.

N. 15.   Leukart. Uiber die aeusseren Kiemen der Embryonen von Rochen und Hayen. Stuttgart. 1836.

N. 16.   Bazin. Comptes rendus de l'académie des sciences de Paris. Mars, avril, juin. 1836. Rapport. 12 août 1839.

N. 17.   Burgraeve. Ac. des sc. de Bruxelles. 4 février 1837. Institut. n° 217.

N. 18.   Hyrtl. Mediz. Jahrb. des oesterr. Staates. Vienne. 1838.

N. 19.   Lereboullet. Anatomie comparée de l'appareil respiratoire. Strasbourg. 1839.

N. 20.   Wagner. a. Lehrbuch der Physiologie. Leipzig. 1840. b. Icones physiolog. Ibid. 1839.

N. 21.   Gerber. Handbuch der allgemeinen Anatomie. Bern. 1840.

N. 22.   Addisson. Philosophical transact. for the year 1842. Part. II.

N. 23.   Valentin. Wagner, Handwoerterbuch der Physiologie. Brunswick. 1842.

N. 24.   Moleschott. De Malpighianis pulmonum vesiculis. Heidelberg. 1845.

N. 25.   Eichholtz. Archives de Müller. 1845.

N. 26.   Rochoux. Gazette des hôpitaux. 28 mars 1846.

MÉMOIRE

SUR LA STRUCTURE INTIME

DES NERFS

ET DU CERVEAU.

CHAPITRE PREMIER.—HISTORIQUE.

§ 1.

(PLANCHE I.)

Le système nerveux était depuis long-temps l'objet d'une étude suivie; mais c'est principalement dans les derniers siècles qu'il fixa l'attention des savants. Les philosophes y voyaient le siége de l'âme, les physiologistes le siége des esprits, du principe vital; les médecins le siége de toutes les maladies qui résistaient à leurs remèdes. Aussi les anatomistes se sont-ils mis de bonne heure à étudier la structure de ce système; mais nous devons passer sous silence presque tous ces travaux sur la structure du cerveau et des nerfs; faits à l'œil nu, ils n'entrent pas dans le cadre de nos mémoires. On doit donc discuter ailleurs ce que les auteurs, depuis les temps les plus reculés jusqu'à nos jours, jusqu'à *Vicq d'Azyr, Rolando, Sœmmering, Gall, Spurzheim, Meckel, Tiedemann, Cuvier, Carus, Burdach, Bichat, Serres*, etc., ont écrit sur ce sujet. Nous allons immédiatement fixer notre attention sur les études faites soit à la loupe, soit au microscope; et nous ne parlerons des autres observations que quand elles se trouveront dans un certain rapport.

On ne s'étonnera pas de voir les opinions divisées à l'égard des parties élémentaires du système du cerveau; il ne s'agit cependant en général que d'une structure globuleuse ou tubuleuse. Les auteurs varient sur la forme, la grandeur, les rapports de ces globules. Une substance si délicate que le cerveau devait offrir des formes bien différentes, selon la compression ou division mécanique plus ou moins forte, la macération plus ou moins prolongée, selon qu'elle se trouve à l'état frais ou desséché, etc.

Haller qui a donné (n°. 1, vol. 8.) l'histoire des recherches des auteurs qui ont vécu jusqu'à son époque, penche à croire qu'il peut y avoir dans les nerfs une structure tubuleuse.

Borelli (n°. 2.), dit que le nerf est composé d'un faisceau de plusieurs fils fibreux qui ont une enveloppe commune. Peut-être ces fibres sont-elles creuses et remplies d'une matière molle; « et patet nervum esse fasciculum seu capillamentum ex pluribus filis fibrosis compositum, atque involucro quodam membranoso colligatum. Impossibile non est fibras nerveas esse fistulas cavas, repletas substantia quadam spongiosa et madida. »

Malpighi (n°. 3.) veut que la structure du cerveau soit glanduleuse; cette opinion est restée long-temps parmi les médecins.

Dans les premières observations que *Leeuwenhœk* fit (n°. 4.) dès ses débuts avec le microscope, sur la structure du cerveau, il le crut composé de globules très-fins; ajoutant que cette structure pourrait bien être produite par une altération. Dans un des premiers dessins qu'il donna, il représenta (fig. 1.) une section transversale du nerf optique; on voit, dans l'intérieur du nerf, des cavités d'où sortent des globules. Il dit plus tard, (n°. 5, vol. 1, part. II, p. 39, et part. II. p. 103), que la partie corticale du cerveau, est composée d'une masse transparente, cristalline et huileuse ; quand il divisait cette masse, il en voyait sortir des globules de différentes grandeurs. On en trouvait un grand nombre de très-petits, peut-être trente-six fois plus petits qu'un globule de sang. Dans les dernières années de sa vie, où il avait acquis une grande habitude d'observation, il changea tout à fait son opinion. Examinant les nerfs de différents animaux, il les trouva composés de tuyaux parallèles longitudinaux creux et dont le diamètre est à peu près trois fois aussi large que leur cavité interne. La fig. 2. représente un nerf disséqué dans sa longueur; la fig. 3, une section transversale d'un nerf, « in quo singulæ lineolæ singulorum vasculorum cavitatem indicant. » Les autres nerfs qui se trouvent autour sont aussi indiqués, ainsi que le tissu adipeux. La section transversale de la moelle offrait à Leeuwenhœk tout à fait l'aspect de la fig. 3; une section longitudinale est représentée dans la fig. 4. Les fibres primitives forment dans l'intérieur du nerf, des ondulations; « spiras sive gyros. » Il est probable qu'elles deviennent rectilignes par l'extension du nerf (fig. 5).

Dans le cerveau desséché se trouvent aussi des fibrilles rondes, plus épaisses que les faisceaux élémentaires des muscles qu'il a vus quelquefois ayant quatre côtés, et qu'il suppose être composés de plusieurs fibrilles élémentaires. Il les croit jointes ensemble comme les fibres musculaires autour du tendon. Il est arrivé à voir plus tard dans le cerveau frais des fibrilles élémentaires, les unes de l'épaisseur des fibres élémentaires des nerfs, les autres encore plus fines et plus nombreuses (n°. 5, vol. 4. Epistolæ physiologicæ 32, 34, 36, 45).

Du Vernoy et ses amis *Bulffinger* et *Mayer* (n° 7, p. 372), n'ont fait usage que de simples lentilles. Le premier voit dans les nerfs des membranes transparentes, sur lesquelles se trouve un grand nombre de lignes noires; « membranula pellucida, ramulorum nigricantium infinitis modis concurrentium ornata. » Les deux autres observateurs ont pris une section transversale très-mince d'un nerf, et l'ont posée sur le verre; « vitro affixus suo glutine. » En mettant ce verre entre la lentille et le soleil, ils étaient étonnés de

voir toutes sortes de rayons, de l'irisation, etc. Mais une section longitudinale du nerf montrait des lignes noires longitudinales, presque parallèles;
dans les interstices se trouvaient beaucoup de corpuscules luisants.

D'après *Ledermüller* (n°. 9, observ. 51), les nerfs sont composés de tuyaux
creux, et dans lesquels se trouve un suc qu'il appelle du lait. Après avoir
coupé un morceau du nerf perpendiculairement à sa longueur (fig. 7), il
l'examina avec un microscope (d'un faible grossissement), et vit un paquet
de petits tuyaux joints ensemble (fig. 6), dont quelques-uns offraient encore, à l'ouverture, des gouttelettes de ce lait (fig. 9.). Dans d'autres tuyaux,
le suc étant descendu plus bas, on pouvait regarder dans l'intérieur (fig. 8.).

Della Torre (n°. 10.), trouve les nerfs composés de filaments droits, non
transparents, d'une délicatesse extrême, sans aucun canal au milieu. Parmi
eux se trouve une foule de petits globules presque ronds et transparents
(fig. 10.). Par la compression, une eau limpide qui est probablement le
véhicule des globules, sortit des filaments. On voit dans la substance corticale du cerveau différents globules et corpuscules oblongs, plus grands
que ceux des nerfs; ils forment ensemble des espèces de ramifications. En
comprimant les deux lames de mica, entre lesquelles la substance corticale
se trouvait, les ramifications ont disparu, le nombre de globules s'est aug-
menté, mais leur volume a diminué. Dans la substance médullaire, au
contraire, on apercevait un grand nombre de petits globules; et, en les
comprimant fortement, on pouvait voir une ramification distincte (fig. 2.)
Della Torre se déclare contre l'opinion émise par quelques auteurs (Malpighi), que le cerveau est de nature glanduleuse.

Malacarne (n°. 11.), a également signalé l'existence de globules dans
le système nerveux.

D'après *Prochaska* (n°. 12.), ces globules, huit fois plus petits que les
globules du sang, ne sont pas du tout réguliers, ni en rapport avec les
différentes parties du système nerveux. La figure 13 représente les globules de la moelle grossis 400 fois; la fig. 15 les globules disposés en séries
régulières sortant d'un nerf coupé; et la fig. 14 quelques-uns de ces globules vus par un fort grossissement.

Monro a trouvé que les nerfs sont composés de fibres entortillées (fig.
25, 26.), et non pas de fibres droites; elles ont environ $\frac{1}{2000}$ de pouce de
diamètre, et ne sont pas creuses mais solides. Il dit : « They appear to consist
of a semipellucid substance, in which a more white and opake fibrous
looking matter seems to be disposed in transverse and serpentine lines.
(n° 15, p. 38.) Monro dit qu'il n'existe pas d'auteur qui ait décrit
cette structure, soit dans les nerfs, soit dans les tendons où elle se
trouve également; et que seulement le docteur Smith de Birmingham, lui
en a parlé. Mais Monro se trompe sur ce point. Non-seulement *Molinelli*
n°. 8. p. 282) parle déjà de cette disposition, qu'on voit soit à l'œil nu
soit avec un faible grossissement; mais j'ai trouvé encore qu'un auteur
bien plus ancien en parle de manière à n'y laisser aucun doute. En effet
Nebel (n°. 6; p. 218) dit, que les nerfs sont composés « ex fibris cincina-
tis et serpentino ductu ita intortis, ut omnes illarum gyri utut subtilis-

·simi, per tenuia ac membranacea nervorum tendinumque involucra trans-pareant. » Nous ne nous arrêterons pas davantage sur les observations que Monro avait faites concernant la structure intime du cerveau et des nerfs; il les a vu composés de fibres convolutées (fig. 27.). Comme ces fibres se rencontraient partout, il croyait voir partout des nerfs. (n°. 13 p. 111). Mais en les trouvant même à la surface des métaux, il s'est convaincu plus tard de son erreur, et il l'a avouée franchement.

Fontana (n°. 14) trouva, à son tour, la structure en forme de spirales à la surface des nerfs. Arrivé à Londres, il écrit à Monro pour lui deman-der de lui communiquer ses recherches, qui n'étaient pas encore publiées, mais dont on lui avait parlé. Ses lettres restaient sans réponses; il ne pouvait donc réellement tirer parti des observations du savant professeur ·d'Edimbourg. Voici les résultats de ses observations.

Je me suis assuré, dit-il, que la substance médullaire du cerveau est une sub-stance organisée, une substance particulière composée de cylindres ou canaux transparents, irréguliers, qui se replient ensemble en manière d'intestins, et que j'appellerai substance intestinale, à cause de la forme sous laquelle on les voit. A côté d'elle, étaient plusieurs corpuscules nageant dans l'eau (fig. 24 et 23; la dernière par un grossissement de 700 fois). Des coups de pointe d'aiguille avaient détaché divers corps·qu'on voit représentés dans la fig. 22. Les nerfs pa-raissent à l'œil nu ou grossis 6 à 8 fois formés de bandes plus ou moins régulières ou de taches alternativement blanches et obscures (fig. 16, 17). Communément, ces bandes semblent se couper à différents angles et se croiser entre elles; ces bandes ne se détruisent pas, lorsqu'on tire fortement le nerf même; mais le nerf, privé du tissu cellulaire et examiné avec une lentille aiguë, présente des fibres ondées et tortueuses(fig. 18); il parvint enfin à faire naitre et disparaître à vo-lonté cette double apparence de bandes et de fibres, en éclairant seulement plus ou moins l'objet; il conclut donc que les bandes sont une illusion d'optique. Les cylindres primitifs des nerfs (fig. 19) paraissent remplis çà et là de très petits corpuscules globulaires plongés dans une humeur gélatineuse, transparente. Avec une lentille qui grossissait 700 fois en diamètre, Fontana voyait les parois des cylindres primitifs toutes raboteuses (fig. 20, 21). En dépouillant avec une aiguille les nerfs de l'irrégularité dont il s'agit, l'auteur s'est convaincu que le cylindre nerveux primitif était formé d'un cylindre transparent (fig. 20, le cy-lindre inférieur) plus petit, plus uniforme, et couvert d'une autre substance toute extérieure, inégale, raboteuse.

Reil (n° 16) attribue la présence des globules dans les nerfs à une illusion op-tique, et, pour voir les fibres primitives des nerfs, il met un morceau d'un nerf à l'état frais dans l'acide hydro-chlorique, et il y ajoute une nouvelle quantité après quelques jours. Bientôt, et surtout pendant l'été, le tissu cellulaire et les tuyaux externes sont détruits. On ôte alors le liquide par un siphon, et on le remplace par l'eau distillée, qui dissout parfaitement la matière unissant les fi-bres primitives; on voit alors ces dernières flottant dans l'eau en nombre infini. Pour les injecter, il prend une dissolution alcaline, à l'action de laquelle le nerf est exposé pendant 6 à 12 heures, et on fait après sortir la masse intérieure par la pression. Si l'on injecte maintenant du mercure, il remplit le nerf entier ; Reil en conclut que les canaux sont en communication entre eux. La fig. 28 représente le nerf optique préparé de cette manière et coupé. Il n'est guère nécessaire d'ajouter que le mercure détruit ce que la préparation a laissé intact. Cependant, l'injection par le mercure était encore proposée d'une autre manière par *Osiander* (n° 19, p. 77), et dernièrement par *Bogros* (n° 30, p. 5), sur les nerfs à l'état frais, ce qui est, selon cet auteur, préférable à une préparation quelconque.

Everard Home (n° 17, p. 1) faisait ses observations avec une simple lentille grossissant 23 fois ; il voyait alors des faisceaux plus ou moins parallèles, et une espèce de combinaison entre eux. Il a dû renoncer à faire usage du microscope de Ramsden, parce qu'il ne pouvait rien voir avec cet instrument.

Les nerfs, le cerveau et la moelle sont composés, d'après *Barba* (n° 18), de globules transparents de la même grandeur, qui se trouvent disposés en séries rectilignes. Cette dernière structure s'observe de la manière la plus évidente dans les nerfs de l'ouïe et de l'odorat. Il soumettait les différentes parties du système nerveux à une macération, ou à une forte compression pendant deux jours, entre deux lames de verre ou de mica.

Sprengel (n° 19, pag. 114) se trouve aussi porté à croire que les globules constituent les parties élémentaires du cerveau. Les observations de *J.* et *C. Wenzel* (n° 21) n'ont guère de valeur. Ils ne voyaient rien dans le cerveau frais ; et ils le soumettaient à une dessication, ou compression entre deux lames de verre, ou à la réaction de l'alcool et des acides minéraux, pour y saisir une forme globuleuse ou fibreuse, etc. ; ce sont des apparences qu'ils ont vu aux bords des substances. Ils n'ont pas assigné la force du grossissement appliqué.

Treviranus (n° 22) dit que les nerfs des animaux des quatre classes sont composés de tuyaux parallèles membraneux, qui sont remplis d'une masse tenace, et qui, à l'état frais, offrent de petits globules à l'intérieur (fig. 30) ; mais, s'ils restent pendant 24 heures dans l'esprit-de-vin, on peut distinguer bien clairement des masses en forme d'intestins (fig. 29 ; moelle épinière durcie dans l'alcool).

Mascagni (n° 23) voit à la surface des nerfs, comme à celle de presque tous les autres tissus, des canaux absorbants « canalini absorbenti » ; ce n'est qu'une illusion optique, pareille aux fibres nerveuses de Monro.

Bauer et *Home* (n° 24) voient le cerveau et les nerfs composés de fibres qui elles-mêmes consistent en globules (fig. 32). Ceux-ci sont plus petits dans la substance grise, et la masse gélatineuse qui les réunit y est plus abondante que dans la substance blanche, dont les globules sont plus grands. Leur diamètre est de $\frac{1}{8100}$ à $\frac{1}{6000}$ de pouce anglais dans la substance grise, et de $\frac{1}{1400}$ dans la moelle. La matière gélatineuse qui les réunit est tenace, transparente, soluble dans l'eau, et se coagule par la chaleur et l'alcool.

Milne Edwards (n° 25), ainsi que *Prévost* et *Dumas* (n° 26), signalent dans ce que Fontana appelait fibres primitives encore quatre autres fibres composées de globules de $\frac{1}{50}$ de millimètre, dont deux se trouvent aux bords du tuyau, et deux dans l'intérieur. La fibre primitive de Fontana est donc la fibre secondaire de Prévost et Dumas, et les quatre fibres internes sont les véritables fibres élémentaires. Les fibres secondaires ont un diamètre de $\frac{1}{100}$ à $\frac{1}{75}$ d'un millimètre ; elles ne s'anastomosent pas ensemble (fig. 31).

Carus (n° 27) a représenté la substance corticale du cerveau sous la fig. 33 vue par un grossissement de 48 fois, et sous la fig. 34 par un grossissement de 348 fois. De même, la fig. 35 représente la structure du nerf vu par un grossissement de 48 fois, et la fig. 36 par un de 348 fois.

Les nerfs paraissent être essentiellement composés de fibres, d'après *Hodgkin* et *Lister* (n° 28) ; mais leur structure est plus lâche que celle des muscles. Ils n'ont pas trouvé de globules dans les nerfs ; ils en remarquent quelques-uns dans le cerveau. Mais il y a dans cet organe une multitude de très petites particules très irrégulières, tant en forme qu'en grandeur, et dépendant probablement, comme ils disent, plutôt de la désintégration que de l'organisation de la substance.

Raspail (n° 29) avait exposé des gros nerfs à une dessication spontanée sur une lame de verre, et, à l'aide d'un rasoir, il a obtenu des tranches dont l'épaisseur dépassait à peine un dixième de millimètre. Or, en humectant ces tranches, il dit que leur structure se présente avec une homogénéité parfaite et sans la moindre solution de continuité (fig. 37). Il résulte évidemment de l'aspect que présente au microscope une tranche transversale que les nerfs sont imperforés. Il examine la structure du nerf dans sa longueur, en serrant d'une main un tronc nerveux, et en pinçant de l'autre, avec la lame du scalpel, les bords de la section de ce tronc ; on fait paraître de cette manière des lames qui présentent une aggrégation de tubes soudés entre eux côte à côte (fig. 38). Chacun de ces cylindres affecte chez l'homme environ un cinquantième de millimètre en largeur. La masse cérébrale est composée d'une substance tellement pultacée et tellement homogène, qu'il est bien difficile, d'après Raspail, d'en représenter graphiquement l'organisation. On peut, cependant, conclure à une texture cellulaire, d'après cet auteur.

Dutrochet signale l'existence d'une multitude de ponctuations opaques sur les parois des utricules cérébrales. La fig. 41 représente un petit fragment du cerveau de la grenouille, qui est traversé par un petit vaisseau sanguin. On croirait voir un tissu cellulaire végétal avec les nombreuses ponctuations de ses cellules. L'auteur avait autrefois noté cette particularité dans le cerveau de l'hélix pomatia. La fibre nerveuse est, d'après lui, un cylindre dont les parois sont formées de globules juxta-posés confusément (fig. 39, 40). On ignore si ce cylindre est plein, ou s'il est tubuleux (n° 43, vol. II, p. 475).

Weber (n° 31, p. 266) voit dans les nerfs et le cerveau des globules ; ceux des nerfs ont un diamètre de $\frac{1}{8000}$ à $\frac{1}{8400}$ de pouce ; ils sont donc d'un tiers plus petits que les globules du sang.

Enfin, à cette opinion se range encore *Arnold* (n° 44), que nous citons ici, pour clore la liste des auteurs qui ont cru voir une structure globuleuse dans le système nerveux.

§ 2.

(PLANCHE II.)

Nous voyons que les observateurs que nous connaissons jusqu'ici se divisent en deux classes bien différentes dans leurs opinions. Les uns, et c'est le plus grand nombre, affirment une structure globuleuse; les autres ont signalé des tubes plus ou moins réguliers. Cette opinion aujourd'hui est généralement admise.

Il n'était pas, en effet, difficile à démontrer que l'état globuleux n'existe pas primitivement dans le cerveau ou dans les nerfs, et que l'opinion de Leeuwenhœk se rapproche beaucoup de la vérité. Le mémoire d'*Ehrenberg* (n° 34) excita vivement, dans les dernières années, l'attention et le zèle des observateurs par les observations que nous allons citer. La matière blanche du cerveau, de la moelle, les nerfs de l'ouïe, de la vue et de l'odorat, ainsi que le nerf sympathique en partie, sont composés, d'après lui, de tubes transparents qui présentent à des intervalles limités des dilatations sphéroïdes ou globuleuses (varicosités), ce qui les fait ressembler aux grains d'un collier qui ne se touchent pas, et qui communiquent entre eux par un canal; c'est ce qu'il appelle les tubes variqueux ou articulés (fig. 1, 5). Naturellement, leurs directions sont parallèles; mais ils sont souvent déplacés par la manœuvre de l'observateur. Il existe, en outre, dans ces tubes une cavité interne qui contient une matière particulière, parfaitement transparente, sans aucune trace de globules, à laquelle Ehrenberg donne le nom de fluide nerveux (*liquor nerveus*). Leur diamètre varie entre $\frac{1}{38}$ à $\frac{1}{3000}$ d'une ligne; si on les déchire, leur extrémité libre se retire, et on n'en voit sortir aucun fluide. On les trouve plus forts près de la base du cerveau et aux environs des ventricules, et au milieu d'eux quelques-uns isolés et plus gros. Il est souvent possible de reconnaître distinctement dans ces derniers, à côté des bords extérieurs de leurs parois, deux lignes intérieures marquées plus faiblement qui limitent l'étendue du diamètre de la cavité. Si ces tubes articulés sont déclinés, alors ils forment des petites vessies, globules, etc., à doubles lignes (fig. 9); et ce sont ces parties qui, d'après Ehrenberg, étaient déclarées par Leeuwenhœk être des globules de graisse. Plus on se rapproche de la périphérie du cerveau, plus les tubes diminuent de diamètre; de sorte que, dans la matière grisâtre, ils ne forment qu'une masse granuleuse, formée de grains extrêmement fins qui sont unis au moyen de fils très minces (fig. 2, 4.). Parmi ces fibres, ainsi qu'à la surface de la rétine, se trouvent des grains plus gros; ils paraissent formés de petites granulations, et servent peut-être à la nourriture des nerfs qui, par leurs bouts béants, pourraient les absorber (fig. 3, 10.). Nous renvoyons le lecteur, pour l'explication de ces globules, à nos mémoires sur le sang, où nous démontrons qu'ils sont des globules de la fibrine coagulée, et qui se trouvent partout où il y a du sang épanché. Les tubes articulés transparents que nous venons de signaler dans la substance blanche du cerveau et dans quelques nerfs, paraissent former la partie la plus importante du système nerveux, et semblent destinés à la sensation.

Les nerfs du mouvement sont pourvus de tubes droits et uniformes bien différents. Ils sont composés de tubes droits et uniformes, sans dilatation, plus gros
en général que les tubes articulés, mais dont ils sont la continuation ; Ehrenberg les appelle tubes cylindriques (fig. 6). Ils contiennent dans leur intérieur
une matière peu transparente, blanche, visqueuse, qu'on peut faire sortir des
tubes sous forme de grumeaux, et qui est appelée la matière médullaire. Leur cavité est en général plus grande que celle de tubes articulés, et se voit bien à cause
de la ligne interne parallèle aux bords ; on voit même l'ouverture du tube (fig. 7, 8).
Leur diamètre varie entre $\frac{1}{48}$ et $\frac{1}{1000}$ d'une ligne ; il est chez les vertébrés de $\frac{1}{120}$ à $\frac{1}{240}$.
De pareils tubes cylindriques se trouvent dans tous les troncs des nerfs et dans le
sympathique. Dans les ganglions des oiseaux et quelques autres animaux, se trouvent, en outre, des corps très grands, globuleux, irréguliers, dont le diamètre
est presque $\frac{1}{48}$ d'une ligne (Fig. 11, cerveau de Geotrupes nasicornis : Fig. 12, ganglion de Sanguisuga medicinalis. Fig. 13, un tel corps séparé). Il y a continuité
entre les tubes articulés du cerveau et les tubes cylindriques des nerfs ; en sortant
du cerveau, les tubes commencent à être remplis de la matière médullaire, en
quittant peu à peu la forme articulée.

Krause (n°. 33) n'approuvait pas tous les résultats de ce mémoire qui étaient
antérieurement publiés (dans n°. 32). Il prétend que le cerveau est formé de fibrilles solides (fig. 15), qui sont composées d'une masse soluble dans l'eau,
et de globules blancs, sphériques, du diamètre de $\frac{1}{800}$ ligne de Paris. La figure 14 représente ces fibrilles exposées à l'action de l'eau distillée, depuis
quelque temps. D'après *Berres* (n°. 35), la plupart des tubes nerveux du cerveau
ont la forme dentritique, et on voit de petites vésicules sur leurs ramifications. Il croit, en outre, pouvoir établir des formes nerveuses avec vésicules
superposées ; les tubes cylindriques avec les parois distinctes se trouvent dans
les muscles ; les nerfs de l'extension sont munis de vésicules.

Indépendamment des observations d'Ehrenberg, les observations suivantes
étaient faites à Paris par *de Mirbel*, lesquelles se trouvent la première fois publiées
par nous : « La fig. 16 représente la matière médullaire des premières vertèbres,
composée d'utricules et de tubes. Ceux-ci sont tout à fait semblables à ceux
qu'on trouve dans les nerfs ; les tubes se trouvent quelquefois bizarrement
renflés. » La fig. 17 est « la matière cérébrale du mouton à la naissance du
nerf optique. »

Lauth (n° 36) a indiqué la présence de tubes articulés dans les nerfs cérébro-spinaux ; cette observation fut plus tard confirmée par Remack, sans
que celui-ci eût connaissance de l'observation de Lauth.

Wagner (n°. 37) reconnait bien la structure des nerfs en distinguant les tubes
du nevrilème et leur contenu ; mais il ne peut pas arriver à se former une
idée nette de la structure du cerveau, où il croit pourtant apercevoir une
structure fibreuse.

Müller a trouvé sur la moelle épinière du pétromyzon des fibres d'une
forme différente ; elles sont très-minces, tout à fait aplaties, en forme de
rubans, dont l'épaisseur est égale à celle des fibres primitives des nerfs du
bœuf. Il n'en a jamais vu de pareilles chez un autre animal. Ces rubans

sont pâles, transparents ; on n'y distingue pas un contenu séparé du tuyau ; ils ont les contours parallèles, et sont toujours isolés. On ne peut pas découvrir leur structure plus intime. Il y a, outre ces fibres, d'autres beaucoup plus fines ; Ehrenberg avait déjà observé, à l'intérieur, des ganglions des non vertébrés (sangsues), des corps globuleux en forme de massues, avec un noyau transparent. Müller a vu quelque chose de pareil dans la moelle alongée du pétromyzon ; ce sont des corps dont un des bouts est terminé en queue, et l'autre gonflé n'est pas en général arrondi, mais a trois ou quatre pointes (n°. 39).

Schwann (n°. 38, p. XVI) voyait dans le mesentère de la grenouille les fibres primitives des nerfs se diviser en fibres beaucoup plus fines.

Volkmann (n°. 40) approuve en général les observations d'Ehrenberg et ne diffère qu'en quelques points touchant la structure de la rétine dont nous parlerons ailleurs.

Treviranus (n°. 41, p. 29) nie la réalité ou persistance de la forme articulée dans les tubes du cerveau, qui ne serait d'après lui qu'accidentelle et produite après la mort. L'air et l'eau produisent aussi des changements dans la forme des tubes. Il voyait des tubes articulés dans les nerfs, et admettait, en outre, dans la substance corticale, des tubes plus forts que ceux désignés par Ehrenberg.

La grande facilité qu'ont les tubes de changer leurs formes, l'impossibilité de tracer des limites bien distinctes entre les tubes cylindriques et variqueux, le nombre plus grand de ces derniers dans les jeunes animaux ; tout cela a paru affermir l'idée de Treviranus. *Weber* se range maintenant aussi à cette opinion ; mais il croit les varicosités produites par l'eau et par la pression ; il propose d'observer les nerfs en les mouillant dans l'albumine (n°. 42).

Valentin, dans les recherches qu'il avait faites en partie avec *Purkinje* (n°. 45), s'est beaucoup occupé de la distribution des globes ou corps en forme de massues dans le système nerveux. Voici les principaux résultats de son mémoire. Tout le système nerveux est composé de deux masses primitives : des fibres primitives isolées, et de globes isolés qui forment la *couche* (Belegungsmasse). Ces deux formes se trouvent également dans le système nerveux central et périphérique ; il n'y a pas de transition entre elles. La masse rouge-grisâtre du cerveau et de la moelle, est composée seulement de globes ; cette formation est appelée la *couche continue* (reine continuirliche Belegungsformation). La couche qui est formée des globes mêlés aux fibres primitives, constitue la *couche interstitielle*. Si les fibres primitives se trouvent toutes parallèlement les unes à côté des autres, elles constituent la *formation des nerfs* (nervenformation). Si au contraire ce parallélisme est détruit, cette forme est appelée par Valentin *formation de plexus* (plexusformation).

Les tubes ainsi que les globes sont entourés des gaines, dont l'épaisseur varie dans les différentes parties du système nerveux ; mais elles sont toujours composées du tissu cellulaire.

La forme des globes varie beaucoup ; elle est plus ou moins ronde ou allon-

(3)   7

gée, arrondie d'un côté ou terminée en queue de l'autre. Mais ils sont toujours formés d'un parenchyme granuleux, qui se trouve traversé d'une masse semi-fluide, tenace, transparente, de la nature du tissu cellulaire. Il se trouve au milieu un *nucleus* rond ou allongé, qui est tout à fait transparent. On observe au milieu de la surface de ce nucleus un corpuscule isolé, plus ou moins rond.

La substance de fibres primitives est partout une substance transparente, oléiforme, un peu tenace, qui fait voir, à cause de la réfraction de la lumière dans l'état isolé, une ligne très fine parallèle aux bords. Le contenu et la gaine sont encore unis. Si cette substance se trouve isolée, elle devient globuleuse, ou au moins son diamètre transversal s'élargit.

Il n'est guère nécessaire d'ajouter qu'on trouve encore dans le cerveau, outre les parties énumérées, des vaisseaux, du tissu cellulaire, de la matière colorante, de la graisse et quelques parties anorganiques.

La partie périphérique du système nerveux est, comme celle du centre, composée des mêmes masses primitives. Les globes ne sont que des formations interstitielles, et Valentin propose donc d'appeler à l'avenir le système ganglionnaire la couche périphérique interstitielle. Les globes se trouvent plus ou moins isolés, et les fibres primitives traversent directement les ganglions, ou elles entourent les globes. Il s'ensuit, d'après notre auteur, qu'il n'existe ni un système nerveux organique proprement dit, ni des nerfs organiques; mais que la formation interstitielle peut trouver place parmi les fibres primitives des nerfs périphériques. Le nerf sympathique même n'est autre chose qu'un nerf composé presque dans tout son trajet de globes (la formation interstitielle). La partie centrale, le cerveau et la moelle épinière, ne sont composés que de ces deux masses primitives que nous connaissons déjà; il n'y a jamais lieu à aucune transition parmi ces éléments; mais ils sont rangés les uns à côté des autres. Toutes les variations possibles ne tirent leur origine que des rapports, des différentes positions relatives qu'affectent les parties élémentaires; au point où les substances blanche et grise se touchent, les globes de la substance grise se trouvent entre les fibres. Le nombre de ces globes détermine la couleur du cerveau. Toutes les fibres qui entrent dans la moelle se dirigent d'abord vers le centre; elles entourent ensuite les globes, et continuent après leur direction vers le cerveau.

Les gaines des nerfs et des globes sont beaucoup plus épaisses dans les parties périphériques que dans le centre. Elles deviennent extrêmement minces, sitôt que les nerfs entrent dans le cerveau; et c'est là qu'elles peuvent être détruites de la manière la plus facile; elles deviennent alors variqueuses par la pression.

La fig. 18 représente, d'après Valentin, les fibres primitives détruites par une pression trop forte; la fig. 19, les différents états des fibres primitives, telles qu'on les voit obtenues par la division mécanique du nerf. Toutes ces varicosités ne sont qu'accidentelles, et dépendent beaucoup de l'élasticité de la gaine. La fig. 20 est une fibre primitive dont le contenu est coagulé. On voit le contenu de la fibre primitive pur et intact dans la fig. 21. La fig. 22 représente les fibres primitives avec leurs gaines de tissu cellulaire bien apparentes. La fig. 23 fait voir les fibres variqueuses dont la forme est beaucoup en rapport avec la force de la gaine. On voit dans la fig. 24 l'entrée des fibres dans la moelle épinière. Les fibres

primitives seulement du ganglion sont représentées dans la fig. 25; mais la manière dont elles entourent les globes et traversent le ganglion, est dessinée dans
la fig. 27 et 28. On voit que les contours des ganglions ont disparu dans la
fig. 26, qui est la représentation d'une lamelle du ganglion cervical du nerf
sympathique, pris sur le cadavre d'un homme mort depuis quelques jours. La
fig. 29 représente deux globes comme ils se trouvent unis par un filet intermédiaire. On reconnait les filets du tissu cellulaire du globe dans la fig. 30; enfin,
on voit dans les figures 31 à 35 les différentes formes de ces globes, qui constituent la couche; on peut remarquer leur forme arrondie, plus ou moins allongée, le nucleus central et son noyau; et dans la fig. 31, les granules de la
matière colorante déposée à la surface du globe.

Les observations de *Remak* (n° 46) portaient sur la différence qui, selon Ehrenberg, devait exister entre les nerfs de sensation et du mouvement. Il croyait
aussi l'avoir trouvée dans la forme des nerfs articulés et cylindriques. Chez les
individus les plus jeunes (lapin de deux jours), la différence entre les nerfs de
la peau et ceux des muscles, est établie par une plus grande quantité de tubes
variqueux dans les premiers; à l'âge plus avancé, les nerfs de la peau ont un
plus grand nombre de tubes sans substance médullaire, qui sont plus épais.
Remak croit donc que les nerfs cérébro-spinaux parcourent plusieurs degrés de
développement, et qu'une masse globuleuse est la forme primitive de ces nerfs.
Les tubes primitifs sont donc d'abord sans varicosités et sans substance médullaire, et ils passent ensuite par la forme de tubes intermédiaires à celle de tubes
cylindriques, dont la substance interne devient de plus en plus opaque et moins
liquide (Fig. 36.).

Pour connaitre la structure intime des nerfs, *Ernest Burdach* (n° 47), après
avoir enlevé un tronçon d'un nerf quelconque, le mettait sur une lame
de verre, fendait longitudinalement avec un ciseau ou un couteau tranchant
l'enveloppe commune, et, à l'aide d'aiguilles fines, il divisait un des faisceaux nerveux débarrassé de cette enveloppe en ses fibres primitives. Pour
rendre visibles les fibres primitives dans un faisceau intact, ou même dans
tout un petit rameau nerveux, ou la distribution des nerfs dans l'intérieur
d'un organe, Burdach a appliqué la compression au moyen des doigts,
en mettant tout simplement l'objet entre deux lames de verre, en trouvant
l'action du compresseur de Purkinje trop violente et trop minutieuse.
Pour empêcher le glissement de ces lames il met entre elles deux petits
bouts de cire molle. La substance même était mise dans l'eau tiède, qui
donne une certaine lucidité et de la transparence, et attaque moins la substance nerveuse que l'eau froide.

L'apparence tendineuse, décrite par plusieurs auteurs, de la surface blanche et unie d'un nerf médiocrement gros, causée par des stries transversales tournées quelquefois en spirales, quelquefois en zig-zags, est produite,
selon notre auteur, par des fibres placées alternativement plus haut et plus
bas, conséquemment onduleuses. Il voit dans les raies claires la gaine celluleuse, et dans les lignes onduleuses les fibres primitives qui produisent
l'apparence tendineuse du tronc entier; car les fibres primitives, de quelque

côté qu'on place le nerf, présentent toujours la même apparence, et se montrant naturellement onduleuses, doivent tantôt s'approcher, tantôt s'éloigner de la gaîne uniformément cylindrique, et par conséquent briller à travers cette gaîne plus ou moins alternativement. Quant à la marche parallèle des fibres primitives dans les faisceaux ou dans un nerf entier, ce parallélisme existe en général. On ne doit point considérer les deux lignes voisines comme la limite d'une seule fibre primitive; elles appartiennent toujours à des fibres primitives différentes; les unes placées sous les autres, laissent apercevoir leurs limites à travers le contenu diaphane des fibres supérieures. Burdach n'aperçoit aucune différence dans la grosseur des fibres primitives, mais il croit pourtant qu'une différence apparente dépend de la pression du parenchyme qui entoure les nerfs dans l'intérieur d'un organe; sous le microscope, et avec une lumière réfléchie, il voit ces fibres primitives latéralement limitées par deux lignes tranchées et noirâtres; toujours il y avait, çà et là, dans ces fibres, une substance composée de particules arrondies, irrégulières. On voit les contenus sortir sous forme d'une substance claire, incolore, épaisse, laquelle se transforme en caillots; et l'on voit ce phénomène s'opérer quelquefois dans l'intérieur du tuyau même. Il adopte donc l'opinion de Valentin, que les conduits des fibres nerveuses, claires et transparentes, sont transformés, par l'acte de la coagulation, en substance huileuse et grenue. Les lignes internes à côté de deux limites latérales, dans lesquelles Ehrenberg veut voir la limite interne de la paroi de la fibre primitive, se trouvent par Burdach expliquées de la manière suivante : chaque fibre primitive placée dans l'intérieur de l'organisme, et pourvue de son contenu complet, a une forme cylindrique; mais après qu'elle a été vidée en partie par la section, ou même aussitôt après que la tension vitale a cessé, il survient à son centre une dépression, et par là, ses parties latérales plus épaisses, plus proéminentes, présentent sous la lumière réfléchie une double ligne de délimitation. Notre auteur se déclare contre l'existence réelle et primitive des varicosités en général; il suit plutôt l'opinion de Treviranus, qui les attribue à l'influence de la température, de l'humectation avec l'eau et d'autres agents. Cependant la forme variqueuse des cylindres du cerveau et de la moelle épinière paraît avoir, selon Burdach, sa raison, non pas autant dans les gaînes que dans le contenu lui-même, et dans sa tendance à prendre une forme globuleuse; et il appuie son opinion sur les observations de Remak sur les nerfs des très-jeunes animaux; il est même tenté de croire que les fibres élémentaires du cerveau et de la moelle épinière, ne sont nullement pourvues de gaînes celluleuses, mais que séparées seulement par leur propre masse, elles sont juxta-posées, étant formées par une substance dont la partie extérieure périphérique, plus visqueuse, formerait une écorce, tandis que la partie intérieure centrale serait plus fluide; opinion vieillie, rejetée par Ehrenberg et Valentin.

Les recherches sur l'influence de la température et les différents réactifs chimiques sont très intéressantes. Les fibres primitives du cerveau et de la moelle épinière subissent une destruction complète plus rapidement que les fibres pri-

MÉMOIRE

SUR LA

STRUCTURE INTIME

DES NERFS

ET DU CERVEAU

PAR

LE DOCTEUR LOUIS MANDL.

DEUXIÈME PARTIE:

ACCOMPAGNÉE DE DEUX PLANCHES.

PARIS,

CHEZ J.-B. BAILLIÈRE,

LIBRAIRE DE L'ACADÉMIE ROYALE DE MÉDECINE,

RUE DE L'ÉCOLE DE MÉDECINE, 17;

A LONDRES, même maison, 219, Regent Street.

—

1842

MÉMOIRE

SUR LA STRUCTURE INTIME

DES NERFS

ET DU CERVEAU.

CHAPITRE SECOND. RECHERCHES DE L'AUTEUR.

(PLANCHE III.)

(Planche cinq de la première partie.)

§ I.

Dans l'exposition des recherches que nous avons entreprises sur le système nerveux, nous allons suivre un ordre particulier, nécessaire pour la plus grande intelligence du sujet. Ainsi nous parlerons d'abord de la partie périphérique du système cérébro-spinal, ensuite de la substance blanche de l'encéphale, des nerfs gris, etc. De cette manière, en nous éloignant de l'ordre anatomique que l'on suit habituellement, nous ferons mieux comprendre la texture de ce système, dont les éléments offrent une très-grande variété selon la partie que l'on examine.

Les animaux que nous avons soumis à nos recherches ont été tués quelques instants seulement avant l'examen; c'est, comme nous le verrons dans le courant de ce mémoire, une circonstance très-importante, puisque la décomposition cadavérique s'opère bientôt, et produit dans quelques parties du système nerveux des altérations notables peu de temps après la mort. Nous nous sommes abstenus en général de l'application de tout liquide étranger, surtout de celle de l'eau, qui transforme presque momentanément tous les éléments. Toutefois on peut se servir de l'eau dans ses premières recherches, pour se procurer une idée générale de la texture; mais, lorsqu'on veut pousser plus loin l'examen, il faut s'abstenir de tout liquide, et examiner le tissu, à l'état naturel, immédiatement après avoir tué l'animal. Nous avons évité aussi, autant que possible, toute compression. Le grossissement employé est, en général, celui de trois cents fois.

C'est l'oubli de toutes ces circonstances importantes qui est cause de la confusion et de la contradiction qui règnent dans la plupart des observations faites jusqu'aux temps les plus modernes, et que nous avons exposées dans la première partie de ce mémoire. Nous reviendrons sur ces recherches, de même que sur les travaux qui ont paru depuis la publication de la partie historique de ce mémoire.

I.   (5)   9

§ 2. *Les nerfs cérébro-spinaux.* (pl. III.)

Lorsqu'on étend un nerf du système cérébro-spinal de la grenouille sur un verre, qu'on le déchire et que l'on examine ensuite le lacis le plus transparent, on le voit composé de fibres transparentes, à bords parallèles, plus ou moins ondulés. Leur intérieur ne laisse découvrir aucun globule, et leur surface est tout unie (fig. 9, a). A côté de la ligne externe qui indique le bord, on aperçoit une seconde ligne interne. Nous appelerons ces éléments, qui sont les *fibres élémentaires* ou *primitives* des nerfs, les *fibres à doubles contours.* Ces fibres primitives s'étendent, dans une continuité non interrompue, depuis le cerveau jusque dans les organes ; elles sont toujours placées les unes à côté des autres, et nulle part elles ne se partagent et ne se confondent avec les fibres contiguës. Les différentes anastomoses des nerfs consistent en cela qu'un certain nombre de fibres primitives quitte un tronc pour se placer à côté des fibres primitives d'un tronc voisin. On voit rarement les fibres primitives se recourber au milieu du tronc nerveux (fig. 17, a) ; nous parlerons de cette forme dans le mémoire *sur les terminaisons des nerfs.*

Les nerfs des invertébrés (fig. 6 à 8) ne présentent pas la même structure ; on voit bien le névrilème (fig. 6, e ; 7, a ; 8, a) sous forme d'enveloppe externe ; mais les fibres primitives (fig. 6, d ; 7, f) que l'on peut obtenir par le déchirement du faisceau interne, n'offrent point les doubles contours décrits précédemment. Les fibres primitives nerveuses des vertébrés, au contraire, présentent toujours ces doubles contours (fig. 10 à 27) ; mais à peine ont-elles séjourné pendant quelques secondes sur le verre, qu'elles commencent à se dessécher ; alors les doubles contours disparaissent, et on ne voit qu'un bord plus ou moins ombré. C'est cet état qui fut pris (Henle, *Allgemeine Anatomie.* Leipsik, 1841) pour forme normale, et on n'a vu dans les doubles contours qu'un état d'altération. Les doubles contours disparaissent sur un grand nombre de fibres desséchées, tandis que d'autres les laissent encore voir dans cet état. Les autres altérations qui se produisent par le desséchement sont plus ou moins analogues à celles produites par la décomposition cadavérique ou par l'action de l'eau. Nous allons maintenant les décrire ; nous conseillons de préparer les nerfs dans une goutte d'eau tiède chargée d'un peu d'albumine, lorsqu'on veut étudier ces altérations, puisque alors elles se produisent plus lentement.

Il se forme d'abord de légers rétrécissements et des lignes transversales (fig. 10, a) sur les fibres primitives ; ces lignes transversales sont la continuation des doubles contours ; elles se réunissent quelquefois en pointe (fig. 15, c ; 24, d.). Les rétrécissements se prononcent peu à peu plus distinctement, surtout lorsqu'on emploie une légère compression ; les fibres primitives deviennent variqueuses (fig. 10, b). Les doubles contours disparaissent alors dans les parties les plus rétrécies. Le bout libre de la fibre primitive est ouvert (fig. 11, a, b) ou fermé (fig. 10, c, e.). L'intérieur de la fibre primitive commence à se troubler (fig. 11, b) ; les doubles contours deviennent moins distincts (fig. 11, c) et disparaissent enfin entièrement. Tel est par exemple l'aspect des nerfs dans les pois-

sons putrides (fig. 16.). L'alcool produit un effet pareil (fig. 12). Dans quelques
endroits (a) on ne peut même plus distinguer les fibres primitives (b).

Lorsque cette coagulation commence à s'opérer, une légère pression fera sortir d'un des bouts libres de la fibre primitive une substance grumeleuse (fig. 11,
c ; 16, a) qui présente des masses amorphes (fig. 11, d). Nous pouvons donc dès
à présent distinguer dans les fibres primitives une gaine et un contenu liquide,
primitivement transparent, puis se coagulant, et susceptible de quitter la gaine.
Cette masse se coagule quelquefois, dans l'intérieur de la gaine, sous forme de
petits grumeaux (fig. 22, b; 24, b) ; c'est cette altération qui a donné lieu aux
anciennes opinions sur la structure globuleuse des nerfs.

Nous avons déjà dit que le bout libre de la fibre primitive reste ouvert ou qu'il
se ferme, et nous en trouvons la cause dans l'élasticité de la gaine (fig. 13, 17, 18.);
nous pouvons ajouter que d'autres fois le bout n'est limité que par une faible
ligne de démarcation produite par la limite du contenu. L'élasticité de la gaine
est aussi la cause des formes différentes que prennent les fragments des fibres
primitives. Se repliant sur eux-mêmes, ils renferment souvent dans leur centre
un petit espace vide (fig. 10, d; 20, c*, d*), où chaque bout se ferme par la
contraction des deux bords (fig. 21, c.), tandis que le liquide intérieur forme
une gouttelette et donne, aidé de l'élasticité de la gaine, au fragment entier
l'aspect globuleux (fig. 21, b). Nous rencontrerons ces formes encore dans
toutes les autres parties du système nerveux ; elles ont donné lieu à plusieurs
opinions erronées. Les uns y ont vu les globules élémentaires dont les nerfs, le
cerveau, etc., sont composés ; les autres les ont pris pour des globules huileux ;
d'autres enfin y ont trouvé une preuve contre l'existence de la gaine, puisque,
disent-ils, le contenu seul présente aussi les doubles contours. On comprend,
d'après ce que nous venons de dire, l'erreur de cette dernière opinion : ces auteurs ont pris, en effet, des fragments de fibres pour le contenu.

Le contenu ne se trouble pas quelquefois également dans toute l'épaisseur
de la fibre ; il reste alors dans l'axe de la fibre un espace transparent qui présente une espèce de ruban (fig. 22, a*). Cet espace fut désigné sous le nom de
cylinder axis (Purkinje et Rosenthal, *De Formatione granulosa.* Breslau, 1839).
Nous ne pouvons pas y voir un élément particulier des fibres primitives, mais
nous croyons que cet aspect doit être seulement attribué à un mode particulier de coagulation du contenu. Lorsqu'en effet le contenu s'accumule de
deux côtés, de manière à laisser au milieu un espace vide, occupé seulement
par la gaine, cet espace paraît sous forme d'un ruban, comme le *cylinder
axis*. Quelquefois des fragments du contenu se coagulent (fig. 20, b.) autour de
la gaine vide, et produisent le même aspect ; d'autres fois cette gaine est plissée
(fig. 20, b *).

La gaine est une membrane amorphe, qui quelquefois, surtout après l'action
de l'acide acétique étendu, paraît composée de fibres longitudinales et transversales. Cet aspect a fait croire à *Treviranus* (n. 41) que les fibres les plus déliées de la substance blanche se réunissent pour former une fibre primitive des
nerfs ; mais ces fibres que l'on a indiquées dans la gaine appartiennent au tissu
cellulaire environnant. *Schwann* (Microscopische Untersuchungen. Berlin,

1839) et *Rosenthal* (l. c., p. 18) ont aussi indiqué des noyaux ovales cellulaires dans cette gaine; mais *Henle* (l. c., p. 620) combat ces observations, en disant que ces noyaux appartiennent aux fibres jeunes du tissu cellulaire. Quelques auteurs enfin ont cru voir du mouvement vibratile dans l'intérieur de la gaine (Valentin, Rémak, Gerber); nous n'avons pu constater ces observations, énoncées au reste par ces auteurs sous une forme dubitative.

De quelle manière devons-nous interpréter les doubles contours des fibres primitives? Avant de résoudre cette question, il sera nécessaire d'examiner l'aspect particulier que présentent quelquefois les fibres primitives. Lorsqu'elles sont déchirées, on voit souvent dans un endroit (fig. 9, b; 24, c) cesser le contour externe, et l'interne seulement se continuer. D'autres fois, le contour interne, habituellement très-rapproché du contour externe (distant à peu près de $\frac{1}{1000}$ de mill.) se trouve dans quelques endroits plus éloigné (fig. 13, a). Il résulte de l'examen de ces formes, que la double ligne ne peut pas appartenir à l'épaisseur de la gaine, ainsi qu'*Ehrenberg* le croyait; mais que le contour externe appartient à la gaine, tandis que l'interne marque la limite du contenu (comp. § 9. fig. 13.). Celui-ci est-il pourvu d'une membrane particulière? Cela est assez difficile à décider; dans aucun cas, nous ne pouvons l'isoler ou le voir distinctement. Mais lorsqu'on entend par membrane une couche externe plus solide que l'intérieure, nous pouvons seulement dire que cette opinion est probable, quoiqu'on ne puisse pas la prouver. Les formes indiquées ont motivé l'opinion de *Remak* (p. 33) sur le fil (*fibra*) interne des nerfs.

Les observations que nous venons de rapporter en dernier lieu se rapportent aux nerfs de la grenouille, du lézard etc. Les fibres primitives les plus fortes des nerfs des poissons et des mammifères se présentent quelquefois sous un aspect différent qui complique la question. On voit la ligne interne distante de l'externe de 1|500 à 1|800 de millimètre, et l'espace intermédiaire irrégulièrement strié (fig. 15 à 18). Ces lignes se prolongent quelquefois dans toute la longueur de la fibre; elles forment alors plusieurs contours (fig. 15, b.), qui se groupent quelquefois deux à deux. On serait donc tenté de croire que, dans ces cas, le contenu est pourvu d'une membrane particulière; et que la gaine elle-même est devenue plus forte, de sorte que les doubles contours indiquent dans l'un et dans l'autre cas l'épaisseur de la membrane. Toutefois, il est plus probable que les contours externes sont formés par des gaines d'épithélium ou par des fibres de tissu cellulaire, qui entourent les fibres primitives, et que l'on doit considérer comme des cloisons internes du névrilème. Les observations de Schwann, Rosenthal, etc., que nous avons rapportées et qui signalaient la présence de noyaux elliptiques dans la gaine des fibres primitives, observations contestées par d'autres auteurs, trouveraient de cette manière une explication satisfaisante. En effet, jamais les fibres primitives elles-mêmes n'offrent de noyaux ou d'autres traces d'organisation.

Le diamètre des fibres élémentaires varie beaucoup; les limites les plus habituelles sont entre 1|200 et 1|100 de millimètre; toutefois on en trouve qui ont jusqu'à 1|50 et d'autres, et ce sont des plus petites, qui n'ont que 1|500 de millimètre. Les fibres les plus fortes se trouvent dans les nerfs de mouvements, les plus minces au contraire dans les nerfs sensitifs. Tel est aussi le caractère prédominant des fibres dans les racines antérieures et postérieures; toutefois, il ne peut pas servir pour distinguer les unes des autres, parce que des fibres fortes et minces se trouvent mêlées ensemble dans les deux ordres de racines. Les fibres élémentaires minces deviennent plus facilement variqueuses que les fibres fortes.

§ 3. *Apparence tendineuse des troncs nerveux.* (Pl. III).

En examinant le tronçon d'un nerf médiocrement gros et intact, on remarque déjà à l'œil nu, mais mieux avec la loupe ou à un faible grossissement du microscope, sur sa surface blanche et unie, des stries distinctes par leur blancheur brillante, transversales, quelquefois tournées en apparence en spirales, d'autres fois pliées en zigzag (fig. 1 à 4.). Cette apparence se montre non seulement sur le nerf séparé du corps, mais encore sur le nerf qui n'a pas été séparé, pourvu qu'il n'ait pas été trop tiraillé; elle peut être appelée tendineuse, à cause de sa ressemblance avec celle des tendons. Elle est produite, dans notre opinion, par les ondulations des fibres élémentaires qui se trouvent dans la gaine névrilemmatique, ainsi que par les plis du névrilème lui-même. En effet, ce dernier présente des plis à ses surfaces supérieures (fig. 1, a; 2, a; 4, a.) et inférieures (fig. 1, b; 2, b), tandis que les fibres élémentaires sont ondulées (fig. 1 à 3), ou pliées en zigzag (fig. 4.). Les ondulations produisent des ombres (fig. 3, d; 4, d) qui se confondent avec les plis du névrilème. Les fibres primitives ondulées peuvent exister sans les plis du névrilème (fig. 3.) de même que ces derniers sans que les fibres soient distinctement ondulées (fig. 2.); dans les deux cas pourtant le tronc nerveux offre l'apparence tendineuse. Nous croyons donc pouvoir conclure, d'après ce qui vient d'être dit, que les plis ou les ondulations ou l'une et l'autre formes conjointement peuvent produire l'apparence tendineuse.

Le névrilème (fig. 5.) est formé par des fibres qui ont l'apparence et les dimensions des fibres fortes du tissu cellulaire; en déchirant sous l'eau un petit morceau des plus faibles gaines névrilématiques, on aperçoit non seulement les fibres isolées (a), ou groupées en faisceaux (b), mais aussi les couches qui composent le tissu entier. On ne doit pas, par conséquent, craindre, avec *Burdach* (n° 47), que ces fils appartiennent originairement à la gaine des nerfs, et qu'elles soient plutôt le résultat de la préparation artificielle de cette gaine. Ce doute avait porté Burdach à combattre l'opinion de *Valentin* (n° 45), qui attribue le phénomène de l'apparence tendineuse uniquement à l'élasticité de la gaine, à un soulèvement et à un abaissement alternatifs des fibres qui la constituent. Burdach croit que cette apparence dépend entièrement des fibres primitives qui, de quelque côté qu'on place le nerf, présentant toujours la même forme ondulée, doivent tantôt s'approcher, tantôt s'éloigner de la gaine uniformément cylindrique, et, par conséquent briller à travers cette gaine plus ou moins alternativement. Nous avons déjà vu que l'on ne doit attribuer exclusivement cette apparence ni aux plis du névrilème, ni aux fibres primitives ondulées, mais que les deux circonstances produisent habituellement l'aspect tendineux du tronc nerveux. Cette apparence disparaît après la compression; mais lorsque le nerf n'a pas encore subi de tiraillements répétés, il conserve encore souvent après une pression légère, tant d'élasticité que les plis reparaissent dans la gaine, et que le tronc reprend son apparence tendineuse.

§ 4. *Les nerfs des sens supérieurs.* (Pl. III.).

Les trois nerfs mous des sens (optique, accoustique, olfactif) présentent des fibres de deux espèces. Les unes sont à doubles contours, tout à fait pareilles aux fibres primitives des nerfs du système cérébro-spinal (§ 3.) (fig. 14, a; 19, a; 21 a; 23, a) ; leur diamètre varie entre $\frac{1}{200}$ et $\frac{1}{400}$ de millimètre, de sorte qu'elles appartiennent aux fibres les plus minces. Les autres sont des fibres primitives à simple contour, transparentes, d'une couleur un peu plus grisâtre que les précédentes (fig. 14, b ; 19, b; 23, b) ; elles sont, surtout dans le nerf optique, groupées en faisceaux (fig. 19, c.); déchirées ou comprimées, elles forment facilement des amas de globules (fig. 23, c), sans doubles contours, de même que les fibres elles-mêmes ne présentent jamais, même après un séjour plus ou moins prolongé dans l'eau, ces doubles contours que nous avons trouvés comme caractère distinctif des fibres primitives des nerfs du système cérébro-spinal. La décomposition cadavérique, le séjour dans l'eau les rendent presque toujours variqueuses; ces fibres étant tout à fait analogues à celles que nous avons trouvées dans les nerfs gris, nous y exposerons les autres détails. (§ 7.)

Le nerf optique contient en outre des globules particuliers que nous allons examiner avec plus de détails, en parlant de la rétine dans le mémoire sur les *terminaisons des nerfs.* Nous ajoutons seulement que les fibres à simples contours méritent une attention particulière à cause des baguettes à simple contour que l'on trouve dans la rétine, et que nous considérons comme les terminaisons de ces fibres.

Ehrenberg (n. 34) dit que ces trois nerfs étant la continuation immédiate de la substance médullaire du cerveau sont formés de tuyaux articulés. Nous aurons occasion (§ 5.) de prouver que les varicosités des fibres de la substance médullaire ne sont qu'artificielles ; mais il est déjà évident, d'après ce que nous avons dit, que les articulations sont un produit de la décomposition dans les deux espèces de fibres qu'Ehrenberg au reste n'a pas distinguées.

Treviranus (n. 41.) avance que le nerf olfactif est formé de faisceaux des cylindres de la substance corticale qui ne sont pas enfermés dans une gaine; le nerf optique de cylindres médullaires qui ressemblent à ceux de la substance médullaire du cerveau; le nerf acoustique, de cylindres semblables à ceux des nerfs des muscles, mais plus ténus. On voit que cet auteur n'a indiqué dans chaque nerf que les fibres prédominantes.

PLANCHE IV.

(Planche 6 de la première partie).

§ 5. *La substance blanche de l'encéphale.*

Les fibres primitives des nerfs du système cérébro-spinal se continuent, sans interruption, dans l'encéphale; on peut s'en convaincre par l'examen de tranches très minces du cerveau de petits mammifères ou d'oiseaux, faites à l'endroit où les nerfs émanent. La substance médullaire de l'encéphale est donc composée de fibres à doubles contours, identiques avec celles des nerfs périphériques; mais elles sont beaucoup plus minces et forment par conséquent facilement des varicosités. Leur diamètre diminue peu à peu, dès leur entrée dans l'encéphale, et d'autant plus que l'on s'approche davantage de la substance corticale; il varie entre $\frac{1}{200}$ à $\frac{1}{1000}$ de millimètre; toutefois on ne trouve de fibres de cette dernière dimension que dans la couche la plus proche de la substance corticale, où elles forment souvent des faisceaux (fig. 8, a.). Outre les fibres à doubles contours (fig. 11, a.) dont les fragments forment des globules à doubles contours (fig. 11, b), (§ 2), on trouve aussi des vaisseaux sanguins (f) et des fibres, ayant $\frac{1}{400}$ à $\frac{1}{500}$ de millimètre, à un seul contour (fig. 11, c ; 17, b.). Ces dernières sont identiques à celles que nous décrirons dans les nerfs gris (§ 7). Il y existe aussi quelques globules d'huile (g.), que l'on peut facilement distinguer à leur aspect particulier.

Les fibres de la substance blanche forment des varicosités (fig. 5, b ; 11, d, h ; 17, c) qui n'offrent rien de régulier, et qui ne se produisent que par la compression ou par l'action de l'eau. *Ehrenberg* s'est donc trompé en décrivant cette forme comme état naturel; *Krause, Treviranus,* etc. avaient raison de combattre cette opinion, en soutenant que la forme noueuse est, non un caractère essentiel, mais seulement une apparence qui se manifeste quelque temps après la mort. *Valentin* aussi regarde les articulations des fibres variqueuses comme des productions accidentelles, que l'on peut créer à volonté par une compression progressive; cependant il conserve la dénomination de fibres variqueuses comme moyen de distinction. *Treviranus* (n. 41.) croit que les cylindres les plus minces de la substance blanche (fig. 8 ; 11, c.) appartiennent à la substance corticale, que plusieurs de ces cylindres corticaux composent les cylindres médullaires, dont plusieurs à leur tour composent les fibres primitives des nerfs. Cet auteur s'est uniquement appuyé sur l'aspect fibreux qu'offrent quelquefois les gaines primitives; mais rien n'autorise cette conclusion (§ 2.).

Le contenu des fibres de la substance médullaire se trouble plus difficilement par la coagulation après la mort, après l'action de l'eau, etc., que celui des fibres nerveuses; tandis que, les gaines étant plus minces, la moindre compression fait déchirer ces fibres et produit cet aspect globuleux qui a donné naissance aux anciennes opinions sur la composition globuleuse des centres nerveux.

§ 6. *Les ganglions.* (Pl. IV .)

Lorsqu'on se procure une tranche très-mince d'un ganglion, qu'on le déchire dans une gouttelette d'eau à l'aide d'aiguilles, et qu'on le soumet à l'observation, on y trouve une foule de corpuscules particuliers (fig. 2), le plus souvent ronds, quelquefois ovales, d'autres fois, mais plus rarement pourvus d'un ou de plusieurs appendices (fig. 2, a) diversiformes. Ces corpuscules furent découverts par *Ehrenberg*; *Valentin* les a soumis à un examen plus détaillé; nous les désignerons sous le nom de *corpuscules ganglionaires*.

Ces éléments consistent en une masse opaque, granuleuse, grise ou rougeâtre, renfermant au centre ou vers la périphérie un autre corpuscule transparent (fig. 2, b), pourvu d'un ou de deux petits noyaux. Nous appelons ces corpuscules *corpuscules gris*, parce qu'ils forment un élément essentiel de la substance grise de l'encéphale (§ 8). Chaque corpuscule ganglionaire est donc composé habituellement d'un corpuscule gris, rarement de deux, entouré d'une masse granuleuse. Toutefois il existe quelques corpuscules ganglionaires (fig. 10, c ; 12, c) qui, malgré l'emploi de la compression, ne révèlent pas la présence d'un corpuscule gris. Selon que l'on hausse ou baisse le foyer, on aperçoit le corpuscule gris parfaitement transparent (fig. 2 ; 6, b) ou couvert de la substance granuleuse. Il est difficile quelquefois de bien distinguer ces corpuscules gris, lorsque les corpuscules ganglionaires sont composés d'une masse bien opaque et profondément colorée, ce qui a lieu par exemple dans la grenouille. Il est donc préférable d'examiner les ganglions des mammifères, par exemple, du chien, dont les corpuscules ganglionaires, un peu rougeâtres, sont beaucoup plus transparents.

Le névrilème, qui entoure le ganglion entier, envoie des cloisons qui produisent des divisions dans l'intérieur du ganglion; chacune de ces divisions renferme des groupes de corpuscules ganglionaires (fig. 5, a), qui à leur tour sont séparés par des cloisons plus minces (fig. 5, b). Ces cloisons les plus minces sont formées par une espèce particulière de tissu cellulaire (fig. 4, b) qui quelquefois fournit des enveloppes pour chaque corpuscule ganglionaire. *Remak* avait cru voir dans ce tissu cellulaire les éléments caractéristiques des nerfs gris; de là son erreur que ces fibres se trouvent en communication directe avec les corpuscules ganglionaires. (§ 7) Outre les cloisons du névrilème, on trouve encore dans l'intérieur des ganglions une grande quantité des fibres primitives à un et à doubles contours (fig. 10, d; 12, b, d) qui entourent les corpuscules et traversent le ganglion.

Nous ne croyons pas que les corpuscules soient pourvus d'une membrane particulière. En effet, jamais on n'est parvenu à l'isoler ; voici même une expérience qui prouve le contraire. Lorsqu'on étend un ganglion abdominal de la sangsue à sec sur une lame de verre, après l'avoir dépouillé préalablement de sa gaine noirâtre, déchirée à l'aide d'aiguilles, et que l'on n'ajoute un quart d'heure après une gouttelette d'eau, on voit beaucoup de corpuscules fusiformes avec (fig. 7, a) ou sans (g) corpuscules gris : examinés, au contraire, immédiatement dans l'eau, presque tous les corpuscules sont ronds (fig 6, b). Cette expérience ne réussit pas au reste sur tous les individus. Nous reviendrons sur cette expérience et sur l'explication des appendices (fig. 6, f) en parlant de la substance corticale (§ 8). L'eau n'agit pas sur les corpuscules qui ont déjà une forme déterminée.

§ 7. *Les Nerfs gris* (Pl. IV).

Le rôle important que l'on attribue au système ganglionaire dans les fonctions organiques aurait dû fixer depuis long-temps l'attention des micrographes sur la texture des nerfs gris et du sympathique ; ce ne fut pourtant que dans les derniers temps qu'il fut soumis à un examen détaillé. Nous avons déjà indiqué (p. 33) l'opinion de Remak, qui signalait, outre les fibres à doubles contours, des fibres particulières qu'il appela fibres organiques.

Valentin (Repertorium, 1838, p. 72 ; — Archives de Müller, 1839, p. 137) est venu le premier leur disputer le caractère attribué par Rémak ; il n'y voit qu'une forme particulière d'épithélium qui se présente sous forme de fibres en chapelet (fig. 23, e) et qu'il appelle *épithélium filiforme*.

Müller (Physiologie, vol. 1, p. 678) et *Gerber* (Allgemeine Anatomie. Berne, 1840, p. 158), adoptent au contraire l'opinion de Rémak.

Rosenthal et *Purkinje* (De Formatione granulosa. Breslau, 1839, p. 15) voient dans ces éléments des fibres particulières, pourvues seulement du cylindre central (*cylinder axis*, § 2), et privées d'une substance médullaire particulière. Ces auteurs disent que l'on peut même souvent reconnaître ce cylindre central.

Pappenheim (Die Gewebelehre des Gehoerorgans. Breslau, 1840, p. 173) dit aussi que le nerf sympathique contient des fibres particulières que l'on trouve aussi dans les nerfs cérébro-spinaux, lorsqu'ils sont pourvus de ganglions.

Henle (Allgemeine Anatomie. Leipsik, 1841, p. 637) appelle ces éléments *fibres gélatineuses*, sans toutefois vouloir indiquer par ce nom un caractère spécial ou différent d'autres fibres du tissu cellulaire qui leur ressemble parfaitement.

Nous avons trouvé non-seulement ces fibres en chapelet (fig. 23, e), mais aussi d'autres formations membraneuses (fig. 23, a), pourvues de noyaux de la grandeur à peu près de ceux qui existent dans les lamelles de l'épithélium. Ces membranes se déchirent facilement en fibres longitudinales (fig. 4, b ; 19, c ; 23, b), qui contiennent une, rarement deux séries de noyaux ; quelquefois une fibre est divisée en plusieurs fibrilles (fig. 19). Ces fibres et fibrilles sont-elles toujours le produit d'un déchirement ? Nous ne voulons pas l'affirmer ; nous croyons, au contraire, que cette forme peut leur appartenir quelquefois primitivement. A côté de ces membranes apparaissent les autres fibres en chapelet (fig. 23, e) dont nous avons déjà parlé. Nous ne pouvons, ni dans l'une ni dans l'autre de ces parties, reconnaître des éléments propres aux nerfs du système ganglionaire ; nous y voyons seulement une forme particulière du tissu cellulaire, qui constitue une transition à l'épithélium. On retrouve, en effet, ces éléments à la surface des vaisseaux sanguins, à celle des organes, etc., tandis que l'on ne peut pas les poursuivre comme

I.   (7)   11

éléments isolés dans l'intérieur des organes. Le nerf sympathique en contient très-peu, et il n'en existe pas du tout, par exemple, dans le sympathique de la grenouille, tandis qu'ils se trouvent en très-grande quantité dans le canal carotique du veau. Ces fibres et ces membranes ne sont, par conséquent, que les éléments du tissu cellulaire, qui constituent quelquefois des gaines particulières aux fibres primitives, soit dans les nerfs cérébro-spinaux, soit dans le sympathique, de même qu'elles forment des enveloppes autour des corpuscules ganglionaires (§ 6). Lorsque par conséquent Rémak dit que les *fibres organiques* se trouvent en communication directe avec ces corpuscules, il . n'a pu voir que des fibres du tissu cellulaire ou la gaine cellulaire déchirée.

Nous avons cru trouver dans d'autres éléments un caractère spécial des nerfs du système ganglionaire. Les parties élémentaires dont ces nerfs se composent sont des fibres. Les unes, à doubles contours, sont en général d'un diamètre beaucoup plus petit que les fibres primitives des nerfs du mouvement ; toutefois on en trouve aussi quelques-unes appartenant par leur diamètre aux fibres primitives les plus fortes. Les autres sont des fibres à simple contour, ayant 1/400 à 1/500 de millimètre pour diamètre (fig. 4, a ; 19, b ; 23, c) ; elles se trouvent souvent deux ou trois réunies ensemble (fig. 19, b) ; isolées, elles se déchirent facilement et forment alors de petits fragments ; par la décomposition elles deviennent variqueuses. Il est possible que Purkinje et Rosenthal aient vu des fibres variqueuses pareilles (fig. 23, d), et qu'ils les aient confondues avec des fibres du tissu cellulaire (fig. 23, e). Mais nous ne savons si cette supposition est fondée. Ce sont ces fibres dont nous avons déjà précédemment signalé la présence dans les nerfs des sens supérieurs, dans les ganglions, etc.; nous pouvons maintenant ajouter que nous en avons même trouvé parmi les fibres les plus fortes des nerfs de mouvement (pl. III, fig. 18, a). Jamais ces fibres ne font voir de doubles contours ; ce n'est que rarement qu'une seconde ligne parait se former ; mais elle est peu prononcée, et l'on reconnait bientôt que c'est une ligne de diffraction.

Il s'agit maintenant de savoir si ces fibres à simple contour doivent être regardées comme des fibres particulières des nerfs gris, ou si ce ne sont que des fibres primitives, comme nous en trouvons dans tous les nerfs, mais à un degré inférieur de développement. Il serait, en effet, possible que les fibres à double contour, par exemple de 1/300 de millimètre, eussent été des fibres à simple contour, qui se sont revêtues ensuite d'une gaine externe (§ 10). Quoi qu'il en soit de cette question, dans l'un et dans l'autre cas, ces fibres à simple contour pourraient toujours être considérées comme éléments caractéristiques des nerfs gris, et l'on pourrait les croire douées de ces propriétés particulières de présider à la sécrétion et à la nutrition, que les physiologistes ont attribuées, dans les derniers temps, aux nerfs ganglionaires. La présence de ces fibres à simple contour dans les nerfs de mouvement s'accorde avec leur hypothèse, que des filets de nerf sympathique se trouvent mêlés à tous les nerfs. Ne s'anastomosant pas plus que les fibres à double contour, elles constitueraient un système indépendant (§ 10). Nous reviendrons tout à l'heure (§ 8) sur leur présence dans l'encéphale.

Nous proposons d'appeler les fibres à simple contour, *fibres grises*, en indiquant par ce nom leur présence plus nombreuse dans les nerfs gris ; on pourrait de même appeler les fibres à double contour, *fibres blanches*, puisqu'elles constituent à elles seules presque entièrement la substance des nerfs du système cérébro-spinal ou des nerfs blancs.

§ 8. *La substance grise de l'encéphale* (Pl. IV).

Il n'y a guère de substance organique plus difficile à examiner que la substance grise de l'encéphale ; il faut l'enlever sur l'animal, pour ainsi dire vivant, il faut éviter toute compression, tout mélange avec des liquides étrangers, pour avoir une idée juste de la texture de cette substance. Nous nous procurons une lamelle très-mince de cette substance à l'aide des ciseaux ou des couteaux à double tranchant ; nous étalons cette lamelle sur le verre à l'aide d'aiguilles très-fines, de sorte que la substance grise est examinée dans sa propre sérosité, tout imbibée qu'elle en est encore. Voici les éléments différents que nous y avons découvert.

On y trouve d'abord deux substances amorphes, une grise et l'autre blanche. La substance grise amorphe (fig. 1, b ; 9, e ; 14, a ; 16, c) est une matière très-finement granulée, amorphe, qui se trouve en très-grande quantité dans la substance corticale, et lui communique sa couleur. Par la coagulation (nous entendrons par ce nom la décomposition produite par la mort, par l'action de l'eau, etc.) elle forme de petits grains d'une couleur plus foncée (fig. 7. c ; 14, c ; 22), qui se trouvent le plus souvent logés dans des parties de la substance grise amorphe, liquide ou irrégulièrement coagulée. Leur grandeur varie entre $\frac{1}{200}$ à $\frac{1}{300}$ de millimètre ; ils se distinguent des *globules fibrineux* par leur diamètre plus petit et par leur couleur plus foncée. Ce sont ces grains qu'Ehrenberg avait désignés comme devant servir probablement à la nourriture des nerfs qui les absorbent par leurs bouches béantes. Mais d'abord il n'existe pas de bouches béantes dans les fibres primitives des nerfs, et l'on ne trouve non plus ces grains à quelque endroit que ce soit dans l'intérieur des fibres. Un dernier argument contre cette hypothèse résulte de la formation tardive de ces grains, produits de la coagulation.

La substance blanche amorphe (fig. 3) n'avait pas encore été indiquée avant nous. C'est une matière amorphe que l'on trouve en plus grande quantité dans le voisinage de la moëlle allongée, et non seulement dans la substance corticale, mais quelquefois même dans la substance blanche. Elle forme de grandes masses semi-liquides, qui se divisent facilement en gouttelettes ; on reconnait cette tendance sur le bord qui présente presque toujours des échancrures arrondies (fig. 3, d), là où des portions tendent à se séparer pour former des gouttes isolées (b.). Ces gouttes, pressées les unes contre les autres, ne se réunissent pas comme les gouttelettes d'huile (a), mais elles adoptent des formes différentes résultant de cette pression (fig. 3, c ; 7 a ; 14). Cette masse est très-difficile à voir; le microscope doit avoir une grande netteté, et la lumière doit être très-modérée, pour que l'on puisse la distinguer; les bords sont à peine visibles, et beaucoup plus faibles que n'indique le dessin. L'action de l'eau les détruit presque instantanément. Nous avons trouvé cette substance aussi en grande quantité sur le bord antérieur de la rétine. Quelquefois des grains de la substance grise amorphe se trouvent accidentellement logés dans des gouttelettes de cette substance blanche (fig. 7, d ; 14, g); l'action de l'eau détruit presque instantanément ces formations, lesquelles, si nous ne nous trompons, ont été indiquées par *Valentin* (Hirn- und Nervenlehre, Leipsik, 1841.) comme une forme particulière de globules.

Nous avons trouvé dans la couche la plus externe de la substance grise des corpuscules isolés (fig. 1, a ; 9, a ; 16, a, b), quelquefois accumulés en grande quantité (fig. 1, d), et difficiles à distinguer à cause de la matière grise amorphe. Ils sont aplatis, parfaitement ronds, rarement elliptiques (a'''), pourvus d'un petit noyau situé vers la périphérie. Le nombre de ces noyaux est rarement porté à deux. Les diamètres des corpuscules varient entre $\frac{1}{200}$ et $\frac{1}{400}$ de millimètre. Les plus petits sont privés de noyau (fig. 9, b); le noyau lui-même est d'autant plus grand que le diamètre du corpuscule est plus considérable (fig. 1, a' ; 16, b). Il nous parait donc que le noyau n'existe pas avant le corpuscule, mais qu'il se forme plus tard. Les corpuscules les plus grands font voir (fig. 1, a'') un second contour interne. Par la décomposition, ces corpuscules deviennent troubles, opaques (fig. 6, g ; 14, b ; 22); les plus petits se distinguent alors difficilement des granulations produites par la coagulation de la masse grise amorphe. Nous appelons ces éléments *les corpuscules gris*, pour indiquer leur présence dans la substance grise.

A fur et mesure que l'on pénètre plus profondément dans la substance grise, ou que l'on s'approche de la moëlle allongée, on voit toutes les transitions de forme entre le corpuscule gris et le corpuscule ganglionaire (§ 6). C'est d'abord une masse amorphe, très-finement granulée, qui, sans contour distinct, s'est accumulée autour d'un corpuscule gris (fig. 14, e; 16, e), rarement autour de deux; elle n'est séparée de la substance grise amorphe qui l'entoure que par une espèce de hâlo blanchâtre (fig. 16, d). Il nous a paru quelquefois voir dans des cerveaux d'animaux que l'on venait de tuer, se former, cette accumulation de la matière grise au-tour du corpuscule; mais assurément telle n'est pas l'origine de tous ces éléments, puisqu'on en trouve déjà avant qu'aucune décomposition puisse s'opérer. La moindre quantité d'eau ajoutée à la substance grise, ou même une compression un peu considérable, suffisent pour désagréger la matière accumulée autour du corpuscule qui devient alors libre.

Dans d'autres parties de la substance corticale on voit que la masse qui entoure le corpuscule gris est plus solide (fig. 1, c), et quelquefois pourvue à sa circonférence d'appendices particulières (c'); d'autres fois les contours deviennent plus distinctes (d), et la masse elle-même composée de granules solides (e), de manière à présenter de véritables corpuscules ganglionaires, comme, par exemple, entre les fibres primitives de la couche extrème de la substance blanche et dans la moëlle allongée. Nous croyons pouvoir conclure de l'examen de ces formes différentes, que les corpuscules ganglionaires ne se forment que par la consolidation de la matière grise amorphe autour du corpuscule gris; cette matière grise subit plus tard des métamorphoses dans sa couleur, dans la grandeur des granules, etc. Quelques auteurs ont même cru y voir une membrane particulière; mais nous n'en avons jamais aperçu l'existence.

Cette matière grise qui entoure le corpuscule gris est quelquefois déjà parfaitement solide pendant la vie, et forme alors des corpuscules ronds; d'autres fois elle est molle, susceptible de recevoir les impressions de la préparation, et de là les figures cordiformes, réniformes, triangulaires, quadrangulaires, fusiformes, etc., que les auteurs ont prises pour autant de formes primitives des corpuscules ganglionaires. Nous avons déjà indiqué précédemment comment dans quelques cas on peut volontairement donner à ces corpuscules des formes différentes (§ 6; fig. 6). De cette manière nous expliquons aussi les appendices (fig. 1, c') des corpuscules: ce ne sont que des filets accidentels, produits par la matière grise consolidée, et dont la forme est déterminée soit par le névrilème (dans les ganglions), soit par les intervalles que laissent entre elles les fibres primitives de la substance blanche.

Il arrive souvent que dans la couche la plus superficielle de la substance corticale on n'aperçoit que les deux substances amorphes et les corpuscules gris (fig. 16); mais d'autres fois même la couche la plus externe présente, comme on le voit toujours dans les couches un peu plus profondes, outre les vaisseaux capillaires (fig. 9, f), des fibres grises (fig. 14, f) et des fibres très-déliées (fig. 9. e; 22), ayant 1/800 à 1/1000 de millimètre, facilement destructibles par la décomposition , et ne présentant jamais d'anastomoses. Il s'agit maintenant de savoir si ces fibres sont identiques aux fibres les plus fines de la substance blanche; rien assurément ne saurait les en distinguer, ni leurs propriétés, ni l'endroit où elles se trouvent, puisque la couche profonde de la substance corticale et la couche extrême de la substance blanche se touchent si intimement qu'il est impossible de tracer leurs limites absolues. Mais d'un autre côté on pourrait croire que ces fibres très-fines sont le commencement des fibres grises (fig. 14, f), si l'on veut considérer les fibres grises et blanches comme deux ordres de fibres distinctes. Nous ne saurions pour le moment décider cette question.

Valentin (n° 45) dit que toute la substance grise est composée et formée d'une aggrégation de masses globuleuses, très-rapprochées, pourvues d'un *nucleus* qui contient lui-même un *corpuscule*, c'est-à-dire qu'elle est composée de ces éléments que nous avons désignés sous le nom de corpuscules ganglionaires. Il considérait la substance grise amorphe et les corpuscules gris seulement comme des produits de la destruction des masses globuleuses (Belegungskugeln). Les observations que nous avions déjà faites à l'époque de la publication de la première partie de ce Mémoire, se trouvaient en opposition trop prononcée

I.   (8)   12

avec les recherches de cet observateur distingué, pour ne pas motiver de notre part un retard volontaire dans leur publication. Mais *Purkinje* (Prager Naturforschende Versammlung. 1839) signala bientôt la présence des éléments que nous appelons corpuscules gris, et *Valentin* lui-même (Hirn und Nervenlehre) et *Henle* (Allgemeine Anatomie, p. 674) ont plus tard publié des recherches qui s'approchent beaucoup de nos anciennes observations. Nous n'avons donc plus hésité à les publier, et nous espérons que notre opinion sur la formation des corpuscules ganglionaires sera bientôt confirmée par d'autres observateurs.

§ 9. *La Moëlle épinière* (Pl. IV).

Ehrenberg, Treviranus et *Valentin* ont mis hors de doute, par leurs observations, le trajet direct des fibres primitives des nerfs dans le cerveau (§ 5 et 8) et dans la moëlle épinière. Les fibres primitives dont cette dernière est composée (fig. 13, 18, 21) ne doivent par conséquent être considérées que comme la continuation des fibres nerveuses, poursuivant elles-mêmes leur trajet jusque dans l'encéphale (§ 5). Ce que nous venons de dire s'applique également aux fibres blanches et grises (fig. 13; 18, b; 21); on trouve, en effet, de ces dernières une quantité plus ou moins grande dans la moëlle allongée.

Les diamètres des fibres primitives, dont la moëlle épinière est composée, varient beaucoup comme dans les nerfs cérébro-spinaux. Elles sont en général très-molles, et une légère compression ou la décomposition cadavérique suffisent pour produire un amas de globules (b) et d'isles (a) plus ou moins grandes (fig. 15), qui se forment de la même manière que les globules dans les nerfs (§ 2). Cette circonstance rend extrêmement difficile l'examen de la moëlle et du système nerveux en général chez l'homme, puisque on ne peut soumettre à l'observation ce tissu qu'après lui avoir fait subir pendant long-temps la décomposition cadavérique. La moëlle épinière comprimée offre alors le même aspect que si elle était, par exemple, à l'état anormal de ramollissement.

Les fibres primitives deviennent facilement variqueuses (fig. 21); il se présente alors quelquefois un aspect particulier, qui, plus rarement encore, s'observe dans les nerfs ; c'est le suivant. Aux endroits renflés des fibres primitives correspondent intérieurement (fig. 13, a) des globes formés par le contenu, séparés quelquefois du reste par une double ligne (fig. 13, a'). Cet aspect prouve donc que le contour interne des fibres blanches n'appartient pas à l'épaisseur de la gaine, mais qu'il est le contour externe du contenu (§ 2); la double ligne (a') est produite par les contours des fragments du contenu. Celui-ci est de même, comme dans les nerfs, capable de se troubler (§ 13, b) par la coagulation; en quittant la gaine, il forme des gouttelettes (fig. 13, c).

On trouve dans la moelle allongée, outre les fibres primitives blanches et grises, des corpuscules ganglionaires et gris (fig. 20) et les matières amorphes de l'encéphale. Les fibres primitives sont aussi très-molles, et forment alors des globules que l'on pourra facilement distinguer des corpuscules ganglionaires.

L'aspect différent qu'offrent les fibres primitives coagulées dans les différentes classes d'animaux, tient probablement à la diversité de leur composition chimique ; mais la composition chimique comparée du système nerveux est encore trop peu connue pour que l'on puisse tirer des conclusions
avec quelque vraisemblance. Toutefois nous avons cru remarquer quelque
rapport avec le caractère chimique des graisses que fournit l'animal, et trouver
une certaine analogie entre l'aspect microscopique des graisses coagulées et
du contenu coagulé dans l'intérieur des fibres primitives. Mais nous ne
pouvons rien assurer de positif à ce sujet.

§ 10. *Conclusions*.

Nous avons indiqué, en faisant l'historique des recherches sur la structure
intime du système nerveux, deux classes d'observations bien distinctes. Selon
les unes, tout le système est composé de globules ; d'après les autres, des
fibres doivent être considérées comme ses parties élémentaires. Or, il résulte
des recherches modernes, ainsi que des nôtres, que les globules signalés par
les anciens auteurs, ne sont que le produit de la décomposition cadavérique,
de la compression, de l'action de l'eau ou des réactifs, et qu'il faut avec le plus
grand soin éviter l'influence de toutes ces circonstances fâcheuses pour arriver
à des résultats nets.

Des fibres primitives à double contour sont les éléments principaux des
nerfs du système cérébro-spinal et de la partie blanche de l'encéphale et des
moëlles. L'individualité de chaque fibre, l'absence de toute anastomose, explique l'individualité de la sensation. Les fibres des parties centrales, n'étant
que la suite des fibres périphériques, il s'ensuit que chaque impression périphérique reste également isolée dans les centres. La présence des gaines cellulaires
dans la partie périphérique fait que le diamètre des branches surpasse celui
des troncs. Mais comment se fait-il que la masse de l'encéphale surpasse
de beaucoup la masse de tous les troncs nerveux encéphaliques et de la moëlle
épinière ? Quoique les fibres soient beaucoup plus minces, il est probable que
les fibres primitives forment dans l'encéphale des circonvolutions répétées
avant de se terminer. Chaque fibre élémentaire forme donc un fil non interrompu depuis sa terminaison périphérique jusqu'à sa terminaison centrale.

Il est assez naturel de croire, lorsqu'on rencontre des éléments de la même
nature, les uns plus minces, placés à côté d'autres plus forts, que les premiers se
transforment par l'accroissement en éléments plus forts. Cette opinion devient
encore plus probable par l'examen des animaux jeunes, qui offrent des éléments d'un diamètre plus petit. Nous croyons donc que les fibres primitives des
nerfs sont susceptibles d'augmenter de volume et de diamètre par accroissement. Il en résulte que l'on doit regarder les fibres de l'encéphale, qui se
rétrécissent d'autant plus qu'elles s'éloignent de leur entrée, comme étant
dans un état embryonaire, en comparaison de l'état dans lequel elles se trouvent
dans les nerfs. Tel est, en effet, le rapport entre les fibres primitives des parties
centrales et celles des parties périphériques ; il y a un rapport analogue entre

les corpuscules gris et les corpuscules ganglionaires, entre la substance grise amorphe et la substance grise consolidée dans les corpuscules ganglionaires, entre les fibres grises et leurs terminaisons dans la rétine, etc. Partout ici les éléments centraux sont moins développés que les périphériques. Peut-être existe-t-il aussi un rapport analogue entre la substance blanche amorphe et le contenu des fibres primitives, s'il était permis de considérer ce dernier comme identique ou analogue au premier. Nous serions en effet disposé à croire que les fibres élémentaires de l'encéphale absorbent par endosmose la matière blanche amorphe et peut-être la grise qui, formant le contenu des fibres primitives, seraient soumises à un renouvellement continuel pendant la nutrition. Les fibres primitives les plus minces de l'encéphale s'approcheraient donc, dans leur fonction, des lymphatiques. Existe-t-il une circulation dans l'intérieur des fibres primitives? Rien de semblable n'a été observé.

On considère habituellement les nerfs gris comme un système indépendant, n'ayant pas de partie centrale; mais nous croyons cette idée mal fondée. Dans notre opinion, on doit considérer la substance grise des centres nerveux comme la partie centrale des nerfs gris. Elle se trouve, en effet, avec ces derniers, dans le même rapport que la substance blanche avec les nerfs cérébro-spinaux dont elle est la partie centrale. Nous trouvons d'abord les fibres grises à simple contour qui se continuent sans interruption, sans anastomose, jusque dans la substance corticale, comme les fibres blanches à double contour dans la substance blanche. Les mêmes éléments qui se trouvent dans les ganglions existent dans la substance corticale, seulement à un état moins parfait. Le même rapport a lieu entre les nerfs cérébro-spinaux et la substance blanche du cerveau.

Nous considérons par conséquent le système nerveux comme composé de deux parties bien distinctes, l'une blanche et l'autre grise. Chacune a une partie centrale et une périphérique; il existe donc quatre portions du système nerveux: la portion blanche centrale (la substance blanche de l'encéphale et des moëlles), la portion blanche périphérique (les nerfs cérébro-spinaux); la portion grise centrale (la substance grise ou corticale de l'encéphale et des moëlles), et la portion grise périphérique (les nerfs gris ou le système ganglionaire). Mais aucune de ces portions n'est absolument isolée de l'autre; les fibres des deux espèces se mêlent ensemble, ce qui démontre anatomiquement ce rapport intime de toutes les fonctions du système nerveux, que font présumer les observations physiologiques et pathologiques.

MÉMOIRE

SUR LA STRUCTURE INTIME

DES APPENDICES

TÉGUMENTAIRES.

CHAPITRE PREMIER. — HISTORIQUE.

(PLANCHE I.)

(Planche 7 du premier volume.)

§ 1.

Les *cheveux* et les *poils* ont depuis fort longtemps occupé l'attention des anatomistes, et diverses opinions ont été émises sur leur structure. Je dois ici,
comme ailleurs, faire abstraction complète de toutes les recherches qui n'ont
pas été faites à l'aide de verres grossissants; je passerai donc sous silence les travaux de *Chirac, Meckel, Mayer, Bichat, Cuvier, Blainville*, etc. Je ne parlerai pas
non plus de la disposition des appendices tégumentaires qui sont placés en spirale sur la surface cutanée, disposition sur laquelle j'ai déjà publié un mémoire
(n° 43).

On regarde en général les appendices tégumentaires, et spécialement les cheveux et les poils, comme des dépôts formés successivement par une matière cornée, sécrétée par la peau. Mais d'abord les anatomistes ne s'accordèrent pas sur
ce point, à savoir si les cheveux et les poils sont pourvus d'un canal, et si ce
canal renferme quelque matière. Passons en revue les opinions des différents
auteurs qui ont fait usage de verres grossissants dans leurs recherches.

Fontana (n° 1, *tract.* 8, cap. 2) qui, au milieu du XVIIᵉ siècle, avait la singulière idée de s'attribuer la découverte du microscope, donne la description suivante : « Capillus humanus specillo suppositus non pili effigiem præfert, sed
orbiculatæ et alveatæ zonulæ... et viscosa capilli radix cernitur. »

Panarolus (n° 2, c. IV, obs. 34) parle d'une cavité dans les poils.

Borellus (n° 3, observ. 23) dit expressément que les cheveux humains sont
creux. « Capilli concavi et ut canales pertusi, ac perforati sunt, adeo ut pennas
anserum referant, et in iis varios colores, et quasi irides animadvertes. » Ces
derniers mots prouvent que le microscope n'était point convenablement
éclairé; l'auteur a seulement vu les cheveux transparents, mais il n'a pas aperçu
un véritable canal intérieur.

I.   (1)

13

D'après l'état dans lequel se trouvaient les microscopes, nous pouvons ajouter foi aux paroles de *Power* (n° 4) qui dit n'avoir jamais pu voir dans les cheveux humains un canal interne comme celui qu'il avait observé dans les poils noirs du cheval; il prétend, toutefois, que cette cavité peut exister, mais que la trop grande transparence s'oppose à ce qu'elle puisse être nettement aperçue. La plique polonaise, d'après cet auteur, serait aussi une raison d'admettre un canal dans les cheveux.

Hooke (n° 5, obs. 32) n'a pas davantage constaté l'existence d'un canal interne, mais il en admet la possibilité.

Leeuwenhoëk (n° 13, l'observation date de 1674) a vu d'abord les poils de l'élan, de même que les ongles, composés de globules. Bien que ces observations soient fausses, la première est pourtant fondée, en ce que les poils de l'élan sont composés de cellules.

Mariotte (n° 6, l'observation date de 1677) dit que les cheveux sont composés de cinq ou six fibres renfermées dans un tuyau le plus souvent cylindrique; cela, dit-il, se reconnaît aisément au microscope, et même à la vue! Les fibres et le tuyau sont transparents, et cette multiplicité de fibres transparentes doit faire, à l'égard des rayons, le même effet qu'un verre taillé à facettes. Ici vient une explication de l'interférence produite par les sourcils sur l'œil moitié fermé, explication qui est fondée sur cette fausse hypothèse de la multiplicité des fibres transparentes, qui composent les cheveux.

Bidloo (n° 7) dit que les poils sont composés de globules différemment colorés, joints entre eux par des fibres horizontales et transversales.

Malpighi (n° 9, p. 123), dont les observations datent de 1686, compare les poils aux plantes. La racine, le bulbe ovale est contenu dans un follicule, auquel il se trouve joint par des ligaments traversaux (fig. 1). Le poil est pourvu à sa base d'un petit renflement (*capitulum*) arrondi, noir et muqueux (fig. 1, a). L'intérieur du poil contient un suc coloré. On voit dans cette figure que Malpighi a déjà connu tous les éléments qui, plus tard, furent appelés follicule, corps gélatineux, racine et germe du poil.

Les cheveux et les poils contiennent, d'après *Griendel* (n° 10), tantôt un canal, tantôt une substance médullaire. La substance corticale des soies du cochon est pourvue de rameaux (de fibres). On voit à la surface des cheveux souvent de petits fragments formés par une humeur desséchée; ces fragments, souvent dessinés, par exemple par *Bidloo, Leeuwenhoëk, Rowland* (n° 28), ont été pris, par ces observateurs, pour des nœuds, des rameaux, etc. (fig. 2) appartenant aux cheveux.

Leeuwenhoëk (n° 13. I. p. 32. 50. II. 44. 382. IV. ep. 5) affirme dans d'ultérieures observations que les poils sont composés d'une écorce qui contient plusieurs poils plus minces (fig. 3). Les poils de souris et de quelques autres animaux sont composés d'anneaux, ou plutôt ils sont noueux (fig. 4). Les poils de l'ours, et souvent aussi ceux de l'homme, sont parcourus d'une ligne noire (fig. 5) qui est formée par du sang desséché. Enfin, la fig. 6 représente un poil de cerf, et la fig. 7 une coupe transversale d'une soie de cochon. Il n'existe ni canal, ni substance médullaire dans l'intérieur des poils.

On trouve les observations et les opinions des auteurs de cette époque exposées dans le cinquième volume de la physiologie de *Haller*. Nous ne parlerons donc pas davantage des recherches de *Withof*, *Winslow*, *Ruysch*, *Kaauw*, *Ludwig*, *Bartolin*, *Albinus*, etc., qui, au reste, n'ont pas eu une bien grande influence sur la connaissance de la structure des poils.

D'après *Ledermüller* (n° 19), les cheveux contiennent un suc qui forme des taches noires (fig. 8). La fig. 9 représente les poils de la taupe, et la fig. 10 ceux du cerf. Tout le réseau extérieur est composé d'hexagones entrelacés de nerfs ou de veines très fines.

Baster (n° 16 et 20) donne les figures des poils d'un grand nombre d'animaux; mais ces dessins sont imparfaits et inexacts; je donne, par exemple la fig. 11 dans laquelle est représenté le poil de l'écureuil volant.

Fontana (n° 21, vol. II) voit les cheveux couverts « de petits cylindres interrompus, serpentants, en guise d'intestin, » et çà et là de globules. Cet auteur examina les cheveux à sec, ce qui produisait à leur surface une irisation qui devait disparaître quand il les humectait (l. c. p. 253). C'est le même phénomène qui avait fait croire à *Monro* la présence de nerfs.

Les anatomistes de notre siècle, par exemple *Bichat*, *Gaultier*, *Dutrochet*, *Dewar*, *Béclard*, etc., se sont surtout attachés à démontrer l'analogie de structure des appendices tégumentaires. *Gaultier* (n° 26), qui a voulu voir dans les trois éléments du follicule pileux, c'est-à-dire dans la capsule, dans la gaîne, qui, elle-même est composée de plusieurs lamelles, et dans le corps conique (le germe du poil) des parties refoulées de la peau, n'a pas appuyé son opinion sur l'examen microscopique de ces tissus.

Rudolphi (n° 27) nie la présence d'un canal dans l'intérieur des poils; seulement la partie inférieure, suivant lui, est creuse dans une petite étendue.

Mascagni (n° 28) voit dans les cheveux, comme partout ailleurs, des vaisseaux lymphatiques.

Heusinger (n° 30) prend la texture du poil des cerfs pour type (fig. 12), et croit par conséquent tous les poils, même les cheveux (fig. 13), composés de cellules plus serrées dans la substance corticale, et moins dans la substance médullaire. Les soies du cochon sont pourvues d'un canal divisé en cellules; quelques poils ont pourtant une forme différente, par exemple ceux de la chauve-souris (fig. 14), de la taupe (fig. 15), etc. La racine renferme un noyau, le germe du poil, qui est d'un rouge foncé (fig. 16, a), et qui se trouve en communication avec des nerfs et des vaisseaux.

D'après *Weber* (n° 32), les cheveux n'ont ni canal ni cellules; il dit s'en être convaincu par des coupes transversales (fig. 17); l'auteur n'a vu de substance corticale et de médullaire, sous forme de tache jaunâtre, que dans quelques poils de favoris (fig. 18.)

Eble (n° 33) dit que le follicule pileux des moustaches (du bœuf, fig. 19, a. et du chat, fig. 20, a) se rapproche de la nature des membranes fibreuses. Des vaisseaux et des nerfs entrent à son extrémité inférieure (fig. 19 et 20, b.); ce sont probablement les cinq ou dix fibres que quelques auteurs ont cru voir attachées au bulbe du poil. L'extrémité opposée du follicule (fig. 19 et 20, c.)

donne passage au poil. Le follicule ne présente point de villosités à sa surface. Le corps gélatineux (fig. 19 d, et 20 d, e.), qui se trouve entre le follicule et la racine du poil, est liquide pendant la vie, et devient gélatineux et même plus dur après la mort; il est sécrété à la surface interne du follicule par des vaisseaux sanguins (fig 19, e.) La surface interne du corps conique (fig. 20, d.) devient, lorsqu'on l'injecte, beaucoup plus rouge que le côté externe, qui regarde le follicule (fig. 20 e.). Le corps gélatineux entier entoure le poil sous forme d'un sac (fig. 19, d.) Il existe en outre une membrane très-mince (fig. 20 f.) qui entoure la racine (le bulbe) du poil. Celle-ci est molle, creuse et renferme le corps conique, le germe du poil que l'on regarde comme matrice. Le follicule et le corps gélatineux varient de consistance, de transparence et de couleur dans les différentes classes d'animaux. L'auteur n'a trouvé dans les poils de l'homme que la capsule entourant la racine qui présente des formes différentes (fig. 29, 30, 31). La tige des poils et des cheveux est composée d'une substance corticale incolore, pareille à l'épiderme, sans cellules (fig. 21, a.) et d'une substance médullaire (fig. 21, b.) divisée en cellules, que l'on voit distinctement dans la laine (fig. 22). La fig. 23 représente un poil de taupe, la fig. 24 de *Vespertilio serotinus*. L'auteur constate la présence de cellules dans les poils de cerfs, mais son dessin n'est pas instructif. Les soies de cochon (fig. 25) ont une substance médullaire; la pointe est divisée en plusieurs branches (fig. 26). La substance corticale et composée de plusieurs tuyaux, mais il n'existe point deux canaux à l'intérieur, ainsi que *F. Cuvier* l'affirme. La fig. 27 représente une coupe transversale de soie, et la fig. 28 une pareille du piquant du porc-épic.

D'après *Krause* (n° 35) il n'existe pas de canal dans l'intérieur des cheveux, mais de petites cellules isolées, anguleuses, arrondies. Ce n'est que par la séparation artificielle que l'on peut y voir des fibres longitudinales; mais il existe à la surface des cheveux des rigoles en spirales. C'est d'après *Lauth* (n° 37), par suite d'une illusion optique, que l'on a admis dans les poils de l'homme une substance corticale plus dure et une substance centrale celluleuse ou spongieuse. Cet auteur trouve dans le follicule pileux des moustaches de la loutre une enveloppe blanche, coriace, qui est le bulbe, et dans son intérieur une enveloppe jaunâtre transparente qui est la couche épidermoïde du bulbe; enfin, au centre, la tige du poil. C'est une reproduction modifiée des idées de *Gaultier*.

Arnold (n° 40, p. 120), pour qui tous les tissus sont composés de globules, en voit de même dans les cheveux.

Raspail (n° 42) enfin dit que les cheveux, les poils, etc., sont composés par des emboîtements indéfinis dans le sens de la longueur; cet emboîtement apparaît comme un épiderme réticulé, dont les cellules sont rangées en spirales serrées sur la surface du cylindre. Il n'existe rien de pareil assurément dans les cheveux.

Je n'ai pas rapporté ici les mesures données par les auteurs sur *l'épaisseur* des cheveux, parce qu'il n'existe aucun moyen de les vérifier, par suite de la grande différence qui existe entre les cheveux de différentes parties du corps. On les trouve au reste exposées dans la physiologie de Burdach.

§ 2.

Les *ongles* et les *cornes* furent étudiés par la plupart des auteurs, plutôt sous le point de vue de leurs rapports avec la peau que sous celui de leur structure. Quelques anatomistes croient les ongles composés de plusieurs lamelles; d'autres n'y voient qu'une réunion de poils soudés ensemble; mais l'examen microscopique a été presque toujours négligé.

Borellus (n° 2. obs. 40.) se contente de dire : In unguibus humanis venulæ distinctæ et optime cernuntur. *Leeuwenhoek* (n° 13. 1674.) voit les ongles composés de globules.

Les opinions des auteurs modernes se trouvent exposées dans *Gaultier, Girard, Clark* (n° 25) etc. *Heusinger* (n° 30.) dit que les cornes compactes sont une réunion de poils (fig. 32, corne du rhinocéros). *Weber* (n° 32.) dit que les ongles ont une structure celluleuse et poreuse comme l'épiderme, et *Krause* (n° 35.) y voit même des cellules de $\frac{1}{515}$ à $\frac{11}{1555}$ de ligne de diamètre.

D'après *Gurlt* (n° 39.), la surface inférieure de l'ongle est occupée par une foule de lamelles perpendiculaires qui pénètrent entre les séries de papilles qui se trouvent sur sa matrice. La fig. 33 représente une coupe verticale faite dans la longueur de l'ongle; on voit en *a* une de ces lamelles; en *b* sont les fibres obliques couvertes de points qui composent la structure de l'ongle, et en *c* est sa surface inégale. Les griffes de carnivores (fig. 34.) ont une structure pareille; la griffe du chien offre en outre deux lignes longitudinales, opaques, analogues aux tubes dont nous parlerons tout à l'heure. Les trois parties du sabot et de l'onglon, c'est-à-dire la paroi, la sole et la fourchette, sont composées de tubes cornés longitudinaux (fig. 35. a.), réunis par une substance intermédiaire cornée couverte de granules comme dans les ongles. Ces tuyaux consistent en anneaux concentriques un peu ondulés; il sont creux ainsi qu'on le voit en faisant une coupe transversale (fig. 36. a.); alors on aperçoit aussi les lamelles qui se trouvent à la surface inférieure de la paroi (fig. 36. b). Les tuyaux de cette partie reçoivent les appendices charnues du bourrelet (fig. 35. b). Les cornes enfin sont composées de rubans (fig. 37.) dont les éléments sont des fibres ondulées, et qui sont traversés par des stries celluleuses (fig. 37. o). Cet auteur croit tous ces tissus cornés formés par l'apposition de matière cornée, sécrétée par la peau.

§ 3.

Déjà *Borellus* (n° 2. obs. 37.) avait vu que les *écailles* présentent des lignes concentriques divisées par des rayons et des points noirs (fig. 38).

Hooke (n° 5. obs. 33.) a donné une figure des écailles de la sole, plus exacte que celles de tous les auteurs qui l'ont suivi. Nous pouvons facilement y reconnaitre la forme de dents et de canaux longitudinaux. Les dents (fig. 39.) sont « transparent and hart pointed spikes... not unlike the tyles on an house. » Les canaux longitudinaux sont des « small quilly or pipes, by which, perhaps the whole may be nourished. » [1]

Bonanni (n° 8.) représente aussi plusieurs écailles à bord dentellé, par exemple celles de la sole, etc.

Leeuwenhoëk (n° 13. III. ep. 107 (1696). IV. ep. 24.) dit qu'il se forme chaque année une nouvelle écaille au-dessous de l'ancienne qui la déborde, de sorte que l'on aperçoit sur l'écaille le bord de l'ancienne, et qu'on peut ainsi, en comptant dans une section transversale (fig. 40.) le nombre de couches, déterminer l'âge du poisson. Mais cette figure représente réellement une partie de la surface de l'écaille. La découverte des écailles de l'anguille (n° 13. p. 105. 1685.) avait porté Leeuwenhoëk à croire que les écailles des poissons croissent comme le bois, c'est-à-dire que chaque année il se forme un nouveau cercle (n° 13. I. 48, 105, 1685); opinion qu'il abandonne plus tard, ainsi que nous venons de le voir. Ces observations de Leeuwenhoëk sont du nombre des plus incomplètes qu'ait faites cet auteur; pourtant elles furent acceptées par tous ses successeurs.

Réaumur (n° 15. a.), voit la matière argentine formée de rectangles oblongs très-minces, contenus dans des vaisseaux. *Roberg* (n° 12). *Petit* (n° 14.) ne disent rien de remarquable. *Baster* (n° 16.) donne dans une planche, des dessins incomplets de quarante et une écailles. *Schæffer* (n° 18.) croit avoir trouvé les dentelures sur le bord libre des écailles. *Ledermüller* (n° 19.) voit l'écaille de l'anguille (fig. 43.) « couverte d'une infinité de gros et petits écussons.» Les observations de *Fontana* (n° 21.) sur le gluten des anguilles n'ont aucune valeur *Broussonnet* (n° 22.) dit que les paysans de plusieurs pays du Nord connaissaient longtemps avant Leeuwenhoëk les écailles de l'anguille. *Heusinger* (n° 30.) voit la matière argentine composée de petits corpuscules anguleux; ces cristaux ont été récemment décrits de nouveau par *Ehrenberg* (n° 34). Cette matière, que Réaumur avait déjà vue composée de cristaux, est d'après une analyse faite par Henri Rose, soluble dans l'acide nitrique étendu; la solution n'est pas troublée par l'ammoniaque; elle ne l'est que très faiblement par l'addition de l'acide oxalique. Les conclusions de ces expériences sont que la matière argentine s'évapore par la chaleur, sans résidu; qu'elle ne contient point de chaux; qu'elle est soluble dans les acides, ainsi que dans l'alcool et dans les alcalis (par l'ébullition dans ces derniers.)

Kuntzmann (n° 31.) affirme avec Réaumur que l'accroissement a lieu non seulement sur les bords, mais dans tous les points de l'écaille. L'auteur distingue les classes suivantes d'écailles: *a.* membraneuses; elles ne présentent point de lignes distinctes concentriques (par exemple *Gadus lota*). *b.* semi-membraneuses, la partie postérieure comme dans les précédentes, la partie antérieure marquée de lignes. (*Clupea harengus;* fig. 41). *c.* simples, qui ne présentent que des lignes concentriques, sans lignes longitudinales (*Salmo salar,* fig. 42). *d.* Avec un dessin régulier, par exemple *Murœna anguilla.* (*Acantonothus nasus,* Bl. fig. 43). *e.* Avec quatre champs distincts, par exemple *Cyprinus carpio.* (Cyprinus rutilus L., fig. 44). *f.* Hérissées; (*Scorpaena*). L'auteur pense que les piquants sont placés sur la membrane qui enveloppe l'écaille; on peut les faire tomber par la macération. *g.* Epineuses (*Perca lucioperca*); les épines sont une véritable continuation de l'écaille; et la macération ne les fait pas tomber. Les deux dernières classes sont divisées pareillement en champs. -- Ce mémoire n'est pas complet. *Agassiz* (n° 36.) croit, avec Leeuwenhoëk, les écailles composées de feuillets.

§ 4.

Déjà *Borellus* (n° 2. obs. 16.) avait dit que les barbes de *plumes* sont pourvues de barbules latérales présentant ainsi la forme d'une plume entière.

Hooke (n 5. obs. 35.) regardait la moelle comme composée de petites vésicules; chaque barbe se présente dans la forme représentée dans la fig. 45. Les barbules (fig. 45. a.) sont destinées à produire par leur entrelacement, la solidité de la plume. Les barbules colorées des plumes du paon, présentent au microscope une structure indiquée dans la fig. 46; l'auteur donne dans la fig. 47, les éléments de ces rayons tels qu'il se les représente.

Leeuwenhoëk (n° 13. II. ep. 74) dit que la tige est composée de trois espèces de fibres. Les barbules se présentent d'un côté sous la forme indiquée dans la fig. 48, et de l'autre côté, dans celle de la fig. 49.

Baster (n° 16) paraît déjà avoir vu les modules qui se trouvent dans les barbules, décrits plus tard par Nitzsch, car il dit : «Plumulæ laterales... determinatis spatiis orbiculatos aut oblongos gerunt nodulos.» Mais la figure qu'il en a laissée n'en donne pas une idée bien nette.

Audebert et *Vieilliot* (n° 23) disent que l'éclat des plumes dorées vient de ce que la surface des barbules est pourvue de quatre ou cinq paillettes très concaves (fig. 50), qui réfléchissent la lumière comme les réverbères (fig. 51.); les intervalles qui séparent les paillettes sont aussi parsemées de points très brillants.

Nitzsch (n° 24.) décrit en détail les nodules que l'on trouve sur les barbules (fig. 52 à 58.); il en voit de cordiformes, des aplatis, etc. Le mélange des nodules noirs et blancs produit la couleur grisâtre. Mais l'auteur croit que chacune de ces formes est particulière à certaines espèces d'oiseaux, opinion que nos observations n'ont pas constatée. Nous nous abstenons donc de rappeler les espèces sur lesquelles Nitzsch a observé ces formes particulières, parce que, ainsi que nous le verrons plus tard, elles se présentent souvent toutes sur la même plume.

Heusinger (n° 30.) et *Meckel* décrivent aussi les diverses formes de ces nodules : d'après le premier de ces auteurs, ils sont composés d'une substance cornée compacte. Les cylindres intermédiaires, au contraire, sont formés d'une substance plus lâche, quelquefois même cellulaire.

Dutrochet (n° 41.) voit dans la substance médullaire de la tige des cellules semblables à celles des végétaux. Leeuwenhoëk et quelques autres observateurs l'ont décrite comme globulaire.

§ 5.

Hooke (n° 5. obs. 46.) examina le premier la poussière qui se trouve à la surface des ailes des papillons et des teignes (fig. 59.) Il lui donna le nom de *plumes*, parce qu'il lui croyait de l'analogie avec ces parties sous le rapport de la forme.

Bonanni (n° 8.) crut avoir découvert ces plumes le premier; il en donne un grand nombre de dessins très imparfaits (fig. 60).

Depuis, une foule d'auteurs, parmi lesquels nous pouvons citer *Leeuwenhoëk*, *Swammerdam*, *Réaumur*, *Frisch*, *Rœsel*, *Weiss*, *Lyonnet*, etc., ont décrit et figuré les formes différentes de ces corps. Réaumur dit (n° 15. b.) que leur structure n'a rien de commun avec celle des plumes; ce sont, dit-il, de petites lames, et de petites *écailles*, dont le pédicule s'engage dans la substance de l'aile. *Rœsel* et *Ledermuller* (n° 19.) croient la surface de chaque écaille couverte de prismes de différentes couleurs.

Suivant *Bernard-Deschamps* (n° 38.) les ailes des lépidoptères paraissent formées de deux, et le plus souvent de trois membranes superposées (fig. 61). C'est toujours sur la membrane supérieure que se trouvent les granulations (fig. 61. a.), dont se compose la matière colorée de l'écaille. La forme de ces granulations est assez généralement régulière; par leur grand nombre, elles rendent quelquefois l'écaille entièrement opaque. Lorsque cette dernière présente des stries, c'est toujours sur la deuxième lamelle qu'elles existent. Ces stries sont ou de petits cylindres (fig. 61), ou des lignes formées de granulations semblables à de petites perles (fig. 62); selon l'auteur, ce sont des trachées utriculaires. Il arrive souvent que les intervalles entre les stries sont divisés en petits carrés (fig. 62). Ces carrés des écailles dans les papillons l'Ulysse, le Pâris, etc., présentent une petite cavité circulaire (fig. 63). La troisième lamelle a la propriété de réfléchir des couleurs riches et variées. Le Baillif a vu, terminées par des barbules, des écailles que Bernard-Deschamps n'a trouvées que sur des mâles. Il les appelle *plumules;* il en a représenté deux espèces dans les fig. 64 et 65. Toutes les écailles sont implantées, chacune par son pédicule, dans une espèce de gaîne soudée à leur membrane dans presque toute sa longueur. Ces petits tuyaux ou *tubes squamulifères* ont l'extrémité terminée par un bouton arrondi. On les voit dans les figures 66 et 67; dessinés à un grossissement de 1300 fois. La première appartient aux plumules, la seconde aux écailles. La forme de ces tuyaux est habituellement en rapport avec celle des pédicules qu'ils reçoivent; comparons par exemple la fig. 67 avec la fig. 68 qui représente le pédicule d'une écaille. La fig. 69 indique la position des tubes squamulifères sur l'aile.

§ 6.

Les poils des animaux, autres que les mammifères, ressemblent quelquefois à ceux de ces derniers; quelquefois ils en diffèrent essentiellement. Voilà, d'après Eble (n° 33. I. p. 156), la structure de ces poils. Les poils sont purement la continuation de l'épiderme, sans trace d'un bulbe dans les zoophytes, les entozoaires, les radiaires, les arachnides, les annelides, crustacées, les mollusques et les cirripèdes. Les poils au contraire des insectes, les poils internes des crustacées, les poils des poissons et des oiseaux, sont pourvues d'un bulbe plus ou moins complet. Les insectes, les chenilles et les membranes muqueuses des animaux inférieurs, sont souvent couverts de poils; on trouve les observations à ce sujet dans les ouvrages des auteurs qui se sont occupés de l'anatomie de ces animaux. *Valentin* représente (fig. 70.) des cristallisations qui se trouvent dans la coque de l'œuf de quelques serpents.

CHAPITRE SECOND.

RECHERCHES DE L'AUTEUR.

(PLANCHE II.)

(Planche huit du premier volume.)

A. MAMMIFÈRES.

Il est une opinion généralement accréditée chez les anatomistes et les physiologistes, c'est que les appendices tégumentaires sont le produit de dépôts de la matière cornée sécrétée à la surface de la peau, et que par conséquent ils n'offrent aucune trace d'organisation. Les recherches que j'ai faites sur ces parties et qui y ont révélé une structure véritable, m'ont bientôt convaincu qu'elles ne peuvent pas être le seul effet de dépôts; cette opinion sur l'origine et l'accroissement des appendices tégumentaires ne peut donc pas être vraie dans le sens absolu, et certainement elle est fausse en partie. Si l'organisation des appendices, ainsi que nous le verrons tout-à-l'heure, a beaucoup contribué à confirmer mes idées à ce sujet, une observation, faite sur un poil, m'a révélé la manière dont je pourrais démontrer la fausseté de l'opinion dont je parlais, et qui consiste à considérer les cheveux, comme produit de la nature, formant selon les uns des cônes superposés, selon les autres des tubes cornés pleins, selon d'autres encore des tubes perforés, etc. Voici le fait en question :

Si l'on examine sous le microscope les poils qui se trouvent à la surface du corps humain ou d'un animal, on verra qu'ils finissent par une pointe (fig. 2), c'est-à-dire par une extrémité très deliée, beaucoup plus étroite que tout le reste du poil. En coupant le poil, la pointe étant enlevée, l'extrémité finit alors par le bout coupé (fig. 3, a.) qui se termine brusquement. Or, en examinant les poils des favoris, j'en ai rencontré une quantité plus ou moins grande dont l'extrémité libre s'était parfaitement arrondie (fig. 4, 5). Cette espèce de cicatrisation serait impossible si les cheveux ne croissaient qu'à leur base; je fus donc forcé de penser à une nutrition interne, à une organisation. L'ancienne opinion étant ainsi presque renversée par une simple observation microscopique, j'ai cherché à la confirmer par d'autres expériences.

J'ai coupé les moustaches d'un chien et d'un chat, de la sorte ces poils, privés de leur pointe très deliée, finissent brusquement. Je n'ai pas besoin d'ajouter qu'on peut voir cette disposition à l'œil nu, que l'on peut compter le nombre de poils soumis à l'expérience. Eh bien, après un intervalle de trois à quatre semaines, quelquefois plus tôt, quelquefois plus tard, la plupart de ces poils ont repris leur forme primitive: l'extrémité libre, tronquée qu'elle était, s'est transformée en pointe plus ou moins allongée. Voilà donc une observation qui prouve d'une manière indubitable que les poils ne croissent pas uniquement à leur base, que par conséquent ils ne sont pas le seul produit de dépôts successivement sécrétés. On a droit de s'étonner que *Meckel*, *Bichat*, et tant d'autres anatomistes et physiologistes se soient contentés d'hypothèses, et n'aient fait que copier une opinion vieille de quelques siècles, au lieu d'examiner eux-mêmes un sujet qui se prête si facilement aux recherches. On peut aussi constater sur les cils cet accroissement de la pointe.

Nous avons rapporté ici deux espèces de régénération des poils, la formation de la pointe et la cicatrisation; par suite de cette dernière, le bout libre est parfaitement arrondi (fig. 4.) ou il l'est seulement en partie (fig. 5.) Plusieurs phénomènes pourtant, connus à chacun, démontrent que les cheveux et les poils croissent à leur base. Nous croyons donc que les poils peuvent croître à la base et en même temps dans toute leur substance; et nous trouvons la preuve de cette assertion dans le changement qui s'opère dans la pointe. Il serait intéressant de connaître les circonstances qui empêchent cette transformation, surtout dans les cheveux, où on ne la voit que très rarement. *Il existe donc dans les appendices tégumentaires accroissement par couches superposées organisées, en même temps que la nutrition interne; cette dernière est prouvée par la régénération.*

B.

Les *poils des mammifères* offrent de grandes différences dans leur structure. On distingue en général dans les poils la substance corticale et la médullaire; nous nous occuperons de la première dans le paragraphe suivant; quant à la dernière, qui apparaît sous forme d'une ligne noire, centrale, elle nous paraît composée de cellules, de grandeur différente dans les différents animaux. Sa couleur noire doit être attribuée à la présence d'air qui, dans l'eau, paraît noir sous le microscope, à la siccité du tissu, et quelquefois à la matière colorante. Aussi l'eau qui s'imbibe dans les poils fait-elle disparaître cette couleur. Ainsi on peut voir, en faisant des coupes transversales sur l'axe du poil, sortir l'air sous forme de bulles; par exemple, en examinant les moustaches de chiens (fig. 6, *a.*), les poils du cerf (fig. 13) qui sont entièrement composés de grandes cellules, pareilles aux cellules de plantes, le jarre (les gros poils, fig. 12) des rongeurs, par exemple du castor, etc. La fig. 11 présente un morceau de la substance corticale du jarre. Ces gros poils ne sont que l'agglutination, la juxtaposition de plusieurs poils veules, dont nous présentons quelques formes dans les fig. 9 et 10. Leur couleur noire nous paraît aussi appartenir à l'air emprisonné dans des cellules isolées, mais qui le font échapper par le déchirement (fig. 10). On voit un grand changement s'opérer dans ces poils à fur et mesure que l'eau s'imbibe. La laine (fig. 8), ne nous paraît pas contenir de cellules; mais nous attribuons les lignes transversales aux accroissements successifs. La plupart des poils des autres mammifères ont une structure pareille à ceux de l'homme, dont nous parlerons dans le paragraphe suivant. Les piquants du porc-épic ont une substance médullaire pareille à celle des poils du cerf. *Boekh* (44), s'occupe de l'anatomie de ces piquants.

C

Les *cheveux* et les *poils de l'homme* offrent une structure plus compliquée que ceux des autres mammifères que nous venons d'examiner. Pour bien voir leur structure intime, il est nécessaire de les plonger dans une goutte d'eau

étendue entre deux verres. Préparés de cette manière, les poils deviennent
transparents; on peut très distinctement voir leur organisation; et les particules qui se trouvent accidentellement à leur surface en tombent ou peuvent
au moins en être détachées. Dans tous les cas, on voit que ces particules, par
exemple des matières graisseuses, n'appartiennent pas à l'organisation du
cheveu, qu'elles en diffèrent par leur structure (voy. plus bas). Elles ne peuvent
plus alors se prêter à l'opinion de ceux qui admettent l'existence de rameaux
dans les cheveux (fig. 3, c.). Jamais, en effet je n'ai vu les cheveux à l'état normal se bifurquer, ou se partager en trois, quatre parties; les bords sont
toujours des lignes droites (fig. 1.); mais les cheveux et les poils sont quelquefois, ce qui ne nous paraît pas normal, renflés ou rétrécis légèrement.

Examinés sous le microscope, les cheveux et les poils présentent au centre
une ligne noire, plus ou moins large (fig. 1. b.); c'est elle que l'on appelle le
canal ou la masse médullaire. Le reste est appelé *substance corticale* (fig. 1, a.)
La structure de la substance corticale, telle que je l'ai trouvée, est la suivante.
En examinant le cheveu ou le poil, immédiatement après l'avoir plongé dans
l'eau, on remarque la surface corticale parcourue par des lignes irrégulières,
transversales, interrompues (fig. 1 à 4), qui, par le séjour prolongé dans l'eau, s'effacent peu à peu. Ces lignes ne sont point saillantes à la surface, puisqu'aucune
proéminence ne leur correspond sur les bords latéraux; elles doivent donc
être cherchées dans la structure interne. Si l'on examine les poils qui ont
séjourné pendant quelque temps dans l'eau, on ne trouve plus de trace de
ces lignes; elles disparaissent plus vite sur quelques poils que sur d'autres;
il existe même beaucoup de cheveux et de poils tout à fait privés de ces lignes
transversales.—En faisant une coupe très oblique sur l'axe du poil, on voit disparaître ces lignes, toute la substance corticale paraît alors striée longitudinalement, mais d'une manière irrégulière (fig. 3, d. 7, a.); les bords sont tout à
fait transparents; pourtant il est impossible d'y voir des fibres franchement
accusées, dont on devait soupçonner la présence d'après l'aspect strié du poil.
Au contraire, tout autour on voit des lamelles irrégulières nageant dans l'eau
(fig. 7. b.); on peut même distinguer quelquefois leurs contours dans les bords
transparents du poil coupé (fig. 7. d.); on voit enfin encore des lamelles latérales du poil coupé se diviser en fibres très courtes (fig. 7, c.), dont quelques
parcelles se trouvent quelquefois mêlées aux lamelles isolées qui nagent autour
du poil. En grattant la surface de la substance corticale, on peut obtenir ces
mêmes lamelles, qui se détachent elles-mêmes par le frottement des cheveux,
et qui, attachées à leur surface, ont été prises pour des rameaux, de même que
les particules de graisse, etc.

Telles sont nos observations touchant la structure de la substance corticale
du poil humain. Nous en concluons que cette substance consiste en
fibres, qui elles-mêmes sont composées de lamelles irrégulières, et dont les
bords superposés paraissent produire l'aspect strié. Quant aux lignes transversales, qui manquent si souvent, et qui disparaissent par le séjour dans
l'eau, nous serions disposés à les regarder comme la limite des accroissements successifs du poil. Henle croit que ce sont des fibres élastiques qui

·se placent autour du poil, quand il se trouve encore dans la capsule. Nous avons toujours vu que la couleur du cheveu dépend de la coloration de la substance corticale. Les cheveux blancs des vieillards sont incolores ; les poils ·blancs des mammifères sont au contraire colorés en blanc.

La ligne noire, qui se trouve dans l'axe du poil (fig. 1, b.) a été regardée par quelques auteurs comme un canal vide ou rempli de sucs, par d'autres comme une substance médullaire, ayant des cellules très larges, pareilles à celles que l'on trouve dans les poils du cerf. Cette dernière opinion était appuyée sur l'observation du poil à sec : alors les lignes transversales que l'on voit dans la ·substance corticale paraissent se trouver dans la ligne noire. Mais un examen attentif démontre qu'il n'en est rien.

En faisant des coupes obliques sur les poils, de la manière déjà indiquée, on obtient des tranches très minces de la ligne noire (fig. 3, d.), et l'on voit alors distinctement qu'elle est composée d'un tissu à mailles très petites, ·d'espèces de cellules (fig. 3, e.). Nous appellerons donc désormais cette ligne *substance médullaire*, parce que c'est un tissu qui se trouve dans l'axe du poil. Mais d'où vient la couleur noire ? Ici les observations sur les poils des animaux nous donnent des renseignements utiles. Nous avons vu là que ce tissu renferme de l'air, qui sort distinctement sous forme de bulles (fig. 6, a.), dont les bords apparaissent noirs sous l'eau. En laissant séjourner pendant quelque temps les cheveux dans l'eau, la couleur noire disparaît sensiblement : l'eau peut donc s'infiltrer dans la substance médullaire. La couleur noire ne disparaît pas entièrement : deux causes s'y opposent ; d'abord ces cellules ne communiquent pas ensemble, par conséquent la plus grande partie de l'air ne peut point s'échapper ; leurs parois sont, en outre, d'une couleur très foncée, ce qui fait que la substance médullaire paraît toujours noirâtre. Cette substance médullaire peut manquer entièrement, comme par exemple, dans les cheveux blonds et dans la plupart des cheveux blancs des vieillards, où elle peut présenter une ligne interrompue (fig. 6.) dans l'axe du poil.

Les poils et les cheveux humains, et les poils de la plupart des mammifères sont donc composés d'une substance corticale et d'une substance médullaire. Cette dernière contient des cellules très petites, d'une couleur foncée, remplies d'air, et qui ne communiquent pas ensemble. La substance corticale est entièrement composée de fibres, dont les lamelles paraissent constituer les éléments. Nous avons exposé les conséquences de cette structure dans un mémoire sur quelques points des maladies des cheveux. (n° 43, b.)

D.

L'opinion des anatomistes qui considèrent les *ongles de l'homme* comme formés par l'agglutination de poils placés parallèlement les uns à côté des autres, est entièrement réfutée par l'examen attentif de ces tissus. Pour connaitre la structure intime des ongles, il faut à l'aide du déchirement, obtenir une couche très mince, transparente ; on ne peut pas y parvenir ni en coupant, ni en râclant à l'aide d'un couteau.

En examinant un filament très mince, obtenu de la manière que nous avons indiquée, et qui est plongé dans l'eau ou dans l'acide acétique, on voit (fig. 14.), au premier aspect des fibres très minces entrelacées. Mais en l'examinant plus attentivement, on aperçoit, surtout vers le bord, des lamelles très minces, transparentes, membraneuses, allongées aux deux bouts, larges à peu près de $\frac{1}{105}$ de millimètre, et deux à trois fois plus longues (fig. 15, a.). Quelquefois on trouve une trace de noyau (fig. 15, b.), surtout dans les lamelles de la couche de l'ongle qui est la plus proche des feuillets qui sont à sa surface inférieure (fig. 15, c.). On en trouve là quelques-unes qui sont toutes rondes et pourvues de noyaux. L'étude de l'épiderme, et plus encore celle du développement des tissus, nous donnera l'explication de ces formes différentes ; nous verrons là comment des cellules, pourvues d'un noyau central, s'aplanissent, s'agrandissent, et se transforment en lamelles membraneuses, en perdant leur noyau.

Ces lamelles microscopiques, sécrétées à la surface de la matrice de l'ongle, forment les couches, qui sont placées les unes sur les autres ; mais comme ces lamelles sont soudées ensemble, on peut déchirer chaque couche de l'ongle en filaments (fig. 16), qui toutefois ne sont point préexistantes. La position de lamelles parallèle à l'axe de l'ongle, est cause que l'on obtient facilement les fibres dans cette direction.

Il résulte donc de ces recherches que l'ongle, composé d'éléments organisés qui même ont subi des métamorphoses, ne doit pas être considéré comme un dépôt inorganisé de la matière cornée.

E. OISEAUX.

Le tuyau d'une plume (fig. 17), porte à la surface de petites membranes qui, examinées sous le microscope, se présentent sous forme de lamelles très minces, transparentes, couvertes çà et là, quelquefois, de cellules épidermiques. La substance du tuyau même, lorsqu'on le déchire, offre une structure granuleuse (fig. 21.); nous avons bien remarqué quelquefois sur les bords du fragment de petites cellules, allongées (fig. 20); mais nous ne sommes pas parvenus à les voir dans la substance entière du tuyau même où nous supposons qu'elles sont groupées de la manière indiquée dans la fig. 19, et analogue à celle que nous avons vue dans les ongles. Lorsqu'on racle le tuyau, on n'obtient que des fragments amorphes (fig. 22). La substance blanche, médullaire de la tige de la plume est composée de cellules (fig. 23), qui contiennent de l'air, dont les bulles (fig. 23, a) s'échappent.

La barbe de plumes nous a offert des différences tranchées selon que nous avons examiné le duvet, les plumes colorées ou celles à reflet métallique. Chaque plume porte près du tuyau (fig. 17, a) quelques barbules, qui ont une structure analogue aux barbules du duvet ; voici leur structure : La tige de la barbule (fig. 24), est entourée de deux, trois, même quatre séries de barbules secondaires, très longues, flexibles, et dont les formes varient dans les limites indiquées par les figures 27 à 36. Ce sont des formes différentes de transformation des barbules ; au moins on voit la transition, en prenant la barbule la plus inférieure et en montant successivement, jusqu'à ce qu'on arrive aux barbules colorées (fig. 17, b).

Ces barbules (fig. 25), ont une tige composée de cellules, et pourvue sur les deux côtés de deux espèces de barbules secondaires différentes entre elles, et dont nous avons représenté quelques formes dans les fig. 37 à 42. Les formes 40 à 42 sont surtout remarquables, sous le point de vue de leur structure, puisqu'elles offrent encore les noyaux de cellules, dont elles ont pris naissance. Enfin les barbules à reflet métallique (fig. 26), portent des barbules secondaires ayant des formes toutes particulières (fig. 43 à 49). Ces formes sont déterminées probablement par le développement de la plume et par l'espèce de l'oiseau. Quelques-unes de ces barbules ont paru pliées en forme de gouttière, en sorte qu'elles se recouvrent les unes les autres. Quant aux opinions des auteurs que nous avons citées, elles trouvent leur explication dans ce qui précède.

F. INSECTES.

Les poils des insectes offrent une structure très simple ; on reconnaît au premier aspect, dans la plupart de ces poils, une écorce externe, et un canal interne, vide. Ce dernier se présente aussi noirâtre si l'on examine le poil sous le microscope ; mais après un séjour de quelques instants, on voit cette couleur disparaître, et l'on aperçoit des bulles d'air s'échapper du bout inférieur (fig. 52 a). La couleur noire appartient donc ici, comme chez quelques mammifères, à la présence de l'air, et ne doit point être attribuée à une substance colorante particulière.

Ces poils adoptent des formes différentes ; chez le bourdon, la hanneton, etc. (fig. 50) le poil porte d'autres petits poils ou plutôt des pointes, placées en spirale autour de son axe ; on en trouve de pareilles, mais plus petites, sur les bords des poils de l'oryctès nasicorne (fig. 51). Ceux d'un scatophage (fig. 52), et de l'araignée (fig. 53, 54) sont encore plus simples, composés seulement d'un canal et d'une substance corticale.

Il serait très intéressant de faire une étude suivie sur les élytres ; nous avons pu facilement nous convaincre de leur organisation. C'est ainsi que quelques-uns nous ont offert des cellules très-distinctes ; d'autres ; (fig. 55, hanneton) présentent non seulement des poils d'une forme particulière (fig. 55,) mais aussi plusieurs séries de piquants très petits, et des organes ronds qui ont une grande ressemblance avec les glandes cutanées de la grenouille. Ces formations n'appartiennent-elles qu'à une couche épidermique de l'élytre ?

G.

Les ailes des *papillons* sont pourvues de poils et d'écailles. Les poils, de grosseur différente (fig. 56, 57), font voir distinctement deux substances. Les écailles présentent des formes diverses, ainsi que les auteurs les ont déjà décrites ; nous les voyons composées de deux lamelles, dont une porte la matière colorante, déposée en petites granulations ; elles cessent souvent près du bord inférieur de l'écaille (fig. 58) ; quelquefois ces lamelles elles-mêmes sont colorées dans toute leur substance. Une des surfaces, et dans quelques espèces, toutes les deux surfaces des écailles portent des lignes noires, que nous croyons être

proéminentes, semblables à celles des écailles des poissons. On voit au moins,
par le déchirement des écailles de papillons, non seulement les deux lamelles
séparées, mais aussi les lignes surpasser isolément les bords du fragment (fig. 59).
Parmi les écailles du papillon Pâris nous en avons trouvé quelques-unes, très-
rares, qui ont présenté la forme dessinée dans la figure 60. Quant aux recherches de M. Bernard-Deschamps, nous avons exposé dans notre *Traité du microscope*, les causes, telles que l'irrisation, la présence des bulles d'air, etc.,
qui ont fait naitre ces opinions erronées.

H.

Si nous jettons maintenant un coup-d'œil sur tout ce qui précède, nous
voyons que tous les appendices tégumentaires, que nous avons examinés,
sont organisés. Nous avons vu, en effet, les poils composés d'une double
substance, l'une corticale, l'autre cellulaire, composée de cellules; nous
avons pu constater les formes si variées des barbules de plumes, des écailles
qui se trouvent à la surface des ailes des lépidoptères, et nous allons, dans
la suite de ce chapitre, constater également l'organisation des écailles des
poissons. Combien devons-nous donc repousser ces opinions aveuglément
accréditées depuis longtemps, que les appendices tégumentaires ne sont qu'un
dépôt inorganisé de la matière cornée! Nous savons fort bien que nos recherches trouveront encore longtemps une forte opposition dans ces idées, surtout
de la part des hommes à qui l'usage du microscope n'est pas familier, et qui
croient répondre victorieusement, lorsqu'ils disent qu'ils ne voient rien. C'est
ainsi que nous avons déjà vu M. Agassiz s'élever contre nos recherches sur l'organisation des écailles; mais les faits parlent avant tout; l'ignorance peut les
nier, mais non pas les détruire. Nous avons établi le principe de l'organisation des appendices tégumentaires; nous avons la ferme conviction que les
recherches ultérieures des savants viendront toutes à l'appui de nos idées,
malgré les différences qui pourront s'établir sur quelques détails.

Les analogies ne font pas, en général, beaucoup avancer la science, mais
il en existe une tellement frappante entre les poils et les végétaux que nous
n'avons pas voulu finir ce paragraphe, sans ajouter un mot à ce sujet.
Nous avons vu comment les poils les plus simples offrent, comme les
végétaux inférieurs, un canal creux au milieu; comment chez les animaux
plus parfaits, ce canal est rempli tantôt par des nodules, tantôt par de grandes
et larges cellules, jusqu'à ce que, à la fin, il ne représente plus qu'une
masse cellulaire compacte; nous avons vu comment, en général, les poils
sont composés d'une écorce externe, et d'une autre interne, médullaire
formée de cellules. Ajoutons encore à tout cela que la racine et la capsule du
poil sont fixées dans la peau, comme le bulbe de certaines plantes dans la
terre, et on comprendra facilement que cette analogie ait pu déjà se présenter depuis longtemps à l'esprit des observateurs, comme par exemple,
à Malpighi. Mais nous sommes bien loin d'attacher aucune importance à
cette analogie, et nous n'y insistons pas davantage.

LITTÉRATURE.

N. 1. Fontana. Novæ cœl. terrestriumque rerum observ. Neapoli. 1646.

N. 2. Panarolus. Jatrologism. s. medic. observ. pentec. quinque. Romæ 1652.

N. 3. Borellus. Observationum microscopicarum Centuria. Hagæ Com. 1656.

N. 4. Power. Experimental Philosophy. London. 1664.

N. 5. Hooke. Micrographia. London. 1667.

N. 6. Histoire de l'académie. Vol. I. 16.

N. 7. Bidloo. Anatomia corporis humani. Amstelodami. 1685.

N. 8. Bonanni. Micrographia (De rebus viventibus, etc.). Romæ 1691.

N. 9. Malpighi. De externo tactus organo. — Op. posth. Amstelod. 1700.

N. 10. Griendel von Ach. Micrographia nova. Norimbergæ 1687.

N. 11. Réaumur. Hist. de l'Acad. 1716. Paris. 1718.

N. 12. Roberg. Dissert. de piscibus. Upsal. 1717.

N· 13. Leeuwenhœk. (Phil. trans. 1674. N. 102.) Op. omn. Lugd. Bat. 1719-22.

N. 14. Petit. Mémoires de l'acad. 1733. Paris. 1735.

N. 15. Réaumur. a) Hist. de l'acad. 1716. b) Hist. des insectes. Vol. I. Paris. 1734.

N. 16. Baster. Opuscula subseciva. Harl. 1759-1765.

N. 17. Weiss. Acta helvetica. Vol. 5. Basileæ. 1760.

N. 18. Schaeffer. Piscium bav.-ratisbonens. pentas. Ratisb. 1761.

N. 19. Ledermüller. Amusements microscopiques. Norimb. 1761.

N. 20. Baster. Holland. Maatschappye der Wettenschoppen. Haarlem. T. 14. 1773.

N. 21. Fontana. Sur le venin de la vipère. Florence. 1781.

N. 22. Broussonet, Journal de physique, Vol. 31. 1787,

N. 23. Audebert et Vieillot. (Oiseaux dorés). Hist. nat. des colibris. Paris, 1808.

N. 24. Nitzsch. Voigt's Magazin der Naturkunde. Weimar. 1806.

N. 25. Bracy Clark. Foot of the living horse. London. 1809.

N. 26. Gaultier. Sur le système cutané de l'homme (Thèse). Paris, 1811.

N. 27. Rudolphi. Struct. pilor. Gryph. 1806. Mém. de Berlin, 1814. Berl. 1818.

N. 28. Mascagni. Opera posth. Firenze. 1818. Prodromo. Firenze. 1819.

N. 29. Rowland. Essay of the humain hair. London. 1818.

N. 30. Heusinger. System der Histologie. Eisenach. 1822.

N. 31. Kuntzmann. Gesellsch. naturf. Freunde. Berlin. 1824. 1829.

N. 32. Weber. Arch. de Meckel. 1827. Anat. von Hildebrandt. Brunsvic. 1830.

N. 33. Eble. Die Lehre von den Haaren. Deux vol. Vienne 1831.

N. 34. Ehrenberg. Annales de Poggendorf. Vol. 28. Leips. 1833.

N. 35. Krause. Handb. d. Menschl. Anatomie. Hannovre. 1833.

N. 36. Agassiz. Poissons fossiles. Livr. 2. Neufchâtel. 1834.

N. 37. Lauth. Manuel de l'anatomiste. Paris. 1835.

N. 38. Bernard-Deschamps. Annal. des sciences naturelles. Paris. 1835.

N. 39. Gurlt. Archives de physiologie, par Müller. Berlin. 1836.

N. 40. Arnold. Physiologie des Menschen. Zürich. 1836.

N. 41. Dutrochet. Mémoires réunis, Paris. 1837.

N. 42. Raspail. Chimie organ. Paris. 1838.

N. 43. Mandl. a. Ann. des scienc. nat. 1838. b. Archiv. de Méd. Avril 1840.

N. 44. Boeck. de spinis hystricum. Berlin. 1834.

MÉMOIRE

SUR LA

STRUCTURE INTIME

DES APPENDICES

TÉGUMENTAIRES

PAR

LE DOCTEUR LOUIS MANDL.

DEUXIÈME PARTIE:

ÉCAILLES DES POISSONS ET DES REPTILES;

ACCOMPAGNÉE DE DEUX PLANCHES.

PARIS,

CHEZ J.-B. BAILLIÈRE,

LIBRAIRE DE L'ACADÉMIE ROYALE DE MÉDECINE,

RUE DE L'ÉCOLE DE MÉDECINE, 17;

A LONDRES, même maison, 219, Regent Street.

POUR L'ALLEMAGNE: CHEZ BROCKHAUS ET AVENARIUS, A PARIS ET LEIPSIG.

1839

MÉMOIRE

SUR LA STRUCTURE INTIME

DES APPENDICES

TÉGUMENTAIRES.

CHAPITRE SECOND.

RECHERCHES DE L'AUTEUR.

I. SUR LES ÉCAILLES DES POISSONS ET DES REPTILES.

Nous avons appris dans le premier chapitre qui traite de l'historique des recheches sur les appendices tégumentaires, que tous les auteurs étaient d'accord pour regarder ces tissus comme le produit d'une sécrétion, et formées par des couches parfaitement homogènes, pareilles à celles que l'on remarque dans les coquilles des bivalves. Cette opinion, prononcée la première fois par Lecuwenhoëk et adoptée sans modification par tous les auteurs qui le suivirent, bannissait donc toute idée d'une nutrition interne, d'une véritable organisation qui aurait fait voir dans l'écaille un tissu recevant et conduisant des matières nutritives, et parcourant plusieurs degrés de développement.

Or, le résultat de nos recherches sur la structure intime des écailles est précisément l'affirmation de cette organisation, qui a échappé aux auteurs que nous signalons. Si nous en recherchons la cause, nous la trouverons aisément dans l'insuffisance des moyens appliqués. Personne n'avait fait usage du microscope composé, ni de grossissements considérables; on n'examinait les écailles qu'à la loupe, à un grossissement de cinq à dix fois au plus, et l'on négligeait tout à fait l'étude comparative de ces appendices de la peau chez les différentes familles et dans les degrés successifs de leur développement.

Nous pouvons donc dire sans hésitation que nous sommes le premier qui ayons employé des moyens plus puissants d'investigation. Le grossissement employé par nous pour l'étude de la structure intime fut constamment celui du microscope composé, et c'est à ce grossissement que les dessins de la planche 9 et 10 furent exécutés. Mais pour les cas tout particuliers, comme par exemple pour nos observations des écailles des serpents, nous avons fait même usage d'un grossissement de cinq cents fois.

Nous avons ainsi acquis la preuve que la plupart des écailles sont composées de deux couches superposées; l'inférieure offre la structure des cartilages fibrineux, la supérieure celle des cartilages à corpuscules; cette dernière est pourvue en outre de lignes, dont nous démontrons l'origine par la fusion de cellules primitives. Ces deux couches sont parcourues par des lignes longitudinales, qui appartiennent aux deux couches.

Nous allons traiter tous ces éléments en particulier, en donnant d'abord une image plus détaillée de l'écaille, telle qu'elle se révèle déjà à l'examen avec un grossissement faible.

Prenons pour exemple une écaille bien développée, telle que celle de la carpe (Pl. 9, fig. 3). Nous y remarquerons des lignes longitudinales qui d'un point commun tendent vers la périphérie, et dont le nombre peu considérable peut facilement être déterminé. L'endroit où ces signes convergent, ou vers lequel au moins elles se dirigent, accuse une place plus ou moins grande; nous l'appelons le foyer. Entre les lignes longitudinales se trouvent, plus ou moins parallèlement aux bords, un nombre extrêmement considérable de lignes, qui sont entrecoupées par les lignes longitudinales, ou qui s'anastomosent entr'elles, ou se continuent même sans aucune interruption; ce sont les lignes cellulaires, parce qu'elles prennent leur origine par des cellules. Enfin, il existe encore sur un grand nombre d'écailles et sur un de leurs bords, des espèces d'épines, que nous appelons les dents des écailles, dénomination fondée sur le mode de leur développement.

Autour des lignes longitudinales et transversales, principalement vers le point de convergence des lignes longitudinales, le foyer, nous trouvons des corpuscules jaunâtres, plus ou moins elliptiques, et que nous appelons les corpuscules des écailles; enfin, si l'on déchire ou enlève la couche supérieure de l'écaille, on voit apparaître une couche inférieure fibreuse.

Nous allons maintenant traiter spécialement de chacune de ces formations; mais, pour nous faciliter leur description, il sera bon de diviser l'écaille en plusieurs parties. Imaginons des lignes tirées des quatre coins de l'écaille, qui se trouvent déjà dans la nature plus ou moins marquées (Pl. 9, fig. 3) à travers le point de convergence des lignes longitudinales, et l'écaille sera alors divisée en quatre parties ou champs. Nous appelons, et nous avons dessiné les écailles conformes à ces dénominations, le *champ basilaire*, celui qui est implanté dans la peau et dirigé vers la tête; et *champ terminal*, l'opposé, dirigé vers la queue et qui, dans la position imbriquée, est libre, et non couvert d'autres écailles. Par suite de cette dénomination, le *champ droit* se trouve près de la région dorsale, et le *champ gauche* près de la région ventrale. Ces deux derniers sont presque toujours identiques, et nous les appellerons les *champs latéraux*.

Les écailles des carpes et de quelques autres poissons offrent distinctement cette division en quatre parties; au reste toutes les écailles laissent facilement reconnaitre les champs indiqués.

§ 1. *Des canaux longitudinaux.*

Les lignes longitudinales qui, d'un point commun, le foyer de l'écaille, tendent vers la périphérie, jouent un rôle important dans l'anatomie du tissu que nous examinons. On n'a jusqu'à présent aucune opinion émise à leur égard, parce que d'abord on ne les avait pas étudiées; et puis ensuite que les auteurs, voyant dans les lignes cellulaires les limites des couches sécrétées, devaient se hâter de passer sous silence des lignes dont ils ne pouvaient pas s'expliquer la présence, et qui même menaçaient de contrarier fortement leur opinion énoncée.

Si en effet l'écaille, ainsi que Leeuwenhoëk l'a dit le premier, et ainsi que les auteurs n'ont fait que le répéter jusqu'à présent; si, dis-je, l'écaille est composée de couches superposées et dont les bords sont signalés par ces lignes plus ou moins concentriques que nous appelons les lignes cellulaires, comment alors expliquer ces étais larges qui partent d'un centre commun, qui, entrecoupant les lignes périphériques, séparent souvent ces dernières par des espaces larges et vides? Comment se fait-il que des bandes larges, au nombre de dix, vingt et même plus, existent dans l'écaille, qu'elles ne soient point marquées par les signes qui dénotent l'accroissement continuel de l'écaille? comment expliquer ce défaut de la nature sur un même tissu qui, sur un espace si étroit, ne pourrait point être soumis alternativement à des lois tout-à-fait contradictoires?

Aussi s'est-on contenté généralement d'appeler ces lignes des sillons, partant sous forme d'éventail, etc. Par l'examen auquel nous avons soumis les écailles, nous sommes arrivés non-seulement à déterminer les différentes formes de ces lignes, et les modifications qu'elles subissent dans la série des écailles; mais nous avons pu aussi éclaircir les fonctions qu'elles remplissent probablement dans l'organisation des écailles.

Les lignes longitudinales parcourent tous les degrés de formation, depuis la forme d'un canal parfaitement fermé jusqu'à celle d'une simple rigole. Nous allons les voir tantôt offrir la forme d'un canal percé à la surface supérieure, et qui fait voir l'épaisseur de la paroi percée, ainsi que le fond; tantôt ces mêmes lignes se présenteront sous forme de canaux, dont toute la paroi supérieure est enlevée; tantôt ils n'offriront que des rigoles placées dans la couche supérieure de l'écaille et ayant pour base la couche inférieure de ce tissu.

D'un autre côté, ces vaisseaux adoptent toutes les formes, depuis celle d'un canal percé jusqu'à celle de canaux parfaitement fermés, parcourant l'écaille osseuse soit isolément, soit en s'anastomosant entre eux, et offrant enfin sur d'autres écailles la forme d'épines. Nous allons maintenant étudier ces formes en détail.

Si l'on examine des écailles d'*Acerina vulgaris* (Pl. 9, fig. 8) on verra les lignes longitudinales se présenter sous forme de canaux étranglés et renflés alternativement. Les parties étranglées ne font voir qu'un corps ar-

rondi; mais rien ne nous révèle ni sa nature, ni sa structure. Nous reste-
rions dans l'incertitude, si les parties renflées, la continuation des mêmes
lignes, ne venaient nous éclairer sur leur organisation. Ces parties renflées font évidemment voir que la paroi supérieure est enlevée en partie;
on voit alors non-seulement le fond du canal (fig. 8, a), qui parfois est
granulé, d'autres fois offre des stries transversales, mais on peut le plus
souvent aussi apercevoir distinctement l'épaisseur de la paroi indiquée. Elle
est bordée par une double ligne (fig. 8, b) dont une appartient à l'ouverture.
Mais il existe aussi quelquefois des cas où l'ouverture n'est indiquée que par
un simple bord. On pourra s'expliquer ces différentes formes par les différents degrés d'inclinaison sous lesquels la paroi supérieure est enlevée; tantôt
en effet, elle est seulement effleurée, et tantôt plus ou moins profondément
coupée.

Si l'on procède maintenant à l'examen de l'écaille du *Mullus barbatus*
(Pl. 9, fig. 7), on aperçoit les lignes longitudinales fermées encore de place
en place, mais la paroi supérieure est enlevée par portions considérables
et l'on aperçoit aisément le fond du canal. C'est donc un tuyau creux dont
la paroi supérieure manque dans la plus grande partie de son trajet. Le
fond est placé sur la couche inférieure de l'écaille, et les parois latérales
sont formées par la couche supérieure. Le dessin démontre suffisamment jusqu'à présent que les lignes cellulaires ne se continuent jamais sur les canaux
fermés, ni dans le dernier cas, ni dans l'écaille précédemment décrite.

L'écaille du *Serranus* (Pl. 9, fig. 6) offre dans ces lignes longitudinales
des tuyaux creux dont une partie de la paroi supérieure manque tout à
fait; nous ne voyons, dans le dessin, le canal nulle part fermé; mais on
distingue parfaitement le fond ainsi que les parois latérales, qui sont couvertes de granulations, dont nous trouverons plus tard l'explication. La
ligne longitudinale se rapproche ici encore plus ou moins de la forme arrondie du canal; mais c'est déjà un degré plus rapproché de la rigole.

Si nous examinons enfin l'écaille de la *Percarina Demidoffii* (Pl. 9, fig. 5),
et cette observation peut se répéter sur une foule d'autres écailles (principalement sur les membraneuses), nous trouverons déjà le canal transformé
en une véritable rigole. La paroi supérieure manque tout à fait; la paroi inférieure ou plutôt le fond n'est formée que par la couche inférieure de l'é-
caille (fig. 5, a), qui constitue dans son prolongement l'espace marginal; il
n'existe point de parois latérales proprement dites, mais elles sont seulement formées par l'interruption de la couche supérieure.

Dans ce cas, ce n'est donc point un tuyau creux, comme dans les exemples
précédents, qui parcourt l'écaille; mais c'est purement l'absence de la couche
supérieure qui constitue la ligne longitudinale. En parcourant donc les figures 5 à 8, nous avons sous les yeux les différentes formes, depuis une
simple rigole, jusqu'à un tuyau presqu'entièrement fermé et percé seulement
en plusieurs endroits.

Ce dernier exemple unit les lignes longitudinales des écailles avec la forme de canaux ou plutôt de tuyaux qui parcourent les écailles plus ou moins osseuses.

Si nous examinons, en effet, les écussons qui recouvrent la surface du *Syngnathus*, nous les voyons traversés par des tuyaux tout à fait fermés, n'offrant nulle part l'absence de parois, isolés vers le bord, et s'anastomosant vers le milieu de l'écaille; le fond, emprisonné entre les anastomoses de ces tuyaux, forme des îles nombreuses (Pl. 9, fig. 11).

Ce tissu n'offre point encore la structure osseuse; mais sur des écailles qui présentent cette dernière organisation, comme celles des scinques (Pl. 9, fig. 9), les lignes longitudinales forment des tuyaux fermés parfaitement et arrondis comme dans l'exemple précédent. Le fond fait voir les corpuscules osseux avec leurs canalicules (fig. 9, b). Toutes les écailles osseuses, les écussons, etc., offrent presque la même forme, ce qui nous a fait borner nos observations aux écailles des acanthoptérygiens et malacoptérygiens, les écailles des autres poissons, autant que nous avons eu l'occasion de les examiner, n'offrant que des tuyaux fermés parcourant un tissu osseux.

Ces tuyaux s'élèvent quelquefois au-dessus de la surface de l'écaille, et forment de véritables épines, comme dans le *Gadus euxinus* (Pl. 9, fig. 10), dans la raie, etc. Ils paraissent alors composés d'un tissu fibreux, indiqué par des lignes longitudinales qui les traversent de la base vers le sommet.

En jetant un coup d'œil sur ces différentes formes qui se sont présentées à nous dans l'étude des écailles citées, et que nous pourrions encore augmenter par une foule de degrés intermédiaires, il reste prouvé pour nous que les lignes longitudinales se présentent dans toutes les formes depuis une simple rigole jusqu'à celle d'un tuyau fermé et creux, qui enfin dans les écailles osseuses se trouve rempli. Mais, dans la plupart des cas, ce tuyau est creux, et soit qu'il se présente fermé ou bien ouvert, toujours est-il qu'il peut être considéré comme un canal. L'anatomie élémentaire nous démontre même que les tissus osseux sont d'abord cartilagineux et parcourus par des vaisseaux, des tuyaux creux, qui plus tard se remplissent. Ainsi, même les tuyaux des écailles osseuses (Pl. 9, fig. 9, a) se rangent à côté des autres écailles, si on les examine pendant leur développement, avant qu'ils aient atteint le plus haut degré de leur organisation.

Les lignes longitudinales nous offriraient donc dans toutes leurs formes une série de tuyaux creux que l'on peut véritablement appeler des canaux. Ces canaux parcourent l'écaille longitudinalement; ils tendent vers un foyer qui, ainsi que nous le démontrerons plus tard, est un centre de nutrition, un lieu où le tissu se trouve dans son développement. Ces canaux placés dans le champ basilaire se trouvent dans un rapport direct avec la peau; ils n'existent dans le champ terminal et latéral que dans le cas où ils sont recouverts de la peau. Serait-on donc, d'après ces prémisses, trop hardi de conclure que ces canaux servent au transport des sucs nutritifs de la peau vers le centre de la nutrition et du développement, et qu'ils se trouvent dans une liaison intime avec l'organisation de l'écaille? Toutefois, nous ne voulons rien avancer avant d'avoir confirmé cette opinion par l'étude des écailles dans leur développement; mais il n'existe déjà pour nous aucun doute que ces canaux remplissent les fonctions de véritables vaisseaux nourriciers.

Ces lignes longitudinales n'atteignent pas toujours le foyer, et en partant du foyer, pas toujours la périphérie. La plupart des écailles dentées sont pourvues seulement dans le champ basilaire de canaux longitudinaux.

§ 2. Des lignes cellulaires.

La plus grande difficulté qui s'est offerte à nous dans l'étude de la structure intime de l'écaille était l'explication des lignes nombreuses qui parcourent l'écaille dans une direction plus ou moins parallèle aux bords. Nous ne pouvions, par une foule de raisons que nous avons déjà exposées en partie dans les lignes précédentes, accepter l'explication des auteurs qui n'y voyaient que les bords des couches sécrétées.

La seule inspection microscopique s'opposait déjà à une pareille opinion; si l'on examine, en effet, une des écailles, même les plus parfaites, par exemple de *Corvina nigra* (Pl. 9, fig. 12), on voit que ces lignes s'élèvent au-dessus de la surface de l'écaille (fig. 12, a), qu'elles sont placées sur une base à part (fig. 12, b), qui est différente de la couche inférieure de l'écaille (fig. 12, c) et des corpuscules.

Ces lignes sont très-courtes et comme morcelées au milieu de l'écaille; elles sont entrecoupées par les vaisseaux longitudinaux; on trouve souvent, sur les écailles conservées dans l'esprit de vin, de grandes places privées de ces stries; en grattant la surface supérieure des écailles, il est facile d'en enlever une portion quelconque. Comment voir dans toutes ces circonstances une preuve pour l'opinion que ces lignes sont les bords des couches d'accroissement de l'écaille; comment n'y pas trouver, au contraire, des preuves infirmantes, des preuves qui renversent l'opinion émise jusqu'ici par les auteurs?

Aussi devions-nous dès le commencement repousser ces idées et chercher une explication dans l'étude comparative des écailles. Nous l'avons trouvée en observant ces écailles qui, pour ainsi dire membraneuses, se trouvent à un degré beaucoup moins avancé de développement et de complication. Nous avons, par ces recherches, acquis la certitude que ces lignes doivent leur origine à des cellules qui, vides ou remplies, se forment dans la couche supérieure, placées sur une base; que peu à peu ces cellules s'obscurcissent, s'allongent et finissent par représenter des lignes plus ou moins larges, qui, tout au plus, par un bord inégal révèlent leur nature primitive. Nous allons maintenant donner des exemples :

Examinons d'abord les écailles d'*Ophidium barbatum*, qui adoptent à peu près la forme représentée dans la figure 4 de la planche 9; nous voyons sortir du foyer des canaux longitudinaux, et entre ceux-ci se trouvent des séries concentriques de lignes que nous allons examiner en détail. La fig. 15, de la pl. 9, représente une partie de cette écaille grossie à 300 fois ; on aperçoit alors que les lignes concentriques a, b, c, d...., sont composées de cellules isolées dont chacune présente la cellule proprement dite (a'), et sa base (a''); elle est séparée de la cellule voisine par une rigole étroite (a'''), de telle sorte que chaque cellule avec sa base reste isolée de la base de la cellule voisine; on aperçoit en outre les canaux longitudinaux (e, e); quelquefois (f, f) le bord postérieur de la base est distinct; chaque cellule présente d'un côté l'épaisseur de sa paroi indiquée par une double ligne.

Dans le *Gadus* (*euxianus* dans la figure; pl. 9, fig. 16) les cellules sont encore isolées (a, a), mais les bases (b, b) sont déjà réunies, et s'étendent en plaques parallèles aux canaux longitudinaux (c, c); on aperçoit distinctement les deux couches dont sont composées les écailles; la couche inférieure forme le fond des canaux, la couche supérieure la base de cellules.

L'Anguille (*Anquilla murœna* pl. 9, fig. 18) présente un degré plus prononcé de développement; les cellules forment des lignes déjà plus distinctes autour du foyer; plusieurs séries seulement sont séparées par un espace large (a, a); les bases (b, b) des cellules isolées (c, c) sont toutes réunies dans une couche uniforme; les cellules sont entourées d'une double ligne.

Les cellules à la surface des écailles de *Motella tricinnata* (pl. 9, fig. 18) sont des espèces d'ampoules disposées en séries, et proéminentes, de sorte que l'on peut, sur le bord replié, les faire tomber du côté que l'on veut (a, b). La couche supérieure (c) n'est divisée que par les canaux longitudinaux (d). Ces écailles démontrent très-clairement l'origine de lignes.

Nous avons fait représenter (pl. 9, fig. 19) une portion de l'écaille de *Mullus barbatus*, prise sur le lobe entre deux canaux longitudinaux; on voit simultanément des séries composées encore de cellules isolées (a, a), d'autres qui laissent apercevoir les cellules qui les composent (b, b); ces dernières commencent à se confondre, il n'en reste que les bords extérieurs (c, c), qui à la fin disparaissent (d, d).

Le *Serranus* (fig. 20, pl. 9) donne un exemple bien remarquable de l'origine de ces lignes par la fusion des cellules; on voit très distinctement un bord de la base occupé par des cellules globuleuses très-petites, qui d'abord sont bien distinctes (a, a), et peu à peu finissent par ne former qu'une ligne crénelée (b, b).

La *Carpe* enfin (pl. 9, fig. 21) présente dans ses lignes (a, a) à peine encore quelques cellules (a, a); la plupart de ces lignes se présentent sous la forme (b, b; pl. 9, fig. 12) que nous examinerons plus tard.

Dans cette série des écailles que nous avons parcourue, nous avons vu les cellules tantôt élevées d'un côté seulement (fig. 15), indiquant leur épaisseur par une double ligne, tantôt élevées dans toute leur périphérie (fig. 17), et que l'on peut faire tomber de l'un ou de l'autre côté (fig. 18); mais toujours placées sur une base à part, qui est bien distincte de la couche inférieure de l'écaille, et qui, concurremment avec les cellules et les corpuscules qui y sont déposés, forme la couche supérieure de l'écaille.

Nous avons suivi en outre dans cette série d'écailles leur fusion successive, c'est-à-dire leur réunion pour enfin ne former que des lignes, que nous appelons lignes cellulaires, et qui sans cette étude préliminaire seraient tout à fait inintelligibles. Or, en regardant maintenant une écaille quelconque, par exemple celle de Corvina nigra (fig. 12), nous comprendrons l'organisation de ces lignes; nous reconnaîtrons dans les lignes a, a, une origine par des cellules; un de leurs bords est encore irrégulièrement ondulé; elles sont proéminentes, élevées au-dessus de l'écaille et forment la partie la plus saillante. Nous voyons au-dessous, en b, b, les bases de ces lignes plus foncées que le reste de l'écaille, et placées plus bas que les lignes a, a; on s'en convainc facilement au microscope, parce que, pour les bien apercevoir, il faut changer le foyer, il est vrai quelquefois seulement très peu. Quant aux corpuscules, nous en parlerons plus tard; nous faisons seulement remarquer pour le moment, que dans le dessin cité, l'écaille est présentée dans la position où les lignes sont dans le foyer, ce qui fait que les corpuscules ne peuvent être distinctement aperçus.

Si l'on examine ces lignes près du champ terminal, dans les écailles qui sont pourvues de dents, on les voit souvent se joindre à la ligne voisine par une courbure (fig. 14), ce qui leur donne l'aspect d'une ligne formant le prolongement de l'autre qui s'est écoulée. Nous parlerons plus tard de la forme de ces lignes dans le foyer.

Nous voilà donc arrivés à un résultat bien différent de l'opinion des auteurs qui n'ont vu dans ces lignes que les bords des couches homogènes de l'écaille. Cette opinion, à laquelle déjà la simple inspection microscopique s'opposait, par des raisons que nous avons exposées, est tout-à-fait renversée par les observations. Nous aurions préféré suivre les différents degrés du développement de l'écaille sur le même individu; pourtant l'étude comparative des écailles nous a fourni des résultats assez satisfaisants pour pouvoir espérer qu'elle peut suppléer aux recherches indiquées.

§ 3. *Les corpuscules.*

On sait que les cartilages sont pourvus de corpuscules de différente forme et qui sont caractéristiques pour le tissu; une formation tout à fait analogue se présente dans les écailles. Ces corpuscules sont jaunâtres, d'une couleur plus ou moins foncée, d'une forme oblongue, plus ou moins elliptique; on les voit bien distinctement dans la fig. 1, pl. 10. Près du bord de l'écaille ils diminuent de grandeur, pour ne former enfin qu'une espèce de granulation (fig 2. pl. 10); ce qui se remarque aussi quelquefois autour des canaux longitudinaux (pl 9, fig. 6).

Nous les avons présentés examinés à un grossissement plus fort dans la fig. 3 de la pl. 10. On distingue alors plus nettement leurs formes; on voit qu'ils présentent quelquefois les côtés légèrement renflés, que leurs bouts arrondis sont d'autres fois réunis à de très petits corpuscules, ou irrégulièrement limités

Ils deviennent très pâles, et forment de grandes plaques dans le foyer (pl. 10, fig. 4);
leur longueur ordinaire est d'un centième de millimètre, mais ainsi que nous
l'avons déjà exposé, cette grandeur est très variable. Ces corpuscules paraissent
disposés en séries régulières, que pourtant jusqu'à présent nous n'avions
pu distinctement apercevoir; leurs directions s'entrecoupent quelquefois de
manière à former des sortes de croix. Ils nous paraissent jouer le même rôle
que les corpuscules des os et les cartilages; les acides les rendent transparents,
et ils seraient, d'après l'explication que l'on donne des corpuscules des os, le
dépôt de sels. Si l'on traite l'écaille par exemple par l'acide hydrochlorique,
et si on l'y laisse séjourner pendant quelque temps, les corpuscules disparaissent
presqu'entièrement, et l'on voit des sels déposés en cristaux.

Ces corpuscules sont placés dans le tissu près des lignes cellulaires, dans
les bases de ces dernières, et dans un tissu particulier qui est placé au dessus
de la couche inférieure de l'écaille. Ce tissu ne présente pas une organisation
particulière; c'est un tissu amorphe, comme celui où sont déposés les corpuscules des os.

Nous appellerons ce tissu, qui contient tout à la fois les corpuscules, avec
les lignes cellulaires et leurs bases, la couche supérieure de l'écaille. L'organisation que nous venons d'exposer nous paraît la rapprocher des cartilages
à corpuscules, qui ne sont pas ossifiés.

§ 4. La couche fibreuse.   [59]

Si l'on gratte, à l'aide d'un couteau, la surface supérieure de l'écaille, on parvient à enlever les lignes cellulaires, leurs bases, et les corpuscules, et on voit
alors apparaître la couche inférieure, composée de lamelles fibreuses, dont
les fibres s'entrecoupent sous des angles réguliers, mais qui toutes suivent la
même direction dans la même lamelle (fig. 5, pl. 10).

Si au lieu de gratter on déchire l'écaille, alors on déchire aussi la couche
inférieure, et l'on divise les lamelles en un grand nombre de faisceaux de
fibres, ou même en fibres isolées (fig. 6, pl. 10). Cette organisation se rapproche tout à fait de celle des cartilages fibrineux.

En déchirant de cette manière l'écaille, il arrive quelquefois qu'on rencontre des fragments pareils à ceux dessinés dans la fig. 7 de la pl. 10; ici on
aperçoit les lignes cellulaires avec leurs bases surpasser le bord, preuve évidente de la différence de ces diverses couches.

Il y a plusieurs écailles sur lesquelles on aperçoit déjà la couche inférieure
sans avoir besoin de recourir à un déchirement; telles sont les écailles de la
carpe; on voit alors confusément (pl. 9, fig. 21), à côté des bases des lignes cellulaires, des stries très serrées, qui sont précisément les fibres de la couche inférieure, et qui sont dirigées en sens différent.

Cette couche est la plus épaisse au foyer de l'écaille, et la plus mince aux
bords; nous verrons plus tard comment la formation de l'écaille produit ces
différences d'épaisseur.

Nous avons déjà dit, en parlant des canaux longitudinaux, que ceux-ci ne
sont quelquefois que de simples rigoles, formées par l'interruption de la cou-

che supérieure de l'écaille, et par la présence seule de la couche inférieure. Si l'on examine le bord des écailles (pl. 9, fig. 5), on voit distinctement comment le fond de ces canaux se continue avec un espace large, que nous appelons l'espace marginal, et qui n'est formé que de la couche inférieure de l'écaille. Cet espace se présente sur le bord basilaire ainsi que sur les bords latéraux. Si dans ces espaces marginaux les fibres ne se présentent point au premier aspect, on peut toujours les faire paraître par le déchirement de l'écaille.

Ces espaces marginaux se représentent non-seulement sur les écailles membraneuses, où leur formation par la couche inférieure est la plus évidente; mais on les voit encore sur un grand nombre d'autres écailles.

§ 5. *Le foyer.*

Nous avons ainsi appelé le point vers lequel tendent tous les canaux longitudinaux, mais qui n'est pas toujours placé vers le centre de l'écaille. Il est occupé par des corpuscules très grands, pâles et peu épais, et par des lignes cellulaires interrompues, pour ainsi dire morcelées (fig. 13, pl. 9). Telle est au moins la forme du foyer dans la plupart des écailles dures des acanthoptérygiens; dans les malacoptérygiens au contraire, et principalement dans les écailles membraneuses, il n'offre souvent qu'une surface unie, circonscrite, sans corpuscules, sans lignes circulaires interrompues; il est alors le plus souvent entouré de lignes cellulaires concentriques.

La grandeur du foyer diffère; il n'occupe tantôt qu'une très-petite place, d'autres fois il est très-étendu; il détermine la grandeur des champs différents, parce que les lignes de démarcation passent par son centre. Il a la forme tantôt ronde, tantôt oblongue, elliptique, ou carrée, etc.

Nous appelons foyer granuleux celui qui est occupé par des corpuscules, des lignes cellulaires nombreuses interrompues, des cellules plus ou moins distinctes, remplies et difformes; nous appelons au contraire foyer uni celui dont la surface n'offre ni des lignes cellulaires interrompues, ni des cellules remplies, ni des corpuscules.

La plupart des foyers granuleux sont situés en dehors du centre, de manière à rendre le champ basilaire le plus grand, et le champ terminal le plus petit; la plupart au contraire des foyers unis sont situés au centre, ou peu éloignés de là; les champs sont plus égaux, et la forme de l'écaille est en général oblongue; les lignes cellulaires sont concentriques autour du foyer.

§ 6. *Les dents des écailles.*

Les aspérités que l'on trouve sur le bord terminal des écailles n'ont pas jusqu'à présent été soumises à un examen détaillé. Nous donnons, dans les figures 9 à 17 de la planche 10, leurs différentes formes; mais avant de décrire celles-ci, nous étudierons en détail ces tissus sur une écaille, pour les mieux comprendre dans les différents changements qu'ils subissent.

Le bord terminal de l'écaille de *Corvina nigra* est occupé par des corps dont la figure 11 représente la forme, en ne donnant qu'une partie du champ terminal.

On aperçoit, au premier aspect, des corps oblongs entourés d'une enveloppe : il était d'abord nécessaire de se convaincre si cette enveloppe, et le corps qui est à l'intérieur, sont en effet séparés l'un de l'autre. Nous sommes parvenus à éclaircir ce point par le déchirement de ces parties, opéré avec précaution à l'aide d'une aiguille, et nous voyons dans la figure 12 ces enveloppes enlevées sur quelques corps; ceux-ci sont tantôt déchirés eux-mêmes, et tantôt leurs enveloppes seules sont endommagées, plus ou moins profondément lacérées. On peut ainsi enlever presque tous ces corps, et la membrane sur laquelle ils sont posés reste seule.

Ces corps, examinés en détail (fig. 9 et 10), nous feront bientôt voir une organisation pareille à celle que l'on observe sur les dents : nous verrons en effet d'abord un germe entouré d'un sac; ce germe commence peu à peu à se développer, il acquiert des racines, on y distingue des couches différentes; leur bout est inégal et tronqué, ou pointu. Nous croyons donc pouvoir convenablement appeler ces corps les dents des écailles, en faisant allusion ainsi à leur mode de formation.

Les dents sont développées le moins près du foyer, et le plus sur la première série, c'est-à-dire sur celle qui est près du bord terminal. Nous voyons par exemple dans la figure 9, les deux dents supérieures dans leurs sacs; les racines sont bien distinctes, on voit l'épaisseur de la base de la dent, et il n'y a pas de discontinuité dans toute sa surface. Dans les deux dents inférieures le développement est beaucoup moins avancé; les bouts sont tronqués; la couche externe de la dent ne l'enveloppe pas entièrement, mais on distingue nettement les racines, et l'on aperçoit même sur les racines des couches différentes. La figure 10, qui est la continuation de la figure 9, fait voir encore différents degrés du développement jusqu'à ce qu'on arrive aux dents les plus inférieures qui, couvertes de corpuscules, sont à peine marquées, arrondies et très peu développées. Nous verrons un exemple plus frappant de ces développements dans l'explication de la figure 17.

Nous allons maintenant décrire quelques formes dans les différentes familles des poissons.

Les *Gobioïdes* (figure 13) ont une simple série de dents tronquées, la surface tronquée est inégale et plus foncée que le reste de l'écaille; les racines sont quelquefois bien distinctes, ainsi que les enveloppes; leur base est séparée du reste de l'écaille par une ligne.

Les *Percoïdes* (figure 14) présentent des dents bien pointues dans la première série; les autres dents sont presque carrées, et l'on voit leurs sacs sur les côtés; leur position est alternante.

La *Solea nasuta* (figure 15) offre des dents pointues, dans toutes les séries; il est très-difficile de comprendre la position de ces écailles quand on les examine pour la première fois, parce que les racines et le contour inférieur du sac de la dent supérieure sont recouverts par le bout de la dent et le sac de la dent inférieure. Il est nécessaire dans cette observation d'apporter une très-grande attention.

Chez le *Sargus annularis* (figure 16) les dents des deux ou trois premières séries sont seules bien distinctes : les autres ne se voient que dans une espèce d'ombre, très-vaguement.

Dans les séries nombreuses de dents de *Mugil cephalus* (figure 17) on peut étudier en détail le développement successif des dents; dans les séries les plus voisines du foyer il existe des sacs ronds avec un germe rond au dedans; plus tard le sac s'allonge en pointe, la base des dents apparaît, les racines se développent, le bout pointu des dents se forme, et la dent entière se confond enfin avec le sac. La forme de ces dents est ovoïde, leur position alternante. Les dents qui se trouvent le plus près du foyer, ou plutôt ces germes de dents, ne sont que peu distinctes, car elles sont couvertes de corpuscules et de lignes cellulaires interrompues.

Les dents se rencontrent sur une portion de l'écaille qui, chez plusieurs poissons tels que le Trigla, est facilement détruite par le séjour dans l'esprit de vin; cette portion tombe alors tout à la fois avec les dents, et elle se trouve découpée régulièrement à l'endroit où est située la ligne qui sépare les dents du reste de l'écaille. Le même fait s'observe chez les goboïdes, les soles, etc.

Les dents sont toujours les plus nombreuses au milieu du champ terminal, et elles diminuent à mesure que l'on se rapproche davantage des bords latéraux, jusqu'à ce qu'enfin l'on arrive à une dent isolée.

§ 7. *Formation de l'écaille.*

Si nous voulons appliquer les résultats que nous avons obtenus dans l'étude de la structure intime des écailles, à l'explication de la manière dont elles se forment, nous verrons tout d'abord qu'il importe de bien distinguer la formation de la couche supérieure et celle de la couche inférieure.

La première, composée de cellules et de leurs bases avec le tissu qui contient les corpuscules, prend son développement par des accroissements qui ont lieu dans la périphérie, autour des anciennes lignes cellulaires; au moyen de pareils accroissements il se forme non-seulement des lignes cellulaires, mais les canaux longitudinaux eux-mêmes se trouvent allongés. Il est très probable que les lignes cellulaires ne se forment pas seulement l'une après l'autre, mais que plusieurs lignes sont produites simultanément; nous en trouvons une preuve dans les écailles qui, dans leurs accroissements successifs, conservent les espaces marginaux, et dont les lignes cellulaires ou les cellules sont ainsi divisées en plusieurs groupes; nous citerons pour exemple les écailles de Cobitis fossilis.

Mais cet accroissement dans la périphérie n'expliquerait nullement la grande épaisseur du milieu; nous en trouverons la cause dans la formation de la couche inférieure. Nous avons vu que celle-ci est composée de plusieurs lamelles; à chaque accroissement il se forme toujours de nouvelles lamelles. Les canaux longitudinaux qui parcourent toute l'écaille apportent les sucs nécessaires pour qu'une formation uniforme d'une nouvelle lamelle puisse s'opérer dans toute l'étendue de l'écaille; il s'ensuit que les anciennes lamelles étant plus petites, l'épaisseur doit augmenter à mesure que l'on se rapproche du foyer.

Le développement des dents est d'accord avec cette opinion; nous avons vu, en effet, qu'elles sont le moins parfaites près du foyer, c'est-à-dire à l'endroit où finissent les canaux longitudinaux, et qu'elles sont d'autant plus développées que l'on se rapproche du bord. Un développement ne peut pas avoir lieu sans nutrition. Elle doit donc être progressive du foyer vers le bord, c'est-à-dire que les dents le moins développées sur la petite écaille acquièrent du développement en avançant. En même temps il se forme derrière eux de nouveaux germes près du foyer. Il ne sera pas difficile de reconnaître ici une liaison entre ce développement et les canaux longitudinaux, qui se trouvent dans la partie de l'écaille qui est en rapport avec la peau.

Le champ basilaire est en effet presque entièrement entouré de la peau ; nous croyons même avoir aperçu plusieurs fois des filaments qui entrent dans les canaux longitudinaux. On voit donc, d'après ce que nous venons d'exposer, dans quel rapport intime se trouvent ces canaux avec le développement, et qu'ils remplissent pour ainsi dire, par rapport à l'écaille, la fonction de racines.

Peut-être une observation que nous allons rapporter, vient-elle encore à l'appui de cette opinion ; des écailles de plusieurs espèces du genre Abramis nous ont paru perdre leurs canaux longitudinaux dans un âge plus avancé; car nous en avons vu sur d'autres individus qui n'offraient de différence que dans leur grandeur. Ces canaux se rempliraient donc, ils s'oblitéreraient pour ainsi dire dans la vieillesse, phénomène qui ne resterait pas isolé dans l'anatomie.

Ces canaux transportent-ils donc eux-mêmes les sucs, ou ne sont-ils que des canaux pour des vaisseaux lymphatiques ? Des recherches ultérieures doivent décider de cette question. Pour le moment il nous suffit d'avoir démontré les rapports qui existent entre l'accroissement de l'écaille et ces canaux, et le rôle important que jouent ces derniers dans l'anatomie et la physiologie de l'écaille.

Le foyer ne paraît être que le premier principe du développement de lignes cellulaires irrégulières; toujours est-il que l'on ne doit pas y voir une surface inégale formée, dans les anciennes écailles, par la chute des feuillets supérieurs de l'écaille qui s'en détachent.

D'après ce que nous venons d'exposer, nous n'avons guère besoin de répéter combien notre opinion est en opposition avec celle des auteurs qui voient dans les lignes cellulaires les bords des couches sécrétées de l'écaille.

Il reste donc prouvé, d'après nos recherches, que les écailles ne doivent point être considérées comme le produit de la sécrétion de la peau, mais qu'une nutrition interne, un véritable accroissement s'opère dans ces appendices tégumentaires. Les dents qui se trouvent sur un grand nombre d'écailles, en offrent d'abord, par les développements successifs qu'elles parcourent, un exemple des plus frappants; les canaux, en rapport avec la peau, viennent à l'appui de cette opinion ; les cellules (que l'on doit appeler granules quand elles sont remplies) subissent des changements successifs que nous avons signalés, et prouvent, par conséquent, qu'elles sont soumises à un accroissement, à une nutrition, et qu'elles ne doivent pas leur origine à une sécrétion.

Il reste en outre prouvé qu'il faut bien distinguer deux couches tout

I.   (4)   20

à fait différentes dans la structure de l'écaille; deux couches différentes dans leur organisation, leur mode d'accroissement et le nombre de parties qui les composent. La couche supérieure, ressemblant par sa structure aux cartilages à corpuscules, offrant des corpuscules et des lignes, diffère essentiellement de la couche inférieure fibreuse. Mais il reste ici un point que les recherches ultérieures devront décider; nous avons dit que les lamelles fibreuses de la couche inférieure, formées l'une après l'autre, se surpassent graduellement, et que sur le bord excédant la lamelle la plus récente il se forme de nouvelles lignes cellulaires, qui constituent ainsi la continuation de la couche supérieure. Ces lignes cellulaires sont-elles formées tout à fait indépendamment de la couche inférieure, ou sont-elles le résultat de l'élévation de celle-ci, qui toutefois, par cette élévation, éprouverait une transformation complète? Cette dernière opinion se trouve contredite par la structure essentiellement différente de deux couches; par le nombre de lamelles inférieures quelquefois beaucoup plus considérable, d'autres fois beaucoup moindre que celui des lignes; par la formation de dents qui est tout à fait indépendante de la couche inférieure. Mais on pourrait citer, à l'appui de cette opinion, la transformation par exemple de cartilages en tissu osseux, deux organisations essentiellement différentes; on pourrait dire qu'une lamelle donne naissance, à sa surface, à plusieurs lignes cellulaires, où que toutes les lamelles ne présentent pas cette transformation. Mais dans aucun cas on ne pourrait affirmer que le bord de la lamelle inférieure constitue ces lignes. Nous avons vu d'abord la différence de la structure du bord de l'écaille et des lignes; la direction de celles-ci est quelquefois tout à fait opposée à celle du bord; d'autres fois les lignes situées entre deux canaux sont interrompues, et se croisent dans leurs directions, tandis que le bord correspondant de l'écaille ne constitue qu'un trait uni, etc.

Quant à l'autre opinion, qui serait favorable à une formation de la couche supérieure, indépendante de la couche inférieure, nous en savons encore trop peu pour pouvoir l'affirmer; peut-être que l'étude des écailles observées dans leur développement chez les jeunes individus, pourrait éclaircir cette question qui offre beaucoup d'intérêt pour la physiologie des appendices tégumentaires.

Nous avons représenté, dans la fig. 20 de la planche 10, une coupe idéale d'une écaille; *a* représente les lamelles de la couche inférieure; *b* la base des cellules ou granules (*c*); ces deux dernières formations constituent les lignes qui, avec les corpuscules, sont les éléments de la couche supérieure. Nous devons à l'obligeance de M. le professeur Nordmann, d'avoir pu examiner les écailles des poissons de la mer noire; nous avons exposé ailleurs (*Voyage dans la Russie méridionale*, par M. Demidoff; Paris, 1839) la description des formes différentes de ces écailles, par la détermination des familles. Ce point intéresse plus l'histoire naturelle que l'anatomie des écailles; ce qui nous engage à citer ici seulement les résultats de ces observations faites sur un nombre d'environ 60 genres de poissons.

La plupart des Acanthoptérygiens offrent les caractères suivants communs à leurs écailles.

Le champ basilaire est plus grand que les autres; le champ terminal, à peu d'exceptions près, est très-petit, allongé et pourvu de dents; le foyer est le plus souvent en dehors du centre de l'écaille; le bord basilaire est souvent lobulé; le nombre de canaux longitudinaux correspond le plus souvent au nombre de lobes, mais il en existe aussi qui se terminent dans leur trajet soit du foyer vers la périphérie, soit de la périphérie vers le foyer. Ces écailles sont plus dures que celles des poissons de l'ordre suivant; elles contiennent plus de corpuscules; leur position est imbriquée; l'épiderme reste quelquefois attaché au champ terminal avec le pigment.

Les malacoptérygiens présentent, dans leurs écailles, une organisation particulière, offrant les caractères suivants :

Les écailles sont plutôt membraneuses, plus flexibles, moins riches de corpuscules; leur forme est en général ovale ou ovoïde, plus ou moins oblongue; les lignes cellulaires, souvent à l'état rudimentaire, font voir encore les cellules; souvent absence de canaux longitudinaux; souvent des canaux longitudinaux rayonnants; foyer uni, plus ou moins rapproché du foyer de l'écaille, entouré souvent de lignes cellulaires concentriques. Presque toutes ces écailles manquent de dents, excepté la sole. Elles sont souvent déposées dans des poches de la peau.

La matière argentine déposée à la surface inférieure de l'écaille, sur une membrane particulière, consiste en cristaux, représentés dans la fig. 8 de la pl. 10. Nous en parlerons dans notre mémoire sur la peau.

L'étude des *écailles des Reptiles* nous eût offert de grandes difficultés, si elle n'avait été précédée de celle des écailles des poissons. Où aurions-nous pu trouver, en effet, l'explication de toutes ces lignes longitudinales et transversales, extrêmement serrées, qui couvrent presque toute la surface de l'écaille, mais dont l'organisation, malgré l'application des plus forts grossissements, reste toujours obscure. Aucun détail, aucune structure ne peut être aperçue dans ces lignes, qui se présentent sous forme de stries, et qui seulement dans quelques espèces paraissent offrir très-vaguement des nodules serrés, qui donnent à ces stries l'apparence de chapelets, mais dont l'organisation n'est pas pour cela plus claire et plus explicite.

Jusqu'à présent on n'a fait aucune observation à ce sujet, et l'occasion nous ayant manqué à nous-même de les étudier dans leur développement, nous avons profité des résultats obtenus de l'étude des écailles des poissons pour résoudre la question si difficile de leur structure et organisation intime; ces mêmes résultats nous serviront également pour l'explication de la structure des écailles des lépidoptères.

Nous avons déjà remarqué que les lignes qui se trouvent à la surface des écailles des poissons doivent leur origine à la fusion de cellules, qui, d'abord isolées, se réunissent peu à peu, et finissent, dans la plupart des écailles, par constituer des lignes ou plutôt des stries qui gardent à peine quelques traces de ces cellules.

L'écaille de *Coluber trabalis*, ainsi que de la plupart des autres reptiles, ne constitue qu'une continuation de l'épiderme, de sorte qu'en enlevant celui-ci on emporte en même temps les écailles. On ne peut donc examiner ces dernières sans l'épiderme, qui fait corps avec l'écaille; c'est précisément cette circonstance qui facilite l'explication de l'ensemble: car tout l'épiderme qui entoure l'écaille est composé de cellules à doubles bords (pl. 10, fig. 18, a) qui sont d'autant plus serrées qu'elles se rapprochent davantage de l'écaille, et d'autant plus rares qu'elles s'en éloignent. Dans ce dernier cas elles conservent leur forme plus ou moins ronde, mais quand elles sont serrées elles se déforment mutuellement.

Mais tout à coup ces cellules se transforment en stries (pl. 10, fig. 18, b) qui recouvrent toute la surface de l'écaille. Ces stries sont d'abord plus courtes et interrompues; peu à peu elles s'allongent et semblent s'anastomoser ensemble; enfin on aperçoit des lignes longitudinales, entre lesquelles se trouvent des lignes transversales courbées vers la périphérie (pl. 10, fig. 18, c). Or, nous croyons pouvoir affirmer que ces lignes longitudinales sont analogues à celles que nous avons déjà observées sur les écailles des poissons, et que nous avons appelées des vaisseaux de nutrition. L'épaisseur très-minime de ces lignes (le dessin est fait d'après un grossissement de cinq cents fois) ne permet pas de les étudier en détail, et ce n'est que l'étude comparative qui peut nous révéler leur nature.

Nous croyons pareillement pouvoir affirmer que les lignes transversales (pl. 10, fig. 18, b et c) ne sont autre chose que le résultat de la fusion des cellules de l'épiderme environnant (pl. 10, fig. 18, a), tout à fait analogues sous ce rapport aux lignes observées à la surface des écailles des poissons. Les écailles de *Coluber natrix* (pl. 10, fig. 19) viennent encore à l'appui de cette opinion; elles offrent d'un côté des lignes longitudinales composées d'une série de nodules, qui paraissent être des restes de cellules.

MÉMOIRE

SUR LA

TERMINAISON

DES NERFS

PAR

LE DOCTEUR LOUIS MANDL.

ACCOMPAGNÉ DE DEUX PLANCHES.

PARIS,

CHEZ J.-B. BAILLIÈRE,

LIBRAIRE DE L'ACADÉMIE ROYALE DE MÉDECINE,

RUE DE L'ÉCOLE DE MÉDECINE, 17;

A LONDRES, CHEZ H. BAILLIÈRE, 219, Regent Street.

—

1842

MÉMOIRE

SUR LA

TERMINAISON DES NERFS.

CHAPITRE PREMIER.——HISTORIQUE.

(PLANCHE I.)

(Planche onze de la première partie.)

§ 1.

On ne connaissait, jusqu'à ces derniers temps, rien de précis sur la manière dont les nerfs se terminent. Les uns pensaient qu'ils se ramifient à l'infini, en sorte qu'il y aurait un filet nerveux dans la composition de chaque fibre élémentaire du corps, avec laquelle il s'unirait, en perdant le névrilème ; d'autres croyaient, au contraire, qu'ils se terminent dans les organes par des extrémités libres, qui agissent à distance (papilles nerveuses). Ces opinions ont été professés par tous les anatomistes et les physiologistes, jusqu'au commencement de ce siècle ; je citerai entre autres, Prochaska, Reil, etc. *Rudolphi* (n. 2, tom. 1, p. 95) dit bien avoir vu les extrémités des nerfs former des anses sur la langue de grands mammifères ; mais, n'ayant pas fait usage de vers grossissants, il n'a pas pu voir les dernières ramifications

Prevost et *Dumas* (n. 3. t. III, p. 322) ont fait les premières observations microscopiques sur les terminaisons des nerfs, en employant un grossissement de deux à trois cents diamètres (p. 321). Lorsqu'on examine les dernières ramifications des nerfs, on voit toujours les fibres nerveuses élémentaires se jeter perpendiculairement sur les fibres du muscle (fig. 1), et revenir ensuite sur elles-mêmes en forme d'anse (fig. 3), en s'unissant, soit au tronc qui les a fournies, soit à un tronc voisin. Ces troncs sont eux-mêmes perpendiculaires ou parallèles aux fibres du muscle : dans ce dernier cas, ils se transmettent de petits filets perpendiculaires au muscle.

Nous devons encore exposer ici les expériences microscopiques de ces auteurs concernant l'influence des derniers rameaux sur la contraction des muscles, produite à l'aide d'un courant électrique. Dès l'instant où ce courant est établi, le muscle se contracte, les fibres parallèles qui le composent fléchissent en zig-zag (fig. 2), et présentent un grand nombre d'ondulations régulières. Les angles des flexions ont lieu dans des points déterminés, et ne changent pas de position ; ils servent de passage aux filets nerveux qui,

I.   (1)   21

ainsi que nous l'avons déjà dit, coupent les fibres à angles droits. Ces expériences se font le plus facilement sur les muscles transparents, tels que sont le sterno-pubien, le fascia lata de la grenouille, etc. Les contractions fortes peuvent diminuer d'un quart la longueur du muscle; mais celui-ci ne change pas de volume.

Ces observations ont été constatées par différents auteurs, entre autres par *Lauth* (n. 7), qui a vu souvent des anses nerveuses; mais, d'autres fois, il lui a été impossible d'apercevoir ce retour des filets vers les troncs. Il a rarement remarqué que les derniers filets soient perpendiculaires aux fibres musculaires; jamais ils ne sont disposés par espaces réguliers, en sorte que la théorie physiologique de Prévost et Dumas ne lui parait pas admissible.

Wagner (n. 8, vol. 5), croit que les dernières ramifications des nerfs s'unissent au parenchyme des tissus. Mais il nous parait très probable que cet observateur distingué est revenu de cette erreur.

Breschet et *Roussel de Vauzème* (n. 5), considèrent les papilles de la surface du derme et qui sont emboîtées dans l'épiderme, comme des tiges nerveuses. La fig. 4 représente une de ces papilles de la peau de la baleine, et la fig. 5, celles de la peau humaine. On voit à leur surface, d'après ces auteurs, les dernières fibres nerveuses, qui, au sommet, forment des anses concentriques.

Gluge (n. 23), au contraire, croit que ces filets ne sont pas les dernières ramifications des nerfs; qu'elles sont destinées à fixer la couche épidermique sur le derme. Il a trouvé la base large de 0,0038 d'un pouce, et le sommet qui se termine par un petit renflement dans l'épiderme, large de 0,001 d'un pouce.

Schwann (n. 10, p. 16) croit avoir vu les nerfs se terminer sous une autre forme que celle des anses, dans le mésentère des grenouilles et dans la queue des têtards. Il dit que les fibres primitives des nerfs envoient dans ces tissus des fibres beaucoup plus déliées qui, çà et là, forment de petits ganglions; ceux-ci fournissent de nouvelles branches très déliées. L'auteur croit que dans ce cas les fibres primitives se divisent réellement, et qu'à la fin elles forment un réseau comme les vaisseaux capillaires.

Tous les observateurs, au contraire, dont nous avons exposé jusqu'à présent les recherches, et qui se sont prononcés à ce sujet, étaient d'accord sur ce point que les fibres élémentaires ne se divisent pas. *Fontana* (n. 1), avait déjà énoncé cette loi; peut-être avait-il aussi vu les anses terminales, en les désignant sous le nom de fibres tortueuses. Mais, c'est *Müller* qui a fait sentir toute la valeur physiologique du trajet constamment isolé des fibres nerveuses, et par conséquent de la forme en anses. Aussi a-t-on étudié avec ardeur dans ces derniers temps les terminaisons des nerfs.

Kronenberg (n. 12) et *Emmert* (n. 13), n'ont pu nulle part constater une division élémentaire des nerfs. Ce dernier a observé les anses terminales des nerfs dans les muscles, et *Breschet* (n. 14) ceux formés par le nerf cochléen, dépouiller du névrilème, sur la lame spirale du limaçon

(fig. 6); mais Müller (n. 22), n'a pas pu constater les terminaisons du
nerf, sur la lame spirale dans l'oreille du limaçon.

C'est *Valentin* (n. 19), qui a fait ressortir toute l'importance des anses
terminales, en disant que les nerfs n'ont point, à proprement parler, de
terminaison périphérique, mais que, dans les organes périphériques, leur
partie centrifuge passe, sans délimitation, dans leur partie centripète. Il
croit avoir vu le premier ces anses terminales, et prétend que Prevost et
Dumas n'ont pas vu les fibres élémentaires isolées des nerfs se recourber,
mais seulement des faisceaux de fibres élémentaires. Valentin a fait des recherches très étendues sur la terminaison des nerfs, et il a pu constater
la présence des anses dans les follicules dentaires (fig. 7), dans la peau
de la grenouille (fig. 8), dans la membrane muqueuse (fig. 9.), dans l'o-
reille des oiseaux (fig. 12, 13, 14), etc. Mais il s'est trop hâté de conclure que les fibres primitives du cerveau se terminent aussi sous forme
d'anses. Cet auteur a étudié aussi les différentes variétés de *plexus* (fig. 11),
qui se forment, lorsque des fibres élémentaires quittent un faisceau pour
s'accoller aux fibres d'un faisceau voisin. Des plexus et des anses peuvent
se former au milieu du trajet d'un nerf, ou à sa terminaison périphérique ;
dans ce dernier cas, on les appelle plexus et anses terminales.

Treviranus (n. 17, cah. 2, p. 59) dit avoir vu les nerfs se terminer par un
bout renflé ; mais il n'ose pas affirmer ce fait, et il admet la possibilité que les
dernières ramifications aient été cassées dans la préparation. Les terminaisons
périphériques des nerfs prennent, d'après *Berres* (n. 11, p. 94), eur origine
dans les vésicules du tissu cellulaire plastique.

Burdach (n. 21), conseille d'humecter la peau et les muscles avec du
vinaigre pendant la préparation, ou, ce qui est plus commode, mais ce
qui n'est pas aussi sûr, de laisser le tout pendant quelques heures dans
du vinaigre. On peut alors diviser la peau de la grenouille en trois couches ; l'externe est l'épiderme, la couche moyenne contient les dépôts de
pigment, l'interne enfin est constituée par du tissu cellulaire condensé,
dans laquelle se distribuent les nerfs. Cette distribution a été examinée par
l'auteur avec un grossissement de 250 fois. Aussitôt après leur entrée
les nerfs de la peau (fig. 15, a.) se partagent en plusieurs branches (fig.
15, b.) qui divergent de différents côtés, et même leur ramification ne
suit pas une direction déterminée. Si l'on poursuit une branche nerveuse,
on la voit d'abord diminuer progressivement (fig. 15, c.), jusqu'à la grosseur de quelques fibres primitives, mais rarement d'une seule, puis augmenter progressivement de volume, en recevant sans cesse de nouveaux
faisceaux, tantôt plus petits, tantôt plus gros qu'elle. Ainsi accrue de plus
en plus elle se montre finalement comme branche d'un tout autre tronc
nerveux. Ces branches forment donc un réseau varié et très serré, par
suite d'adjonctions et de disjonctions alternatives. Les rameaux de la
cinquième paire, qui appartiennent à la membrane muqueuse de la bouche et de la partie postérieure de la langue, présentent une disposition
semblable. Aussi l'auteur croit-il que le caractère essentiel des nerfs qui

président à la sensibilité générale, consiste à former des *réseaux* variés, très étendus, qui sont constitués, la plupart du temps, par des faisceaux nerveux, rarement par des fibres primitives isolées. Les nerfs des muscles (fig. 16), parcourent un certain trajet avant de donner des branches, dont la direction générale correspond à celle des fibres musculaires. Ces branches forment ensuite un lacis, le plexus terminal de Valentin, d'où sortent enfin, dans le voisinage de l'extrémité du muscle, des ramuscules qui forment ce que Valentin a appelé les anses terminales; mais ces fibres primitives retournent toujours à leur tronc et même à leur rameau. Le nerf hypoglosse se comporte absolument comme les nerfs des muscles. L'auteur croit, par conséquence, que le caractère essentiel des nerfs qui dirigent l'action musculaire consiste à former dans l'intérieur du muscle un plexus constitué en partie par des faisceaux forts, et puis à se disposer en anses terminales, qui très rarement sont constituées par des fibres primitives absolument isolées. La fig. 16, donnée par l'auteur, ne répond pas à cette description; aussi l'auteur a-t-il soin d'ajouter qu'elle n'est pas dessinée d'après nature; ainsi, « les arcades terminales des nerfs ne sont formées que de simples fibres primitives, ce qui n'a jamais lieu ». Les nerfs qui se distribuent dans le muscle peaucier se rapprochent tout à fait des nerfs des autres muscles par l'absence de la formation rétiforme, et se rapprochent davantage des nerfs de la peau par l'absence d'anses terminales. Ses ramuscules traversent, tantôt obliquement, tantôt transversalement, les fibres musculaires, se réunissent dans le voisinage d'un autre tronc, et passent sous la forme de rameaux dans un autre tronc nerveux.

Pour voir la terminaison du glosso-pharyngien, l'auteur fait périr une grenouille par hémorrhagie; il injecte dans la bouche de l'eau tiède chargée d'une très petite quantité de carbonate de potasse, il coupe ensuite sur le bord de la langue un petit lambeau. Le nerf forme à sa partie périphérique (fig. 17) un réseau très fin, caractérisé par un accollement très lâche des fibres primitives; il se résout enfin en ses cylindres élémentaires qui forment des anses terminales. L'auteur croit que c'est le caractère essentiel de tous les nerfs purs de sens.

Gerber (n. 29, p. 157), fait bouillir la peau pendant quelques heures, jusqu'à ce qu'elle soit transparente; il la place ensuite pendant quelques heures dans de l'huile de thérébentine, et conseille de prendre des couches très minces de la peau préparée de cette manière, pour voir les terminaisons des nerfs. Ils forment, dans les papilles, plusieurs circonvolutions terminales, avant de continuer leur trajet.

§ 2.

La terminaison des nerfs dans les organes des sens supérieurs a été spécialement étudiée dans la *rétine*, que l'on croyait généralement composée de globules. Toutefois, il paraît que *Leeuwenhoëk* (Op. omnia, vol. 3,

p. 79) connaissait déjà les baguettes, que Treviranus a découvertes, pour ainsi dire, une seconde fois. Leeuwenhoëk dit en effet : « Ubi eos (globulos) accuratius examinarem, comperi plerasque particulas esse et tertia vel quarta parte longiores quam crassas;... maxime probabile judicavi, particulas illas oblongas conficere corpus quoddam retibus nostris non dissimile. »

Fontana (n. 1, t. 2, p. 213) distingue dans l'œil des lapins une pulpe et des fibres radiées, que l'on aperçoit déjà à un grossissement de six fois. La pulpe est composée de globules transparents, comme liés par des membranes ou des filaments très-fins et transparents ; la partie nerveuse non radiée est aussi composée de globules, attachés à de petits vaisseaux qui ressemblent à ceux de la substance médullaire du cerveau.

Ehrenberg (n. 4, p. 457, et n. 9, p. 699) assure avoir vu dans la rétine des globules dont la grandeur se trouve dans un certain rapport avec celle des globules sanguins. Mais la véritable rétine se trouve derrière cette couche de globules; c'est la prétendue membrane séreuse, composée de fibres variqueuses, qui, chez le lapin, forment des plexus et contiennent dans les mailles une autre substance. La couche de globules est traversée par des vaisseaux sanguins, et la couche nerveuse contient des fibres corticales très-fines et des fibres médullaires variqueuses. Toutefois, il ajoute y avoir trouvé chez les poissons et la grenouille des corpuscules prismatiques en forme de baguettes, et d'autres en forme de massues dans la membrane muqueuse du nez.

Wagner (n. 8) ne peut trouver aucun rapport entre les globules de la rétine et les noyaux des globules sanguins. L'auteur voit dans la couche externe des fibres à simples contours (et non à doubles contours, comme les fibres nerveuses), qui cassent facilement; elles ne sont pas variqueuses et ont $\frac{1}{600}$ à $\frac{1}{400}$ de ligne de diamètre.

Gottsche (n. 6, p. 457) distingue trois couches dans la rétine des poissons acanthoptérigiens : la première interne, la membrane en rayons, est formée par les fibrilles du nerf optique; la seconde, moyenne, est lisse, et paraît avoir des fibres transversales, que toutefois on n'a pas pu constater par le microscope; la troisième enfin, externe, est molle et composée de molécules. L'auteur a séparé les deux dernières couches à l'aide de l'alcool.

Langenbeck (n. 15) divise la rétine en trois couches : une externe, la couche corticale, qui est granuleuse et contient deux espèces de globules ; une seconde composée de fibres nerveuses, variqueuses; et une troisième, qui contient les vaisseaux sanguins. La couche granuleuse manque autour de la tache jaune, et finit près de la zonule; la seconde couche ne finit qu'entre le corps vitré et l'uvée.

Dans un second travail sur la rétine, *Gottsche* (n. 16. p. 40) établit quatre couches dans la rétine, en ajoutant aux trois établies par lui précédemment une, la plus interne, composée de vaisseaux. La couche qui figurait d'abord comme la moyenne devient maintenant la troisième, et est appelée *retina Gottsche*. La quatrième couche, la plus externe, est composée de corpuscules en forme d'écailles; elle doit être distinguée de la membrane de Jacob, qui est placée entre la rétine et la choroïde, et qui est de nature muqueuse. La *retina Gottsche* est attachée à la zonule.

I.   (2)   22

Treviranus (n. 17, cah. 1, p. 63, cah. 11, p. 42, p. 91) a découvert une forme de terminaison tout à fait différente des anses terminales. Les nerfs se terminent, selon lui, dans les organes des sens supérieurs, sous forme de papilles arrondis. Si les observateurs qui ont suivi Treviranus ont pu constater en général l'existence de ces éléments, ils n'ont pas pu pourtant s'accorder ni sur la position, ni sur la forme, ni sur le caractère de ces papilles, à savoir si elles sont véritablement les terminaisons des nerfs. Voici, au reste, quelle est la structure de la rétine observée sur des couches très-minces obtenues à l'aide de sections verticales ou horizontales par Treviranus. Le nerf optique, après avoir passé la sclérotique et la choroïde, étend de tous côtés ses cylindres, à la surface externe de la rétine. Chaque cylindre quitte dans un certain point cette direction horizontale, et se trouve du côté interne en passant par le réseau vasculaire de la veine centrale (fig. 18, b). Ces cylindres montent ensuite perpendiculairement (q), et passent par un second réseau vasculaire, formé par l'artère centrale (d). En sortant ils reçoivent des gaines de la membrane vasculaire de la rétine (m), et finissent sous forme de papilles derrière le corps vitré (n). L'auteur est parvenu à observer cette structure non-seulement sur la corneille (rétine conservée dans l'alcool, fig. 18), mais aussi chez beaucoup d'autres animaux, par exemple, sur la chouette (fig. 19), le lapin (fig. 20, 24), la couleuvre (fig. 21), la grenouille (fig. 23). Ces dernières figures représentent la surface interne de la rétine. Les bouts des cylindres, avant de devenir papilles, cassent facilement et apparaissent alors sous forme de baguettes. Les papilles sont un peu plus larges que les cylindres; ces derniers ont, par exemple, chez les brebis 0,001 mill. pour diamètre, tandis que le diamètre des papilles varie entre 0,001 et 0,002 de mill.; elles sont beaucoup plus larges chez la taupe, le cygne et chez les animaux vertébrés à sang froid. Il paraît que chez le brochet deux cylindres (fig. 22), ayant 0,003 mill. de diamètre, se réunissent en une seule papille, large de 0,009 mill. On voit chez le têtard (fig. 25) la gaine que reçoivent les papilles. Chez la tortue, chaque papille (fig. 26) appartient à un faisceau de cylindres très-fins. Treviranus dit avoir observé des papilles pareilles sur la lamelle spirale dans l'oreille d'une jeune souris (fig. 27), et sur la membrane muqueuse nasale du même animal (fig. 28) et sur celle du hérisson (fig. 29). Les rayons indiqués dans la rétine par Fontana comme résultat de la distribution du nerf optique ne sont que des vaisseaux sanguins.

Gottsche (n. 16, cah. 5 et 6), par ses nouvelles recherches, a constaté en général celles de Treviranus. Gottsche dit que, dans l'œil frais, les baguettes et les papilles donnent à la rétine le même aspect que présenterait un toit de paille. La couche granuleuse, indiquée précédemment par l'auteur, n'est que l'effet de la décomposition par l'eau, etc. Gottsche dit avoir vu la connexion qui existe entre les papilles et les corpuscules en forme de baguettes, qui se trouvent à la surface externe de la rétine. Il considère actuellement ces baguettes comme la terminaison du nerf optique, quoiqu'il ait séparé précédemment ces deux couches l'une de l'autre. Deux points principaux sont pourtant acquis par ces observations : la transformation des baguettes

en globules par l'action de l'eau, et leur position à la surface externe de
la rétine. Il est vrai que *Michaëlis* et *Müller* (n. 22, p. XI) disent que la
transparence peut induire en erreur sur la position réelle des baguettes ; mais
des observations postérieures sont venues à l'appui de l'opinion de Gottsche.
Huschke (Journal de Ammon, IV, 1835, p. 283), au reste, avait déjà dit
que la membrane de Jacob consiste en globules très-petits ; or, comme il
résulte des observations de Gottsche que les baguettes deviennent des globules
par l'action de l'eau, il était déjà à présumer que les baguettes sont placées
du côté externe. Gottsche distingue aussi des rapports différents entre
les papilles et les baguettes, et indique des tourbillons produits par la position soit des fibres du nerf optique, soit des baguettes ; enfin, il signale
aussi des papilles doubles.

Volkmann (n. 18) et *Weber* (n. 20) adoptent les observations de Treviranus ; mais ils croient que les rayons de la rétine ne sont pas formés par
des vaisseaux, comme le pense Treviranus, mais par des fibres variqueuses,
probablement nerveuses.

Michaëlis (n. 22, p. XII) admet quatre couches dans la rétine ; une externe séreuse, la membrane de Jacob, parsemée, chez les oiseaux, de globules du pigment ; la seconde, granuleuse, est la plus épaisse, et présente
à sa surface externe et à l'interne des globules ; mais, coupée en travers, elle
paraît composée de cylindres placés verticalement, qui portent à leur bout
des globules, du côté de la troisième couche. Celle-ci est composée et de fibres
nerveuses, ayant $\frac{1}{2500}$ de ligne pour diamètre, et, plus en dedans, de vaisseaux sanguins. Vient enfin la quatrième couche : c'est une membrane
composée de globules, réunis par des fibres élémentaires, lesquelles sont
les terminaisons du nerf optique. La tache jaune n'est qu'un bourrelet
qui entoure une couche très-mince granuleuse de la seconde couche.

Valentin (n. 26, 1837, p. 250) distingue trois couches dans la rétine. L'externe est composée des fibres élémentaires du nerf optique (fig. 11) qui
forment des plexus terminaux et des anses terminales. La couche moyenne est
formée par les corpuscules de dépôt (fig. 10, d), plus petits que ceux que
l'auteur a trouvés dans les ganglions, et pourvus d'un nucleus qui lui-même
contient un noyau simple ; enfin la troisième couche consiste en globules
(fig. 10, a) jaunâtres, anguleux, ayant une tache centrale. Cette couche
manque sur le *foramen centrale* qui n'est qu'une espèce de sillon plus profond
en arrière (fig. 10, b), et plus aplati en avant (fig. 10, c). La membrane de
Jacob est composée de papilles très-molles, pourvues d'un noyau près de leur
bout, et ressemblent aux cylindres de l'épithélium de la conjonctive.

Mayer (n. 24) dit que les baguettes sont placées à la surface antérieure de
la rétine. Mises dans l'eau, elles présentent, d'après cet auteur, des mouvements spontanés. Mais, en réalité, ce n'est qu'une locomotion moléculaire.

Henle (n. 25. p. 388) fixe son attention surtout sur les altérations
qu'éprouvent les baguettes par l'action de l'eau. Il dit que les baguettes sont
droites et que, lorsqu'on examine la rétine dans de l'eau pure, ou chargée d'albumine, les baguettes, se courbant à leur bout antérieur, forment des espèces

de massues ou de globules placées sur la baguette, pourvues d'un centre vide qui produit l'aspect apparent d'un noyau. Henle signale en outre la présence de globules pareils aux gouttelettes d'huile, entourés d'une cellule ronde, transparente, et placés sur la couche de baguettes.

Müller (n. 28, vol. 2, p. 316), *Remak, Bidder, Henle, Hannover*, (n. 27) et *Burns* (n. 33) n'ont pas pu constater ce rapport, existant suivant Treviranus, entre les fibres primitives du nerf optique et les papilles de la rétine : nous avons vu, en effet, que cet auteur voyait dans les papilles les terminaisons des fibres du nerf optique. Dès à présent, les observations deviennent plus compliquées, et quoique quelquefois des auteurs aient corrigé leurs observations par des recherches ultérieures, nous les exposerons pourtant dans l'ordre chronologique dans lequel elles ont été faites.

Remak (n. 27, p. 165), dit que les papilles sont séparées des baguettes (les cylindres de Treviranus) par une strie transversale : les papilles se séparent facilement, et l'on voit alors un fil très mince sortant de la baguette et entrant dans la papille. Les baguettes forment, sur toute la rétine, une couche de fibres droites, régulières, pourvues d'un grand nombre de stries transversales. Ces baguettes se cassent facilement, sont placées en tourbillon (ce que Gottsche avait déjà décrit), et se touchent par leurs bouts. Une seconde couche, extérieure à la précédente, est formée par la distribution des fibres du nerf optique, dont les terminaisons ne forment pas les baguettes. Une troisième couche, la plus externe, est composée de grandes cellules, ainsi que Müller (n. 22) l'a déjà indiqué. *Henle* se déclare, dans une note supplémentarire, contre l'opinion de Remak et pour celle de Treviranus, et croit que les baguettes ne sont que les terminaisons des fibres primitives du nerf optique. Le fil très mince, sortant de la baguette, n'est, d'après cet auteur, que la gaine rétrécie, dépourvue du contenu, et les baguettes elles-mêmes des fragments des fibres plus longues.

Bidder (n. 27, p. 371), est arrivé à des résultats analogues à ceux obtenus par Michaëlis. Les baguettes ne sont pas les terminaisons des fibres nerveuses; elles constituent la membrane de Jacob, et forment seulement, lorsqu'elles ont été déplacées, les tourbillons, indiqués par Gottsche et Remak. Quelques-unes de ces baguettes se présentent sous la forme d'une bouteille. *Henle* se prononce de nouveau, dans une autre note, pour l'opinion de Treviranus. Il attaque les observations de Valentin sur la structure de la membrane de Jacob, et croit que la couche de globes décrite par cet auteur n'est que le produit de l'action de l'eau. Il prend les papilles désignées par Valentin dans la membrane de Jacob pour une espèce d'épithélium de la choroïde, les fibres nerveuses pour du tissu cellulaire, et les baguettes pour les terminaisons des nerfs. Mais les recherches des auteurs que nous allons citer ont prouvé à *Henle* (n. 35), la fausseté de ces anciennes opinions, dont il est maintenant tout à fait revenu. *Valentin* (n. 26, 1839, p. 67), au reste, tout en reconnaissant la justesse des observations de Henle, en ce qui concerne l'action de l'eau sur les baguettes, admet l'existence des corpuscules de dépôt. Ces éléments se montrent en effet, même en examinant la rétine dans le sérum sanguin.

Burow (n. 3o, p. 4o), décrit la tache jaune de l'œil humain comme une saillie, composée de corpuscules ronds, allongés. On reste en doute, d'après la description de l'auteur, s'il a vu par transparence les bouts des baguettes ou les globules de dépôt de Valentin.

Hannover (n. 3o, p. 32o), confirme les observations de Michaëlis et de Bidder en ce qui concerne la position des baguettes et des globules de pigment; mais il croit que ces baguettes composent la partie essentielle de la rétine, tandis qu'il appelle les fibres nerveuses et les globules, la partie cérébrale de la rétine. Cet auteur, outre les baguettes simples, en décrit d'autres doubles, qu'il appelle cônes-jumeaux, analogues aux baguettes décrites par Treviranus dans la rétine du brochet (fig. 22). Chez les poissons, les baguettes sont des prismes hexagonaux, dont le bout externe forme un filament. Les cônes-jumeaux sont composés de deux moitiés : l'interne est cylindrique et paraît renfermée dans une capsule très mince; l'externe est séparée de la précédente par deux lignes transversales, et finit par deux bouts pointus. Chaque côue est entouré de groupes concentriques de baguettes, dont les bouts externes se trouvent renfermés dans des gaines qui sont fournies par la couche de pigment de la choroïde. Le nerf optique ne forme ni plexus ni anses terminales; une couche de corpuscules ganglionaires se trouve placée au-dessus et au-dessous de lui. Les cônes-jumeaux manquent chez les grenouilles : les baguettes portent à leur bout externe des globules qui leur donnent l'air d'être perforées. Chez les oiseaux, les baguettes sont plus courtes et hexagonales; elles présentent au milieu une ligne transversale qui indique l'endroit de la cassure. Les gaines du pigment entourent la moitié de chaque baguette : les cônes-jumeaux portent au centre un ou deux globules jaunes, huileux, et sont renfermés dans des gaines rouges. Chez les mammifères, les baguettes et les cônes-jumeaux sont beaucoup plus minces que dans les classes précédentes; leur bout externe casse facilement à l'endroit indiqué par la ligne transversale. Les cônes-jumeaux sont plus courts que les baguettes, et forment, par suite de cette disposition, des taches dans la rétine.

Pappenheim (n. 31) voit aussi les baguettes placées du côté externe de la rétine; cet auteur dit avoir constaté la présence de globes de dépôt, indiqués par Valentin.

Valentin (n. 26, 184o, p. 142) ne croit plus, comme précédemment, que les baguettes forment la membrane de Jacob; toutefois, elles lui paraissent placées à la surface externe de la rétine. Plusieurs raisons déterminent cet auteur à regarder ces baguettes comme du tissu nerveux appartenant à la rétine (p. 144); mais il n'est pas d'avis qu'elles constituent les terminaisons du nerf optique, par les raisons suivantes. D'abord, ces baguettes ne sont pas, comme les nerfs, pourvues d'un contenu huileux; ensuite, elles sont beaucoup plus larges que les fibres élémentaires du nerf optique dans la rétine, elles ne deviennent jamais variqueuses comme ces dernières, etc.

Les observations de *Lersch* (n. 32) n'ajoutent rien de remarquable aux recherches faites avant lui.

Bidder (n. 33), dans un second travail sur la rétine, dit que les baguettes composent la membrane de Jacob, et qu'elles ne présentent pas la texture de véritables fibres nerveuses; cette membrane finit brusquement à l'*ora serrata*. Cet auteur a constaté quelquefois, mais rarement, les anses des fibres élémentaires du nerf optique dans la partie antérieure de la rétine, ainsi que Valentin l'avait annoncé. Entre la membrane de Jacob et les fibres du nerf optique, se trouve placée une couche de globes de dépôt, et à la surface interne de la rétine, une couche d'épithélium, formé par des globules pourvus d'un noyau. Les vaisseaux sanguins ne forment pas une couche particulière.

Valentin (n. 26, 1841, p. 140) trouve aussi des cônes-jumeaux chez les amphibiens et les autres animaux, surtout dans le voisinage de la tache jaune. La position de la [couche de globes, qui diffère de la couche de granules, varie dans les différentes classes des animaux.

Pappenheim (n. 36) établit trois couches dans la rétine: La première, la plus externe, est composée de baguettes, et forme la membrane de Jacob; les baguettes simples et doubles sont pourvues de doubles contours, et sont pointues du côté externe (fig. 30). Cette pointe porte un petit globule différemment coloré, de nature huileuse, et réside avec ce globule dans une gaine noirâtre; le contenu des baguettes est sémi-liquide; la texture nerveuse de ces baguettes n'est pas probable. La seconde couche est formée par l'expnasion du nerf optique, qui forme des plexus terminaux et des anses terminales à l'*ora serrata*. La troisième couche qui finit également à l'*ora serrata,* consiste en globules (les globules de dépôt de Valentin), pourvues d'un noyau; elles sont d'aspect huileux, et se liquéfient facilement. Vient enfin une couche qui constitue l'épithèle du corps vitré: cet épithèle est formé d'abord par une couche de petits globules, contigus à la troisième couche de la rétine; ces globules sont entourés d'une cellule difficile à voir (ce qui fait que Valentin ne les a pas signalés) et sont pourvus d'un fil. La seconde couche de l'épithèle est une membrane lisse, quelquefois fibreuse, déjà indiquée par Henle, qui, au reste, avait confondu la troisième couche avec l'épithèle.

CHAPITRE SECOND.

RECHERCHES DE L'AUTEUR.

PLANCHE II.

(Planche douze de la première partie).

§ 1. *Nerfs cérébro-spinaux.*

Nous avons pu constater en général la terminaison des nerfs en anses. De même que l'on voit déjà à l'œil nu les nerfs former des plexus et des anses, ainsi que l'a observé *Rudolphi*, de même peut-on observer, à de faibles grossissements, une distribution tout analogue des faisceaux nerveux plus ou moins considérables. Enfin, les grossissements les plus forts font voir les faisceaux les plus faibles, composés seulement de deux ou trois fibres primitives, et les fibres primitives elles-mêmes, présentant partout le même caractère de distribution. On ne voit nulle part les nerfs se mêler au parenchyme; mais partout, les fibres primitives, soit isolées, soit réunies plusieurs ensemble, retournent au tronc dont elles émanent, ou à un tronc voisin. On a observé des anses pareilles au milieu des troncs nerveux (p. 40. et pl. 5, fig. 17). Les observations n'ont pas été encore suffisamment répétées pour que l'on sache si les nerfs présentent, selon leur caractère physiologique, des différences dans leur mode de distribution.

Notre attention a été particulièrement fixée sur un point: savoir comment les nouvelles parties du corps qui se forment pendant l'accroissement acquièrent des fibres nerveuses. Quelle que soit l'époque de l'âge à laquelle on examine le corps organique, on voit toujours les nerfs se terminer sous forme d'anses. Examinons, par exemple, le bord libre de la queue du têtard (fig. 1, x); nous y voyons des anses terminales (c) formées par une ou par deux fibres primitives. Or, pour que les nouvelles portions du parenchyme qui se forment pendant l'accroissement' soient pourvues de nerfs, on pourrait penser qu'il existe quelque part des espèces de bourgeons nerveux, d'où les fibres primitives prennent naissance pour se répandre dans le tissu; mais l'observation directe ne nous a permis nulle part de constater des bourgeons pareils. Nous y avons mis d'autant plus d'attention, que *Schwann* dit avoir vu de petits ganglions dans la queue des têtards, d'où émanaient des fibres qui allaient se perdre dans le tissu. Nous avons observé quelque chose de pareil (fig. 1, g); mais ce sont des éléments qui se trouvent en rapport direct avec les vaisseaux lymphatiques (f), e dans aucun rapport avec les nerfs. Nous pouvons donc énoncer avec certitude que dans la queue des têtards, aussi bien que dans les autres tissus, les fibres nerveuses finissent sous forme d'anses; mais il nous a été permis de faire une autre observation qui éclaire le point en question, à savoir comment il se fait que le nouveau parenchyme est pourvu de nerfs, quoique ceux-ci finissent toujours sous forme d'anses.

Nous avons observé que les faisceaux de nerfs, dans les jeunes animaux, ne sont pas pourvus de névrilème, comme cela s'observe sur les animaux plus âgés. Nous avons constaté aussi dans ceux-ci l'absence du névrilème sur les faisceaux les plus petits. Or, quand un nouveau parenchyme se forme, il commence par la production de quelques corpuscules entre les fibres primitives d'un faisceau (fig. 1, b); quelques fibres ou une seule se trouvent, par suite de cette nouvelle production, à cet endroit, écartées du restant du faisceau. Les corpuscules prennent de plus en plus leur développement, de nouveaux corpuscules se produisent; la fibre primitive (b), qui d'abord n'était que peu éloignée de la direction du faisceau, s'écarte davantage pour former à la fin une anse véritable. Qu'il nous soit permis d'ajouter que nous ne voulons nullement dire que le nouveau parenchyme ne se forme qu'entre les fibres primitives des nerfs : nous exposons ici seulement les effets de sa production sur la distribution des nerfs. Dans nos mémoires sur *l'histogénèse*, nous décrirons plus en détail les changements qu'éprouvent les fibres primitives par l'accroissement, comment leur volume et leur longueur absolue augmente, etc. Il paraîtrait aussi résulter des observations citées, que le nombre des fibres primitives nerveuses est le même dans les jeunes animaux et dans les adultes, puisque nulle part nous n'avons pu constater la séparation d'une fibre en deux. Nos recherches ont été faites, soit sur le même endroit marqué de la queue d'un têtard, soumis à différentes époques à l'observation, soit comparativement, sur des endroits différents de la queue. Dans tous les cas, le tissu n'était soumis à aucune pression; mais il était toujours mouillé d'eau, pour le rendre transparent. Le grossissement employé était de 300 fois.

Nous avons cru que la distribution des vaisseaux spiraux (fig. 2, a), étudiée sur des feuilles, et macérées pendant quelque temps dans l'acide acétique, comparée avec celle des nerfs, pourrait offrir quelque intérêt. Nous avons vu, en effet, les vaisseaux spiraux former des plexus (b) comme les nerfs; mais leur terminaison est différente, quoiqu'elle se rapproche de la forme en anse. A quelques rares exceptions près, nous avons vu constamment au moins deux vaisseaux spiraux réunis, pour ainsi dire, tordus, finir en forme d'une anse (c). Celle-ci ne décrit pas des arcs, comme dans les nerfs; mais les vaisseaux qui la composent sont placés côte à côte, et ils finissent sous forme d'une capsule, qui donne probablement naissance aux éléments nouveaux pendant l'accroissement de ces vaisseaux spiraux. Notre intention n'était pas d'étudier plus spécialement cette capsule ou cellule terminale, ni d'en donner des dessins détaillés. Tout ce que nous avons voulu, c'était de connaître cette manière de terminaison, pour savoir si rien de pareil n'existe dans le règne animal. Or, nous avons remarqué, il est vrai très rarement, une terminaison analogue (fig. 1, d) des nerfs; mais nous ne savons si cet aspect n'a pas été produit par des fibres qui descendaient tout à coup dans le tissu, sous un angle droit; la compression n'a pas pu nous éclairer à ce sujet. Cette terminaison des vaisseaux spiraux acquiert pourtant de l'intérêt pour l'anatomie animale, à cause des cônes-jumeaux qui se trouvent dans la rétine (chap. 1, § 2), et sur lesquels nous aurons tout à l'heure l'occasion de revenir.

§ 2. Rétine.

Parmi les terminaisons des nerfs des sens supérieurs, nous avons spécialement étudié la *rétine*, considérée comme terminaison du nerf optique, en nous réservant de revenir sur les autres nerfs dans nos recherches relatives aux organes. Nous allons nous occuper ici plutôt de la texture de la rétine, que de son étendue et des rapports qui existent entre elle et les autres tissus de l'œil; ces dernières considérations trouveront leur place dans le mémoire sur les *organes des sens*.

Les recherches qui ont été faites sur la rétine, et que nous avons exposées dans le chapitre précédent, seraient sans doute moins confuses et moins contradictoires, si les auteurs avaient fait préalablement des études sur la structure du cerveau, et si surtout ils s'étaient attachés à comparer la texture de la substance corticale du cerveau avec celle de la rétine. En effet, nous avons trouvé dans la rétine tous les éléments de la substance grise du cerveau que nous avons décrits dans le mémoire sur la structure intime des nerfs (p. 49), et qui sont les substances grise et blanche amorphe et les corpuscules gris. C'est donc probablement une continuation de la substance corticale du cerveau, car nous avons trouvé souvent des traces de cette substance au milieu du nerf optique : dans tous les cas, c'est son analogue. Outre ces éléments, on trouve encore dans la rétine des vaisseaux sanguins, les fibres très déliées du nerf optique, et ces éléments particuliers que nous avons jusqu'à présent désignés sous le nom de baguettes et qui forment la partie externe de la rétine. Nous appellerons à l'avenir l'ensemble des éléments qui composent une substance pareille à la substance grise du cerveau, la *substance grise de la rétine*: tandis que nous désignerons les baguettes et le nerf optique sous le nom de la *substance blanche de la rétine*; les vaisseaux sanguins appartiennent de préférence à la première substance.

Rappelons d'abord qu'ici, comme pour le système nerveux, il est extrêmement important d'examiner la rétine à l'état le plus frais possible; il faut prendre l'œil sur l'animal qu'on vient de tuer, parce que les différents éléments de la rétine subissent des altérations considérables. Aussi, l'examen de la rétine humaine ne peut être fait que comparativement, d'après ce qu'on sait sur la texture de ce tissu dans les autres animaux. On examine un petit morceau de la rétine dans le liquide du corps vitré, sans compression : ce sont surtout les bords minces de pareils fragments et les éléments nageant autour dans le liquide, qui se prêtent le mieux à l'observation; lorsqu'il n'y a pas assez de liquide, les bords des éléments ne sont pas suffisamment accusés; lorsqu'on exerce une compression, on détruit la forme primitive des éléments. Le grossissement dont nous avons fait usage était de 400 à 500 fois.

La partie interne de la rétine, c'est-à-dire la partie qui se trouve la plus proche du corps vitré, est composée, dans les animaux que nous avons examinés, de tous les éléments qui forment la substance corticale du cerveau. On y trouve, en effet, la substance grise amorphe (fig. 3, c; 10, a; 14, a; 17, i); les granules qui s'y forment, soit par la coagulation, soit par le développement (fig. 3, i; 10, b; 14, b; 17, k); la substance blanche amorphe (fig. 3, d; 6, a, b, c; 10, c; 14, c; 17, h, l), et les corpusculees gris (fig. 3, e, o; 6, d; 10, d; 14, d; 17, f, g). Ces différents éléments sont placés comme dans la substance corticale du cerveau. La substance blanche amorphe nous paraît occuper la place la plus interne dans la rétine : on peut s'en convaincre facilement en détachant la rétine jusque par-dessus la couronne ciliaire; on verra alors une partie de la substance grise de la rétine, sans apercevoir de baguettes. Cet endroit est le plus propre pour se convaincre de la manière dont se forment les gouttelettes de la substance blanche amorphe (fig. 16, a, b, c.) On y trouve, en effet, de grandes masses oléagineuses qui, peu à peu, se séparent, et constituent des gouttelettes. Nous ne pouvons donc pas approuver les opinions de *Valentin*, de *Pappenheim*, etc., qui croient ces masses amorphes formées par la dissolution de gouttelettes qu'ils ont déclarées être des cellules. Nous pouvons dire, par conséquent, que la substance corticale de la rétine touche le corps vitré, et que les rayons lumineux ne touchent le nerf optique qu'après avoir traversé cette couche. Elle s'étend plus en avant que la couche des baguettes.

La partie la plus externe de la rétine est composée d'éléments particuliers de formes différentes dans les diverses classes des animaux. Chez la grenouille (fig. 3, a, b, c, d), on trouve des baguettes larges de 1/150 à 1/125 de millimètre, et longues de 1/50 de millimètre à peu près; il y en a quelques-unes moitié plus longues ou moitié plus courtes. Une partie finit par un bout pointu, plus ou moins allongé, séparé par une ligne transversale. On trouve des baguettes dépourvues de ce bout pointu, soit isolées (e), soit réunies à deux (f), ou à plusieurs (g), pour ainsi dire, emboîtées les unes dans les autres. On a supposé que dans ce cas le bout pointu est cassé, mais cela ne nous paraît pas probable. On trouve quelques baguettes doubles (m), qui rappellent la terminaison des vaisseaux spiraux (fig. 2). Lorsqu'on soumet à l'observation un petit morceau de la rétine, dont les éléments ne sont pas déplacés, on voit les baguettes placées les unes à côté des autres (fig. 3, a), et en outre quelques petits globules ayant 1/500 de millimètre pour diamètre, épars çà et là à la surface du morceau; leur nombre varie selon l'âge de l'animal, selon l'endroit de la rétine qu'on examine, etc. On peut bientôt se convaincre que ces globules n'appartiennent pas aux baguettes, mais à des éléments particuliers (fig. 3, b; 4, h, i), qui ne se trouvent dans aucun rapport direct ni avec les baguettes simples, ni avec les baguettes doubles. Nous avons supposé un instant que ces globules se trouvent attachés aux baguettes simples (fig. 4, k), mais l'observation ne l'a pas prouvé. Les baguettes simples sont rondes, non hexagonales, et subissent différentes altérations (fig. 5) par la décomposition cadavérique, par l'eau, etc. Elles sont placées obliquement et non pas verticalement, comme l'avaient dit les auteurs précédemment cités.

Chez les poissons, les oiseaux et les mammifères, les baguettes diminuent de largeur et de longueur dans les proportions que nous avons dessinées dans les figures 7 à 17. Elles subissent de même des altérations différentes par l'influence de l'eau (fig. 9; 13; 16, f, g, h, i). Chez les poissons le filament terminal est très-long (fig. 8, a, b, c), et la ligne transversale souvent pas marquée. Les baguettes doubles (fig. 8, g, i, o, l; 12, e, f, g) se remarquent facilement au milieu de baguettes simples (fig. 7, 11). Toutefois nous devons dire que nous n'avons pas pu constater toujours que ces éléments, signalés par les auteurs sous le nom des cônes-jumeaux, soient en effet doubles: souvent elles nous ont paru être seulement des baguettes simples plus développées. Les baguettes simples des oiseaux (fig. 12, a, b) portent à leur bout externe un petit globule coloré en jaune plus ou moins foncé ou en rouge, et le côté interne finit par un filament. Nous n'avons pas pu constater la présence de la gaine fournie par la choroïde, dont parlent *Hannover* et *Pappenheim*. Nous croyons qu'une partie de matière colorante, déposée dans quelques baguettes près du globule coloré (fig. 12, h) a produit cette illusion. Il ne faut pas confondre avec les globules des baguettes les globules huileux blancs ou jaunes (fig. 15) dont les cellules du pigment de la choroïde sont remplies. Les baguettes des mammifères ne présentent pas distinctement de globules terminaux ; toutefois nous les avons quelquefois aperçus (fig. 16, g.).

Les vaisseaux sanguins (fig. 17, c) et les fibres très-minces du nerf optique (b) sont placés entre les baguettes et la substance corticale de la rétine. Il serait très-important de savoir si les baguettes se trouvent en rapport avec le nerf optique: peut-être en est-il ainsi à l'aide des filaments qui terminent les baguettes du côté interne. Nous n'avons pas pu constater les anses terminales du nerf optique, et cette circonstance serait favorable à l'opinion que nous venons d'émettre ; nous devons avouer qu'aucune observation positive ne nous permet de l'affirmer. Jusqu'à ce que ce rapport soit démontré, il n'est pas non plus encore permis de se prononcer sur le caractère anatomique de ces baguettes, à savoir, si elles appartiennent au tissu nerveux ou non.

LITTÉRATURE.

N. 1. Fontana. Sur le venin de la vipère. Florence. 1781. 2 vol.

N. 2. Rudolphi. Grundriss der Physiologie. Berlin. 1821.

N. 3. Prévost et Dumas. Journal de Physiologie par Magendie. Paris. 1823.

N. 4. Ehrenberg. Annales de Poggendorf. Leipsik 1833.

N. 5. Breschet et Roussel de Vauzème. Ann. des sciences natur. Paris. 1834.

N. 6. Gottsche. Archives de Müller. 1834.

N. 7. Lauth. Manuel de l'Anatomiste. Paris. 1835.

N. 8. Wagner. Physiologie de Burdach. vol. 5. Leipsik. 1835.

N. 9. Ehrenberg. Mémoires de l'Acad. de Berlin pour 1834. Berlin. 1836.

N. 10. Schwann. Archives de Müller. 1836.

N. 11. Berres. Anatomie der microscopischen Gebilde. Vienne. 1836.

N. 12. Kronenberg. Plexuum nervorum structura et virtutes. Berolini. 1836.

N. 13. Emmert. Endigungsweise der Nerven in den Muskeln. Bremen. 1836.

N. 14. Breschet. Etudes anat. et physiolog. sur l'organe de l'ouïe. Paris, 1836.

N. 15. Langenbeck. De retina observationes anat. pathologicæ. Gottingue. 1836.

N. 16. Gottsche. Plaff's Mittheilungen. Altona. 1836.

N. 17. Treviranus. Beytraege zur Aufklaerung der Erscheinungen und Gesetze des organischen Lebens. Quatre Cahiers. Brème. 1836 à 1838.

N. 18. Volkmann. Beytraege zur Physiologie dee Gesichtsinnes. Leips. 1836.

N. 19. Valentin. Nova acta physico-medica academiæ Caes. Leop. Carol. naturæ curiosorum. Vol. 18. Breslau. 1836.

N. 20. Weber. Lettre communiquée par Treviranus, Cah. 3 (N. 17.) 1837.

N. 21. Burdach. Beytrag zur microscop. Anat. der Nerfen. Koenigsberg. 1837.

N. 22. Müller. Archives de Müller. Berlin. 1837.

N. 23. Gluge. Bulletin de l'Acad. royale de Bruxelles. 1838.

N. 24. Mayer. Elementar-Organisation des Seelenorgans. 1838.

N. 25. Henle. Schmidt's Jahrbücher. Leipsick. 1838.

N. 26. Valentin. Repertorium. Berne. 1836-1841.

N. 27. Remak, Bidder, Henle. Archives de Müller. 1839.

N. 28. Müller. Physiologie. vol. 2. Trois. édition. Coblenze. 1840.

N. 29. Gerber. Allgemeine Anatomie des Menschen. Berne. 1840.

N. 30. Hannover, Burow. Archives de Müller. Berlin. 1840.

N. 31. Pappenheim. Gewebelehre des Gehoerorgans. Breslau. 1840.

N. 32. Lersch. De retinæ structura microscopica. Berlin. 1840.

N. 33. Burns. Allgemeine Anatomie. Brunswick. 1841.

N. 34. Bidder. Archives de Müller. Berlin. 1841.

N. 35. Henle. Allgemeine Anatomie. Leipsik. 1841.

N. 36. Pappenheim. Die specielle Gewebelehre des Auges. Breslau. 1842.

MÉMOIRE

SUR LA STRUCTURE INTIME

DES CARTILAGES,

DES OS ET DES DENTS

PAR

LE DOCTEUR LOUIS MANDL.

ACCOMPAGNÉ DE DEUX PLANCHES.

PARIS,

CHEZ J.-B. BAILLIÈRE,

LIBRAIRE DE L'ACADÉMIE ROYALE DE MÉDECINE,

RUE DE L'ÉCOLE DE MÉDECINE, 17;

A LONDRES, CHEZ H. BAILLIÈRE, 219, Regent Street.

—

1842

MÉMOIRE

SUR LA STRUCTURE INTIME

DES CARTILAGES,

DES OS ET DES DENTS.

CHAPITRE PREMIER.—HISTORIQUE.

(PLANCHE Iʳᵉ.)

(Planche treize de la première partie.)

§ 1. *Cartilages.*

Ce n'est que dans ces derniers temps que les cartilages ont été soumis à un examen microscopique qui ait avancé la connaissance de leur structure intime. Nous passerons donc ici sous silence et les observations faites à l'œil nu et celles des micrographes qui ont vu partout des nerfs, ou des vaisseaux lymphatiques, ou des globules, etc. Le caractère de ces recherches nous est déjà suffisamment connu par les citations que nous en avons faites dans nos mémoires précédents. Nous exposerons ici la structure des cartilages permanents, en décrivant avec les os la texture des cartilages qui s'ossifient.

Purkinje a bien mérité de la science dans ses recherches sur la structure des os, des cartilages et des dents. Elles ont été publiées dans les thèses de queques-uns de ses élèves, qui ont travaillé sous sa direction. Ses premières observations ont été faites en commun avec *Deutsch* (n. 8) sur le cartilage des os, c'est-à-dire sur les os privés de sels calcaires. Purkinje y a découvert des corpuscules particuliers dont nous parlerons plus tard (§ 2), et qui ont été désignés par le nom de corpuscules osseux. *Miescher* (n. 9, 1835, p. 3) a trouvé dans les cartilages permanents et dans le cal des corpuscules qu'il croyait identiques aux corpuscules décrits par Purkinje; mais nous verrons tout à l'heure, d'après les recherches de Müller, qu'ils en diffèrent. *Tréviranus* (n. 10) dit que les cartilages sont composés de petites lamelles polyèdriques, transparentes. *Wagner* (n. 11) y trouve de petits granules de formes différentes, placés dans une masse homogène. *Arnold* (n. 14) voit les cartilages composés d'une substance fondamentale globuleuse (fig. 3 et 4), parsemée de petites taches qui renferment des vésicules plus ou moins grandes.

Müller (n. 15) dit que les corpuscules ont l'aspect granulé, qu'ils sont peut-être creux (fig. 1) et placés dans des cavités d'une substance homogène ; il trouve que chez certains poissons ces corpuscules deviennent en quelques endroits de véritables cellules. Müller distingue par conséquent deux espèces de cartilages: le hyalin, pourvu de corpuscules, et le spongieux, où les corpuscules se sont transformés en véritables cellules. L'anneau cartilagineux qui se trouve à la gueule du *petromyzon marinus* présente distinctement cette transition. La partie gélatineuse, qui forme la portion centrale de la colonne vertébrale des cyclostomes et la corde dorsale des animaux supérieurs, sont composées de cellules transparentes, analogues aux cellules des plantes.

Valentin (n. 16. 1836, p. 123) trouve que les corpuscules cartilagineux du protée (fig. 20, *a*) contiennent d'autres corpuscules plus petits, composés de petits globules. Ces corpuscules sont placés dans une substance intermédiaire, qui devient bientôt granuleuse après la mort. Les os longs des amphibiens contiennent, dans leur centre, du cartilage permanent. La carapace de l'écrevisse, ainsi que la membrane qui est placée dessous, est composée d'hexagones qui contiennent des points noirs rangés régulièrement. L'acide muriatique y fait développer des bulles d'air.

Miescher (n. 17) divise les cartilages permanents en véritables cartilages et en cartilages fibreux. La première division est formée par les cartilages de l'oreille, du nez, du tube d'Eustache, du larynx, de la trachée, des côtes, de l'appendice xyphoïde du sternum, et par les cartilages diarthrodiaux. Les cartilages intervertébraux, interarticulaires, et quelques endroits des tendons, forment la seconde classe. Les véritables cartilages sont ou bleuâtres ou jaunâtres. Les premiers présentent partout des corpuscules cartilagineux (fig. 2, *a*); les seconds, comme les cartilages de l'oreille et de l'épiglotte par exemple, sont formés par un réseau très-serré, opaque, composé de petites taches rondes, remplies d'une substance transparente, et contenant à leur centre un corpuscule rond ou oblong. Les cartilages fibreux enfin ne présentent ni les corpuscules des uns ni le réseau des autres ; mais ils sont composés de fibres rangées en deux espèces de cercles alternants, dont les uns sont composés de fibres parallèles, et les autres, de fibres convergentes. Nous verrons tout à l'heure, comme résultat des observations faites par Schwann, que les distinctions faites parmi les véritables cartilages ne reposent que sur des degrés différents de développement de ces cartilages.

Les observations de *Meckauer* et de *Purkinje* (n. 18) s'accordent sur plusieurs points avec celles de Miescher. Les cartilages de la trompe d'Eustache et ceux des paupières appartiennent, d'après ces auteurs, à la classe des cartilages jaunes ou spongieux. Les corpuscules cartilagineux, qui sont appelés *acini*, contiennent quelquefois d'autres petits corpuscules renfermés, et ceux-ci, à leur tour, sont pourvus de noyaux. Ces corpuscules ne sont pas creux.

Schwann (n. 25, p. 11) a fait des études suivies sur la structure des cartilages. La *corde dorsale* est composée de cellules polyédriques (fig. 5), pourvues d'un novau aplati (*a*), qui à son tour contient un, deux ou rarement trois corpuscules. Aux endroits de contact de trois ou de plusieurs cellules s'observe une substance intercellulaire, ou peut-être seulement un canal intercellulaire. Au milieu de ces cellules primitives se forment quelquefois des cellules secondaires (*b*) rondes, nageant librement, et pourvues d'un petit corpuscule (*c*), qui ne présente pas la forme caractéristique d'un noyau. Les *cartilages* sont formés par des cellules polyédriques (fig 6), dont chacune est primitivement pourvue d'une membrane très-mince, d'un noyau, et de deux ou trois corpuscules placés dans le noyau. Plus tard ces membranes s'épaississent (fig. 7, *b*) ; le noyau reste attaché au côté interne de la cellule, où il est absorbé (fig. 7, *a*), la substance intercellulaire devient de plus en plus visible (fig. 7, 8), et se confond enfin avec les membranes épaissies des cellules (fig. 8) : ces dernières (fig. 8, *a*) sont alors appelées corpuscules cartilagineux. Ces observations sont faites sur les branchies de *pelobates fuscus*, en avançant de la pointe vers la racine. Les autres cartilages présentent les mêmes formes, et les différences viennent seulement de ce que la substance intercellulaire forme la plus petite partie du cartilage (fig. 10, *a*), ou la majeure partie (fig. 9, 11), comme par exemple chez les animaux supérieurs. Les fig. 9 à 12 s'expliquent facilement d'après ce que nous avons dit précédemment. Il se forme d'abord une tache opaque (fig. 12, *e*) dans la substance intercellulaire, qui devient noyau (*a*, *b*), s'entoure d'une membrane (*a*) pour former une cellule (*d*) contenant plus tard d'autres jeunes cellules.

Gerber (n. 26) divise, de même que Miescher, les cartilages permanents en cellulaires, réticulaires et fibreux. Le cartilage réticulaire se forme par la production de nouvelles cellules dans les cellules primitives, tandis que la substance intercellulaire primitive se transforme en réseau élastique intercellulaire, dont les noyaux contiennent des cellules et des noyaux de différents degrés de développement. Les cartilages cellulaires contiennent des corpuscules cartilagineux (fig. 13, *a*).

Krause (n. 27) dit que les cartilages blancs (les cartilages cellulaires de Miescher et de Gerber) consistent principalement en la substance intercellulaire hyaline, qui est composée de fibrilles, peut-être de lamelles très-serrées, âpres, non granulées, ayant 1/500 d'une ligne pour diamètre ; elles sont légèrement ondulées et vont transversalement, c'est-à-dire dans la direction la plus courte du cartilage. Les cellules ont 1/100 à 1/125 ; les noyaux, 1/325, et les cellules primitives, 1/60 à 1/95 d'une ligne (1/100 de millimètre égale 1/225 de ligne). *Bruns* (n. 28) dit que quelques corpuscules ne mesurent que 1/500 de ligne, et qu'il y a des noyaux de 1/800 de ligne.

Henle (n. 29) donne les fig. 14 et 15 comme représentant les formes différentes des cellules primitives et secondaires des noyaux et de leurs corpuscules, etc. Le noyau contient quelquefois quelques gouttelettes d'huile qui peuvent se réunir et donner au noyau entier l'aspect d'une seule gouttelette (fig. 14, *h*). On distingue quelquefois l'épaisseur de la membrane cellulaire (fig. 14, *a*). La substance intercellulaire des véritables cartilages est indistinctement fibreuse ; celle des cartilages fibreux est quelquefois composée de fibres feutrées (fig. 15, *a*).

§ 2. Os.

Leeuwenhoëk (n. 1, *a*, p. 1002 ; *c*, vol. I, part. II) distingue dans les os quatre espèces de canalicules ; les premiers sont très-petits et tellement serrés qu'il est difficile de les reconnaître. En faisant des coupes transversales sur des os, il croyait d'abord ces derniers composés de globules ; mais il dit plus tard que ces globules ne sont que les *summitates tubulorum illorum, e quibus os componitur*. On pourrait donc croire que Leeuwenhoëk indique de véritables canalicules. Toutefois il dit ailleurs (n. 1, *a*) que ces canalicules de la première espèce ne sont pas aussi droits que ceux des dents ; quelques auteurs ont interprété ces paroles de manière à y trouver une indication des ramifications qui sortent des corpuscules osseux. La seconde espèce est formée de canalicules qui sont dix fois plus grands que les premiers et dont la coupe transversale paraît sous forme de taches noires. Ce sont peut-être les corpuscules osseux ; mais nous doutons que Leeuwenhoëk ait vu en effet les canalicules calciphores, puisque ni ses paroles ni ses dessins ne démontrent qu'il ait existé pour lui un rapport quelconque entre ces deux espèces de canalicules. Les canalicules de la troisième espèce sont plus grands, rangés en cercles concentriques ; et ceux de la quatrième espèce sont plus rares et d'un diamètre encore plus considérable.

Les successeurs de Leeuwenhoëk, qui n'ont pas fait usage de microscope, parlent de fibres et de lamelles. Les premières sont des canalicules ; les secondes ont été découvertes par *Gagliardi* et par *Havers*. Bientôt tout le monde était d'accord que les os sont composés de lamelles, et les lamelles de fibres. Les travaux de *Duhamel*, de *Lassone* et de *Fougeroux* ont beaucoup contribué à affermir ces idées. En examinant les fibres au microscope, *Duhamel* (n. 4) a vu qu'elles se prolongent suivant une certaine direction, qu'elles s'anastomosent, se divisent et se bifurquent différemment. Nous voyons (chap. II, § 2) que ces fibres dont parle *Duhamel* sont des canalicules. Les os colorés par la garance présentent à cet auteur un réseau de fibres rouges. *De Lassone* traite le premier les os par l'acide hydrochlorique. Nous pouvons nous faire une idée des opinions des micrographes de ces temps sur la structure intime des os, en examinant la figure 16, donnée par *Reichel* (n. 5). Les fibres sont, d'après cet auteur, rangées de telle sorte dans les lamelles, qu'elles laissent des intervalles appelés canalicules, assez forts pour qu'un poil de cheval (fig. 16, *a*) y puisse entrer. *Howship* parle aussi seulement de canalicules de différentes grosseurs.

Backer (n. 3), conseille de se procurer de petites lamelles en raclant les os frais ou en le calcinant : on voit alors aisément les canalicules. Les os et les dents, d'après *Fontana* (n. 6), sont composés de cylindres tortueux.

Nous ne pouvons pas exposer ici les opinions des auteurs qui, depuis *Malpighi* jusqu'à *Scarpa, Howship* et *Gerdy*, ont fait des recherches sur la structure des os à l'œil nu ou avec de faibles loupes. Toutefois nous trouverons plus tard, lorsque nous exposerons nos recherches à ce sujet, l'occasion d'expliquer les résultats obtenus par ces observateurs. Nous devons aussi passer sous silence les recherches de *Mascagni, Monro, Edwards*, etc., pour arriver aux observations les plus modernes qui ont jeté un jour tout à fait nouveau sur la question de la structure intime des os.

Purkinje et *Deutsch* (n. 8) donnent la description suivante de l'os privé par un acide de sel calcaire, et qu'ils appellent alors le cartilage osseux. Il est composé de couches concentriques, et de canalicules ; chacun de ces derniers consiste en un vaisseau capillaire entouré de lamelles concentriques. Dans ces couches et dans les lamelles sont placés ces corpuscules découverts par *Purkinje*, d'une forme plus ou moins ovale, ayant une espèce d'appendice, ce qui le fait ressembler à des animalcules infusoires. Les auteurs appellent ces éléments *corpuscules osseux*. Les couches concentriques placées autour des canalicules sont en outre traversées par de petits canaux, rayonnant du centre, où se trouve le vaisseau sanguin, vers la périphérie. Ces petits canaux sont remplis de sels calcaires ; cette circonstance les rend invisibles dans les os frais. Les auteurs ne se sont pas procuré des lamelles très-minces en polissant les os, ainsi que *Purkinje* l'a fait plus tard pour l'examen des dents ; leurs observations ont été faites seulement sur les os ramollis par un acide.

Treviranus (n. 10. Cah. 2, p. 93) considère les os comme composés de lamelles plissées et formées par une substance homogène. Ces lamelles laissent de petits intervalles qui ont été décrits par *Deutsch* sous le nom de corpuscules osseux ; ces cavités sont remplies de liquides.

Müller (n. 15, *a*) trouve la couche osseuse qui recouvre les cartilages des poissons chondroptérigiens composée de prismes qui, examinés par transparence, paraissent le plus souvent contenir des corpuscules cartilagineux (fig. 18), d'une forme ovale, sans rayons périphériques. Examinés comme objet opaque, les prismes présentent quelquefois un centre blanc (fig. 18), qui est entouré de plusieurs rayons (*b*). On observe aussi (fig. 18, *a*) entre les prismes, des intervalles qui servent au passage des vaisseaux.

Miescher (n. 17) a fait principalement des recherches sur la régénération des os : nous en parlerons plus tard. Cet auteur décrit les anastomoses des canalicules en faisant des coupes transversales (fig. 23) et longitudinales (fig. 24). Il a constaté dans les os d'adultes, des lamelles externes, décrites par Deutsch ; mais elles n'existent pas chez les enfants. Les corpuscules sont pointus des deux côtés, et leur grand diamètre suit la direction des lamelles concentriques qui entourent les vaisseaux sanguins.

Müller (n. 17 et 15, *b*) n'a pas trouvé les canaux rayonnants dont parlent *Purkinje* et *Deutsch* ; il croit que ces auteurs n'ont vu que les ramifications des corpuscules osseux ; il a étudié ces derniers avec beaucoup de soin. Ces corpuscules (fig. 17) sont ovoïdes, rarement anguleux, aplatis ; un grand nombre de vaisseaux très-déliés, ayant 0,0002 à 0,0003 d'une ligne anglaise (0,0005 à 0,0008 de millimètre) pour diamètre, sortent de leurs parois, et forment, en communiquant ensemble, un réseau. Examinés à la lumière réfléchie, ces corpuscules apparaissent blancs, de même que les ramifications. Traités par l'acide hydrochlorique, des bulles de gaz s'en développent d'un volume plus considérable que le corpuscule lui-même. Les corpuscules renferment donc, soit à leur intérieur, soit dans leurs parois, des sels calcaires, dont la plus grande partie toutefois parait déposée sous forme de petites granulations entre les molécules de la substance intermédiaire. Müller pense que ces corpuscules sont probablement remplis, pendant la vie, de liquides formés peut-être de sels calcaires en état de dissolution, de sorte que l'on pourrait peut-être considérer ces corpuscules avec leurs ramifications comme un système de vaisseaux calciphores, *organa chalciphora.*

Arnold (n. 14) dit que les lamelles concentriques sont composées de globules, et que les corpuscules osseux ne sont que des lacunes remplies de sels calcaires. *Berres* (n. 21) croit les os composés de fibres élémentaires et de vésicules. Les fibres élémentaires sont les mêmes que celles du système lymphatique ; on ne peut pas injecter les vaisseaux sanguins.

· *Valentin* (n. 16., 1836) dit que les corpuscules cartilagineux (fig. 20, a) se transforment en corpuscules osseux (fig. 20, b) de la manière suivante. Les globules ronds, granuleux, qui sont renfermés dans les corpuscules cartilagineux, deviennent plus noirs, et se transforment de cette manière en corpuscules osseux. Cette observation a été faite sur les os du protée, où l'on peut suivre cette transformation en examinant les os des extrémités. Les concrétions osseuses sont, soit de véritables os, soit des dépôts calcaires, anorganiques ou organisés. Dans le dernier cas, ils présentent des corpuscules de formes différentes (fig. 21, 22).

Tous les observateurs s'accordent à penser que les cartilages temporaires présentent avant leur ossification la même structure que les véritables cartilages. Nous allons maintenant exposer les recherches faites sur l'ossification elle-même. Nous venons d'entendre l'opinion de Valentin. *Miescher* (n. 17), *Meckauer* (n. 18) et *Gerber* (n. 26) disent que les corpuscules cartilagineux sont placés en groupes et entourés d'une membrane (fig. 2, b ; 13, b) aux endroits où le cartilage temporaire s'ossifie, tandis que partout ailleurs ces corpuscules se trouvent irrégulièrement disséminés (fig. 13, a). La membrane externe s'épaissit ; ensuite, d'après Gerber, des sels calcaires s'y déposent (fig. 13, c), les corpuscules renfermés deviennent opaques (d), les corpuscules osseux apparaissent dans la membrane externe (e), les corpuscules cartilagineux renfermés se dissolvent (f), et à leur place, d'après Miescher, se forme une cavité, remplie d'une masse gélatineuse, dans laquelle on peut plus tard distinguer des vaisseaux sanguins et des globules graisseux (fig. 25). Les corpuscules osseux sont d'abord vides, privés de sels calcaires. Nous parlerons, dans le mémoire sur l'*Histogenèse*, des rapports qui existent entre ces corpuscules et ceux des cartilages. *Schwann* (n. 25) a observé que les sels calcaires se déposent en petits paquets dans la substance intermédiaire.

Bruns (n. 28) trouve les os longs de bœuf composés principalement de lamelles concentriques, parallèles aux contours de l'os ; le nombre des canalicules est peu considérable. Les mêmes os de l'homme, au contraire, ne présentent que peu de lamelles et beaucoup de canalicules.

Henle (n. 29) figure de nouveau les lignes rayonnantes, décrites par *Purkinje* et *Deutsch*, qui, partant du vaisseau sanguin (fig. 26, a, b) comme d'un centre, parcourent les lamelles concentriques des canalicules. Dans ces lamelles se trouvent placés les corpuscules osseux (c). Les bords des lamelles sont ondulés.

Serres et *Doyère* (n. 30) disent que les prétendus corpuscules ne sont que des cavités microscopiques, tandis que Müller les a considérés comme des dépôts de sels calcaires. L'erreur des auteurs qui ont professé cette opinion est évidente d'après ce que nous avons dit précédemment en exposant les recherches de Müller. Au reste, les auteurs ne s'attachent nullement à savoir s'il existe ou s'il n'existe pas de sels calcaires déposés dans ces corpuscules ; ils disent seulement avoir vu en sortir une bulle d'air, lorsqu'on plonge du tissu osseux sec dans de l'huile. Les auteurs ne parlent non plus des lamelles concentriques.

§ 3. Dents.

Malpighi (n. 2, *a*) dit que l'ivoire est fibreux et que l'émail est blanc et dur ; mais ailleurs (n. 2 *b*, 1667, p. 72) il appelle l'émail : « *Substantia filamentosa* », qui finit aux racines. La matière qui entoure ces dernières est plutôt du tartre qu'une substance osseuse.

Leeuwenhoëk (n. 1, *a*, 1678, et *c*, vol. I, part. 3, p. 1, 1687) voit les dents composées de tuyaux droits, minces et transparents, plus ou moins serrés (fig. 27), qui prennent leur origine dans la cavité du bulbe et s'étendent jusqu'à la périphérie ; ils sont six à sept cents fois plus minces qu'un poil, et se présentent sous forme de globules, lorsqu'on les coupe en travers ; ils forment des zigzags dans l'ivoire. Leeuwenhoëk n'a pas pu trouver des anastomoses dans les tuyaux ; mais plusieurs passages font présumer qu'il a connu la couche osseuse qui entoure les racines (p. 7), et peut-être aussi les prismes de l'émail de jeunes animaux (p. 8). La couche externe de la dent (l'émail) présente plusieurs cercles qui sont les traces du passage de la dent à travers la gencive.

Ces observations de Leeuwenhoëk sur la structure de l'ivoire sont restées ignorées, ou ont été au moins négligées par tous les observateurs jusqu'à Purkinje, quoique *Portal* les rappelle (Histoire de l'Anatomie et de la chirurgie ; Paris, 1770. Vol. III.). *Gagliardi, De la Hire, Broussonet, Hérissant, Hunter*, etc., n'ont examiné les dents qu'à l'œil nu ou à de faibles grossissements : aussi parlent-ils tous seulement d'une structure fibreuse ou cristalline de l'émail. *Schreger* (n. 7) indique encore entre les lignes concentriques de l'émail d'autres lignes concentriques de l'ivoire. *Cuvier, Heusinger* et *Weber* en ont conclu que les dents sont composées de lamelles.

Purkinje a de nouveau appliqué le microscope à l'examen des dents, et il a publié ses observations dans la thèse de *Fraenkel* (n. 12). L'ivoire est composé d'une substance amorphe, qui en constitue la majeure partie, et des canalicules indiqués par Leeuwenhoëk. Ces canalicules s'anastomosent ; l'encre y peut pénétrer. Les racines et, dans un cas, l'émail en partie, sont couverts de véritable substance osseuse (*crusta petrosa, substantia corticalis*), lamelleuse, qui présente des corpuscules osseux. L'émail est composé de fibres droites, rétrécies à leur base, et formant des prismes quadrangulaires (fig. 28), disposées en lamelles inclinées à la surface de l'ivoire.

Müller (n. 9, 1836, p. 2, et n. 15) a trouvé que les canalicules sont pourvus d'une membrane particulière, solidifiée par le dépôt de sels calcaires qui se trouvent aussi dans la substance intermédiaire, et qui forment quelquefois des grumeaux dans l'intérieur des canalicules (comme l'a vu aussi Retzius, fig. 31). On peut extraire ces sels par les acides : la membrane des canalicules devient alors flexible. On voit quelquefois des canalicules isolés dépasser le bord des lamelles dentaires très-minces. L'émail de la dernière dent molaire du veau est composé de prismes (fig. 29) qui se soudent plus tard.

Quoique nous ne devions pas nous occuper ici des recherches faites par *Hunter, Blake, E. Rousseau, Serres, Arnold, Goodsir, Schwann, Nasmyth*, etc.; sur le développement des dents, nous rappellerons pourtant ici l'observation de *Purkinje* et *Raschkow* (n. 13) sur le rôle que joue le corpuscule renfermé dans le sac, et qui est destiné à la sécrétion de l'émail. Ces auteurs disent avoir vu, lorsque la pulpe prend son développement, ce corpuscule se transformer en membrane; l'émail est sécrété à la surface interne, tandis que la couche externe sécrète le cément. Cette membrane (*membrane adamantine*) se trouverait donc placée entre l'émail et le cément. Nous rappelons cette observation pour faire mieux comprendre quelques détails des observations que nous allons citer.

Retzius (n. 19) s'occupa, en même temps que Purkinje et Fraenkel, de recherches analogues, sans avoir pu prendre connaissance des travaux de ces derniers auteurs. Retzius dirigea surtout son attention sur la forme et la distribution des canalicules de l'ivoire dentaire. Ces canalicules (fig. 30, a) partent sous forme de rayons, de la cavité (b) vers la périphérie ; ils présentent deux ou trois courbures principales, de manière à présenter des formes pareilles à un S ou à la lettre grecque ξ, et en outre un grand nombre de petites ondulations (fig. 31, a). L'auteur croit que ces ondulations et ces courbures sont produites par des mouvements dans la pulpe pendant que l'ivoire se forme en couches successives. Les canalicules se divisent en partant de la cavité (fig. 32), et s'anastomosent davantage en se rapprochant de la périphérie (fig. 33). Coupés en travers, ils présentent des anneaux transparents, plus ou moins allongés (fig. 34), entourés d'un cercle noir. Les anastomoses des canalicules s'observent le mieux sur les dents de lait. Les branches les plus minces des canalicules sont en communication avec les corpuscules osseux (fig. 33), qui remplissent l'espace entre les anastomoses des canalicules et qui sont très-nombreux au-dessous de l'émail. Ces branches et ces corpuscules produisent l'aspect des lignes concentriques, découvertes par Schreger dans l'ivoire dentaire. Cette substance offre la plus grande analogie avec le tissu osseux chez quelques animaux (*Bradypus, Trichechus, Esox, Gadus, Anarrhichas*, etc.); nous verrons tout à l'heure que *R. Owen* est arrivé aux mêmes résultats. L'émail (fig. 30, c) présente des lignes concentriques, ondulées ; il est composé de prismes hexagonaux (fig. 35) qui, vus de côté, présentent des lignes plus ou moins parallèles (fig. 36), de sorte que l'on croit voir des blocs placés les uns sur les autres. L'émail est fixé du côté interne, sur une membrane qui le sépare de l'ivoire. Les prismes de l'émail des jeunes dents laissent, après leur dissolution dans l'acide muriatique, une substance organique pour résidu. La substance corticale (fig. 30, d) des racines est osseuse et prend dans les vieilles dents un grand développement.

Dujardin (n. 20) dit que la substance osseuse des dents est formée d'une manière continue ; elle est homogène et simplement creusée de canaux ou de lacunes sans parois propres.

Nous ne pouvons entrer dans les détails nombreux que renferme l'odontographie de R. *Owen* (n. 22) ; mais il nous suffira, pour connaître sa manière d'envisager la texture des dents, d'exposer ses recherches sur les squales. Le corps de la dent des squales est principalement occupé par deux sortes de canaux que R. Owen désigne sous le nom de *médullaires* et de *calcigères*. Ces derniers sont essentiellement de petites branches des premiers. Les canaux médullaires prennent leur origine de la cavité du bulbe, à la base de la dent. Les branches principales (a, a. fig. 37 et 39) donnent naissance à des rameaux qui forment des anastomoses semblables à un réseau de vaisseaux capillaires ; ceux-ci se terminent en des sinus aplatis (fig. 37, b), qui forment la limite entre la substance centrale osseuse et la substance extérieure émaillée (fig. 37, c). Toute la portion superficielle de la dent est occupée par de petits tubes calcigères (fig. 37, d), qui se terminent pour la plupart dans une couche de cellules calcigères (corpuscules osseux), situées sous la couche externe de l'émail. Dans cette couche existent des traces évidentes d'une série de tubes beaucoup plus fins (fig. 39, b), qui prennent leur origine dans la couche des cellules calcigères. Les canaux médullaires (a, a, fig 38 et 39) sont enveloppés par des couches concentriques (fig. 38, b), qui sont traversées par les tubes calcigères (fig. 38, c), qui se ramifient bientôt dans les intervalles des canaux médullaires. Ceux-ci sont remplis, dans les dents récemment formées, par une moëlle sanguine ; mais dans les vieilles dents une grande partie est consolidée par des couches concentriques d'un dépôt terreux. Owen appelle l'ivoire *dentine* ; elle est pourvue de vaisseaux médullaires, comme dans les poissons, ou elle en est privée.

Nasmyth (n. 24) a trouvé que l'émail est couvert du cément, chez la plupart des mammifères, et non pas seulement chez les herbivores, comme on l'a cru jusqu'à présent ; cette substance a la même structure que la substance corticale des racines dont elle paraît être souvent la continuation. On peut retirer de sa surface une membrane, en laissant séjourner la dent très-peu de temps dans l'acide muriatique étendu d'eau ; cette membrane paraît être le sac dentaire. Le bulbe ossifié diffère du cément par sa structure.

John Tomes (n. 23), d'accord avec Müller, admet le dépôt d'une masse calcaire dans les canaux et dans la masse intermédiaire.

Krause (n. 27) dit que la substance intermédiaire entre les canalicules de l'ivoire, est composée de fibres ; mais d'après Henle (n. 29), ces fibres cessent avant d'atteindre l'émail. Cet espace entre les fibres et l'émail est occupé par une substance amorphe. Le diamètre des canalicules varie de 1/1260 à 1/420 de ligne ; il est le plus souvent de 1/840 de ligne (1/400 de millimètre). L'émail est composé, d'après Krause, de fibres longitudinales, les unes bleuâtres, les autres blanches, qui forment des lamelles perpendiculaires à l'axe de la dent. Quelques-unes sont plus courtes que les autres et produisent les lignes concentriques de l'émail. Les lamelles blanches sont proéminentes à la surface de la couronne.

CHAPITRE SECOND.

RECHERCHES DE L'AUTEUR.

PLANCHE II.

(Planche quatorze de la première partie.)

§ 1. *Os.*

On doit distinguer dans la substance compacte des os trois éléments différents : les canalicules, et les corpuscules osseux.

Les *canalicules* (fig. 1, *c*) s'étendent dans le sens de la longueur des os ; ils communiquent ensemble par de fréquentes anastomoses, ce qui fait que, même dans les sections longitudinales des os, on en aperçoit toujours quelques-uns qui sont coupés en travers. Mais on en obtient des sections transversales d'une manière beaucoup plus facile en se procurant des lamelles très-minces par une coupe faite perpendiculairement à l'axe de l'os : celui-ci peut avoir été soumis préalablement à l'action de l'acide hydrochlorique étendu d'eau. Cet acide extrait les sels calcaires, de sorte que la partie cartilagineuse de l'os reste seule soumise à l'observation microscopique. On peut aussi se procurer des lamelles très-minces en coupant les os longitudinalement ou dans une direction oblique, et en plongeant ces lamelles dans de l'eau ou dans la térébenthine. Voici ce qu'on observe alors dans les sections transversales des canalicules (fig. 1, *b*) : chacun de ces canalicules contient dans son centre un vaisseau sanguin qui se distribue dans toute sa longueur (fig. 1, *d*). A un grossissement plus fort, on aperçoit l'épaisseur de ce vaisseau (fig. 2, *a*; 4, *b*; 5, *b* ; 6, *d*; 7, *b*, *d*) qui est quelquefois un peu distant des parois et entouré de graisse. Lorsque la section est un peu oblique, on peut aussi poursuivre jusqu'à une certaine distance la longueur du canalicule et des anastomoses (fig. 4, 5, 7), de même que celle des vaisseaux sanguins (fig. 5, *d*). Les canalicules ont en général une forme cylindrique, quelquefois aplatie sur les côtés. Les sections transversales sont rondes si le canalicule a été coupé perpendiculairement à son axe, ou oblongues si la section était oblique (fig. 1, *b*; 4, *a*; 5, *a*; 6, *c* ; 7, *a*).

La paroi du canalicule qui entoure le vaisseau sanguin consiste en lamelles concentriques (fig. 2, *b*) qui sont traversées par des lignes très-fines, rayonnant du centre à la périphérie (fig. 1, *c*). Ces lignes sont très-serrées : on les aperçoit très-distinctement lorsqu'une lamelle mince a été plongée dans la térébenthine. Alors on voit, à un grossissement de trois à quatre cents fois, qu'elles sont bordées par deux contours (fig. 8, *b*). Le plus souvent elles cessent à l'endroit où les lamelles se séparent ; quelquefois pourtant elles en dépassent le bord ; elles nous paraissent être l'analogue des canalicules dentaires (§ 3). Leur épaisseur est à peu près d'un millième de millimètre. L'épaisseur des lamelles est de un quatrecentième à un huitcentième de millimètre (fig. 8 , *a*). Les lignes rayonnantes sont éloignées les unes des autres à peu près d'un millième de millimètre (dans la fig. 8, nous avons représenté ces lignes plus éloignées les unes des autres, pour les rendre plus distinctes).

Le contour externe du canalicule paraît noirâtre, mais ce n'est en réalité qu'un phénomène d'optique; lorsque des liquides ont rendu la lamelle tout à fait transparente, il est plus difficile ou presque impossible de distinguer les lignes rayonnantes. Les lamelles concentriques sont difficiles à voir dans les tranches osseuses polies sur la pierre ou obtenues au moyen d'une section par le couteau. Mais si l'on est familier avec leur forme, leur grandeur, etc. , on les reconnaîtra aussi , quoique moins bien que sur les os traités par un acide. Il n'est donc pas exact que les lamelles ne deviennent visibles que par l'acide, ou que la paroi du canalicule se confonde avec le reste. Il nous semble que quelques lamelles, dans l'épaisseur de la paroi même, n'entourent pas complétement le vaisseau sanguin ; de là, quelquefois, une épaisseur plus considérable dans la paroi d'un côté que de l'autre. A la surface externe du canalicule, il existe souvent des lamelles interrompues par les canalicules voisins. On aperçoit toujours, entre les sections transversales des canalicules, les parois de ceux qui sont placés dans une direction plus horizontale (fig. 4, *c*; 5, *c*).

Le nombre des canalicules diminue d'autant plus que l'on s'approche davantage de la surface externe de l'os.

On trouve aussi des lamelles parallèles à la surface de l'os. Les plus externes ne contiennent que quelques canalicules, ou en sont même tout-à-fait privées (fig. 1, *a*; 6, *a*.) Le nombre de ces dernières, qui manquent quelquefois entièrement, augmente avec l'âge, suivant quelques auteurs.

Dans les lamelles concentriques des canalicules et dans la substance intermédiaire sont placés les *corpuscules osseux* (fig. 2, *c*; fig. 3, etc.) avec leurs rayons. Nous avons fait connaître les opinions de *Purkinje* et de *Müller* sur la structure de ces corpuscules, dans les parois desquels ce dernier auteur croit qu'il existe en dépôt une partie des sels calcaires. Mais *Serres* et *Doyère* ont avancé dernièrement que ces corpuscules n'étaient que de petites cavités microscopiques. C'est une erreur grave. En effet, ces auteurs donnent la description suivante des phénomènes qu'offre une lamelle très-mince de tissu osseux sec, plongée dans un bain d'huile : « Les prétendus corpuscules prennent instantanément l'aspect de taches noires, avec un point brillant à leur centre, entourées d'un inextricable réseau de lignes infiniment déliées ; un gaz seul peut produire cet effet optique. Bientôt les lignes noires disparaîtront; les angles des corpuscules s'arrondiront; le corpuscule lui-même ne sera bientôt plus qu'une petite sphère dans laquelle tout le monde reconnaîtra une bulle d'air; enfin, la bulle d'air elle-même finit par disparaître. » Ces derniers mots lèvent tous les doutes; une bulle d'air, plongée dans un bain d'huile, ne peut pas disparaître; les auteurs n'ont vu que les effets produits par un liquide qui pénètre un tissu sec et le rend transparent, d'opaque qu'il était.

Nous nous occuperons dans l'*Histogénèse* de la coloration des os et de la structure des corpuscules osseux, dont nous étudierons alors le développement.

§ 2. *Cartilages.*

Les cartilages consistent en *corpuscules* plus ou moins nombreux placés dans une *substance intermédiaire* qui est homogène ou fibreuse. Ceux qui sont pourvus d'une substance intermédiaire homogène sont appelés les *véritables cartilages*; tels sont les poulies, les cartilages du nez et de l'appareil respiratoire, à l'exception de l'épiglotte, des appendices de Santorini et des cartilages cunéiformes, les *corpuscula triticea* dans les ligaments hyothyreoïdiens latéraux, les cartilages des côtes et le cartilage xyphoïde du sternum, les cartilages interarticulaires, à l'exception de l'enveloppe mince cartilagineuse de la cavité glénoïde et de l'articulation maxillaire. Les cartilages composés de corpuscules et de fibres sont appelés les *cartilages fibreux*; les ligaments intervertébraux, les synchondroses, les cartilages de l'oreille, l'épiglotte, les cartilages de Santorini et de Wrisberg, le cartilage de la trompe d'Eustache, les cartilages de l'articulation sterno-claviculaire et les enveloppes cartilagineuses de l'articulation maxillaire, forment cette seconde division. Toutefois il n'existe pas de limite absolue entre ces deux espèces de cartilages.

Les *corpuscules* des véritables cartilages (fig. 11 à 13) paraissent homogènes ou finement granulés, comme la substance intermédiaire, et, selon l'éclairage, plus ou moins transparents. Nous renvoyons, en ce qui regarde les différences de forme et de grandeur de ces corpuscules, à ce que Schwann a dit à ce sujet. On peut distinguer dans chaque corpuscule (fig. 11, *a.*) un noyau (fig. 11, *b.*); ces noyaux sont ronds, ovales, anguleux ou irréguliers, lisses ou granulés (*c*). Les noyaux qui paraissent grossièrement granulés (fig. 13, *b*) ne contiennent point de globules; mais les autres noyaux renferment deux, trois ou même plusieurs globules, désignés sous le nom de *nucleolus*, et qui ne sont pas autre chose que des globules de graisse : aussi les voit-on souvent se réunir en une seule gouttelette (fig. 11, *d*) qui remplit quelquefois entièrement le noyau. On voit donc qu'au fur et mesure que le noyau devient plus transparent, sa grandeur augmente en même temps que la quantité de la matière grasse qui y est renfermée. Ainsi nous avons trouvé que dans un seul et même cartilage les noyaux grossièrement granulés mesuraient 0,006 à 0,007, les noyaux finement granulés 0,01, et ceux qui renfermaient plus de matière grasse 0,015 à 0,018 de millimètre. (Comp. les noyaux dessinés dans les fig. 13, *b*; 12, *a*; 11, *b*). Quelquefois on trouve aussi des globules graisseux hors du noyau ; toutefois il serait possible qu'ils provinssent de la destruction de quelques noyaux, si l'on s'est procuré une lamelle mince du tissu cartilagineux par une section longitudinale ou verticale, et que par conséquent, ces gouttelettes n'appartinssent pas au corpuscule sur lequel on les trouve. Il parait, au reste, que les noyaux des cartilages fibreux renferment plus souvent de la matière grasse que ceux des corpuscules des véritables cartilages. Un corpuscule renferme quelquefois deux ou même plusieurs noyaux (fig. 11, *e.*), qui, le plus souvent, sont excentriques. Ce qui mérite encore une attention particulière de la part de l'observateur, ce sont les changements qui s'opèrent dans la transparence du noyau et du corpuscule, au fur et à mesure qu'ils s'imbibent de l'eau dans laquelle la lamelle cartilagineuse se trouve plongée.

Quant aux corpuscules eux-mêmes, il est difficile de décider s'ils sont pourvus d'une membrane particulière; nous n'avons pas pu nous convaincre de la présence de cette membrane, et ce que *Henle* prend pour elle, n'est autre chose que l'intervalle formé entre le corpuscule déplacé et la substance intermédiaire homogène qui l'entoure. Les corpuscules renferment, ainsi que nous l'avons dit, les noyaux placés au milieu ou hors du centre. Dans les cartilages fibreux, il est facile de séparer les corpuscules de la substance intermédiaire (fig. 14, *b*, *c*). On voit alors qu'ils sont composés d'une substance particulière et que ce ne sont pas des cavités. La forme, la grandeur, la position, etc., de ces corpuscules varie beaucoup, selon le cartilage soumis à l'observation. Dans les véritables cartilages (*Cartilagines figuratæ* MECKAUER) il se trouve près de la surface une couche de corpuscules très-aplatis qui est d'autant plus épaisse que le cartilage est plus mince. Immédiatement au-dessous existe une couche de corpuscules très-serrés et plus grands. Dans les cartilages des côtes, les corpuscules paraissent rayonner de l'axe à la périphérie; la largeur des corpuscules est parallèle à la surface de réunion de la partie cartilagineuse et de la partie osseuse de la côte. Nous nous occuperons dans l'histogénèse des cartilages de cette forme particulière des corpuscules qui paraissent renfermer un grand nombre d'autres corpuscules; disons seulement ici que dans ces cas les corpuscules primitifs sont très-allongés et partagés par la substance intermédiaire en plusieurs portions.

La *substance intermédiaire* est homogène dans les véritables cartilages, et fibreuse dans les fibro-cartilages. Mais la substance homogène des véritables cartilages se transforme souvent chez les adultes en fibres, d'abord moins nettement limitées, et peu à peu plus distinctes. Il ne faut pas confondre ces fibres avec les lignes qui indiquent les lamelles superposées dont la substance intermédiaire paraît formée. Les fibres des fibro-cartilages (fig. 14, *a*.) sont en général plus fortes, plus opaques et moins lisses. Elles sont tantôt parallèles les unes aux autres, tantôt enchevêtrées, tantôt courbées sous des angles plus ou moins aigus. La substance intermédiaire est prépondérante dans les fibro-cartilages interarticulaires, surtout vers le bord externe; dans les cartilages de l'oreille et de l'épiglotte, au contraire, elle sépare à peine quelquefois les corpuscules cartilagineux. Les fibres sont différentes de celles du tissu cellulaire et se rapprochent peut-être davantage de celles du tissu élastique.

En faisant dessécher le tissu cartilagineux, on voit la matière grasse que renfermaient les noyaux se réunir, à la surface, en gouttelettes plus ou moins grandes. Lorsqu'on l'examine sous le microscope, on voit que les contours des corpuscules ont disparu, et ils ne deviennent visibles (fig. 12, *c*) que lorsque la lamelle a séjourné pendant quelque temps dans l'eau. La *corde dorsale* des jeunes animaux est composée de corpuscules transparents (fig. 10.), pourvus d'un noyau granuleux.

§ 3. *Dents*.

On peut distinguer dans la plupart des dents quatre parties bien distinctes :
l'ivoire, le cément, l'émail et la pulpe.

Le *cément* ressemble, quant à sa structure intime, sous tous les rapports,
au tissu osseux; il se trouve en plus grande quantité à l'extrémité de la racine
et dans le creux entre deux racines, à la surface appelée alvéolaire par Purkinje.
La quantité de cément augmente par l'âge, et forme même quelquefois des
exostoses : le cément paraît finir à la surface externe de la dent, à l'endroit où
commence l'émail; mais, dans quelques cas, MM. *Fraenkel, Nassmyth* et *Erdl*
(nous regrettons de ne pas avoir à notre disposition son mémoire récemment
publié) ont pu constater sa présence au-dessus de l'émail. Toutefois, il ne
faut pas, dans ce cas, confondre le cément avec la membrane qui provient du
sac dentaire dont nous parlerons tout-à-l'heure. Il existe aussi, entre l'émail
et l'ivoire, une petite couche de tissu osseux qui, a été prise, par quelques auteurs, pour cette même membrane.

L'*émail* est couvert à sa surface externe, comme tout le reste de la dent, d'une
membrane très-mince, signalée par *Nassmyth* et à laquelle il a donné le nom
de capsule dentaire persistante. Après l'avoir traitée par l'acide hydrochlorique, on peut l'isoler sous la forme de capsule. Elle n'existe entière que
sur les dents récemment formées; les dents usées n'en présentent que quelques débris. L'émail lui-même est composé de prismes à quatre ou à six
faces qui traversent toute son épaisseur, et dont la direction est perpendiculaire à la surface de l'ivoire. Ils font voir à leur surface des lignes transversales, qui quelquefois se continuent sur plusieurs prismes. Coupés en travers,
ils présentent un aspect aréolaire ou cellulaire (pl. I, fig. 35). Tous les prismes
ne parviennent pas à la surface de l'ivoire : il y en a plusieurs, engagés parmi les
autres comme des coins. Ils sont en général ondulés, et présentent même
quelquefois des courbures en zigzag. Dans les couronnes des dents molaires,
ils forment quelquefois des tourbillons. La surface inférieure de l'émail est
inégale; les creux et les saillies s'adaptent à ceux de l'ivoire.

On remarque à la surface de l'émail quatre espèces de lignes qui produisent
des dessins différents. La première consiste en des stries transversales, régulières et ondulées, qui entourent la couronne; elles sont probablement produites par les ondulations des prismes. La seconde espèce est formée par des
stries le plus souvent brunâtres, parallèles entre elles et aux contours de l'i-
voire; elles indiquent peut-être les couches superposées dont l'émail est formé.
Une troisième espèce de lignes est celle qui a été découverte par Schreger, et
que l'on observe sur les cassures longitudinales de la dent; elles sont courtes,
blanches, le plus souvent en forme d'arc. Purkinje croit qu'elles proviennent
de ce que plusieurs séries de prismes parallèles et ondulés sont partiellement
brisées, et que ces sections transversales réfractent la lumière de différente manière. Enfin, la dernière espèce de lignes se présente à la limite de l'ivoire et de
l'émail, sous forme de fentes placées à des distances régulières et partant de l'i-
voire. Elles partagent les fibres en faisceaux et existent même dans l'émail mou

du fœtus. Ce dernier émail est composé de petites aiguilles anguleuses, ayant un diamètre de o,oo5 de millimètre, à peine plus épaisses au sommet qu'à la base.

L'ivoire est composé de canalicules et d'une substance intermédiaire. Cette substance est, d'après la plupart des auteurs, homogène ; Henle et Krause la croient composée de fibres, dont toutes n'atteignent pas la cavité de la pulpe dentaire ; Henle s'appuie surtout sur le développement de la dent. Nous avons pu nous convaincre de l'existence de ces fibres (fig. 15, *a*); d'un autre côté, nous avons pu aussi constater sur des préparations que M. Nasmyth nous a fait voir, la disposition aréolaire de cette substance intermédiaire. Nous verrons, en nous occupant du développement des dents, quel rapport il existe entre ces aspects divers. Des sels calcaires se trouvent déposés dans cette substance.

La forme et la direction des canalicules ont été bien décrites par Retzius; ils sont remplis d'une substance formée par une combinaison de sels calcaires et de matière organique; les fragments qui dépassent le bord (fig. 15 , *d*.) sont blancs et raides, mais ils deviennent transparents et flexibles par les acides. Cette substance ne remplit pas entièrement les canalicules, puisque l'encre y peut pénétrer. Traités par les acides, ils présentent aussi çà et là l'aspect de petits grumeaux qui seraient contenus dans l'intérieur; mais cette apparence provient seulement des bulles d'air qui y sont renfermées, analogues à celles que nous avions eu déjà plusieurs fois l'occasion de décrire, notamment dans la structure des poils. Ce même aspect se présente aussi sur la dent à l'état naturel. Nous n'avons pu nous convaincre rigoureusement de la présence d'une paroi particulière à ces canalicules; l'anneau qui, dans les coupes transversales, entoure la section du canalicule , parait seulement provenir de la diffraction de la lumière, sur les limites de la substance intermédiaire et du contenu des canalicules. Ce qu'il y a de certain, c'est que nous n'avons jamais pu saisir une paroi particulière, soit que le contenu des canalicules ait dépassé les bords de l'ivoire (fig.15, *d*), soit qu'il ait fini avec la substance intermédiaire (*b*), ce qui arrive le plus souvent, soit qu'il ait cessé déjà à une profondeur plus ou moins grande, à l'intérieur *(c)*.

La *pulpe* n'envoie ni des vaisseaux, ni des nerfs dans l'intérieur de la dent; l'appareil vasculaire est composé de troncs qui se divisent en de nombreux et délicats rameaux , lesquels, arrivés près de la surface, se courbent sous forme d'anses anastomisées, reviennent sur eux-mêmes, puis se réunissent de nouveau en troncs. Le tissu lui-même est composé de fibres transparentes, pourvues de corpuscules ovales (comp. la fig. 23, *a*, *b*, de la pl. 4, *nerfs* et *cerveau*); la surface de la pulpe est occupée par une membrane homogène pourvue de très-petits corpuscules.

Les trois substances dures dont nous venons d'exposer la structure composent la substance dentaire. Néanmoins, toutes les dents ne présentent pas ces trois substances; les différents animaux offrent des grandes variétés dans l'étendue, l'épaisseur, etc., de l'une ou de l'autre de ces trois substances; tantôt il manque l'émail ou le cément, etc. *L'odontographie* de *R. Owen* et les recherches inédites de *Nasmyth*, contiennent à ce sujet des résultats fort curieux: les limites de ce mémoire ne nous permettent pas d'entrer dans ces détails.

LITTÉRATURE.

N.   1. Leeuwenhoëk. *a.* Phil. transact. 1678. N. 140. *b. Ib.* 1720. N. 366. *c.*
Op. omn. Lugd. Bat. 1722. 4 vol.

N.   2. Malpighi. *a.* Op. omn. Lugd. Bat. 1687. *b.* Op. posth. Amstel. 1700.

N.   3. Baker. The microscope made easy. Londres. 1743.

N.   4. Duhamel. Mémoires de l'académie de Paris. 1743.

N.   5. Reichel. De ossium structura. 1660. (Sandifort, thes. dissertat. Vol. II).

N.   6. Fontana. Sur le venin de la vipère. Florence. 1781.

N.   7. Schreger. Isenflamm und Rosenmüller's Beytraege. Leipsik. 1800.

N.   8. Deutsch. De ossium structura. Thèse. Breslau. 1834.

N.   9. Müller. Archiv für Physiologie. Berlin. 1834-1841.

N. 10. Treviranus. Beytraege, etc. des organischen Lebens. Brème. 1835.

N. 11. Wagner. Burdach's Physiologie. Vol. 5. Leipsik. 1835.

N. 12. Fraenkel. De dentium structura. Thèse. Breslau. (octobre) 1835.

N. 13. Raschkof. Meletemata circa dentium evolut. Thèse. Breslau. 1835.

N. 14. Arnold. Tiedemann und Treviranus, Zeitschrift. Vol. 5. 1835. --- Physiologie. Vol. 1. Zurich. 1836.

N. 15. Müller. *a.* Vergleichende Anatomie der Myxioniden. Berlin. 1835 (Extrait des mémoires de l'académie des sciences de Berlin pour 1834. ---Berlin. 1836). *b.* Annalen von Poggendorf. Leipsik. 1836.

N. 16. Valentin. Repertorium für Anatomie, etc. 6 vol. 1836-1841.

N. 17. Miescher. De ossium genesi, structura et vita. Thèse. Berlin. 1836. Reproduit dans l'ouvrage : De inflammatione ossium. Berlin. 1836.

N. 18. Meckauer. De penitori cartilaginum structura. Breslau. 1836.

N. 19. Retzius. Commun. à l'acad. Roy. de Stockholm , 13 janvier 1836. Mikrosk. Undersokningar ofver Iadernes Sardeles Tandbets struktur Stokholme. 1837. Arch. de Müller. 1837.

N. 20. Dujardin. Ann. d'anat., par Laurent, etc. Vol. 1er Paris. 1837.

N. 21. Berres. Anatomie der microscopischen Gebilde. Vienne. 1837.

N. 22. Owen. Transact. of the brit. Association. 1838. Annal. des sc. natur. Paris; décembre. 1839. Odontography. Londres. 1840-1. 2 vol.

N. 23. Nasmyth. Med.-chir. transact. Vol. 22. Janvier, 1839. Researches of the teeth. Londres. 1839. Three memoirs. (Août 1839). 2 ed. Londres, 1842.

N. 24. John Tomes. London Medical Gazette for. 1839.

N. 25. Schwann. Mikroscopische Untersuchungen uiber die Uibereintimmung der Thiere und Pflanzen. Berlin. 1839.

N. 26. Gerber. Handbuch der allgemeinen Anatomie. Berne. 1840.

N. 27. Krause. Handbuch der mensclichen Anatomie. Vol. I. 1re partie, 2e édit. Hanovre. 1841.

N. 28. Bruns. Lehrbuch der allgem. Anat. des Menschen. Brunsvick. 1841.

N. 29. Henle, Allgemeine Anatomie. Leipsik. 1841.

N. 30. Serres et Doyère. Compt. rend. de l'acad. des sciences. Paris. 1842.

MÉMOIRE

SUR LA STRUCTURE INTIME

DES TISSUS

CELLULAIRE

ET ADIPEUX,

PAR

LE DOCTEUR LOUIS MANDL.

ACCOMPAGNÉ DE DEUX PLANCHES.

PARIS,

CHEZ J.-B. BAILLIÈRE,
LIBRAIRE DE L'ACADÉMIE ROYALE DE MÉDECINE,
RUE DE L'ÉCOLE DE MÉDECINE, 17;
A LONDRES, CHEZ H. BAILLIÈRE, 219, Regent Street.

1842

MÉMOIRE

SUR LA STRUCTURE INTIME

DES TISSUS

CELLULAIRE

ET ADIPEUX.

CHAPITRE PREMIER.—HISTORIQUE.

PLANCHE I.

(Planche quinze de la première partie).

Les recherches que l'on a faites jusqu'à ces derniers temps sur la texture du tissu cellulaire, et celles qui concernent le tissu adipeux, se trouvent dans un rapport très-intime ; nous exposerons donc conjointement l'historique de ces observations.

Malpighi distingue le tissu cellulaire du tissu adipeux ; il appelle ce dernier *membrana propria adiposa*, et le tissu cellulaire, *membrana carnosa*, nom qui lui fut déjà donné par *Spiegel* (n. 1, cap. 3, p. 232). Voilà ce que dit Malpighi (n. 2) sur la structure de ces tissus : « Ubicunque observare est pinguedinem, ibi inve-
» niuntur multiplices membranæ sacculorum ad instar et lobulorum excavato-
» rum, quæ substratæ cuidam membranæ, crassiori tamen, adhærent..... Per
» hanc propagantur venæ et arteriæ..... arborum adinstar, quorum extremi-
» tatibus appenduntur membranoni sacculi seu lobuli, pinguedinosis globulis
» refertis, qui veluti folia ramis adnata arboris exactam figuram complent.....
» Membranosi isti sacculi diversimode figurantur ; sunt enim leviter depressi et
» ovalem pene habent figuram et sunt instar lobulorum..... An singuli adiposi
» propria rursus investiantur pellicula , oculus pertingere nequit. » On voit donc que Malpighi connait fort bien la distribution des vaisseaux sanguins dans le tissu adipeux, qu'il trouve composé de petits sacs renfermant la graisse ; mais il ignore si chaque gouttelette est entourée d'une membrane particulière. Malpighi avait encore quelques idées particulières sur la sécrétion de la graisse, qu'il a désavouées lui-même plus tard (n. 4, p. 36).

C'est probablement cette opinion de Malpighi que nous trouvons rapportée dans l'ouvrage de *Zahn* (n. 3, pars III svnt. III, cap. III, § 37): « Quod axungo

I   (1)

29

» et pinguedo in parvis bursulis coagulata sit, et in peculiaribus membranaceis
« capsulis ubique in corpore nostro hæreat..... microscopiorum usui innotuit. »
Plusieurs passages de *Leuwenhoëk* font présumer qu'il a professé une opinion
analogue : dans ses premières observations (Philos. transact., 1674), il croit les
vésicules graisseuses composées de très-petits globules, comme les cheveux, les
os etc.

Les observateurs du siècle passé ont plutôt étudié à l'œil nu qu'au microscope la structure des tissus cellulaire et adipeux. On connaît les opinions de
Vieussens, Albinus, Winslow, Morgagni, Ruysch, Haller, Hunter, Blumenbach, etc.,
à ce sujet ; on sait que les uns admettaient la présence de cellules et de filaments dans le tissu cellulaire, tandis que les autres n'y voyaient qu'un corps
muqueux, mou, où les filaments se produisent par suite de la traction. De
même, quelques auteurs veulent que la graisse soit contenue dans des poches
ou vésicules d'une organisation plus complète que celle du tissu cellulaire,
tandis que d'autres soutiennent que le tissu adipeux n'est que du tissu cellulaire sans modification aucune, et dans laquelle la graisse viendrait seulement à
se déposer. *Havers* décrit la graisse qui se trouve dans la moelle des os, et
Grützmacher (n. 5) a fait quelques observations microscopiques à ce sujet. La
fig. 1 représente, d'après cet auteur, la moelle des os, dont a été éloignée la
membrane médullaire. Nous n'avons pas à nous occuper plus spécialement de
ces recherches ; il nous suffira d'exposer les observations faites par quelques auteurs pour indiquer le caractère des observations microscopiques qui appartiennent à cette époque.

Bordeu (n. 6) dit, en parlant de la substance qui compose le tissu cellulaire :
« Elle paraît, étant examinée au microscope, un composé d'atomes ou de petits
corps collés les uns aux autres, rangées sans nulle sorte de symétrie, plus ou
moins mous et plus ou moins transparents ; elle est comparable à une gelée de
viande et ne semble différer que fort peu de ce que les chimistes appellent le
corps muqueux ; c'est pourquoi nous l'appellerons le tissu muqueux. »

Fontana (n. 7, t. II, p. 221, 234, 256) déclare que le tissu cellulaire est composé de cylindres tortueux, quelque part qu'il se trouve. Or, dit Fontana, puisque le tissu cellulaire se trouve partout, il s'ensuit que tous les tissus sont composés de cylindres tortueux ; ceux du système cellulaire sont produits par une
masse gélatineuse. La fig. 2 représente le tissu adipeux couvert de cylindres
tortueux du tissu cellulaire.

Wolf (n. 8, vol. VI, p. 259) dit que le tissu cellulaire est composé d'une substance continue, de consistance égale, transparente, semi-fluide, qui, par la
traction seulement, forme des filaments élastiques. Ces filaments présentent,
examinés au microscope, une forme semi-cylindrique, *columnæ semicylin-
dricæ*. Le tissu adipeux (vol. VII, p. 278) de l'oie se compose de grappes remplies
de vésicules (fig. 3) de graisse ; partout où ces grappes ont une forme déterminée, elles se placent les unes à côté des autres d'une manière déterminée (fig. 4).
La graisse bovine est composée de petites vésicules dures, peu cohérentes (fig. 5),
plus grandes que les vésicules de graisse humaine (fig. 6).

Monro (n. 9) estime le diamètre des vésicules de graisse à un six-centième ou à un huit-centième de millimètre. La graisse est renfermée dans des vésicules ovales, qui n'ont pas d'ouvertures, et dont la fig. 7 représente la forme, vues à un grossissement de cent cinquante fois. C'est une des meilleures figures que les auteurs du siècle passé aient données.

Treviranus (n. 10, vol. I) emploie de nouveau le microscope, dès le commencement de ce siècle, dans les recherches sur le tissu cellulaire ; il est à regretter que *Bichat* et *Meckel* n'aient pas fait usage de cet instrument. Treviranus trouve, à un grossissement de 350 fois, le tissu cellulaire composé de cylindres élémentaires, le plus souvent tortueux, limpides, transparents et très-délicats (fig. 8). Parmi ces cylindres se trouvent des globules qui ressemblent aux globules d'albumine. Ces deux éléments, les cylindres et les globules, sont enveloppés d'une substance extensible, tenace, qui ressemble beaucoup au mucus bronchial ramolli, après avoir été préalablement desséché. Il ne se trouve nulle part dans le corps animal, pas même dans les poumons, du tissu cellulaire qui ressemble à celui des plantes. Cette masse molle et transparente, que l'on trouve dans les bras des polypes verts, et qui parait être du tissu cellulaire, présente seulement des globules de grandeurs différentes (fig. 9). A cette époque on croyait encore que tous les tissus prenaient leur origine du tissu cellulaire ; on prenait par conséquent tout *blastème*, c'est-à-dire toute matière qui sert au développement des tissus, pour du tissu cellulaire. Or, ce blastème étant soit amorphe, soit composé de quelques corpuscules très-transparents, il faut de grandes précautions pour arriver à des résultats certains ; ces précautions sont, par exemple, l'emploi de l'eau pure, l'examen de la substance à l'état frais, etc.; Treviranus convient lui-même plus tard, en 1825 (n. 21, p. 137), qu'il les a négligées quelquefois. C'est de cette manière que nous pouvons nous expliquer comment le blastème, examiné soit à sec, soit dans toutes autres circonstances qui l'ont altéré ou coagulé, a présenté à Treviranus des globules uniformes ou diversiformes. Par analogie, on trouvait ensuite tout le système cellulaire composé de globules. *Seiler* (n. 17) voit aussi des globules dans le blastème des embryons humains âgés de sept à huit semaines (fig. 13, 14), ou dans l'œuf couvé pendant huit heures (fig. 15). *Carus* (dans l'ouvrage de Seiler, n. 17) arrive aux mêmes résultats dans l'examen de l'embryon d'une brebis (fig. 16). Au reste, nous avons peine à croire comment on prétendait découvrir la structure intime de ces tissus en ne faisant usage que d'un grossissement de 34 à 48 fois.

Mascagni (n. 11) s'est plutôt attaché à décrire la distribution des vaisseaux sanguins parmi les cellules de graisse. La fig. 10 représente des amas de cellules suspendus aux vaisseaux sanguins et formant de cette manière des grappes. Le tissu cellulaire consiste, comme presque tous les tissus, d'après cet auteur, en vaisseaux lymphatiques.

Doellinger (n. 12) dit que le tissu cellulaire est une substance muqueuse particulière, dans laquelle on découvre au microscope quelques globules opaques.

Home et *Bauer* (n. 13), et *Milne Edwards* (n. 14), constatent l'existence des cylindres très-déliés dont parlent Fontana et Treviranus ; mais ils signalent en outre la présence de globules. Milne Edwards dit que l'on voit, à un grossissement de deux cents fois, ces cylindres composés de globules élémentaires (fig. 11 et 12), analogues à ceux du lait, du pus, etc., et aux noyaux des globules sanguins, ayant 1/300 de millimètre pour diamètre.

Heusinger (n. 15) voit aussi le tissu cellulaire, *tela formativa*, composé de globules plus grands que les globules sanguins et qui forment des filaments. Les globules de graisse sont quatre à huit fois plus grands que les globules sanguins. *Allmer* (n. 16) repousse l'idée des membranes particulières qui envelopperaient les globules graisseux ; ce n'est que le tissu (cellulaire) muqueux qui les entoure, coagulé après la mort.

Raspail (n. 18) procède de la manière suivante pour examiner le tissu adipeux : « Qu'on prenne une graisse ferme, telle que la graisse de mouton, de veau et de bœuf ; qu'on la déchire ensuite sans l'écraser sous un petit filet d'eau et au-dessus d'un tamis à mailles assez larges, sous lequel on aura eu soin de placer une terrine ; à chaque tiraillement du tissu, l'eau qui tombe sur la masse adipeuse détache des myriades de granules, pour ainsi dire amylacés, qui passent à travers les mailles du tamis, tombent jusqu'au fonds de la terrine d'eau, remontent ensuite à la surface du liquide, où ils se rassemblent sous forme d'une poudre cristalline et blanche comme la neige. Lorsque cette malaxation est achevée, c'est-à-dire lorsque l'eau ne passe plus laiteuse, il reste entre les mains un tissu réduit à l'aspect et à la consistance de tous les tissus membraneux des animaux. Observées aux microscope, les granules affectent des formes et des dimensions variables ; celles de la graisse du mouton, du veau et du bœuf (fig. 17, 18), se présentent avec des facettes si nombreuses et si bien dessinées qu'on serait tenté de les prendre pour les cristallisations les plus régulières. Les granules de la graisse de porc (fig. 19) se rapprochent d'une manière frappante des globules de fécule. La graisse humaine, plus fluide que celle du porc, offre plus de difficulté sous le rapport de l'étude de ses globules (fig. 21, 22). En laissant dessécher spontanément à l'air un flocon de graisse humaine, on finit par rencontrer des bords qui offrent l'image la plus parfaite du tissu cellulaire des végétaux (fig. 23). Les granules adipeux de l'animal jeune affectent des diamètres inférieurs aux granules de la graisse de l'adulte. On peut constater facilement qu'une masse de graisse ferme se compose d'une vésicule externe, à parois fortes et membraneuses ; qu'elle enveloppe des masses assez considérables, faciles à séparer les unes des autres, et revêtues, chacune à leur tour, d'une membrane vésiculeuse, à parois moins fortes que la vésicule externe, et renfermant à leur tour un certain nombre de masses d'un plus petit calibre, et ainsi de suite jusqu'aux vésicules qui enveloppent immédiatement les granules adipeux. Chacune de ces masses partielles, par conséquent aussi les granules adipeux, tiennent par un hile à la cellule qui les renferme. Ce hile est visible sur les granules de graisse molle (fig. 20), invisible sur les graisses fermes. »

Schultze (n. 19) dit que le tissu cellulaire des animaux inférieurs est composé de corpuscules ovoïdes, tandis que celui des animaux supérieurs présente des corpuscules ronds. Partout on trouve en outre, excepté chez les animaux les plus imparfaits, des vésicules qui renferment une substance séreuse ou oléeuse ; ces vésicules deviennent polygonales, pressées les unes contre les autres, et forment alors des cellules. Lorsque la consistance augmente, le tissu cellulaire adopte la forme des filaments et des tubes, ainsi que Fontana et Treviranus l'ont décrit. Cette substance, réunie aux vaisseaux lymphatiques et aux sanguins, forme le tissu muqueux ou cellulaire.

Weber (n. 21) trouve les globules graisseux tantôt ronds, tantôt ovales, en général dix fois plus grands que les globules sanguins. Le tissu cellulaire est composé de filaments transparents, sans aucune trace de globules; on en voit seulement quelques-uns dispersés entre les filaments.

Fohmann (n. 22) pense que le tissu cellulaire n'est autre chose qu'un lacis de vaisseaux lymphatiques. *Arnold* (n. 23) adopte la même idée. Ce lacis est, d'après ce dernier auteur, parsemé de vésicules adipeuses; il ne lui paraît pas du tout prouvé que le tissu cellulaire soit la substance organisatrice dont les tissus se forment.

Krause (n. 24) est un des premiers qui aient fait de bonnes observations sur la structure du tissu cellulaire. Ce tissu consiste, d'après ses recherches, en fibres très-petites, élastiques, lisses, non granulées, transparentes, ondulées et s'entrecroisant, ayant 1/1200 à 1/3500 de ligne pour diamètre. Les fibres forment quelquefois de petites pelottes de 1/260 à 1/1720 de ligne, que l'on rencontre soit isolées parmi les fibres, soit réunies ensemble. Une forte compression rend les fibres droites, et désunit celles qui forment les pelottes. La graisse se rencontre sous forme de petites gouttelettes renfermées dans de petites vésicules très-minces, formées de tissu cellulaire. Les vésicules se présentent sous forme de petits globules, ayant 1/22 à 1/108 de ligne pour diamètre; elles sont suspendues aux vaisseaux capillaires, comme les grains d'une grappe aux pédicules. Plusieurs vésicules sont renfermées dans une grande cellule de forme irrégulière.

Jordan (n. 25) dit que les faisceaux rougeâtres qui composent la tunique du dartos consistent en fibres primitives (fig. 26), élastiques, ondulées, ayant partout la même épaisseur. Leur diamètre varie de 0,0005 à 0,0009 d'une ligne anglaise; il est habituellement de 0,0007. Les fibres élémentaires du tissu cellulaire ont les mêmes diamètres; elles sont limpides, transparentes, ondulées (fig. 24). Il se peut que leur épaisseur différente ne soit que le résultat de la compression; au reste, leur extrême finesse explique aussi en partie la différence des mesures. Nulle part il ne s'est présenté à l'auteur des globules ni des lamelles que l'on n'aurait pas pu diviser en fibres élémentaires. Ces fibres forment souvent des faisceaux qui s'entrecroisent dans tous les sens (fig. 25). Les vésicules adipeuses sont partagées par un tissu lâche en plusieurs petites cavités, qui à leur tour sont traversées par des fibres isolées. Les observations de Jordan et de Krause sont les premières qui aient fourni des connaissances positives sur la structure du tissu cellulaire; elles ont détruit les anciennes opinions sur l'état muqueux de ce tissu, et ont donné de nouveaux arguments contre l'hypothèse qui faisait naître tous les tissus par la transformation du tissu cellulaire.

J. Müller adopte dans sa physiologie les opinions de Jordan et de Krause.

Presque tous les auteurs sont, depuis les travaux de *Krause* et de *Jordan*, d'accord sur l'existence des fibres élémentaires dans le tissu cellulaire. Nous pouvons par conséquent nous épargner l'énumération de toutes ces observations ; nous en choisirons seulement les principales en indiquant aussi les différentes mesures obtenues par ces observateurs.

Wagner (n. 26, p. 252) trouve que les fibres élémentaires (*fila v. fibræ*) ont $1/2000$ à $1/1000$ de ligne en diamètre. Elles ont, en général, chez l'homme, les mammifères et les oiseaux, le plus souvent $1/800$ de ligne, quelquefois $1/500$ jusqu'à $1/1000$. Leurs bords sont noirâtres ; elles deviennent facilement ondulées et forment quelquefois des mailles pour recevoir la graisse. Des granules isolées se rencontrent parmi les fibres.

Lauth (n. 27) dit que le tissu cellulaire est composé d'une quantité prodigieuse de fibres variqueuses, rarement dichotomes. Le tissu adipeux se compose de très-petites vésicules arrondies, disposées en grappes, s'unissant pour former des grains et des lobules qui sont logés entre les mailles du tissu cellulaire. C'est dans l'intérieur de ces vésicules qu'est déposée une huile jaunâtre, connue sous le nom de graisse ; elles sont très-semblables à celles qui sécrètent et logent la moelle déposée dans les cavités des os.

Gluge (n. 28) s'exprime de la manière suivante sur la texture du tissu cellulaire : Les lames de ce tissu contiennent des faisceaux plus ou moins tortueux, ce qui dépend de la manière dont il est étendu sous le microscope. Ces tortuosités ne sont pas régulières. Elles sont évidemment produites par l'élasticité du tissu. Ces faisceaux sont disposés sous des angles souvent droits ; ils constituent de cette manière un véritable réseau et sont composés de fibres très-délicates, égales, cylindriques, situées parallèlement l'une auprès de l'autre. Le nombre des fibres contenues dans un seul faisceau varie de trois à sept et plus. Leur diamètre de $0,0005$ de ligne et plus. Le grossissement le plus fort ne fait jamais découvrir des divisions plus fines de ces fibres primitives, même lorsqu'on emploie une compression convenable. On n'aperçoit non plus d'anastomoses, soit des fibres, soit des faisceaux. C'est dans les interstices de ce tissu, qui communiquent entre eux, qu'existent les cellules qui contiennent la graisse. On peut facilement isoler ces cellules, et alors reconnaître qu'elles sont rondes, fermées de toutes parts. Leur diamètre est sept à dix centièmes de millimètre. Les plus forts grossissements n'ont pas permis à l'auteur de voir des fibres dans ces enveloppes de la matière graisseuse. Si l'on comprime avec quelque précaution ces cellules, la matière graisseuse en sort sous forme de gouttelettes transparentes qui ont un diamètre tantôt égal, tantôt beaucoup supérieur à celui des globules de sang. L'enveloppe reste vide et comprimée. La graisse paraît, sur divers points, être sécrétée dans les interstices du tissu cellulaire, sans formation de cellules spéciales. Les cellules du lard sont plus grandes que celles de la graisse humaine et renferment beaucoup de petites gouttelettes, peu transparentes.

Treviranus (n. 29), en continuant ses recherches sur le tissu cellulaire, constata de nouveau la présence de fibres élémentaires dont il avait déjà parlé précédemment (n. 9), et qu'il décrit maintenant plus exactement sous le nom de cylindres élémentaires. Ces cylindres sont en quelques endroits variqueux. Leurs diamètres se trouvent dans quelque rapport avec celui des globules sanguins ;

elles contiennent primitivement la graisse qui les distend peu à peu, de manière à en former des vésicules. Dans d'autres endroits ces cylindres contienent des substances différentes de la graisse, comme par exemple un liquide noirâtre dans les cylindres qui composent la choroïde et la sclérotique. Les globules que l'on rencontre parmi les fibres, ne sont que des globules de sang ou de lymphe, ou des fragments de cylindres. Le tissu cellulaire des animaux invertébres est composé soit de vésicules, soit d'une masse homogène qui présente d'une manière peu distincte les cylindres élémentaires.

Valentin (n. 3o), dit que la forme polyédrique des cellules adipeuses est produite après la mort par la compression. La membrane de la cellule est, d'après cet auteur, composée des fibres de tissu cellulaire.

Berres (n. 31), croit que chaque fibre élémentaire du tissu cellullaire est composée de vaisseaux lymphatiques très-déliées, de fibres élémentaires périphériques et de vaisseaux capillaires artériels et veineux. Nous ne croyons pas nécessaire de réfuter cette opinion, puisque la comparaison des diamètres de ces éléments différents prouve déjà que cette opinion, ne peut pas être le résultat d'observations positives. Les « vésicules cellulaires » remplies » de *vapor, oleum animale, medulla, adeps, pinguedo, sebum* « sont uniformes, deviennent polyédriques par la dessication, et sont pourvues d'un diamètre de 9 à 10 millièmes d'un pouce de Vienne.

Arnold (n. 32) trouve le tissu cellulaire composé de cylindres et de petits espaces limitées par des parois. Les cylindres et les parois sont formés par des globules; les cavités renferment du sérum, de la graisse, etc.

Pallucci (n. 33) dit que le tissu cellulaire présente, soit une masse globuleuse, soit des filaments, soit des cellules. Les globules ont une grande tendance à se placer en ligne. Les filaments communiquent ensemble, ou ils sont paralèlles les uns aux autres; quelques-uns présentent encore quelquefois leur origine globuleuse. Les cellules (fig. 27), laissent entre elles des passages vides; elles se trouvent dans les endroits pourvus ou privés de graisses. Pallucci rapporte aussi une opinion de *Zermack* (p. 32), qui est arrivé à peu près, aux mêmes résultats qu'Arnold (n 31.)

Hollard (n. 34) est convaincu que les corpuscules qui composent les lobes graisseux sont réellement formés par de petites vésicules remplies d'une huile tantôt fluide, tantôt concrète, selon les espèces animales. Lorsqu'on isole ainsi un corpuscule graisseux, on trouve assez ordinairement sur un ou plusieurs points de sa surface des débris de tissu cellulaire, sous forme de filaments ou de flocons informes. Quand on examine la graisse qui entoure un rameau vasculaire injecté de l'épiploon, on voit que les vésicules sont jetées sans ordre sur les côtés de ce rameaux, dont elles suivent exactement le cours ; aucune ne présente de pédicule, et l'on ne voit pas que le vaisseau qu'elles côtoient leur envoie des subdivisions; les plus forts grossissements n'en font pas plus découvrir que les grossissements inférieurs (fig. 26).

Gurlt (n. 35.) affirme, contrairement à l'opinion de Valentin, que la membrane de la cellule adipeuse est uniforme, sans être composée de fibres : s'il y en existe, c'est du tissu cellulaire adhérent. Nous verrons plus tard, lorsque nous nous occuperons du développement du tissu adipeux , que son opinion est conforme aux observations de Schwann.

Bylardt (n. 36.) ne fait le plus souvent que constater les recherches de Jordan et de Krause.

Schwann (n. 37.) s'occupe plutôt du développement que de la structure intime des tissus en question : toutefois nous devons rappeler son opinion, suivant laquelle la cellule adipeuse présente souvent un noyau placé dans la paroi.

Henle (n. 38.) trouve, outre les fibres du tissu cellulaire réunies en faisceaux aplatis, d'autres fibres encore à contours opaques; ces dernières sont très-ondulées et se rapprochent beaucoup, par leur texture et par leurs caractères chimiques, du tissu élastique. L'acide acétique rend en effet les fibres du tissu cellulaire transparentes , gélatineuses ; le faisceau entier devient uniforme, et l'on ne peut plus y reconnaître les fibres dont il est composé. Les fibres à contours opaques, au contraire , ne sont point altérées par l'action de l'acide acétique. Elles se présentent sous deux formes bien distinctes : les unes entourent le faisceau des fibres cellulaires sous forme d'une spirale (fig. 29) ; les autres se distribuent le long du faisceau, plus ou moins régulièrement ondulées (fig. 30.) ou formant de petits pelotons. Une même fibre adopte tantôt l'une tantôt l'autre de ces deux formes. Enfin , on trouve encore quelquefois des lignes interrompues , composées de corpuscules allongés , pointus, réunis par des filaments très-fins. Nous y reviendrons en traitant du développement des tissus. Tantôt le noyau existe dans la paroi de la cellule adipeuse, tantôt il est absent (résorbé.) Une ou deux figures particulières, en forme d'étoiles, s'observent quelquefois à la surface des cellules : l'acide acétique ne les altère pas même après la destruction de la cellule adipeuse.

CHAPITRE SECOND.

RECHERCHES DE L'AUTEUR.

PLANCHE II.

(Planche seize de la première partie).

§ 1. *Tissu cellulaire.*

Lorsqu'on étale un petit morceau de tissu cellulaire dans une goutte d'eau, on le voit composé de *fils* ou *fibrilles*, ou *cylindres élémentaires*, longs, très-déliés, mous, limpides, lisses (fig. 1). Le diamètre de ces fibrilles varie entre 1/500 et 1/1000 de millimètre, mais il reste sensiblement le même dans toute l'étendue de la fibre; elles ne ramifient jamais, et ne s'anastomosent pas ensemble. Lorsque ces fibres primitives sont tendues, par exemple par la pression entre deux verres, elles sont droites (fig. 1, b); mais la pression cessant, elles prennent aussitôt, par suite de leur élasticité, une forme ondulée (fig. 1, a). Toutefois on ne doit pas croire que la présence seule du verre mince que l'on emploie habituellement pour couvrir l'objet à examiner, suffise pour tendre les fibres et pour leur faire perdre la forme ondulée : cela arrive d'autant moins que la goutte d'eau est plus considérable. On voit alors ces fibres nager librement, et ne perdre leur forme ondulée que par une pression exercée volontairement. Les fibres primitives les plus fortes ont les contours unis, simples, bien dessinés; le milieu paraît incolore, transparent; mais il n'est pas distinctement creux. Les fibres primitives plus minces sont encore plus transparentes; leurs contours sont plus pâles, et elles sont moins ondulées.

Les fibres élémentaires du tissu cellulaire se rencontrent, soit isolées (fig. 1, a, b.), s'entrecroisant dans tous les sens (c), ou roulées sur elles-mêmes (d), soit réunies en faisceaux (e), ce qui s'observe le plus souvent. Les fibres qui constituent le faisceau sont toujours parallèles entre elles, de sorte que leurs ondulations le sont également. Pour étudier les éléments qui les composent, il faut déchirer ces faisceaux à l'aide d'aiguilles très-fines, après les avoir préalablement placés dans une goutte d'eau, soit pour les préserver du desèchement, soit pour leur conserver leur transparence. Au reste l'eau, qui n'altère pas les formes des fibres, permet de les observer dans un état qui se rapproche le plus de leur état naturel, puisqu'elles se trouvent imbibées pendant la vie du sérum sanguin (la sérosité cellulaire ne paraît être, en effet, que du sérum sanguin transudé à travers les parois vasculaires). On reconnaît facilement les fibres de ce tissu sur des pièces conservées dans l'alcool depuis plusieurs années.

L'acide acétique rend les faisceaux et les fibres qui le composent transparents, gélatineux : après une action prolongée de cet acide, le faisceau paraît tout uni, et l'on ne peut guère distinguer les éléments dont il est composé, jusqu'à ce que leurs contours disparaissent entièrement. Dans les premiers moments de l'action de l'acide les fibres paraissent quelquefois comme composées de globules ; placées les unes à côté des autres dans un faisceau, elles produisent à peu près le même aspect qu'un faisceau musculaire traité par l'acide acétique ou macéré depuis longtemps. On ne sera pas étonné de cette ressemblance, puisque dans les deux cas il y a également destruction des éléments fibrillaires.

Les faisceaux qui résultent de l'assemblage de fibres élémentaires, sont réunis par des membranes amorphes (fig. 2, a). On peut s'en convaincre en examinant, par exemple, des portions de l'arachnoïde, que l'on détache de la base du cerveau, où elle forme des lamelles très-minces. Après avoir raclé préalablement la surface, pour éloigner l'épithélium, et après l'avoir plongé dans une gouttelette d'eau, on aperçoit très-bien ces membranes amorphes, surtout sur le bord de la lamelle entre deux faisceaux. Les faisceaux sont aplatis, d'épaisseur différente ; ils se réunissent en faisceaux plus considérables et en membranes, tantôt en se plaçant les uns à côté des autres, tantôt en s'entrecroisant (fig. 2.). On aperçoit ces faisceaux déjà à l'œil nu sous forme d'un réseau de fibres très-fines, s'entrecroisant dans tous les sens, là où le tissu cellulaire remplit les intervalles entre les organes. La largeur de ces faisceaux varie de 0,007 à 0,014 de millimètre. La juxta-position des faisceaux peut être détruite par tout fluide ou solide qui pénètre en grande quantité dans le tissu cellulaire ; il se forme alors des espaces remplis de ces matières étrangères et entourés de faisceaux du tissu cellulaire : mais ces espaces ne sont pas complètement fermés et résultent seulement de la séparation accidentelle de faisceaux. Le nom de cellules ne leur appartient donc pas plus qu'à ceux qui se forment entre les fils d'une corde détordue.

Le tissu du dartos est composé de fibres en général plus fortes que celles du tissu cellulaire : leur diamètre égale un quatre centième à un cinq centième de millimètre. Nous ne croyons pas nécessaire d'en faire un tissu à part, comme le pensent *Jordan* et *Müller*, par des raisons que nous développons dans notre *Anatomie générale*.

En examinant les lamelles très-minces dont se trouvent composés les plexus choroïdes, nous avons souvent observé un aspect tout particulier des vaisseaux capillaires (fig. 3.) que l'on pourrait s'expliquer de deux manières. En effet, on serait tenté de croire que le vaisseau capillaire (a) est entouré d'une ou de plusieurs fibres (b) tournées en spirale : mais d'un autre côté, une gaîne très-transparente, plissée différemment, formant des saillies sur les bords du vaisseau capillaire produirait tout-à-fait le même aspect ; les plis et les contours de cette gaîne représenteraient alors un fil tordu en spirale. Nous penchons pour cette dernière opinion, et nous trouvons un appui dans la figure donnée par *Henle* et que nous avons reproduite (pl. 1, fig. 29). Elle nous présente en effet plutôt une gaîne transparente et différemment pliée qu'un fil en spirale. Toutefois l'extrême transparence de la gaîne, la ténuité des fibres de tissu cellulaire rendraient la solution de cette question plus difficile, si l'histoire du développement ne venait pas militer en faveur de l'existence d'une gaine. Nous devons pourtant ajouter que, basé précisément sur les phénomènes du développement, *Henle* croit apercevoir une spirale : mais ces raisons ne nous paraissent pas suffisantes, ainsi que nous le verrons plus tard.

Les faisceaux primitifs des muscles présentent aussi souvent sur leurs bords un aspect tout à fait pareil à celui que nous venons de signaler dans les vaisseaux capillaires. C'est encore ici la question de savoir si des fibres tordues en spirale ou une gaine transparente se présentent aux yeux de l'observateur. Nous nous étions prononcé précédemment *(Mémoire sur la structure intime des muscles*, p.14*)* pour la présence d'une spirale : mais il est probable que nous sommes tombé dans la même erreur que Henle parait avoir faite, ainsi que nous venons de le dire. L'histoire des développements vient aussi à l'appui de la présence d'une gaine de tissu cellulaire. Nous reviendrons au reste sur cette question en traitant des tendons et de la manière dont ils sont attachés aux muscles *(*voy. *Mémoire sur la structure intime des tissus séreux, fibreux et élastiques)*.

§ 2.

Les opinions sur la structure microscopique du tissu cellulaire ont varié avec les idées que l'on s'était formées sur sa structure résultant de l'examen à l'œil nu. Bordeu croyait que ce tissu doit être considéré plutôt comme une susbtance homogène, cohérente, visqueuse, à peine solidifiée et dénuée de forme : les lamelles, les fibres, les cellules sont le produit de la traction. Delà l'opinion de quelques auteurs que le tissu cellulaire est, comme tous les autres, composé de globules; mais ces observateurs avaient laissé les portions qu'ils ont examinées exposées pendant long-temps à la macération, opération qui réduit tous les tissus en globules. Fontana avait bien trouvé les fibres élémentaires de ce tissu : mais retrouvant ces mêmes éléments dans tous les autres tissus, ses observations ont excité la défiance. Il en a été de même de celles de Mascagni, qui croyait voir dans les fibres du tissu cellulaire les dernières ramifications des lymphatiques, et de celles de Monro qui les prit pour les terminaisons des nerfs. Ces dernières observations résultent évidemment d'une erreur d'optique produite par l'irisation, phénomène que ces auteurs ont ignoré. Fohmann et Arnold ont de même pensé, mais par d'autres raisons, que le tissu cellulaire n'était autre chose qu'un lacis de vaisseaux lymphatiques, opinion que l'on ne peut pas soutenir, attendu que les fibres élémentaires n'offrent pas distinctement le caractère de vaisseaux creux. Haller, Bichat, Béclard, etc., ont décrit le tissu cellulaire comme un assemblage d'une multitude de lamelles et de fibrilles, dont l'arrangement donne naissance à des cellules de forme et de grandeur très-différentes et très variables qui communiquent toutes ensemble. Entraînés par cette opinion, Berres, Pallucci, etc., ont pris des cellules adipeuses probablement vidées pour des cellules de tissu cellulaire qui n'existent point. Enfin quelques autres auteurs, entraînés par leurs idées physiologiques, comme *p. e.* Treviranus, Seiler, etc., ont étudié la texture du tissu formatif des embryons, des mollusques, etc., croyant que le tissu cellulaire produit tous les autres tissus : au reste, les faibles grossissements employés par quelques observateurs (34 à 48 fois) ôtent toute valeur à ces recherches. Ce n'est qu'en 1833, que Krause et Jordan, ont donné les premières bonnes descriptions des parties élémentaires du tissu cellulaire.

§ 3. *Tissu adipeux.*

Le tissu adipeux est composé de vésicules particulières et de la graisse qui y est contenue : nous parlerons d'abord des premières, et dans le paragraphe suivant, nous décrirons les graisses.

Les vésicules adipeuses sont rondes ou présentent au moins des formes arrondies (fig. 4, a); leur surface est unie ou raboteuse, selon que la graisse contenue est liquide ou solide. Dans ce dernier cas, elles s'aplatissent mutuellement, deviennent polyédriques, ou acquièrent des saillies différentes. C'est là la cause des erreurs de *Raspail* qui a fait ses observations sur des animaux dont le tissu adipeux renferme des graisses solides ; il n'existe non plus nulle part de trace d'hile. Ce sont des saillies accidentelles que Raspail a prises pour un hile, entraîné par ses idées théoriques sur l'identité des vésicules adipeuses et des grains de fécule. Si un hile existait véritablement, il devrait être aussi visible sur les vésicules renfermant une graisse liquide ; on pourrait même l'y apercevoir plus facilement que sur les tissus renfermant une graisse solide. Or, il n'en est rien : l'auteur cité en convient lui-même, en recommandant d'examiner surtout les tissus adipeux renfermant des graisses solides. Le diamètre des vésicules adipeuses varie de deux à huit centièmes de millimètre : on rencontre le plus souvent celles de plus grands diamètres. Les vésicules adipeuses ont un aspect tout particulier par la manière dont elles réfractent la lumière : leurs contours sont nettement accusés.

En comprimant les vésicules, on en fait sortir la graisse contenue, qui forme alors des gouttelettes (fig. 4, b) ou même des traînées amorphes (c). Ces gouttelettes ont tout à fait le même aspect que les vésicules, puisque ces dernières ne réfractent la lumière d'une certaine manière que par suite de la présence de la graisse renfermée. Rien dans l'aspect des vésicules parfaites ne dénote la présence d'une membrane. Mais il est facile de se convaincre de cette existence. En effet, en remuant l'objet soumis à l'examen microscopique, on parvient à réunir les gouttelettes de graisse liquide, tandis que les vésicules restent toujours isolées. Traitées par l'éther ou par l'alcool, les vésicules, privées de cette manière de la graisse contenue, deviennent tout à fait transparentes : mais leur membrane existe toujours et présente la même forme que celle indiquée précédemment. On peut observer les mêmes phénomènes en liquéfiant la graisse contenue par la chaleur. Que l'on prenne, par exemple, le tissu adipeux du porc (fig. 9); après l'avoir exposé à la chaleur, les vésicules deviennent tout à fait transparentes (fig. 10, a); en se refroidissant, elles commencent d'abord à se troubler légèrement, et acquièrent plus tard de nouveau leur aspect primitif. Cette expérience peut facilement convaincre chacun de la présence d'une membrane. L'examen du tissu adipeux des hydropiques vient aussi à l'appui de ce fait : en effet, l'eau s'étant infiltrée dans les vésicules, la graisse contenue ne remplit plus exactement la vésicule, mais elle y forme plusieurs gouttelettes. Habituellement un cercle de petites goutelettes entoure une grande gouttelette placée au centre de la vésicule.

L'action de l'acide acétique s'explique par la présence d'une membrane particulière des vésicules adipeuses. En plaçant un petit morceau du tissu adipeux dans une goutte d'acide acétique, et en évitant toute compression, on voit bientôt la surface des vésicules couverte par une foule de petites perles (fig. 6); on voit sortir la graisse, qui forme bientôt des gouttelettes. La vésicule elle-même devient toujours plus petite, et paraît enfin se dissoudre entièrement; l'acide acétique agit sans doute ici par l'endosmose et paraît finalement dissoudre la membrane de la vésicule.

La membrane de la vésicule adipeuse est amorphe : c'est à tort qu'on la suppose composée de fibres. Il est vrai que des fibres du tissu cellulaire(fig. 4, d) réunissent les vésicules entre elles : mais ces fibres ne concourent en rien à la composition de la membrane; elles ne fournissent pas non plus d'enveloppe particulière à chaque vésicule. Nous n'avons pas pu non plus apercevoir de noyau dans la membrane des vésicules adipeuses parfaitement développées : mais voici une observation qui est intéressante pour la marche du développement du tissu adipeux, et des vésicules en particulier.

En examinant le tissu adipeux de jeunes lapins, surtout en prenant les petits pelotons de graisse que l'on trouve le long de la colonne vertébrale, dans l'intérieur de la cavité pectorale, à la sortie des nerfs, on voit qu'ils sont composés de la manière suivante. Les vésicules adipeuses sont, pour la plupart, loin de présenter la forme habituelle; au premier aspect, elles ne paraissent qu'à moitié remplies (fig. 5); dans d'autres la quantité de graisse liquide renfermée est plus ou moins considérable. A un examen plus attentif, on voit que l'on peut dans les vésicules distinguer deux parties bien séparées : une membraneuse, amorphe (fig. 5, a), l'autre ayant tout-à-fait l'aspect d'une gouttelette huileuse. On est bientôt convaincu que cette gouttelette est renfermée dans une membrane : on n'a qu'à employer les moyens que nous venons d'exposer pour se convaincre en général de la présence d'une membrane dans les vésicules adipeuses parfaitement développées. La membrane amorphe qui entoure cette gouttelette ne présente aucun signe qui permette de croire qu'elle forme une cellule, c'est-à-dire qu'elle est composée de deux membranes superposées : au reste, si une cellule existait, la graisse s'y répandrait, et ne formerait pas une gouttelette élevée, ronde dans une partie circonscrite. Le rapport de cette membrane avec la gouttelette qui ne nous paraît être que le noyau primitif transformé en graisse, sera exposé dans nos recherches sur l'histogénèse.

§. 4. *Graisses.*

On trouve souvent, soit dans les tissus, soit dans les liquides organiques, des parcelles de graisse sous des formes différentes : leur connaissance est nécessaire dans les observations microscopiques. Aussi croyons-nous opportun d'exposer ici leurs principales propriétés chimiques et microscropiques.

Les graisses existent, soit libres dans les cellules des tissus, soit chimiquement combinées à la trame organique. Dans le premier cas, on peut déjà les séparer plus ou moins complètement à l'aide des moyens mécaniques : telle est, par exemple, la graisse du tissu cellulaire, la moelle des os. Dans le second cas, il faut avoir recours aux moyens chimiques : on peut de cette manière obtenir les graisses des tissus fibreux, nerveux, des appendices tégumentaires, des liquides organiques, etc., quoiqu'elles s'y trouvent aussi en partie libres. Toutes les graisses ont des propriétés chimiques très-caractéristiques : elles deviennent liquides par la chaleur, et sont insolubles dans l'eau, avec laquelle elles forment des émulsions. L'éther et l'alcool à chaud les dissolvent ; la plupart se dissolvent dans l'éther froid, quelques-unes aussi dans l'alcool froid. Les dissolutions ne sont pas troublées par les dissolutions éthériques et alcooliques des sels, ni par le tannin; mais l'eau précipite la graisse dans ces solutions, et elle nage ensuite à la surface de l'eau. Quelques-unes se combinent aux alcalis, en formant des savons. Lorsqu'on fait bouillir pendant quelque temps ces savons, ils fournissent les acides gras; ces acides, combinés à un principe doux, la glycérine, forment la plupart des graisses, dont quelques-unes sont cristallisables.

On reconnait facilement les graisses aux caractères chimiques que nous venons d'exposer, et, en outre, aux propriétés suivantes : elles se liquéfient toujours à un certain degré de chaleur, variable pour les différentes graisses, et se coagulent par le refroidissement, sans perdre jamais cette propriété par des expériences répétées. Les graisses sont en partie solides, en partie liquides à la température ordinaire ; toutes les deux espèces se rencontrent dans le tissu adipeux. La graisse liquide de ce tissu est appelée élaïne ; les graisses solides sont la margarine et la stéarine.

L'*élaïne* forme la majeure partie de la graisse contenue dans le tissu cellulaire : mais on la rencontre aussi dans le chyle, dans le sang, etc. Elle se présente sous forme d'une huile incolore, liquide à la température habituelle, et ne se coagulant qu'à —4°; mêlée à l'eau, elle y forme des gouttelettes parfaitement transparentes, rondes (fig. 11, a.), de grandeurs différentes (b), qui réfractent beaucoup la lumière. Plusieurs gouttelettes réunies forment de nouveau une gouttelette ronde. L'élaïne est soluble dans l'éther et dans l'alcool à froid. Lorsqu'on presse les goutelettes d'élaïne entre deux verres, ou lorsqu'elles adhèrent à un objet quelconque, alors elles s'allongent, adoptent la forme d'une poire, etc. (fig. 11, c). Si la pression devient plus forte, elles s'aplatissent davantage (d), et ne représentent à la fin que de grandes taches irrégulières, comme granulées (e), qui ont perdu presqu'entièrement leur transparence primitive. Les gouttelettes réfractent d'autant moins la lumière qu'elles s'aplatissent davantage. Combinée à des graisses solides, elle présente des masses amorphes, granulées, réfractant peu la lumière, se cassant en petits morceaux par une légère pression.

Les *graisses solides* liquéfiées par la chaleur se comportent sous le microcope comme l'élaïne : mais, en se refroidissant, elles ont des aspects différents, selon l'espèce à laquelle elles appartiennent.

La *margarine* ne se liquéfie qu'à une température d'à-peu-près 50° : en se refroidissant ou précipitée d'une solution alcoolique, elle forme des cristaux très-délicats, composés d'aiguilles très-fines. Ces aiguilles (fig. 12.) existent rarement isolées ; le plus souvent elles forment des groupes, des globes s'aplatissant mutuellement en forme de pentagones, d'hexagones, etc. D'autres fois, probablement lorsqu'elle n'est pas pure, la margarine forme de petites masses arrondies, noirâtres (fig. 12, a).

La *stéarine* pure ne présente point de cristaux, mais de petits corpuscules amorphes ou d'autres verruqueux (fig. 13.), sans aucune forme déterminée. Elle est solide à la température ordinaire, et ne se liquéfie qu'à 60°.

L'*acide élaïque* existe libre dans le corps animal ou combinée à des bases : il présente des gouttelettes comme l'élaïne, et est liquide à la température ordinaire. L'*acide margarique* forme des aiguilles (fig. 14, a) isolées ou réunies, analogues à celles de la margarine : il devient liquide à une température de 60°. L'*acide stéarique* forme des rhombes aux angles arrondis (fig. 14, b), dans le cas où la cristallisation est parfaite : dans le cas contraire on n'aperçoit qu'une espèce d'aiguilles très-larges, s'entrecroisant en sens divers. (fig. 14, c). Toutes ces cristallisations polarisent la lumière.

La *butyrine* et l'*acide butyrique* sont liquides à la température habituelle, et se présentent alors sous le microscope comme l'élaïne. Nous aurons occasion de parler de la *cholestéarine*, en examinant les sécrétions intestinales. La *séroline* n'a été trouvée jusqu'à présent que dans le sang : elle est solide à la température ordinaire, et présente sous le microscope des masses amorphes, sans aucune trace de cristallisation.

L'application des faits que nous venons d'exposer est fréquente et importante dans les observations microscopiques. A chaque instant on rencontre, soit sur les tissus, soit dans les liquides des gouttelettes de graisse solide ou liquéfiée, et on s'exposerait à de graves erreurs si l'on n'en avait pas une connaissance exacte. Le mucus et le pus surtout contiennent souvent des matières grasses : que l'on prenne, par exemple, le mucus secrété par les paupières et que l'on trouve dans l'angle interne, on y verra, outre les globules muqueux (fig. 8, d), une foule de corpuscules qui ne sont autre chose que la graisse solide (a) ou liquide (c). Quelquefois un corpuscule de graisse solide renferme un autre plus petit (b). En exposant ce mucus à la chaleur, tous ces corpuscules opaques (margarine) deviennent transparents (e); en se refroidissant, on y voit paraître des granulations (f), plus tard des petits cristaux (g) jusqu'à ce que le corpuscule soit devenu entièrement opaque comme précédemment. Le beurre contient aussi quelquefois une grande quantité de margarine qui forme alors les cristaux précédemment décrits (fig. 7). L'huile végétale se présente comme l'élaïne. Des gouttelettes d'élaïne sont attachées aux tissus organiques : il est très-facile de les distinguer des bulles d'air.

LITTÉRATURE.

N. 1. Spiegelius. De humani corporis fabrica. L. 10. Venise, 1627.

N. 2. Malpighi. De omento, pinguedine et adiposis ductibus. Epist. anatom. Amstelodami, 1669.

N. 3. Zahn. Oculus artificialis. 1686.

N. 4. Malpighi. Opera posthuma. Amstelodami, 1700.

N. 5. Grützmacher. Diss. inaug. de medulla ossium, Leipsik. 1748.

N. 6. Bordeu. Recherches sur le tissu muqueux. Paris, 1767.

N. 7. Fontana. Sur le venin de la vipère. Florence, 1781.

N. 8. Wolf. De tela quam dicunt cellulosam observat. N. A. Petropolit. Tome 6, 7, 8. 1790, 1791.

N. 9. Monro. Descriptiones bursarum mucosarum. Leipsik, 1799,

N. 10. Treviranus. Vermischte Schriften. Gœttingue. 1816.

N. 11. Mascagni. Prodromo della grande anatomia. Florence, 1819.

N. 12. Dœllinger. Was ist Absonderung, und wie geschieht sie. Wurzbourg, 1819.

N. 13. Home et Bauer. Philos. transact. 1821.

N. 14. Milne Edwards. Archiv. gén. de méd. 1823.—Ann. d. sc. nat. Paris. 1826.

N. 15. Heusinger. System der Histologie. Eisenach, 1822.

N. 16. Allmer. Diss. sistens disqu. anat. pinguedinis anim. Iena, 1823.

N. 17. Seiler. Naturlehre des Menschen. Dresde, 1826.

N. 18. Raspail. Répert. génér. d'anat. et de Phys. Paris, 1827, 1828. (Nouveau système de Chim. org., 2ᵉ édit. 3 vol. in-8. et atlas, Paris, 1838.)

N. 19. Schultze. Lehrbuch der vergleichenden Anatomie. Berlin, 1828.

N. 20. Schultz. Prodromus descriptionis formarum partium elementarium. Berlin, 1828.

N. 21. Weber. Hildebrandt's Anatomie des Menschen. Brunsvick, 1830.

N. 22. Fohmann. Mém. sur les communications des vaisseaux lymph. avec les veines. Liège, 1832.

N. 23. Arnold. Untersuchungen über des Auge des Menschen. Heidelberg, Leipsik, 1832.

N. 24. Krause. Handbuch der menschlichen Anatomie. Hannovre, 1833.

N. 25. Jordan. De tunica dartos textu cum aliis comparato. Berlin, 1834.

N. 26. Wagner. Partium elementarium mensuræ microscopicæ. Leipsik. 1834. —Lehrbuch der vergl. Anatomie. Leipsik, 1834. — Burdach, Traité de Physiologie. trad. par A. J. L. Jourdan, Paris, 1837, T. VII, in-8.

N. 27. Lauth. L'Institut. 14 Juin. 1834. — Manuel de l'anatomiste. Paris, 1835.

N. 28. Gluge. Obs. microsc. fila in inflammatione spectantes. Berlin, 1835.

N. 29. Treviranus. Beytræge zu den Gesetzen, etc. Brème, 1835.

N. 30. Valentin. Annales de Hecker; vol. 32, 1835.

N. 31. Berres. Anatomie der microscopischen Gebilde. Vienne, 1836.

N. 32. Arnold. Lehrbuch der Physiologie des Menschen ; Zurich. 1836. vol. 1.

N. 33. Palucci. Untersuchungen über das Zellgewebe. Vienne, 1836.

N. 34. Hollard. Annales franç. et étrang. d'anat., etc. Paris, 1837.

N. 35. Gurlt. Physiologie der Haussaeugethiere. Berlin, 1837.

N. 36. Bylardt. Disquisitio circa telam cellulosam. Berlin, 1838.

N. 37. Schwann. Mikroskopische Untersuchungen. Berlin, 1839.

N. 38. Henle. Allgemeine anatomie. Leipsik, 1841, ou Encyclopédie anatomique, T. VI. *Anatomie générale*, trad. par A. J. L. Jourdan. Paris, 1843, in-8, fig.

MÉMOIRE

SUR LA STRUCTURE INTIME

DES TISSUS

SÉREUX, FIBREUX

ET ÉLASTIQUE,

PAR

LE DOCTEUR LOUIS MANDL.

ACCOMPAGNÉ DE DEUX PLANCHES.

PARIS,

CHEZ J.-B. BAILLIÈRE,

LIBRAIRE DE L'ACADÉMIE ROYALE DE MÉDECINE,

RUE DE L'ÉCOLE DE MÉDECINE, 17;

A LONDRES, CHEZ H. BAILLIÈRE, 219, Regent Street.

1842

MÉMOIRE

SUR LA STRUCTURE INTIME

DES TISSUS

SÉREUX, FIBREUX

ET ÉLASTIQUE.

CHAPITRE PREMIER.—HISTORIQUE.

PLANCHE Iʳᵉ. Fig. 1-23.

(Planche dix-sept de la première partie).

Leeuwenhoëk (n. 1, tome IV) décrit avec beaucoup de détails la structure des tendons. Ils sont composés chez tous les animaux, chez la mouche comme chez la baleine (p. 109) de fibrilles très-déliées d'un diamètre égal ; ils diffèrent seulement par la longueur de ʼces fibrilles (fig. 1). Leur surface présente des rugosités ; cet acpect provient de ce que les « contractions du tendon ressemblent aux circonvolutions d'une spirale » (fig. 2). Les fibres charnues sont fixées d'un côté au tendon, sous un angle de quarante-cinq degrés (p. 138), et de l'autre côté, soit à un autre tendon, soit à une membrane externe qui entoure le muscle et qui envoie des compartiments à l'intérieur de ce muscle. Les tendons perdent, par une tension considérable, leur aspect rugeux, et apparaissent alors seulement composés de fibres longitudinales (fig. 3). Chaque fibrille tendineuse est entourée d'une membrane particulière, à l'aide de laquelle les fibres musculaires lui sont attachées. La figure 4 représente la manière dont les fibres musculaires sont fixées aux tendons ; on ne peut pas apercevoir distinctement le bout du tendon ; il parait se confondre avec les fibres musculaires (p. 168). Les fibres élémentaires présentent de même, comme le tendon entier, des circonvolutions en spirale (ce sont probablement les ondulations des auteurs modernes). Ces spirales ne s'observent point sur les tendons des mollusques qui ne présentent que des plis (fig. 3, les zigzags). On voit dans cette figure les membranes entre les faisceaux. En coupant un tendon en travers, on aperçoit les compartiments internes formés par les membranes. Les fibrilles tendineuses sont de petits vaisseaux (p. 439), quelquefois creux, le plus souvent remplis. Leeuwenhoëk dit aussi avoir trouvé dans les tendons, de petits nerfs attachés aux membranes de ces derniers. Il est très-probable que ce que Leeuwenhoëk appelle membrane était du tissu cellulaire, puis_

1   (1)

qu'il dit que ces membranes renfermaient de la graisse. Quant à la vascularité des fibrilles, il est probable qu'il a pris de petits vaisseaux sanguins pour des fibrilles tendineuses.

Baglivi (n. 2, p. 399) a examiné des membranes fibreuses avec un microscope composé de quatre lentilles. Après en avoir étalé un petit morceau sur un verre et après l'avoir déchiré à l'aide d'aiguilles, il la vit formée par des fibres très-déliées, uniformes, qui, suivant lui, ne sont pas parallèles, ni droites comme les fibres musculaires, mais s'entrecroisent dans tous les sens, de sorte qu'elles présentent le même aspect qu'un morceau de papier mouillé. Ces fibres sont beaucoup plus déliées que celles des muscles. On les aperçoit plus distinctement après avoir fait bouillir le tissu pendant quelque temps dans l'huile d'amandes douces.

Muys (n. 3, p. 283) reconnaît aussi la présence de fibres dans les membranes séreuses.

Della Torre (n. 4, §§ 67, 84) dit que les tendons sont composés de fibres blanches. Le péritoine est également composé de fibres blanches, comme les tendons : mais ces fibres consistent en globules, dont on voit aussi une quantité plus ou moins grande dispersée parmi les fibres.

Fontana (n. 5, vol. II, p. 222) s'exprime de la manière suivante sur la structure des tendons : « Il ne me fut point difficile d'observer une certaine forme spirale dans les tendons, quoique tout m'y parût à la vérité moins régulier que dans les nerfs (nous avons déjà cité cette opinion de Fontana à la pag. 6 de notre mémoire sur les nerfs). On observe cette forme spirale apparente, en regardant à l'extérieur non seulement les plus gros tendons, mais encore les plus petits. Cependant ces bandes, mieux observées, paraissent plutôt des taches courbes plus ou moins longues, qu'un observateur exact distinguera facilement des bandes qu'on observe dans les nerfs. Lorsqu'on examine un tendon avec une lentille qui ne grossit qu'un petit nombre de fois, on aperçoit, à travers le tissu cellulaire qui le couvre, des taches blanches, comme on les voit dans la fig. 5, laquelle représente un tendon grossi six fois.» Sur d'autres tendons «les spires, ou petites taches curvilignes, étaient plus régulières et ressemblaient beaucoup à celles qu'on observe dans les nerfs. Ma principale attention fut de bien examiner les fils élémentaires des tendons, leur grosseur et leur marche. Toute la substance tendineuse en général, ou bien tous les tendons, si on les examine au microscope, paraissent formés d'un très-grand nombre de très-petits faisceaux simples, longitudinaux, séparés les uns des autres par le tissu cellulaire. Chacun de ces faisceaux que j'appellerais faisceaux primitifs, parce qu'ils ne sont pas composés d'autres faisceaux moindres, est formé d'un très-grand nombre de fils extrêmement fins que j'appellerais cylindres tendineux primitifs, parce qu'ils ne se subdivisent pas en d'autres moindres, de quelque manière qu'on les examine ou qu'on les prépare. Ces cylindres primitifs courent le long du tendon dans toute sa longueur, et sont solides partout, c'est-à-dire non vasculaires, non creux. Ils sont beaucoup moindres que les cylindres nerveux primitifs, et ils sont liés ensemble dans le faisceau tendineux primitif par un tissu cellulaire imperceptible, souple et élastique. Ces cylindres primitifs m'ont paru de la même grosseur dans tout le cours du tendon, ainsi que dans tous les tendons

de l'animal. Ce sont des cylindres homogènes, partout uniformes, qui ne sont
point creux, point formés de petites vésicules, ni de globules; en un mot ce ne
sont pas des canaux. Comme le tissu cellulaire qui lie ensemble les cylindres tendineux primitifs cède avec facilité, et qu'en même temps celui du faisceau primitif
même est transparent, il n'est pas difficile de voir la marche des fils tendineux
primitifs, et cette marche est entièrement semblable à celle des cylindres nerveux primitifs. Les fils tendineux se prolongent en forme d'ondes dans toute
la substance du tendon, et de ces ondes dérive l'apparence de structure spirale,
et des bandes dans les tendons comme dans les nerfs. La fig. 6 représente un
faisceau tendineux primitif, lequel paraît formé d'une très-grande quantité
de fils tendineux primitifs. La fig. 7 représente un autre faisceau tendineux,
composé de fils primitifs, observés dans l'eau et dépouillés de tissu cellulaire.
Les cylindres ici ne sont point ondulés ou tortueux, parce qu'ils ont été détirés, et
dérangés de leur situation naturelle par l'action de l'aiguille avec laquelle je les ai
séparés.» Fontana dit n'avoir jamais observé de rameaux nerveux qui aboutissent
dans la partie tendineuse, par exemple, du diaphragme, comme cela arrive dans
la partie charnue, où les rameaux décroissent rapidement. La raison de cette
distribution paraît devoir être principalement attribuée à la substance même
des tendons, qui, présentant un plus grand obstacle que la partie charnue, ne
permet pas une distribution plus grande et plus libre, ni aux nerfs ni aux
vaisseaux.

Les observateurs qui ont succédé à Leeuwenhoëk et à Fontana ont bientôt
oublié les recherches précises et exactes faites par ces auteurs. Entraînés par
leur imagination, en voulant trouver partout un seul et même élément composant tous les tissus, les uns sont parvenus à ce résultat en éclairant l'objet
par une lumière trop vive, tels que *Monro* et *Mascagni*, les autres en faisant
macérer les tissus dans de l'eau, comme l'a fait *Milne Edwards* (n. 6). De cette
manière les premiers ont vu les tendons composés des dernières terminaisons
soit de nerfs, soit de lymphatiques; le dernier, au contraire, de globules. La
véritable structure des tendons fut ainsi méconnue jusqu'aux temps les plus
modernes, où Krause et Jordan ont publié des observations précises sur ce
sujet.

A peu près jusqu'à la même époque, le tissu élastique n'a été signalé que dans
les artères : en nous occupant de la structure intime des vaisseaux sanguins,
nous aurons l'occasion d'exposer l'historique de ces recherches. Il y a quelques
années seulement que l'on s'est aperçu de l'analogie qui existe entre certaines
parties du corps animal et le tissu élastique des artères : dès lors on a aussi pensé
que ces parties étaient formées de tissu élastique. Toutefois cette opinion a été
basée plutôt sur l'aspect externe que sur des recherches positives et certaines :
on s'est fondé seulement sur la couleur jaune du tissu et sur sa faculté de se
contracter après avoir été distendu, sans s'occuper de la structure microscopique. *Bichat* est le premier qui ait séparé les ligaments jaunes et le tissu spongieux des corps caverneux du tissu fibreux, toutefois sans établir l'identité de
leur structure et de la tunique moyenne des artères. *Cloquet* reconnut que
toutes ces parties sont formées de tissu élastique; *Béclard* y joignait le ligament

de la nuque des mammifères, et *Reisseisen* les fibres qui dans les bronches descendent d'un anneau supérieur à l'inférieur. *Weber* suppose aussi que quelques-uns des ligaments qui réunissent les cartilages du larynx appartiennent au même tissu.

Dès à présent nous pouvons séparer, dans les observations des auteurs, celles qui se rapportent spécialement au tissu séreux, fibreux ou élastique, ce qui n'était pas possible avant l'époque à laquelle nous sommes arrivés, puisque les observations n'ont pas fait de distinction entre ces tissus, surtout en ce qui concerne les tissus fibreux et élastique.

Krause (n. 22, 1ᵉ éd.) est un des premiers qui ait de nouveau donné une bonne description de la structure des parties formées par les tissus séreux et fibreux. Les fibres les plus déliées des tendons ont, d'après cet auteur, 1/533 à 1/640 d'une ligne pour diamètre ; elles sont cylindriques, lisses, très-longues, légèrement ondulées, parallèles, serrées, et forment de cette manière des faisceaux élémentaires, c'est-à-dire les fibres visibles à l'œil nu. Ces faisceaux sont réunis par du tissu cellulaire. Les membranes séreuses sont formées par des fibres du tissu cellulaire intimement liées et enchevêtrées. Les fibres élastiques les plus fines ont un diamètre de 1/533 à 1/640 de ligne, comme les fibres tendineuses, et un aspect uni non granuleux ; elles sont, en considération de leur épaisseur, très-courtes, non ondulées ; elles ne sont pas non plus parallèles, mais elles se découpent sous des angles différents. Il paraît que ces fibres sont placées les unes à côté des autres, sans être unies par du tissu cellulaire ; elles forment de cette manière les fibres aplaties, oblongues, jaunâtres des ligaments jaunes, etc.

Jordan (n. 8, p. 430) dit que les parties élémentaires des tendons sont des fils longs, déliés, cylindriques, régulièrement ondulés, dont le diamètre est de 0,0007 d'une ligne anglaise (fig. 8). Ces fibres se trouvent réunies en faisceaux par du tissu cellulaire. Les faisceaux les plus déliés paraissent régulièrement ondulés, alternativement convexes et concaves aux bords, plus transparents aux endroits élevés, plus opaques aux endroits déprimés. Ces ondulations ne doivent pas être attribuées à l'action des muscles, puisqu'on les trouve aussi dans les fibres qui forment la dure-mère. Les fibres élastiques des ligaments jaunes et des artères ne présentent point ces ondulations, qu'au reste la pression fait disparaître. Les faisceaux de ces fibres ou sont parallèles les uns aux autres ou s'entrecroisent dans tous les sens.

Lauth (n. 9, p. 191) est le premier qui ait signalé les bifurquations des fibres élastiques des artères. « Les ligaments jaunes des vertèbres sont formés de fibres lisses, très-fréquemment sous-divisées, quelquefois droites, ordinairement contournées en demi-cercle, en *S* ou en spirale, et enchevêtrées les unes dans les autres. Les fibres varient beaucoup en épaisseur; les unes ont 1/200 de millimètre, les autres 1/400, d'autres n'en ont que 1/500. »

Gluge (n. 10) dit que « le tissu fibreux, loin d'être identique partout, offre des différences très-remarquables même dans les divers points des parties qu'il constitue presque entièrement. Les tendons sont composés de trois sortes de fibres, savoir : celles du tissu cellulaire, celles du tissu fibreux réticulaire et celles enfin qui leur sont propres. Ce sont les dernières dont la structure est parfaitement adaptée aux fonctions des tendons. Les fibres de forme cylindrique, généralement ondulées, sont parallèles et disposées en faisceaux très-serrés et parallèles entre eux. Le diamètre de ces fibres est de 0,0007 lignes et plus. » Nous devons ajouter que la figure donnée par l'auteur pour représenter la structure des tendons ne fait voir qu'une espèce de fibres, les ondulées, déjà signalées par Leeuwenhoëk : nous n'y voyons pas le tissu fibreux réticulaire.

Wagner (n. 11) voit toutes les membranes séreuses et fibreuses composées de fibres cellulaires enchevêtrées, d'un diamètre plus ou moins considérable, formant une ou plusieurs couches. Dans le péricarde, par exemple, les fibres sont fortes ; elles s'entrecroisent dans tous les sens, et l'on ne peut que difficilement les séparer les unes des autres par la pression ou à l'aide de la pince. Leur diamètre varie de 1/300 à 1/500 de millimètre. Le périoste est composé de fibres et de fils, ayant 1/500 de ligne de diamètre ; quelques-unes sont plus larges, d'autres plus déliées ; elles s'entrecroisent et s'enchevêtrent dans tous les sens. Les tendons ont une structure analogue. Ils sont composés de fils probablement aplatis, très serrés les uns contre les autres, ne présentant aucune trace de rétrécissements, ou de stries transversales comme les fibres musculaires. Les fils tendineux paraissent contournés, lorsqu'on presse ou que l'on comprime le tissu entre deux verres, en forçant de cette manière les fibres de s'écarter les unes des autres. Wagner a trouvé, dans les tendons, de petits vaisseaux sanguins, se ramifiant, encore remplis quelquefois de globules sanguins, ayant 1/100 à 1/200 de ligne pour diamètre.

Arnold (n. 12.) croit les membranes séreuses composées de globules difficiles à reconnaître dans l'adulte, mais faciles à saisir dans le fœtus : dans l'adulte ils paraissent composés de fibres articulées. Dans les tendons, la disposition des globules est plus ondulée, tandis qu'elle est anguleuse dans le tissu élastique. L'auteur convient, au reste, que ces globules sont difficiles à voir et que l'on ne peut les apercevoir que par un certain éclairage : en éclairant l'objet de tout autre manière, on n'aperçoit que des fibres. Il nous paraît probable que l'auteur a produit l'irisation à la surface des fibres : on comprend dès lors que cette observation n'a pas de valeur. L'auteur s'est, au reste, laissé entraîner par l'analogie, en croyant, comme dans le fœtus, tous les tissus composés de globules.

Treviranus (n. 13) s'exprime sur la structure des tissus en question de la manière suivante : « Les ligaments qui unissent les cartilages de la trachée sont composés de fibres molles, aplaties, ayant partout le même diamètre, placées parallèlement les unes à côté des autres. Déplacées, elles prennent une forme ondulée. Les unes ont le diamètre des fibres élémentaires du tissu cellulaire, les autres sont un peu plus larges ; mais jamais elles ne sont articulées comme les fibres musculaires. Entre la couche tendineuse et la cartilagineuse de l'estomac du dinde existe une couche composée de fibres molles, ayant 0,003 à 0,004 de millimètre pour diamètre ; elles sont finement ponctuées. Les fibres tendineuses ressemblent tout. A fait à celles des ligaments. A l'état naturelles sont presque droites; dans l'alcool, elles sont ondulées, limpides, et ont le même diamètre que les cylindres élémentaires du tissu cellulaire. Elles ne sont pas placées les unes à côté des autres d'une manière aussi parallèle que les fibres musculaires, ne forment pas non plus de faisceaux isolés et ne sont pas pourvues d'articulations comme ces dernières. En général leur structure externe et interne est homogène. Lorsqu'elles ont été déplacées, elles forment des ondulations nombreuses, et se confondent avec les faisceaux du tissu cellulaire intermédiaire. Les fibres spirales des trachées des insectes appartiennent aussi à ces tissus. »

Valentin (n. 14) donne deux figures qui représentent la structure fibreuse de la dure-mère du cerveau.

Eulenberg (n. 15) a fait, sous la direction de *Schwann*, un examen détaillé du tissu élastique. Ce tissu est caractérisé, d'après cet auteur, par des anastomoses fréquentes et par la réunion consécutive des rameaux, tandis qu'aucun des autres tissus ne présente de ramifications analogues. Le tissu élastique forme de cette manière un réseau aux mailles rhomboïdales ou trapézoïdes. Toutefois, il paraît impossible à l'auteur de décider par le microscope si les troncs qui se subdivisent sont composés de fibres élémentaires; cela n'a probablement pas lieu. L'auteur croit plutôt que les troncs sont entièrement solides; en effet, on voit souvent, surtout dans la tunique moyenne des artères, les rameaux partir du tronc sous un angle droit et finir par un bout arrondi. Les contours de ces fibres sont en outre nettement limités, opaques; les fibres ne sont pas ondulées comme celles du tissu cellulaire et des tendons, et n'ont pas une disposition fasciculaire, mais forment des membranes ou des réseaux.

Le ligament de la nuque du bœuf, de la brebis et du cheval est composé de fibres longitudinales qui forment des plexus. Leur diamètre est chez le bœuf de 0,00008 à 0,00023 d'un pouce de Paris. Le *ligamentum nuchæ* de l'homme, au contraire, n'est composé que de fibres tendineuses et de quelques fibres élastiques. Le faisceau tendineux qui existe dans la colonne vertébrale des poissons renfermé dans une gaine particulière, au-dessus de la moelle épinière, est composé de fibres tendineuses et d'autres élastiques, toutes longitudinales. La glotte, la trachée et les bronches même les plus petites sont pourvues d'une couche de tissu élastique, placée entre la membrane muqueuse et les cartilages; les fibres n'ont que 0,00007 d'un pouce de Paris. Il existe aussi des fibres élastiques à la surface externe du larynx et des bronches, mais elles y sont plus rares, irrégulièrement disposées, et mêlées à des fibres de tissu élastique. Les ligaments crico-thyroïdiens latéraux et moyens, thyro-épiglottiques, glosso-épiglottiques, stylo-hyoïdiens et hyo-thyroïdiens, de même qu'un ligament court qui descend de la paroi postérieure du cartilage cricoïde à la paroi postérieure musculaire de la trachée, sont composés d'un nombre plus ou moins grand de fibres élastiques. Ces dernières existent aussi dans l'œsophage, entre les muscles et la muqueuse, mêlées à une quantité notable de tissu cellulaire; leur diamètre égale 0,00002 à 0,00012 d'un p. d. P. La glotte du *Pelecanus thajus* renferme des fibres pareilles. L'estomac et les intestins n'en sont jamais pourvus, tandis qu'elles existent en grande quantité à l'anus. Elles y sont placées entre la membrane muqueuse et le sphincter. Quelques fibres élastiques existent aussi dans les angles de la bouche, dans le frein de la langue et dans le corps caverneux du pénis de l'homme où, mêlées à une grande quantité de tissu cellulaire, elles s'étendent des parties latérales vers le septum, et ne mesurent que 0,00007 d'un p. d. P. Les corps caverneux du clitoris, les grandes lèvres, le vagin, le col de la vessie et les papilles des mamelles contiennent aussi quelques fibres élastiques, tandis qu'elles manquent dans la vésicule biliaire, dans le rectum, dans les uretères et dans le cordon ombilical; elles existent au contraire dans les ailes de quelques oiseaux et dans quelques tendons des animaux carnivores. Le véritable caractère du tissu élastique se manifeste surtout dans les vaisseaux sanguins (dont nous parlons ailleurs), dans les aponévroses, dans le ligament suspensoire du pénis, et dans les ligaments jaunes des vertèbres, où elles ont un diamètre de 0,00016 p. d. P. Les figures 9 à 16 présentent le tissu élastique pris dans les différentes parties du corps, où nous avons aussi représenté (fig. 15.) les fibres tendineuses, ondulées, dont le diamètre ne surpasse guère 0,00003 p. d. P.

Raeuschel (n. 16) parle du tissu élastique en traitant la structure des vaisseaux sanguins, ce qui est le sujet principal de son mémoire. Il croit la tunique moyenne des artères composée de fibres élastiques, creuses, puisqu'on voit sur ces fibres les traces d'un canal longitudinal (fig. 18), et puisque, coupées en travers, elles présentent un point central (fig. 19). Les mêmes points peuvent s'observer dans les sections transversales de l'aorte de l'oie (fig. 21 b), de l'homme, etc. Les sections transversales de ces fibres sont rondes ou anguleuses, dans le cas où les fibres sont serrées les unes contre les autres. Les coupes transversales de l'aorte de l'oie ont quelque analogie avec des coupes semblables du ligament jaune de la nuque du bœuf (fig. 21, a), toutefois avec cette différence, que ces dernières présentent des fibres transversales obliques qui unissent les fibres entre elles. Les fibres élémentaires élastiques du ligament jaune (fig. 20) ont 0,00625 d'une ligne de Vienne de diamètre; ce nombre fait présumer que les grossissements employés par l'auteur étaient trop petits, et qu'il n'a pas vu les fibres élémentaires, pas plus que celles des tendons (fig. 17.) Au reste, Raeuschel croit lui-même que les fibres du ligament jaune sont composées de fibres beaucoup plus petites.

Gurlt (n. 17) pense, avec Lauth et Eulenberg, que les anastomoses des fibres élastiques se forment par la division des fibres simples, et que les rameaux qui partent n'existent pas formées dans le tronc primitif.

Valentin (n. 18. a), au contraire, croit que les fibres anastomosées du tissu élastique sont composées de fibres primitives très-serrées les unes contre les autres : voici les raisons sur lesquelles s'appuie l'opinion de l'auteur. On voit, à un examen attentif, à l'endroit de la bifurcation, une ligne qui se continue à quelque distance. Le tissu élastique du chorion du *Python*, traité par la potasse caustique, présente beaucoup de fibres qui paraissent composées de fibrilles.

Schwann (n. 19.) croyait d'abord avoir trouvé une différence entre le tissu cellulaire et les tendons, en ce que dans ces derniers les fibres sont évidentes dès les premiers moments de l'investigation, tandis qu'elles ne se manifestent que tardivement dans le tissu cellulaire, lorsqu'il a déjà séjourné quelque temps dans l'eau; les fibres tendineuses sont aussi un peu plus opaques et moins ondulées. Plus tard (n. 27) il est revenu de cette opinion.

Gerber (n. 20) dit que le tissu élastique est composé de fibres prismatiques, souvent quadrangulaires, larges de 1/550-1/400 de ligne, qui se bifurquent souvent; les mailles sont tantôt analogues, tantôt très-différentes les unes des autres. Le tissu élastique du ligament de la nuque (fig. 22) appartient aux formes régulières. Un tissu élastique très-fin, à mailles longues, se rencontre aussi souvent dans le bulbe oculaire (fig. 23), comme par exemple dans le ligament ciliaire, dans l'iris, etc.

Lambotte (n. 21) dit pouvoir avancer avec certitude que « les membranes séreuses ne sont formées que d'un lacis inextricable de vaisseaux capillaires qui sont directement en communication avec les artères, les veines et les lymphatiques. La membrane séreuse elle-même peut être considérée comme formée principalement par des canalicules d'une grosseur déterminée, laquelle ne présente guère de variations. Il y a deux sortes de ces canalicules; les uns, plus forts, ont un diamètre d'environ 0,007 à 0,008 de millimètre; ils forment des mailles dont les ouvertures sont divisées par d'autres petits canaux plus déliés, et qui n'offrent guère que 0,001 de millimètre de calibre. Les premiers sont irréguliers dans leur forme; ils n'offrent pas celle d'un cylindre contourné, mais ils sont comme variqueux et présentent des rétrécissements souvent très-considérables, qui réduisent leur diamètre à celui des plus petits canalicules. Les petits canalicules, au contraire, sont bien plus réguliers, et se séparent presque tous, à angle droit, des premiers. La ténuité des plus petits capillaires ne permet évidemment pas l'admission des globules sanguins dans leur cavité; et les nombreux rétrécissements des autres doivent également empêcher la circulation de ces petits grumeaux dans leurs sinueuses ramifications, quoique cependant ils doivent livrer passage à un petit nombre d'entre eux. Les capillaires noueux sont ceux que Fohmann injectait avec du mercure et qui, en se réunissant, se continuent en vaisseaux lymphatiques; les canalicules les plus ténus (de 0,001 de mill.) ne peuvent pas être injectés au moyen du mercure métallique. Des capillaires plus gros sont aussi répandus en assez grand nombre dans les membranes séreuses. Dans les animaux très-jeunes, et surtout à l'état de fœtus, on remarque, avec la plus grande facilité, que les vaisseaux capillaires laissent entre eux des mailles vides dont l'étendue diminue avec l'âge. Tous ces capillaires appartiennent à un seul système de canalicules; ils sont tous anastomosés entre eux, et communiquent dans tous les sens les uns avec les autres. Ce réseau des capillaires appartient à la fois aux trois divisions artérielle, veineuse et lymphatique. On peut se convaincre que, si réellement il existe dans le tissu séreux autre chose que les canalicules, au moins cette substance ne forme qu'une si minime partie de la membrane, qu'elle ne peut exercer d'influence sur les propriétés de ce tissu. »

Krause (n. 22, 2ᵉ édit.) trouve maintenant que les fibres tendineuses élémentaires ont 1/2400 à 1/1000, le plus souvent 1/1500 d'une ligne d'épaisseur, et les fibres élastiques les plus fines 1/800 à 1/2400, le plus souvent 1/1300 de ligne. *Henle* (n. 3) dit ne rien pouvoir ajouter à ce que Eulenberg a écrit sur le tissu élastique; il distingue seulement quelques variétés, selon les anastomoses plus ou moins fréquentes, et selon que les rameaux, après avoir quitté le tronc, se combinent à un tronc voisin ou retournent à celui dont ils émanent. Henle combat l'opinion de Valentin.

CHAPITRE SECOND.

RECHERCHES DE L'AUTEUR.

PLANCHE II.

(Planche dix-huit de la première partie).

§ 1. *Tissus séreux, fibreux et élastique.*

Les tissus *séreux* et *fibreux* forment les parties organiques suivantes : Les tendons, les ligaments, les cartilages interarticulaires (excepté ceux de l'articulation sterno-claviculaire); les membranes fibreuses, par exemple celles qui enveloppent plusieurs organes, le centre tendineux du diaphragme, le tympan, la membrane secondaire du tympan, le névrilème, les aponévroses, le périoste, le péricarde, les membranes séreuses, les bourses muqueuses, la pie-mère et la choroïde.

Le tissu *élastique* existe dans les ligaments jaunes des vertèbres, dans les ligaments qui réunissent les cartilages du larynx, de la trachée et des bronches, dans l'œsophage, dans les aponévroses, dans les membranes séreuses au-dessous de l'épithélium, dans le derme, dans la membrane élastique des vaisseaux sanguins. Nous n'avons pas cru nécessaire de donner de nouvelles figures, puisque celles d'Eulenberg sont suffisantes. Ces fibres sont plates, épaisses; de là leurs contours noirs. Nous ne sommes pas bien convaincus que les anastomoses ne doivent pas être considérées souvent comme produites par la déchirure éprouvée pendant la préparation. Cela nous parait être surtout le cas, lorsqu'on voit le contour de la branche se continuer à une certaine distance dans l'intérieur du tronc qui l'a fourni. Nous n'avons également pu nous convaincre de l'existence des fibrilles qui composeraient ces troncs et leurs branches; peut-être ces fibrilles se forment-elles, dans les animaux âgés, par la division des fibres élémentaires.

Parmi les parties composées du tissu fibreux, nous avons examiné les *tendons*. Leeuwenhoek et Fontana ont décrit les rides transversales que l'on observe à leur surface; elles proviennent, comme celles du névrilème, du plissement de la gaine (fig. 4), et probablement aussi des ondulations des faisceaux primitifs (fig. 1). Les derniers éléments que l'on peut obtenir par la division des tendons sont des fibres élémentaires (fig. 2), d'une finesse extrême, ne mesurant le plus souvent que 1/1200 de millimètre. Le plus souvent elles sont réunies plusieurs ensemble; il faut une grande attention pour distinguer alors chacune des fibres élémentaires. Des assemblages pareils de plusieurs fibres réunies ont été pris par quelques auteurs pour des fibres élémentaires; de là le désaccord des observations sur l'épaisseur de ces fibres. Isolées, elles sont le plus souvent droites (fig. 2), et n'affectent pas alors les ondulations des fibres élémentaires du tissu cellulaire (fig. 7). Une grande quantité de ces fibres élémentaires réunies forment des faisceaux primitifs (fig. 1), dans lesquels on ne peut pas toujours distinctement apercevoir (*b*) les fibres dont ils sont composés (*a*). Ces faisceaux sont réunis par le tissu cellulaire, dont il ne faut pas confondre les éléments avec ceux des tendons.

La différence du tissu fibreux et du tissu cellulaire est surtout évidente lorsqu'on examine les faisceaux primitifs. Ils se distinguent d'abord par leur couleur; ceux du tissu cellulaire sont blancs ou blanc-grisâtres; ceux du tissu fibreux sont d'un jaune foncé. Les faisceaux du tissu cellulaire forment aussi des ondulations d'une courbure beaucoup plus faible que ceux des tendons. Ainsi les ondulations sont plus prononcées dans les fibres élémentaires du tissu cellulaire, moins dans celles du tendon, et en revanche plus prononcées dans les faisceaux primitifs des tendons, moins distinctes dans ceux du tissu cellulaire.

Nous avons voulu savoir si la gaine qui entoure extérieurement le tendon envoie des compartiments à l'intérieur, ou au moins si plusieurs faisceaux primitifs sont entourés d'une gaine spéciale. Voilà ce que nous avons observé: Lorsqu'on place une réunion de plusieurs faisceaux primitifs sous le microscope, on voit à leurs surfaces supérieure et inférieure des plis (fig. 4) qui quelquefois même se bifurquent. En comprimant cet assemblage de faisceaux primitifs, on voit souvent se former des rides transversales, parallèles, très-étroites, coupant, sous un angle le plus souvent droit, la direction des faisceaux primitifs (fig. 5); d'autres fois, des plis très-larges entourent un assemblage pareil de faisceaux primitifs, ce qui produit presque l'aspect d'une fibre tournée en spirale (fig. 6). Tout ce que nous venons de dire peut s'expliquer de deux manières, soit par la présence d'une gaine, ce qui paraît le plus naturel, soit par le plissement des faisceaux primitifs réunis. Aussi, nous abstiendrons-nous de nous prononcer d'une manière décisive à ce sujet, jusqu'à ce que nous soyons parvenus à saisir la gaine d'une manière aussi distincte que dans les fibres musculaires.

Au milieu des fibres élémentaires qui composent les faisceaux, on voit (fig. 1, c, d) des fibres particulières, variqueuses. On serait tenté dans les premiers moments d'attribuer cette apparence à la séparation des fibres élémentaires, en la comparant à l'aspect que présentent les contours des deux faisceaux primitifs lorsqu'ils s'écartent (fig. 1, e), et laissent entre eux un intervalle fusiforme; mais tous les doutes peuvent être levés en traitant le tendon par l'acide acétique. On aperçoit alors distinctement (fig. 3, B) que l'aspect de ces fibres variqueuses est produit par des corpuscules (a) allongés, fusiformes et diversement courbés. Une section transversale est très-curieuse, parce qu'elle permet d'étudier la coupe transversale de ces fibres; en effet, on aperçoit alors de petites sections rondes ou plus ou moins oblongues; mais ce qui est le plus remarquable, c'est que de petites branches paraissent sortir de ces sections transversales. Nous exposerons plus tard quel rapport il peut y avoir entre ces fibres et les vaisseaux lymphatiques. Dans les tendons traités par l'acide acétique on ne peut plus distinguer les fibres élémentaires, qui sont devenues tout à fait gélatineuses.

Nous avons déjà figuré (pl. 2, fig. 11, *muscles*) le bout arrondi des faisceaux primitifs musculaires, qui s'attachent aux fibres primitives des tendons. *Valentin, Gurlt* et *Gerber* ont depuis publié des dessins qui confirment ce que nous avons dit. L'opinion d'*Ehrenberg*, que les fibres élémentaires tendineuses se continuent avec celles des muscles, se trouve réfutée par ces observations.

§ 2. *Contraction des tissus.*

Pl. I. fig. 24 à 30. — Pl. II. fig. 7 à 18.

Nous avons eu déjà plusieurs fois l'occasion de dire, soit d'après nos propres observations, soit d'après celles des auteurs cités, que les fibres élémentaires des tissus cellulaire, séreux, fibreux, nerveux, adoptent une forme ondulée, lorsqu'elles ne sont pas tendues. Les ondulations sont, selon notre opinion, le résultat de la tendance des tissus à se contracter en spirale : en effet, une ligne ondulée peut être regardée comme la projection sur un plan, d'une spirale, dont les spires sont très-éloignées les unes des autres. Nous avons représenté dans les fig. 7 à 10 les ondulations des fibres élémentaires de quelques tissus ; la dernière figure représente les crispations des fibres élémentaires musculaires, dont les ondulations sont quelquefois indépendantes de l'ondulation (contraction en zigzag) du faisceau primitif. Le derme, la tunique du dartos, les lamelles des corps caverneux de l'urèthre, du pénis et du clitoris, possèdent cette faculté contractile dans un degré très-prononcé ; c'est pour cela que Jordan et Müller en ont fait un tissu à part, le tissu cellulaire contractile. Nous n'avons pas cru devoir adopter cette opinion sous le point de vue histologique. Quelques membranes des vaisseaux sanguins se roulent sur leurs bords, lorsqu'elles sont isolées : c'est le résultat de la contractilité de leurs fibres élémentaires, longitudinales ou circulaires.

Parmi tous les tissus, le tissu musculaire est caractérisé par une propriété particulière que Haller nommait *irritabilité*, et qui présente plusieurs phénomènes remarquables, dont le mieux constaté est la contraction, d'où résulte le raccourcissement des muscles. *Leeuwenhoëk* (n. 1. tome 4) a déjà soumis ce phénomène à l'examen microscopique. En plaçant sous le microscope, les muscles pectoraux ou ceux de la cuisse des insectes qu'il venait de tuer, il a observé leurs contractions, qui produisent, dit-il, l'aspect de mouvements aussi vifs que ceux qui seraient produits par une foule de petits vers. Il croyait d'abord que les extensions et les contractions des tendons et des fibres musculaires s'opèrent à l'aide des rides transversales ; mais plus tard il a abandonné cette idée (p. 153) ; il dit s'être convaincu que les extensions et les contractions adoptent seulement la forme d'une spirale. Il dit en outre (p. 158) que certainement le muscle devient plus mince chaque fois qu'il s'étend, et plus épais chaque fois qu'il se contracte. La même chose arrive pour les tendons. Dans une figure de Leeuwenhoëk que nous avons reproduite (Pl. I. fig. 4), on voit que cet auteur a déjà connu jusqu'à un certain point la forme ondulée (zigzag) qu'adoptent les faisceaux primitifs musculaires, lorsqu'ils se contractent.

Depuis cet auteur, l'examen microscopique des muscles pendant la contraction a été négligé jusqu'aux temps les plus modernes. En se basant sur des raisons et des expériences physiques, les auteurs ont énoncé diverses opinions à ce sujet. Quelques anatomistes, *Swammerdamm*, *Glisson*, *Goddart*, *Erman*, ont pensé que le muscle éprouvait alors une diminution de volume ; d'autres, au contraire, tels que *Hamberger*, *Prochaska*, *Carlisle*, ont soutenu le contraire, tandis que les expériences de *Blanc*, *Barzelotti*, *Mayo*, etc., parlent en faveur de l'opinion de *Meckel* et de *Béclard*, qui croient que le muscle ne change point de volume et que le gonflement qui existe est compensé par le raccourcissement.

Déjà à l'œil nu on peut apercevoir, sur des muscles en contraction, des crispations, c'est-à-dire des courbures en zigzag, plus visibles encore à l'aide d'une simple loupe. *Prochaska* a essayé d'expliquer ce phénomène par l'engorgement momentané des vaisseaux sanguins. *Rudolphi* n'y voyait pas un phénomène vital. *Prévost* et *Dumas* (n. 24) ont repris les recherches microscopiques sur la contraction musculaire. Pour apprécier ces phénomènes, ces auteurs soumettent les muscles à l'influence galvanique. Dès l'instant où le courant est établi, le muscle se contracte; les fibres qui le composent se fléchissent tout à coup en zigzag (Pl. I. fig. 24), et présentent un grand nombre d'ondulations régulières. On remarque à la surface des fibres secondaires, des rides ou plis dus à la courbure forcée. Les flexions ont lieu dans des points déterminés; dans les muscles de locomotion, les auteurs n'ont jamais pu produire des contractions assez fortes pour que les angles de la fibre fussent de 50° et au-dessous; les fibres des muscles intestinaux se montrent souvent sous des angles beaucoup plus aigus. Le muscle ne change pas de volume lorsqu'il se contracte; la diminution de longueur, mesurée, est de 0,27; par le calcul elle est de 0,23. La flexion de la fibre représente bien réellement la quantité dont elle s'est raccourcie, ce qui prouve que le changement qu'elle a subi porte sur la direction seulement. Les fibres nerveuses se distribuent dans les muscles de manière à couper les faisceaux musculaires à angle droit. Elles se dirigent parallèlement entre elles, passent au sommet des angles alternatifs de flexion, et déterminent probablement le phénomène de la contraction musculaire, en se rapprochant les unes des autres. Le muscle est donc un véritable galvanomètre à branches mobiles.

Lauth (n. 9) dit que l'on observe deux espèces de contractions : l'une résultant des inflexions en zigzag des fibres secondaires (faisceaux primitifs), l'autre due aux raccourcissements des fibres primitives; cette dernière s'observe surtout lorsque l'action galvanique est moindre. Dans ce cas la surface du faisceau primitif, au lieu d'être lisse et unie, offre, dans toute son étendue, des rides transversales qui proviennent de la gaîne irrégulièrement plissée; ces rides transversales s'observent indépendamment du plissement en zigzag.

Ficinus, *Valentin* (n. 27) et *Gerber* (n. 20) ont vu dans les contractions spontanées, par exemple pendant la respiration, les crispations des muscles changer de place comme des ondes. Valentin dit qu'il se forme d'abord, à une faible contraction, des courbures à de grandes distances. Plus tard, il se forme dans chaque distance, six à huit et même un plus grand nombre de nouvelles courbures. Toutefois il n'estime le raccourcissement total du muscle qu'à 0,23 ou 0,29 de sa longueur. Les stries transversales s'élèvent vivement pendant la contraction. Les opinions de *Treviranus* et de *Müller* se rapprochent de celle de Lauth; Müller croit que les fibres primitives musculaires des insectes s'éloignent les unes des autres dans chaque intervalle entre deux rides transversales, tandis que le faisceau primitif se trouve rétréci à l'endroit des lignes transversales.

Bowmann (n. 29 *b*) dit que la contraction n'occupe jamais toute la longueur d'un faisceau primitif musculaire dans le mêmeinstant; et que même la plus violente consiste seulement dans des contractions partielles qui changent de place avec une vitesse extrême. L'auteur pense que l'on peut expliquer ainsi et le bruit musculaire et l'augmentation de température dont les recherches de MM. Becquerel et Breschet ont démontré l'existence pendant la contraction. Les muscles d'un homme mort du tétanos offraient çà et là des faisceaux primitifs rompus; ces ruptures avaient lieu précisément à l'endroit des plus fortes contractions. Celles-ci étaient caractérisées par un renflement du faisceau primitif, tandis que dans d'autres endroits ces derniers étaient plus minces, et les stries transversales ou détruites ou éloignées les unes des autres. (Pl. I. fig. 30.)

Avant d'exposer nos observations sur la contraction musculaire, nous exposerons les résultats de quelques recherches, faites depuis la publication de notre *Mémoire sur la structure intime des muscles,* et qui concernent le même sujet.

Skey (n. 25.) croit que les fibres élémentaires sont droites, mais qu'elles présentent souvent des impressions régulières qui proviennent des lignes transversales. D'après *Jacquemin, Skey, Valentin* (n. 27, *b.*), il existe dans l'intérieur des faisceaux primitifs un canal rempli d'une substance gélatineuse. *Skey* parle d'une enveloppe gélatineuse des fibres longitudinales située du côté du canal; selon que l'on change la distance focale, on voit les lignes transversales, les fibres longitudinales, le canal, les fibres et les lignes transversales, apparaitre les unes après les autres. Les fibres longitudinales sont réunies par des fibres circulaires, transparentes, saillantes sur les bords externes (fig. 27). *Valentin* croit que les fibres élémentaires deviennent variqueuses, comme un chapelet, par la contraction. *Krause* (n. 22, 2e éd.) adopte l'opinion de la présence de fibres élémentaires droites: suivant lui, l'aspect variqueux est dû à la décomposition. *Peltier* (n. 26.) dit que la fibrille élémentaire est elle-même un tube rempli de granules, dont le diamètre varie depuis 1/800 jusqu'à 1/1200 de millimètre. Les lignes transversales sont le produit de l'alignement des globulins des fibrilles, c'est-à-dire qu'ils sont placés sur un même plan, perpendiculairement à la longueur des faisceaux.

Schwann (n. 28.) signale la présence d'une gaine amorphe pourvue des corpuscules qui entourent les faisceaux musculaires (fig. 25, 26.) *Pappenheim, Valentin* et *Rosenthal* ont constaté aussi sa présence dans les muscles parfaitement développés. *Gerber* (n. 20.) croit les granules de la fibre primitive elliptiques, et de la forme d'une orange pendant la contraction; il ajoute que l'aspect granuleux peut bien provenir des ondulations. L'opinion de cet auteur sur les lignes transversales se rapproche de celle que nous avons énoncée précédemment; il assure avoir vu chez le chien des fibres tournées en spires très rapprochées (fig. 18.) *Bowmann* (n. 29.) dit que les faisceaux primitifs peuvent être divisés longitudinalement en fibres, et transversalement en disques; ils sont formés de particules primitives qui, placées les unes à la suite des autres, forment des lignes (fig. 29.) et des disques lorsqu'elles se trouvent les unes à côté des autres. Les lignes transversales sont des ombres entre les disques. Il n'existe pas de canal central.

Henle (n. 23.) et *Wagner* (n. 30.) ne se prononcent pas d'une manière déci-

sive sur la cause qui produit l'aspect des lignes transversales ; mais ils repoussent l'idée qu'elles sont le produit de l'alignement des globules. *Wagner*
serait plutôt tenté de croire qu'elles se forment par la crispation des fibres
élémentaires ; elles sont plus superficielles que les fibres longitudinales que
l'on n'aperçoit qu'en rapprochant les lentilles de l'objet. Les fibres élémentaires
sont lisses, ne mesurant que 1/1000 d'une ligne, pas précisément variqueuses.
Il repousse avec *Henle* l'existence d'un canal central. Ce dernier auteur croit que
les lignes transversales passent à travers toute l'épaisseur. —

Les faisceaux primitifs, ainsi que Müller et Schwann l'ont découvert, sont
entourés d'une gaine amorphe, pourvue de corpuscules. Dans les jeunes animaux, on voit cette gaine former des saillies nombreuses (Pl. II, fig. 17). Dans
les animaux plus âgés, cette gaine se colle contre le faisceau primitif ; on voit
alors aux faisceaux primitifs un bord double (Pl. II, fig. 18, A, *a*). On serait
tenté de prendre cet aspect pour une illusion d'optique, si dans quelques
endroits la gaine n'était plus distante, de manière qu'on peut distinctement apercevoir et le bord de la gaine et celui du faisceau primitif. (Fig.
18, A, *b*). Enfin, dans d'autres endroits (*c*), il est impossible de distinguer la gaine. Cette gaine est parfaitement transparente, aucune structure
ne peut y être aperçue, mais elle est pourvue de nombreux corpuscules, (fig.
18, B.), ronds, alongés ou fusiformes, qui deviennent très évidents après qu'on
a traité le muscle par l'acide acétique. On peut se convaincre que ces corpuscules appartiennent à la gaine, par la position qu'ils occupent ; en effet, ils se
trouvent à la surface du faisceau primitif. Quelquefois on aperçoit à la surface
du muscle des corpuscules très allongés (fig. 17, *a*.), présentant l'aspect de
fibres ; ils nous ont paru provenir du tissu cellulaire environnant.

Nous savons que lorsqu'on soumet un faisceau musculaire à l'inspection
microscopique, il présente des stries transversales, noires, plus ou moins serrées
les unes contre les autres. Or, pour mieux connaître les phénomènes qui se
passent pendant la contraction, nous l'avons soumis à la compression. Alors
le faisceau présente un aspect nouveau, qui permet d'étudier sa structure avec
plus de succès qu'avant la compression. Prenons, par exemple, les muscles du
cochon (fig. 12) ; soumis à une compression assez considérable, ils présentent dans chaque faisceau deux éléments bien distincts : d'abord des bourrelets
(*a*), bordés de deux lignes nettes, et ensuite des intervalles (*b*) ; les premiers sont
larges à peu près de 1/500 de millimètre ; les seconds ont une largeur double ou
triple. Nous voyons donc que la fibre musculaire nous présente ici le même
aspect que dans les insectes. (Voy. pl. 2, *muscles.*) Quelque temps après que la
compression a cessé, on voit les bourrelets (fig. 13, b.) diminuer de largeur,
devenir beaucoup plus étroits, de manière à ne présenter que des lignes noires transversales (fig. 13, d). En même temps, les intervalles (fig. 13, a.) deviennent moins larges (fig. 13, c). Arrivé à cet état, le faisceau musculaire présente
le même aspect qu'avant la compression. On voit donc que cette opération
est permise, puisqu'elle n'est pas destructive. La structure que nous avons cru
particulière aux insectes, nous la retrouvons maintenant aussi chez les mammifères, par exemple dans les muscles du bœuf, du veau (fig. 14, 15.), etc. Nous

voyons que la ligne noire que nous avions prise précédemment, dans les mammifères, comme l'expression de deux bourrelets qui se touchent, n'est en réalité qu'un bourrelet rétréci.

Si nous examinons maintenant les opinions de ceux qui croient les muscles composés de globules ou de fibres variqueuses, nous voyons que, malgré l'hypothèse compliquée qu'ils appellent à leur aide, jamais ils ne parviendront à expliquer un aspect tel qu'il se présente dans la figure 14 (Pl. II). L'erreur de ces auteurs provient de ce qu'ils ne décrivent que l'aspect représenté dans la partie supérieure de la figure 13. De là aussi l'opinion des disques (fig. 12) qui composeraient les muscles, et qui proviennent seulement de ce qu'un bourrelet élargi (fig. 12.) ou rétréci (fig. 13.) se trouve séparé, avec l'intervalle correspondant, du bourrelet suivant. On voit les bourrelets faire des saillies sur les bords (fig. 12 et fig. 13.), et on peut même les poursuivre jusqu'à un certain point de l'autre côté du faisceau. Mais il ne nous parait pas possible de décider d'une manière absolue si ces bourrelets se continuent ensemble pour faire une spirale, ou s'ils forment des cercles fermés.

L'histoire du développement du tissu musculaire et l'observation même des muscles parfaitement développés permettent de conclure que la formation des fibres primitives est postérieure à celle des faisceaux primitifs. On rencontre en effet quelquefois des faisceaux qui ne présentent aucune trace de fibres primitives (fig. 13.) ou seulement une trace peu distincte (fig. 18, partie supérieure). On voit toujours les fibres au dessous des bourrelets, et quelquefois ceux-ci se continuer de l'autre côté des fibres. Aussi croyons-nous que l'existence des bourrelets précède celle des fibres primitives. C'est une raison de plus contre l'opinion suivant laquelle les stries transversales sont l'expression de l'alignement des globules ou des varicosités. On comprend, au reste, comment cette opinion a pu se former, en examinant des fibres primitives auxquelles des morceaux de bourrelets transversaux restent attachés, ou les faisceaux primitifs très-minces d'insectes (fig. 16.). Nous croirons à l'avenir plus convenable d'appeler *fibre primitive*, ce que nous appelions jusqu'à présent faisceau primitif, et de donner le nom de *fibrilles* aux éléments désignés jusqu'à présent sous le nom de fibres primitives.

Pendant la contraction, les muscles forment des zigzags, ainsi qu'il a été décrit précédemment. Les mêmes phénomènes s'observent aussi sur les muscles involontaires (fig. 11.). Dans la distance d'un point de courbure à l'autre, on voit en outre les fibrilles former des ondulations (fig. 10, a.) qui quelquefois sont indépendantes de la courbure de la fibre (fig. 10, b, c, d.); les crispations des fibrilles et de la fibre nous paraissent le produit de l'élasticité du tissu, propriété commune à tous les tissus (fig. 7 à 10.) Les phénomènes que nous avons décrits comme suite de la compression, s'observent aussi pendant la contraction vitale des muscles, que l'on observe en soumettant par exemple à l'examen microscopique le muscle que l'on vient d'arracher à un animal vivant. Ils consistent dans le rapprochement et l'éloignement des bourrelets transversaux, qui eux-mêmes changent de diamètre.

LITTÉRATURE.

N. 1. Leeuwenhoëk. Opera omnia, quatuor tomis distincta. Lugd. Bat. 1722.

N. 2. Baglivi. Opera omnia. Lugduni. 1704.

N. 3. Muys. Investigatio fabricæ quæ in partibus musculos componentibus exstat. Lugd. Bat. 1741.

N. 4. Della Torre. Nuove osservazioni intorno la storia naturale. Naples. 1763.

N. 5. Fontana. Traité sur le venin de la vipère. 1781.

N. 6. Edwards. Annales des sciences naturelles. Paris. 1826.

N. 7. J. Koker. Spec. an. phys. de subtiliori membr. serosarum fabr. Trèves. 1828.

N. 8. Jordan. Archives de Müller. Berlin. 1834.

N. 9. Lauth. L'Institut. Paris. 1834.

N. 10. Gluge. Observ. nonn. microscop. Berlin. 1835 (Ann. françaises et étrangères, par Laurent, etc. Paris. 1837).

N. 11. Wagner. Physiologie de Burdach. Vol. 5. Leipsik. 1835. (Tom. 7 de la traduction française).

N. 12. Arnold. Handbuch der Physiologie. Zurich. 1836.

N. 13. Treviranus. Beytræge zu den Gesetzen, etc. Brême. 1836.

N. 14. Valentin. Nova acta acad. nat. curios. Vol. 18, pars. 1. Breslau. 1836.

N. 15. Eulenberg. De tela elastica. Thèse. Berlin. 1836.

N. 16. Ræuschel. De arteriarum et venarum structura. Thèse. Berlin. 1836.

N. 17. Gurlt. Physiologie der Haussæugethiere. Berlin. 1837.

N. 18. Valentin. a. Repertorium. Berne. 1837. b. Archives de Müller. 1838.

N. 19. Schwann. Berliner encyclopædisches Wœrterbuch. Berlin. 1836.

N. 20. Gerber. Allgemeine Anatomie. Zurich. 1840.

N. 21. Lambotte. Bulletin de l'Académie des sciences de Bruxelles. 7 Octob. 1840.

N. 22. Krause. Handbuch der Anatomie. Hannovre. 1e éd. 1833, 2e édit. 1841.

N. 23. Henle. Allgemeine Anatomie. Leipsik. 1841.

§ 2.

N. 24. Prévost et Dumas. Journal de physiologie, par Magendie. Paris. 1823.

N. 25. Skey. Philosoph. transact. Londres. 1837.

N. 26. Peltier. Annales des sciences naturelles. Partie zool. Paris. 1838.

N. 27. Valentin. a. De functionibus nervorum. Berne, 1839. b. Encyclopédie médicale de Berlin. Art. Muskel, Muskelbewegung.

N. 28. Schwann. Microscopische Untersuchungen. Berlin. 1839.

N. 29. Bowmann. a. Philos. transact. Londres. Part. 2. 1840. b. Part. 1. 1841.

N. 30. Wagner. Handbuch der Physiologie. Leipsik. 1842.

MÉMOIRE

SUR LA STRUCTURE INTIME

DE L'ÉPIDERME

ET DE L'ÉPITHÉLIUM.

PAR

LE DOCTEUR LOUIS MANDL.

ACCOMPAGNÉ DE DEUX PLANCHES.

PARIS,

CHEZ J.-B. BAILLIÈRE,

LIBRAIRE DE L'ACADÉMIE ROYALE DE MÉDECINE,

RUE DE L'ÉCOLE DE MÉDECINE, 17;

A LONDRES, CHEZ H. BAILLIÈRE, 219, Regent Street.

1844

MÉMOIRE

SUR LA STRUCTURE INTIME

DE L'ÉPIDERME,

DE L'EPITHELIUM ET DU PIGMENT.

CHAPITRE PREMIER.—HISTORIQUE.

PLANCHE I.

(Planche dix-neuf de la première partie).

§ 1. *L'épiderme et l'épithélium.*

Borellus (n. 1.) paraît avoir le premier examiné l'épiderme sous le microscope : « Cutis lævissima, manuum etiam fœminarum nobilium, hirta, horrida et quasi squammata adparet,....... et in ea quadratula rhomboïdis figura, ut et in ebore animadvertuntur » (obs. 97.). « Cutis seu epidermatis humani fragmentula reticulata adparent » (obs. 88.).

Leeuwenhoek (n. 2.) écrit en 1674 que l'épiderme se compose de petites particules arrondies (fig. 1.); plus tard, en 1686 (tome I, p. 153, 197, 206.), il dit que des écailles transparentes, placées les unes sur les autres, comme les écailles des poissons (fig. 2.), forment l'épiderme qui présente des ouvertures à travers lesquelles percent les poils. Chacune de ces écailles présente dans son centre une tache transparente et saillante. Le diamètre d'un grain de sable est quinze à vingt fois plus considérable que celui de ces écailles. Des éléments analogues ont été signalées par lui dans la salive et dans le mucus vaginal. Il n'existe nulle part de pores pour laisser échapper la sueur (tome II, p. 45, 50.); mais ce liquide transsude à travers et entre les écailles épidermiques, dont beaucoup présentent des stries longitudinales et transparentes, pourvues çà et là de petits globules. Les écailles épidermiques des Éthiopiens sont moins transparentes; c'est ce qui produit la couleur noire. Dans ses dernières observations (1717; tome IV, ep. 91.), en examinant les couches profondes de l'épiderme, il prend les écailles pour des vaisseaux coupés en travers, et les noyaux pour les ouvertures de ces vaisseaux (fig. 3, 4.), destinées au passage de la sueur. Leeuwenhoek dit également que la substance qu'on appelle mucus intestinal est composée de fibres très-fragiles (fig. 5.), fixées à la tunique interne des intestins, et qu'entre leurs surfaces terminales existent des vaisseaux capillaires. Ces fibres, qui en vérité ne sont autre chose que l'épithélium à cylindres du canal intestinal, se

raccourcissent, d'après cet auteur, pendant l'expansion des intestins. Enfin Leeuwenhoek a aussi le premier observé les cils chez les infusoires, et le mouvement
vibratile que présentent les huîtres (tome II, ep. 83, III, ep. 95, IV, ep. 103). On
croirait presque, dit-il, au premier aspect, que ces parties sont composées
d'une foule d'animalcules.

Les écailles dont se compose l'épiderme, d'après *Ledermüller* (n. 3, tab. 55),
ont la forme indiquée dans la fig. 6; « elles sont si petites qu'on en peut couvrir
200 avec un grain de sable. »

Della Torre (n. 4. observ. 40) croit que l'épiderme se compose d'un réseau
de vaisseaux lymphatiques et d'une foule de lamelles transparentes, superposées
les unes sur les autres. Ces lamelles sont probablement, dit-il, le produit de la
transpiration; elles se voient déjà à l'œil nu dans le mucus qui recouvre le
corps des anguilles. Ces observations de Della Torre n'ont aucune valeur : d'après
la figure qu'il donne, on voit que les vaisseaux lymphatiques et les lamelles
superposées dont il parle ne sont autre chose que l'épiderme déchiré en fibres
plus ou moins larges.

L'épiderme paraît être à *Fontana* (n. 5. tome II, p. 254) un tissu de cylindres
tortueux, qui s'approchent et s'éloignent avec beaucoup d'ordre et de régularité.
On y voit çà et là de très-petits globules (fig. 7.). Les cylindres tortueux dont
parle Fontana sont du même genre que ceux qu'il a vus dans tous les tissus
et qui sont uniquement le produit de l'irisation.

Un *anonyme* (n. 6. tome I) trouva la pellicule des villosités intestinales
percée d'une multitude d'ouvertures microscopiques. On connaissait depuis
longtemps le prolongement de l'épiderme sur les membranes muqueuses, par
les travaux d'*Albinus*, de *Bonn*, de *Lieberkühn* etc., travaux faits seulement à
l'œil nu et dans lesquels il ne s'agit nullement de la structure intime de ces
tissus. On doit aussi ranger dans cette série de travaux les recherches modernes, d'ailleurs fort exactes, de *Lélut* et de *Müller*, concernant la distribution
de l'épiderme et de l'épithélium; seulement ces auteurs ont appelé mucus,
ce que des observations postérieures ont démontré n'être autre chose que
l'épithélium des membranes muqueuses.

Nous passons sous silence les observations de quelques auteurs (*Monro, Mascagni, Milne Edwards* etc.), dont nous avons eu déjà l'occasion de parler dans
nos mémoires précédents et qui ont vu tous les tissus composés soit de nerfs,
soit de vaisseaux lymphatiques, soit de globules, etc. Les recherches de *Raspail*
(n. 7, *a*, tome IV, 1827), ont principalement pour but de réfuter les opinions
émises par Fontana et par Milne Edwards sur l'uniformité des éléments organiques; cet observateur décrit l'épiderme, vu à un grossissement de cent diamètres,
comme composé de cellules plates, desséchées, de forme irrégulière et contenant
çà et là des granulations. Plus tard (tome VI, 1828, et n. 7, *b*, vol. II), il dit
que les membranes muqueuses « sont caduques chaque jour par leur couche la
plus externe », de même que la peau renouvelle sans cesse son épiderme. On
observe dans la salive, le matin à jeun, une quantité considérable de cellules
aplaties, isolées ou réunies quatre ou cinq ensemble (fig. 8). Ces débris proviennent de la couche externe des surfaces buccales; il en est de même de la

surface des fosses nasales et des surfaces intestinales ; toutefois nous devons
ajouter que Raspail ne décrit point les éléments dont se composerait l'épithélium
des membranes muqueuses nommées en dernier lieu.

Selon *Mojon* (n. 8), l'épiderme se compose tantôt de petits cylindres, tantôt de
petites écailles imbriquées les unes sur les autres ; il n'existe pas, à proprement
dire, sur les membranes muqueuses. L'épithélium des intestins, et spécialement
des intestins grêles, se compose d'une immense quantité de petits trous à bords
rehaussés.

Panizza (n. 9, chap. VI), s'attache à combattre par des objections l'opinion
de *Mascagni*, qui croyait l'épiderme formé de vaisseaux lymphatiques.

Delle Chiaje (n. 10), suppose l'épiderme formé par des globules de sang desséchés et extérieurement réunis par une humeur albumineuse, laquelle se transforme en membrane et se dessèche au contact de l'air (fig. 9, 10) : il prend les
petits corpuscules qui forment le réseau de Malpighi pour des globules de sang,
induit en cette erreur par la couleur rougeâtre des premiers. Plusieurs auteurs
avaient déjà remarqué que les globules de sang ont, par la coagulation et la dessiccation, une tendance à s'arranger en lignes entrelacées réticulairement : Delle
Chiaje croyait donc que ces globules sortaient des vaisseaux pour devenir de
l'épiderme par la dessiccation.

L'épiderme renferme, d'après *Krause* (n. 11, *a*), des cellules nombreuses, irrégulières, arrondies, mesurant $\frac{1}{30}$ à $\frac{1}{20}$ de ligne, et qui ne communiquent pas ensemble. *Wendt* (n. 12), dit que l'épiderme est lamelleux, tandis que le réseau de
Malpighi est granuleux.

Breschet et *Roussel de Vauzème* (n. 13) affirment que le tissu épidermique de
la peau de la baleine se compose de deux couches, l'une externe, parallèle au
plan du derme ; l'autre composé de fibres droites, perpendiculairement placées
entre le derme et la couche extérieure. Ces fibres se composent d'une série d'é-
cailles ou cônes aplatis, insérés les uns dans les autres, qui se détachent avec une
grande facilité et teignent l'eau en noir sous l'apparence de granulations. Pour
étudier la matière cornée chez l'homme, il faut l'examiner à la loupe, en plaçant
dans un peu d'eau une partie friable de l'épiderme le plus extérieur ou le gluten
muqueux qui se trouve à la surface du derme. En dissociant ces fragments avec la
pointe d'un scalpel, on voit flotter une infinité de corpuscules dont on peut rapporter la forme générale à un trapèze irrégulier (fig. 11) ; ils sont plus ou moins
striés, blancs et transparents, imbriqués les uns à côté des autres sur un ca-
nevas aréolaire très-mince.

Gurlt (n. 14, p. 405) compare l'épiderme au tissu végétal à cause de son apparence réticulaire.

Treviranus (n. 15, cah. 2, p. 85 et 113) dit que l'épiderme de l'homme est
homogène et parcouru par des fibres qui forment un réseau. Ces réseaux, qu'il
indique aussi à la face interne de la cornée transparente et ailleurs, ne sont que
les limites des cellules. Cet auteur décrit les éléments de l'épiderme des grenouilles comme des pentagones irréguliers, ayant dans leur milieu une petite
surface circulaire parsemée de points obscurs (fig. 12). Les cylindres de l'épithélium (fig. 13) lui apparurent tantôt comme des vésicules, tantôt comme des pa-

pilles lymphatiques pourvues d'ouvertures (noyaux) qui toutefois manquent sur les cylindres de l'épithélium vibratile (fig. 14).

Berres (n. 16, pl. IV et VII) donne deux figures de l'épithélium, dans lesquelles on reconnaît, en les examinant avec attention, des cellules renfermant chacune un globule. L'auteur représente aussi l'épiderme, vu à un grossissement de 540 diamètres, comme un tissu à fibres peu distinctes. Il est probable que les cellules épithéliales profondes de la conjonctive oculaire sont décrites par *Berres* comme papilles tactiles de cette membrane.

Purkinje est le premier qui ait enseigné d'une manière positive et générale, que tout épiderme et tout épithélium est formé de cellules à noyaux. Cette doctrine a été développée par lui dans les écrits de ses élèves. C'est ainsi qu'il dit, dans une thèse de *Raschkow* (n. 17) que l'épithélium de la gencive est composé, comme l'épiderme, de lamelles polyédriques, dont la plupart présentent une tache orbiculaire. *Valentin* (n. 30, 1836), son élève, décrit l'épiderme de la peau du *Proteus anguinus*, l'épithélium des vésicules séminales, de la face interne du péricarde et de la conjonctive, dans laquelle, à l'instar de Berres, il signale à tort la couche profonde de cellules arrondies comme une couche de papilles (fig. 15). Dans une note précédemment publiée (n. 18, *a*), Valentin avait établi une classification des différentes formes de l'épiderme, basée sur la présence ou l'absence du noyau, dont pourtant l'existence dans toute lamelle épidermique ou épithéliale fut plus tard démontrée par les recherches de Henle. Au même endroit Valentin donne aussi des figures de l'épiderme des plexus choroïdes, ainsi que *Purkinje* ailleurs (n. 19), qui dit que chaque cellule a une extrémité libre et arrondie, et une autre extrémité interne terminée en pointe.

Plusieurs auteurs, comme *Wagner, Krause* (n. 11, *b*.) par exemple, ont modifié leurs opinions par suite des recherches de Purkinje, d'autres ont publié, à peu près à la même époque, des observations isolées qui confirment ces dernières. *Donné* (n. 20) décrit les lamelles de l'épithélium dans le mucus vaginal, dans la salive, l'urine et à la conjonctive. *Gluge*, (n. 21.) parle de lamelles de l'épiderme dans la matière muqueuse qui se détache de la peau des grenouilles, etc. *Turpin* (n. 22, p. 209) regarde les lamelles en question comme de petits sacs organisés contenant de l'eau et des granulations: parmi ces dernières une ou deux étaient développées en vésicules sphériques. *Vogel* (n. 23) admet l'identité des cellules de la couche profonde avec les globules du pus; les cellules plates de la couche supérieure sont des corpuscules muqueux, affaissés. Nous parlerons plus tard de nos recherches (n. 24), publiées à cette époque. *Eble* (n. 27) n'aperçut sur la conjonctive palpébrale, que la couche profonde des cellules qu'il croyait glanduleuse. *Wagner* (n. 28), décrit les cylindres de l'épithélium des villosités, comme une sorte de lobules velus, reposant sur la lamelle épithéliale.

Purkinje s'est encore occupé d'un autre point fort curieux dans l'histoire des épithélium : nous voulons parler du mouvement vibratile. Ce phénomène a été déjà signalé par Leeuwenhoëk dans les huîtres, et il parle de cils chez les infusoires. Comme l'histoire de ces animaux, non plus que le mouvement rotatoire des embryons dans l'œuf des animaux inférieurs, n'entre pas dans le cadre de ce mémoire, nous renvoyons le lecteur à l'ouvrage de M. *Ehrenberg* et à l'article *Cilia* par *Sharpey* (*The Cyclopedia anatomy*, by R. Todd). Nous ne parlerons non

plus des auteurs qui en général ont seulement indiqué l'existence de ce phénomène à la surface de certaines membranes muqueuses, sans s'occuper de la
structure intime de ces membranes, ou de ceux qui ont cherché à expliquer le
mouvement vibratile par des causes physiques. Nous rappellerons seulement
que *Steinbuch* (1802) paraît être le premier qui ait vu ce phénomène dans le cerveau chez les grenouilles et sur les branchies des larves de salamandres. *Purkinje*
et *Valentin* ont fait connaître, dans toute son étendue, l'existence du mouvement
vibratile dans les organes respiratoires et génitaux femelles des animaux vertébrés (n. 25, *a*) et disent que partout il est produit par des cils ; plus tard, en
publiant leur grand ouvrage sur ce sujet (n. 25, *b*, *c*.), ils ont décrit, outre l'existence des cils, leur forme et leur structure. Ils considèrent comme support de
ces cils un épithélium très-mince et transparent, immédiatement au-dessous
duquel se trouve une couche de fibres verticales, décrite déjà par Leeuwenhoëk.
Ces fibres se détachent peu de temps après la mort, et leur ont paru d'abord de
nature musculeuse et destinées au mouvement des cils : mais ils paraissent avoir
abandonné cette opinion, lorsqu'ils trouvèrent des fibres analogues dans les
membranes muqueuses privées d'épithélium vibratile. Purkinje décrivit plus
tard (n. 25, *d*) le mouvement vibratile aussi dans le ventricule des mammifères ;
les cils lui paraissent fixés sur une couche de granules. Ces auteurs s'occupent
aussi des propriétés vitales des cils ; ils ont constaté leur indépendance entière
de l'influence nerveuse ; aucun réactif ne fait cesser le mouvement vibratile, à
moins qu'il ne détruise les cylindres vibratiles.

    Valentin (n. 30, *a*, 1836.) constata l'existence du mouvement vibratile dans
le ventricule (fig. 16) ; il décrit (n. 30, *a*, 1837 et n. 18, *b*.) les éléments vibratiles de la membrane muqueuse des fosses nasales du cheval, après l'avoir raclée ;
ils ressemblent, dit-il, à des vorticelles pédiculées, ayant à leur extrémité postérieure un filament grêle et mou, à leur surface antérieure 6 à 13 cils, et sont
pourvus de stries longitudinales qui sont les limites des fibres motrices des cils.
Ni lui, ni *Donné* (n. 26), qui avait trouvé des éléments analogues sur la membrane d'un polype nasal, ne parlent du noyau dans les fibres qui supportent les
cils.

    A peu près à la même époque, *Henle* (n. 29, *a*) avait trouvé dans la bile des cor-
puscules cylindriques, et des éléments analogues pourvus de cils dans l'intestin
de l'huître. Il publia bientôt après (1837) sa thèse (n. 29, *b*) et un mémoire
(n. 29, *a*, 1838.). Pour ne pas entrer dans des détails superflus, nous allons donner le résumé des recherches de cet auteur, tel qu'il le présente lui-même dans
son dernier ouvrage (n. 29, *c*,) en nous réservant de revenir plus tard sur quelques points de l'histoire de cette époque.

    Les éléments les plus simples de l'épiderme sont des cellules pourvues d'un
noyau arrondi ou ovale, incolore ou d'un rouge pâle, d'un diamètre de 0,003
à 0,002 lignes, et muni d'un ou deux petits nucléoles punctiformes d'un diamètre de 0,0002 à 0,0008 lignes, et dont l'auteur avait précédemment (n. 29, *b*)
refusé d'admettre la constance. Le pourtour du noyau paraît plus élevé que le
centre (fig. 17, 18) ; il est insoluble dans l'acide acétique, l'ammoniaque causti-
tique et le carbonate d'ammoniaque, soluble dans la potasse caustique et le car-

bonate de potasse. La cellule est presque toujours incolore et hyaline. L'auteur distingue trois espèces d'épidermes :

1° L'*épithélium en pavé*; la cellule répète les contours du noyau. Il existe sur les membranes séreuses de la poitrine, de l'abdomen et du testicule, et à la surface postérieure de la cornée(fig. 19). Peut-être existe-t-il un épithélium analogue à la face interne du labyrinthe membraneux, et spécialement des canaux semi-circulaires. L'épithélium affecte la même forme sur la membrane muqueuse de la caisse du tympan et dans les conduits excréteurs d'un grand nombre de glandes. Immédiatement après cette forme, vient l'épithélium des vaisseaux, qui tapisse le cœur, les artères, les veines et les lymphatiques; très-fréquemment il a la même structure que celui des membranes séreuses; dans d'autres cas, les noyaux sont ovales, et les cellules tirées en long (fig. 20, 21). Les cellules qui revêtent les plexus choroïdes du cerveau sont jaunâtres, polygones; elles envoient de prolongements courts, étroits (fig. 22) et sont, outre le noyau, pourvues d'un ou deux petits globules rougeâtres ou jaunâtres. Toutes ces cellules se dissolvent dans l'acide acétique concentré ; l'ammoniaque caustique, le carbonate d'ammoniaque et les acides minéraux étendus ne les attaquent point. L'épithélium s'amasse, sur certains points, en plusieurs couches superposées, et est alors appelé *épithélium stratifié ;* la conjonctive oculaire cornée, la muqueuse du nez, de la bouche, du pharynx, de la langue et de l'œsophage jusqu'au cardia, celle des parties génitales externes de la femme, du vagin et du col de la matrice jusqu'au milieu de ce col, enfin l'entrée de l'urèthre chez la femme, la muqueuse de la vessie, des uretères et même du bassinet des reins en sont pourvues. Les squames superficielles sont tout-à-fait plates et de forme très-variée (fig. 23). Les couches plus profondes présentent des cellules polyédriques. Plus on se rapproche de la membrane muqueuse elle-même, plus les cellules deviennent petites, ovales, coniques ou arrondies, et entourent exactement le noyau (fig. 24). Le noyau et les cellules augmentent de volume de bas en haut; mais l'accroissement des cellules est proportionnellement plus rapide que celui des noyaux. L'épiderme cutané se compose d'éléments tout-à-fait analogues. Tout près du derme se trouve une couche de cellules très-petites, dont le noyau a une teinte rougeâtre pâle (réseau de Malpighi). Plus en dehors, le diamètre des cellules et celui des noyaux augmentent presque toujours d'une manière subite.

2° L'*épithélium à cylindres*. Les cellules ont une forme cylindrique ou conique; elles dirigent leur extrémité la plus mince vers la membrane muqueuse; le noyau est presque toujours situé dans le milieu (fig. 25), la surface terminale est plane ou convexe, tantôt arrondie, tantôt polygone, à quatre, cinq ou six angles (fig. 26). Ces cellules laissent quelquefois entre elles de petits interstices que remplit une substance intercellulaire qui peut saillir au-dessus des extrémités tronquées. Presque toujours la surface des cellules et parsemée de petits points obscurs; elles sont solubles dans l'acide acétique. On rencontre cet épithélium depuis le cardia jusqu'à l'anus; on en voit aussi sur la muqueuse des organes génitaux de l'homme, dans l'urèthre et dans le canal déférent, jusqu'aux conduits séminifères des testicules. Du canal intestinal il se prolonge, d'un côté dans le canal cholédoque, puis de là dans les conduits hépatiques et cystiques et la vésicule biliaire, d'un autre côté dans le canal de Wirsung. De l'urèthre il s'étend aussi dans tous les canaux excréteurs qui s'ouvrent à la région du *veru-montanum*, ceux de la prostate, des vésicules séminales et des glandes de Cowper. Les conduits des glandes lacrymales, du canal de Stenon et de la glande prostatique en sont également revêtus, de même que tous les petits follicules simples de l'estomac et de l'intestin. On ne remarque entre les cylindres de ces divers épithélium que des différences peu importantes. Leur longueur est de 0,008 à 0,009 lignes, leur largeur de 0,0017 à 0,0024. On passe souvent de l'épithélium en pavé à l'épithélium en cylindres, sur la même surface, d'une manière graduelle, et souvent par une série de formes intermédiaires, que Henle appelle *épithélium de transition*. Il ne paraît pas exister constamment une couche de jeunes cellules entre la membrane muqueuse et les cylindres.

3° L'*épithélium vibratile* se compose de cellules tout-à-fait semblables aux précédentes, cylindriques ou coniques, dont les éléments sont seulement distingués par des cils qu'ils portent sur l'extrémité libre, laquelle est la plus large. Ces cils sont courts, hyalins, terminés en pointe ou par un renflement, et dont le nombre varie (3 à 8), ainsi que la longueur (fig. 27).

Valentin (n. 30, *a*, 1838, p. 309.) publia, peu de temps après l'apparition des recherches de Henle, une note, dans laquelle il distingue trois modes d'association des cellules : 1° les cellules polyèdres, situées les unes à côté des autres ; 2° les cellules disposées en séries horizontales, de manière à figurer des filaments (fig. 28) ; le noyau est entouré de tous côtés par la paroi, qui se continue immédiatement avec la portion servant de jonction ; 3° les cellules placées verticalement et qui existent dans tout l'épithélium à cylindres et l'épithélium vibratile (fig. 29.). *Pappenhein* (n. 29.) et *Gerber* (n. 30.) se rangent à l'opinion de Valentin. Gerber dit que les cylindres d'épithélium sont implantés sur un épithélium en pavé simple et plat. *Henle* (n. 29, *c.*) combat cette opinion ; il croit que Gerber et Valentin n'ont pas assez isolé les cylindres, de manière qu'ils ont cru voir appartenant à un seul les noyaux de plusieurs cylindres, empilés les uns sur les autres. Cette opinion paraît aussi maintenant adoptée par Valentin (n. 30, *b.*), puisqu'il parle seulement d'une couche de jeunes cellules arrondies (fig. 31.) placée au dessous des cylindres. A l'égard de l'épithélium en fibres horizontales, il se compose, d'après Henle, de cellules plus ou moins complétement confondues en fibres, telles qu'on les rencontre à la surface des faisceaux musculaires, nerveux, etc., et qui se convertissent aussi en véritable tissu cellulaire. Cette question se rattachant intimement à celle du développement des tissus, nous la renvoyons au mémoire sur l'*histogénèse*, ainsi que la discussion qui s'était élevée entre *Valentin* et *Remak* sur la nature des fibres du sympathique, qui, selon le premier, ne seraient que de l'épithélium à fibres horizontales (voy. p. 47).

Nous avons dû passer sous silence les observations de quelques auteurs, par exemple celles de *Wagner, Boehm, Wasmann, Gruby* et *Delafond*, etc., dont nous aurons occasion de parler dans l'histoire des *membranes muqueuses*.

§ 2. Le pigment.

Le pigment noir, qui recouvre la face interne de la choroïde et la face posté-rieure de l'iris, a été, jusque dans ces derniers temps, considéré comme un pro-duit de sécrétion, comme une sorte d'enduit, de mucus coloré. Les anciens anatomistes admettaient, pour la sécrétion de cette matière, des glandes logées dans l'iris et dans la choroïde, dont toutefois déjà Ruysch, Morgagni et Zinn ont attaqué l'existence.

Nous avons déjà parlé (§ 1) de l'opinion de *Leeuwenhoëk* sur la cause qui pro-duit la couleur noire des Éthiopiens. En examinant la matière noire de l'œil (n. 2, tom. I, p. 38), il prenait, ainsi que l'ont fait depuis aussi beaucoup d'au-teurs, les intervalles que laissent entre eux les cellules de pigment, pour un réseau vasculaire très-délié.

Valsalva parle déjà (Voy. *Morgagni*, ép. 17, § 4) de la présence de très-petits corps noirâtres et sphériques dans la choroïde ; mais c'est *Mondini*, le père, qui a fait les premières recherches exactes, à l'aide du microscope, sur le pigment noir de l'œil (n. 33, p. 29). Selon cet écrivain, le pigment n'est pas un simple mucus, mais une véritable membrane, formée d'une multitude innombrable de globules, disposés en quinconce, et formant un réseau excessivement ténu. Ces globules sont noirs, plus serrés dans l'uvée et l'iris ; ils deviennent plus transpa-rents vers le fond de l'œil et dans le tapis, où ils sont blancs chez les jeunes animaux, et jaunâtres plus tard. La grandeur de ces globules varie selon les divers animaux, et est indépendante de la grandeur de l'individu. Comprimés entre deux verres, ces globules ne laissent échapper aucun liquide.

Comparetti (n. 34 ; Obs. XVI, § 16) dit aussi que le pigment se compose de globules.

Kieser (n. 35), sans rapporter les observations de Mondini, affirme que le pigment lui semble composé de tissu cellulaire, qui renferme des corpuscules sphériques rangés les uns contre les autres.

Mondini, le fils (n. 36, p. 15), compléta les travaux de son père en employant des grossissements de 47 et de 75 fois en diamètre (2216 et 5800 fois sont les nombres donnés par l'auteur et qui se rapportent nécessairement au grossisse-ment de la surface). Quand on place sur un verre une portion de cette membrane, dit cet auteur, et qu'on l'examine au microscope, elle paraît composée de petits corps irrégulièrement arrondis en forme de globules, et qui sont rendus plus ou moins opaques par la présence d'une multitude de petits points noirs, plus nombreux à la circonférence qu'au centre de chaque globule (fig. 31, qui ne correspond pas à la description de l'auteur). Ceux-ci ont à peu près la même grosseur, sont réunis par un tissu cellulaire très-délié, et offrent plus de trans-parence vers le fond de l'œil que sur les côtés, ce qui est dû à la diminution des petits points noirs. A la face postérieure de l'iris, ces globules sont plus petits et superposés les uns aux autres de manière à former plusieurs couches. La cho-roïde a la même structure dans les autres mammifères, seulement les globules sont plus petits dans les carnivores et dans les rongeurs. L'auteur confirme l'opinion de son père sur la couleur des globules qui recouvrent le tapis. Chez les oiseaux, les globules sont plus grands que chez les mammifères; ils sont disposés plus régulièrement : ils ont la forme d'un polygone (fig. 32). Dans les oiseaux diurnes ils sont opaques, et transparents chez les nocturnes, différence qui dépend aussi de la plus ou moins grande quantité de points noirs qui y existent. Ils sont elliptiques dans la vipère et la grenouille, et tout-à-fait opaques dans les poissons osseux et cartilagineux, ainsi que chez les mollusques. Du rapprochement de tous ces globules, il résulte que la surface extérieure de la rétine présente un nombre infini de petits points élevés, dus à la saillie de chaque globule. L'auteur a pris probablement les baguettes de la rétine pour des saillies.

Heusinger (n. 37) a fait des recherches sur les appendices tégumentaires. Cet auteur a pris souvent pour pigment des cheveux, des plumes, etc., les taches noires produites par la présence de bulles d'air dans les cellules de ces parties. L'épiderme des Éthiopiens est, d'après cet auteur, grisâtre et placé sur une couche de globules irréguliers, brun-noirâtres, réunis par du tissu cellulaire très-mince. Le pigment de mammifères se comporte de la même manière; il est recouvert d'un épiderme incolore, et l'on aperçoit souvent des glandes destinées à sa sécrétion. Dans les amphibiens, les globules composant le pigment sont également placées sous un épiderme incolore et forment des figures régulières. La fig. 33 représente le pigment du péritoine des poissons.

Schultze (n. 38, p. 119) a trouvé, dans l'œil des oiseaux et des mammifères, de petits corps quadrangulaires, presque sphériques, qui se répondent par des arêtes et qui paraissent transparents, après qu'on les a dépouillés de la matière noire dont ils sont enveloppés. *Weber* (n. 39, tom. I, p. 161) assure que ces petits corpuscules ne sont pas parfaitement ronds; leur diamètre est de o, oo15 de ligne pour la plupart, et de o, oo5 à o, oo7 pour quelques gros globules ronds qui se gonflaient dans l'eau et se réduisaient enfin en petites granulations. *Ammon* (n. 40, t. II) dit que, chez l'embryon humain âgé de trois à quatre mois, le pigment se compose de petites taches noires, régulières, ayant parfois l'apparence d'alvéoles de cire. *Wagner* (n. 40, tom. III, 1833, n. 41) aperçoit dans la choroïde des corpuscules ronds, ovales ou anguleux; leur diamètre est de o, oo25 à o, oo5o de ligne : mais, si on les écrase, ils se réduisent en de très-petites molécules noires, de o, ooo5 à o, oo10 de ligne, qui paraissent réunies par du tissu cellulaire, et qui, isolées, présentent le mouvement moléculaire de Brown. Le même auteur a vu, chez un triton, les grains du pigment ayant un diamètre de o, o2 de ligne; les petites molécules étaient réunies autour d'un noyau transparent.

Wharton Jones (n. 42) dit que la choroïde consiste en une membrane composée de plaques hexagones régulières, qui sont réunies par du tissu cellulaire que l'on parvient aisément à séparer, et dans lesquelles est déposé le pigment sous forme de nombreuses particules noires (fig. 34). Les plaques peuvent aussi exister sans le pigment, ce qui arrive sur le tapis, où elles sont moins développées, plus étroites et arrondies (fig. 35). Sur l'uvée, elles ne sont pas hexagonales, mais arrondies, quoique d'ailleurs de la même grandeur. Dans le fœtus et chez les Albinos (fig. 36), ces plaques ne sont pas hexagonales, mais rondes et privées de pigment. Ici, l'auteur a pris les noyaux pour les plaques entières dont les contours lui ont échappé.

Valentin (n. 43) dit que la tache claire, vue déjà par les auteurs précédents, au centre des plaques hexagonales, est une vésicule autour de laquelle les molécules se groupent sous des formes diverses (fig. 37). La base elle-même de la plaque a échappé à Valentin, et il n'a pas pu, par conséquent, se former une idée juste de la valeur histologique de la tache centrale. Cet auteur croit aussi (n. 18, *a*) que les molécules de pigment sont des globules d'huile ou d'une substance voisine d'huile, qu'entourent de minces enveloppes. *Berres* (n. 16, p. 82) croit le pigment composé de vésicules revêtues d'une matière colorante foncée. *Langenbeck* (n. 44) déclare que les lames hexagones sont des cellules de forme allongée ou prismatique, contenant les molécules pigmentaires dans des espèces de compartiments. Le point central ressemble à l'orifice d'un follicule pileux destiné à recevoir des fibres ; les cellules restent claires et limpides, après qu'on a éloigné les molécules de pigment. *Gottsche* (n. 45) regarde également le point clair comme une ouverture sécrétoire des cellules pigmentaires qu'il croit placées sur une membrane séreuse particulière. *Giraldès* (n. 46), *Michaëlis* (n. 47, 1837, p. XXXII) et *Eschricht* (n. 47, 1838, p. 590), adoptent aussi l'idée d'un trou central, contre lequel s'élève avec raison *Müller* (n. 47, 1837, p. XXXIII), parce qu'il a vu les noyaux isolés. Michaëlis parle aussi, comme Langenbeck, de fibres attachées au trou et déchirées, qu'il prend pour des vaisseaux sécrétoires. Cela ne peut être qu'un effet de diffraction autour des granules du noyau. Plusieurs auteurs, comme *Marshall Hall*, *Treviranus*, etc., ont donné des figures du pigment de la peau des grenouilles, analogues à celle donnée par Heusinger de la peau des poissons.

Henle (n. 29, *b*) a trouvé des éléments identiques à ceux qui constituent le pigment de l'œil, dans la peau des nègres. Leur diamètre est de o, oo39 à o, oo62 de ligne, en moyenne de o, oo5. *Schwann* (n. 48) a démontré que la tache centrale est le noyau d'une cellule qui, d'après lui, renferme les molécules de pigment. Les prolongements des cellules pigmentaires étoilées sont des fibres creuses partant des cellules (fig. 38). *Simon* (n. 47, 1840, p. 179) a démontré la présence de cellules pigmentaires dans les points colorés de la peau chez la race blanche et dans les colorations pathologiques des téguments extérieurs. Selon *Pappenheim* (n. 49), ces molécules de pigment existent à la surface externe de globules pigmentaires. *Henle* (n. 29, *c*) et *Valentin* (n. 30, *b*, p. 645), au contraire, affirment que la cellule renferme les molécules de pigment, qui, d'après le premier, sont plates (fig. 40), ont une longueur de o, ooo5 à o, ooo7 de ligne, et sont amassées dans la partie postérieure de la cellule (fig. 39).

Nous avons déjà donné, dans les recherches concernant les *écailles*, l'histoire et la description du pigment à reflet argentin qui existe dans les poissons.

CHAPITRE SECOND.

RECHERCHES DE L'AUTEUR.

PLANCHE II.

(Planche vingt de la première partie).

§ 1. *L'Épiderme et l'Épithélium.*

Sans nous occuper ici de la distribution de l'épiderme et de l'épithélium, nous allons seulement examiner quelques détails de la structure de ce dernier. Nous parlerons d'abord de l'épithélium à cylindres du canal intestinal, ensuite de l'épithélium vibratile, et nous ajouterons à la fin quelques mots sur l'épiderme.

L'épithélium à cylindres se compose d'éléments arrondis (fig. 1.) ou tronqués (fig. 2.) à leur extrémité libre. Chacun de ces éléments, qu'il soit arrondi (fig. 1. II.) ou tronqué, (fig. 6.) se compose d'un corpuscule (fig. 1, II, *a*) et d'un noyau (fig. 1, II, *b*; fig. 6, *b*) qui lui-même présente un (*c*) ou deux nucléoles (fig. 6, *c*). Vus de côté, on les aperçoit rangés les uns contre les autres (fig. 1, 1, *a*; fig. 2, *a*) en forme de palissades. Tel est, par exemple, l'aspect que présente l'épithélium sur le bord libre d'un pli de l'intestin grêle ou d'une particule détachée de la muqueuse du même endroit. Mais lorsqu'on examine cette même particule à d'autres endroits, où l'on ne peut apercevoir que la surface des extrémités libres, celles-ci se présentent sous formes de polygones (fig. 1, II, *b*) qui résultent de la pression mutuelle qu'exercent les cylindres les uns sur les autres. A un grossissement de 500 à 600 fois, on voit que chacun de ces polygones (fig. 7, B, *a*), présente un cercle (*b*) et un petit point plus transparent (*c*). Ce cercle et ce point sont les contours du noyau et du nucléole, vus d'en haut. La fig. 7, *A*, donne les contours d'un cylindre, de son noyau et de son nucléole, vus de côté et vus d'en haut.

L'extrémité libre des cylindres, celle qui correspond à la surface libre de la muqueuse, est recouverte d'une membrane transparente (fig. 2, *b*; fig. 3, *a*), adhérente même aux cylindres isolés (fig. 6, *a*), mais qui peut en être séparée par la pression (fig. 3, *d*). L'extrémité postérieure des cylindres est pointue (fig. 1, II) ou tronquée (fig. 6); le noyau existe en général dans son voisinage.

Au dessous et entre les cylindres parfaits, que nous venons de décrire, existent les divers degrés de développement de ces éléments (fig. 9). Ce sont ou des noyaux isolés présentant un (*a*) ou deux (*b*) nucléoles ou des cylindres encore peu développés (*c*, *d*). Enfin on trouve tout-à-fait dans le voisinage de la tunique nerveuse, le derme de la muqueuse, une couche de noyaux, les uns encore arrondis (fig. 8, *a*), les autres déjà allongés (*b*), d'autres enfin (*c*) présentant les premières traces du corpuscule naissant autour du noyau. Cette couche d'éléments a la même valeur histologique que le réseau de Malpighi qui existe sous l'épiderme et qui n'a encore été indiqué que par M. Flourens. Ainsi, on comprend maintenant comment l'épithélium à cylindres, repoussé continuellement de l'organisme comme l'épiderme et évacué par les déjections intestinales où l'on trouve ses éléments, se reproduit aussi continuellement par cette couche d'éléments qui existe au dessous des cylindres parfaits. Nous reviendrons encore sur quelques détails du développement de ces éléments dans le mémoire sur la *Peau* et sur l'*Histogénèse*. L'intestin grêle des grenouilles nous a offert la meilleure occasion pour examiner les diverses formes de ces éléments. La grandeur des cylindres, qui mesurent quelquefois plusieurs centièmes de millimètre, de même que l'épaisseur de la membrane transparente qui les recouvre, rend cet examen plus facile. Nous donnons encore (fig. 3) un dessin schématique de l'épithélium à cylindres. On en voit en *b*, plusieurs couches se recouvrant mutuellement, en *c* les cylindres d'en haut, en *e* leurs divers degrés de développement, jusqu'à ce qu'on arrive à la couche la plus inférieure (*f*), composée de noyaux (corpuscules primitifs). La membrane transparente (*a*) est séparée de cylindres sousjacents en *d*.

Lorsqu'on examine une particule de la muqueuse détachée d'un animal vivant et plongé dans l'eau, on voit bientôt sur le bord libre sourdre des gouttelettes d'une substance amorphe blanchâtre (fig. 4, *a*) qui tantôt se détachent et, sous forme de globules arrondis, nagent dans le voisinage du tissu, tantôt y restent attachées, s'allongent et acquièrent à la fin la forme de massues (*b*). Cette matière est extrêmement transparente ; ce qui fait qu'elle n'a pas été encore décrite par les auteurs : elle ressemble beaucoup à celle que, sous le nom de la matière amorphe blanchâtre, nous avons décrite dans la rétine. Elle sort non seulement sur le bord libre de la muqueuse, mais sur toute sa surface, où les gouttelettes deviennent, par la pression mutuelle, des polyèdres (*c*) qu'il ne faut pas confondre avec les surfaces des extrémités libres des cylindres (fig. 8). L'abondance de cette matière varie beaucoup, même dans les animaux de la même espèce. D'autres fois on voit les extrémités libres de quelques cylindres occupées par une substance granulée (fig. 5, *a*) que l'on trouve aussi parfois isolée sous forme de gouttelettes (*b*).

On pourrait maintenant demander si les cylindres sont des corpuscules ou bien des cellules, comme l'ont admis *Treviranus* et d'autres qui avaient supposé une ouverture à l'extrémité libre des cylindres. Cette erreur s'explique par la fausse interprétation que ces auteurs avaient donnée au noyau qu'ils apercevaient dans les cylindres vus d'en haut. L'écoulement de la matière amorphe n'est pas une preuve de la nature cellulaire de ces éléments, car cette matière pourrait aussi bien transsuder à travers le corpuscule composé d'une matière solide qu'elle passe à travers la membrane transparente qui recouvre les cylindres. On ne peut non plus apercevoir une paroi distincte des cylindres, qui nous paraissent composés d'une masse solide finement granulée. Nous préférons par conséquent leur conserver encore le nom de corpuscules, dans le sens que nous avons établi dans notre *Anatomie générale.*

L'histoire des recherches sur l'épithélium s'explique par ce que nous venons d'exposer. On a d'abord constaté l'existence des cylindres, plus tard celle des noyaux. Les nombreuses variations de *Valentin* sont un triste exemple de la précipitation que l'auteur met dans la publication de ses observations et qui ne lui donne que trop souvent l'occasion de combattre sa propre opinion précédemment émise. Jamais *Valentin* n'avait vu les éléments d'épithélium, qu'il appelle fibres verticales, tels qu'il les a dessinés (pl. 1. fig. 29.); mais ayant vu deux cylindres attachés ensemble ou un noyau libre attaché à un cylindre parfait, il s'est hâté de construire, dans son imagination, des fibres à cellules placées verticalement qu'il est encore forcé d'abandonner dans son dernier article (n. 30, *b.*). Ce qu'il y a de fâcheux dans ces fréquentes palinodies, c'est qu'elles ne peuvent qu'arrêter les progrès de la science, et que la défaveur qui ne devrait s'attacher qu'aux travaux de l'auteur rejaillit sur le microscope, que l'on accuse de donner des illusions. Hélas, ce n'est que trop souvent le désir d'annoncer de nouveaux faits qui conduit à la publication des produits de l'imagination. Nous avons voulu ici, une fois pour toutes, exprimer notre opinion sur la valeur des recherches de *Valentin*; puisse au moins sa propre expérience lui donner un ton moins tranchant dans les jugements trop partiaux qu'il porte sur les travaux des autres.

L'épithélium vibratile se compose d'éléments tout-à-fait analogues à ceux qui constituent l'épithélium à cylindres (fig. 12, *a*); toutefois on trouve quelquefois les cils attachés à des globules dont la forme se rapproche de celle de l'épithélium en pavé. Les cils paraissent implantés à la membrane transparente qui recouvre les cylindres (fig. 14) et que plusieurs fois nous avons trouvé dans l'intestin des hélices, d'une épaisseur de 1/300 de millimètre. Les cils se détachent habituellement avec la membrane transparente, et il reste alors le cylindre isolé (fig. 12, *b*); toutefois nous avons vu aussi les cils tout-à-coup manquer à la surface de la muqueuse (fig. 14). Une fois seulement nous avons observé les cils avec la membrane transparente détachée adhérente à un cylindre (fig. 12, *e*); mais nous ne citons cette observation problématique que pour attirer l'attention sur ce sujet. Les cils vibratiles paraissent fixés à la circonférence des cylindres; au moins cela résulte de l'aspect que présentent soit des cylindres isolés (fig. 12 *d*), soit la surface d'une membrane muqueuse vibratile (fig. 11). Nous avons vu souvent, dans les bivalves, après la mort, les cils (fig. 13, *a*) se décomposer en granules (fig. 13, *b*); mais nous ne croyons pas pour cela que ces granules doivent être regardés comme les éléments des cils, pas plus que les granules de l'albumine précipitée sont les éléments de l'albumine liquide. Une matière amorphe transsude également des muqueuses vibratiles et forme à sa surface des polyèdres (fig. 10); les cils reposent sur ces gouttelettes (fig. 10, *a*) ou ils les embrassent (*b*) et vibrent de chaque côté. *Valentin* avait déjà peut-être vu ces gouttelettes; il dit du moins avoir vu

les noyaux des cylindres sortir sur le bord libre : mais c'est une observation inexacte et complétement invraisemblable et qui ne peut se rapporter
qu'à la matière amorphe que nous signalons.

L'épithélium en pavé n'as pas été l'objet de nos recherches spéciales. La
contradiction qui existe entre les observations des anciens auteurs et celles
des modernes s'explique facilement par les grossissements faibles qu'avaient
employés les premiers et par cette circonstance que l'on n'avait pas suffisamment isolé les éléments dont se compose l'épiderme. Ainsi *Ledermüller* et
Breschet ont moins bien vu les écailles épidermales que *Raspail* qui, à son
tour, ne signale point la présence du noyau, indiqué déjà par *Leeuwenhoëk*,
mais interprété d'une manière inexacte par lui. Les recherches de *Henle*
ont fait connaître la valeur histologique du noyau. A peu près à la même
époque nous avons publié un mémoire (n. 24) dans lequel nous avons
cherché à établir les rapports qui existent entre les corpuscules primitifs
(qu'alors nous appelions corpuscules fibrineux) et les globules du mucus,
combattant l'opinion de *Vogel* et de *Henle* qui avaient avancé que le corpuscule primitif, le noyau cellulaire de ces auteurs, se forme par la réunion
de deux ou trois granules. Cette opinion, que nous conservons encore et qui
se trouve de plus en plus confirmée par les recherches modernes, sera
exposée avec plus de détails dans le mémoire sur l'*Histogénèse*.

§ 2. Le Pigment.

On sait que le *pigment* se compose de corpuscules de formes diverses
(fig. 15, *a*; fig. 16, *a*; fig. 17; fig. 19, *a*; fig. 21 *a*; fig. 22, *a*; fig. 32)
qui présentent un noyau plus ou moins distinct, clair (fig. 16, *b*; fig. 19)
ou recouvert en partie (fig. 15, *b*; fig. 21, *b*) ou entièrement (fig. 22, *a*)
de molécules pigmentaires noires. Ce noyau paraît être saillant: du moins
on voit quelquefois, lorsqu'on examine des corpuscules pigmentaires isolés,
ce noyau dépasser le bord du corpuscule (fig. 26, *a*); mais nous n'avons
pas vu, comme *Henle*, le pigment n'occuper que la partie inférieure du corpuscule; celui-ci, au contraire, nous a paru entièrement couvert par les
molécules. Les corpuscules, entassés les uns sur les autres, forment des
membranes entièrement noires (fig. 22, *b*; fig. 25, *a*) dans lesquelles
les éléments ne sont pas reconnaissables; ils sont placés sur une membrane
transparente, finement granulée, que l'on peut apercevoir lorsqu'elle dépasse le bord d'une particule détachée du pigment (fig. 25, *b*). Les corpuscules étoilés (fig. 31, *a*) forment par leur entassement un lacis de
filaments s'entrecroisant dans tous les sens (fig. 31). D'autres fois le pigment de la choroïde forme une membrane noire (fig. 20, *a*) présentant, à
des distances régulières, des taches arrondies, transparentes (fig. 20, *b*) qu'au
premier aspect on prend pour les noyaux des corpuscules. Mais ces noyaux
n'existent pas toujours; dans quelques cas nous nous sommes convaincu,
en colorant la membrane par l'iode, qu'ils avaient disparu et qu'à leurs

places existaient de véritables trous comme dans une des membranes vasculaires.

Les corpuscules sont le siége de molécules pigmentaires (fig. 24) qui produisent la couleur noire: détachées des corpuscules, elles s'amassent autour des éléments qui se trouvent accidentellement dans la préparation, par exemple autour des globules de la matière amorphe de la rétine (fig. 28, *a*) ou autour des baguettes de ce même tissu (fig. 28, *b*). Elles ne sont pas toujours noires; car nous avons trouvé sur l'iris de la grenouille des corpuscules rougeâtres (fig. 23, *a*), présentant un noyau (*b*) tantôt transparent, tantôt plus obscur, et qui doivent leur couleur à des molécules rougeâtres. Dans les yeux des amphibiens et des poissons on trouve en outre le pigment argentin, dont nous avons déjà parlé, et qui se compose de cristaux (fig. 27).

Les corpuscules pigmentaires sont-ils des cellules ou de véritables corpuscules? Nous devons rapporter à ce sujet un fait curieux qui peut jeter un jour nouveau sur cette question. Dans les yeux des écrevisses dont le pigment a été placé dans une gouttelette d'eau, nous avons observé des globules parfaitement arrondis, noirs (fig. 18, *a*), que sous nos yeux nous avons vu crever et verser en partie leur contenu, composé de molécules pigmentaires (*b*), après quoi elles se ferment de nouveau. Avant de crever, ces globules se gonflent, par l'effet de l'endosmose, et les molécules pigmentaires se pressent contre la paroi du globule, où elles forment de petites saillies (fig. 18, *c*) avant que le globule crève. Nul doute donc que dans ce cas on a affaire à de véritables cellules. Mais cet état ne nous paraît être celui de tous les éléments qui composent en général le pigment. En effet, nous avons vu souvent des corpuscules pigmentaires déchirés (fig. 29) sans que le contenu soit versé, et d'autres privés par le frottement en partie du pigment (fig. 30), tout en conservant l'intégrité de la forme. Il ne nous paraît donc pas probable que ces éléments soient des cellules; les molécules pigmentaires paraissent au contraire adhérer à la substance du corpuscule, dont elles peuvent se détacher. Si l'on veut admettre que ces éléments étaient des cellules à leur premier degré de développement, il faudrait alors croire qu'ils se sont solidifiés et transformés en corpuscules.

LITTÉRATURE.

§ 1. *Epiderme et epithelium.*

N. 1. Borellus. Observationum microscopicarum centuria. Hagae Com. 1656.

N. 2. Leeuwenhoëk. Opera omnia, tomis quatuor distincta. Leyde. 1722.

N. 3. Ledermüller. Amusements microscopiques. Nuremberg. 1766.

N. 4. Della Torre. Nuove osservazioni microscopiche. Naples. 1776.

N. 5. Fontana. Du venin de la vipère. Florence. 1781.

N. 6. Giornale per servire alle storia raggionata della medicina. 1783.

N. 7. Raspail. a. Répert. gén. Paris. 1826—1829. b. Chimie organique. Paris. 1838.

N. 8. Mojon. Osservazioni sull epidermide. Genève. 1820.

N. 9. Panizza. Ricerche antropo-zootomiche-fis. su' vasi linfatici. Pavie. 1830.

N. 10. Delle Chiaje. Opuscoli fisico-medici. Naples. 1833.

N. 11. Krause. a. Handb. d. Menschl. Anatomie. Hanovre. 1833. b. 2e éd. Ib. 1841.

N. 12. Wendt. De epidermide humana. Breslau. 1833. (Arch. de Müller. 1834).

N. 13. Breschet et Roussel. Ann. der Sciences nat. Paris. 1835.

N. 14. Gurlt. Archives de Müller. 1835.

N. 15. Treviranus. Beytraege, etc. 4 cahiers. Brème. 1835—1837.

N. 16. Berres. Anatomie der mikroskopischen Gebilde. Vienne. 1836.

N. 17. Purkinje dans Raschkow. Meletemata circa mamm. dent. evol. Breslau. 1835.

N. 18. Valentin. a. N. A. N. C. Vol. XVII. b. De fonctionibus nervorum. Berne. 1839.

N. 19. Purkinje. Naturforschende Versammlung in Prag. 1838.

N. 20. Donné. Sur la nature des mucus. Paris. 1837.—Cours de microscopie. Paris. 1844.

N. 21. Gluge. Bulletin de l'Acad. des Sciences de Bruxelles. 1837 et 1838.

N. 22. Turpin. Ann. des Sciences natur. T. VII. Paris. 1837.

N. 23. Vogel. Uiber Eiter und Eiterung. Erlangue. 1838.

N. 24. Mandl. Sur les rapports qui existent entre le sang, le mucus, etc. Gaz. méd. 1838.

N. 25. Purkinje et Valentin. a. Archives de Müller. 1834. b. De phaenomeno generali motus vibratorii continui in membranis etc. Breslau. 1835. c. N. A. N. C. Vol. XVIII. part. II. d. Arch. de Müller 1836.

N. 26. Donné. Ann. des Sciences nat. Vol. VIII. Paris. 1837.

N. 27. Eble. Medizinische Jahrbuecher. Tome XVI. Vienne. 1838.

N. 28. Wagner. Nachtraege zur Physiologie des Blutes. Leipsik. 1838.

N. 29. Henle. a. Archives de Müller. 1838—1839. b. Symbolae ad anat. vill. intest. Berlin. 1837. c. Anatomie générale. Leipzik. 1841. Traduit en français, par A. J. L. Jourdan. Paris. 1843. 2 vol.

N. 30. Valentin. a. Repert. 1836—1839. b. Handwœrterb. der Physiol. von Wagner. Brunswick. 1842.

N. 31. Pappenheim. Zur Kenntniss der Verdauung. Breslau. 1839.

N. 32. Gerber. Allgemeine Anatomie. Berne. 1840.

§ 2. *Pigment.*

N. 33. Mondini. Comment. Bonon. Tome VII. 1791.

N. 34. Comparetti. Observ. diopt. et anat. de coloribus, visu, etc. Padoue, 1793.

N. 35. Kieser. De anamorphosi oculi. Gottingue. 1804.

N. 36. Mondini. Opuscoli scientifici. Bologne. 1818. Tome II.

N. 37. Heusinger. System der Histologie. Eisenach. 1823.

N. 38. Schultze. Vergleichende Anatomie. Berlin. 1828.

N. 39. Weber. Anatomie de Hildebrandt. Brunswick. 1830.

N. 40. Ammon. Zeitschrift für Opthalmologie. Dresde. 1832.

N. 41. Wagner. Physiol. de Burdach. Leipsick. 1835. Tome V. Trad. par Jourdan. Paris. 1837. Tome VII.

N. 42. Wharton Jones. Edinb. med. and surg. Journal. Juillet. 1833.

N. 43. Valentin. Entwickelungsgeschichte. Breslau. 1835. Repertorium. 1837.

N. 44. Langenbeck. De retina. Thèse. Gottingue. 1836.

N. 45. Gottsche. Pfaff's Mittheilungen. Altona. 1836.

N. 46. Giraldès. Recherches sur l'organisation de l'œil. Thèse. Paris. 1836.

N. 47. Archives de Müller. Berlin. 1837—1840.

N. 48. Schwann. Mikroskopische Untersuchungen. Berlin. 1839.

N. 49. Pappenheim. Gewebelehre des Auges. Breslau. 1842.

MÉMOIRE

SUR LA STRUCTURE INTIME

DES

ORGANES URINAIRES

PAR

LE DOCTEUR LOUIS MANDL.

ACCOMPAGNÉ DE DEUX PLANCHES.

PARIS,

CHEZ J.-B. BAILLIÈRE,
LIBRAIRE DE L'ACADÉMIE ROYALE DE MÉDECINE,
RUE DE L'ÉCOLE DE MÉDECINE, 17;

A LONDRES, CHEZ H. BAILLIÈRE, 219, Regent Street.

1847

MÉMOIRE

SUR LA STRUCTURE INTIME

DES

ORGANES URINAIRES.

CHAPITRE PREMIER.—HISTORIQUE.

PLANCHE I.

(Planche trente-une de la première série.)

§ 1. *Découverte de la texture tubuleuse et des corpuscules de Malpighi.*

Les anciens n'avaient que des notions fort obscures sur la composition anatomique des organes; ils les regardaient comme des espèces de cribles, à travers lesquels filtreraient les liquides. Aussi *Borellus* (n. 1, obs. 76), influencé par ces idées, affirme-t-il avoir vu, à l'aide du microscope, les organes et particulièrement les reins composés de fibres, qui laissent entre elles des intervalles, des espèces de pores, à travers lesquels passent les liquides.

Bellini (n. 2) donne le premier quelques notions exactes sur la structure des reins, en décrivant les canalicules urinifères des pyramides , que l'on appelle depuis les *tubuli Belliniani.*

Malpighi (n. 3) poussa ses investigations plus loin, et découvrit les corpuscules qui depuis portent son nom. Suivant cet auteur, ces corpuscules seraient des petites glandes, et il suppose qu'ils se trouvent en rapport immédiat avec les tubes urinifères. Ceux-ci ne seraient par conséquent que les conduits excréteurs de ces petites glandes. Voilà sa théorie. Mais les expériences étaient loin de confirmer cette opinion. Au contraire, Malpighi dit positivement n'avoir jamais pu injecter ces corpuscules par les uretères ; qu'au contraire ils se sont toujours remplis de la matière injectée dans les artères, auxquelles ils sont appendus comme les fruits aux branches d'un arbre. On reconnait dans ce trait toute la véracité de l'auteur, et l'on voit la haute confiance que mérite Malpighi ; les recherches modernes sont venues confirmer les expériences de cet auteur, tout en démontrant l'inexactitude de sa théorie. Malpighi affirme également que la portion corticale des reins se compose , non pas des fibres charnues, mais des véritables vaisseaux excréteurs. Cette opinion a été plus tard développée par Ferrein.

Peyer (n. 4) est le premier qui élève des doutes sur la nature glanduleuse des corpuscules découverts par Malpighi : « Existimo tamen glandulas illas aliud nihil præ se ferre quam vasa varie gyrata et intorta, quæ post varios flexus et ambages, tandem in papillas coëunt. » *Malpighi* (n. 5, p. 49) s'éleva contre cette manière de voir.

Mais les attaques devinrent bien plus vives après la mort de Malpighi. On connait (voy. notre mémoire sur les *Glandes*) la lutte qui s'éleva entre l'école de Malpighi et *Ruysch*. On sait que ce dernier combattit (n. 6) l'existence d'un parenchyme propre aux viscères qu'on nomme glanduleux, et particulièrement aux reins. Ces organes sont absolument vasculaires, dit-il, et cela dans le sens le plus étroit, c'est-à-dire absolument composés de vaisseaux sanguins, artériels et veineux, sans aucune substance distincte et différente de ces vaisseaux. Il affirme que les canaux prétendus excréteurs ne sont autre chose que le prolongement de quelques rameaux artériels, et les glandules de Malpighi des vaisseaux sanguins pelotonnés. Cette lutte, une fois engagée, se prolongea longtemps. Mais nous passons sous silence les auteurs qui n'ont fait qu'adopter les idées de *Ruysch* ou de *Malpighi*, de même que ceux qui, voulant rapprocher ces deux auteurs, prétendent que les vaisseaux sanguins de Ruysch sont employés à former eux-mêmes les glandes de Malpighi, dont la cavité donne naissance aux canaux excréteurs. C'est précisément dans les reins qu'on a voulu trouver les preuves les plus décisives de l'une et de l'autre opinion. C'est ainsi que, d'après *Boerhaave* (n. 7), une partie de la substance corticale se résout immédiatement en vaisseaux sanguins différemment repliés, sans qu'ils forment aucune glande: l'autre partie se réduit en grains glanduleux qui paraissent eux-mêmes formés de vaisseaux sanguins. Il y a aussi, suivant cet auteur, deux sortes de tuyaux excréteurs: les uns ne sont qu'un prolongement de quelques rameaux artériels; les autres viennent de la cavité des grains glanduleux. Cette double composition, affirment Boerhaave et quelques auteurs, paraît clairement dans les reins bien injectés.

Bertin (n. 8, p. 77) cherche également à concilier les systèmes de Ruysch et de Malpighi. Il a vu, dit-il, distinctement, à l'aide du microscope (p. 7), les vaisseaux sanguins qui forment la substance tubuleuse s'aboucher avec les tuyaux urinaires qui se rendent aux papilles; il a vu, de plus, d'autres fibres qui lui paraissaient être des tuyaux urinaires, se rendant de même aux papilles, et qui partaient des prolongements de la substance corticale; il fallait donc de nécessité que celle-ci fût glanduleuse et que ces tuyaux fussent les canaux excréteurs de ces glandes. » En déchirant les reins, les glandes ont paru à découvert à l'œil nu; elles sont en si grand nombre que la substance corticale en est entièrement formée.

Ferrein (n. 9, p. 489) s'élève et contre Malpighi et contre le système de Ruysch, qui était alors en faveur. Il assure que la partie corticale du rein n'est composée ni de vaisseaux sanguins ni de glandes. « J'ai trouvé, dit-il, qu'ils sont formés d'une substance qui leur est propre, et que cette substance ne se résout nullement en artères et en veines; j'ai aussi observé que cette substance n'est pas non plus faite des glandes que Malpighi croit y avoir vues; en un mot, je prétends que ces parties sont un assemblage merveilleux de tuyaux blancs, cylindriques, différemment repliés, que je démontre sensiblement dans les reins. » C'est là la découverte de ces canaux, qu'on appelle depuis les canalicules de Ferrein.

Galvani (n. 10, p. 500) décrit les canaux urinaires des reins des oiseaux. Sans faire des injections, en déchirant uniquement les reins avec ses doigts, il voit les canaux urinaires ramper à la surface et dans l'intérieur des lobules, se bifurquer et se ramifier. Il avoue qu'il ne peut rien dire de positif sur l'origine de ces canaux; toutefois il croit qu'ils prennent naissance autour d'une ligne ou d'un point rougeâtre; ce point rougeâtre est probablement le corpuscule de Malpighi. Galvani a fait usage des lentilles, dont il n'indique point le pouvoir grossissant.

§ 2. *Terminaisons des canalicules urinaires et leurs rapports avec les corpuscules de Malpighi.*

Les recherches précédentes avaient démontré aux anatomistes la texture fibreuse ou plutôt tubuleuse de la substance des reins et la connexion de ces tubes avec le bassinet et les uretères. Malpighi avait fait connaître en outre l'existence de corpuscules particuliers, glandulaires selon lui, vasculaires selon d'autres. Il s'agissait donc maintenant de reconnaître la nature de ces corpuscules et les rapports qui pouvaient exister entre ces derniers et les tubes urinaires. Ces questions ont préoccupé les anatomistes jusqu'à nos jours; nous allons maintenant exposer les résultats de ces recherches.

Suivant *Schumlansky* (n. 11), l'artère (*arteria radiata*), arrivée dans la substance corticale, envoie latéralement des ramuscules très-courts qui se replient pour retourner à la veine (*vena radiata*). Aux ramuscules artériels existent, suspendus à des pédoncules, des glomérules arrondis (*glomeruli globosi*) qui ne sont autre chose que les corpuscules de Malpighi. Il ne s'explique pas clairement sur leur texture, mais il les a injectés complétement sous la pompe pneumatique, par les artères; toutefois il croit qu'ils communiquent avec les tubes urinifères, parce que quelquefois ces derniers se sont également remplis. (Pl. I, fig. 1.) Quant à ces tubes, Schumlansky affirme qu'ils serpentent dans la substance corticale et que, dans la substance médullaire, ils s'unissent deux à deux, sous des angles aigus; le petit tronc ainsi produit par deux branches s'unit à son tour avec un autre, etc., jusqu'à ce qu'ils finissent par aboutir aux papilles.

Doellinger (n. 12), en injectant les vaisseaux sanguins des reins, suppose, comme la plupart des auteurs déjà cités, que les tubes urinifères se continuent avec les capillaires sanguins. *Eysenhardt* (n. 13) regarde les glandules comme des vaisseaux noueux : « constant corpora illa e vasis nodosis »; il croit qu'elles communiquent entre elles et avec les canaux urinaires. Cet auteur est le premier qui ait adopté le microscope à l'examen de la structure du rein non injecté. Les canalicules urinaires, examinés à un grossissement d'à peu près 90 fois, apparurent à cet observateur comme articulés. En faisant macérer les reins pendant quelque temps dans l'eau, ces canalicules se dissolvent, dit-il, en globules plus ou moins grands. (Comp. les fig. 17-19 de la pl. XXI de la première série.) *Meckel* (n. 14, *a*, p. 465, *b*, p. 556) suppose que les corpuscules de Malpighi sont formés par des vaisseaux capillaires et les terminaisons des canaux urinaires, le tout réuni par un tissu muqueux.

Huschke (n. 15, *a*, p. 560, et *b*, p. 116) est parvenu à injecter les canalicules urinifères avec du mercure ou d'autres liquides, en choisissant les reins des chevaux dépourvus des papilles saillantes dans le bassinet. Les liquides pénètrent alors facilement dans les tubes de Bellini et de Ferrein. Les canalicules, dit-il, s'étendent jusqu'à la surface du rein, mais là ils reviennent sur eux-mêmes, en décrivant une arcade; ils redescendent et se perdent, après être devenus onduleux et peu à peu plus étroits. Huschke affirme que les canalicules urinaires de la grenouille se terminent en partie en vésicules rondes, déjà visibles à l'œil nu, et que ceux des oiseaux sont également pourvus de terminaisons en cul-de-sac un peu renflées. Mais il n'a trouvé que des anses terminales chez l'homme et chez le cheval. Les corpuscules de Malpighi n'ont aucune connexion avec les canalicules urinaires, mais uniquement avec les vaisseaux sanguins; il donne la figure des corpuscules malpighiens du *triton palustris* (pl. I, fig. 2), que l'on voit composé de vaisseaux sanguins entortillés.

Ces résultats importants, contraires aux recherches de la plupart des auteurs cités, furent bientôt confirmés par *Müller* (n. 16), qui résume de la manière suivante ses recherches étendues sur les reins : Ces organes sont, dans tous les animaux, composé des tubes tantôt droits, tantôt flexueux, d'un diamètre presque égal, partout terminés en culs-de-sac ou cœcums. Dans tous les animaux, ces tubes naissent sous forme de vésicules pédonculées et de pédoncules croissant de plus en plus, ce qui est démontré par l'histoire du développement des reptiles, des oiseaux et des mammifères. Le rapport entre ces tubes urinifères et les conduits excréteurs varie dans les diverses classes et les divers ordres des animaux. Dans quelques poissons et chez les batraciens, les tubes sont terminés en culs-de-sacs ou cœcums arrondis, ou à peine renflés. Il en est de même dans les serpents; mais les tubes sont flexueux, contournés entre eux. Dans les crocodiles, les tubes sont terminés en culs-de-sac non renflés. Chez les mammifères et l'homme, la substance corticale est formée de contours flexueux de ces tubes, qui se terminent en culs-de-sac non rameux et non renflés, sans aucune communication avec les vaisseaux sanguins, ni avec les corpuscules de Malpighi. Le diamètre de ces tubes microscopiques ne varie point dans la substance corticale; mais il est beaucoup plus considérable que celui des vaisseaux sanguins les plus déliés. Les corpuscules de Malpighi, placés dans des capsules, ne sont point de nature glanduleuse, n'ont rien de commun avec les conduits urinifères et communiquent avec les vaisseaux sanguins (Comp. pl. XXI de la première série).

Weber (n. 17, p. 339) adopte l'opinion de Huschke et de Müller quant à la nature des corpuscules de Malpighi; mais il n'a pas pu constater l'existence des terminaisons cœcales dans les canalicules urinifères. *Cruveilhier* (n. 18) affirme que « en examinant au microscope simple une tranche mince de rein non injecté, on voit une foule de granulations ovoïdes, sphéroïdes (grains glanduleux de Malpighi), que la macération isole les uns des autres, et à côté de ces granulations intactes, les granulations qui ont été entamées présentent cet aspect spongieux, moëlle de jonc qui paraît appartenir à toutes les glandes. Lorsque la coupe est verticale, on voit les grains glanduleux appendus aux tubes de Ferrein, comme des grains de raisin sur la tige qui les supporte. »

Laurent (n. 19) donne un résumé de principales recherches concernant la texture des reins, qu'il examine également sous le point de vue de l'anatomie comparée et du développement.

Berres (n. 20, p. 156) affirme que les vaisseaux capillaires sanguins communiquent directement avec les conduits de Bellini. Les corpuscules de Malpighi (pl. I, fig. 3) sont des vaisseaux pelotonnés où l'on remarque une artère
qui entre et une veine sortant; les tubes de Bellini prennent leur origine dans
le réseau des capillaires situé entre ces corpuscules (fig. 3, *b*). Cet auteur fait
en outre remarquer que les canalicules sont composés d'une lamelle cornée
(amorphe) et de vésicules. *Krause* (n. 20, p. 18) affirme que le diamètre des
canalicules urinifères s'accroit après la naissance; il adopte l'existence des terminaisons cœcales et d'anastomoses dans la substance corticale. Quant aux
corpuscules de Malpighi, il adopte les vues de Müller, sans parler toutefois des
capsules signalées par ce dernier. *Purkinje* (n. 22, p. 175) signale l'existence des
granules *(enchyme)* dans les reins, comme dans les glandes, sans entrer en plus
de détails à ce sujet. *Krause* (n. 23, p. 523) n'ajoute rien d'essentiel aux résultats
précédemment publiés (n. 21) par lui. *Henle* (n. 24, p. 104) décrit les canalicules urinifères comme tuyaux remplis par un épithélium, analogue à celui des
autres glandes et composé de cellules dont le noyau a un diamètre de 0,0033
de ligne.

Suivant *Cayla* (n. 25), chaque glande (de Malpighi) serait formée d'une petite
sphère centrale dans laquelle l'injection ne parait pas pénétrer, et sur laquelle
vient se ramifier le vaisseau sanguin. Il n'existe aucune communication entre
les glandules et les vaisseaux urinaires. Ces derniers forment des arcades ayant
la convexité tournée vers la périphérie du rein. Dans la substance corticale, il
existe un second ordre des vaisseaux flexueux, beaucoup plus petits, qui s'im-
plantent verticalement sur les premiers et s'y terminent également. *Prévost* a
fait voir à l'auteur un troisième ordre de vaisseaux qui forment un réseau à
mailles de diverses grandeurs (Pl. I, fig. 4) et qui naissent de vaisseaux secondaires. Mais Cayla a observé qu'ils communiquent avec les réseaux capillaires.
Il est donc évident pour nous que ce ne sont pas des conduits urinifères, mais
uniquement des vaisseaux sanguins.

Gluge (n. 26) affirme que les corpuscules de Malpighi sont composés de vaisseaux sanguins pelotonnés et que, chez le lapin, ils sont renfermés dans une
vésicule membraneuse très-mince. Les canalicules se terminent en culs-de-
sac. Il parle seulement de l'existence des globules inflammatoires dans la maladie de Bright, mais il ne signale point les cellules propres aux reins. *Wagner*
(n 27, *b*) représente la structure cellulaire des canicules urinifères (Pl. I, fig. 6)
sans s'expliquer sur la valeur de ces cellules. Il affirme (n. 27, *a*, p. 254) que les
canalicules urinaires se terminent soit par des anses, soit en cœcums rarement
renflés (Pl. I, fig. 5). D'après *Erdl* (n. 28, p. 15), il existe entre les réseaux capillaires de chaque feuille rénale de *Hélia algira* une grande quantité de mailles
pourvues de petits vaisseaux. Ces mailles sont remplies de cellules rondes ou
ovales, avec ou sans noyaux, et qui paraissent fixées aux vaisseaux. Il affirme
que ces noyaux s'agrandissent, rompent les cellules, et, devenus libres, s'échap-

pent par les conduits excréteurs des reins. *Gerber* (n. 29, p. 208) n'ajoute rien aux résultats obtenus par les auteurs. *Vogel* (n. 30, p. 454) décrit le premier avec quelque détail la structure des canalicules urinifères. Ce sont, dit-il, des tubes composés d'une membrane complétement amorphe et remplis de cellules pourvues de noyaux. On peut, par la pression, faire sortir ces cellules. L'auteur se prononce pour la terminaison cœcale des tubes. *Henle* (n. 31) confirme les observations de Vogel et parle en outre des noyaux que l'on rencontre, mais rarement, à l'extérieur des canalicules urinifères. Le contenu des tubes se compose de cellules à noyaux et de noyaux nus (Pl. I, fig. 7). Ces derniers sont ronds, plats, manifestement grenus, comme formés de petits points, et d'un diamètre de 0,0033 ligne; ils ne se détruisent pas dans l'eau ou l'acide acétique. Les intervalles que laissent entre eux les noyaux sont pleins d'une matière claire, gélatiniforme. Les cellules se dissolvent dans l'acide acétique et non dans l'eau; elles sont pressées les unes contre les autres.

Nous avons déjà vu que *Muller* avait donné la description d'une capsule membraneuse qui envelopperait le corpuscule de Malpighi, et à laquelle celui-ci ne tiendrait que par un seul point, celui qui sert d'entrée à l'artère. Ses observations l'avaient alors laissé convaincu que les capsules sont closes et qu'il n'y a aucune communication entre les corpuscules et les conduits urinifères. Plus tard (n. 32, p. 13) il découvrit la structure si remarquablement simple des myxinoïdes. Chez ces poissons, un long uretère qui, de chaque côté, parcourt la cavité ventrale toute entière, présente extérieurement, de distance en distance, mais à d'assez grands intervalles, de petits sacs qui conduisent, par un rétrécissement, dans un second utricule terminé en cul-de-sac; au fond de ce dernier pend un petit placenta, composé uniquement de vaisseaux sanguins, sans aucun conduit urinifère et qui est libre de tous côtés, si ce n'est sur un petit point servant d'entrée aux vaisseaux sanguins. L'analogie entre cette disposition et celle des corpuscules de Malpighi, à l'égard de leurs capsules, est assez frappante. Mais Müller n'entrevit l'identité des deux structures (n. 38, t. I, p. 356) que lorsqu'il eut connaissance des recherches de *Bowmann* (n. 33, p. 57) sur la connexion des conduits urinifères avec les capsules des corpuscules de Malpighi. En effet, Bowmann qui ne connaissait que les anciennes observations de Müller, affirme que les conduits urinifères sont la continuation des capsules (Pl. I, fig. 8-12), et il a poursuivi ce fait dans diverses classes du règne animal. La capsule se continuerait par conséquent sans interruption avec la membrane propre du canalicule. Au moment de la transition, la lumière du conduit se resserre un peu, et l'on aperçoit là, dans son intérieur (chez les grenouilles), un épithélium vibratile, qui ne tarde pas à se terminer par une limite bien nette. Après quoi, le conduit urinifère est tapissé, dans toute son étendue, des cellules dont nous avons parlé précédemment. Suivant Bowmann, les vaisseaux efférents des corpuscules de Malpighi passent en grande partie dans le réseau capillaire de la substance corticale; les corpuscules voisins de la substance médullaire sont plus volumineux, et ils ont des vaisseaux sanguins efférents plus gros, qui se prolongent dans la substance médullaire jusqu'aux papilles et produisent le réseau capillaire de cette substance. Les veines reprennent le sang du réseau capillaire de la substance corticale et de la substance médullaire, et sont, dans cette dernière, étendues en ligne droite, comme les artères. Cet auteur considère les vaisseaux efférents des corpuscules de Malpighi (par le moyen desquels tout le sang que les artères amènent à la substance rénale passe d'abord dans le réseau capillaire qui entoure les conduits urinifères) comme de petites veines-portes, auxquelles on doit rapporter, tant les vaisseaux efférents des corpuscules qui se ramifient de suite dans la substance corticale, que les prolongements de ces vaisseaux dans la substance médullaire.

Avant d'aller plus loin, disons encore que les auteurs ont prouvé que chez les reptiles et les poissons, qui ont une veine rénale afférente ou, si l'on aime mieux, une veine-porte rénale, ce sont aussi les artères qui forment les corpuscules de Malpighi. *Huschke* l'a reconnu dans la grenouille, *Hyrtl* (n. 39) dans la couleuvre et la perche, *Bowmann* dans le boa. Le réseau capillaire entourant les conduits, qui est situé entre la veine afférente et la veine efférente, a été décrit par *Bowmann* et par *Gruby* (n. 37, p. 218). Suivant *Hyrtl* (n. 36), parmi les vaisseaux efférents des corpuscules de Malpighi, les uns se jettent dans le réseau capillaire des reins, les autres se ramifient dans la vessie natatoire de la perche. Bowmann a étudié, chez le boa, les rapports entre les artères et les autres vaisseaux.

Les résultats annoncés par Müller et Bowmann furent repoussés par les uns, adoptés par les autres, avec quelques légères modifications. Ainsi *Reichert* (n. 34, *Compte-rendu*) *Huschke* (n. 41, p. 300) et *Hyrtl* (n. 43) réfutent l'opinion de Bowmann, tandis qu'elle est adoptée par *Muller* (n. 38) sans restriction. *Ludwig* (n. 40, art. *Reins*, p. 630) trouve ces résultats exacts pour les reins de *Coluber*, et très-probables pour ceux des autres reptiles et des mammifères. *Gerlach* (n 35 et 39) affirme que « la capsule ne constitue point la terminaison d'un canal urinifère; ce dernier se replie, en arrivant vers la capsule, et celle-ci est placée sur l'angle de l'anse que forme le canal urinifère en se repliant. L'artériole et la veinule du corpuscule de Malpighi percent sa membrane capsulaire dans un point quelconque de sa périphérie, et non pas toujours vis-à-vis de l'entrée des canaux urinifères. Toute la face interne de la capsule est tapissée d'une couche de cellules épithéliales (vibratiles dans la grenouille) qui n'est que le prolongement de l'épithélium des canaux urinifères. La pelote vasculaire est revêtue d'une couche de cellules en pavé qui sont très-transparentes et difficiles à apercevoir, quoique pourvus de noyaux distincts. Ces cellules, dont l'existence avait échappé à Bowmann, se continuent directement avec l'épithélium interne des parois de la capsule, et ne présentent pas le mouvement vibratile. »

En résumant toutes ces observations de Bowmann, J. Müller, etc., on voit que les auteurs sont arrivés aux résultats suivants : 1° Le corpuscule de Malpighi est plongé dans l'intérieur du conduit urinifère, qui l'entoure sous forme d'une expansion vésiculaire; 2° Cette capsule est la terminaison cœcale du conduit, selon Bowmann; elle n'est que surajoutée à l'anse terminale, selon Gerlach; 3° Le corpuscule est à nu dans l'intérieur du conduit urinifère (Bowmann); le corpuscule est recouvert immédiatement, sans membrane intermédiaire, d'une couche de cellules (Gerlach).

Ce dernier résultat est contraire à tout ce que nous connaissons sur la structure des glandes. Nulle part, dans aucune glande, les vaisseaux sanguins ne plongent librement dans l'intérieur d'un canalicule sécréteur ou du parenchyme; nulle part le liquide sécrété ne sort immédiatement du vaisseau sanguin par transsudation. Partout la sécrétion s'opère dans l'intérieur des cellules élémentaires qui composent le parenchyme glandulaire : il y a plus, ces cellules se renouvellent continuellement, et leurs débris sont charriés dans le liquide sécrété. Ces faits nous ont fait douter (n. 44, *a*, p. 468) de l'exactitude des observations de Bowmann, dès leur publication. Mais occupé par d'autres recherches nous n'avons pas pu examiner à fond cette question. Dans l'intervalle parut le mémoire de *Bidder* (n. 42, p. 508) dont les recherches s'accordent avec les vues énoncées précédemment par nous. En effet, cet auteur affirme que les corpuscules de Malpighi ne plongent point librement dans les conduits urinifères, mais que ces derniers ne font que les entourer.

Voici les principaux passages de son mémoire :

« La partie la plus propre à l'observation est la partie antérieure des reins des tritons mâles, qui est si bien étalée naturellement que , pour l'observer au microscope, il n'est guère besoin d'aucune préparation artificielle. Dans le fait, on n'a qu'à enlever simplement un des groupes foliacés des canalicules urinaires tortueux dont se compose la partie antérieure des reins, et à le porter sous le microscope, pour y voir aussitôt, presque à coup sûr, la structure en question. J'ai même trouvé par l'expérience que cette préparation naturelle est préférable à toute autre, que les tractions et les tiraillements avec des aiguilles, en rendant tout à fait droits les canaux tortueux, effacent ordinairement la structure caractéristique, détruisent le rapport des corpuscules avec les canalicules urinaires, déchirent la terminaison élargie en forme de bouteille de ces derniers, fait disparaître l'épithélium vibratile, etc. Dans cette expérience on trouve encore l'explication des résultats toujours négatifs des recherches sur les reins des grenouilles, puisque le microscope ne peut y être appliqué qu'à des tranches minces de substance rénale étalées par des moyens mécaniques. Aussi Bowman indique-t-il que chez la grenouille ces parties sont plus difficiles à trouver, ce qui prouve la persistance et l'importance de ses recherches, pour avoir pu, malgré les circonstances défavorables chez les animaux supérieurs, décrire justement ce qu'il y a d'essentiel dans la structure de leur rein. Toutefois, il serait possible que cette détermination fût plus facile dans le rein du boa , auquel Bowman paraît avoir donné une attention spéciale, et qu'il ait conjecturé une pareille disposition dans les ordres supérieurs des animaux, moins par l'observation directe que par le résultat des injections, d'après ce qu'il a vu dans le boa. J'ai été conduit à cette opinion par l'expérience que j'ai faite aussi chez d'autres serpents, notamment chez la vipère : en étalant avec précaution la substance du rein, avec l'aide d'aiguilles, on peut l'étendre assez légèrement pour conserver les relations des corpuscules avec les canalicules urinaires. Chez le lézard (*lacerta agilis*), on réussit aussi quelquefois assez bien. Mais, malgré de nombreuses recherches, je n'ai jamais pu trouver, chez les animaux supérieurs, quelque chose qui ait pu éveiller ou confirmer l'opinion de ces rapports intimes dans les éléments des reins. »

« Chez le triton, au contraire, on rencontre dans la partie désignée des reins,
à des distances assez régulières les unes des autres, les terminaisons en cul-de-
sac des canaux urinaires, qui sont élargis en forme de bouteille et se laissent
reconnaitre, à cause de leur grande transparence, parmi les canaux cylindriques.
Avant de se terminer en se dilatant, le canal urinaire offre quelquefois un rétrécissement; toutefois ce cas-là n'est nullement constant. En général, un seul
des canaux urinaires vient se terminer à une pareille dilatation; quelquefois cependant il y a deux canalicules en rapport avec la même, ce qui réfute l'erreur
où on est tombé lorsque, par la compression, le contenu d'un de ces canalicules a
pu passer sans difficulté par la partie dilatée dans le second canalicule et s'avancer
plus loin dans ce dernier. Je pense qu'alors, au lieu d'une terminaison en
cul-de-sac du canalicule, on devrait plutôt considérer ce cas comme une dilatation bombée sur le trajet de ce tube. Je me suis aussi parfaitement convaincu de l'existence d'un épithélium pourvu de cils vibratiles, immédiatement
avant la terminaison du canalicule urinaire en une dilatation en forme de bouteille, ce qu'on a nommé par conséquent le cou de cette dernière, de même que
dans une partie considérable de la surface de sa paroi interne. Je trouve parfaitement juste la description de Bowman, suivant laquelle la couche épithéliale du canalicule urinaire diminuant successivement d'épaisseur, continue
dans la partie dilatée; il faut cependant remarquer que, même dans le triton,
on ne peut s'attendre à saisir dans chaque cas cette disposition avec la certitude nécessaire. J'avais déjà examiné mainte préparation avant d'arriver à
trouver que les données de Bowman étaient tout à fait conformes à la nature. Le tiers ou la moitié environ de la surface interne de cette dilatation
en forme de bouteille porte aussi le même épithélium vibratile ; si quelquefois celui-ci ne paraît pas se trouver dans une aussi grande étendue,
cela tient à ce que des cellules vibratiles détachées de plus haut sont tom-
bées dans le fond de la cavité. — Par contre, il me semble inexact de
refuser avec Bowmann tout épithélium au reste des parois de la cavité. J'y
trouve, en effet, un simple épithélium en pavé, mince, qui se présente
sous des formes polygonales assez régulières; et, s'il n'est pas également évident dans tous les cas, cela tient à ce que, par l'effet de la pression du
verre qui recouvre, les cellules épithéliales du canalicule urinaire aboutissant, ou leurs fragments sont tombés dans cette cavité, et empêchent un
examen plus exact. La transparence primitive de ces points se perd souvent sous les yeux de l'observateur, et l'on a, de cette manière, l'occasion
d'en constater immédiatement les causes que je viens d'indiquer.

« Vis-à-vis le point d'arrivée des canalicules urinaires dans chaque dilatation, ou sur un des côtés de cette dernière, si elle est en rapport avec
deux canalicules, arrive près du canalicule urinaire le peloton vasculaire
de Malpighi, qui s'enfonce plus ou moins profondément dans sa partie
dilatée, de manière tantôt à remplir la moitié de cette cavité, tantôt à
n'en occuper qu'une bien moindre partie. Quant à l'idée que le glomérule
perfore la paroi du canalicule urinaire, se trouve à nu et libre dans sa
cavité et flotte dans son liquide, on peut certainement admettre que l'as-

pect microscopique semble la confirmer fréquemment lorsqu'on s'en tient à une observation superficielle; mais ce n'est là qu'une apparence; on peut s'en convaincre parfaitement par un examen attentif de tous les rapports. En effet, si la préparation n'a pas perdu sa transparence primitive par suite des circonstances mentionnées, on peut observer quelquefois directement une membrane séparant le peloton vasculaire de la cavité du canalicule urinaire élargi. Indiquée par une simple ligne, elle a l'apparence d'un fin rebord arqué, dont la convexité est tournée vers la cavité, et dont la concavité est tournée vers le peloton vasculaire, qu'il est habituellement très-difficile de voir au point le plus saillant du lacis vasculaire, mais qu'on reconnaît de la manière la plus évidente quand il passe sur les interstices de ce dernier, dont la périphérie enfin se continue sans interruption avec la tunique propre du canalicule urinaire. Si même cette membrane ne s'offre pas directement aux yeux de la manière la plus évidente (ce qui n'est pas surprenant à cause de sa finesse), du moins plusieurs circonstances peuvent nous convaincre de sa présence. De ce nombre est d'abord l'introduction dont j'ai parlé de débris d'épithélium dans la partie élargie; car, tandis que par suite cette dernière perd sa transparence, le corpuscule de Malpighi ne participe lui-même que peu ou point à ce changement, et il reste clair et transparent, à moins (ce qu'il est facile de distinguer) que des globules sanguins ou leurs noyaux n'en aient dès le commencement troublé la transparence primitive. En outre, l'aspect qu'on obtient en comprimant les préparations sert à démontrer la présence de ce *septum*. Le contenu liquide granuleux de la portion dilatée peut changer de place et se porter ici ou là, sans pénétrer jamais entre les mailles du peloton vasculaire, et sans que jamais ces dernières s'écartent; par cette pression, le glomérule lui-même est aussi déplacé, mais toujours en totalité, jamais quelques-unes seulement de ses anses vasculaires. Ceci démontre évidemment l'existence d'un moyen par lequel les anses du peloton vasculaire sont retenues ensemble. Quant à ce moyen d'union, c'est une membrane enveloppant tout le peloton vasculaire et non un ciment attachant toutes ses anses l'une à l'autre. Ce qui le prouve, c'est qu'en séparant le glomérule du canalicule urinaire, les rameaux vasculaires se disjoignent, et qu'autour du peloton se présentent de plus grands sillons qui paraissent hors de toute proportion avec l'aspect naturel de ces parties. — Enfin, continue-t-on à comprimer au point de chasser le glomérule du canalicule urinaire, il en sort complètement, et dans ce cas on peut positivement reconnaître que toute la dilatation en forme de bouteille est entourée d'un contour non interrompu, *à la face externe* duquel est placé le glomérule. — On pourrait nier de la manière la plus sûre la position à nu du glomérule dans la cavité du canalicule urinaire, si on parvenait à démontrer que l'épithélium en pavé, qui, selon mes observations, recouvre une partie de la cavité, revêt aussi le peloton vasculaire. Si je n'ai pas encore pu m'en convaincre d'une manière incontestable, du moins cette disposition me paraît vraisemblable.

« Le rapport du glomérule avec la partie élargie du canalicule urinaire

me parait donc pouvoir être rangé de la manière la plus convenable au
rang de ces formations qu'on a coutume d'appeler *invaginations*, ce qui ne
veut rien exprimer sur leur origine , mais seulement désigner la manière
dont sont placés, l'un par rapport à l'autre, les éléments organiques qui
les constituent. Dans le cas actuel, l'invagination paraît exister à la partie la
plus mince et la plus faible de la paroi du canalicule urinaire terminée
en cul-de-sac. Ainsi s'explique la circonstance que, si par une forte compression la partie la plus dilatée se rompt, cette rupture se fait généralement dans le point où la tunique propre du canalicule urinaire se réfléchit sur le glomérule. »

§ 3. *Diamètre des canalicules, en fractions de ligne.*

Ferrein, 0,016.

Weber, 0,0195—0,022 (substance corticale); 0,013 (papille rénale).

Berres, 0,009 — 0,012.

Krause, 0,017—0,020 (substance corticale); 0,014 — 0,027 (substance médu-
laire); 0,05 (papille).

Wagner, 0,016—0,02.

Vogel, 0,016—0,033.

Müller, 0,017 (écureuil).

» 0,016—0,021 (cheval, subst. cort.); 0,059 (id., subst. médull.); 0,156
(papille).

Henle, 0,009—0,016 (homme).

» 0,0054—0,0095 (chat).

» 0,0096—0,0148 (brebis).

Huschke, 0,011—0,014 (nouveau-né, substance corticale).

» 0,022—0,027 (adulte, substance corticale); 0,02 (subst médull.); 0,03
—0,05 (papille).

§ 4. *Les capsules surrénales.*

On trouve les différentes opinions sur la structure des capsules surrénales,
visible à l'œil nu, réunies dans le travail de *Heim* (n. 45.) Leurs éléments microscopiques sont encore peu connus. Parmi les auteurs qui s'en sont occupés
(n. 46-48), *Pappenheim* (n. 48, p. 536) affirme que la substance corticale se
compose de grains d'un diamètre de 0,0037 à 0,005 ligne, disposés en aggréga-
tions rayonnées et contenant un peu de substance huileuse; la substance médullaire possède des grains plus gros, souvent pourvus de noyaux et très-riches
en huile. *Henle* (n. 31, vol. 2, p. 584) dit que les éléments de ces capsules
sont lisses ou un peu plats, rarement au dessus de 0,003 ligne, la plupart
enfermés dans une substance molle, qui y adhère en lambeaux irréguliers.
Autour d'un grand nombre d'entre eux, cette substance forme une couche
régulière et lisse; les cellules complétement développées ont les formes des
globules ganglionnaires. On voit dans l'écorce des utricules remplies d'une
masse grenue qui semble n'être pas encore réduite en cellules et dans laquelle
les noyaux sont enfermés.

CHAPITRE SECOND.

RECHERCHES DE L'AUTEUR.

PLANCHE II.

(Planche trente-deux de la première série).

En prenant pour point de départ les recherches de *Bidder*, dont nous venons de parler, on doit se présenter chaque corpuscule de Malpighi formé par une pelote de vaisseaux sanguins renfermée dans une capsule; celle-ci proviendrait d'un canalicule urinaire s'élargissant dans cet endroit et formant une espèce de poche, qui renfermerait précisément le glomérule de capillaires. Quoique cette manière de voir se rapprocherait déjà bien plus des idées que nous possédons sur la structure des glandes, que celle annoncée par *Bowmann*, nous avons pourtant conservé des doutes sur son exactitude. En effet, les corpuscules de Malpighi seraient les seules conformations, l'unique exemple dans tout le système glandulaire, où la surface sécrétante se répandrait autour des vaisseaux sanguins; partout ailleurs les vaisseaux sanguins rampent à la surface des canalicules sécréteurs. Or, quiconque a étudié avec quelque suite les objets organiques, est bientôt convaincu que la nature produit partout d'après les mêmes lois, mille fois variées il est vrai, mais qu'elle ne se départit point des types fondamentaux. Pour éclaircir par conséquent nos doutes à ce sujet, nous avons examiné avec soin les divers éléments qui constituent les reins, et nous sommes arrivés aux résultats suivants.

Les canalicules urinaires, en se bifurquant et en se subdivisant, s'étendent, comme on sait, depuis la base des pyramides jusqu'au bord externe de la substance corticale. Quoique le canalicule constitue de cette manière un ensemble non interrompu, sa structure intime varie pourtant considérablement selon l'endroit du rein qu'il occupe. Examiné à la base des pyramides et dans la partie inférieure de la substance médullaire, le canalicule (Fig. 3, *a*) se compose d'une membrane amorphe (Fig. 3, *b*) et des éléments divers qui constituent l'épithélium à cylindres (Fig. 4). On peut s'en convaincre facilement en examinant les reins des mammifères, surtout ceux des chevaux, où la grandeur de l'organe permet d'isoler telle portion de l'organe que l'on désire.

Si l'on examine au contraire un des canalicules, tout près du bord externe de la substance corticale, on le verra (Fig. 1) rempli de cellules à divers degrés de développement (Fig. 2). Ces cellules ont 0,01 (Fig. 2, *c*) et même 0,02 à 0,03 de mill. (Fig. 2, *d*) pour diamètre; elles sont entièrement (Fig. 2, *c*, *d*), ou seulement en partie (Fig. 2, *b*), remplies de molécules qui parfois présentent le mouvement moléculaire dans l'intérieur des grandes cellules. Pressées les unes contre les autres, leurs contours disparaissent (Fig. 1, *a*) et l'on n'aperçoit alors que les noyaux par transparence. Le canalicule lui-même se compose, outre ce contenu (Fig. 1, *b*), d'une membrane amorphe (Fig. 1, *c*), sur laquelle on ne peut distinguer aucune trace de noyaux. En rompant les cellules par la pression ou par la simple préparation, on voit les molécules devenues libres (Fig. 2, *e*), et en outre les noyaux pourvus d'un nucléole. Ce nucléole est parfois très transparent, saillant et réfractant la lumière à l'instar d'une gouttelette huileuse, chez les grenouilles (Fig. 8, *b*, *c*); enfin on aperçoit encore des gouttelettes de la matière blanche amorphe (Fig. 2, *f*), qui existe quelquefois en grande quantité dans l'intérieur des canalicules.

Lorsqu'on connait bien ces deux formes diverses du canalicule, à son point de départ dans la substance médullaire et à son extrémité périphérique, dans la substance corticale, où, selon la plupart des auteurs, il se continue avec un canalicule voisin, en formant une anse, alors il sera facile de comprendre la composition de ces canalicules dans les diverses autres portions du rein. En effet, en procédant successivement à leur examen, en partant de la base des pyramides et en s'approchant du bord externe de la substance corticale, on voit peu à peu disparaitre les éléments de l'épithélium à cylindres, et apparaitre ceux du parenchyme glandulaire des canalicules (Fig. 2,8); d'abord des noyaux (Fig. 2, *a*, 8, *b*, *c*), puis des cellules jeunes (Fig. 2, *b*), et enfin des cellules parfaites (Fig. 2, *c*, *d*; 8, *d*). Dans la grenouille, nous avons vu quelquefois de grandes cellules (mères ?) , ayant 0,02 à 0,03 mill. pour diamètre et remplies de molécules et de quelques gouttelettes transparentes. (Fig. 8, *e*).

En résumant toutes ces observations et en les comparant à nos connaissances sur la structure des glandes, nous pouvons en conclure que la portion corticale des canalicules urinaires est analogue aux canalicules sécréteurs et la portion médullaire aux canalicules excréteurs des autres glandes. Nous appellerons donc les premiers les *canalicules sécréteurs des reins* et les derniers leurs *canalicules excréteurs*, tout en nous rappelant que les deux se continuent sans interruption , comme dans les autres glandes.

Il s'agissait maintenant de savoir quelle était la structure intime du canalicule qui se trouverait, d'après *Bowmann*, *Bidder*, etc., en rapport direct avec le corpuscules de Malpighi et constituerait la capsule autour de celui-ci. En voulant éclaircir ce point et en cherchant à isoler les corpuscules de Malpighi, notre attention a été fixée sur un ordre particulier des canalicules qui, déjà au premier aspect, se distinguent essentiellement des autres canalicules, avec lesquels pourtant ils ont été confondus jusqu'à présent. Au lieu d'être entièrement remplis par leur contenu, comme les autres canalicules de la substance corticale (Fig. 1, *a*; 7, *b*; 10, *c*), ils font voir manifestement une cavité interne (Fig. 6, *a*, *b*; 7, *a*). Leur diamètre, au lieu de 0,03 à 0,04 mill., n'est en général que de 0,01 à 0,02 mill., rarement ils atteignent 0,03 mill. Leur contenu n'est pas constitué par les cellules qui composent le parenchyme des canalicules de la substance corticale; mais il est analogue aux éléments de l'épithélium à cylindres. Ces canalicules étroits n'existent que dans la subs-

tance corticale, et leur nombre se trouve en rapport avec celui des corpuscules : aussi, lorsque, comme par exemple dans les reins des chevaux,
ces derniers abondent, on trouvera beaucoup des premiers parmi les autres
canalicules (Fig. 7).

Après avoir constaté la structure particulière de ces canalicules, il nous a
été facile de constater leur existence partout où ils se rencontreraient. L'examen détaillé de la substance corticale nous a bientôt convaincus qu'ils
se trouvaient en rapport direct avec les corpuscules de Malpighi (Fig. 5, d;
10, d). et même que ces derniers n'avaient aucun rapport avec les autres
canalicules des reins. Comme maintenant ces canalicules ont tout-à-fait
la structure des canalicules excréteurs, et comme d'autre part, ainsi que
nous venons de le dire, ils se continuent avec les corpuscules, nous les
appellerons les *canalicules excréteurs des corpuscules*, nom qui sera encore plus
justifié par les détails suivants.

Les *corpuscules de Malpighi* (fig. 5, 9, 10). sont de petits corps ronds ou
ovales renfermés dans une capsule (fig. 5, b; 10, a). dont il est facile de
les faire sortir par la traction ou par la compression (fig. 6). Cette capsule paraît se composer d'un tissu cellulaire imparfaitement développé, présentant
quelquefois des noyaux oblongs, finement granulés. L'intérieur du corpuscule est composé de vaisseaux sanguins (fig. 5, v; 10, b.) remplis de globules du
sang; on y voit en outre des canalicules ou plutôt des culs-de-sac vides de globules sanguins et une grande quantité de corpuscules primitifs (noyaux), pourvus d'un nucléole (fig. 5, c; 10, c.), en tout semblables aux noyaux des canalicules sécréteurs des reins (fig. 2, a; 8, b, c). Il s'agissait maintenant de savoir
si ces noyaux étaient renfermés dans les culs-de-sacs vides de globules sanguins, ou s'ils n'étaient qu'appliqués à leur surface externe. Dans le premier
cas, ils constitueraient le parenchyme des canalicules faisant partie du corpuscule; alors si nous pouvions démontrer un rapport entre ces canalicules et les
canalicules excréteurs des corpuscules, nous serions obligés de voir dans les
corpuscules des véritables glandes. En effet, les éléments renfermés dans ces
canalicules étant analogues à ceux des canalicules sécréteurs en général et spécialement à ceux des reins, tandis que les éléments des canalicules excréteurs
rappellent complétement la structure des autres canalicules excréteurs, nous
aurions sous les yeux, dans le corpuscule avec son canalicule excréteur, la
composition complète d'une glande. Si, au contraire les noyaux existent à la
surface externe des canalicules renfermés dans le corpuscule, ils appartien-
draient à la capsule qui elle-même, d'après Bidder, n'est que la continuation du canalicule.

Tous ceux qui se sont occupés des recherches histologiques savent combien il est difficile de décider des questions pareilles sur des objets d'une
transparence complète. Contre l'opinion de Bidder parlent l'absence des corpuscules dans des endroits vides des canalicules (fig. 10, a). et leur présence
sur les corpuscules sortis de la capsule (fig. 9); mais cette dernière circonstance pourrait être expliquée par l'adhérence de la partie la plus ténue de
la capsule au corpuscule. En sa faveur parlent les insuccès de tous les essais

tentés jusqu'à présent pour injecter les corpuscules malpighiens par les canalicules urinaires, avec lesquels pourtant les canalicules excréteurs des corpuscules se trouvent en rapport direct. En faveur de l'opinion que nous voulons établir et suivant laquelle les corpuscules de Malpighi seraient de véritables
glandes, parlent les faits suivants : analogie, alors complète, de la structure
des corpuscules, avec celle de toutes les autres glandes. Communication directe
du canalicule excréteur (fig. 10, *d*), avec l'intérieur du corpuscule (fig. 10,
c). Il est vrai, quelquefois le corpuscule paraît complétement séparé du canalicule excréteur par la capsule (fig. 5); mais nous n'avons pas pu nous convaincre dans ces cas, si la séparation était réelle ou seulement apparente.
Quant à la forme qu'adopteraient les canalicules dans l'intérieur des corpuscules, il nous paraît probable qu'elle se rapproche de celle des glandes sudorifères. Toutefois, nous avons cru y voir quelquefois des culs-de-sacs analogues
à ceux des glandes lobulées composées. Mais pour décider d'une manière positive, d'une part, si les canalicules excréteurs des corpuscules communiquent
avec leur intérieur, et d'autre part, si les canalicules vides des globules sanguins renferment réellement un parenchyme ou ne sont que des capillaires
vides, et, dans le premier cas, quelle serait leur forme : pour décider, disons-
nous, ces questions, nous devons encore finir quelques recherches, dont
nous allons faire connaitre les résultats dans une note supplémentaire. Les
injections entreprises jusqu'à présent ne nous ont pas fourni des données
suffisamment positives.

En résumant maintenant nos observations, nous pouvons énoncer les idées
suivantes sur la structure des reins. Ces organes se composent des canalicules
et des vaisseaux sanguins (nous ne parlons pas des nerfs, des lymphatiques ? etc.). La portion sécrétante des premiers existe dans la portion corticale,
où, après avoir formé des anses ou même des circonvolutions, elle se continue sans interruption avec la portion destinée à l'excrétion et située dans
la substance médullaire. Les corpuscules de Malpighi sont probablement des
glandes à la surface desquelles se répandent des vaisseaux sanguins abondants
et qui, renfermés dans une capsule, communiquent avec un canalicule
excréteur, qui lui-même s'abouche avec les canalicules urinaires. Une conséquence probable de ces faits serait une double source assignée à la sécrétion
de l'urine : l'une, dans les canalicules, pour les parties salines , l'autre , dans
les corpuscules, pour la partie aqueuse de l'urine.

La membrane muqueuse de la *vessie* est lisse, sans trace de villosités, contient
de nombreux mais très-petits follicules mucipares et est couverte, ainsi que celle
des *uretères*, d'après *Henle*, d'un épithélium qui se compose de cellules allongées.
Les *uretères*, formées des tuniques qui appartiennent en général aux conduits
excréteurs, sont pourvus à leur face interne, d'un épithélium à cylindres.

LITTÉRATURE.

N. 1. Borellus. Observationum microscopicarum centuria. Hagæ Comit. 1656.

N. 2. Bellini. Exercit. anat. de structura renum. Florence. 1662. (Leyde. 1711.)

N. 3. Malpighi. De structura viscerum, dans opera omnia. Lugd. Bat. 1687.

N. 4. Peyer. Parerga anatomica et medica. Amsterdam. 1682.

N. 5. Malpighi. Opera posthuma. Amsterdam. 1700.

N. 6. Ruysch. Opera omnia. Amsterdam. 1733. 3 vol.

N. 7. Boerhave, Ruysch. Opusculum anatomicum de fabrica glandularum. Leyde. 1722. (Réimprimé dans les œuvres de Ruysch.)

N. 8. Bertin. Mémoires de l'acad. des sciences de Paris. 1744.

N. 9. Ferrein. Mémoires de l'acad. des sciences de Paris. 1749.

N. 10. Galvani. Comment. Bonon. Vol. V, p. 2. Bologne. 1767.

N. 11. Schumlansky. Diss. de structura renum. Argentor. 1782.

N. 12. Doellinger. Was ist Absonderung. Wurtzbourg. 1819.

N. 13. Eysenhardt. a. Diss. de structura renum observ. micr. Berlin. 1818. b. Archives de Meckel. 1823.

N. 14. Meckel. a. Menschliche Anatomie. Halle et Berlin. 1820. vol. 4°. b. Manuel d'anatomie, trad. par Jourdan et Breschet. Paris. 1825. Tome 3.

N. 15. Huschke. a. Isis. 1828. b. Tiedemann und Treviranus, Zeitschrift für physiologie. Vol. 4. 1832.

N. 16. Müller. De grandul. secernentium structura. Leipzig. 1830.

N. 17. Weber, dans l'anatomie de Hildebrandt. Vol. IV. Leipzig. 1832.

N. 18. Cruveilhier. Anatomie descriptive. Paris. 1834-35. 4 vol.

N. 19. Laurent. De la texture et du développement de l'appareil urinaire. Thèse de concours. Paris. 1836.

N. 20. Berres. Anatomie der mikroskopischen Gebilde. Vienne. 1837.

N. 21. Krause. Archives de Müller. 1837.

N. 22. Purkinje. Naturforscher in Prag. Prague. 1838.

N. 23. Krause. Handbuch der Anatomie. Vol. I. Hannover. 1838.

N. 24. Henle. Archives de Müller. 1838.

N. 25. Cayla. Observ. d'anatomie microscop. sur le rein des mammifères. Thèse. Paris. 1839.

N. 26. Gluge. Anatomisch-mikroskopische Untersuchungen. Cah. 1. Minden. 1839.

N. 27. Wagner. a. Physiologie. Leipzig. 1839. b. Icones physiologicae. Leipzig. 1839.

N. 28. Erdl. Dis. de helicis algirae vasis sanguineis. Munich. 1840.

N. 29. Gerber. Handbuch der allgemeinen Anatomie. Bern. 1840.

N. 30. Vogel. Gebrauch des Mikroskops. Leipzig. 1841.

N. 31. Henle. Allgemeine Anatomie. Leipzig. 1841. (Encyclopédie anatomique. Paris. 1843. T. 6 et 7.)

N. 32. Müller. Vergleichende Anatomie der Myxinoiden. Cah. 3. Berlin. 1841.

N. 33. Bowmann. Philos. transact. for the year. 1842. Part. I.

N. 34. Reichert. Archives de Müller. 1843.

N. 35. Gerlach. L'Institut. 1844.

N. 36. Hyrtl. Med. Iahrb. des oester. staates. Vol. XX.

N. 47. Gruby. Annal. des sciences natur. Vol. XVII.

N. 38. Müller. Handbuch der Physiologie. 4° éd. Coblence. 1844. Trad. par Jourdan. Paris. 1845. 2 vol.

N. 39. Gerlach. Archives de Müller. 1845.

N. 40. Ludwig. Handwoerterbuch der physiologie par Wagner. Livr. II. Brunswick. 1845.

N. 41. Huschke. Splanchnologie. (Encyclopédie anatomique. Tome 5. Trad. par Jourdan. Paris. 1845).

N. 42. Bidder. Archives de Müller. 1845.

N. 43. Hyrtl. Zeitschrift der Wiener Aertzte. Vienne. 1846.—Anatomie des Menschen. Prague. 1846.

N. 44. Mandl. a. Anatomie générale. Paris. 1843. b. Archives d'anatomie générale. Paris. 1846.

N. 45. Heim. De renibus succenturiatis. Berlin. 1824.

N. 46. Nagel. Diss. sistens renum succent. mamm. descr. Berlin. 1838.

N. 47. Bergmann. De glandul. supraren. Gottingue 1839.

N. 48. Pappenheim. Archives de Muller. 1840.

MÉMOIRE

SUR LA STRUCTURE INTIME

DES

ORGANES GÉNITAUX

PAR

LE DOCTEUR LOUIS MANDL.

ACCOMPAGNÉ DE DEUX PLANCHES.

PARIS,

CHEZ J.-B. BAILLIÈRE,
LIBRAIRE DE L'ACADÉMIE ROYALE DE MÉDECINE,
RUE DE L'ÉCOLE DE MÉDECINE, 17;
A LONDRES, CHEZ H. BAILLIÈRE, 219, Regent Street.

1847

MÉMOIRE

SUR LA STRUCTURE INTIME DES

ORGANES GÉNITAUX.

CHAPITRE PREMIER.
ORGANES GÉNITAUX DES MALES.

PLANCHE I-II.

(Planche trente-trois et trente-quatre de la première partie.)

§ 1. *Testicules, epididymes et cordons spermatiques.*

Les recherches anatomiques ont prouvé que la substance glandulaire du *testicule* se compose des canalicules spermatiques visibles déjà à l'œil nu ou à l'aide d'une faible loupe, puisque leur diamètre égale, en général, 1/10° à 1/15° de ligne. La plupart des auteurs se sont occupés de la distribution de ces tubes dans l'intérieur des testicules; dans les derniers temps seulement on a fait quelques recherches sur leur structure intime. Le premier point de ces recherches intéresse particulièrement l'anatomie descriptive, et nous ne devons pas, par conséquent, nous en occuper ici. Toutefois il ne sera pas sans utilité d'en exposer les résultats, parce qu'ils nous feront mieux comprendre la valeur histologique de ces canalicules. Les travaux les plus remarquables à ce sujet sont ceux de *Monro* (n. 2), *Muller* (n. 3), *Lauth* (n. 4), *Krause* (n. 7) et *Berres* (n. 6).

Les *canalicules spermatiques* sont contournés sur eux-mêmes; suivant *Lauth* (Pl. I, fig. 1) et *Krause* un, deux, trois ou peut-être plus encore, et d'après *Berres* six ou sept forment un lobule et pénètrent dans les lobules voisins pour s'anastomoser avec leurs conduits séminifères, tandis que quelques uns d'entre eux offraient, dans la profondeur du lobule, une extrémité en cul-de-sac et arrondie, mais non renflée en vésicule. *Lauth* assigne à un de ces conduits 13 à 33 pouces de longueur, et, terme moyen, deux pieds un pouce; mais le problème est difficile à résoudre d'une manière rigoureuse, parce que ces canalicules s'anastomosent très-fréquemment ensemble, mais seulement vers leur fin, et forment ainsi un réseau, de manière qu'il est rare d'en trouver qui se terminent par une extrémité libre et en cul-de-sac; aussi *Lauth* admet-il que ceux de chaque lobule finissent par se continuer en arcade les uns avec les autres. Ce cas est si commun qu'il a compté une quinzaine d'anastomoses sur une pièce développée dont les canalicules, pris ensemble, avaient environ 45 pouces de long. *Müller* parait avoir rencontré assez souvent des extrémités eu cul-de-sac chez les écureuils ; d'autres auteurs aussi rapportent d'avoir vu de pareilles divisions ou anastomoses. Sans

I   (1)

vouloir mettre en doute l'existence de ces divisions, nous ne pouvons pourtant nous empécher de faire remarquer que dans nos recherches, ainsi que dans celles de *Henle* (n. 10), les anastomoses ne se sont rencontrées que rarement. Quant aux terminaisons en cul-de-sac, nous n'en avons jamais observé; les auteurs qui affirment leur présence n'ont pas fait usage du microscope, ou n'ont examiné que des canalicules injectés; or, dans ces deux conditions, il est impossible de distinguer l'extrémité libre d'un canalicule déchiré d'avec une terminaison en cul-de-sac. Pour être sûr à ce sujet, il est nécessaire de placer sous le microscope des conduits séminifères non injectés et de faire usage de forts grossissements; c'est alors seulement qu'il est possible de savoir si en réalité la paroi du canalicule se continue sans interruption pour former un cul-de-sac, ou si seulement, à l'extrémité libre, les parois de chaque côté s'accolent pour simuler cette terminaison cœcale. Or, ainsi que nous venons de le dire, il ne nous est jamais arrivé de rencontrer une terminaison cœcale dans les conduits séminifères. *Henle* se prononce dans le même sens.

Suivant *Berres*, six ou sept de ces canalicules, longs de plus de deux pieds, s'enroulent en un lobule conique ou pyramidal, dont le sommet regarde le dos du testicule et dont la base est dirigée vers la face interne du reste de l'albuginée. Le nombre de ces lobules est évalué par les auteurs de 300 à 400; la longueur des canalicules a environ mille pieds. Les lobules sont séparés les uns des autres par des cloisons délicates d'un tissu cellulaire mou, rare, en voie de formation. Sur les canalicules se distribuent les vaisseaux capillaires qui, d'après *Berres* (fig. 2), y forment des mailles dont le diamètre chez les enfants est de 20 à 25 millièmes d'un pouce de Vienne. La continuation immédiate des conduits séminifères contournés du testicule avec les canalicules seminifères droits, le réseau vasculaire de Haller, le corps de Highmore et avec les conduits spermatiques efférents est connue. Le diamètre des canalicules est variable dans ces différentes parties et dans l'épididyme; il diminue plutôt qu'il n'augmente en se rapprochant du canal déférent; il est moindre chez les enfants que chez les adultes.

L'examen microscopique des canalicules spermatiques a été fort négligé jusque dans ces derniers temps. A la vérité, on trouve déjà quelques observations concernant ce sujet chez *Leeuwenhoëk* (n. 1, t. IV, Ep. phys. 31); mais elles se rapportent principalement au vaisseau déférent, dans lequel l'auteur désigne des fibres longitudinales et d'autres circulaires. Les premières sont situées autour du canal central, les autres à l'extérieur. Les figures concernant l'épididyme et le testicule ne nous apprennent rien sur leur structure intime; on voit seulement figurées des coupes transversales, arrondies. Nos connaissances en sont restées là jusqu'à l'époque où *Purkinje* (n. 8), examinant toutes les glandes, soumit également les canalicules séminifères à l'analyse microscopique; il y signala la présence de granules (cellules), formant ce qu'il appelle l'enchyme des glandes. *Henle* (n. 9, p. 104) décrit, peu de temps après, le contenu des conduits séminifères comme formé par de petits cônes pourvus d'un petit noyau arrondi et aplati qui, à son tour, renferme un nucléole. Ces éléments isolés ou réunis par plaque appartiennent à l'épithélium en cylindres. *Krause* (n. 7) affirme avoir vu sous le microscope des terminaisons en cul-de-sac. Suivant *Henle*

(n. 10), les canalicules séminifères ont une membrane propre, complétement hyaline et dépourvue de structure, qui s'affaisse après l'expulsion du contenu, et forme alors des plis qu'il ne faut pas prendre pour des fibres. Le bord de cette membrane est double de chaque côté et son épaisseur qu'on peut mesurer d'après la distance des deux lignes parallèles, est de 0,001 ligne. De rares noyaux de cellules, obscures et ovales, placés avec le diamètre longitudinal dans l'axe du canalicule, se trouvent parfois dans l'épaisseur des canalicules spermatiques ; souvent même quelques uns d'entre ces noyaux se suivent de près, puis laissent de longs espaces libres. Leur diamètre est de 0,05 à 0,06 mill., et chez le lapin, hors du rut, de 0,054. Chez ces derniers, chez les enfants et, en général, chez les jeunes animaux, ces canalicules sont entièrement pleins de cellules qui ressemblent aux corpuscules du mucus. Dans l'âge adulte, les parois des conduits élargis sont tapissés, d'après cet auteur, d'un épithélium à cylindres ; la lumière se trouve remplie par les éléments dans lesquels se développent les zoospermes. *Valentin* (n. 11, p. 783) donne une description fort confuse des éléments qui formeraient le canal déférent ; il parle des cellules placées dans les mailles d'un réseau, qui rappelleraient la structure des cartilages, etc. ; mais il est probable que ce sont les sections transversales des faisceaux probablement musculaires qui, ainsi que nous le verrons tout-à-l'heure, entourent le vaisseau déférent. Les canalicules séminifères sont, d'après cet auteur, à l'intérieur pourvus d'un épithélium en pavé, dont les cellules ont un diamètre de 0,005 ligne (fig. 3). Il existe, à la surface externe de ces canalicules, une couche moyenne fibreuse, épaisse de 0,005 ligne et pourvue de noyaux ovales de cellules. Tout en dehors existe encore une autre membrane transparente, pourvue également de noyaux. Quant au contenu des canalicules, Valentin en donne une description complétement inintelligible et qui deviendra peut-être plus claire, lorsque l'auteur aura publié ses dessins. *Huschke* (n. 12, p. 353) confirme l'existence d'un épithélium à cylindres dans le canal déférent ; à l'extérieur, il existe une membrane fibreuse, élastique et complexe. D'après les recherches de cet auteur, il y a trois couches de fibres, deux longitudinales et une circulaire placée entre elles. Cette dernière est la plus épaisse ; après elles viennent, sous ce rapport, la couche longitudinale externe, puis l'interne. L'existence des trois couches est démontrée tant par les coupes en travers et en long, que par le microscope. Mais Huschke ne croit pas que cette tunique soit une couche musculeuse d'espèce ordinaire, à cause de sa couleur et son insolubilité dans l'eau bouillante. Toutefois nous devons faire remarquer que Valentin dit y avoir constaté l'existence des fibres musculaires involontaires, fait qui n'est pas contredit par Huschke et que nous avons pu constater nous-mêmes.

D'après *Weber* (n. 13), la terminaison des canaux déférents, qui se trouve un peu au-dessus du point où ils se continuent avec les canaux éjaculateurs, est glandulaire et consiste en une réunion de glandes celluleuses, formées à leur tour de cellules plus petites, qui les entourent de tous côtés. Chez le cheval, chez l'homme et chez le castor, la structure de cet organe devient évidente, suivant cet auteur, lorsqu'on pousse dans le vaisseau déférent une injection, qui se fige en remplissant les glandes en question, et les représente dans leurs dimensions naturelles (pl. II, fig. 5). Ces glandes sécrétent, dit *Weber*, une humeur destinée à délayer le sperme et à en augmenter la masse; peut-être aussi le résorbent-elles dans d'autres moments. A l'appui de cette opinion; l'auteur cite quelques observations qui sont relatives à la quantité plus ou moins grande des zoospermes dans différents endroits des canaux déférents. Ainsi, il dit avoir trouvé proportionnellement beaucoup plus d'animalcules dans une goutte tirée du canal déférent d'un étalon que de matières étrangères. Mais dans une autre goutte tirée de l'extrémité glandulaire du canal déférent du même animal, il y avait moins d'animalcules, et plus d'autres matières. Il s'en suivrait que le sperme est délayé par un liquide que sécrète la terminaison glandulaire du canal déférent.

Nous avons soumis à l'examen microscopique le canal déférent d'un lapin et nous avons pu constater la structure glandulaire, non seulement de la terminaison renflée de ce canal, mais aussi de la portion supérieure rétrécie. Les canalicules sécréteurs forment, comme dans toutes les glandes lobulées composées, des culs-de-sac dont le diamètre égale trois, quatre, ou même plusieurs centièmes de millimètre. Le nombre de ces culs-de-sac est beaucoup plus considérable, comme il est facile de le prévoir, à la partie renflée du canal. Les parois de ces culs-de-sac sont couvertes de cellules dont les plus développées sont les plus superficielles; dans leur intérieur existe un liquide sécrété dans lequel nagent librement les zoospermes. On doit donc considérer les canaux déférents entiers, et non seulement la terminaison, comme un organe glandulaire, dont le liquide sécrété est destiné à liquéfier le sperme.

Dans les recherches auxquelles nous nous sommes livrés et qui concernent les canalicules spermatiques du lapin, nous avons trouvé ces derniers formés par une membrane épaisse et remplis (pl. II, fig. 1, *a*) d'un contenu qui se compose de cellules à divers degrés de développement (fig. 2). En outre, bientôt après la mort, on voit tout le canalicule rempli de larges gouttelettes transparentes (fig. 1, *b*), presées les unes contre les autres, et qui appartiennent à la substance blanche amorphe que nous avons déjà eu l'occasion de signaler dans presque tous les tissus. Dans les testicules du cheval nous avons observé des cellules remplies de granules d'une couleur brune foncée. Nous reviendrons sur ces divers éléments dans l'*histogénèse*, puisqu'ils se trouvent en rapport intime avec le développement des zoospermes. Quant à la structure de la membrane des canalicules, elle sera alors aussi exposée avec plus de détails dans son développement selon l'âge et le temps de rut. Cette raison nous fait aussi passer sous silence les recherches relatives aux testicules des animaux inférieurs, dont, au reste nous parlons dans notre Mémoire sur le *sperme*, et sur lesquelles nous reviendrons encore; car presque toutes ces observations sont relatives à des cellules contenues dans les conduits séminifères et que l'on regarde comme des éléments donnant naissance aux zoospermes. Du reste, la plupart des recherches concernant les organes génitaux mâles des animaux inférieurs se rapporte plutôt à la forme de ces glandes, c'est-à-dire à l'arrangement particulier des tubes dont se composent ces organes, qu'à leur structure et à leur contenu. Les tubes contractiles des *spermatophores* n'ont pas été étudiés sous le point de vue de leur structure intime. Quelques détails historiques à ce sujet se trouvent plus loin (*Mém. sur le sperme*, IIe série, livr. 4 et 5). Il est très-probable qu'ils sont entourés de fibres élastiques et d'autres musculaires.

La *tunique vaginale propre du testicule* est une membrane séreuse, dont la surface concave offre le même épithélium pavimenteux que celui du péritoine. L'*albuginée* est une membrane fibreuse que tapisse l'épithélium pavimenteux de la tunique vaginale. Quant au *dartos*, nous en avons déjà parlé dans le Mémoire concernant le *tissu cellulaire* et nous rappellerons seulement ici que, d'après *Jordan* (n. 6), le tissu se compose uniquement de fibres cellulaires flexueuses. Ces fibres se trouvent souvent réunies par faisceaux et ne peuvent pas toujours facilement se séparer les unes des autres; cela provient de ce que le dartos est un tissu fibrillaire en voie de formation. Les faisceaux s'anastomosent et forment ainsi un tissu à mailles très-larges.

§ 2. *Vésicules séminales et conduits éjaculateurs.*

Les *vésicules séminales* ont été considérées jusqu'à présent par un grand nombre d'anatomistes comme des réservoirs dans lesquels le sperme amené par les canaux déférents s'amasse afin de pouvoir être éjaculé en plus grande quantité à la fois, et en même temps plus parfait. Elles paraissaient donc constituer, pour l'appareil génital masculin, ce que la vésicule biliaire et la vessie sont pour les reins. Quand E. H. *Weber* (n. 14, Prol. I, p. 8) enlevait le tissu cellulaire et les vaisseaux sanguins de la surface des vésicules séminales de l'homme, il trouvait, surtout après avoir rempli les poches d'une masse dure, une couche rougeâtre de fibres musculaires, dont les externes semblaient marcher en long, et qui passaient même d'une bosselure à une autre. Ces bosselures et circonvolutions nombreuses ont été considérées comme le résultat de plis et de ramifications; ainsi *Huschke* (n. 12, p. 370) dit que, lorsqu'on enlève le tissu fibreux situé dans les sillons et qui unit deux à deux les bosselures, le diamètre longitudinal des vésicules augmente beaucoup, tandis que leur largeur diminue. Suivant *Valentin* (n. 11, p. 787), la surface interne des vésicules est revêtue d'un épithélium en pavé et les culs-de-sac ne paraissent pas renfermer une substance glandulaire. La tunique moyenne musculaire est, d'après cet auteur, analogue à celle du canal déférent, surtout à l'extrémité inférieure de ce dernier. *Huschke* (n. 12, p. 371) affirme que le tissu des vésicules séminales est presque le même en grand que celui du canal déférent en petit. Chaque vésicule est composée des mêmes tuniques qui seulement sont toutes plus grossières. La membrane externe contractile est plus mince, et la tunique interne, ou la membrane muqueuse, présente des plis et des mailles d'une plus grande étendue. La tunique externe est épaisse, blanche, formée de fibres cellulaires rigides, peut-être aussi de fibres élastiques et de fibres musculaires. Huschke suppose que cette couche contractile comprend les trois couches qu'il dit exister au canal déférent, puisque la vésicule séminale n'est évidemment qu'un diverticule de ce canal. Cet auteur confirme également l'existence des cellules épithéliales pavimenteuses, signalées déjà par *Henle* (n. 9, p. 113), suivant lequel elles seraient grenues et contiendraient le pigment auquel les vésicules séminales sont redevables de leur couleur verdâtre.

Une opinion opposée sur la nature des vésicules séminales a été prononcée par *Wharton*, *Hunter*, *Wagner*, etc., et dernièrement par *E. H. Weber* (n. 13). Au lieu de considérer les bosselures et les circonvolutions des vésicules comme le simple résultat de la distribution de ces conduits, ce dernier y voit des culs-de-sac analogues à ceux des glandes, destinés à la sécrétion d'un liquide, et il considère conséquemment les vésicules séminales elles-mêmes comme des glandes. Il s'exprime à ce sujet de la manière suivante : « Dans l'humeur que renferment les vésicules séminales on trouve des animalcules spermatiques, lorsque les canaux déférents en sont remplis, mais en quantité moindre que dans ceux-ci. Le sperme est donc délayé par un liquide que sécrètent les vésicules séminales. Une vésicule séminale étalée se présente, chez plusieurs hommes, sous la forme d'un long canal pourvu de courtes excroissances aréolaires; chez d'autres, ce canal se divise en plusieurs longs rameaux. Si on remplit les vésicules séminales de l'homme d'une matière qui se fige, et si on enlève leur tunique externe, leurs fibres musculaires et leur membrane celluleuse, de manière à ne leur laisser que la membrane muqueuse, on reconnaît que celle-ci est formée de cellules développées l'une à côté de l'autre, et formées à leur tour par des réunions de cellules plus petites. Chez l'homme et chez le cheval, bien que les vésicules séminales et les canaux déférents se réunissent, les premières ne renferment que peu d'animalcules spermatiques et contiennent beaucoup de matières étrangères : leur destination principale n'est donc pas de servir de réservoir à la semence, mais de sécréter une humeur particulière. Aussi convient-il de donner le nom de vésicules séminales à des organes qui, se trouvant chez d'autres animaux, leur ressemblent tout à fait par leur structure, au lieu de prendre, comme on fait, ces organes pour des prostates, par cela seul qu'ils ne se réunissent pas aux canaux déférents avant d'aboutir à l'urèthre. Le chien manque complétement de vésicules séminales. »

Nous avons complété ces recherches par l'examen histologique des vésicules séminales. Examinées sous le microscope, elles nous présentaient tous les éléments d'un parenchyme glandulaire, à divers degrés de développement et renfermés dans des culs-de-sac, comme dans toutes les glandes lobulées composées. Les vésicules séminales sont donc de véritables glandes, dont la fonction est de sécréter un liquide particulier, et qui renferment quelquefois des zoospermes, lorsqu'ils se réunissent aux canaux déférents. Le liquide sécrété est gélatineux.

Les *conduits éjaculateurs* sont formés par des tissus analogues à ceux des vésicules séminales et des canaux déférents; mais la membrane interne est plus lisse. Elle offre parfois quelques culs-de-sac, comme le canal déférent ; et cela surtout au voisinage de la vésicule séminale; d'autres, plus petits, sont situés près de l'extrémité. Il est donc probable que ces conduits ne sont pas uniquement des conduits excréteurs; mais qu'ils concourent également à la sécrétion d'un liquide.

§ 3. *La prostate, les glandes de Cowper, de Littre et de Morgagni.*

La *prostate* est enveloppée par un tissu fibreux très-dense et se compose d'un tissu glandulaire à culs-de-sac. Ceux-ci ont , d'après *Krause* (n. 15, p. 26). 1/74 de ligne de long sur 1/710 de large; suivant *E. H. Weber* (n. 14), les plus petites cellules ont 1/716-1/712 de long de diamètre; *Henle* (n. 9) y a trouvé un épithélium pavimenteux très mince, tandis que les conduits excréteurs de ces culs-de-sac sont pourvus d'un épithélium à cylindres. Ce que Henle appelle à tort épithélium pavimenteux n'est autre chose que le parenchyme glandulaire composé de cellules à divers degrés de développement. On ne possède pas encore des détails bien précis sur la forme particulière des éléments de la prostate. *Valentin* (n. 11, p. 788) dit que le diamètre de ces cellules varie entre 0,002, et 0,005 de ligne. Le liquide sécrété renferme, d'après cet auteur, des cellules de 0,005 de ligne, d'autres corpuscules plus petits, irréguliers et de petites molécules jaunâtres. D'après les dernières recherches de *Weber* (n. 13) les plus petits culs-de-sac de la prostate chez l'homme ont un diamètre d'environ 1/3 de ligne ; chez le cheval de 1/721; il est possible cependant, ajoute-t-il que ces cellules soient subdivisées à leur tour en cellules plus petites. L'examen microscopique nous a convaincu de l'exactitude de cette supposition ; nous y avons trouvé les plus petits culs-de-sac de la même grandeur, comme dans les autres glandes, c'est-à-dire de 0,03 à 0,04 mill.

Le liquide que sécrètent les *glandes de Cowper* est, d'après *Krause* (n. 15, p. 26), clair, filant, visqueux. Il contient plusieurs flocons dans lesquels sont amassées des granulations de 1/900 à 1/370 de ligne ; la plupart de 1/855. Ce liquide ressemble, par conséquent, beaucoup à celui de la prostate. Henle signale un épithélium à cylindres dans les glandes de Cowper.

On appelle *glandes de Littre et glandes de Morgagni* des glandes muciparés simples ou rameuses de l'urèthre.

§ 4. *L'uterus masculinus.*

Sous ce nom a été désigné par *E. H. Weber* (n. 14. Prol. I. p. 4; n. 16, p. 64 ; n. 13), chez tous les mâles de mammifères, un organe creux, impair, placé sur la ligne médiane, entre l'extrémité de la vessie urinaire et l'intestin rectum, et qu'il considère comme un rudiment de l'utérus. Chez le lapin adulte, c'est un sac pourvu de fibres musculaires et recevant le sperme; chez le castor, les canaux déférents épanchent également la liqueur séminale dans sa cavité. Suivant *Huschke* (n. 12, p. 380), les parois de cet organe sont composées de deux couches, l'une externe, ferme et fibreuse, l'autre interne, muqueuse, qui est partout couverte de glandules muciparés, serrées les unes contre les autres, dont les orifices ont 1/25 de ligne de diamètre. Les glandules, dit cet auteur, ressemblent parfois à de petites verrues surmontées chacune d'une ouverture : mais elles diffèrent des conduits de la prostate, qui tous s'ouvrent en dehors de la poche, sur la crête uréthrale. Cependant il y a aussi quelques orifices glandulaires plus considérables dans le col de la poche. Huschke a constaté de nombreux zoospermes dans le liquide que renferme cette poche. Nous avons eu l'occasion d'examiner cet organe chez le cheval. Nous avons pu constater l'existence de la couche fibreuse et non musculaire, à l'extérieur, et d'une membrane muqueuse à l'intérieur. Dans la partie supérieure de l'organe nous n'avons pas rencontré des glandes. Ajoutons encore que *Morgagni* décrit déjà fort exactement ce petit sac.

§ 5. *La verge.*

De même que la peau du scrotum, celle de la verge est pourvue d'un abondant tissu cellulaire extensible et sans graisse, qui permet au membre de changer beaucoup de volume. La lame interne du *prépuce* est riche en glandes et partout semblable à une membrane muqueuse. Ces glandes du prépuce, aussi appelées *glandes de Tison*, sont rangées par *Gurlt* (n. 17, p. 420) parmi les glandes sebacées qui accompagnent les follicules pileux. Suivant *Burckhardt* (n. 18), ce sont de petits sacs qui se divisent en trois ou quatre laciniures. *Valentin* (n. 11, p. 789) croit qu'il ne faut pas confondre ces glandes avec les sébacées. *Simon* (n. 19, p. 1.) dit que ce sont des utricules simples, sans compartiments, qui n'existent pas sur tous les individus et qu'il ne faut pas confondre avec les élévations cutanées de la couronne du gland, pourvues de papilles tactiles. La surface externe de la peau de la verge renferme une grande quantité de glandes sébacées rameuses. Les *corps caverneux* se composent de cloisons fibreuses, de vaisseaux, de nerfs et de fibres musculaires lisses (Voy. *Muller*, dans ses Archives, 1834, p. 50; 1835, p. 27; 1838, p. 111, et *Valentin*, ibid., 1838, p. 200). *Muller* (n. 20, p. 202) a décrit le premier des artères particulières, nommées par lui *artères hélicines*; elles font saillie dans la cavité du tissu caverneux, se contournent en vrilles et se terminent par un cul-de-sac conique. *Krause* (n. 15, p. 30), *Hyrtl* (n. 22, p. 349), et *Erdl* (n. 23, p. 421), ainsi que plusieurs autres auteurs, ont également observé les artères hélicines. *Valentin* (n. 21, p. 182), au contraire prétend que les artères hélicines sont un produit de l'art, que ce sont des trabécules du pénis détachées d'un côté, qui se recourbent en vrille à raison de leur élasticité, et aussi parce que les vaisseaux qu'elles contiennent dans leur intérieur affectent la forme d'un tire-bouchon. Il combat surtout les terminaisons cœcales de ces artères et affirme que ce sont les extrémités coupées pendant la préparation. Il persiste dans ses idées (n. 11, p. 790), encore plus tard, malgré la discussion qui s'était élevée à ce sujet. *Henle* (n. 10. t. 2, p. 14) n'ose se ranger d'une manière positive ni à l'une ni à l'autre des deux opinions. *Huschke* (n. 12, p. 854) dit que ses recherches s'accordent avec celles de Valentin.

Les corps caverneux de l'urèthre et du gland sont formés par les mêmes éléments que ceux de la verge.

CHAPITRE SECOND.

RECHERCHES DE L'AUTEUR.

PLANCHE I-II.

(Planche trente-trois et trente-quatre de la première série.)

§ 1. Ovaires, trompes de Fallope et matrice.

Les *ovaires* sont revêtus d'une tunique séreuse et d'une autre albuginée, dont la structure n'offre rien de particulier. Le parenchyme se compose : *a.* D'un tissu cellulaire, ferme et riche en vaisseaux, que Baer a nommé *stroma*, parce qu'il sert de nid aux ovules; *b.* Des *vésicules de Graaf*, qui sont des glandes simples closes. Elles sont formées : 1° D'une tunique externe, fibreuse, dense, mais délicate (*teca folliculi* de Baer, *tunica propria ovisacci* de Barry, *stratum externum ovuli graafiani*), qui entoure le follicule tout entier, et reçoit du stroma de nombreux vaisseaux et nerfs. Quelques auteurs, comme par exemple *Pockels*, y admettent deux couches, dont l'externe est fibreuse et l'interne vasculaire; 2. D'une tunique propre, épaisse, molle et opaque (*tunica propria folliculi* de Bischoff, *ovisaccus* de Barry, *stratum internum thecæ* de Baer), qui est lisse en dehors et grenue en dedans. *Valentin* (n. 24, p. 190), a vu, sur sa surface interne, un épithélium à cellules allongées, rhomboïdales, concentriques et disposées en séries à la suite les unes des autres. Dans la cavité de la vésicule de Graaf, existe un liquide visqueux, jaunâtre, clair; là existent des granulations diverses, dont nous parlerons tout à l'heure (§ 4), dans leurs rapports avec l'œuf.

Les *trompes de Faloppe* se composent d'une tunique externe, séreuse, provenant de ligaments larges de la matrice, d'une tunique cellulaire, d'une autre musculaire, dont les fibres sont, d'après *Huschke*, longitudinales en dehors et circulaires en dedans, pâles, lisses, sans stries transversales, et enfin d'une membrane muqueuse. Celle-ci est couverte d'un épithélium vibratile; elle se continue sans interruption avec la membrane muqueuse, également vibratile, de la matrice, et extérieurement avec l'épithélium en pavé du sac péritonéal. D'après *Henle* (n. 10), les cylindres vibratiles diffèrent de ceux qu'on trouve ailleurs, même dans la matrice, en ce qu'ils s'amincissent tout à coup au-dessous du noyau, s'étirent en longs filaments, et sont pour la plupart pourvus de noyaux ovales et lisses. Leur longueur est de 0,015, leur largeur de 0,0025, la longueur des cils de 0,0018, celle des noyaux ovales de 0,0045, et la largeur de ces derniers de 0,0018 lignes. Le mouvement des cils est dirigé vers l'extrémité utérine. La longueur moyenne des cylindres est, d'après *Valentin* (n. 11, p. 791), de 0,008 de ligne. Nous avons constaté, à la surface interne de cette membrane muqueuse, une grande quantité de follicules simples, probablement muqueux.

La *matrice* est formée, d'après tous les auteurs histologiques, chez la vierge et à l'état de vacuité, de fibres musculaires simples, lisses, non striées, analogues à celles des conduits excréteurs et de l'intestin. Mais, à l'état de gestation, la matrice se compose, d'après *Lauth* (n. 25), *Purkinje* et *Kasper* (n. 26), de fibres, analogues à celles du cœur, avec des stries longitudinales bien prononcées et des stries transversales ondulées peu nombreuses. *Schwann* et *Krause* ne les disent pas marquées des stries transversales. La cavité utérine est tapissée d'une membrane muqueuse, qui est pourvue d'un épithélium vibratile jusqu'au milieu de la cavité, et qui devient, vers le bas, pavimenteux. La longueur moyenne des cellules vibratiles est, d'après Henle, de 0,0095 de ligne, et ne présente rien de particulier.

Les *glandes utérines* étaient déjà connues à *Malpighi* et à *Baer* (n. 27), sans que leur nature glanduleuse eut été reconnue par ces auteurs. *E. H. Weber* (n. 28, p. 5o4), en s'occupant de la structure du chorion et du placenta, signale le premier, à la surface de la muqueuse, chez la vache, les ouvertures des glandes utriculaires (Pl. II, fig. 7 et 8) qui, la plupart, sont simples et quelquefois lobulées. Leur contenu est un liquide jaunâtre, opaque. Deux ans plus tard, *Burckhardt* (n. 29) s'occupa du même sujet et confirma les observations de Weber. Les ouvertures de ces glandes sont, d'après cet auteur, plus grandes pendant la gestation, chez la vache. *Krause* (n. 3o. p. 565) dit que ces glandules sont distantes les unes des autres de 0,2 à 0,1 de ligne, que leur longueur est de 0,4 et leur largeur de 0,04 à 0,05 de ligne; leur orifice n'a que 0,03; elles décrivent souvent deux ou trois tours de spire. Il signale en outre dans le col de la matrice des glandes mucipares simples et agrégées. *Berres* (n. 31) a décrit deux sortes de glandes, les follicules utérins et les follicules de la membrane muqueuse. Les premiers sont des dépressions ramifiées de la membrane muqueuse, qui partent d'une cavité commune, au moyen de laquelle ils s'ouvrent dans la cavite du col utérin par une extrémité rétrécie en forme de col; de l'autre côté, ils s'enfoncent dans la substance musculaire. Les follicules de la membrane muqueuse sont épars entre les précédents. *Eschricht* (n. 32) constate chez les ruminants l'existence des glandes décrites par Weber; mais il affirme que chez le chat elles se présentent sous forme de vésicules closes, assertion qui est contredite par Weber (n. 13, p. 48). *Baer* (n. 33, p. 25o) reconnait maintenant que les éléments, que jadis (n. 27) il avait pris pour des vaisseaux, sont réellement des glandes. *Weber* (n. 34, p. 710), trouve plus tard les glandes utriculaires chez la femme. *Sharpey* (n. 25) signale deux espèces des glandes utérines, des simples et des composées (Pl. II, fig. 9.); elles sont recouvertes, à leur intérieur, d'un épithélium. Il décrit, en outre, les changements de ces glandes pendant la grossesse. *Goodsir* (n. 36, p. 127) en constatant les recherches de Weber et de Sharpey, affirme que ces glandes fournissent un liquide dans lequel nagent des granules, qui donneraient lieu au développement de la caduque réfléchie. *Bischoff* (n. 37 et 38), signale également deux espèces de glandes; les unes sont simples, sous forme de follicules; les autres sont tortueuses et rameuses ; ces dernières se composent d'une tunique propre et d'un contenu granuleux, dans lequel cet auteur n'a pu constater ni des noyaux, ni des cellules. Enfin *Weber* (n. 13) donne le résumé suivant de ces dernières recherches (Pl. II, fig. 1-8), qui font voir l'intérêt physiologique de ces glandes :

« Après la conception, la membrane muqueuse du corps de l'utérus, chez la femme, se ramollit, prend peu à peu une épaisseur de 2 à 3 lignes, et reçoit le nom de membrane caduque. Cette transformation résulte de l'accroissement, et de sa membrane vasculaire et de son revêtement anhyste ou épithélial. Dans la partie vasculaire de cette muqueuse, les vaisseaux sanguins et les glandes 'utriculaires augmentent de volume, et dans leurs interstices se forment de nouvelles cellules élémentaires, dont plusieurs sont pourvues d'un noyau. Chez la femme, les glandes utérines, grandies après la conception, sont flexueuses, longues de 2 à 3 lignes, utriculaires. Comme les glandes de l'estomac, elles ont une direction perpendiculaire à la surface interne de la muqueuse, leur ouverture tournée vers la cavité de l'utérus, leur fond ou cul-de-sac vers sa couche musculaire. Elles s'ouvrent par des orifices dont on a depuis longtemps reconnu l'existence sur la caduque, et qui donnent à celle-ci un aspect crébriforme; leur extrémité fermée se termine assez souvent par deux ou trois vésicules accolées. Les utricules eux-mêmes ne se divisent pas, ou du moins ne se partagent que rarement en deux branches.

« Les glandes utérines du chien et du chat ne prennent un accroissement considérable que dans le lieu où existe le placenta. Elles sont aussi très-visibles dans ces animaux hors de l'état de gestation, et consistent en deux espèces de glandes, les unes petites et simples, les autres grandes et rameuses. L'une et l'autre espèce augmente de volume après la conception, les glandes simples dans toute leur longueur, les rameuses dans la partie de leur tronc qui avoisine l'orifice excréteur. En un certain point, le tronc des glandes rameuses s'élargit en forme de sac : ces parties dilatées touchent aux vaisseaux sanguins, qui portent le sang maternel, et qui sont situés dans la caduque entre les glandes utérines, pénètrent dans leurs intervalles par des plis et par des prolongements, et les enveloppent de la même manière que le péritoine entoure chez l'homme le gros intestin.

« Les villosités du chorion, qui portent les ramifications rétiformes des vaisseaux ombilicaux de l'embryon, pénètrent dans les ouvertures élargies des glandes utérines, remplissent toute la partie dilatée, sacciforme, de ces utricules glanduleux, se moulent sur leurs parois, se prolongent dans tous leurs replis, se soudent à eux, et ne forment plus ensemble qu'une seule et même membrane qui possède seulement des vaisseaux de l'embryon. Cette membrane et ses replis environnent les vaisseaux sanguins de la matrice, situés, comme on vient de le voir, dans les interstices des glandes utérines. Après cette fusion, la partie de cette membrane qui appartient aux parois des glandes utérines s'amincit vraisemblablement par l'effet de la résorption. Les villosités du chorion ne paraissent pas pénétrer dans les rameaux non dilatés des glandes utérines, ni dans leurs extrémités terminales. Une fois formé comme il vient d'être dit, tout le placenta du chien est traversé par un épais réseau de vaisseaux capillaires tortueux, apportant le sang maternel, et d'un très-grand diamètre (de 1/52 à 1/62 de ligne). Les tubes vasculaires de ce réseau sont environnés chacun immédiatement d'une membrane qui leur adhère, et qui porte un réseau beaucoup plus étroit de vaisseaux embryonnaires extrêmement minces. Ces derniers n'ont pas plus de 1/173 à 1/234 de ligne de diamètre. Leur diamètre est donc plus de trois fois moindre, ou, ce qui revient au même, leur lumière est plus de neuf fois plus petite que celle des vaisseaux maternels qu'ils revêtent.

« Ainsi le sang de l'embryon coule dans un étroit réseau vasculaire, à la surface des larges tubes qui contiennent le sang maternel, sans que ces deux ordres de vaisseaux communiquent jamais l'un avec l'autre ; de sorte que les deux espèces de sang ne peuvent couler l'une dans l'autre, mais ont entre elles, seulement d'une manière médiate, des points de contact très-multipliés. Il y a entre ces deux classes de vaisseaux les mêmes relations qu'entre les dernières ramifications des bronches et les vaisseaux capillaires du poumon qui les entourent.

« Chez la femme, les glandes utérines paraissent se dilater uniformément dans toute la surface interne du fond et du corps de la matrice. Je n'ai pas encore observé qu'une partie de leur tronc se dilatât plus qu'une autre et donnât naissance à un large pli sacciforme. Je n'ai pas vu non plus, dans un utérus à dix semaines de gestation, que les villosités rameuses du chorion qui sont tournées vers l'utérus se fussent enfoncées dans ses ouvertures et eussent pénétré dans des cellules. Loin de là, elles sont libres et peu adhérentes. D'ailleurs, la forme simple des utricules glandulaires de l'utérus, chez la femme, ne peut correspondre à celle des villosités du chorion, qui sont divisées en de nombreux rameaux. Il n'est donc pas prouvé que, chez la femme, les villosités du chorion aillent s'appliquer, comme chez le chien, dans les utricules des glandes utérines. L'homme seul possède une caduque réfléchie, et, par ce caractère, il se différencie fort des autres mammifères ; ne peut-il pas y avoir par suite une différence dans la manière dont se forme le placenta dans l'espèce humaine et chez le chien ?

« Le placenta utérin de l'homme se distingue donc de celui du chien en ce que : 1° le volumineux réseau vasculaire qui conduit le sang maternel et qui traverse tout le placenta consiste, chez l'homme, en tubes dont le diamètre est beaucoup plus grand, et dont les parois sont beaucoup plus minces ; car leur diamètre est environ quinze fois plus grand que celui des vaisseaux capillaires qui conduisent le sang maternel dans le placenta du chien ; 2° l'autre partie constituante du placenta, les villosités du chorion, qui portent le réseau serré des étroits vaisseaux capillaires de l'embryon, forment chez le chien des membranes et des plis, et chez l'homme des espèces d'arbres à branches et rameaux cylindriques, se partageant à la fin en fils très-minces, interrompus çà et là par des épaississements nodulaires ; 3° dans le placenta humain, pour porter le sang maternel, il n'y a pas, à proprement parler, des vaisseaux capillaires, mais bien des vaisseaux dont le diamètre égale 1/4 à 3/4 de ligne et même plus, et qu'on peut, en conséquence, appeler des veines ou vaisseaux capillaires colosses ; les vaisseaux artériels, larges aussi de 1/4 à 3/4 de ligne, qui portent, chez l'homme, le sang maternel de l'utérus dans le placenta, ne se subdivisent pas en ramifications secondaires, mais forment, à leur entrée dans le placenta, des glomérules artériels (*glomus arteriosus*), résultant de la torsion en divers sens d'une seule artère, qui finit par se continuer dans le réseau de ces capillaires colosses, ou plutôt de ces veines elles-mêmes qui traversent tout l'organe.

« Dans le placenta entièrement développé, chez le chien aussi bien que chez

l'homme, les vaisseaux qui charrient le sang maternel sont en contact intime
avec ceux qui portent le sang fœtal. Dans ce but, les premiers sont entourés,
chez le chien, et comme tapissés par les replis membraneux des villosités du
chorion, tandis que, chez l'homme, se sont les rameaux et les filaments des
villosités du chorion qui sont entourés et tapissés par les parois des vaisseaux
maternels élargis et amincis, remplissant les espaces que laissent entre eux les
premiers, se repliant autour d'eux et les enveloppant. Démontrerait-on, à l'a-
venir, que les villosités du chorion, chez l'homme comme chez le chien, péné-
trent dans les utricules des glandes utérines et remplissent leur cavité, cela ne
changerait point mon opinion sur le point principal ; car il faudrait prouver
encore que les rameaux et les filaments terminaux des villosités du chorion sont
recouverts par les parois des glandes utérines développées, amincies et soudées
à leurs propres parois. Dans tout le reste, mon opinion resterait la même sur
la structure du placenta et son mode de fonctionner ; d'ailleurs, cette opinion
est aussi celle de Bischoff. »

Il est probable que les *ovules de Naboth* sont ces glandes utérines altérées ;
toutefois, comme presque toujours elles se présentent sous forme de petits
sacs clos, ils pourraient bien provenir de l'hypertrophie de glandes simples
closes. Le *ligament rond* renferme, outre les fibres cellulaires, d'après *Valentin*(n. 11, p. 792) des fibres musculaires lisses. Les autres ligaments se composent de fibres cellulaires.

§ 2. *Le vagin, les lèvres, l'hymen, le clitoris.*

Le *vagin* possède un très grand nombre de glandes mucipares ; sa membrane
muqueuse est couverte d'un épithélium pavimenteux qui devient cylindrique
dans le voisinage de la portion vaginale de la matrice. On remarque à la
surface du vagin des villosités (papilles tactiles) couvertes d'épithélium et
pourvues d'un riche réseau capillaire (*Berres*, n. 4o). Les petites et les grandes
lèvres sont des plis tégumentaires. *L'hymen* se compose de deux feuillets formés de toutes les couches de la peau et dans lesquelles on remarque, d'après
Pappenheim(n. 3g, p. 2o3), des fibres élastiques. Les corps caverneux du *clitoris* ont une structure analogue à ceux du pénis. Les *glandes* mucipares simples et les autres agglomérées, probablement sébacées, du vestibule n'ont pas
encore été soumises à un examen suivi. Les *glandes de Cowper* ou de *Bartolin*
ou de *Duverney* (n. 41) se composent de petits lobules aplâtis, arrondis, eux-
mêmes formés de culs-de-sacs ; leur contenu est constitué, d'après nos recherches, de cellules à divers degrés de développement.

§ 3. *Les mamelles.*

L'histoire des recherches concernant la structure intime des mamelles se
rattache à celle des glandes en général ; aussi ne donnerons-nous ici que les
résultats des observations modernes. *Henle* (n. 9) dit que les vésicules de la
glande mammaire sont munies, hors du temps de l'allaitement, d'un épithélium de petites cellules plates, ayant un diamètre de 0,0o35 ligne et dont le
noyau en a un de 0,0o22. Chez une nouvelle accouchée, il a trouvé, au lieu

d'épithélium, des globules de graisse détachés les uns des autres, çà et là seulement la pression faisait sortir en même temps des noyaux de cellules. Mais *Nasse* (n. 42. p. 264) a observé, dans un cas analogue, de petites plaques, de la grandeur des squamules de l'épiderme, auxquelles adhéraient des globules isolés de graisse. *Pappenheim* (n. 43, p 257) a rencontré presque partout de l'épithélium pavimenteux, et après l'avoir râclé, il a aperçu des fibres élastiques transversales, couverte de fibres longitudinales non musculaires. Nous reprendrons ce sujet en parlant du développement des globules du lait. *(Histogénèse).*

§. 4. *L'œuf.*

Il ne peut être question ici que des éléments microscopiques de l'œuf mûr et non fécondé. Son développement, ainsi que les transformations histologiques qui s'opèrent après la fécondation, seront étudiées dans *l'Histogénèse.* Nous supposons connue la valeur des noms des diverses parties de l'œuf.

A l'intérieur de la vésicule de Graaf existent des cellules isolées et nageant dans un liquide selon les uns, formant une membrane cohérente (la *membrane granuleuse*) selon les autres, et constituant aussi les éléments du disque proligère de Baer (tunique granuleuse pourvue de rétinacles, d'après Barry). Ces éléments sont, d'après *Bernhardt* (n. 47, p. 10), des molécules et des gouttelettes huileuses, d'après *Wagner* (n. 52), des cellules, ayant un diamètre de 1/200 à 1/300 de ligne, d'une apparence finement granulée (Pl. I, fig. 5, 6, *B*); le disque proligère se compose des mêmes éléments. Cet auteur parle aussi des gouttes d'une graisse très-pâle. *Bischoff* (n. 56), dit que ces cellules sont arrondies (Pl. I, fig. 7, *B*, *C*). Leur existence a été constatée par *Barry* (n. 56), et par d'autres observateurs.

La *zone transparente*, prise d'abord pour une couche de vitellus enfermée entre deux enveloppes très-minces (Krause, Valentin), est formée d'une membrane épaisse, amorphe, dont les contours externe et interne se voient sous l'apparence de deux lignes entourant l'anneau transparent (Pl. II, fig. 4, 13).

Le *vitellus* (jaune d'œuf) est renfermé dans une membrane amorphe (la *membrane vitelline*), dont l'existence pourtant, du moins à une certaine époque du développement de l'œuf, est révoquée en doute par plusieurs auteurs. Jusque dans les derniers temps, on a cru le vitellus composé de molécules, et on le voit dans les dessins des auteurs, lorsqu'il s'agit soit des œufs des animaux inférieurs, soit de ceux des vertébrés, représenté sous forme d'une masse finement granuleuse. On le trouve ainsi représenté encore dans les travaux de *Purkinje* (n. 46). Toutefois, dans les temps modernes, on a commencé de parler des globules vitellins de l'œuf des oiseaux, sans avoir une idée exacte à ce sujet. *Bernhardt* (n. 47, p. 17) dit que le vitellus de l'œuf des mammifères se compose d'un liquide, de molécules et des globules de toute grandeur. *Baer* (n. 53, p. 17) s'exprime de la manière suivante. Les granules sont de différentes espèces. Quelques-uns sont gros et assez régulièrement globuleux; ils ont un diamètre de 0,005 à 0,0125 et consistent eux-mêmes en granules plus petits et moins bien séparés. On y trouve, en outre, une quantité immense de tout petits granules, sans forme déterminée. Une troisième forme de globules, tenant le milieu pour la grandeur entre les deux espèces précédentes, est représentée par des masses oblongues, transparentes, ressemblant à de l'albumine. Une quatrième espèce est formée par des corpuscules ronds, plus petits que ceux de la première espèce, et contenant dans leur intérieur un petit granule arrondi ; cette espèce ne se rencontre que dans les environs de la cavité centrale. *Schwann* (n. 55, p. 55) distingue les globules de la cavité vitelline et ceux du vitellus proprement dit. Les premiers se trouvent aussi dans le canal vitellin et dans le noyau de la cicatricule ; ce sont de globules parfaitement ronds, à bords unis, contenant dans leur intérieur un globule plus petit, qui ressemble à une gouttelette de graisse. Les globules vitellins sont plus gros, renferment une substance granuleuse et sont, la plupart, privés de noyau ; ils sont très-sensibles à l'action de l'eau. Schwann affirme qu'outre le contenu des globules, il n'existe pas des granules libres dans le vitellus. *Wagner, Henle, Huschke* ne donnent pas plus de détails à ce sujet.

On ignore encore s'il existe une cavité vitelline centrale et un canal vitellin chez les mammifères comme chez les oiseaux. Mais *Barry* (n. 56, 2ᵉ série, p. 349) dit que, quand l'œuf est à maturité, il cesse de contenir des gouttelettes d'huile séparées, et qu'on y découvre une couche périphérique grenue, composée parfois de cellules polyédriques, pressées les unes contre les autres, avec un liquide dans le milieu.

D'après nos recherches, on rencontre dans le vitellus des œufs de poule pondus, mais non incubés, de grandes cellules dépourvues de noyau (pl. II, fig. 5, *a*) et remplies de molécules (*b*) analogues à celles du pigment, qui deviennent libres par la rupture des cellules. Dans le voisinage de la cicatricule, existent des gouttelettes d'une graisse liquide (pl. II, fig. 6, *a*), d'autres d'une graisse solide (*b, c*), des cellules analogues à celles du vitellus, mais plus petites et en partie seulement remplies de granules (*d*), et enfin des cellules renfermant des gouttelettes transparentes (*e*).

La *vésicule germinative*, découverte par *Purkinje* (n. 46) dans l'œuf des oiseaux, et par *Coste* (n. 48, 50) dans celui des mammifères, est, suivant tous les auteurs, composée d'une membrane lisse, amorphe, et renferme un liquide clair comme de l'eau. On trouve la vésicule germinative déjà indiquée dans les dessins de *Poli* (n. 44).

La *tache germinative*, découverte par *Wagner* (n. 52), simple chez les mammifères et multiple surtout chez les invertébrés, se présente tantôt sous forme d'une gouttelette de graisse transparente, tantôt elle est finement granulée. Nous ne pouvons mieux la caractériser, qu'en la comparant aux nucléoles des autres cellules.

La *membrane de la coquille* se compose, d'après nos observations, de fibres qui sont plus minces dans le feuillet interne et plus fortes et grenues dans le feuillet externe. On y voit, en outre, (pl. II, fig. 3, 4), des taches obscures qui se trouvent en rapport avec le dépôt calcaire et qui paraissent être des cellules transformées.—L'*albumine* est un liquide transparent qui, coagulée, se présente sous forme de molécules.

LITTÉRATURE.

CHAPITRE PREMIER.— § 1. *Testicules.*

N. 1. Leeuwenhoëk. Opera omnia, quatuor tomis distincta. Leyde. 1722. — Phil. transact. vol. 27.
N. 2. Monro. Diss. de testibus et de semine. Edinb. 1755.
N. 3. Müller. De gland. secernentium struct. Leipzig. 1830.
N. 4. Lauth. Mém. de la Société d'hist. nat. de Strasbourg. 1833.
N. 5. Jordan. Archives de Müller. 1834.
N. 6. Berres. Anatomie der mikroskopischen Gebilde. Vienne. 1836.
N. 7. Krause. Archives de Müller. 1837.
N. 8. Purkinje. Naturforscher zu Prag. Prague. 1838.
N. 9. Henle. Archives de Müller. 1838.
N. 10. Henle. Allgemeine anatomie. Leipzig. 1841. (Encyclopédie anatomique. Paris. 1843. Tomes 6 et 7).
N. 11. Valentin. Wagner's Handwoerterbuch. der Physiologie. Brunsvick. 1842. V. I.
N. 12. Huschke. Splanchnologie (Encyclopédie anatomique. T. V. pag. 341. Paris 1845).
N. 13. E. H. Weber. Bau und Verrichtungen der Geschlechtsorgane. Leipzig. 1846. (Extrait dans les Archives d'anatomie générale. Paris. 1846).

§ 2. *Vésicules séminales.*

N. 14. E. H. Weber. Annotationes anatomicæ. Leipzig. 1834. - Comp. aussi les n. 9, 11,12 et 13.

§ 3. *Prostate.*

N. 15. Krause. Archives de Müller. 1837. — Comp. aussi n. 9, 11, 12, 13 et 14.

§ 4. *Utérus masculinus.*

N. 16. E. H. Weber. Bericht der Versammlung der Naturforscher zu Braunschweig. 1842.—Comp. aussi les n. 12, 13, 14.

§ 5. *Verge.*

N. 17. Gurlt. Archives de Müller. 1835.
N. 18. Burckhardt. Bericht der Naturforschenden Gesellschaft in Basel. Bâle. 1836.
N. 19. Simon. Archives de Müller. 1844.
N. 20. Müller. Archives de Müller. 1835.
N. 21. Valentin. Archives de Müller. 1838.
N. 22. Hyrtl. OEsterreichische Jahrbuecher. 1838. T. XIX.
N. 23. Erdl. Archives de Müller. 1841.—Comp. aussi les n. 10, 11, 12, 15.

CHAPITRE SECOND. — § 1. *Ovaires, matrice.*

N. 24. Valentin. Repertorium. Vol. III. Berne.
N. 25. Lauth. L'Institut. 1834.
N. 26. Kasper. De structura fibrosa uteri non gravidi. Breslau. 1840.
N. 27. Baer. Gefæsverbindung zwischen Mutter und Frucht. Leipzig. 1828.
N. 28. Weber. Hibdebrand's Anatomie. 4e édit. Brunsvick. 1832. Vol. 4.
N. 29. Burkhardt. De uterini vaccini fabrica. Bâle. 1834.
N. 30. Krause. Handbuch der menschlichen anatomie. Hannovre. 1836. Vol. 4.
N. 31. Berres. OEsterr. medizin. Iahrb. T. XXIII.
N. 32. Eschricht. De organis, quæ respirationi et nutritioni fœtus mammalium inserviunt. Hafniæ. 1837.
N. 33. Baer. Entwickelungsgeschichte der Thiere. Kœnigsberg. 1837.
N. 34. Weber. Müller, physiologie. Coblence. 1840. Vol. II.
N. 35. Sharpey, dans la traduction anglaise de la physiologie de Müller. Londres. 1843. Vol. II.
N. 36. Goodsir. Anatomical and pathological observations. Edinburg. 1845.
N. 37. Bischoff. Entwickelungsgeschichte des Hundeeies. Brunswick. 1845.
N. 38. Bischoff. Archives de Müller. 1846.—Comp. en outre les n. 10, 11,13.

§ 2. *Vagin.*

N. 39. Pappenheim. Répertoire de Valentin. 1842.
N. 40. Berres. Anatomie der mikroskopischen Gebilde. Vienne. 1836.
N. 41. Tiedemann. Von den Daverney'schen, Bartholin'schen oder Cowper'schen Druesen des Weibes. Heidelberg. 1840.

§ 3. *Les mamelles.*

N. 42. Nasse. Archives de Müller. 1840.
N. 43. Pappenheim. Gewebelehre des Auges. Breslau. 1842.—Comp. aussi le n. 9.

§ 4. *L'œuf.*

N. 44. Poli. Testacea utriusque siciliæ, etc. Parme. 1791-93.
N. 45. Baer. a. Epistola de ovi mammalium et hominis genesi. Leipzig. 1827. b. Journal de Heusinger pour la physique organique. T. II. c. Trad. franç. dans le répertoire d'anatomie de Breschet. Paris. 1829.
N. 46. Purkinje. Symbolæ ad ovi avium historiam. Leipzig. 1830.
N. 47. Bernhardt. Symbolæ ad ovi mammalium historiam. Breslau. 1834.
N. 48. Coste et Delpech. Recherches sur la génération des mammifères. Paris. 1834.
N. 49. Wagner. Archives de Müller. 1835.—Notices de Froriep. n. 994.
N. 50. Wharton Jones. London and Edind. phil. Journal, t 7, 19.— British and foreign medical Rewiew. n. 22.
N. 51. Valentin. Handbuch der Entwickelungsgeschichte. Berlin. 1835.
N. 52. Wagner. Prodromus historiæ generationis. Leipzig. 1836.—Mémoires de l'Académie de Munich. t. II. 1837.— Physiologie. Leipzig. 1839 et Icones physiologicæ. 1b.
N. 53. Baer. Entwickelungsgeschichte der Thiere. Kœnisberg. 1837. t. II.
N. 54. Krause. Archives de Müller. 1837.
N. 55. Schwann. Mikroskopische Untersuchungen. Berlin. 1838.
N. 56. Barry. Philosoph. transactions. 1838, 1839.
N. 57. Bischoff. Traité du développement de l'homme. (Leipzig. 1842.) Trad. par Jourdan. Paris. 1843.

MÉMOIRE

SUR LA STRUCTURE INTIME

DE LA PEAU

PAR

LE DOCTEUR LOUIS MANDL.

ACCOMPAGNÉ DE DEUX PLANCHES.

PARIS,

CHEZ J.-B. BAILLIÈRE,

LIBRAIRE DE L'ACADÉMIE ROYALE DE MÉDECINE,

RUE DE L'ÉCOLE DE MÉDECINE, 17;

A LONDRES, CHEZ H. BAILLIÈRE, 219, Regent Street.

1847

MÉMOIRE

SUR LA STRUCTURE INTIME

DE LA PEAU.

CHAPITRE PREMIER. — HISTORIQUE.

PLANCHE I.

(Planche trente-cinq de la première partie.)

§ 1. *L'épiderme.*

L'histoire des recherches microscopiques sur l'épiderme a été donnée précédemment dans le mémoire concernant ce sujet (p. 165). Il nous reste seulement quelques mots à ajouter sur les différentes couches établies par les auteurs. *Malpighi* (n. 3) fut le premier qui, sur la langue du bœuf et sur la plante du pied de l'homme, décrivit la couche la plus profonde de l'épiderme comme un réseau, une membrane trouée. Cette membrane a été depuis appelée le réseau muqueux, *rete Malpighi*, le corps réticulaire, etc. On découvrit plus tard (p. 327) que les trous étaient les espaces vides laissés par les papilles; en outre, un grand nombre d'auteurs, qu'il serait superflu de citer ici, puisque leurs recherches ont été faites sans l'emploi du microscope, ont les uns adopté, les autres repoussé l'opinion de Malpighi, d'après laquelle le tissu signalé par cet auteur doit être considéré comme membrane particulière. Dans les temps modernes, on s'est de nouveau occupé de la peau. Les recherches microscopiques donnent la solution des opinions diverses émises à ce sujet. On sait maintenant que toute la couche épidermique constitue une suite non interrompue d'éléments de la même nature, mais à divers degrés de développement, dont les plus jeunes et les plus mous constituent la couche la plus profonde, appelé réseau de Malpighi, et dont les plus superficiels et les plus durs, les lamelles épidermiques, sont caduques. Ces éléments, réunis par une substance intermédiaire, forment un tissu cohérent qui, par la macération, peut être divisé en couches; mais il n'est pas permis de considérer ces dernières comme des membranes distinctes, puisque chaque élément d'une couche inférieure devient, en s'accroissant, élément d'une couche supérieure, avançant par suite du développement de nouveaux éléments situés plus profondément. Ce ne sont donc pas des couches distinctes, composées d'éléments divers, mais un et le même tissu à divers degrés de développement.

1   (1)   69

§ 2. Le derme.

Le derme a été considéré par les anciens anatomistes, de même que toutes les membranes composées d'un tissu cellulaire dense, comme un corps nerveux; ainsi *Malpighi* dit (n. 3. *a*, p. 23, 26) : « Hæ (papillæ) implantantur in nervoso et « satis crasso corpore quod alias papillare placuit appellare corpus. » Plus tard on acquit la certitude que le derme se composait de tissu cellulaire, de nerfs et de vaisseaux. Le microscope a constaté ces résultats. Les vaisseaux et les nerfs ne font que traverser le tissu cellulaire, pour se terminer dans les papilles (§. 3).

§ 3. Les papilles.

Leur existence à la surface du derme fut, pour la première fois, signalée par *Malpighi* (pl. I, fig. 3) dans la langue du bœuf et dans la plante du pied de l'homme (n. 3, *a*). *Albinus* (n. 11, *a*, lib. VI, c. 10) distingue deux sortes de papilles, les filiformes et les tuberculeuses. Les premières sont fort longues au bout des doigts et plus courtes dans la main; à la paume de celle-ci elles vont toujours en se raccourcissant vers le dos du carpe, et finissent par faire place à des papilles tuberculeuses. Des figures des papilles de la peau ont été données par *Mascagni*, *Wendt*, *Breschet* et *Roussel de Vauzème* (pl. I, fig. 6, 8), *Berres*, *Arnold*, etc. *Krause* évalue leur élévation de 1/50 à 1/13 de ligne, terme moyen environ 1/30. *Purkinje* et *Huschke* décrivent les formes qu'affectent les séries des papilles au bout des doigts et dans le creux de la main. Voilà comment *Huschke* (n. 53) résume, d'après ses recherches, l'état actuel de nos connaissances sur la forme et la distribution des papilles tactiles :

« Chaque série des papilles du creux de la main et de la plante du pied se compose, rigoureusement parlant, de deux séries plus petites (*Prochaska*, n. 20), de papilles séparées par un sillon *(sulcus interpapillaris)* et plus encore par des enfoncements infundibuliformes, orifices des glandules sudorifères. Ces papilles, plus ou moins saillantes, arrondies ou aplaties, et opposées ou alternes, sont, comme les séries elles-mêmes, tantôt perpendiculaires à la surface de la peau (au métacarpe et au carpe), tantôt obliques de haut en bas (au bout des doigts), et alors elles se couvrent jusqu'à un certain point en manière de tuiles. Les séries les plus larges existent au thénar (1/3 de ligne), puis à l'hypothénar, et aussi à l'éminence métacarpienne du petit doigt. Quant aux extrémités des doigts, la troisième et la quatrième me paraissent être celles qui ont les séries les plus étroites; il y en a de plus larges à l'indicateur et surtout au pouce. Elles sont très-étroites aussi entre l'hypothénar et le thénar (1/6 à 1/7 de ligne), où il en faut deux pour faire une de celles du thénar. Les points où elles font le plus de saillie (1/6 à 1/7 de ligne) sont les éminences carpiennes du côté cubital, les troisièmes phalanges et les éminences métacarpiennes; ceux où elles en font le moins, les transitions au dos de la main (1/10 à 1/20 de ligne et moins). *Pappenheim* les a trouvées plus élevées aux doigts qu'à l'ombilic, au front et au nez qu'aux lèvres. »

En ce qui regarde la structure intime des papilles, on n'a eu, jusque dans les derniers temps, que des idées fort incomplètes. *Ruysch* les croyait entièrement composées de vaisseaux capillaires ; il nie même leur existence sur le dos du pied (n. 6, Advers. I, n. 3), et affirme que dans d'autres endroits ils apparaissent seulement après l'injection. *Gaultier* (n. 19) appelle les papilles bourgeons. Chaque bourgeon est, d'après cet auteur, divisé jusqu'à sa base en deux parties à peu près égales ; ils sont formés par douze à dix-huit petits filaments rougeâtres que réunit un tissu blanc, parenchymateux. Ces filaments, légèrement flexueux, paraissent se replier sur eux-mêmes, sans jamais s'entrelacer. Du sommet arrondi, quelquefois aigu des bourgeons, partent un ou deux petits vaisseaux qui traversent l'épiderme et qui viennent s'ouvrir dans les petites excavations que l'on voit sur le dos des sillons (Comp. pl. I, fig. 3). *Breschet* et *Roussel de Vauzème* (n. 31) ont énoncé une opinion fort différente. Suivant ces auteurs, des faisceaux des filets nerveux très minces se dirigent vers la base de la papille et y pénètrent (Pl. I, fig. 6). « La base de chaque papille est marquée de stries ou de canelures qui disparaissent insensiblement à mesure que le corps de la papille, ordinairement bifide, s'effile et s'arrondit pour se terminer par un sommet renflé en bouton olivaire comme une baguette de tambour. Les tiges nerveuses, quoique réunies deux ou trois sur une base commune, sont toujours soutenues et isolées dans une gaine particulière fournie par le tissu corné qui se moule fidèlement sur leurs contours. Le corps du nerf présente, à travers le névrilème, des stries légères, ondulées qui, partant de la base, deviennent moins marquées et, pour ainsi dire, vaporeuses ou confuses, à mesure qu'elles serpentent vers le renflement terminal où elles paraissent se réunir en demi-cercles concentriques. Cette surface est lisse et unie. Aucun prolongement ne s'en détache pour communiquer avec les tissus voisins. » Ces recherches ont été faites sur la peau de la baleine, et les auteurs affirment que les résultats s'appliquent exactement à celle de l'homme. *Gluge* (n. 34) combat la nature nerveuse de ces filets ; suivant lui, ils ne servent qu'à fixer la couche épidermique au derme. Cet auteur donne aussi les mesures suivantes d'une papille de la peau des baleines, en commençant par la base et en remontant vers l'épiderme : 0,0038- 0,0037- 0,0022- 0,0018-0,0015-0,0010 pouces de Paris.

Les recherches microscopiques modernes ont démontré que les papilles n'étaient autre chose que des élévations du derme lui-même, dans lesquelles se terminent les vaisseaux sanguins et les nerfs. *Berres* (n. 40) donne de très belles figures représentant les papilles injectées ; on voit les capillaires formant des anses. Le diamètre transversal des anses des papilles situées au bout du doigt est de 0,013 ; le diamètre longitudinal 0,0035 à 0,0050 de pouce de Vienne, et la largeur d'un capillaire de 0,0006. Suivant *Krause* (n. 52, p. 111), l'épaisseur des capillaires contournés en anses est de 1/260 à 1/210, plus rarement de 1/325 de ligne. Les petites papilles ne renferment qu'une anse d'où partent quelquefois deux autres pour deux papilles voisines ; dans des papilles plus grandes existent quelquefois, surtout à leur base, deux ou plusieurs anses.

Les vaisseaux lymphatiques du derme et des papilles sont encore peu connus. Quant à la terminaison des nerfs dans les papilles, nous avons déjà rapporté l'opinion de *Gerber* (p. 96) ; mais ni *Huschke* (n. 53, p. 532), ni *Todd* et *Bowmann* (n. 54, p. 412) n'ont pu se convaincre de l'exactitude de ces recherches.

§ 4. *Coloration de la peau.*

Tous les anatomistes s'accordent à dire que la couleur de la peau dépend de celle de la couche profonde de l'épiderme. Mais les opinions diffèrent sur deux autres points, à savoir s'il existe chez le nègre une couche particulière de pigment dans l'épaisseur de l'épiderme ; et, d'un autre côté, si les couches superficielles de l'épiderme sont colorées. *Malpighi* affirme que la couche superficielle de l'épiderme est incolore chez le nègre et que la couleur dépend uniquement du *rete*. *Ruysch*, *Santorini*, *Albinus* et beaucoup d'anatomistes modernes ont combattu cette opinion. Sans nous occuper ici davantage des recherches faites à l'œil nu, nous allons résumer les observations microscopiques faites à ce sujet jusqu'à présent.

Henle (n. 51, *b*) affirme que l'épiderme du nègre ne diffère pas réellement de celui du blanc, et que la couleur provient uniquement d'une couche de pigment étalée entre l'épiderme et le derme, et qui manque chez les races à peau blanche. *Valentin* (n. 48, p. 758) exprime la même opinion. On doit encore examiner, ajoute cet auteur, si les cellules de cette couche diffèrent essentiellement de celles de l'épiderme, ou si elles renferment primitivement du pigment qui se perd plus tard pendant leur dessiccation. Les teintes foncées de la race blanche, les éphélides, etc., dépendent, d'après *Simon* (n. 45) également de cellules pigmentaires. *Krause* (n. 52, p. 118), au contraire, affirme que la couleur foncée de la peau au scrotum, sous l'aiselle, etc., chez les races à peau blanche, dépend de la couleur foncée des noyaux et des petites cellules du réseau de Malpighi; mais jamais ces dernières ne sont d'une couleur aussi foncée que les noyaux. Il existe aussi dans la couche moyenne de l'épiderme, dans ces endroits, des noyaux et des cellules d'un brun beaucoup plus foncé que dans l'épiderme des autres régions du corps; mais on ne peut, ni par le pressoir, ni par l'acide acétique, isoler des molécules de pigment : au contraire, toute la masse, ou du moins les parois, paraissent uniformément colorées. Même les cellules superficielles sont plus foncées que celles des autres régions; mais elles sont plus pâles que les profondes, ce qui doit être attribué en partie à la disparition du noyau. Du reste, cette coloration n'est pas uniforme, mais distribuée seulement par places. La coloration de la peau du nègre dépend d'éléments tout à fait analogues; seulement dans la couche moyenne de l'épiderme existent aussi quelques véritables cellules pigmentaires, polyédriques, à noyau foncé et remplies de molécules ; ces dernières sont beaucoup plus rares que dans le pigment de l'œil. *Todd* et *Bowmann* (n. 54, p. 415) attribuent entièrement la coloration à des cellules remplies de molécules; dans les couches superficielles de l'épiderme, disent-ils, diminue graduellement la matière colorante.

§ 5. *Glandes sudoripares.*

Fontana (n. 1, Tract. 8, cap. 2, obs. 8), est le premier qui, à l'aide de verres grossissants, ait constaté l'existence des pores situés dans la peau et à travers lesquels la sueur s'échappe. En effet, on lit chez cet auteur : « Evulso pilo spectantur pori et meatus cutis per quos *sudor* et pili erumpant, quin imo et crassus,

terrestrisque humor et viscosa capilli radix cernitur. » Ces pores sont indiqués
plus clairement encore par *Malpighi* (n. 3), et par *Grew* (n. 4, p. 566) dans la
peau des doigts ; il donne des figures dans lesquelles on voit (Pl. I, fig. 1) les pores dessinés entre les lignes spirales de la face palmaire des doigts. C'est de lui
probablement que parle *Leeuwenoëhk* (n. 7, tom. IV, Ep. 43, écrite en 1717),
lorsqu'il dit : « Postmodum ad cavernulas cuti manus inferioris intextas medita-
tionem meam converti : quas cavernulas anglus quidam aliquot ab hinc annis,
acri incisas, in vulgus emisit. » Leeuwenhoëk constata l'existence de ces petites
excavations ; l'endroit de la peau examiné ne permet pas de supposer une confusion avec des glandes sébacées. Dans cette même lettre, Leeuwenhoëk parle encore de vaisseaux de l'épiderme pourvus d'ouvertures, dont 14,400 existeraient
dans une ligne carrée du tissu cutané. Nous avons déjà fait voir (p. 165) que ces
prétendues ouvertures ne sont que les noyaux des cellules épithéliales, et que
Leeuwenhoëk avait pris les cellules ou leurs contours pour des vaisseaux. *Ledermuller* (n. 14) adopte l'opinion de Grew, et donne des figures (Pl. 55 de son
ouvrage) analogues à celles de ce dernier auteur.

D'un autre côté, *Albinus* (n. 11, *b*) conteste l'existence des pores, par la raison
que des matières injectées dans les vaisseaux sanguins n'arrivent pas à la surface
de l'épiderme, raison qui à cette époque a paru suffisante. *J.-F. Meckel* (n. 12,
p. 63), *Cruikshank* (n. 15), *Humboldt* (n. 17, vol. I, p. 156), *Rudolphi* (n. 22, vol. I,
p. 104), *Meckel le jeune* (n. 23), et plusieurs autres auteurs encore n'ont pas pu
constater, à l'aide de verres grossissants, l'existence d'ouvertures dans la peau.
Seiler (n. 26, art. *Integumente*) n'a pas été plus heureux, en examinant l'épiderme enlevé avec un rasoir sur un animal en sueur. Plusieurs de ces auteurs,
de même que *Blumenbach* (n. 25), *Heusinger* (n. 27), etc., prétendent même que
les pores ne sont pas nécessaires à la sécrétion de la sueur. *Béclard* (n. 28, p. 268)
parle d'ouvertures microscopiques ou des porosités apparentes de l'épiderme,
distinctes des ouvertures des glandes sébacées, mais qui sont des enfoncements
infundibuliformes et terminés en cul-de-sac. Toutefois, il ajoute bientôt : « La
sécrétion de la sueur a lieu dans la peau, mais on ignore par quels vaisseaux ;
quant aux voies par lesquelles elle traverse le corps muqueux et l'épiderme, elles
sont tout-à-fait inconnues. » D'un autre côté (p. 283), en chargeant un lambeau
d'épiderme d'une colonne de mercure du poids d'environ une atmosphère, il
n'a pu découvrir ces porosités. *Hildebrant* (n. 18, § 1314), au contraire, affirme
avoir vu les pores, en examinant la peau humaine, lorsqu'elle est en transpiration, et *Schroeter* (n. 21) donne des figures représentant la disposition d'o-
rifices situés dans la peau ; mais cet auteur, qui fut uniquement dessinateur
et non anatomiste, n'a pas su toujours convenablement interpréter ces pores, et les a pris quelquefois pour des papilles nerveuses. *Gaultier* (n. 19)
parle de petites excavations, dont la trace existe également sur le dos des
sillons de l'épiderme et qui seraient situées au sommet des bourgeons sanguins
(papilles) ; de là partent un ou deux vaisseaux qui traversent l'épiderme et qui
viennent s'ouvrir dans les petites excavations qu'on voit sur le dos des sillons
des doigts (Pl. I, fig. 3, 4). Il compte de quatre à six de ces petites excavations
par ligne. *Prochaska* (n. 20) s'exprime clairement à ce sujet : « Inter quas

I   (2)   70

(papillas) exigui hiatus aut interstitia observantur, parvis osculis in epidermide visibilibus respondentes, quibus, cum manus sudat, sudoris guttas insidere observamus. » *Mojon* (n. 24, p. 19) dit que la surface externe de l'épiderme offre une multitude de pores qui s'ouvrent obliquement entre les écailles et les fibres. Ces pores sont de deux sortes ; les uns servent à la transpiration et les autres à l'absorption. Il découle des premiers, chez les enfants à la mamelle, une humeur propre à empécher le desséchement de l'épiderme. Chez les animaux qui vivent dans l'eau, cette humeur est un gluten huileux. Ces assertions sur l'existence des pores sont de nouveau contredites par *Delle Chiaje*, qui n'admet pas d'ouvertures à l'épiderme, et par *Weber* (n. 18, *b*, p. 189), qui n'a pas pu constater de trous dans des lambeaux d'épiderme ; toutefois, il admet qu'ils pourraient bien disparaître par suite de l'élasticité de ce tissu.

A côté de ces observations sur l'existence des pores dans l'épiderme, nous devons mentionner d'autres touchant la présence de certains filaments entre l'épiderme et le derme, et dont le rapport avec les canaux sudorifères a été démontré plus tard. Ces filaments, visibles même à l'œil nu, sont déjà connus à *Malpighi* (n. 3), qui les prend pour des vaisseaux excréteurs de la sueur, ainsi que *Bidloo* (n. 5) ; *Winslow* (n. 9), *Cruikshank* (n. 15) et *Weber* (n. 18, *b*, p. 188), croient qu'ils représentent le revêtement épidermique des glandes cutanées. *Kaaw* (n. 10) les connaît également. *W. Hunter* (n. 13, p. 52) les considère avec Bidloo comme les canaux de la sueur. *Monro* les croit de nature nerveuse, et *Fontana* parle des vaisseaux contournés qu'il voit dans tous les tissus. *Chaussier* et *Bichat* les regardent comme des vaisseaux absorbants et exhalants. *Meckel* (n. 23), *Seiler* (n. 26) et *Humboldt* refusent à ces filaments la qualité vasculaire, parce que les matières injectées par les artères n'y pénètraient point. Nous avons déjà parlé de l'opinion de *Gaultier* (n. 19).

On le voit donc, au commencement de ce siècle, les uns croyaient à l'existence des pores dans la peau, les autres les niaient. On laissait la sueur transsuder à travers la peau ; selon les autres, elles était sécrété par les follicules sébacés. Quelques auteurs pourtant avaient déjà parlé de glandes particulières, sudoripares, comme parr exemple *Malpighi ;* mais il prend pour telles les petites glandes sébacées. *Wolf* (n. 16, p. 282-3) décrit de petits globules situés sous le derme et différents des globules de la graisse, en indiquant peut-être de cette manière les glandes sudoripares. Mais le premier travail complet à ce sujet fut publié par *Eichhorn* (n. 29). Quoique entaché de plusieurs erreurs, il a pu pourtant servir de base aux recherches ultérieures. Il est à regretter que l'auteur n'ait pas joint des dessins à son mémoire.

Eichhorn (n. 29. p. 405) fait usage d'une loupe simple dans ses recherches sur la peau. Il examine ce tissu chez les vivants et sur les cadavres, en été et en hiver. Les filaments, dont nous venons de parler, sont d'après cet auteur des canaux qui s'ouvrent à la surface de l'épiderme, par un orifice infundubiliforme, plus petit que le trou qui donne passage au poil. On voit par ces pores sourdre la sueur, dont on reconnaît également quelquefois la présence dans l'intérieur du canal. Ce dernier va, à angle droit, se terminer dans les lignes convexes et disposées en spirale que l'on remarque à la surface palmaire des doigts. Eichhorn

a reconnu l'existence de ces pores aussi dans les autres parties du corps; quelques-uns sont si grands que, le canal fendu, ils peuvent laisser passer un crin.
Il y avait 18 à 31 pores dans une ligne carrée à la face palmaire du doigt indicateur de l'auteur; en moyen 25; à la peau entre les doigts 75; dans les autres
parties 50. N'ayant pu injecter les canaux sudorifères par les artères, il suppose
qu'ils sont uniquement des prolongements de l'épiderme qui s'enfoncent dans
le derme, où ils se terminent par des bouches béantes. Ainsi Eichhorn ne
suppose nullement l'existence des glandes sudoripares.

Ces glandes ont été découvertes par *Wendt* (n. 3o.); il dit que le conduit excréteur de la sueur, ces filaments qui vont de l'épiderme au derme, se terminent
en bas par un cul-de-sac, quelquefois renflé, ayant une structure « granuleuse et
polipeuse. » Ce sont donc, dit Wendt, des glandes simples, comme les glandes
sébacées (Pl. 1. fig. 5). Cet auteur communique les observations de *Purkinje*, qui
a découvert la forme spirale du conduit excréteur; celui-ci aurait, suivant
Wendt, une structure granuleuse. Le diamètre et le nombre des spires dépend
de l'épaisseur de l'épiderme.

Quelques mois plus tard, *Breschet et Roussel de Vauzème* (n. 31) découvrirent
de leur côté les glandes sudoripares, et les décrivirent sous le nom d'organes
d'exhalation. Chacun de ces organes (Pl. I, fig. 7, 9, 10) se compose d'un parenchyme de sécrétion et d'un canal excréteur. « La forme du parenchyme est celle
d'un sac légèrement enflé, d'où part un canal spiroïde, qui poursuit son trajet
dans le derme, et en sort par l'infundibulum ou fissure transversale située entre
les papilles; de là il se dirige obliquement dans l'épaisseur de la couche cornée
sous forme de tire-bouchon ou de serpentin d'alambic, jusqu'en dehors de l'épiderme, où sa terminaison est indiquée par une légère dépression ou espèce de
pore. » La structure du canal ressemble beaucoup à celle du tissu corné; il présente, disent les auteurs, une surface enduite de matière cornée; roulé sous le
verre, il s'en détache une infinité d'écailles polygonales irrégulières. Ces dernières
paroles prouvent que les auteurs n'ont pas vu, au moins dans ces cas, les conduits
parfaitement isolés, car les écailles dont ils parlent appartiennent évidemment au
réseau de Malpighi. Quant à la forme de la glande sudoripare, quoiqu'ils disent
qu'elle est celle d'un sac légèrement renflé, leurs dessins (Pl. I, fig. 9) font pourtant
supposer qu'ils aient vu le canal pelotonné décrit plus tard par d'autres observateurs. Nous allons voir (§ 11) que les prétendues glandes chromatogènes et celles
du corps réticulaire des auteurs ne sont autre chose que des glandes sudoripares.
Les auteurs emploient, de même que Wendt, le carbonate de soude pour durcir
la peau, ou l'ébullition pour séparer l'epiderme du derme.

Les glandes sudoripares sont, d'après *Gurlt* (n. 32. p. 415.), chez l'homme, le
cheval, la brebis, le cochon et au talon du chien, des canaux diversement contournés (Pl. 1. fig. 11, *a*), ce qui fait qu'elles ont quelque ressemblance avec le
testicule; chez les bêtes à cornes, ce sont des follicules ronds et dans les endroits
pileux de la peau du chien, des follicules allongés, étroits, dans lesquels on
n'aperçoit aucune circonvolution. — Dans la plupart des cas, ces glandes sont
incolores et presque transparentes; mais celles des organes génitaux du cheval
sont brunes, ce qui provient de petits granules bruns renfermés dans le canal. Les

glandes du talon chez le chien renferment également des granules, mais ils sont incolores. Les glandes les plus grandes s'observent dans la peau des organes génitaux et chez le cochon. *Raspail* (n. 35, vol. II. p. 274) affirme que « les prétendus pores de la seur, chez les mammifères plantigrades, sont des organes d'appréhension », analogues aux ventouses des animaux inférieurs et qui servent à grimper. *Wagner* (n. 39, *a*, p. 250) indique plus clairement que Gurlt les circonvolutions dans la glande sudoripare (Pl. I. fig. 12, 14) et fait en outre remarquer que le conduit extérieur est souvent bifurqué. Le diamètre de la glande chez l'homme est de 0,16 à 0,025 de ligne, celui des conduits secréteurs de 0,04 et du conduit excréteur de 0,01. *Giraldès* (n. 46), qui d'abord avait nié l'existence des glandes sudoripares, s'étant convaincu plus tard de leur présence, indique également la bifurcation du conduit excréteur. Il conseille l'emploi de l'acide nitrique pour mieux apercevoir les glandes.

Henle (n. 51, *a*) donne les renseignements suivants sur la structure de ces glandes : « La portion de la glande sudoripare qui forme le paquet est celle du conduit excréteur qui est placé dans le tissu adipeux, consistent en une membrane dépourvue de structure ; la portion du conduit excréteur qui traverse le derme et l'épaisseur de l'épiderme a l'aspect d'un canal sans parois propres. La glande contient une substance à grains fins et des corpuscules muqueux ; le conduit excréteur est revêtu d'un épithélium souvent régulier. » *Berres* (n. 40) donne quelques belles figures représentant les glandes sudoripares. *Krause* (n. 52. p. 127.) affirme que les parois des canalicules excréteurs de ces glandes se composent de fibres cellulaires, que leur épaisseur égale 1/220 de ligne, que le parenchyme se compose de cellules arrondies et polygonales dont le diamètre moyen est de 1/108 de ligne, tandis que le noyau mesure 1/610 ; rarement on y trouve de cellules cylindriques longues de 1/64 et larges de 1/210 ; le diamètre du canalicule est régulièrement entre 1/54 et 1/65 de ligne, quelquefois dans quelques endroits de 1/45. On aperçoit facilement, chez le fœtus, la terminaison en cul-de-sac du canalicule enroulé. La paroi du conduit excréteur situé dans l'épiderme n'est formée que par les cellules épidermiques qui se confondent peu à peu avec l'épithélium du conduit. Krause constate l'observation de Wendt, en ce qui regarde l'absence des spires du conduit excréteur dans les couches épidermiques minces. Le diamètre moyen des glandes est de 1/6 de ligne ; mais dans les régions inguinales et axillaires elles sont de 1/2 jusqu'à 1 et même 1 3/4 de ligne ; dans la région axillaire elles forment des groupes. Le nombre de toutes les glandes sudoripares est de 2 à 3 millions. *Bowmann et Todd* (n. 54.) disent que la paroi du conduit excréteur se continue sans interruption avec celle des papilles. Leur opinion s'accorde, sur les autres points, avec celle de Krause. *Robin* (n. 55) distingue également les glandes des régions axillaire et inguinale, groupées deux à trois ensemble, des autres glandes sudoripares, soit à cause de leur diamètre, soit à cause de leur conduit excréteur droit.

§ 6. *Glandes sébacées.*

Les opinions les plus diverses ont été énoncées sur la nature des glandes sébacées, signalées déjà par *Stenon*; après leur avoir attribué la fonction de sé-

créter le sébum et la sueur, on n'y a vu plus tard que des follicules pileux altérés et privés de poils, ou même, selon quelques auteurs, donnant naissance à un
poil. Toutefois *Gaultier*(n. 19, *b*, p. 28) trouve que dans toutes les régions de la
peau les follicules sébacés sont placés dans l'intérieur du col de la capsule (du
poil), dans l'endroit où le col s'unit à la gaîne du poil. Mais les dessins qu'il
donna (Pl. I, fig. 4) ne rendaient guère cette disposition bien claire ; aussi *Eichhorn* (n. 29, p. 410)pouvait-il encore nier l'existence des glandes (cryptes, follicules) sébacées particulières. *Weber* (n. 18, p. 409) fixe l'attention sur les différences qui existent entre les follicules pileux et les glandes sébacées ; ces
dernières sont, dit-il, lobulées, composées de plusieurs *acini.* Du reste, *Morgagni*
(n. 8, Epist. anat. III) avait déjà reconnu que ces glandes ont la forme des grappes ; *Wendt* (n. 30) donne des dessins qui s'accordent avec cette manière de
voir. *Gurlt* (n. 32) a contribué à dissiper la confusion qui régnait dans les
idées sur les glandes sébacées en démontrant que un ou plusieurs conduits excréteurs des glandes sébacées se terminent dans le follicule pileux (Pl. I, fig. 11),
dans les régions non pileuses de la peau, elles se terminent directement à la
surface de l'épiderme. Cet auteur affirme également que ces glandes ont la
forme d'une grappe, ainsi que *Berres* (n. 40); mais ce dernier fait encore
le poil prendre racine dans un des lobules de la glande. *Wagner* (n. 39, p. 253)
les décrit comme des follicules bosselés qui paraissent contenir à l'intérieur des
parois saillantes (Pl. I, fig. 13). Ce même auteur a signalé le premier une forme
particulière des glandes cutanées jaunâtres dans l'oreille externe, qu'il appelle
glandes auriculaires et dont la fonction est de sécréter le *cerumen.* Mais la structure de ces glandes (Pl. I, fig. 14, 15) les rapproche des glandes sudoripares.
Hellwig (n. 36) confirme les observations de Gurlt. *Gerber* (n. 44) trouve, chez
le cochon, des glandes sébacées sous forme de deux follicules simples dont les
conduits excréteurs se réunissent (Pl. I. fig. 17). *Ascherson* (n. 41) signale une
forme particulière des glandes cutanées chez la grenouille. *Henle* (n. 51) est incertain sur la forme des glandes sébacées. *Krause* (n. 52, p. 126), au contraire,
les range parmi les glandes agrégées en forme de grappe ; elles sont revêtues
à l'intérieur d'un épithélium qui est la continuation de la tunique vaginale de
la racine du poil ; les glandes de Tyson ont la forme de mûres et ressemblent à
de petites glandes mucipares. Dans les dessins de *Todd et Bowmann* (n. 54) les
conduits excréteurs des glandes sébacées se terminent quelquefois à côté des follicules pileux. *Simon* (n. 47) décrit un parasite placé fréquemment dans les conduits excréteurs de ces glandes (Pl. I, fig. 20), et dont la tête est tournée vers le
fond de la glande.

§ 7. *Bulbes pileux.*

Nous avons déjà donné (p. 57) l'histoire des observations faites sur le bulbe,
qui comprend la racine du poil et le follicule. Toutes ces recherches s'étaient
bornées à signaler un nombre plus ou moins grand de membranes qui composeraient le follicule, sans entrer en détail sur leur composition histologique. Encore *Gurlt* (n. 32, p. 272) dit seulement qu'il existe, aux moustaches des animaux, un follicule externe et un autre interne, dont le premier fibreux et solide,

est une continuation du derme, tandis que le second est un prolongement de l'épiderme qui, au fond du follicule, se relève de nouveau pour entourer la pulpe. Entre ces deux follicules, il existerait du sang. *Wagner* (n. 39, *b*) adopte également l'existence de deux follicules (Pl. I, fig. 13.) Les premières observations histologiques à ce sujet furent publiées par *Henle* (n. 42 et n. 51). Voici les principaux résultats de ces observations : « La partie inférieure de la tige est entourée de larges fibres qui, selon *Mayer* (n. 43), sont les bords de squamumules épidermiques dont le poil est recouvert. Cette partie de la tige se termine par le *bouton* (Pl. I, fig. 18) qui est plus large que la tige. Les stries longitudinales disparaissent, les stries longitudinales deviennent beaucoup plus fines et plus visibles ; ces dernières sont produites par des corpuscules plats et étroits, qui ne sont eux-mêmes que des noyaux métamorphosés de cellules. Plus bas, ils deviennent plus larges, ovales, terminés en pointe aux deux extrémités, et ont souvent une surface grenue. Vers le milieu du bouton, ils dégénèrent en granulations arrondies ou anguleuses, d'un diamètre de 0,002 à 0,003 de ligne, ayant le caractère des noyaux des cellules du réseau de Malpighi. Ces granulations sont assez rapprochées les unes des autres dans une substance limpide comme de l'eau, mais solide et visqueuse dont on parvient difficilement à les isoler. Dans les poils de couleur foncée, au-dessous des noyaux, on trouve encore quelques conglomérats arrondis de pigment, semblables à ceux des poils colorés du réseau de Malpighi. Au lieu de substance médullaire, on aperçoit, dans le bouton du poil, un tractus longitudinal bien limité, qu'on peut extraire seul : c'est un cylindre un peu aplati, formé d'une ou de deux séries de cellules carrées. Le bouton est creux et les noyaux de cellules ne forment qu'une couche simple dans ses parois. Supérieurement, outre la tige du poil, il part encore du bouton la *gaîne de la racine* ; sa couche interne est mince et claire ; la couche externe est grenue, jaunâtre et composée d'une substance claire et de noyaux de cellules, entourés quelquefois de lignes qui indiquent les limites de petites cellules. Inférieurement les deux couches se confondent ensemble et avec la surface du bouton. En haut la gaîne se continue sans interruption avec l'épiderme. Le *follicule pileux* est formé de filaments du tissu cellulaire. C'est un véritable renversement du derme en dedans. Les fibres contiennent quelquefois des noyaux de cellules. Le follicule se termine inférieurement par un cul-de-sac, d'où s'élève un prolongement, la *pulpe du poil*, qui pénètre dans la cavité du bouton, et est pourvue de vaisseaux et de nerfs. En isolant la couche interne de la gaîne, dans les poils arrachés, on voit que c'est une membrane hyaline dans laquelle on remarque des ouvertures semblables à des fentes. »

Valentin (n. 48. I. p. 765) confirme en général les observations de Henle ; il regarde la couche externe de la gaîne comme une modification du réseau de Malpighi ; la couche interne n'est pas amorphe, mais composée de lamelles et de cellules oblongues polygonales. *Krause* (n. 52, p. 124) affirme que la pulpe (le germe) du poil, ainsi que la couche externe de la gaîne, renferment, chez les hommes d'une couleur foncée et chez les nègres, des noyaux d'un brun foncé ou noirs. Les cellules de la couche externe sont placées verticalement, et celles de la couche interne parallèlement à l'axe du poil. Ces dernières sont

dépourvues de noyaux et sont très-cohérentes. Entre la couche interne et la
tige existe du blastème liquide, rougeâtre. *Todd et Bowmann* (n. 54, p. 418)
appellent cette couche interne de la gaine, composée de cellules imbriquées,
la couche corticale du poil.

§ 8. *Ongles.*

Nous avons déjà fait connaître (p. 69) la structure des ongles composés de
de lamelles épithéliales, dont les superficielles sont privées de noyau, tandis
que celui-ci apparaît encore distinctement dans les cellules profondes. Ces re-
ches ont été constatées par *Hesse* (n. 37), *Schwann* (n. 38), *Henle* (n. 51), etc.
Dès ce moment, ainsi que nous l'avions dit, il était facile à prévoir que les lamelles et les papilles de la matrice de l'ongle se composeraient des mêmes éléments que nous rencontrons dans les couches profondes de l'épiderme (dans le
réseau de Malpighi). Ce résultat a été, en effet, acquis par nos propres recher-
(n. 49, p. 321), par celles de *Valentin* (n. 48, I, p. 768), de *Krause* (n. 52,
p. 124) et de *Todd et Bowmann* (n.54, p. 416). *Valentin* affirme que les vaisseaux sanguins sont dans les sillons, entre les lamelles, placés dans une substance molle, dans laquelle on reconnaît les noyaux à l'aide de l'acide acétique.
Krause décrit également une couche de cellules très-petites et de noyaux, située entre la matrice et l'ongle ; elle est difficile à isoler, parce qu'elle est très-
mince et qu'elle adhère fortement à la matrice ; toutefois, dans quelques préparations, Krause est parvenu à la séparer complètement.

Quant à la structure de la matrice elle-même, les auteurs, sans discuter ce
point en détail, la considèrent comme un tissu analogue au derme pourvu
de papilles.

Les anatomistes se sont beaucoup occupés des rapports qui existeraient entre
l'épiderme et l'ongle (voy. *Flourens*, n. 50). Cette question a perdu son importance depuis que l'on sait que l'ongle lui-même n'est qu'une couche épidermique et que, placé sur le derme, il doit nécessairement se trouver en rapport
avec l'épiderme voisin. La couche de jeunes cellules et de noyaux, placée entre
la matrice et l'ongle, que l'on peut comparer à la couche profonde (réseau de
Malpighi) de l'épiderme, peut de même être considérée, quoique extrêmement
mince, comme une continuation de cette couche profonde. Il faut seulement
se rappeler que la direction des cellules suit en général celle des lamelles diversement contournées.

§ 9. *Plumes et cornes.*

Les observations de *Schwann* (n. 38.) et les nôtres (p. 69.) sont les premières
qui aient démontré l'existence de cellules et de noyaux dans les barbules des
plumes. Ce fait laisse nécessairement présumer que ces cellules se produisent
dans la racine de la plume. Toutefois, comme ces recherches se lient intimement à l'histogénèse, nous ne nous en occuperons pas pour le moment, et
nous ferons seulement remarquer que le développement de ces cellules a été
en effet démontré par *Reclam* (n. 56).

Quant à la matrice des cornes, nons ne connaissons pas d'autres obser-
vaions que celles de *Gurlt* (citées p. 61); il est très-probable que ses éléments
sont analogues à ceux du derme et des papilles, que l'on appelle ici les prolongements villiformes du bourrelet.

§ 10. *Appareil d'inhalation.*

Breschet et Roussel de Vauzème (n. 31. p. 38) admettent dans l'épiderme le
plus extérieur des conduits inhalants présentant la forme de radicules isolées;
après s'être anastomosés entre eux plusieurs fois, ils pénètrent dans le derme
par l'infundibulum des papilles, près des canaux sudorifères. Tous ces troncs
vasculaires, symétriquement disposés dans les fissures interstitielles, qu'ils traversent, communiquent dans le derme, au-dessous des papilles, avec des canaux
formant un plexus commun, courbé à angle droit des sillons. « Nous déclarons,
ajoutent ces auteurs, que, malgré tous nos efforts, nous n'avons pu voir
qu'un petit nombre de fois cet aboutissant des inhalens de l'épiderme. »

Ce que les auteurs ont pris pour des vaisseaux inhalants ne sont que les
fissures et les fentes de la lamelle épidermique retranchée; plusieurs observateurs s'étaient déjà trompés en prenant ces fentes pour des vaisseaux. Du reste,
les dernières paroles citées prouvent suffisamment qu'il n'existe aucun rapport
de ces prétendus vaisseaux avec ceux du derme.

§ 11. *Appareils blennogène et chromatogène.*

Les auteurs dont nous venons de parler considèrent le réseau de Malpighi
et l'épiderme comme le produit sécrétoire de deux appareils glanduleux, situés dans l'épaisseur de la peau, et qu'ils nomment, l'un appareil blennogène,
l'autre appareil chromatogène. Le premier, suivant eux, sécrète un mucus,
ou une matière d'abord cornée, et le second un pigment; tous deux versent
leur produit entre les papilles de l'épiderme, où ils se mêlent et se dessèchent
à la surface. « L'appareil blennogène est composé d'une glande et d'un conduit
excréteur, qui s'ouvre dans les sillons du derme; l'appareil chromatogène se
trouve dans la profondeur du derme; il a une texture aréolaire, résistante,
spongieuse. » Le premier de ces appareils n'est autre chose qu'une glande sudoripare; le second est la couche supérieure du derme et l'inférieure de l'épiderme, dont l'ensemble a été pris par *Breschet et Roussel de Vauzème* pour un
appareil particulier.

CHAPITRE SECOND.

RECHERCHES DE L'AUTEUR.

PLANCHE II.

(Planche trente-six de la première série.)

L'épiderme, dont nous avons précédemment (chap. I, § 1) fait connaître les divers éléments, est séparé du derme par une membrane hyaline, amorphe (fig. 12, *a*), renfermant quelquefois des corpuscules primitifs oblongs ou fusiformes; c'est la *tunique propre dermoïde* dont nous avons déjà indiqué l'existence dans nos recherches précédentes (n. 49, p. 529). Cette tunique est insoluble dans l'eau et dans l'acide acétique, qui toutefois la rend gélatineuse. Elle existe dans tout le système dermoïde, mais sa présence est quelquefois difficile à constater; son épaisseur varie entre 0,01 et 0,003 mill.

Le *derme* se compose des éléments du tissu cellulaire à divers degrés de développement. Ce sont tantôt des fibres cellulaires tout-à-fait isolées (fig. 9, *a*), tantôt des faisceaux plus ou moins divisés en fibres (fig. 9, *b*,*c*), sur lesquelles on trouve, après la réaction de l'acide acétique, des noyaux oblongs et fusiformes (V. n. 49, p. 552 et *Histogénèse*). La surface du derme est hérissée de *papilles* filiformes (fig. 10) ou arrondies (fig. 11), sur lesquelles s'étend également la tunique propre dermoïde. Lorsqu'on se procure une section verticale très-mince du chorion, et qu'on la rend transparente par l'acide acétique, alors on apercevra un réseau élégant de mailles rondes et oblongues, de grandeur variable et dans lesquelles passent les vaisseaux, les nerfs et les conduits excréteurs des glandes (fig. 1, *e*). Ces mailles sont formées par les faisceaux de fibres cellulaires, dont le développement n'est pas encore complet (fig. 9, *b*, *c*). Des fibres cellulaires complètes entourent les vaisseaux et les nerfs qui passent dans les mailles.

La *coloration* de la peau du nègre ne dépend pas d'une couche particulière de pigment. Déjà, en examinant sous le microscope les lamelles épidermiques qui se détachent de la peau du nègre, on se convaincra qu'elles ne sont pas incolores comme celles de la peau blanche, mais grisâtres et présentant quelquefois de petites molécules noirâtres. Or, comme d'une part on sait que les éléments superficiels de l'épiderme ne sont autre chose que les éléments profonds métamorphosés, et que, d'autre part, les éléments du réseau de Malpighi qui, dans la peau blanche, sont rougeâtres, deviennent presque incolores dans les couches superficielles de l'épiderme, il s'en suit une conclusion rigoureuse, à savoir que les couches superficielles grisâtres de l'épiderme du nègre proviennent de la transformation d'éléments profonds plus colorés, éléments qui perdent l'intensité de leur coloration pendant leur accroissement. L'observation directe constate l'exactitude de cette conclusion. La couche profonde comme les couches moyennes de l'épiderme, se composent d'éléments tout-à-fait analogues, quant à leur structure, à ceux de la peau blanche, mais d'une couleur noirâtre et d'autant plus foncée qu'ils sont situés plus profondément.

I (4)

Les éléments de l'épiderme n'étant pas de véritables cellules, en ce sens qu'en général ils ne sont pas constitués par une membrane renfermant un liquide, on ne doit pas s'attendre à trouver de véritables cellules pigmentaires comme dans la choroïde, d'où par la pression on peut faire sortir des molécules pigmentaires. En effet, les portions foncées de la peau doivent leur couleur à des éléments dont toute la substance est plus ou moins colorée. Nos observations s'accordent le plus avec celles de Krause (§ 4); seulement, nous ne ferons pas, comme cet auteur, une distinction entre ces éléments et ceux de l'épiderme, dans lesquels il existe des molécules pigmentaires. Il nous paraît qu'il y a transition entre ces deux espèces d'éléments, et la division de la substance colorée en molécules n'est pas une raison suffisante pour établir des éléments particuculiers (cellules pigmentaires) existant dans la peau du nègre.

Les *glandes sudoripares* (fig. 1), situées presque constamment au-dessous du derme, dans le panicule adipeux, sont aux yeux exercés déjà visibles sans le secours d'une loupe, puisque leur diamètre est de 1/3 à 1/2 millimètre. Le diamètre des conduits excréteurs des glandes situées à la plante des pieds et au bout des doigts, varie le plus souvent entre 0,05 et 0,06 millimètres. Les canalicules sécréteur et excréteur se composent d'une membrane amorphe (fig. 2, 3, *a*), sur laquelle l'acide acétique rend visibles des noyaux oblongs et fusiformes (fig. 3, *b*). Le parenchyme se compose d'une substance finement granuleuse, de noyaux et de jeunes cellules (fig. 3, *c*), le tout formant une masse cohérente que par la pression on peut faire sortir du canalicule (fig. 3, *d*). Le conduit excréteur est revêtu de cellules plus développées qui, au centre du canal, laissent un espace vide pour le passage de la sueur (fig. 2).

Les *glandes sébacées* sont des follicules lobulés (fig. 13), dont le parenchyme se compose de cellules remplies de gouttelettes, probablement graisseuses, qui constituent la partie essentielle du sébum.

Le *bulbe pileux* se compose du follicule pileux, de la racine du poil et de ses gaines. Le *follicule* est un véritable renversement du derme, composé d'un tissu cellulaire dense et pourvu de vaisseaux et de nerfs. Immédiatement au-dessus vient la tunique propre dermoïde (fig. 4, *a*) et de corpuscules primitifs (noyaux), situés dans une substance amorphe, finement grenue (fig. 4, *b*). Ces noyaux sont d'abord petits, ayant 0,004 à 0,006 de millim. En s'éloignant davantage du follicule, ils deviennent plus serrés, plus grands (fig. 5); leur diamètre acquiert jusqu'à 0,01 millimètre. Ces éléments sont tout-à-fait analogues à la couche profonde de l'épiderme, au réseau de Malpighi, dont ils constituent la continuation. Cette couche a été appelée par Henle et par quelques autres auteurs la *gaine externe* de la racine du poil. Au-dessus de cette couche, en se rapprochant du poil, est située la continuation de la couche superficielle de l'épiderme. Elle est plus molle et plus transparente qu'à la peau. Dans les moustaches du lapin, on peut facilement, surtout en employant la potasse, distinguer les éléments dont elle se compose (fig. 7); c'est elle qui constitue ce qu'on appelle la *gaine interne* de la racine. On trouve les divers degrés de développement de ces éléments en procédant du follicule vers le poil. Dans les poils humains, cette continuation de l'épiderme étant très-molle, elle se déchire très-facilement; ce qui a donné lieu à l'erreur de *Henle* qui la croyait pourvue de fentes et de trous ovales.

Inférieurement la gaine interne cesse d'exister; il n'y a que la gaine externe, le renversement du réseau de Malpighi, qui se continue avec une petite papille, peu élevée, légèrement arrondie et située au fond du follicule. Cette papille, appelée le *germe* du poil, est pourvue de vaisseaux et de nerfs, et recouverte de corpuscules primitifs et de très jeunes cellules réunies par le blastème déjà un peu consolidé. Au sommet de cette papille se produit la *substance médullaire*, à sa circonference la substance corticale du poil. La substance médullaire se compose au commencement de noyaux et de jeunes cellules polyédriques (fig. 8, *a*) qui, plus tard, en s'accroissant, deviennent creuses et renferment l'air. La *substance corticale* se compose d'abord d'une substance amorphe dans laquelle sont situés des corpuscules arrondis; un peu plus haut, ces corpuscules deviennent oblongs et la substance intermédiaire, devenue plus solide et moins transparente, commence à se partager en fibres (fig. 6). Cette séparation en fibres est d'autant plus prononcée, qu'on s'éloigne davantage du germe, en même temps que les corpuscules s'allongent et deviennent fusiformes. Ainsi nulle part n'a lieu ici formation de cellules, mais on observe ici en général les mêmes métamorphoses des éléments que nous avons décrits (n. 49, p. 552 et 556) dans le développement du tissu cellulaire et dans la reproduction des tendons.

Cette partie inférieure de la substance médullaire et de la corticale est appelée la *racine* du poil. On observe habituellement à l'endroit où les noyaux de la substance médullaire cessent d'être distincts, quelques stries transversales et plus ou moins larges (fig. 8, *d*). Ce sont des plis de la gaine interne qui paraît adhérer, en cet endroit, à la substance du poil. C'est à tort que Henle et Mayer les ont pris pour les bords des lamelles épidermiques qui seraient placées a la surfacs du poil. Ces lamelles épidermiques ne nous paraissent exister à la surface du poil qu'au-dessus de ces plis; toutefois Kohlrausch, et avec lui Krause (n. 52) signalent déjà au-dessous des plis, une couche de cellules épidermiques, placées verticalement sur la substance corticale de la racine du poil.

Les *ongles* se produisent d'une manière analogue à celle de l'épiderme. La racine et la couche la plus profonde, celle qui est située immédiatement au-dessus de la matrice, se composent d'éléments analogues à ceux des couches profondes de l'épiderme (Comp. Chap. I, § 8).

Les questions si souvent agitées parmi les anatomistes sur la continuation de l'épiderme soit à la surface du poil ou de l'ongle, soit dans l'intérieur du follicule, se trouvent maintenant résolues d'une manière positive par les recherches micrographiques.

LITTÉRATURE.

N. 1. Fontana. Novæ cœlestium, terrestriumque rerum observationes. Naples. 1646.
N. 2. Borellus. Observat. microscop. Centuria. Hagæ. Comit. 1656.
N. 3. Malpighi. *a.* De externo tactus organo. Naples, 1664. (Réimprimé dans ses œuvres complètes). *b.* Opera posthuma. Amsterdam. 1700.
N. 4. Grew. Philos. transact. 1684.
N. 5. Bidloo, Anat. corp. hum. Amsterdam. 1685.
N. 6. Ruysch. Opera omnia. Amsterdam. 1721. 2 vol.
N. 7. Leeuwenhoek. Opera omnia, quatuor tomis distincta. Lugd. Batav. 1722.
N. 8. Morgagni. Adversaria anatomica. Leyde. 1723.
N. 9. Winslow. Exposition anatomique, etc. Paris. 1732.
N. 10. Kaaw. Perspiratio dicta Hippocrati. Leyde. 1738.
N. 11. Albinus; *a.* Academicarum annot. Lib. I–VIII. Leyde. 1754–1768. *b.* Diss. de poris humani corporis. Francfort. 1685. (Haller, Diss. III. p. 509).
N. 12. J. F. Meckel. Mémoires de Berlin. 1753.
N. 13. W. Hunter. Dans Medical observations and requiries. Londres. 1764. vol. II.
N. 14. Ledermuller. Amusements microscopiques. Norimberg. 1764.
N. 15. Cruikshank. Experiments on the insensible perspiration. Londres. 1779.
N. 16. Wolf. Acta Petropolitana. Petersbourg. 1790. Vol 7.
N. 17. Humboldt. Die gereitzte Muskelfaser. Berlin. 1797–1799. 2 vol.
N. 18. Hildebrandt. *a.* Anatomie des Menschen. 3ᵉ édit. Brunsvick. 1805. *b.* 4ᵉ édit. par Weber. Vol. I. Brunsvick. 1830.
N. 19. Gaultier. *a.* Recherches sur l'organisation de la peau de l'homme. Paris. 1809. *b.* Recherches anatomiques sur le système cutané de l'homme. Thèse. Paris. 1811.
N. 20. Prochaska. Disqu. anat.-phys. organismi corp. hum. Vienne. 1812.
N. 21. Schroeter. Das Organ des Getastes. Leipzig. 1814.
N. 22. Rudolphi. Physiologie. Berlin. 1821. Vol. I.—Mémoires de Berlin. 1814–15.
N. 23. Meckel. Anatomie. Halle. 1815. Vol. I. (Trad. par Jourdan et Breschet. Paris. 1825. Vol. I).
N. 24. Mojon. Osservazioni notomico-fisiologiche sull'epidermide. Gènes. 1820.
N. 25. Blumenbach. Institutiones physiologicæ. 4ᵉ édit. Gottingue. 1821.
N. 26. Seiler. Dans Pierer, medicinisches Realwoerterbuch. Altenburg. 1816–1829.
N. 27. Heusinger. System der Histologie. Eisenach. 1823.
N. 28. Béclard. Éléments d'anatomie générale. Paris. 1823.
N. 29. Eichhorn. Archives de Meckel. Leipzig. 1826.
N. 30. Wendt. De epidermide humana. Thèse soutenue à Breslau, le 11 juillet 1833. Trad. dans les Archives de Müller. 1834.
N. 31. Breschet et Roussel de Vauzème. Structure de la peau. Paris. 1835. (Présenté à l'Académie des sciences, en janvier 1834, et imprimé dans les Annales des sciences naturelles, au mois de septembre 1834).
N. 32. Gurlt. Archives de Müller. 1835.
N. 33. Gurlt et Hertwig. Haut des Menschen. Berlin. 1836.
N. 34. Gluge. Bulletin de l'Acad. royale de Bruxelles. 1838.—L'Institut, 1838, p. 185.
N. 35. Raspail. Système de chimie organique. 3 vol. Paris. 1838.
N. 36. Hellwig. De cute humana. Thèse. Marbourg. 1838.
N. 37. Hesse. De ungularum, barbae. balaenae, etc., penitiori structura. Berlin. 1839.
N. 38. Schwann. Mikroskopische Untersuchungen, etc. Berlin. 1839.
N. 39. Wagner. *a.* Physiologie. Leipzig. 1840. 2ᵉ Cahier. *b.* Icones physiologicæ. Leipzig. 1839.
N. 40. Berres. *a.* OEsterr. med. Jahrbucher. Vol. 31.— *b.* Anatomie der mikroskopischen Gebilde. Vienne. 1836-42.
N. 41. Ascherson. Archives de Müller. 1840.
N. 42. Henle. Notices de Froriep. n. 294. Weimar. 1840.
N. 43. Meyer. Notices de Froriep. n. 334.
N. 44. Gerber. Allgemeine Anatomie. Berne. 1840.
N. 45. Simon. Archives de Müller. 1840.
N. 46. Giraldès. Comptes-rendus de l'Académie des sciences. Paris. 1841. Vol. XIII.
N. 47. Simon. Archives de Müller. 1842.
N. 48. Valentin. Wagner's Handwoerterbuch der Physiologie. 5ᵉ livraison. Brunsvick. 1842.
N. 49. Mandl. Anatomie générale. Paris. 1843.
N. 50. Flourens. Anatomie générale de la peau et des membranes muqueuses. Paris. 1843.
N. 51. Henle. *a.* Allgemeine anatomie. Leipzig. 1841. — Encyclopédie anatomique. Paris. 1843. Tome 6 et 7. *b.* Symbolæ ad anatomiam villorum. Berlin. 1837.
N. 52. Krause. Wagner's Handwoerterbuch der physiologie. Brunswick. 1844. 7ᵉ livraison.
N. 53. Huschke. Splanchnologie, trad. par J.-A.-L. Jourdan. Paris. 1845.
N. 54. Todd et Bowmann. Physiological anatomy. Londres. 1845. 2ᵉ partie.
N. 55. Robin. Comptes-rendus de l'Académie des sciences. 1845.
N. 56. Reclam. De plumarum pennarumque evolutione. Leipzig. 1846.

MÉMOIRE

SUR LA STRUCTURE INTIME

DES MEMBRANES

MUQUEUSES

ET DES ORGANES DIGESTIFS

PAR

LE DOCTEUR LOUIS MANDL.

ACCOMPAGNÉ DE DEUX PLANCHES.

PARIS,

CHEZ J.-B. BAILLIÈRE,

LIBRAIRE DE L'ACADÉMIE ROYALE DE MÉDECINE,

RUE DE L'ÉCOLE DE MÉDECINE, 17;

A LONDRES, CHEZ H. BAILLIÈRE, 219, Regent Street.

--

1847

MÉMOIRE

SUR LA STRUCTURE INTIME

DES

MEMBRANES MUQUEUSES

ET DES

ORGANES DE LA DIGESTION.

PLANCHES I-II.

(Planche trente-huit et trente-neuf de la première série.)

CHAPITRE PREMIER.—MEMBRANES MUQUEUSES.

Les divers éléments qui constituent les membranes muqueuses ont été déjà décrits dans les mémoires précédents. Nous allons par conséquent considérer ici seulement la succession de ces éléments dont l'ensemble constitue ce qu'on appelle membrane muqueuse.

La couche la plus externe de la membrane muqueuse est formée par un *épithélium*, dont Henle a démontré les divers degrés de développement dans l'épithélium en pavé, et nous dans l'épithélium en cylindres. Nous savons maintenant que le *réseau de Malpighi* ou le *réseau muqueux* n'est, comme dans la peau, que la couche profonde de l'épithélium, c'est-à-dire la couche qui est formée par les éléments jeunes de l'épithélium, en voie de développement. En revêtant les prolongements papilliformes de la langue, du vagin, etc., de même que les villosités des intestins, l'épithélium acquiert lui-même une apparence villeuse. Cette disposition est devenue, relativement à la structure de l'épithélium, la source d'une erreur, qui n'a été détruite entièrement que par les recherches modernes. En effet, par la macération et la coction, l'épithélium se sépare facilement, par exemple dans la langue, en deux couches, l'une supérieure, formant un tout continu qui, sur la coupe verticale, s'étend depuis le bord libre jusqu'au sommet des papilles ou même un peu plus bas; l'autre inférieure, allant depuis le sommet des papilles jusqu'au derme. La couche supérieure est facile à détacher; l'inférieure reste appliquée au derme et est tantôt parcourue par les papilles qui sont restées adhérentes à la peau, tantôt elle présente l'aspect d'un crible ou d'un réseau. Cette dernière apparence provient de ce que les papilles se déchirent à leur base et que leur sommet reste uni à la couche supérieure de l'épiderme; par conséquent, lorsqu'on enlève cette dernière, les papilles sortent des canaux de la couche inférieure, et elle acquiert l'aspect criblé. *Malpighi* (n. 3) l'a décrite ainsi, sous le nom de *corpus reticulare seu cribrosum*, comme une membrane à part. Après lui, elle a été appelée *rete Malpighi* ou *mucus Malpighi*, *réseau muqueux*, parce qu'elle est plus molle que la couche externe.

Albinus (n. 6, lib. I, cap. 3) a soutenu que les trous vus par Malpighi dans cette membrane, étaient les résultats d'une mauvaise préparation, et que le réseau passe sans interruption sur les papilles elles-mêmes; en même temps, il déclare que le réseau de Malpighi et l'épiderme ne diffèrent pas essentiellement, qu'ils ne sont, dans la réalité, que des couches d'une seule et même membrane, couches dont l'interne est plus molle et plus colorée. Cette opinion quoique adoptée par *Winslow*, *de Riet*, ne devint pourtant pas générale; elle a été de nouveau rappelée par *Rudolphi* (n. 8), *Weber* (n. 11, *b*, t. I, p. 187). Indépendamment de ces opinions, se fondant uniquement sur ses propres recherches, *Flourens* (n. 35) nia également l'existence d'un réseau muqueux comme membrane criblée particulière, et démontra sa continuité par-dessus les papilles. Nous avons précédemment exposé la part qu'ont prise les travaux histologiques dans l'éclaircissement de cette question. Maintenant presque tous les modernes ont adopté une opinion analogue, et il est devenu d'un usage général d'appeler réseau de Malpighi la couche interne, non encore endurcie, de l'épiderme, celle qui se continue insensiblement avec l'épiderme proprement dit et qui n'est colorée davantage que parce qu'elle est plus imbibée de liquide. Elle est entièrement privée de vaisseaux sanguins ou lymphatiques; quelques observateurs ont pris pour tels les contours des lamelles épithéliales ou les fentes de l'épithélium desséché.

Immédiatement au dessous de l'épithélium existe une membrane amorphe, limpide, dont l'épaisseur égale 0,03 à 0,05 millimètre, la *tunique dermoïde propre* (Pl. II, fig. 16, *c*); elle se continue, sans interruption, avec la tunique propre glandulaire, et sépare nettement l'épithélium du *derme*. Celui-ci est formé par des fibres cellulaires denses, et est appelé, dans les intestins, tunique nerveuse. Les vaisseaux sanguins capillaires s'y distribuent et ne dépassent jamais la limite tracée par la tunique propre dermoïde. Au dessous du derme, et réuni à lui par un tissu cellulaire lâche, qui est formé par la continuation des fibres cellulaires du derme, suit la couche des muscles volontaires dans la langue, le pharynx et la portion supérieure de l'œsophage, et involontaires dans le tube intestinal. Nous parlerons de ces derniers, tout-à-l'heure, avec quelques détails. Nous ne nous arrêtons pas à la description des enveloppes fibreuses, recouvertes d'un épithélium en pavé ou quelquefois vibratile, des lymphatiques accompagnés de tissu adipeux, etc., puisque nous connaissons déjà les éléments de ces tissus, et que leur distribution est l'objet de l'anatomie descriptive, humaine ou comparée.

A la surface des muqueuses se voient souvent des éminences qui ne sont autre chose que des duplicatures de cette membrane. Quant aux villosités, aux papilles et aux glandes particulières aux membranes muqueuses des organes, elles sont traitées spécialement dans les divers mémoires : les villosités à propos des vaisseaux lymphatiques, les papilles à l'occasion de la peau et de la langue, et les glandes dans les organes respectifs. Il nous reste encore à ajouter quelques mots sur la structure intime des muscles involontaires.

Dans notre mémoire sur les muscles (p. 13), nous avons dit, en parlant des *muscles involontaires*, qu'ils sont composés de fibres parallèles les unes aux autres. Les recherches poursuivies depuis cette époque nous ont démontré, ce que déjà plusieurs fois nous avons eu l'occasion de faire remarquer dans le courant de cet ouvrage, que les muscles involontaires parcourent les mêmes divers degrés de développement que nous avons indiqués dans notre *Anatomie générale* (p. 552, 556) pour les tissus fibreux en général. En effet, en déchirant la tunique musculeuse de l'estomac ou de l'intestin, on voit tantôt des plaques plus ou moins longues, pourvues de noyaux fusiformes, qui deviennent plus distinctes après l'action de l'acide acétique (Pl. II, fig. 11); tantôt on obtient des fibres plates, raides et larges de 0,02 à 0,01 mill. Celles-ci sont situées dans la membrane musculaire, parallèles les unes aux autres pour la plupart et réunies en plus ou moins grand nombre de faisceaux. Entre elles et au dessus d'elles marcheraient, d'après Henle, ce qu'il appelle des fibres de noyaux, qui formeraient souvent un réseau semblable à celui que produisent les fibres de noyaux de la tunique moyenne des artères. Mais *Valentin* (n. 31, p. 718) n'a pas pu constater leur existence dans la couche musculaire de l'estomac, pas plus que nous dans celle des intestins. D'autres fois, les fibres musculaires involontaires deviennent beaucoup plus étroites; leur diamètre transversal ne dépasse point 0,005 à 0,008 de millimètre (Pl. II, fig. 9); les noyaux sont étirés, allongés, n'apparaissent qu'après l'action de l'acide acétique (fig. 10) et forment autant de couches que les fibres musculaires elles-mêmes.

Enfin, on rencontre des muscles involontaires, quelquefois dans l'intestin, mais le plus constamment dans l'iris, qui se composent de faisceaux de petites fibrilles lisses et onduleuses, absolument semblables à des faisceaux de tissu cellulaire. Les fibrilles sont faciles à séparer les unes des autres, surtout chez les animaux. Ces fibres prennent naissance des fibres plates dont nous avons parlé précédemment, par la division de ces dernières. Aussi rencontre-t-on dans l'iris, selon l'âge et la classe à laquelle appartient l'animal, tantôt des fibrilles, tantôt des fibres plus ou moins larges. Il serait extrêmement difficile, pour ne pas dire impossible, de distinguer ces fibrilles et quelquefois même les fibres plates, surtout dans l'iris, de celles du tissu cellulaire; car on observe dans ce dernier absolument les mêmes formations. Un caractère physiologique essentiel, propre au tissu musculaire, à savoir la contraction par la pile, manque à l'iris, du moins chez les mammifères, d'après nos recherches. Quant aux caractères chimiques, que l'on dit être analogues à ceux de la fibre musculaire, nous croyons que de nouvelles recherches seraient encore nécessaires avant que l'on puisse se former à ce sujet une opinion arrêtée. Il n'en est pas ainsi pour les muscles des intestins, qui possèdent des caractères chimiques et physiologiques bien distincts de ceux des tissus cellulaires.

Les fibres musculaires lisses, organiques, inarticulées ou involontaires, se rencontrent donc dans l'organisme à divers degrés de développement, le plus habituellement à celui de la fibre plate.

CHAPITRE DEUXIÈME. – ORGANES DIGESTIFS.

§ 1. *Les lèvres, la cavité orale, le palais, le pharynx.*

La peau externe et la membrane muqueuse des *lèvres* sont couvertes d'un épithélium en pavé, qui est moins épais à la surface interne des lèvres. Le derme de la membrane muqueuse est aussi plus mince et moins serré que celui de la peau externe et se transforme, en se rapprochant de la gencive, en un tissu cellulaire lâche. La membrane muqueuse est en outre pourvue d'une grande quantité de papilles simples, dont chacune fait voir distinctement une anse vasculaire.

Les gencives et toute la *cavité orale* sont également couvertes d'un épithélium en pavé. Les papilles ne présentent rien de particulier. Les glandes sont de trois sortes : les glandes mucipares, les amygdales et les glandes salivaires. Les *glandes mucipares de la bouche* sont des follicules nombreux, ronds pour la plupart et d'un grand volume comparativement à ceux qu'on trouve dans d'autres régions du canal alimentaire. Il y en a dans toutes les parties de la cavité orale, et on les désigne d'après le lieu qu'ils y occupent. On distingue ainsi les *glandes labiales*, les *buccales*, les *molaires*, les *linguales* et les *palatines*. Ce sont des follicules simples ou composés, ou des glandes mucipares lobulées. Suivant *Sebastian* (n. 32.), les éléments dont se compose l'humeur sécrétée par les glandes labiales sont les mêmes que celles de la salive et du mucus, à savoir des cellules d'épithélium, des noyaux isolés et des granulations. Les glandes elles-mêmes sont, d'après cet auteur, formées par des lobes irréguliers qui sont entourés d'une couche mince d'un tissu cellulaire. Les *amygdales* ou *tonsilles* et les *glandes salivaires* sont des *glandes lobulées conglomérées*, qui offrent quelques différences dans la forme de leurs conduits excréteurs et dans la grandeur des lobules. *Weber* (n. 11, a), *Krause* (n. 30) et *Huschke* (n. 36) ont fait à ce sujet quelques recherches qui n'intéressent pas particulièrement l'histologie. Les *glandes dentaires*, décrites par *Serres*, paraissent être des follicules clos.

L'examen microscopique de ces diverses régions, ainsi que du *pharynx* et du *palais*, n'a fait découvrir jusqu'à présent aucun tissu particulier. Le parenchyme des glandes s'accorde en général avec celui des glandes mucipares. *Valentin* (n. 31, p. 772) donne les détails suivants sur la texture de ces divers tissus. « Des sections verticales ou transversales, faites dans la peau du palais proprement dit, produisent des aspects analogues à ceux que donne la gencive traitée de la même manière. On aperçoit, au dessous des couches superficielles et profondes de l'épithélium en pavé, des faisceaux fibreux en forme de palissades, qui renferment probablement les vaisseaux sanguins et, comme le prouve l'action de la potasse caustique, les anses terminales des fibres nerveuses. Ces faisceaux fibreux se réunissent avec le réseau des fibres fortes situé plus profondément. Les fibres présentent un aspect particulier. Toute la masse, vue à un grossissement faible, paraît formée par une matière gélatineuse grumeleuse. Des fibres isolées sont aplaties et d'une couleur blanc jaunâtre. On reconnaît souvent déjà à l'état frais, mais principalement après l'action de l'acide acétique,

des noyaux oblongs situés à la surface de ces fibres et ayant des dimensions
considérables. » Nous ne voyons, d'après cette description, aucune différence
entre ce tissu et tout autre tissu cellulaire en voie de développement. L'auteur
continue en ces termes : « Au dessous du tissu dont nous venons de parler,
est situé un tissu cellulaire spongieux, riche en tissu adipeux, vaisseaux sanguins et nerfs, et pourvu également de faisceaux fibreux réticulés, dont les
mailles (probablement par la présence des faisceaux enroulés ou coupés transversalement) paraissent souvent obscures et produisent facilement l'aspect
illusoire d'un tissu glanduleux. »

Quant à la partie molle du palais ou *voile du palais*, voilà ce qu'en dit
Valentin : « L'épithélium devient plus mou à la surface antérieure du voile, et
forme çà et là des éminences. Plus profondément existent encore des papilles
en forme de palissades. Le tissu cellulaire, situé plus profondément, est plus
abondant et plus lâche, il renferme une grande quantité de gouttelettes de
graisse qui recouvrent quelquefois presque entièrement les autres tissus. Dans
le raphé existent, à côté des fibres tendineuses, des fibres élastiques abondantes.
Les glandes mucipares, situées profondément, sont très-abondantes, ramifiées,
et se terminent par de petites têtes arrondies, dont le diamètre égale 0,026 de
ligne. Les glandes sont plus transparentes à cause du contenu transparent, et
elles sont entourées, comme cela se voit habituellement, par un réseau lâche
de fibres cellulaires. Sur la *luette* existent des jeunes cellules épithéliales, quelquefois complétement arrondies. Le tissu se compose de tissu cellulaire très-
riche en glandes, et dans lequel serpentent des vaisseaux capillaires, d'un diamètre considérable. Les glandes présentent la même structure que celles du
voile, deviennent également plus obscures par l'action de l'acide acétique,
et presque blanches à l'œil nu. Au premier aspect, elles présentent la forme des
glandes en forme de grappes, pourvues de petites têtes arrondies ou oblongues.
Mais, en les examinant plus en détail, on s'aperçoit que beaucoup de ces
têtes apparentes sont formées par les circonvolutions et les sinuosités des
canaux glandulaires. Il paraît certain que ces conduits glandulaires s'entortil-
lent souvent, avant de se terminer en cul-de-sac, quelquefois même les uns avec
les autres, sans que leur diamètre change considérablement. » L'auteur signale
en outre, dans les amygdales, des fibres analogues à celles qu'il a décrites au
palais. Déjà ici, et surtout à la membrane muqueuse de la face postérieure
du voile, existent des cellules épithéliales cylindriques. Dans le *pharynx*, au contraire, se rencontre un épithélium en pavé qui se continue dans l'œsophage et
l'estomac. Valentin décrit dans le corium de la muqueuse du pharynx un
réseau de fibres élastiques. Les glandes s'étendent jusqu'aux fibres musculaires
et présentent la forme de grappes, c'est-à-dire ce sont des glandes lobulées conglomérées. Leur structure s'accorde du reste avec celle des glandes du voile.

Les muscles de toutes les parties décrites jusqu'à présent appartiennent à la
classe des muscles striés transversalement.

§ 2. *L'œsophage.*

L'œsophage a un *épithélium* en pavé, épais, qui perd tout à coup la plupart de ses couches au cardia, et qui, en conséquence, semble s'y terminer dans toute son épaisseur par un bord dentelé.

Les *fibres musculaires* appartiennent, chez la plupart des mammifères (lapin, brebis), à la catégorie de celles qui sont striées en travers. *Schwann* (Arch. de Muller. 1836, p. XI) y a trouvé, chez l'homme, des fibres de la vie organique à partir du second tiers, tandis que *Ficinus* et *Valentin* (Repertorium, 1837, p. 86) affirment avoir vu les fibres striées s'étendre jusqu'au cardia. *Valentin* a observé, chez l'homme et chez quelques mammifères domestiques, que ces fibres s'étalent en rayonnant sur le cardia, et que les fibres organiques pénètrent, comme autant de dentelures, dans les intervalles des rayons. Mais dans ses dernières observations, cet auteur (n. 31, p. 773) est arrivé à des résultats analogues à ceux publiés par Schwann. La longueur totale de l'œsophage étant de 14 lignes, dit-il, on observe jusqu'à une distance de 9 à 10 lignes du cardia, des fibres musculaires organiques, et celles-ci existent également dans la portion supérieure de l'œsophage, où l'on ne trouve des fibres striées que du côté externe.

Les *glandes mucipares* sont des glandes lobulées conglomérées ou des follicules simples. Chez l'homme, et surtout chez les tortues aquatiques, existent, d'après Valentin, à la surface de la muqueuse, des papilles qu'au premier aspect on pourrait confondre avec des glandes.

Les *vaisseaux capillaires* sont décrits par *Bleuland* (n. 7), *Berres* (n. 17, a), etc.

§ 3. *L'estomac.*

La découverte des glandes de l'estomac appartient aux temps modernes. Sprott Boyd a décrites, le premier, les glandes en cœcum, et Wagner les lobulées. Les organes qu'avant ces auteurs on appelait glandes de l'estomac, du moins chez l'homme et les mammifères, étaient ou les glandes simples, lenticulaires, qui sont inconstantes, ou de simples renflements ou enfoncements de la membrane muqueuse.

Sprott Boyd (n. 16, p. 382) fit voir que, dans les petites fossettes de la membrane muqueuse, se trouvent les orifices des glandes en cœcum, dont chacune de ces fossettes renferme plusieurs. L'auteur divise son travail, qui est devenu le point de départ des recherches modernes, en trois parties. Dans la première l'auteur examine la présence ou l'absence d'un épithélium; mais ces recherches, ayant été faites sans le secours du microscope, se bornent naturellement à l'examen de l'existence d'une pellicule, que l'on pourrait isoler, et non aux éléments dont se composerait cet épithélium : nous ne devons donc pas nous arrêter davantage à ces observations. Nous ferons seulement remarquer que l'auteur décrit, dans le cheval, une couche externe, fournissant des gaines aux papilles et une couche inférieure, criblée par les orifices des glandes. Dans la seconde partie, l'auteur s'occupe des villosités et des alvéoles de la muqueuse de l'estomac; ces alvéoles avaient été précédemment décrites avec beaucoup de soin par *Everard Home* (n. 9). Mais le point essentiel de ce travail est la découverte d'un nombre considérable d'orifices au fond des alvéoles (Pl. I, fig. 7) et la démonstration que ces ouvertures appartiennent à des fibres qui sont de véritables tubes glandulaires (fig. 8). En faisant une section transversale d'une de ces alvéoles (de l'estomac de l'oie, fig. 9), que l'auteur appelle à tort glandes stomachiques, il signale la structure fibreuse des parois et les cellules ou petites alvéoles de la surface interne. Les fibres des parois sont les glandes stomachiques et les cellules ou petites alvéoles leurs ouvertures. L'auteur a constaté cette structure chez l'homme et surtout chez le cochon; il a vu, chez cet animal, que les fibres ou tubes étaient creux et terminés en cul-de-sac; celui-ci est entouré d'un plexus de vaisseaux capillaires d'où émanent d'autres vaisseaux parallèles aux tubes et situés entre ceux-ci. Sprott Boyd a également constaté l'existence des tubes dans la portion pylorique de l'estomac du cheval et dans le quatrième estomac du veau et de la brebis. Chez le lapin, il n'existe point d'alvéoles dans la portion cardiaque, mais seulement des papilles cylindriques; chez la taupe, la portion pylorique a une structure alvéolaire. Dans le deuxième estomac du dauphin, les tubes sont très-distincts et longs de 1/10 de ligne; les alvéoles sont petites, de sorte que probablement chaque alvéole n'est que l'ouverture d'une seule glande. Dans le troisième estomac du même animal la structure alvéolaire est distincte, mais les tubes manquent; le quatrième estomac est analogue au premier. La première moitié de l'estomac de la tortue est pourvue de villosités; la seconde d'alvéoles; celles-ci s'observent également dans la portion pylorique de l'estomac du triton. L'auteur a vu aussi la structure alvéolaire chez différents poissons. Dans la troisième partie de ce travail, l'auteur s'occupe des glandes lenticulaires décrites déjà par d'autres observateurs. Sprott Boyd signale aussi dans quelques endroits de l'estomac de l'homme, des traces de glandes isolées; elles ne sont pas constantes, et dans tous les cas, elles sont plus distinctes dans le voisinage du pylore : ce sont de petites éminences, ayant un sixième de ligne pour diamètre et pourvues d'une ouverture visible à l'œil nu. Elles existent également chez le cochon; leur orifice central paraît rayonné, une circonstance qui s'observe également chez l'homme. Leur cavité centrale est alvéolaire. Cette description ne s'accorde guère avec celle des glandes lenticulaires, mais bien avec l'explication que nous avons donnée précédemment de la fig. 9. E. Home avait déjà vu ces tubes chez l'oie. On observe dans le quatrième estomac de la brebis la structure glandulaire vers son orifice supérieur. Dans l'estomac glanduleux de quelques oiseaux, les glandes cylindriques sont pourvues de petites papilles dont chacune possède une ouverture; celle-ci appartient à un tube que l'on peut voir distinctement en faisant des coupes.

Henle (n. 18, p. 10, 20) signale à tort les cellules terminales des glandes en grappe du cul-de-sac de l'estomac, dont nous parlerons tout-à-l'heure, comme des cellules d'épithélium de la membrane muqueuse. « Un estomac humain et l'estomac d'un chat macéré pendant huit jours me fournirent des vésicules grenues et sans noyau, dit l'auteur (n. 34, t. II, p. 489), d'un diamètre de 0,006 à 0,007 de ligne. Pour ce qui concerne l'estomac du chat, je crus les avoir fait sortir des follicules par expression; elles tenaient toutes ensemble, sous forme de cylindres, et se séparaient par l'agitation dans l'eau. Aujourd'hui encore, je ne me hasarderais pas à décider si c'étaient des vésicules glandulaires ou des cellules du contenu des glandes; dans cette dernière hypothèse, la disparition du noyau eût été un fait remarquable. »

Purkinje (n. 20, p. 174) s'occupa le premier de la structure intime des glandes de l'estomac; mais il ne parle que de celles qui ont un épithélium à cylindres. Chaque glandule renferme, suivant cet auteur, un contenu plus grenu, dont les granules sont rangées concentriquement aux parois et qui deviennent plus grandes vers l'extrémité de la glande; en un mot, c'est une substance composée de petites fibres dirigées vers un centre commun. Le long de l'axe reste un espace libre pour la partie liquide du contenu. Chaque granule est translucide et arrondi sur les angles; il renferme un noyau dans son intérieur. Tous les détails que nous venons d'exposer se rapportent uniquement à l'épithélium en cylindres. Ailleurs (n. 23, p. 1), l'auteur affirme que, dans toute l'étendue de l'estomac, il existe, au-dessous de la muqueuse, une couche glandulaire, formée de tubes simples.

Henle (n. 23, p. 111) signale l'existence d'un épithélium en cylindres au pylore et au cardia, et celle de petites cellules dans l'estomac et dans ses glandes.

Bischoff (n. 23, p. 503) distingua le premier des glandes simples celles qui sont lobulées. Les trois premiers estomacs des ruminants, dit cet auteur, ne possèdent aucune trace des glandes, tandis que chez l'homme toute la muqueuse de l'estomac est composée de petits cylindres. Ceux-ci sont, dans la portion cardiaque de l'estomac, moins serrés et terminés en cul-de-sac; mais dans les environs du pylore ils sont beaucoup plus nombreux, plus longs et divisés en lobes. (Pl. I, fig. 14). On trouve en outre dans la muqueuse des glandes lenticulaires isolées, chez lesquelles l'auteur n'a pas pu constater l'existence d'un orifice. Leur contenu se composait de petits globules ronds, plus petits que les globules du sang; l'auteur les compare à tort aux glandes de Brunner. Le parenchyme des autres glandes stomachiques, simples ou lobulées, est composé de granules, dans lesquels l'auteur n'a pu distinguer aucune forme distincte ni noyaux; ils diffèrent complétement, dit-il, des cellules de l'épithélium. Les vaisseaux sanguins forment des mailles pentagonales et hexagonales. Une structure tout-à-fait analogue s'observe dans l'estomac du chien (fig. 11), du chat et de la taupe. Le quatrième estomac des ruminants ne possède que des cylindres simples, terminés en cul-de-sac. Chez le cochon, toutes les glandes paraissent être lobulées. Le cheval, le lapin et la souris n'ont rien présenté de particulier. Chez les oiseaux, l'épithélium de l'estomac charnu est attaché aux muscles par des villosités (fig. 13) qui présentent une structure grenue. Nous verrons tout-à-l'heure que ces prétendues villosités sont de véritables glandes. Les glandes de l'estomac glandulaire des oiseaux sont, d'après Bischoff, simples, (fig. 10), ou lobulées; l'estomac charnu serait privé de glandes. Chez les amphibies, il n'existe que des cryptes. Dans plusieurs espèces de cyprinoïdes, il n'existe point d'estomac proprement dit : chez la carpe, l'auteur a vu des cryptes analogues à ceux de la grenouille; ils sont larges et peu profonds et donnent à l'estomac l'aspect d'un réseau. L'auteur signale en outre, dans l'estomac de l'anguille, des cylindres serrés, très-déliés. Aucune trace de glandes ne s'est rencontrée dans l'estomac du *cobitis fossilis*.

Krause (n. 24, p. CXX) soutient, contre Bischoff, que, chez l'homme, l'extrémité inférieure des glandes n'est jamais en grappe; comme elles ne possèdent pas de paroi manifestement membraneuse, et qu'elles ne sont que des enfoncements dans le tissu de la membrane muqueuse, les granules qui, serrés les uns contre les autres, tapissent leur face interne, sont l'unique cause de l'aspect raboteux qu'elles présentent. Ces granules, qu'on peut, par la pression, faire sortir sous la forme de cordons cohérents, ont 0,004 à 0,007 ligne de diamètre, et des noyaux de 0,002-0,003. On trouve déjà ces glandes parfaitement développées dans l'embryon au cinquième mois.

Pappenheim (n. 28, p. 18) attribue l'apparence lobuleuse des glandes de la région pylorique au resserrement de la gaine; il a trouvé l'épithélium composé de cylindres, mais quelquefois aussi pavimenteux; fréquemment il a remarqué des corps ovales, avec un noyau central.

Wasmann (n. 25) affirme que l'épithélium en cylindres n'appartient qu'à une partie des glandes stomacales, celles qui sont simples; il donne une autre description des lobulées, spécialement chez le cochon (Pl. I, fig. 15-18). Aux endroits indiqués, la membrane muqueuse ne se composerait pas de canalicules, mais de colonnettes solides, ayant 0,03 à 0,05 ligne de diamètre. Ces colonnettes sont composées de grains (*acini*), ou de cellules d'un diamètre de 0,016 à 0,020, dont chacune est close de toute part et possède une paroi propre. Dans la profondeur, les colonnettes sont séparées par des cloisons de tissu cellulaire, qui disparaissent du côté de la surface libre; la couche superficielle de la membrane muqueuse est alors un agrégat uniforme de grains (*acini*) ou de cellules. Les petites fossettes que l'on remarque sur la surface de la membrane muqueuse fraîche correspondent, pour la dimension, à des *acini* qui se seraient peut-être vidés par déhiscence. Le contenu des acini est, à la partie inférieure (fig. 18), grenu et mêlé de corpuscules plus gros; au dessus, on découvre, dans les parois des acini, des cellules plus petites (fig. 17), dont chacune renferme un corpuscule en guise de noyau. Plus on se rapproche de la surface libre de la membrane muqueuse, plus les cellules des acini deviennent volumineuses et nombreuses; dans les interstices, on aperçoit encore, mais seulement en petite quantité, la matière grenue, entremêlée de noyaux libres, qui, à elle seule, remplit les acini profonds. Les parois de l'acinus deviennent en même temps plus amples et plus minces. Wasmann a trouvé, dans la substance que l'on détache en râclant une membrane muqueuse fraiche, des corpuscules analogues à ceux du mucus. La matière grenue est composée de granules et de petits bâtonnets. L'auteur affirme qu'ils se dissolvent dans l'eau pure et dans l'eau acidulée, ce qui est peu probable.

Todd (n. 26, p. 429) ne put découvrir aucune structure dans les éléments qui composent la matière contenue dans les glandes stomachiques. En faisant des coupes transversales, il affirme avoir vu les tubes réunis en groupes par une membrane cellulaire très-fine; mais il est évident que les cercles ronds pris par Todd pour des coupes transversales des tubes, ne sont que des vésicules ou leurs coupes transversales; la membrane cellulaire fine de l'auteur est la véritable paroi glandulaire.

Wagner (n. 27, a, p. 199) représente, outre les glandes simples stomacales de l'homme, d'autres en forme de grappes (Pl. I, fig. 19-21); parmi celles-ci, les unes sont obscures, granulées (fig. 21), divisées en plusieurs lobes et adoptant facilement la forme de grappe par la pression; les autres sont beaucoup plus grandes, transparentes (fig. 20), et paraissent remplir une autre fonction que les précédentes. Dans la seconde édition de sa Physiologie, l'auteur abandonne sa première opinion sur l'existence des glandes à plusieurs conduits (fig. 19), et croit que cet aspect est produit par des glandes simples, accolées les unes aux autres et ayant des contours ondulés.

Valentin (n. 31, p. 774) affirme que les glandes cardiaques sont lobulées, tandis que les véritables glandes stomacales sont tantôt simples, tantôt composées. Ces dernières sont très-serrées et forment la portion la plus considérable de la muqueuse; leur longueur est de 0,4 à 0,6 de ligne; leur largeur de 0,022. Leur terminaison en cul de-sac est un peu élargie, de 0,04, simple, quelquefois lobulée. Les glandes pyloriques surtout sont lobulées et conglomérées; les canalicules glandulaires forment des pelotes. *Arnold* dit également que les glandes stomachiques ressemblent aux glandes sudoripares. Nous n'avons rien vu dans nos observations qui autorise cette comparaison. Valentin distingue, en outre, des glandes lenticulaires closes, et d'autres à plusieurs conduits. Nous venons de dire que Wagner, qui en avait parlé le premier, ne croit plus à leur existence.

Sur les dentelures qui servent de limite si tranchée entre l'épithélium de l'œsophage et le commencement de l'estomac, il y a, suivant *Berres* (n. 17), des papilles longues de 1/17 à 1/18 de ligne, sur 1/64 d'épaisseur, dans chacune desquelles pénètre une anse vasculaire de 1/139 de ligne. *Huschke* (n. 36, p. 53) décrit les changements de forme que subissent les éminences de l'estomac près du pylore, que *Krause* (n. 30) appelle *plicæ villosæ*, pour constituer les villosités du duodénum. Il serait intéressant à savoir si les éminences, les plis, etc., de l'estomac ne renferment point des lymphatiques, comme les villosités, ce qui est très-probable.

Henle (n. 34, t. II, p. 488) considère les glandes pyloriques comme faisant le passage aux glandes en forme de grappe. Chez le lapin, elles sont situées au fond de l'estomac; elles sont formées, suivant cet auteur, d'une simple série de vésicules. Les vésicules, claires, faiblement grenues, arrondies ou anguleuses (Pl. I, fig. 23, *a*), sont pourvues d'un noyau de cellule bien marqué, aplati dans quelques-unes, mais séparé et facile à isoler. Quelquefois il existe à leur extérieur et sur la limite de deux d'entre elles, des noyaux libres. Vers le haut, les noyaux deviennent plus pâles, le contenu devient plus grenu, les limites s'effacent (fig. 23, *b*); plus haut encore, les cloisons disparaissent, et il se forme des tubes simples, un peu rentrés en dedans à l'endroit où existaient autrefois les cloisons résorbées, et consistant eux-mêmes en une paroi sans structure, avec des noyaux de cellules apposés çà et là, et un contenu grenu continu (fig. 23, *c*). Enfin les noyaux et les cannelures des bords s'effacent, les granulations du contenu sont des granules élémentaires, qui se réunissent, comme d'ordinaire, deux à deux ou trois à trois, s'entourent de membranes, et finissent par représenter d'assez gros corpuscules muqueux. Sur d'autres glandes (fig. 24) on ne peut plus reconnaître nulle trace des cellules primitives. Voici comment l'auteur explique cette transformation : « Les cellules (fig. 23, *a*) perdent, par l'effet de la fusion, non-seulement la portion de leur paroi au moyen de laquelle elles touchaient les cellules précédentes et suivantes, mais encore celle à la faveur de laquelle elles se touchaient mutuellement. Qu'on imagine maintenant trois cellules et plus, disposées, en manière d'anneau, autour de l'axe fictif d'une glande, puis se confondant ensemble, et l'on aura les glandes allongées, tubuliformes, et chargées d'excroissances en grappe, de l'homme, du cochon et d'autres animaux. Chez le cochon, le chat et probablement aussi chez l'homme, il y a souvent, dans la couche la plus profonde, quelques cellules encore parfaitement closes, mais auxquelles on ne trouve pas aisément de noyau. » Plus loin, après avoir exposé les recherches de Wasmann, Henle ajoute : « Les *acini* de Wasmann sont mes vésicules glandulaires. Entre ce qu'il dit et ce que j'ai observé, la seule différence consiste en ce qu'il prétend que les vésicules glandulaires s'étendent jusqu'à la surface, et s'y ouvrent séparément, tandis qu'elles m'ont paru se confondre en une glande tubuleuse. Wasmann a fait ses observations sur des tranches de membrane muqueuse stomacale desséchée après avoir été imbibée d'une dissolution de gomme. Des recherches ultérieures décideront s'il a été induit en erreur, ou si, dans les glandes fraiches, telles que je les ai eues sous les yeux, les limites des vésicules sont moins perceptibles, en sorte qu'elles aient pu m'échapper. »

Pour décider cette question, nous avons soumis à l'examen microscopique les glandes du fond de l'estomac du lapin, à l'état frais, sans préparation préalable (Pl. II, fig. 1). Nous les avons trouvées, dans cet endroit, très-serrées, d'un diamètre considérable et pourvues de lobules nombreux : ces circonstances rendent leur examen plus difficile que celui des glandes beaucoup plus simples qui existent près du cardia et qui, du reste, présentent absolument la même structure (fig. 3). Chacune de ces glandes se compose d'un conduit excréteur et d'une terminaison cœcale, dans laquelle on voit accumulés un grand nombre de corpuscules oblongs, ayant 0,02 à 0,03 mill. pour diamètre, pourvus de noyaux et de nucléoles. Ces corpuscules nous paraissent formés par une matière grisâtre et privés d'une membrane particulière cellulaire (fig. 5). Ce sont eux qui constituent les saillies ou lobules de la glande. Ils sont entourés par la membrane propre du canalicule (fig. 3, *a*), qui devient plus distincte après l'action de l'acide acétique (fig. 4), et dont l'existence a échappé à Henle. Nous ne pourrions donc pas adopter la théorie de la formation glandulaire établie par l'auteur. Entre les corpuscules (fig. 3, *b*) se voient souvent de petites parcelles de la matière grise. La moindre pression détruit les corpuscules (fig. 2) et rend libres les noyaux. La matière sécrétée par les glandes se compose des mêmes éléments. Nous reviendrons sur le développement de ces glandes dans l'Histogénèse. On a nié jusqu'à présent l'existence des glandes dans l'estomac musculeux, ou gésier des oiseaux; mais en détachant l'épiderme (fig. 6), on voit celle-ci percée de trous auxquels répondent les conduits excréteurs des glandes qui forment une couche épaisse entre l'épithélium et les muscles (fig. 7, *a, b*). Les glandes elles-mêmes sont des follicules simples (fig. 8) qui, par Bischoff, avaient été pris pour des villosités destinées à fixer l'épithélium aux muscles.

§ 4. *Les intestins.*

Nous n'avons à considérer dans les intestins que les glandes; car les villosités ont été déjà décrites précédemment (p. 233) et les autres tissus ne présentent rien de particulier. On sait que le tube intestinal est recouvert d'un épithélium en cylindres, jusqu'à l'anus, où il se termine d'une manière assez nette, et par un rebord dentelé du côté de l'épiderme. Les vaisseaux capillaires sont décrits avec beaucoup de soin par *Berres* (n. 17); nous en avons déjà donné les détails dans le mémoire sur les vaisseaux sanguins.

Les *glandes* des intestins sont de quatre espèces : les glandes mucipares simples, les glandes de Peyer, de Brunner et les glandes isolées ou lenticulaires. Nous décrirons chacune séparément.

Les *glandes mucipares simples*, étaient déjà connues de *Peyer* (n. 1), *Ruysch*, *Galeati* (n. 4, p. 359), qui toutefois n'en décrivirent que les orifices; celles de l'intestin grêle furent le sujet d'une observation détaillée de la part de *Lieberkühn* (n. 5). Cet auteur, en parlant de l'intestin grêle, dit qu'il existe entre les villosités, des follicules ou des alvéoles, dont les parois sont pourvues de vaisseaux et au fond desquelles on aperçoit de petits corpuscules blancs et arrondis. On aperçoit ces derniers surtout en examinant la muqueuse du côté de la tunique celluleuse; il ne les a jamais vus dans le gros intestin. Lieberkühn déclare que ce sont de véritables glandes. Parmi les auteurs, les uns ont nié, les autres affirmé l'existence de ces glandes. *Hedwig* (n. 8) prend pour telles des villosités renversées; *Rudolphi* y voit des réservoirs de chyle. *Boehm* (n. 14) a démontré que c'étaient de véritables glandes simples, terminées en cul-de-sac. Quelques auteurs donnent à tort le nom de glandes de Lieberkühn non-seulement aux glandes simples de l'intestin grêle, mais aussi à celles du gros intestin; ces dernières étaient déjà connues et décrites par les prédécesseurs de Lieberkühn. Nous ne croyons pas nécessaire de donner plus de détails historiques, parce que ceux concernant la structure intime se rattachent à l'histoire générale des recherches sur les glandes.

Les glandes mucipares simples des intestins sont cylindriques, allongées: elles sont le plus répandues dans tout le canal intestinal. Leurs orifices sont parfaitement libres dans le gros intestin, et à égale distance les uns des autres : dans l'intestin grêle, les villosités les couvrent presque tous. Ces glandes deviennent d'autant plus longues et plus larges qu'elles se rapprochent davantage de l'extrémité du canal intestinal; dans le rectum, elles sont déjà visibles à l'œil nu; leur extrémité en cul-de-sac est un peu renflée (Pl. I, fig. 3). Elles sont longues de 1/10 de ligne dans le gros intestin, de 1/20 à 1/50 dans l'intestin grêle. Leurs orifices sont circulaires, quelquefois un peu saillants au gros intestin, ayant un diamètre de 1/30 à 1/50 de ligne. Leurs parois sont fort minces et couvertes, à l'orifice, d'un épithélium en cylindres. Quant à leur contenu, il se compose des éléments habituels des glandes mucipares. Boehm pense que les corpuscules blancs décrits par Lieberkühn sont des particules du contenu accumulés. Krause dit que ce sont des vésicules, pleines d'un liquide blanc, et il les prend pour les commencements des lymphatiques. Nous croyons que Lieberkühn a décrit sous le nom des corpuscules blancs les véritables terminaisons cœcales des glandes de l'intestin grêle.

Le contenu des glandes simples du gros intestin ne serait pas toujours constitué de la même manière, d'après *Henle* (n. 34, t. II, p. 486), chez les sujets en santé. A certaines époques, dit-il, le canalicule entier est plein d'une masse visqueuse, dans laquelle on ne distingue que des granules élémentaires. A la partie inférieure (Pl. I, fig. 22, *b*) de la glande, on aperçoit des noyaux de cellules bien marqués; plus haut, les noyaux sont entourés de bandes claires, et à la surface, on les voit dans la paroi de grandes cellules finement grenues (*e*). D'autres fois, on trouve des corpuscules oblongs, coniques ou cylindriques, pourvus d'une espèce de nucléole, privés de noyaux, et, en outre, de formes diverses de cylindres d'épithélium, plus ou moins développés. La glande montre, quand elle est isolée et qu'on la regarde de côté, une cavité centrale et une paroi épaisse, régulièrement striée en travers; vue de côté, l'entrée de la glande représente un cercle étroit, qui est limité par les extrémités larges des cellules épithéliales. La lumière de la glande est d'autant plus étroite et la paroi épithéliale d'autant plus épaisse que les cylindres ont acquis plus de développement. Suivant *Boehm* il existe chez le lapin une espèce particulière de glandes, qu'il appele pyramidales et qui sont formées par des faisceaux pyramidaux de glandes simples (fig. 5)..

Nous avons soumis à un examen détaillé la muqueuse de l'appendice vermiculaire du lapin; elle est presque entièrement formée par des glandes simples, épaisses, serrées les unes contre les autres (Pl. II, fig. 12, 13). Leur contenu se compose de corpuscules primitifs (noyaux libres, fig. 14, *a*), de globules muqueux (*b*) dont quelques-uns se rompent quelquefois, après avoir séjourné dans l'eau (*f*) et laissent échapper leur contenu, et de grandes cellules mères. Parmi celles-ci, les unes renferment deux ou trois corpuscules d'un diamètre égal (*c*); les autres en possèdent trois à cinq (*d*, *e*), dont un surpasse les autres dans ses dimensions. Ces cellules renferment une matière amorphe, finement granulée, qui les remplit entièrement (*d*) ou en partie (*e*); elle s'échappe par la rupture de la membrane (*f*), et devient homogène et transparente après l'action de l'acide acétique (fig. 15.) Nous avons donné dans la fig. 16 une idée générale de la manière dont les glandes simples se comportent avec les villosités.

Les *glandes solitaires* sont éparses dans toute la longueur de l'intestin grêle; elles sont enfoncées dans la tunique cellulaire (Pl. I, fig. 26), ou font saillie, lorsqu'elles sont pleines (fig. 2). La muqueuse avec ses villosités passe par-dessus sans interruption (fig. 2, 26). Elles sont entourées par une couronne d'orifices un peu oblongs de glandes simples (de Lieberkühn). On les rencontre au pylore, à l'iléum et au gros intestin, au bord libre et au bord mésentérique, parfois même sur les valvules conniventes. Elles sont éparses à la partie supérieure de l'intestin grêle, et paraissent être plus abondantes dans l'iléum et dans le jejunum. Parmi les auteurs, les uns les croient parfaitement closes (Boehm, et avec lui Todd (n. 33), Bischoff, Pappenheim, Henle), les autres y signalent une ouverture plus ou moins large (Huschke, Lacauchie, etc.). Ces diverses opinions peuvent s'expliquer par cette circonstance, que les auteurs ont vu différents états de développement de ces vésicules, qui, closes d'abord, s'ouvrent ensuite par déhiscence, comme les vésicules de Graaf. Leur contenu est épais, clair, ou blanc et grenu. Leur diamètre égale 0,2 à 1,8 mill.

Les *glandes de Brunner*, ainsi appelées du nom de l'anatomiste qui les a découvertes le premier (n. 2), ont été depuis confondues avec les glandes solitaires, jusqu'au moment où Boehm appela de nouveau l'attention sur les caractères particuliers qui les distinguent. On ne les rencontre que dans le duodénum, où elles forment derrière le pylore une couche très-serrée; leur nombre diminue rapidement, et on n'en trouve plus aucune au commencement du jéjunum. Ce sont des glandes lobulées, ayant la forme de grappes (Pl. I, fig. 4). Leurs terminaisons cœcales ont, d'après Boehm, 0,18 à 0,34 de ligne. Après l'action de la potasse caustique, on y reconnaît, suivant Valentin, une structure finement striée. Dans les valvules de Kerkring existent, suivant le même auteur, outre les vaisseaux sanguins et lymphatiques, des petites glandes lobulées qui sont peut-être analogues à celles de Brunner.

Les *glandes de Peyer* n'appartiennent qu'à l'iléum; elles sont formées par un amas de glandes solitaires. On doit la connaissance exacte de ces glandes à Boehm, dont l'existence même avait été niée par plusieurs auteurs. *Guillot* (n. 19, p. 174) affirme « qu'il n'est pas possible de démontrer l'existence de glandes à la surface de l'intestin, et que par conséquent le nom de glandes de Peyer et de Brunner doit être rayé de la science. » Actuellement, on est généralement d'accord, non-seulement sur leur existence, mais aussi sur leur structure. Ce sont, disions-nous, des amas de glandes solitaires (Pl. I, fig. 1, 6); les villosités forment un pourtour autour de la plaque de Peyer et se continuent dans les intervalles entre les glandes solitaires; celles-ci n'en sont point couvertes, comme cela arrive lorsqu'elles sont isolées. Les glandes solitaires de la plaque de Peyer sont saillantes; mais dans la fièvre typhoïde et dans quelques autres maladies elles sont rongées, et on n'aperçoit plus que des follicules largement ouverts. Au pourtour de chaque glande solitaire, entre les villosités, on aperçoit une couronne de cinq à dix fentes rayonnantes, qui conduisent aux glandes de Lieberkühn, dont les orifices ont pris une forme oblongue de 0,02 à 0,03 mill., et dont la terminaison cœcale est quelquefois élargie. *Krause* (n. 10, p. 7) affirme à tort que les glandes de Lieberkühn perforent la glande solitaire, et que, par conséquent, elles en constituent les conduits excréteurs. (Comparez aussi Henle, n. 24, p. XLV). La même diversité d'opinions que nous avons vu régner sur l'ouverture centrale des glandes solitaires, lorsqu'elles sont isolées, se rencontre parmi les auteurs qui se sont occupés de glandes solitaires formant les plaques de Peyer; elle s'explique par les raisons précédemment exposées. On voit souvent au centre de ces glandes solitaires, que les auteurs appellent aussi les capsules centrales, un point obscur; mais il est rare qu'on y aperçoive une fossette et bien moins encore une ouverture. Boehm et Krause n'ont jamais vu d'ouverture médiane, malgré leurs observations multipliées. D'autres, comme Peyer, Rudolphi (n. 8), Billard, Barckhausen, Berres (n. 17), prétendent avoir

vu , au sommet, une ouverture qui conduisait dans le follicule. Berres s'appuie
sur la distribution particulière des capillaires. La cavité de ces capsules renferme
un liquide mucilagineux, visqueux, dans lequel nagent d'abondantes granulations, de 0,004 à 0,006 de millimètre. La paroi est transparente, quelquefois
fibreuse; la capsule est recouverte par l'épithélium de la muqueuse.

§ 5. *Le pancréas.*

Le pancréas est une glande lobulée conglomérée. *Muller* (n. 12) trouve le diamètre des vésicules terminales de 0,00137 à 0,00297 de pouce chez le canard et
l'oie; elles étaient plus petites chez les mammifères; chez l'homme, elles ont,
suivant *Huschke,* 1710 à 1725 de ligne. Ces utricules sont très-serrées à la surface des ramifications les plus déliées du canal excréteur commun. On peut,
sans préparation préalable, voir les vésicules terminales des lobules rangées les
unes à côté des autres, lorsqu'on place le bord sous le microscope et qu'on le
rend transparent à l'aide d'un peu d'acide acétique faible. Les extrémités des
lobules sont, suivant *Henle,* tronquées en travers (Pl. I, fig. 25), ce qui fait que
les vésicules sont parfois anguleuses, profondément séparées les unes des autres
et un peu oblongues, de sorte qu'on pourrait croire avoir sous les yeux des
extrémités de cœcums. Le diamètre transversal des vésicules glandulaires, est,
d'après cet auteur, de 0,020 à 0,025 de ligne. Le parenchyme de ces glandes se
compose d'éléments analogues à ceux des glandes en général, et plus particulièrement de la parotide.

§ 6. *Tube intestinal des animaux invertébrés.*

Le tube intestinal des animaux invertébrés ne présente point de tissus caractéristiques particuliers (n. 22). Les glandes sont, en général, simples ou disparaissent entièrement. L'épithélium est souvent vibratile; les fibres musculaires quelquefois striées transversalement, d'après Ficinus. Du reste, les
observations histologiques sur le canal intestinal des animaux invertébrés
sont encore peu nombreuses , ou elles ont été faites par des observateurs peu
exercés à l'usage du microscope, de sorte qu'elles présentent peu d'intérêt.

Les intestins et l'estomac de quelques animaux inférieurs, surtout des crustacés, sont couverts des formations particulières que l'on appelle *dents* ou
poils; mais nulle part on n'a démontré l'existence des follicules, dans lesquels
ils prendraient naissance; nous croyons donc ces noms impropres. Leur forme
est analogue à celle des papilles simples ou multifides; l'épithélium qui les recouvre est quelquefois épais, presque corné.

Dans l'estomac des crustacés on trouve des concrétions calcaires, vulgaire-
ment appelées *yeux d'écrevisse* ; elles sont, d'après *Œsterlen* (n. 38, p. 432),
d'abord cartilagineuses; on y voit apparaître plus tard de petites taches calcaires, qui se déposent en cercles concentriques, parallèles au bord; à la fin, le
tissu cartilagineux disparaît, et toute la masse devient calcaire.

LITTÉRATURE.

N. 1. Peyer. Exercit. anat. de glandulis intestin. Schaffouse. 1677.

N. 2. Brunner. a. Nov. glandul. intest. descriptio, dans M. A. Nat. cur. dec. II, 1686, p. 364.— b. De glandulis duodeni s. pancreate secundario. Heidelberg. 1687.

N. 3. Malpighi. Tetras epistol. Malpighii et Fracassati. Bologne. 1665. (Réimprimé dans ses œuvres complètes).

N. 4. Galeati. De cribriformi intestin. tunica. Commentarii Bonon. Vol. I. 1731 (1748).

N. 5. Lieberkuhn. De fabrica et act. villorum int. ten. hominis. Leyde. 1745. — Diss. IV. cur. Sheldon. Londres. 1782.

N. 6. Albinus. Annotationum academicarum Liber primus. Leyde. 1754.

N. 7. Bleuland. Observ. med. de sana et morbosa œsophagi structura, Leyde. 1785.—Icon. tun vill. intest. duod. Utrecht. 1789.—Vascul. in intestin. ten. tun. subt. anat. Utrecht. 1797.

N. 8. Rudolphi. Anat. phys. Abhandlungen. Berlin. 1802.

N. 9. Home. Philos. transact. 1807, 1817.

N. 10. Krause. Archives de Müller. 1837.

N. 11. Weber. a. Archives de Meckel. 1827. b. Hildebrandt, Anatomie, 4e éd. Brunsvick. 1830.Vol.1.

N. 12. Müller. De glandul. secern. structura penitiori. Leipzig. 1830.

N. 13. Krombholz. Versammlung der Natur-forrscher zu Breslau. 1833.

N. 14. Boehm. De glandularum intestinalium structura penitiori. Berlin. 1835.

N. 15. Schwann. Archives de Müller. 1836.

N. 16. Sprott Boyd. Edinburgh med. and surgical Journal. 1836.

N. 17. Berres. a. Anatomie der mikroskopischen Gebilde. Vienne. 1836. b. Med. Jahrbuecher des oesterr. St. 1840.

N. 18. Henle. Symbolæ ad anatomiam villorum. Berlin. 1837.

N. 19. Guillot. L'Expérience. Paris. 1837.

N. 20. Purkinje. Bericht der Naturforscher in Prag. Prague. 1838.

N. 21. Boehm. Die kranke Darmschleimhaut. Berlin. 1838.

N. 22. Morren. Ann. des sciences nat. Paris. 1838.

N. 23. Purkinje, Henle, Bischoff. Archives de Müller. 1838.

N. 24. Krause, Henle. Archives de Müller. 1839.

N. 25. Wasmann. De digestione nonnulla. Berlin. 1839.

N. 26. Todd. Lond. med. Gazette. 1839.

N. 27. Wagner. a. Physiologie. Leipzig. 1839. b. Icones physiolog. Ib. 1839.

N. 28. Pappenheim. Zur Kenntniss der Verdauung. Chemische Abtheilung. Breslau.1839.

N. 29. Pappenheim, Reichert. Med. Zeitung des Vereins in Preussen. 1841-2.

N. 30. Krause. Handbuch der Anatomie. 2e éd. Hannover. 1842.

N. 31. Valentin. Handwoerterbuch der Physiologie von Wagner. Tome I. Brunsvick. 1842.

N. 32. Sebastian. Glandes labiales. Groningue. 1842.

N. 33. Todd. Lond. med. Gazette. 1842.

N. 34. Henle. Allgemeine Anatomie. Leipzig. 1841. Trad. par Jourdan. Paris. 1843. 2 vol.

N. 35. Flourens. Anatomie générale de la peau et des membranes muqueuses. Paris. 1843.

N. 36. Huschke. Splanchnologie, trad. par Jourdan. Paris. 1845.

N. 37. Lacauchie. Études hydrotomiques. Paris. 1844.

N. 38. Oesterlen. Archives de Müller. 1840.

MEMOIRE

SUR LA STRUCTURE INTIME

DES

ORGANES DES SENS

PAR

LE DOCTEUR LOUIS MANDL.

ACCOMPAGNÉ DE QUATRE PLANCHES.

PARIS,

CHEZ J.-B. BAILLIÈRE,

LIBRAIRE DE L'ACADÉMIE ROYALE DE MÉDECINE,

RUE DE L'ÉCOLE DE MÉDECINE, 17;

A LONDRES, CHEZ H. BAILLIÈRE, 219, Regent Street.

1847

MÉMOIRE

SUR LA STRUCTURE INTIME

DES

ORGANES DES SENS

PLANCHE I-IV.

(Planche trente-neuf à quarante-deux de la première série.)

CHAPITRE PREMIER. — ORGANE DU TACT.

§ 1. *Les papilles.*

Ces organes du tact ont été déjà examinés dans le mémoire précédent sur la *peau* (p. 310); nous y reviendrons encore en nous occupant de la langue (chap. II.)

§ 2. *Les corpuscules de Pacini.*

On donne ce nom à des organes particuliers, suspendus aux branches de certains nerfs, et dont la valeur physiologique n'est pas encore connue. Toutefois, ils paraissent se trouver dans un certain rapport avec le tact, à cause de leur existence à la surface palmaire des mains et à la surface plantaire des pieds : mais, ainsi qu'on le verra tout à l'heure, ils se trouvent également au mésentère du chat. On ne comprend pas trop quel serait leur rapport dans cet endroit avec le tact. Dans l'état actuel de la question, n'ayant pas pu encore en parler à l'occasion de la terminaison des nerfs, nous allons nous en occuper maintenant.

L'anatomiste allemand *Vater* examina les nerfs de la main et du pied d'un homme mort des suites d'une hernie. Il y trouva des corpuscules, qu'il appela *papillæ nerveæ* et dont la première description parut dans la thèse de *Lehmann* (n. 1.), un de ses élèves. *Haller* en donna plus tard une notice (n. 2. t. II.), sans s'y arrêter davantage. On trouve encore une mention dans le *Commercium litterarium norimbergense* et dans un ouvrage de *Vater* (n. 3). Depuis cette époque, ces corpuscules avaient été complétement oubliés. C'est dans le courant de l'année 1832 que *A. G. Andral, Camus* et *Lacroix*, concourant pour une place d'aide d'anatomie vacante à la Faculté de Paris, trouvèrent accolés et adhérents aux filets provenant des nerfs cutanés de la main, plusieurs petits corps résistants, blanchâtres, de formes variées, dont ils firent la démonstration devant plusieurs professeurs. L'année suivante, il fut question de nouveau de ces petits corps, à propos d'un mémoire sur les nerfs de la main,

1   (1)   77

présenté à la Société anatomique par *Lacroix*. Une commission, qui ne fit jamais de rapport, fut nommée le 1er août 1833 ; mais *Camus* parle de ces corpuscules dans la séance publique de la Société anatomique du 30 janvier 1834 (n. 4.). Cet auteur croit que « ces sortes de ganglions » sont de nature nerveuse. Cette opinion est combattue par *Cruveilhier* (n. 5. t. IV. p. 822), qui les considère comme un résultat de pression extérieure. Après avoir un instant pensé qu'il avait trouvé dans les corpuscules de la face palmaire des doigts, les ganglions spéciaux du toucher, *G. A. Andral* (n, 7. p. 9) changea d'opinion. L'observation attentive de ces ganglions, dit-il, ne tarda pas à le désabuser; ces corpuscules ne tiennent pas au nerf par un filet nerveux, mais par une membrane. *Blandin* (n. 8, t. II, p. 675) est également disposé à croire que les corpuscules de la face palmaire des doigts ne font pas partie intégrante des nerfs.

Sans connaître ces travaux des anatomistes français, ni les recherches de Vater, *Pacini* s'occupa de ces corpuscules, qu'il avait découverts de son côté. Dans sa lettre adressée à la Société médico-physique de Florence, au mois d'octobre 1835, ainsi que dans un article publié plus tard (n. 6, p. 109 du cahier de mars et avril), cet auteur raconte que, dès l'année 1831, disséquant avec soin les nerfs de la main, il trouva près d'eux, sous les téguments, de petites masses résistantes, elliptiques, blanchâtres, qu'il prit à première vue pour des particules de tissu cellulaire; frappé cependant de l'existence constante de ces petits corps, il en vint à penser qu'ils pourraient bien appartenir au système nerveux. Après avoir constaté leur abondance à la face palmaire de la main, où on les trouve en grand nombre et par groupes, surtout dans les espaces interdigitaires et à la partie latérale des doigts, il en reconnut aussi la présence à la face plantaire du pied, depuis le talon jusqu'à l'extrémité des orteils. Une seule fois, il lui arriva de rencontrer deux de ces corpuscules autour de l'articulation du coude. Pacini pense que ces corpuscules ne sont unis aux nerfs que par du tissu cellulaire, et qu'ils ne reçoivent ni émettent aucun filet nerveux. L'examen des corpuscules lui montra qu'ils offrent l'apparence de petits grains ou noyaux, traversés, suivant leur longueur, par une ligne transparente, au centre de laquelle on aperçoit une strie blanche légèrement contournée; chacun d'eux est une sorte de kyste rempli d'une substance blanche, pulpeuse, qui s'échappe sous forme de filament vermiculaire, lorsqu'on les comprime latéralement, après avoir incisé une de leurs extrémités. L'inspection des corpuscules à l'aide du microscope, avec un grossissement qui les faisait paraître aussi volumineux que de petits œufs, n'apprit rien à l'auteur. D'après ces investigations, fort imparfaites, comme on le voit, l'auteur se décide à considérer ces corpuscules comme des organes auxiliaires du toucher, et il les appelle *ganglions du toucher (ganglii del tatto).*

Pacini communiqua ces recherches au congrès scientifique de Pise en 1839. Une commission nommée le 12 octobre ne fit en rien avancer la question; mais l'auteur continue ses recherches avec beaucoup de zèle, et publie plus tard un second travail très important (n. 9), dont voici les principaux résultats : Les corpuscules existent toujours et sans exception, non-seulement chez l'homme adulte, mais aussi chez les embryons et chez les enfants. Chez l'adulte, ils ont une grandeur moyenne de 1/3 de millimètre à 2 millimètres. C'est vers l'extrémité du métatarse et du métacarpe, dans le point où les nerfs médian, cubital, et plantaires se partagent en rameaux destinés aux orteils ou aux doigts, qu'ils acquièrent le plus de volume; c'est, au contraire, au bout des doigts qu'ils ont les moindres dimensions. On en rencontre en outre, rarement à la vérité et en petit nombre, qui adhèrent au plexus sacré, au nerf crural, et à quelques-unes des branches nerveuses qui animent les téguments du bras et de l'avant-bras. Près du plexus épigastrique et sur le trajet des ramifications voisines, ils sont assez nombreux et aussi gros que ceux des extrémités. L'âge parait apporter quelques différences dans leur volume, et l'on en trouve chez le fœtus, assure Pacini, de si petits qu'on a peine à les saisir à l'œil nu; il pense aussi que les corpuscules sont plus développés chez la femme que chez l'homme, et particulièrement quand la constitution est nerveuse.

Qu'ils soient isolés ou groupés, collés aux nerfs ou éloignés d'eux par un intervalle plus ou moins sensible, ils s'y rattachent constamment par un lien intermédiaire ou pédicule, qui se détache de la branche nerveuse sous un angle variable. Ce pédicule plus ou moins long, mince, tordu, quelquefois bifurqué, semble s'enfoncer dans chaque corpuscule et y pénétrer, sous forme d'un prolongement conique (*prolungamento conico*), égal en longueur au quart et même à la moitié du diamètre du corpuscule. Le pédicule est transparent; il en est de même du prolongement, qui tranche ainsi sur la substance opaque du corpuscule.

Examinés au microscope, les corpuscules présentent dans leur intérieur des stries ou lignes foncées, concentriques, plus ou moins fines et nombreuses, d'autant plus incurvées et parallèles à la surface du corpuscule qu'elles se rapprochent davantage de la périphérie, d'autant plus droites et parallèles à son grand axe qu'elles se trouvent plus près du centre. A la partie centrale du corpuscule, du côté du pédicule, ces lignes se serrent les unes contre les autres, sans se confondre, pour aller se terminer au prolongement conique; du côté opposé au pédicule, elles se réunissent de manière à former par leur jonction une ligne blanchâtre, qui se prolonge plus ou moins à l'intérieur, et semble se continuer avec le prolongement du pédicule. Dans la partie médiane de certains corpuscules existe un espace allongé, plus ou moins transparent, au niveau duquel les stries concentriques sont plus fines, plus nombreuses, et se rapprochent beaucoup de la ligne droite. Dans les pédicules, surtout dans les plus gros, se voient des stries déliées, allongées, parallèles entre elles, se continuant directement avec les stries concentriques des corpuscules, tandis que, du côté du nerf, elles s'amincissent graduellement, deviennent d'une ténuité extrême, et finissent par échapper à l'œil. Rarement est-il possible de poursuivre ces stries dans toute la longueur du pédicule, et de les voir se fondre dans les nerfs. Pacini considère chacune de ces stries concentriques comme l'indice d'autant de capsules emboîtées les unes dans les autres; et, en effet, il réussit à en séparer un assez grand nombre, de façon à les obtenir isolées les unes des autres.

Ces enveloppes concentriques sont séparées par des espaces (*spatia intercapsu-*

laria) dont chacun renferme une petite quantité d'un liquide limpide, qui s'échappe à mesure que l'on fait des incisions plus profondes, et qu'il est facile d'apercevoir sous le microscope quand on le fait sortir peu à peu par une pression bien ménagée. En opérant sous l'eau, on peut le reconnaitre pour une matière jaunâtre, dont la densité est supérieure à celle de l'eau, et qui s'échappe sous forme de stries ou de filaments ténus. Lorsqu'on fait une incision profonde et prompte dans le corpuscule, toute la liqueur s'en échappe à la fois et les capsules s'affaissent. La strie blanchâtre que l'on remarque quelquefois vers l'extrémité libre des corpuscules, dans le point opposé à l'insertion du pédicule, annonce la présence d'un ligament *(ligamentum intercapsulare)* qui, en cet endroit, relie entre elles les diverses couches ou capsules.

Les pédicules se composent aussi de couches ou lames superposées et concentriques, entre lesquelles ne se trouve point de liquide, et dont chacune fait immédiatement suite à une de ces capsules dont l'ensemble constitue un corpuscule. Si le pédicule commun semble se perdre en un prolongement conique au centre du corpuscule, cette apparence est due à ce que les pédicules partiels pénètrent d'autant plus loin dans le corpuscule que les capsules auxquelles ils appartiennent sont plus profondes. Le pédicule de la capsule la plus centrale s'étend même au-delà du prolongement conique jusqu'au commencement du ligament intercapsulaire; en d'autres termes, la capsule centrale devient cylindrique et ne semble nullement distincte de son pédicule. Quant au contenu du canalicule central, Pacini se borne à signaler une certaine ressemblance générale du cylindre central des corpuscules avec les fibres primitives des nerfs. L'auteur a étendu ses recherches jusqu'aux grands mammifères, tels que le bœuf et le dromadaire. Il ne les trouva pas chez le dernier de ces animaux; et quant au bœuf, il n'en possède qu'un très-petit nombre, 4 à 6 pour chaque extrémité, encore sont-ils petits, plus transparents que chez l'homme et composés d'un nombre de couches concentriques beaucoup moins considérable.

Ces résultats furent communiqués aux savants italiens par un article de *Guarini* (n. 10) et aux allemands par *Oken* (n. 11, p. 641, 662). Ils restèrent ignorés en France; aussi *Guitton* (n. 13), partant des recherches faites par Andral, Lacroix, etc., mentionnées précédemment, essaya de réhabiliter l'opinion qui fait de ces corpuscules autant d'expansions des nerfs dont ils dépendent. Après avoir établi leur distribution chez l'adulte et leur existence chez les jeunes sujets, chez le fœtus même, il les examina sous le microscope, avec un grossissement de 50 fois : mais il ne tira pas grand avantage de ce mode d'exploration, car il les dit composés d'une matière blanche, homogène, faisant suite à la matière nerveuse du filet, dont ils forment la terminaison. Chez le nègre et le singe macaque, ces corpuscules sont moins nombreux que chez le blanc; le chat et le chien sont les derniers mammifères sur la patte desquels l'auteur ait pu constater l'existence de quelques-uns de ces corpuscules. Chez les idiots de naissance, ils sont très-petits et très-rares. *Longet* (n. 12, t. I, p. 858.), examinant les préparations de Guitton, affirme que ce ne sont pas des ganglions, parce qu'ils ne donnent pas naissance à des filets nerveux, comme les véritables ganglions, et parce qu'ils ne contiennent pas de matière grise. Il lui parait probable que

ces corpuscules sont de nature nerveuse. *Lacauchie* (n. 14) signale ces corpuscules, dans le mésentère du chat, comme des organes lactés et des dépendances
du système chylifère; il les croit en relation avec les vaisseaux chylifères et
leur centre occupé par une cavité vasculaire.

La question en était là, lorsque *Henle* et *Kœlliker* fixèrent leur attention sur
ces corpuscules et surtout sur leur partie centrale. Les résultats furent communiqués, en 1843, au congrès scientifique de Lucques par *Henle* (n. 15) et publiés
plus tard dans un mémoire (n. 16) accompagné de figures, dont les principales
se trouvent reproduites sur la planche II de ce mémoire. Nous allons maintenant
faire connaître les résultats de ces recherches, et nous faisons seulement remarquer d'abord que nous donnerons dorénavant aux corpuscules en question le
nom de *corpuscules de Pacini*, puisque cet auteur a le premier fait connaître leur
texture si remarquable.

Dans toute la partie de leur travail qui traite des capsules ou membranes d'enveloppe du canalicule central des corpuscules, Henle et Kœlliker ne s'éloignent
presque en rien de la description donnée par Pacini. Ils commencent par établir
que les corpuscules de Pacini se trouvent chez l'homme à tout âge, à partir de la
vingt-deuxième semaine de la vie fœtale, et chez beaucoup de mammifères. Leur
siége de prédilection est l'extrémité de la main et du pied. On peut en compter,
chez l'homme, de 150 à 350 sur un seul membre ; mais on les rencontre aussi sur
d'autres nerfs sensitifs cérébro-spinaux, ainsi que sur le grand sympathique,
dans le mésentère, par exemple, et dans le mésocolon, autour du pancréas. Dans
ce dernier point en particulier, ils sont fort nombreux chez le chat. Les corpuscules présentent d'ailleurs des formes très-variées : elliptiques, ovales, obovales,
en croissant, ou réniformes; ils ont de 0,66 à 1,20 de ligne en longueur, et de
0,45 à 0,60 en largeur; ils sont demi-transparents, luisants à leur surface, et
comme percés à leur centre.

Quel que soit leur siége, leur texture offre les particularités suivantes : chacun
d'eux est composé de 40 à 60 feuillets très-minces, disposés autour d'un canal
ou d'une cavité centrale (Pl. II. fig. 1, *a*) comme autant de cornets emboîtés les
uns dans les autres. Chaque feuillet est lui-même constitué par deux couches de
tissu cellulaire : une extérieure, à fibres circulaires, et une intérieure, à fibres
longitudinales (fig. 10). Entre chacun de ces feuillets se trouve un peu de liquide albumineux, d'autant moins abondant que l'on se rapproche davantage
de l'intérieur du corpuscule, ce qui dépend de l'emboîtement plus serré des cornets; çà et là les feuillets paraissent séparés par des cloisons partielles (fig. 1, *b*)
qui interceptent des espaces vides dans lesquels le liquide est contenu : c'est ce
que l'on rencontre principalement du côté opposé au pédicule. Le feuillet le
plus extérieur contracte des adhérences avec les parties voisines à l'aide d'un
tissu cellulaire très-fin (fig. 1, *g*); il donne également passage à des vaisseaux qui
pénètrent jusque dans le corpuscule. Les auteurs n'ont pas pu constater l'existence du ligament intercapsulaire annoncé par Pacini.

Quant au canal ou à la cavité qui est placée dans l'axe de chaque corpuscule,
il renferme un liquide semblable à celui qui est contenu dans les espaces inter-
membraneux; dans ce liquide se trouve un filet qui n'est, comme les auteurs le

démontrent, qu'une fibre nerveuse primitive. Ils établissent d'abord que les corpuscules de Pacini présentent, sous le rapport de leur texture intime, les plus grandes analogies, quel que soit d'ailleurs leur siége, qu'ils occupent le trajet d'un nerf cutané de la main ou du bras, ou qu'ils se trouvent accolés dans le mésentère à un filet du grand sympathique. Le filet central de tout corpuscule provient constamment du tronc ou du rameau nerveux situé près de lui; après avoir pénétré dans le pédicule, il le parcourt dans son milieu, en décrivant de légères ondulations, traverse ensuite son prolongement, puis pénètre et s'enfonce dans la capsule centrale. Dans le pédicule, le filet central est enveloppé de faisceaux denses de tissu cellulaire qui lui sont parallèles; dans le corpuscule, il devient libre au milieu de la capsule, dont il ne remplit pas entièrement la cavité.

Tant qu'il est contenu dans le pédicule et dans son prolongement, c'est-à-dire jusqu'au moment où il pénètre dans la cavité centrale du corpuscule, le filet central offre les caractères d'une fibre nerveuse primitive, entièrement semblable, quant à ses caractères microscopiques, aux autres fibres nerveuses cérébro-spinales : elle a chez l'homme, 0,006-0,008 de ligne; chez le chat, 0,0044-0,0077 de diamètre; elle est tout à fait cylindrique, à contours foncés, qui, au bout de quelque temps, deviennent inégaux et assez souvent variqueux; elle se comporte avec l'eau de la manière connue, de sorte que d'abord les contours deviennent doubles de chaque côté, puis, après plusieurs transformations successives et transitoires, survient le changement qu'on a l'habitude de désigner sous le nom de *coagulation*.

Aussitôt que la fibre nerveuse est parvenue dans la capsule centrale du corpuscule (fig. 1, *k*; 2; 9; 11), on la voit changer de forme et se présenter, suivant la position du corpuscule, sous deux aspects différents : tantôt comme une ligne pâle, de dimensions sensiblement égales dans toute sa longueur, non moins large que la fibre du pédicule, de 0,006 chez l'homme, de 0,003-0,006 chez le chat; tantôt comme une ligne, de dimensions encore égales, mais plus faibles, ne dépassant pas en diamètre 0,001, limitée par des bords foncés, et ayant l'apparence d'une fibre nerveuse très-fine. Ce qui est digne de remarque, c'est qu'en faisant rouler un corpuscule autour de son axe longitudinal, la même fibre peut paraître tantôt sous l'une, tantôt sous l'autre forme : de là les auteurs concluent que la fibre corpusculaire est plate, et qu'elle paraît large ou étroite, pâle ou foncée, suivant qu'elle tourne en haut sa face ou l'un de ses bords. Ils ajoutent que la substance, ou, si on peut le dire, le contenu de cette fibre, possède, comme la graisse et le contenu des tubes nerveux, la propriété de réfracter fortement la lumière : de même que la graisse offre des bords foncés ou pâles, suivant qu'elle est en globules ou en gouttes fondues, parce que le milieu réfringent est, dans le premier cas, condensé en une épaisse couche, tandis que, dans le second, il ne forme qu'une couche mince; de même nous voyons les bords du nerf en question clairs, s'il est couché à plat et si la lumière n'a à traverser que son petit diamètre, foncés, au contraire, s'il est placé de champ et si la lumière le traverse dans son plus grand diamètre. Dans des cas rares qui peuvent passer pour des exceptions, les contours des nerfs de la capsule centrale étaient alternativement pâles et foncés, sans que cependant les diamètres de la fibre nerveuse fussent pour cela changés.

L'aplatissement n'est pas le seul changement que la fibre nerveuse éprouve dans le corpuscule. Elle diminue aussi de volume, à tel point que le plus grand de ses diamètres reste encore inférieur à celui de la partie cylindrique contenue dans le pédicule : aussi peut-on se demander si la fibre nerveuse ne subit pas tout à coup une déperdition en quittant le pédicule, de sorte que c'est une partie seulement de cette fibre qui pénètre dans la capsule centrale. Mais les auteurs ajoutent que rien n'autorise une opinion pareille, d'autant moins que l'on voit quelquefois la fibre reprendre son aspect à doubles contours (fig. 9, *a*).

Le mode de terminaison de la fibre nerveuse corpusculaire est aussi difficile à déterminer que son origine ; car, bien qu'elle soit très-visible dans tout son trajet au milieu de la cavité de la capsule centrale, elle commence cependant vers l'extrémité de cette capsule à échapper aux regards, ce qui tient en partie à la pâleur croissante de la fibre, en partie à l'étroite union de cette fibre et de la capsule et aux rides de cette dernière. Ayant observé dans certains cas, d'ailleurs fort rares, que la fibre nerveuse ressortait par l'extrémité libre du corpuscule, et ne faisait par conséquent que le traverser ; ayant aussi découvert deux fois une double fibre nerveuse dans un seul corpuscule, les auteurs furent conduits à se demander si chaque corpuscule ne renfermait pas constamment deux fibres nerveuses primitives, se réunissant peut-être au fond de la capsule par une anastomose, ou si les fibres nerveuses, au lieu de se terminer dans le corpuscule, ne le traversaient pas. Mais, après avoir examiné cette question avec toute l'attention possible, ils arrivèrent à cette conclusion définitive, que 1° on n'observe jamais d'anse nerveuse terminale ; 2° la sortie de la fibre nerveuse hors du corpuscule est extrêmement rare ; 3° dans l'immense majorité des cas, les fibres nerveuses se terminent véritablement dans le fond de la capsule.

Pour connaître à fond le mode de terminaison de la fibre nerveuse corpusculaire, Henle et Koelliker employèrent de préférence les corpuscules du chat. La préparation à laquelle ils eurent recours et qu'ils conseillent est la suivante : ouvrir la capsule à l'aide d'un petit scalpel très-pointu, en écarter les bords avec précaution et, s'il est possible, sans déchirer ses lames les plus profondes. Quand cette manœuvre est heureusement exécutée, on arrive à extraire du corpuscule un cordon cylindrique, mince, tout à fait transparent, composé du filet central et d'une enveloppe ténue à travers laquelle les caractères de la fibre nerveuse sont beaucoup plus faciles à saisir et s'aperçoivent bien plus nettement que sur les corpuscules entiers. C'est à l'aide de cette préparation que les auteurs purent constater et établir comme un fait constant : 1° que la fibre corpusculaire se termine par un renflement arrondi (fig. 8); 2° qu'elle se subdivise très-souvent avant de se renfler (fig. 3), de sorte qu'un seul corpuscule renferme deux renflements terminaux. Cette dernière disposition est tellement fréquente que les auteurs la considèrent comme une simple variété de l'état normal.

Dans les cas nombreux observés par Henle et Koelliker, le renflement terminal s'est présenté avec des formes diverses : tantôt il était constitué par un léger élargissement de la fibre plate, tantôt son diamètre dépassait du double ou même davantage celui de cette fibre; sa figure était le plus souvent celle d'une poire ou d'une boule, confondue insensiblement avec la fibre dans le premier cas, s'en séparant d'une manière assez tranchée dans le second; d'autres fois il était parcouru par des lignes longitudinales, de manière à ressembler à une pyramide renversée à trois ou à quatre côtés; ou bien il représentait exactement un bouton. Les contours de ces renflements étaient le plus souvent tranchés; quelquefois pourtant on les trouvait plus pâles encore que ceux du reste de la fibre corpusculaire. Leur tissu se montrait tantôt finement granuleux et foncé, tantôt plus homogène et pâle, tantôt alternativement granuleux et égal; dans tous les cas, les granules étaient très-fins. Pour ce qui est de leurs rapports avec les capsules, dans quelques cas les renflements étaient en contact serré avec leur fond; mais le plus souvent ils s'en trouvaient à une certaine distance et libres dans leur cavité

Plusieurs fois les auteurs avaient cru voir dans l'intérieur du renflement terminal une vésicule ronde, délicate, circonstance qui leur faisait soupçonner que la terminaison de la fibre pâle pouvait être un globule ganglionnaire; mais l'absence de la cellule caractéristique du globule ganglionnaire les fait conclure que le renflement par lequel la fibre nerveuse se termine dans les corpuscules ne présente aucun des caractères propres aux ganglions. L'aspect de vésicules qui s'est quelquefois présenté à leurs regards pouvait, ajoutent-ils, provenir d'un groupement fortuit des granules constituants de la matière nerveuse, de rides formées à la surface du renflement, ou de quelque changement survenu en lui, soit par l'effet de la pression, soit par son contact avec l'eau.

Un point également intéressant, et que les auteurs ont aussi étudié avec soin, c'est le mode de division ou de bifurcation de la fibre corpusculaire, mode de division qui présente de nombreuses variétés, depuis la simple excroissance latérale du renflement terminal, jusqu'à la division de la fibre blanche elle-même en rameaux de 0,02-0,05 ligne de longueur. Les petites excroissances latérales n'avaient, dans les cas où elles ont été observées par les auteurs, ni situation ni forme déterminées : arrondies, en forme de bouton ou de poire, elles siégeaient, tantôt à l'extrémité même du renflement, tantôt sur sur ses côtés; on en comptait ordinairement deux, rarement trois, et leur grosseur, d'ailleurs variable, ne dépassait jamais 0,004. Lorsque la fibre corpusculaire se divisait en rameaux, ceux-ci présentaient d'un bout à l'autre les mêmes caractères que la fibre elle-même, c'est-à-dire qu'ils étaient aplatis et pâles, quoique à contours tranchés, et que chacun d'eux se terminait par un petit renflement; leur largeur était un peu moindre, et leur trajet un peu plus flexueux. Deux fois seulement un des rameaux se bifurquait, de telle sorte qu'on trouvait, dans un seul corpuscule et pour une seule fibre, trois renflements terminaux. Les auteurs terminent leur travail par la description de quelques variétés de ces corpuscules, telles que par exemple la soudure de deux corpuscules, la réunion de deux ou trois par un pédicule intermédiaire, etc.

Meyer (n. 17) paraît avoir trouvé les mêmes rapports et les mêmes formes, comme Henle et Koelliker : mais il prend les contours des capsules pour des anses des fibres nerveuses terminales. Le canal central est, d'après cet auteur, une substance interne, granuleuse ou glandulaire, pourvue d'un conduit excréteur. Mayer prend pour tel la fibre nerveuse. Cet auteur signale des corpuscules pareils aussi dans le mésentère de la grenouille, où ils renfermeraient un corps pointu, analogue à un cristal. *Fick* (n. 18) signale l'existence des corpuscules de Pacini dans le gland où, placés dans le réseau de Malpighi, ils peuvent facilement être confondus avec des glandes sébacées. *Reichert* (n. 19, p. 66) affirme, conformément à sa théorie, que les capsules sont transparentes et que les fibres dont elles paraissent composées sont des plis et des stries. *Todd* et *Bowmann* (n. 20, p. 395) constatent en général l'exactitude des observations de Henle et Koelliker; ils décrivent la distribution des vaisseaux sanguins à la surface et dans les espaces intercapsulaires. *Pappenheim* (n. 22 ; octobre) affirme avoir vu la fibre nerveuse former une ou même deux anses ou arcades dans la cavité même de la capsule; d'autres fois, les nerfs sortaient des corpuscules voisins et se joignaient, en formant une anse. L'auteur confirme la bifurcation de la fibre nerveuse qu'il a vue, ainsi que Henle et Koelliker, et donne quelques détails sur le développement de ces corpuscules,

Nous avons pu constater les principaux résultats de Henle et Koelliker; toutefois, nous serions portés à considérer les espaces remplis de liquide, non pas comme des espaces intercapsulaires, mais comme le contenu de chaque capsule; celle-ci en effet formerait un sac dont la paroi s'accole à celle de la capsule voisine et forme ainsi ces lignes noires que Henle et Koelliker ont pris pour une simple paroi. Aussi, quelquefois ces deux parois s'éloignent-elles l'une de l'autre (fig. 1); en outre, on voit près du pédicule la paroi antérieure de la capsule s'unir à la paroi postérieure, ce qui est indiqué par les lignes arrondies qui existent le long du pédicule.

CHAPITRE SECOND.—ORGANE DU GOUT.

Le seul point sur lequel nous devons fixer ici notre attention, c'est la structure intime des papilles de la langue : en effet, l'enveloppe de la langue, constituée par une *membrane muqueuse*, a été déjà examinée dans le mémoire précédent (n. 327); la *substance de la langue*, constituée par des fibres musculaires, des nerfs, des vaisseaux, etc., n'offre rien de particulier aux investigations micrographiques. Restent donc seules les *papilles* qui, depuis l'époque où *Malpighi* (n. 23) s'en est occupé jusqu'à nos jours, n'ont été qu'à de rares intervalles le sujet des recherches micrographiques. *Leeuwenhoek* (n. 24, *a*, p. 111, 210) ne s'occupe que de la matière blanche qui recouvre la langue chez les fiévreux et (24, *b*, t. II. ep. 82) de l'entrecroisement des fibres de la masse charnue de la langue. Les recherches de *Albin* ne furent faites qu'à l'œil nu. *Ledermuller* (n. 25, 1. obs. 94, 95, 96. II. 8. 20) affirme que la portion moyenne des papilles de la langue est constituée par des tuyaux enfoncés dans la peau (Pl. I, fig. 3), transparents, et dans lesquels se distribuent des vaisseaux sanguins. Ces tuyaux ont d'abord paru creux à Ledermuller (Pl. I, fig. 4); mais ayant retiré la papille (fig. 5) de sa gaine, il affirme que chaque papille est formée d'un nombre considérable de tuyaux capillaires (fig. 6). L'auteur a pris probablement les fibres ou les vaisseaux sanguins pour des tuyaux capillaires. Quelques auteurs modernes, comme *Meckel*, *Treviranus*, *Huschke* (n. 28, p. 111), s'attachent à démontrer l'analogie qui existerait, d'après ces auteurs, entre les villosités de l'intestin et les papilles de la langue. Les observations de *Home* (n. 26, p. 205) se rapportent à une langue cancéreuse. *Weber* (n. 29, *a*) décrit les glandes composées qui existent à la partie postérieure de la langue. Les grandes papilles, examinées à l'aide d'une loupe, dit cet auteur (n. 29, *b*), paraissent composées de plusieurs éminences réunies. Elles se composent de vaisseaux capillaires et de nerfs. *Andersch*, *Kaaw*, *Meckel*, *Haller*, *Boehmer*, *Soemmering*, (n. 27), affirmaient déjà avoir poursuivi des filets nerveux jusque dans les papilles. *Treviranus* (n. 30, p. 57) dit que les nerfs se terminent dans la langue sous la forme de papilles analogues à celles qu'il suppose dans les autres organes des sens et particulièrement dans la rétine. *Berres* (n. 31, pl. 8 et 9 de son ouvrage) et *Arnold* figurent les anses terminales des capillaires dans les papilles de la langue.

Les micrographes modernes n'ont pas fait, en général, des papilles de la langue une étude spéciale. Ils se bornent à signaler leur analogie avec les papilles de la peau. *Valentin* (n. 32, p. 771) signale les anses terminales des fibres nerveuses dans les papilles de la langue, où il compte de six à douze fibres élémentaires. Cet auteur dit aussi que l'extrémité terminale d'un grand nombre de papilles offre plusieurs crochets, ce qui fait supposer que dans l'intérieur des papilles il existe plusieurs divisions. Cette idée deviendra plus claire par les recherches dont nous allons parler plus tard. Un examen attentif a fait reconnaître à *Huschke* (n. 33, p. 554) que « les papilles filiformes sont des cylindres coupés obliquement ou droit à l'extrémité, qui présente un enfoncement. Tandis que cet enfoncement est lisse, son rebord circulaire est couvert de petites villosités coniques ou lamelleuses. Entre ces petits tubes, on trouve encore une multitude de petits tubercules et filaments, de longueur et de situation diverses, qui sont sans nul doute aussi des instruments de gustation. » L'auteur pense que « les papilles filiformes ont de l'affinité avec les glandes mucipares simples à conduits excréteurs saillants en forme d'entonnoir. » Cette opinion est inexacte, ainsi que nous le verrons tout à l'heure. D'après le même auteur, « la surface convexe de la tête des papilles fongiformes est couverte d'une multitude de filaments, mais on ne découvre ni ouvertures, ni petits tubes. La base des papilles caliciformes est couverte, non pas seulement de filaments, comme les papilles fongiformes, mais encore de petits tubes plus ou moins nombreux (papilles filiformes), dont les bords paraissent garnis de fibrilles ou franges plus ténues. » On observe aussi, suivant le même auteur, « de véritables follicules glandulaires, principalement sur les plus grosses de ces papilles, dont il n'est pas rare que le milieu de la surface présente des enfoncements. » *Todd et Bowmann* (n. 34, p. 434) ont fait un travail étendu sur les papilles de la langue, dont nous avons pu en général constater l'exactitude. Les papilles seraient, d'après ces auteurs, formées par une substance indistinctement granuleuse, et limitées par la membrane basique qui recouvre tout le derme. Ils n'ont pas pu toujours voir les fibres nerveuses dans les papilles; ils attribuent cette circonstance à une modification de la fibre nerveuse elle-même (p. 436). Toutefois ces auteurs donnent (p. 440) des figures dans lesquelles on voit distinctement les anses terminales des fibres nerveuses dans les papilles coniques. La surface du centre et du bord des papilles caliciformes est recouverte d'un épithélium en pavé, au-dessous duquel existent des papilles simples. Les papilles fongiformes sont également recouvertes de papilles simples; elles renferment des fibres nerveuses formant des anses terminales. Nous donnons, d'après ces auteurs, les diverses formes des papilles coniques composées (pl. III, fig. 11), privées de leur épithélium. Celui-ci est très-épais, forme les deux tiers de la longueur de la papille et s'allonge quelquefois en poil pourvu d'un canal central. La raideur des papilles secondaires provient d'un tissu élastique jaune, abondant, ondulé. Les auteurs ont vu souvent, mais pas toujours, les fibres nerveuses se terminer en anses. *Landouzy* (n. 35, 16 février) signale également des productions filiformes de la langue, mais seulement comme produit pathologique.

Nous avons reproduit les principales formes des papilles de la langue sur la planche III de ce mémoire. On sait que l'on en distingue trois principales : les *caliciformes* (pl. III, fig. 6), les *fongiformes* (fig. 3, 4) et les *filiformes* ou *coniques* (fig. 2, 5, 7, 8). Ces dernières sont ou simples (fig. 5) ou composées, c'est-à-dire une papille principale est entourée de deux à cinq ou six papilles secondaires. Celles-ci sont placées seulement d'un côté de la papille principale (fig. 2), où elles l'entourent de tous côtés (fig. 7, 8). Lorsqu'on connaît bien la structure de la peau, l'étude des papilles n'offrira aucune difficulté. Elles sont recouvertes d'un épithélium en pavé (fig. 9), dont on aperçoit distinctement tous les degrés de développement. Par la macération, l'ébullition, etc., on peut complétement détacher l'épithélium et le retirer sous forme d'une gaine (fig. 8, *a*). Mais souvent les éléments les plus jeunes de la couche la plus profonde de l'épithélium restent attachés à la surface de la papille (fig. 13, *c, e;* 17); c'est cette circonstance probablement qui a donné lieu à l'opinion de Todd et Bowmann, à savoir que les papilles auraient une structure indistinctement granuleuse. Jamais nous n'avons pu constater, pas plus que Todd et Bowman, un enfoncement à l'extrémité de ces papilles, et nous ne pouvons par conséquent adopter l'analogie établie par Huschke avec des glandes mucipares. La terminaison des fibres nerveuses en anses (fig. 17, 18) se voit quelquefois, mais pas toujours, après l'application de la potasse caustique. Les terminaisons des vaisseaux capillaires (fig. 12 à 15) peuvent être étudiées avec facilité sur les pièces injectées. Le tissu même de la papille se compose d'un tissu cellulaire très-dense, imparfaitement développé (fig. 10), analogue à celui de la couche supérieure du derme, dont les papilles constituent la continuation. Ces papilles sont, ainsi que le derme, séparées de l'épithélium par la membrane dermoïde propre, dont nous avons le premier signalé l'existence dans notre *Anatomie générale*. Dans la couche la plus superficielle du derme sont souvent déposées chez quelques animaux, comme par exemple chez les serpents, des cellules étoilées du pigment (Pl. IV, fig. 20, *b*), ce qui donne à toute la langue une couleur noire, quoique l'épithélium (*a*) soit incolore. Les papilles fongiformes (Pl. III, fig. 3, 4) et les caliciformes (fig. 6) sont tantôt simples, tantôt composées, selon les animaux sur lesquels on les examine. Le sommet de la papille caliciforme (fig. 6, *c*) présente un enfoncement; mais ce n'est pas une raison suffisante pour adopter, avec Huschke, l'existence d'un follicule glandulaire à cet endroit. Rien, dans la structure de la papille, n'autorise une opinion pareille. A la surface de la langue, entre les papilles, existe un grand nombre de *follicules* mucipares simples, et à la base de la langue des *glandes* composées qui, en général, sont remplies d'un contenu très-transparent. Les *bourses muqueuses sublinguales*, décrites par *Fleischmann* (n. 37.) n'ont pas encore été le sujet d'une étude histologique spéciale.

Ces lignes étaient écrites, lorsque *Bourgery* (n. 36) publia un mémoire dans lequel nous voyons avec regret énoncer des opinions qui sont en contradiction avec les faits les mieux constatés en histologie. Ainsi, l'auteur parle de vaisseaux capillaires qui existeraient dans le réseau de Malpighi; les papilles ne seraient point la continuation du derme, mais s'élèveraient sur une membrane formée par l'épanouissement des fibres nerveuses, etc.

CHAPITRE TROISIÈME. — ORGANE DE L'ODORAT.

Les divers éléments histologiques qui composent l'organe de l'odorat dans les animaux supérieurs n'offrent rien de particulier, et ont été déjà traités dans les mémoires précédents. La structure de la *peau* externe s'accorde avec celle de la face; nous avons déjà parlé des glandes sébacées (p. 316, 322), qui existent sur les ailes du nez. La direction des corpuscules cartilagineux est, d'après *Valentin* (n. 32, p. 753), transversale à celle des *cartilages* eux-mêmes. Un épithélium vibratile recouvre la *membrane muqueuse* et s'étend jusque dans le pharynx, et sur une petite partie de la région supérieure de la face postérieure du voile du palais, à la hauteur de l'atlas; mais, dans le reste du pharynx et dans la portion cartilagineuse du nez, il fait place à de l'épithélium pavimenteux. Les *glandes mucipares* sont très-nombreuses et forment, au dessous de la membrane de Schneider, une couche non interrompue. Les unes sont simples ou composées; les autres représentent, d'après Valentin, des tubes pelotonnés, que des fibres circulaires de tissu cellulaire entourent et isolent les unes des autres. L'apparence cotonneuse ou villeuse de la membrane de Schneider est produite, tant par les orifices, quelquefois très-grands, des glandes, que par des petits plis qui varient beaucoup quant à la forme. Les mailles formées par les *vaisseaux capillaires* ont été représentés par *Berres* (n. 31, pl. X de son ouvrage). *Treviranus* (n. 30, p. 57) dit avoir vu les *nerfs* olfactifs se terminer par des papilles chez les mammifères; chez les oiseaux, les reptiles et les poissons, il n'a aperçu dans les extrémités obtuses qu'un cylindre cortical. *Berres* (l. c.) représente comme papilles olfactives, des corpuscules cartilagineux ou osseux. *Valentin* (n. 32, p. 754) affirme que les fibres du nerf olfactif forment des plexus à mailles rhomboïdales. *Klenke* (n. 38, p. 163) a vu également toutes les fibres du ganglion olfactif sous la forme de cylindres isolés, qui décrivaient des arcades peu étendues et plus ou moins serrées ; de là résultaient des saillies papillaires. C'est ce que l'auteur a reconnu surtout dans les branches de la cloison.

CHAPITRE QUATRIÈME. – ORGANE DE L'OUIE.

§ 1. *Tissus de l'oreille.*

L'oreille, pas plus que les autres organes décrits jusqu'à présent, ne renferme des tissus spéciaux. La peau du *pavillon externe* se distingue par le grand développement des glandes sébacées ; le cartilage est un fibro-cartilage, dont les corpuscules seraient, d'après *Krause* (n. 60, p. CXVI) plus grands que ceux des côtes et des articulations. Le cartilage du *conduit auditif externe* a la même texture ; dans sa peau existent les glandes cérumineuses (glandes auriculaires de *Wagner* ; voy. p. 317), dont le diamètre est très-variable et dont chacune se terminerait, d'après *Valentin* (n. 32, p. 755) par une extrémité renflée ; leur intérieur est tapissé de cellules, d'après Krause, ayant 1/105 de ligne pour diamètre. Dans l'intérieur de ces cellules se développe une matière grasse, jaune, le cérumen. La couche moyenne de la *membrane du tympan* est composée de fibres pâles, aplaties, pourvues de noyaux, dont quelques-unes proviendraient, d'après *Pappenheim* (n. 56), du périoste de la caisse et du conduit auditif externe. Sous le rapport de la dimension, il y en a de concentriques, de radiantes et d'obliques. La couche externe et l'interne de la membrane est recouverte par un épithélium en pavé qui se continue avec celui des parties voisines ; on y trouve en outre des réseaux vasculaires et des anses nerveuses. L'*anneau* de la membrane paraît être, d'après Pappenheim, de nature cartilagineuse. La membrane muqueuse de la *caisse du tympan* est couverte d'un épithélium en pavé. Les *osselets*, leurs cartilages articulaires, ligaments et membranes synoviales n'offrent rien de particulier dans leur texture. Le muscle interne du marteau et le muscle de l'étrier se composent de fibres striées transversalement ; mais le muscle externe du marteau est dépourvu de fibres analogues, d'après *Hagenbach* (n. 45), *Miescher*, *Arnold*, *Lincke* (n. 52), et *Huschke*. Toutefois *Treviranus* (n. 30, p. 125) et *Krause* (n. 61. p. 8) disent avoir constaté l'existence des fibres striées en travers. D'après *Huschke* (n. 33, p. 784), le muscle supérieur du marteau est également formé par un tissu fibreux rougeâtre, mais non musculaire ; une opinion analogue avait été déjà énoncée antérieurement par *Hagenbach, Krause, Muller* (n. 46, p. 18). La *trompe d'Eustache* a une portion fibro-cartilagineuse et une autre osseuse ; sa membrane muqueuse est couverte d'un épithélium vibratile et possède, à son entrée, des glandes qui, d'après *Pappenheim* (n. 63), sont des tubes simples. Les os et périostes du *labyrinthe osseux* ne présentent rien de particulier dans leur structure. Le périoste est recouvert d'un épithélium en pavé. Le *vestibule*, les *canaux demi-circulaires membraneux* et les *ampoules membraneuses* sont composés, d'après Valentin ; d'un tissu fibreux sur lequel existent des cellules qui changent facilement de forme. D'après *Huschke* (n. 33., p. 810), les parois des canaux et des ampoules sont couvertes extérieurement d'un réseau fin de vaisseaux sanguins et de fibres de tissu cellulaire, ayant 1/2000 de ligne pour diamètre. Pappenheim a signalé en outre des globules de 1/200 à 1/170 de ligne, qui sont, d'après lui, des globules ganglionnaires, et d'autres qui paraissent être des lamelles d'épithélium. Cet auteur parle aussi de granulations uniformes dans l'intérieur des canaux semi-circulaires et d'une membrane transparente, pourvue d'un tissu réticulé et de vaisseaux sanguins, qui existerait tout-à-fait en dedans des canaux. *Ecker* (n. 67) signale un épithélium vibratile à la surface des canaux demi-circulaires chez le Petromyzon. Les nerfs ne se distribuent que sur les deux sacs, dans les trois ampoules, mais non dans les canaux demi-circulaires. Suivant *Valentin* (n. 49, p. 116), les plexus terminaux des branches nerveuses forment, aux ampoules de l'oreille d'oiseau, des mailles rhomboïdales allongées, qui deviennent de plus en plus nombreuses, à mesure que les branches nerveuses s'amincissent, et par conséquent aussi se serrent de plus en plus. La terminaison a lieu par des anses d'inflexion. *Wagner* (n. 62, *b*) a compté cent fibres primitives sur chaque ampoule; il a étudié avec soin les anses terminales des ampoules de la *Raja asterias*. Suivant *Krause* (n. 66), les deux fibres primitives d'une anse terminale sont serrées l'une contre l'autre, de manière qu'on pourrait les prendre pour une extrémité nerveuse libre; l'épaisseur de ces fibres n'est que de 1/840 à 1/630 de ligne.

Dans le vestibule et sur les saccules existent les *otolithes*, dont nous nous occuperons dans le paragraphe suivant.

Suivant *Huschke* (n. 33, p. 818), on aperçoit à l'aide du microscope, sur la crête spirale ou la lèvre vestibulienne de la *zone cartilagineuse du limaçon*, des dents ou des verrues parallèles, situées les unes à côté des autres, dont les extrémités osseuses ont 1/50 à 1/60 de ligne de large, qui ne paraissent pas être aussi longues que la lame spirale cartilagineuse est large, et que *Treviranus* (n. 30) considère comme des nerfs terminés en papille. Il y en a environ mille. Huschke suppose qu'elles correspondent aux dents et lames auditives des oiseaux. La *zone membraneuse du limaçon* se compose de fibres tendineuses et cellulaires, d'après Krause, et qui ont été prises pour des fibres névrilématiques par *Breschet* (n. 51). Ces fibres sont couvertes d'un réseau de vaisseaux sanguins (n. 43) et d'un épithélium en pavé très-transparent (n. 66), dont les éléments ont 1/250 à 1/120 de ligne et qui sont pourvus de petits noyaux. La *membrane du tympan accessoire* a la même structure que le tympan. On ne connaît pas encore bien la manière dont les nerfs se distribuent aux parties du limaçon; mais il paraît certain qu'ils se terminent par des anses d'inflexion. *Scarpa* (n. 39, p. 61) affirme que les fibres terminales forment des pinceaux de filets bien marqués. D'après *Soemmerring* (n. 41, p. 34), leur extrémité a l'aspect d'une plume. *Treviranus* (n. 30) pense que les extrémités nerveuses forment des papilles saillantes sur la lame spirale; mais il regardait comme des nerfs les prolongements dentiformes de la crête spirale. Au dire de *Breschet* (n. 51), les nerfs arrivent à la lame spirale osseuse sous la forme de faisceaux cylindriques, s'y aplatissent, et forment un réseau sur la lame spirale cartilagineuse; là, ils abandonnent leurs gaines névrilématiques, qui continuent leur marche, s'entrecroisent fréquemment, et forment la couche fibreuse moyenne de la zone membraneuse. Mais ni *Muller*, ni *Wharton Jones* (n. 55, p. 529) n'ont pu constater les anses nerveuses figurées par Breschet (voy. p. 94 et Pl. II, fig. 6, de la première série). Les anses représentées par *Arnold* (n. 54) sont trop grossières et trop simples, pour être de véritables anses nerveuses. Suivant *Krause* (n. 66), les nerfs ne s'étendent pas jusqu'à la portion externe transparente de la zone membraneuse et ne dépassent point la portion formée de fibres tendineuses et cellulaires entrelacées; leur diamètre est de 1/840 à 1/630 de ligne, et elles forment des anses terminales fort serrées. D'après cet auteur, la lame spirale entière est couverte des mêmes globules ganglionnaires que ceux qu'on trouve aux sacs et aux canaux demi-circulaires. Selon *Pappenheim* (n. 63, p. 62), ces mêmes globules existeraient aussi à la surface externe du nerf cochléen et de celui du vestibule; mais *Hannover* (n. 69) affirme que ces globules sont des cellules d'épithélium. — Les *liquides du labyrinthe membraneux* sont incolores, transparents et plus ou moins visqueux.

§ 2. *Otolithes.*

Les anciens connaissaient déjà l'existence de petites pierres dans l'organe auditif des poissons osseux; ou croyait y trouver un vestige des osselets. *Comparetti* (n. 40) les signale, le premier, chez les oiseaux; il les décrit aussi chez les reptiles et les poissons. *Scarpa* (n. 39) parle également des pierres auditives chez les céphalopodes, les amphibies et les poissons osseux et cartilagineux; mais il ne mentionne pas celles des oiseaux. *Blainville* s'exprime avec précision au sujet de leur nature crétacée. *Huschke* (n. 44) fait l'observation que les pierres auditives des animaux supérieurs sont composées de milliers de cristaux, et il les nomme cristaux auditifs. *Breschet* (n. 51) a donné le nom d'*otolithes* aux grosses pierres auditives des poissons; il a appelé *otoconies* les masses pulvérulentes correspondantes des animaux supérieurs. *Carus*, dans sa Zootomie, *Brandt* et *Ratzeburg*, et *Weber* (n. 42) s'occupent de la situation et de la forme de ces concrétions. *Carus*, *Wagner* (n. 47), *Krieger* (n. 64), *Otto* (n. 48), *Valentin* (n. 50), *Krause* (n. 53), *Wharton Jones* (n. 55), *Müller* (n. 57) et d'autres encore ont constaté les observations de Huschke. *Siebold* (n. 57, p. 49) décrit les otolithes dans un organe particulier des mollusques, qui précédemment avait été signalé par Gaudichaud, Eydoux, Souleyet et Pouchet, et que *Laurent* (n. 59) déclare être l'organe auditif de ces animaux. Voici maintenant le résumé de ces diverses observations.

On trouve dans le labyrinthe des céphalopodes et de tous les animaux vertébrés, à l'exception des cyclostomes, des amas d'une substance blanche, terreuse, qui sont tantôt des corps solides, ayant réellement la dureté de la pierre, tantôt des masses fragiles, pulvérulentes après la dessiccation; ces dernières sont formées par des cristaux calcaires microscopiques qui sont réunis par une masse muqueuse. Chez les mammifères, ces cristaux sont situés aux endroits de chaque petit sac qui regarde les taches criblées. Les cristaux sont serrés les uns contre les autres et disposés avec une grande régularité; toutefois, ils se désunissent à la moindre secousse. Chaque cristal, parfaitement développé, représente une pyramide à six faces ou un prisme à six pans ou les combinaisons de ces formes; ou bien, ils paraissent soit arrondis, soit tronqués aux extrémités. Lorsqu'on traite les cristaux par l'acide chlorhydrique sous le microscope, il reste, suivant *Krieger* (n. 64), après leur dissolution, une substance membraneuse, conservant à peu près la même forme qu'eux. Cet auteur regarde cette substance comme une membrane celluleuse dans laquelle le cristal était renfermé; mais les raisons sur lesquelles il s'appuie ne sont pas valables. *Henle* (n. 65, t. II, p. 464) suppose que le cristal est couvert par un dépôt de matière organique ou par un reste de substance gélatiniforme dans lequel il était pour ainsi dire empâté: cette hypothèse n'est pas non plus soutenable. Il est beaucoup plus simple que la matière organique est combinée dans ces cristaux au carbonate de chaux, comme elle l'est dans les os au phosphate de chaux.

Chez la seiche et le calmar, la pierre auditive est dure, comme chez les poissons osseux, facile à écraser, et composée (n. 47) de beaux rhomboïdes aigus, comme un cristal de spath calcaire. Chez le poulpe, elle est un peu plus molle que chez les autres céphalopodes (n. 42, p. 11). Dans l'enveloppe du pédicule du *Veratillum Cynomorium* existent (n. 33, p. 812) des corpuscules non cristallisés, aplatis, à bords arrondis, qui font effervescence dans l'acide chlorhydrique et deviennent transparents, en conservant leur forme. *Frey* (n. 63) décrit les otolithes des gastéropodes.

Les otolithes des poissons osseux, dont il existe trois dans chaque labyrinthe, ont l'apparence d'os. La pulvérisation et l'action prolongée des acides affaiblis les réduisent en fibres (n. 64), plus longues que larges, terminées en pointe aux deux bouts, et souvent disposées de manière à converger vers un point, ce qui se voit fréquemment dans les cristaux. Chez les poissons cartilagineux, les esturgeons ont des otolithes mous et faciles à écraser. Ceux des plagiostomes se composent d'une substance gélatineuse et d'une substance crétacée. Les tubes membraneux qui s'étendent de l'occiput au labyrinthe renferment également de petits cristaux fort réguliers. Ils varient beaucoup eu égard au volume (0,003 à 0,006 de ligne).

Les cristaux des reptiles (n. 44) sont des prismes à six pans, terminés de chaque côté par des sommets trièdres; toutefois, il existe encore d'autres formes résultant de la combinaison de diverses formes dérivées (n. 64, p. 17). Ils sont rangés avec régularité (n. 56, p. 20). Outre la petite pierre, que l'on trouve dans l'appendice arrondi et en forme de sac du vestibule membraneux, existent encore une grande quantité de petits cristaux dans le liquide laiteux qui remplit le reste du vestibule. Leur longueur varie de 0,0005 à 0,014 (n. 44).

Chez les oiseaux, les cristaux otiques ont à peu près le même volume (n. 64) et sont réunis par un tissu cellulaire lâche (n. 44), mais si légèrement qu'ils se détachent au moindre effort.

Les otolithes des mammifères et de l'homme sont plus petits que ceux des classes précédentes; rien cependant ne varie plus que leurs dimensions. Ils sont très-nombreux et en général deux fois plus longs que larges; leur longueur varie de 0,005 à 0,004. Les opinions sont encore partagées relativement à la situation et aux connexions de ces cristaux. *Krause* affirme que les cristaux sont, les uns libres et en suspension dans le liquide, les autres adhérents aux parois des saccules, et même en petite quantité à celles des ampoules. *Valentin* a également vu les cristaux former des amas réguliers et mous à la face interne du vestibule membraneux.

CHAPITRE CINQUIÈME. – ORGANE DE LA VUE.

La peau des *paupières* s'accorde, dans sa structure, avec celle de la face. Les cils ne diffèrent point des autres poils; quelquefois ils sont plus épais au centre qu'à la base et à la pointe. Les cartilages palpébraux sont des fibro-cartilages. Les glandes de Meïbomius, plongées dans la substance même des cartilages, sont des follicules simples agglomérés, larges à peu près de $0,07^{mm}$, et deux fois plus longs. Ces glandes jaunâtres sécrètent le mucus gras que l'on trouve à l'angle interne de l'œil, dont nous avons déjà parlé (p. 143). *Weber* (n. 77, p. 285) donne les mesures de ces glandes, après les avoir injectées avec du mercure. La conjonctive des paupières est couverte d'un épithélium en pavé, dont les éléments sont polygonaux, quelquefois arrondis, et qui devient quelquefois cylindrique dans la partie postérieure. Telle est aussi l'opinion de *Valentin* (n. 32, p. 748), *Huschke* (n. 33, p. 584) *Krause* (n. 68) et de *Pappenheim* (n. 98). *Henle* (n. 65), au contraire, suppose à tort, à la surface des paupières, l'existence d'un épithélium vibratile. Au-dessous de l'épithélium existe une couche de papilles, déjà décrite par *Ruysch. Krause, Eble* (n. 78) et *Berres* décrivent la forme plus ou moins arrondie et la longueur de ces papilles. Les glandes mucipares sont, d'après *Krause* (n. 68; p. 514-524) plus nombreuses que partout ailleurs à l'endroit où la conjonctive se réfléchit sur le globe de l'œil. Au-dessous de la couche papillaire se trouve un prolongement du derme qui, d'après *Valentin* (n. 32, p. 749) contient des fibres molles et déliées, et dans lequel sont contenus des réseaux vasculaires et des plexus nerveux. Suivant *Pappenheim* (n. 98), les nerfs se terminent, au bord palpébral, par des anses d'inflexion. Le pli semilunaire est une duplicature de la conjonctive, renfermant quelquefois un cartilage. La caroncule lacrymale renferme une grande quantité de glandes sébacées et quelquefois des poils. La glande lacrymale est une glande composée; les conduits excréteurs sont pourvus, d'après *Henle*, chez le vivant, d'un épithélium à cylindre, d'après *Pappenheim*, d'un épithélium vibratile. Le sac lacrymal se compose d'une membrane muqueuse, pourvue de glandes mucipares, et d'une autre fibreuse. La distribution des vaisseaux sanguins dans la muqueuse des paupières et des parties voisines a été étudiée par beaucoup d'auteurs (voy. *Berres*, pl. XI, XII, XIV de son ouvrage); ces détails n'intéressent que l'anatomie descriptive.

La *sclérotique* est un tissu fibreux, composé de plusieurs couches dont les directions ont été décrites par Valentin et Pappenheim. Chez quelques animaux, surtout chez les oiseaux, on la trouve cartilagineuse; selon l'âge et l'espèce, les corpuscules cartilagineux sont plus ou moins développés; ainsi on trouve tantôt les noyaux entièrement transformés en gouttelettes de graisse (Pl. IV, fig. 1), tantôt ils existent encore à l'état granuleux (Pl. IV, fig. 2). Le tissu fibreux de la sclérotique ne se confond pas avec celui de la cornée, dont il est nettement séparé, ce qui est d'autant plus facile à comprendre que ces deux tissus sont différents l'un de l'autre. La conjonctive scléroticienne est couverte d'un épithélium en pavé. L'union du nerf optique avec la sclérotique, concernant le rapport des gaines du nerf avec les diverses membranes de l'œil, a été étudiée par *Erdl* (n. 96) et par *Pappenheim*. Ces études n'offrent pas un grand intérêt histologique ; d'une autre part on comprend facilement qu'il n'est guère possible d'arriver à des résultats certains sous ce point de vue, puisqu'on a partout sous les yeux des tissus composés des mêmes éléments fibrillaires. En outre, pour étudier la continuation des fibres les unes avec les autres aux grossissements exigés, on est obligé de déchirer les tissus pour obtenir la transparence nécessaire, c'est-à-dire on se met dans des circonstances qui rendent toute observation rigoureuse impossible. Suivant l'hypothèse admise jusqu'ici, les membranes oculaires étant considérées comme la dilatation du nerf optique, la gaine externe produisait la sclérotique, qu'on croyait d'après cela un prolongement de la dure-mère, tandis que l'interne (le névrilème) se convertissait en choroïde, laquelle devait être, en conséquence, un appendice de la pie-mère. Suivant *Erdl*, la couche interne de la sclérotique résulte de l'expansion de la gaine interne du nerf optique. Suivant Pappenheim, il existe encore une troisième gaine qui renferme beaucoup de cellules pigmentaires et de fibres de tissu cellulaire. La lame brune se compose de fibres cellulaires et de pigment. Pappenheim y admet aussi des fibres élastiques.

La *cornée* est recouverte, d'après nos observations, par un épithélium en pavé (Pl. IV, fig. 3, *a*; 4) ; cet épithélium repose immédiatement sur la cornée, sans tissu cellulaire intermédiaire, et se compose de plusieurs couches, dont la plus inférieure est formée par des corpuscules primitifs (noyaux). Plusieurs observateurs ne décrivent que la couche la plus superficielle des lamelles (*Donné, Henle*) ; *Krause*, au contraire, décrit un épithélium à cylindres. Le tissu de la cornée elle-même se compose, d'après la plupart des anatomistes, de lamelles ; quelques-uns pourtant, comme *Lauth, Donné, Pappenheim, Krause*, etc., nient l'existence de lames, et voient seulement des fibres entrecroisées, entrelacées. Ces fibres avaient été vues déjà par *Leeuwenhoëk* (n. 70) ; *Werneck* (n. 81 ; 1834, p. 5) représente un réseau de vaisseaux lymphatiques, qui n'est autre chose que les interstices des cellules épithéliales. Suivant *Henle* (n. 68), la cornée se compose de fibres aplaties, qui sont séparées les unes des autres par des fibres de noyaux ; les premières peuvent se diviser en fibrilles ; elles se croisent dans toutes les directions ; leurs limites sont peu marquées, granulées. Les noyaux deviennent plus apparents par le traitement au moyen de l'acide acétique. *Valentin* (n. 88, *a*; p. 311), qui décrit avec détail la direction de ces fibres, paraît déjà avoir vu chez les oiseaux ces noyaux, en cherchant les corpuscules cartilagineux ; sur le bord, près de la sclérotique, les fibres décrivent, d'après cet auteur, des anses terminales d'inflexion. *Huschke* (n. 33, p. 620) décrit encore, dans les couches profondes de la cornée, d'autres corpuscules, dont le diamètre varie de 1/40 à 1/180 de ligne, qui envoient des faisceaux de filaments et qui sont disposés en séries et verticalement les uns aux autres. Mais l'auteur n'a pu apercevoir ces corpuscules qu'après un séjour prolongé de l'œil dans le sublimé : ce ne sont donc probablement que des produits secondaires. Nous avons pu constater facilement l'existence des corpuscules allongés (Pl. IV, fig. 3, *b*), comme dans tous les tissus fibreux ; quant au tissu lui-même, il est, d'après nos recherches, un tissu cellulaire au premier degré de son développement, c'est-à-dire composé encore de lamelles et de corpuscules primitifs, dans lesquels les fibres et les fibrilles ne sont pas encore formées ou sont à peine indiquées; en déchirant le tissu, on obtient ces fibres plates aux contours granulés dont parlent les auteurs. Nous parlerons avec plus de détail de ce mode de développement dans l'Histogénèse, en étudiant le tissu cellulaire. — Une foule d'auteurs, depuis *Swammerdam*, *Lecuwenhoëk*, *Hook*, *Ledermuller*, etc., jusqu'à nos jours, surtout les entomologistes, ont signalé des hexagones dans la cornée des insectes, et les ont pris pour autant de cornées d'un nombre considérable d'yeux. Ce ne sont probablement que les cellules élémentaires dont se compose la cornée de ces animaux; elles sont quelquefois couvertes de petits poils. — La cornée est dépourvue de vaisseaux; les nerfs de la cornée ont été décrits pour la première fois par *Schlemm* (n. 95) et constatés depuis par plusieurs observateurs.

La *membrane de l'humeur aqueuse*, *de Descemet*, *de Demours* ou *de Duddel* est couverte, sur la surface concave et libre, d'un épithélium en pavé. C'est une membrane amorphe, dans laquelle pourtant *Valentin* et *Pappenheim* veulent avoir reconnu des fibres extrêmement grêles.

La *choroïde* se compose de tissu cellulaire et de pigment (p. 172 et 178), le tapis de fibres tendineuses. On trouve dans le ligament ciliaire, entre les nerfs, des fibres cellulaires, tendineuses et élastiques, et, chez les oiseaux, des fibres musculaires striées en travers, qui constituent le muscle de Crampton. Suivant Krause, les fibres nerveuses ont 1/630 de ligne; les globules ganglionnaires ronds, oblongs et pyriformes, situés entre elles, en ont un de 1/250 à 1/160, et leurs noyaux un de 1/630 à 1/420. Plus profondément encore que ces plexus nerveux se trouvent et se divisent les petits troncs vasculaires. Le tissu du corps ciliaire ressemble à celui de la choroïde. Les procès ciliaires (Pl. IV, fig. 5, *b*, 6, *a*) se composent de cellules pigmentaires placées sur une membrane qui, d'après Valentin, est couverte de cellules épithéliales. Les extrémités libres des procès ciliaires montrent, d'après *Huschke* (n. 33, p. 638), un endroit transparent, épais de 1/200 de ligne, qui probablement est une continuation de l'extrémité la plus antérieure de la rétine, au moins de sa couche vasculaire. Nous avons pu voir ramper autour des procès ciliaires détachés sur la rétine, chez les oiseaux, quelques instants après la mort, des vaisseaux encore remplis des globules sanguins (Pl. IV, fig. 6, *b*). Les nerfs ciliaires se composent presque entièrement, d'après nos observations, de fibres à simple contour entremêlées de quelques fibres à double contour. Pour la distribution des vaisseaux sanguins, comparez *Berres* (Pl. X, XII et XIV de son ouvrage).

L'*iris* se compose d'une couche postérieure, l'uvée, formée par le pigment; d'une couche antérieure, séreuse, recouverte d'un épithélium, et d'une couche moyenne, formée par des vaisseaux sanguins, des nerfs, dont les anses terminales (Pl. IV, fig. 17) deviennent apparentes par l'action de la potasse, des fibres cellulaires et des fibres musculaires. On a longtemps nié l'existence de ces fibres musculaires. Les recherches de *Valentin* (n. 88, *a*, p. 248), confirmées par celles de *Pappenheim*, *Krause*, *Hueck*, *Krohn* (n. 89, p. 380) paraissent avoir démontré l'existence de fibres analogues à celles des fibres musculaires lisses, non striées, des intestins; il y en a de circulaires et d'autres rayonnantes. Dans l'iris des mammifères que nous avons examiné, nous avons trouvé des fibres très-déliées (fig. 18), non ondulées, qui, traitées par l'acide acétique, paraissaient couvertes de corpuscules allongés (fig. 19). Dans l'iris jaune des gallinacés et des reptiles, nous avons vu des fibres longitudinales (fig. 13; 16, *b*) et d'autres circulaires (fig. 16, *a*), couvertes par un pigment noir (fig. 15, *b*) et paraissant renfermer, à l'intérieur, le pigment jaune (fig. 15, *a*). Après l'action de la potasse caustique, on voyait beaucoup de globules jaunes nager tout au tour (fig. 14, *b*); chez les reptiles, ces fibres se décolorent alors complétement (fig. 16, *a*, *b*). La coloration de l'iris ne dépend donc pas uniquement de celle de l'uvée. *Huschke* signale aussi un pigment jaune ou brunâtre dans les yeux verts. Dans l'iris de quelques oiseaux, *Valentin* et *Weber* (n. 101) affirment avoir vu des fibres musculaires striées transversalement. Le pigment est couvert en dedans d'une pellicule transparente, hyaline.

La *rétine* a été déjà décrite précédemment (p. 96, 105). Nous reviendrons dans l'Histogénèse sur la terminaison de la rétine.

La membrane hyaloïde du *corps vitré* est transparente, très-mince, incolore, sans vaisseaux ni nerfs, composée de fibres extrêmement déliées et couvertes à l'extérieur d'un épithélium en pavé, dont l'existence a été signalée par Valentin, Huschke, Pappenheim et Hannover. La manière dont l'humeur vitrée est logée dans cette membrane n'est pas encore suffisamment connue. On trouve un résumé de ces recherches dans le travail de *Hannover* (n. 100).

Les *muscles* externes de l'œil se composent tous de fibres striées transversalement.

Le *cristallin* se compose de fibres très-pâles, plates, hyalines (Pl. IV, fig. 9); les plus externes ont jusqu'à 0,01 mm; les internes n'ont guère que le tiers ou le quart de cette épaisseur (fig. 10). Suivant *Corda* (n. 82), *Werneck* et *Wagner* (n. 81, t. V), leur coupe représente des hexagones allongés. Leur extrémité est quelquefois arrondie (fig. 11). Leurs bords latéraux deviennent dentelés vers le noyau du cristallin; ces dentelures sont beaucoup plus prononcées chez les poissons (fig. 12). Quelques auteurs parlent de rides transversales régulières. Dans l'humeur de Morgagni et à la surface du cristallin existent des corpuscules primitifs et secondaires, dont les fibres prennent naissance (fig. 7, 8); nous étudierons ce développement dans l'Histogénèse. Les fibres sont disposées avec une grande régularité à côté et au-dessus les unes des autres, dans toute l'épaisseur du cristallin; elles forment des lames et dans chacune d'elles les fibres se dirigent, en général, comme des méridiens, du pôle antérieur au pôle postérieur. Ces deux pôles sont des figures triangulaires pleines de cellules. La direction des fibres et des lamelles a été déjà connue à *Leeuwenhoëk* (n. 70, t. III, p. 66) qui toutefois prenait les pôles pour des points (Pl. I, fig. 1, 2); il paraît ne pas ignorer les fibres élémentaires. La direction des lamelles, la forme du cristallin et la position des pôles ont été examinées par *Camper* (n. 71), *Young* (n. 72), *Reil* (n. 73), *Home* et *Bauer* (n. 76), *Sœmmerring* (n. 74), *Huschke* (n. 80, p. 20) et surtout *Brewster* (n. 79). Encore d'autres auteurs, comme *Werneck* (n. 81), *Henle*, *Hannover* (n. 100, p. 478), *Giraldès* (n. 86), *Arnold* (n. 91, fasc. II), etc., s'en sont occupés. Ce dernier observateur les regardait comme des vaisseaux lymphatiques, et Giraldès comme des tuyaux creux; on ne tarda pas à reconnaître que les fibres du cristallin étaient solides et non musculaires, quoique cette dernière hypothèse eut été soutenue pendant quelque temps par Young et Werneck. Les fibres dentelées furent découvertes par Brewster; les éléments de l'humeur de Morgagni par *Huschke* (n. 80, p. 28), *Valentin* et *Purkinje* (n. 80, p. 328) et décrits ensuite par *Werneck*, *Donné*, *Meyer-Ahrens*, *Krause*, *Tréviranus*, etc. La capsule du cristallin est une membrane amorphe, dépourvue de vaisseaux, dont la surface antérieure est couverte d'un épithélium.

LITTÉRATURE.

CHAPITRE I. — § 2. *Corpuscules de Pacini.*

N. 1. Lehmann. Dissertatio de consensu corporis humani, exposito simul nervorum brachialium et cruralium coalitu peculiari atque papillarum nervearum in digitis dispositione, quam præside D. Abrahamo Vatero h. t. Acad. rectore pro gradu doctoris exponet J. G. Lehmannus. Wittemberg. 1741.

N. 2. Haller. Disput. anatom. selectæ. Gottingue. VII volumes. 1750-52.

N. 3. Vater. Museum anatomicun proprium, cum præfatione L. Heisteri. Helmstadii. 1750.

N. 4. Bulletins de la Société anatomique pour l'année 1834. Paris. 1834.

N. 5. Cruveilhier. Anatomie descriptive. 1e éd. Paris. 1836. 4 vol.

N. 6. Pacini. Nuovo giornale dei letterati. 1836.

N. 7. Andral. Thèses de Paris. n° 293. Paris. 1837.

N. 8. Blandin. Anatomie descriptive. Paris. 1838. 2 vol.

N. 9. Pacini. Nuovi organi scoperti nel corpo umano da Filippo Pacini. Pistoja. 1840.

N. 10. Guarini. Omodei annali universali. 1841. Vol. 97.

N. 11. Oken. Isis. 1841.

N. 12. Longet. Anatomie et physiologie du système nerveux Paris. 1842. 2 vol.

N. 13. Guitton. Thèses de Paris, n° 124. Paris. 1843.

N. 14. Lacauchie. L'Institut. Novembre. 1843.

N. 15. Henle. Omodei, Annali universali di medicina. t. 109.

N. 16. Henle et Koelliker. Uiber die Pacinischen Koerperchen an den Nerven des Menschen und der Saeugethiere. Zurich. 1844.

N. 17. Mayer. a. Rhein. weslphaelisches Correspondenzblatt. Vol. II. 1844. b. Die Pacinischen Koerperchen. Bonn. 1844.

N. 18. Fick. Physiologische Anatomie des Menschen. Leipzig. 1845.

N. 19. Reichert. Vergleichende Beobachtungen über das Bindegewebe. Dorpat. 1845.

N. 20. Todd and Bowmann. Physiological anatomy. Londres. 1845. Vol. I.

N. 21. Denonvilliers. Archives d'anatomie et de physiologie, par Mandl, etc. Paris. 1846.

N. 22. Pappenheim. Comptes rendus de l'Académie des sciences. 1846.

CHAPITRE II.

N. 23. Malpighi. Tetras epistolarum Malpighii et Fracassati. Bonn. 1665. (Malpighi opera omnia. Leyde. 1687).

N. 24. Leeuwenhoek. a. Philos. transact. 1706. b. Opera omnia. Leyde. 1722.

N. 25. Ledermüller. Amusements microscopiques. Nuremberg. 1760.

N. 26. Home. Philosoph. Transact. 1803.

N. 27. Soemmerring. Abbildungen der menschlichen Geschmacks–und Sprachorgane. Francfort. 1806.

N. 28. Huschke. Beytraege zur Physiologie und Naturgeschichte. 1er vol. Uiber die sinne. Weimar. 1824.

N. 29. Weber. a. Archives de Meckel. 1827. b. Hildebrandt Anatomie. 4e éd. Brunsvick. 1832. 4 vol.

N. 30. Treviranus. Beytraege der Erscheinungen und Gesetze des organischen Lebens. Brème. 1835. 2e cah.

N. 31. Berres. Anatomie der mikroskopischen Gebilde. Vienne. 1836.

N. 32. Valentin. Handwoerterbuch der Physiologie von Wagner. Brunswick. 1842. vol. I.

N. 33. Huschke. Splanchnologie, trad. par A. J. L. Jourdan. Paris. 1845.

N. 34. Todd et Bowman. Physiological anatomy. Londres. 1845. Vol. I.

N. 35. Landouzy. Comptes rendus de l'Académie des sciences. 1846.

N. 36. Bourgery. Comptes rendus de l'Académie des sciences. 1847.

N. 37. Fleischmann. De novis sub lingua bursis. Nuremberg. 1841.

CHAPITRE III.

N. 38. Klenke. Untersuchungen der primitiven Nervenfasern. Goettingue. 1841. — Comparez aussi n°s 30, 31, 32.

CHAPITRE IV.

N. 39. Scarpa. Disqu. anat. de auditu et olfactu. Pavie. 1789-1792.

N. 40. Comparetti. De aure interna. Pavie. 1789.

N. 41. Sœmmerring. Abbildungen des menschlichen Gehoerorgans. Francfort. 1806.

N. 42. Weber. De aure et auditu. Leipzig. 1820.

N. 43. Windischman. De penitiori auris in amphybiis structura. Bonn. 1831.

N. 44. Huschke. Notices de Froriep. 1832. Février ; Isis. 1833. Cah. 7. 1834. Cah. 1.

N. 45. Hagenbach. Disquis. anat. circa musculos auris internæ hominis et animalium, etc. Bâle. 1833.

N. 46. Müller. Archives de Müller. 1834.

N. 47. Wagner. Vergleichende anatomie. Leipzig. 1834-5.
N. 48. Otto. Tiedemann und Treviranus, Zeitschrift. Vol. II.
N. 49. Valentin. Nova acta nat. cur. Vol. 18, Breslau. 1836.
N. 50. Valentin. Repertorium. Tome I. Berne. 1836.
N. 51. Breschet. Etudes anat. et physiol. sur l'organe de l'ouïe et sur l'audition dans l'homme et les animaux vertébrés. Paris. 1836.
N. 52. Lincke. Handbuch der Ohrenheilkunde. Vol. I. Leipzig. 1837.
N. 53. Krause. Archives de Müller. 1837.
N. 54. Arnold. Physiologie. 2 vol. Zürich. 1836-8.
N. 55. Wharton Jones. Cyclopaedia par Todd. Vol. II.
N. 56. Pappenheim. Notices de Froriep. (n° 141, 194, 195). 1838.
N. 57. Siebold, Müller. Archives de Müller. 1838.
N. 58. Valentin. Repertorium. 1838.
N. 59. Laurent. Annales. fr. et étrangères d'anatomie et de physiologie. Décembre. 1838.
N. 60. Krause. Archives de Müller. 1839.
N. 61. Krause. Synopsis nervorum system. gangl. in capite hominis. Hannovre. 1839.
N. 62. Wagner. a. Icones physiologicæ. Leipzig. 1839. b. Physiologie. Leipzig. 1839.
N. 63. Pappenheim. Gewebelehre des Gehœrorganes. Breslau. 1840.
N. 64. Krieger. De otolithis. Berlin. 1840.
N. 65. Henle. Allgemeine Anatomie. Leipzig. 1841. Trad. par Jourdan. Paris. 1843.
N. 66. Krause. Handbuch der menschlichen Anatomie. 2° éd. Hannovre. 1842.
N. 67. Ecker. Archives de Müller. 1844.
N. 68. Frey. Archives de Wiegmann. 1846. (L'Institut, n° 688).—Comp. aussi n. 30, 31, 32, 33.
N. 69. Hannover. Recherches microscopiques sur le système nerveux. Copenhague. 1844.

CHAPITRE V.

N. 70. Leeuwenhoek. Opera omnia ; Leyde. 1722. 4 vol. (T. II, p. 66, 443 ; III, ep. 124, 125, 138, 111, p. 2, 38; IV, ep. 4, p. 38). Philos. trans. 1674, p. 278; 1684, p. 780; 1693, p. 949.
N. 71. Camper. De quibusdam oculi partibus. Leyde. 1746.
N. 72. Young. Philos. transact. 1793.
N. 73. Sattig. Lentis cristallini structura fibrosa. Halle. 1794.
N. 74. Soemmerring. Icones oculi humani. Francfort. 1801, trad. par Demours. Paris. 1818.
N. 75. Baerens. Monographia lentis cristallinæ. Tubingue. 1819.
N. 76. Home et Bauer. Philos. transact. 1822.
N. 77. Weber. Archives de Meckel. 1827.
N. 78. Eble. Uiber den Bau und die Kranckheiten der Bindehaut des Auges. Vienne. 1828.— OEster. Jahrbuecher. 1837-1838.
N. 79. Brewster. a. Phil. transact. 1833, 1836. b. Lond. and Edinb. philos. magaz. 1833.
N. 80. Huschke, Valentin. Journal d'Ammon, t. III. 1833.
N. 81. Werneck. Ammon. Zeitschrift fuer Ophthalmologie T. IV, 1834 ; t. V, 1835.
N. 82. Corda. Weitenweber, Beytraege. Prague 1835.
N. 83. Treviranus. Beytraege. Brême. 1835. Cah. 2.
N. 84. Langenbeck. De retina. Gottingue. 1836.
N. 85. Arnold. Auge des Menschen. Heidelberg. 1836.
N. 86. Giraldès. Etudes anat. sur l'organisation de l'œil. Paris. 1836.
N. 87. Hueck. Die Bewegung der Kristallinse. Dordat. 1836.
N. 88. Valentin. a. Repertorium. 1836. b. Id. 1837.
N. 89. Krohn. Archives de Müller. 1837.
N. 90. Donné. L'Institut. 1837.
N. 91. Arnold. Icones anatom. Zurich. 1838.
N. 92. Doellinger. Nova acta natur. curios. T. IX.
N. 93. Meier-Ahrens. Archives de Müller. 1838.
N. 94. Delle Chiaje. Osserv. anatom. sull' occhio umano. Naples. 1838.
N. 95. Schlemm. Encyclopædisches Wœrterbuch der medicinischen Wissenschaften. T. IV. Berlin. 1830.
N. 96. Erdl. Disquis. anat. de oculo humano. Pars I. De sclerotica Munich. 1839.
N. 97. Schwann. Mikroskopische Untersuchungen. Berlin. 1839.
N. 98. Pappenheim. Die spezielle Gewebelehre des Auges. Breslau. 1842.
N. 99. C. R. Hall. Edinb. med, and surg. Journal. (Iris.) Juillet. 1844.
N. 100. Hannover. Archives de Müller. 1845.— Archives d'anatomie, par Mandl. Paris. 1846.
N. 101. Weber. Archives de Müller. 1846.

ADDITIONS.

MUSCLES; p. 14. Nous ne voulons plus insister sur les rapports, peut-être trop théoriques, que nous avons établis p. 14, entre la structure et le caractère chimique des liquides qui se trouvent en rapport avec les muscles. Quant à la structure intime des fibres, nos observations postérieures ont confirmé ce que nous avons dit p. 160 sur la structure des muscles volontaires, striés; toutefois, les intervalles clairs sont plus saillants que les lignes noirâtres; le nom de bourrelet convient par conséquent plutôt aux premiers qu'aux seconds. Quant aux fibres musculaires simples, lisses, appartenant au système organique, involontaire, nous avons exposé nos recherches dans le mémoire sur les *membranes muqueuses*.

NERFS; p. 41. La plupart des auteurs s'accordent maintenant à regarder le *cylinder axis* comme produit de la coagulation, ainsi que nous l'avons fait dans notre mémoire. Toutefois *Hannover* (Recherches microscopiques sur le système nerveux; Copenhague, 1844) croit l'avoir vu dans les nerfs frais; mais il est probable qu'il a pris pour tel, la portion centrale ombrée de la fibre. P. 48. L'existence des fibres grises, à simple contour, que personne n'avait signalée avant nous, est maintenant constatée par tous les observateurs. *Bidder* et *Volkmann* (Die Selbstaendigkeit des sympathischen Nervensystems. Leipzig, 1842), ont trouvé de leur côté, probablement sans connaître nos recherches, la différence entre les fibres cérébro-spinales et les grises; une discussion s'est élevée à ce sujet entre ces auteurs et *Valentin* (Archives de Muller, 1844-5) qui ne trouva point dans les diamètres de ces fibres une raison suffisante pour en adopter deux classes distinctes. *Koelliker* (Selbstaendigkeit und Abhaengigkeit des sympathischen Nervensystems. Zurich. 1845) cherche à concilier ces deux opinions. Ces fibres prennent leur origine, d'après Hannover, sur les corpuscules ganglionnaires. D'après nos recherches les plus récentes, nous considérons ces deux espèces de fibres comme deux états différents de développement. Les fibres à simple contour sont les plus jeunes; en se développant, il se forme à leur surface une membrane, la gaîne amorphe. Nous étudierons plus tard (*Histogénèse*), ce mode de développement dans tous les éléments organiques, et nous prouverons alors que la membrane cellulaire se forme par la solidification de la couche la plus superficielle de l'élément. Il nous suffit, pour le moment, de faire remarquer que les fibres grises doivent être considérées comme des fibres nerveuses, jeunes, et celles à double contour comme des fibres parfaitement développées. P. 49. Nous reviendrons dans l'*Histogénèse* sur les globules qui existent dans les substances amorphes.

APPENDICES TÉGUMENTAIRES; p. 67. Les lignes transversales que nous avons signalées à la surface du poil proviennent de lamelles épithéliales qui recouvrent le poil. Comp. encore p. 322. P. 68. Ongles, comp. 323; les cornes et le bec des oiseaux ont une structure analogue. P. 69, plumes. *Reclam* (de plumarum pennarumque evolutione; Leipzig, 1846) constate nos observations. Nous y reviendrons dans l'Histogénèse. P. 75. Nos recherches sur les écailles des poissons ont été contestées par *Agassiz* (Annales des sciences naturelles, 1840, vol. 14, p. 97) qui, sans être au courant des travaux histologiques, défendait l'ancienne opinion de la formation d'écailles par exsudation. *Peters* (Archives de Muller, 1841, p. CCIX) et plus tard *Carpenter* ont pleinement confirmé le principe de nos recherches et la plupart des détails de nos observations. Il résulte de toutes ces recherches évidemment que toutes les écailles se développent, comme tant d'autres tissus, et par apposition et par accroissement des éléments déjà formés. En étudiant le développement des appendices tégumentaires dans l'Histogénèse, nous démontrerons cette assertion (voy. notre *Anatomie générale*, Paris, 1843, p. 84).

TERMINAISON DES NERFS; p. 103. *Purkinje* (Archives de Muller, 1845) décrit la distribution des nerfs dans les membranes séreuses et fibreuses. Beaucoup d'auteurs ont constaté les anses terminales des fibres nerveuses. Les nerfs se termineraient, suivant *Quatrefages* (Annales des sciences naturelles, 1845) dans l'*Amphioxus*, par un bout libre renflé; *Savi* et *Robin* parlent d'une bifurcation des fibres nerveuses dans l'organe électrique des raies : les fibres ne formeraient jamais des anses, mais seulement des plexus; mais cette forme de terminaison n'a rien de particulier et avait été déjà décrite par *Burdach, Valentin*, etc., dans d'autres tissus. P. 105. *Hannover* (Recherches microscopiques sur le système nerveux. Copenhague, 1844) et *Pacini* (Nuovi Ann. d. scienzi natur. di Bologna, 1845) s'occupent de la rétine. Ce dernier distingue six couches dans la rétine.

Os, CARTILAGES. P. 123. *Gunther* (Lehrbuch der allgemeinen Physiologie. Leipzig. 1845) adopte l'existence d'une membrane dans les corpuscules cartilagineux, tandis que *Reichert* (Vergleichende Beobachtungen über das Bindegewebe. Dorpat. 1845) la nie.

TISSU ADIPEUX. P. 141. Ce n'est pas précisément le noyau qui se transforme en graisse; mais celle-ci se dépose autour du noyau, et celui-ci disparaît.

TISSUS SÉREUX, FIBREUX, ÉLASTIQUE. *Pappenheim* (Acad. des sciences. 1844) et *Purkinje* (Archives de Muller. 1845) s'occupent de la distribution des nerfs dans les membranes séreuses et fibreuses. *Bourgery* (Acad. des sciences, 1845) affirme que les séreuses sont de vastes surfaces d'anastomoses périphériques des deux systèmes cérébro-spinal et ganglionnaire, en confondant des fibres cellulaires avec les nerfs (Archives d'anatomie, par Mandl. Paris, 1846, p. 32).

EPIDERME, ÉPITHÉLIUM. P. 177. *Muller* (Branchiostoma lubricum, Berlin. 1844) signale chez ce poisson l'existence d'un épithélium vibratile à la surface du canal intestinal et des branchies.

ORGANES DE LA RESPIRATION. P. 269. Les *organes de la voix* ne possèdent point des tissus spéciaux; ils se composent de cartilages, de tissus fibreux, élastique, de membranes muqueuses pourvues d'un épithélium vibratile, etc.

LIQUIDES ORGANIQUES.

MÉMOIRE

SUR

LES PARTIES MICROSCOPIQUES

DU SANG.

PAR

LE DOCTEUR LOUIS MANDL.

ACCOMPAGNÉ DE DEUX PLANCHES.

PARIS,

CHEZ J.-B. BAILLIÈRE,
LIBRAIRE DE L'ACADÉMIE ROYALE DE MÉDECINE,
RUE DE L'ÉCOLE DE MÉDECINE, 17;
A LONDRES, même maison, 219, Regent Street.
POUR L'ALLEMAGNE : CHEZ G. REMMELMANN, RUE VIVIENNE, 16.

1838

CHAPITRE SECOND.

RECHERCHES DE L'AUTEUR.

(PLANCHE II.)

§ 1.

C'est un des points les plus importants à décider dans la Micrographie, si l'état de l'objet observé est primaire ou secondaire, c'est-à-dire, produit par les changements qu'éprouve la matière organique séparée de l'ensemble, qui est doué de la vie. La parcelle isolée conserve pendant quelque temps encore les propriétés inhérentes à la vie; mais elle les perd aussitôt; elle se trouve, pour ainsi dire, mourante, sous les yeux de l'observateur. Nulle part ces changements ne sont plus palpables, plus importants que dans les observations microscopiques, parce qu'alors ils naissent sans pouvoir échapper aux verres grossissants; mais nulle part aussi, pour dire la vérité, ils ne sont plus négligés. Nous en trouvons un exemple éclatant dans les différentes recherches sur le sang que nous venons d'exposer tout-à-l'heure; les uns ont pris comme état primitif les formes qui se sont présentées produites par l'influence de l'air, de l'eau, etc.; les autres, saisissant les globules dans le moment de leur transformation, ont vu des apparences bien différentes. Les uns croyaient trouver des propriétés toutes particulières dans les formes du sang desséché; les autres, non contents de ce procédé, commencèrent à dissoudre dans de l'eau le sang desséché. On croira sans peine que ce n'était pas chose facile que de trouver les causes de tant d'opinions diverses, et d'apporter un peu d'ordre dans ces amas d'erreurs et de vérités.

Ainsi que nous l'avions déjà fait remarquer dans le premier chapitre, nous ne fixons notre attention dans ce mémoire que sur les parties microscopiques de l'objet de nos recherches. Nous supposons donc connu (ce que les expériences de Hewson ont fait présumer et ce que Müller a prouvé), que le sang dans le système vasculaire contient deux parties, savoir: les globules, et le liquide sanguin, lequel est composé de la fibrine, qui s'y trouve dissoute, et du sérum. La fibrine, en quittant le système vasculaire, se coagule, renferme dans ses mailles les globules du sang, et forme de cette manière le caillot; le sang est donc composé dans le corps de globules et du liquide sanguin; dehors le corps, du caillot et du sérum. Nous allons maintenant examiner séparément chacune de ces parties.

§ 2.

La connaissance de la nature des *globules du sang* dépend principalement de la solution de deux questions. La première est celle-ci: Y a-t-il un noyau central, et est-il primaire? Les auteurs qui traitent cette question se sont divisés en deux partis diamétralement opposés, ainsi que nous l'avons déjà exposé; les uns affirmaient, les autres niaient la présence et la préexistence des noyaux, et c'est surtout le sang humain qui donna lieu à tant de contradictions. Mais la science n'est pas un champ de bataille où l'un ou l'autre doit rester vainqueur; il arrive souvent que les deux partis sont vainqueurs et vaincus, c'est-à-dire qu'ils ont raison et tort dans des circonstances différentes. Voici, nous le croyons, la manière d'accorder les opinions contraires. Selon nous, il n'y a pas un noyau central primaire dans les globules sanguins; mais il se forme bientôt après la sortie du sang des vaisseaux par la coagulation d'une matière fibrineuse contenue dans le globule. On ne peut nulle part plus facilement se convaincre de la vérité de notre assertion que sur le sang humain qui a donné lieu à tant de dissentiments. Lorsque la partie coagulable, destinée à produire le corpuscule opaque au milieu du globule, reste en dissolution, le globule sanguin est alors privé de cette apparence qui a donné à beaucoup d'observateurs le droit de parler d'un noyau. Si, se serrant le doigt avec un mouchoir, on le pique avec une épingle, il en sort une gouttelette de sang qu'on placera sur une lame de verre; au bord de cette gouttelette il est nécessaire d'appliquer une lame de verre très mince, de sorte que le sang s'infiltre entre les deux verres par la capillarité. La couche de sang est assez mince pour qu'on puisse faire l'observation, et on a l'avantage d'examiner les globules nageant dans leur sérum. Soumis de cette manière à l'observation microscopique, les globules n'offrent rien qui puisse autoriser à l'assertion d'un noyau préexistant. Mais, après un intervalle de temps plus ou moins long, selon que le sérum est plus ou moins riche en sels, et s'altère plus ou moins vite exposé à l'air, ce changement, cette coagulation de la matière fibrineuse dans l'intérieur du globule qui donne naissance au noyau central s'opère peu à peu. Quelques auteurs, et principalement en Allemagne, ont préféré observer les globules dans de l'eau sucrée, qui ne dissout pas les globules comme le fait l'eau ordinaire; on aurait de cette manière, suivant eux, un moyen d'observer ces corpuscules plus isolés. La supposition que l'eau sucrée ne dissout pas les globules est tout-à-fait vraie; mais ils ont oublié d'observer que l'eau sucrée produit précisément la coagulation de cette matière fibrineuse, et qu'elle produit par conséquent le noyau central qu'ils ont toujours vu.

Nous appelons cette matière fibrineuse, parce qu'on donne ce nom aux matières qui, dissoutes, se coagulent par elles-mêmes et deviennent alors insolubles par une température plus élevée. Ce changement est surtout aisé à poursuivre dans les globules humains; les globules des batraciens offrent la coagulation interne beaucoup plus prompte. Plusieurs auteurs (Voir p. 7) ont déjà avancé l'opinion de la formation secondaire du noyau par l'examen des globules des grenouilles; mais ce changement s'opère trop promptement pour que tous les observateurs aient pu se mettre d'accord dans une question aussi délicate. Nous croyons que le sang, qu'on regardait comme le plus difficile à examiner à cause de la petitesse de ses globules, pourrait précisément servir à l'avenir à trancher cette question.

La préexistence du noyau gagne de l'intérêt, principalement sous le point de vue de l'origine des globules. En effet, ceux qui admettent l'existence primaire du noyau, croient qu'il est formé par un globule de la lymphe, et qu'autour de lui la matière colorante s'est accumulée pour donner naissance aux corpuscules sanguins. Mais outre ce que nous venons de dire tout-à l'heure sur la formation secondaire du noyau, nous verrons aussi, dans le paragraphe 4, que ce qu'on appelait si souvent globule de lymphe, depuis la grandeur de $\frac{1}{500}$ jusqu'à celle de $\frac{1}{40}$ de millimètre, ne sont que des globules albumineux ou fibrineux.

La seconde question importante à résoudre est celle-ci : Y a-t-il autour du noyau dont nous venons de parler une enveloppe particulière, qui le renferme, lui, et la matière colorante, ou même des gaz? Nous sommes portés plutôt à un avis contraire, principalement par suite d'une expérience que nous allons exposer tout-à-l'heure; mais avouons franchement que la question ne nous paraît pas encore, dans l'état actuel de la science, suffisamment éclairée, pour être tout-à-fait décidée. L'expérience que nous avons faite est la suivante : Nous avons coupé aux chiens les deux nerfs vagues, de sorte qu'ils pouvaient vivre encore plusieurs jours et même plusieurs semaines. Nous avons poursuivi avec la plus grande attention les changements des globules du sang dans cet état particulier de l'animal, et nous avons fini par observer une forme extrêmement curieuse des globules. Ils paraissent avoir perdu toute individualité; selon qu'ils sont entraînés par le courant, ils se réunissent en grandes plaques rouges, cinq, dix, vingt fois plus grandes qu'un globule isolé; ils se séparent de nouveau, prennent des formes oblongues, extrêmement allongées, ou ils présentent des figures à trois, quatre et plusieurs côtés, et offrent souvent l'aspect de véritables anneaux percés au milieu; enfin, nous ne pourrions donner une image plus ressemblante, qu'en comparant ces globules aux gouttes d'huile qu'on voit nager à la surface de l'eau, qu'on voit aussi se réunir et se séparer alternativement en globules de différentes grandeurs, et changer de forme par la pression. C'est un état très développé de ce qu'on appelle élasticité des globules du sang; mais pourrait-on parler avec plus de droit de l'élasticité des globules d'huile? Ces observations ne nous paraissent donc pas favorables à la présomption d'une enveloppe particulière du globule sanguin. On pourrait bien nous opposer que nous les avons observés dans un état pathologique; cependant, les changements successifs qu'éprouve un corps, donnent bien les moyens de juger de son état primitif.

Toutefois, on ne peut nier la présence d'une enveloppe de globules, qui font voir distinctement le noyau. Mais nous avons sur ces enveloppes la même opinion que nous avions sur les noyaux, c'est-à-dire qu'elles ne sont point primaires, mais le résultat d'un changement survenu après la sortie du sang des vaisseaux. Le noyau se forme par la coagulation de la matière interne; le restant des globules est appelé enveloppe. Quand nous parlerons à l'avenir d'un noyau et d'une enveloppe, nous prions le lecteur de se rappeler ce que nous avons dit à ce sujet.

Les globules sanguins sont très-mous, et un léger frottement de deux verres entre lesquels ils se trouvent, suffit pour changer leur forme; ils deviennent alors crénelés, écornés, etc. (fig. 24). On est souvent étonné de voir des globules sanguins tout déformés, dans le sang le plus frais, si on a fait glisser le verre sur la goutte, en y exerçant une compression plus ou moins forte.

La matière colorante se trouve déposée dans les trames des globules, et l'eau la dissout : les enveloppes des globules deviennent alors très-pâles, mais elles ne se dissolvent pas; en appliquant une goutte de solution d'iode, on peut les faire reparaître.

L'eau produit des changements notables dans la forme des globules elliptiques; ils se gonflent et deviennent ronds; il est très-remarquable qu'alors les noyaux adoptent pareillement la forme ronde. Les globules se gonflant, deviennent ronds, et la matière fibrineuse qui s'y coagule, forme pareillement un noyau rond (fig. 25). Nous voyons donc, dans ces globules, la fibrine former tantôt des noyaux ronds, tantôt elliptiques, selon que le globule lui-même est rond ou elliptique; nous trouvons dans cette circonstance une nouvelle raison pour la formation secondaire du noyau. Les globules ronds ne changent guère de forme dans l'eau, mais ils deviennent sphériques; si on délaye une goutte de sang avec très-peu d'eau, on peut la faire dessécher et conserver long-temps les globules.

L'acide hydrochlorique concentré dissout les globules sanguins; cet acide affaibli altère beaucoup leur forme; ils se gonflent en trois ou quatre points différents, et l'on voit s'y former des bosselures; celles-ci disparaissent, et l'enveloppe se contracte autour du noyau, qui lui-même est rond, transparent et plus grand qu'à l'ordinaire (fig. 27). Nous avons fait ces expériences sur les globules sanguins des grenouilles, parce qu'on y peut mieux suivre les différents changements de forme. L'acide nitrique concentré produit les mêmes effets. L'acide acétique fait pâlir et disparaître très-vite les enveloppes, de sorte qu'il ne reste sous les yeux de l'observateur que les noyaux (fig. 26). L'acide sulfurique, la potasse, l'ammoniaque dissolvent plus ou moins vite les globules sanguins. Les dissolutions salines, celle d'hydrochlorate de soude, par exemple, produisent, selon le degré de leur concentration, des gonflements, des rides, et des altérations dans la forme régulière des globules (fig. 28). Leur aspect pourrait faire croire qu'une force quelconque a plié leurs bords en deux ou trois endroits différents. La forme des globules elliptiques change un peu dans l'eau sucrée (fig. 29), et le noyau paraît plus grand. Sur les globules des mammifères elle fait momentanément refouler la matière colorante vers les bords, de sorte que le globule paraît concave au centre; placé de champ, il paraît creusé sur les côtés (fig. 22). Peu à peu apparaît le noyau central (fig. 23). Ces changements ne sont pas toujours si bien produits par l'eau; mais le refoulement de la matière colorante se forme le plus souvent de lui-même sur les globules des mammifères.

Nous avons représenté, dans les quatre premières figures, les globules sanguins ronds de quelques mammifères; dans les fig. 5 à 8, les globules elliptiques d'oiseaux; dans les fig. 9 à 12, ceux de poissons, et dans les fig. 13 à 16, ceux de reptiles. La fig. 17 est le sang d'un crustacé; la fig. 18, d'un insecte; la fig. 19, d'un mollusque, et la fig. 20, d'un annélide.

On remarque dans le sang de tous ces animaux des globules de deux sortes : les uns, bien déterminés, ronds ou elliptiques, sont les véritables globules du sang (fig. 1,a; 5,a). Les autres, mamelonnés, ronds, d'un diamètre plus ou moins grand (fig. 1,b; 5,b), sont des globules fibrineux, dont nous parlerons plus tard (§ 4). On y voit enfin encore des globules très-petits (fig. 1, c) qui appartiennent probablement à l'albumine (§ 3). Enfin on y voit (fig. 1, d) quelquefois les globules graisseux de la sueur, si on a obtenu le sang par la piqûre du doigt serré. On a signalé jusqu'à présent dans le sang des animaux inférieurs les globules fibrineux (fig. 17, a) pour les globules du sang, et on a tout-à-fait négligé les véritables globules du sang (fig. 17, b). On voit quelquefois parmi ces corpuscules des globules graisseux (fig. 17, c) ou des morceaux d'épithélium (fig. 17, d). Toutes ces particules différentes étaient prises par les auteurs pour des globules du sang. Dans les crustacés, le sang le plus pur est celui qui provient d'une incision faite aux branchies, et dans les mollusques celui qui vient du cœur; alors manquent aussi en général les morceaux d'épithélium.

Les globules ronds se réunissent souvent en chaînes ou séries (fig. 1, f); tous les globules sont transparents, et là où ils se couvrent mutuellement, on voit les contours des inférieurs à travers les supérieurs. Isolés, ils sont pâles; couchés les uns sur les autres, ils deviennent rougeâtres. Leur forme aplatie est maintenant un fait connu de tous les observateurs, et si on ne remarque pas précisément un noyau saillant sur les globules sanguins, on voit pourtant les côtés bombés sur la plupart. On trouve souvent des bulles d'air dans la couche du sang observée (fig. 1, e); elles peuvent s'y trouver accidentellement; quelques auteurs veulent y voir un développement des gaz. Nous n'avons guère besoin de réfuter les opinions de *Eber, Mayer, Reichenbach*, etc., qui ont pris pour des animalcules les globules du sang; *Czermak* (n° 33) avait attaché trop d'importance aux oscillations des globules qui étaient produites par le mouvement vibratile des branchies des salamandres. Nous avons représenté dans la figure 3o les changements produits dans les globules des grenouilles par le dessèchement. La figure 31 représente une goutte du sang desséché entre deux verres à l'aide de la chaleur; on y voit les fissures de l'albumine desséchée.

§ 3.

Le sérum est toujours plus ou moins rougeâtre selon la quantité de matière colorante qui s'y trouve dissoute; son *albumine* se présente, par la coagulation du liquide entier, sous forme de globules ayant pour diamètre $\frac{1}{200}$ à $\frac{1}{100}$ de millimètre (fig. 21); plusieurs de ces globules se réunissent souvent ensemble, et forment alors des grumeaux plus ou moins transparents, selon leur nombre. On trouve toujours dans le sang des globules ou des molécules très-petits (fig. 1, c.), en tout ressemblants aux globules albumineux dont nous venons de parler, et qui appartiennent probablement à l'albumine précipitée par les sels du sérum; au reste, ils sont semblables aux globules du chyle (voir n. 40, a), dont on ne peut pas les distinguer pour le moment.

§ 4.

Nous avons porté le premier notre attention sur la coagulation de la *fibrine* dans la goutte du sang observé sous le microscope; c'est ici qu'on pouvait saisir la forme qu'adoptent les particules isolées de la fibrine en se solidifiant. *Wedel* et *Hunter* avaient examiné le caillot, et ont pris ses fissures pour des vaisseaux, et *Home* qui, à l'aide de la macération et d'un mauvais microscope, avait vu des globules partout, les a trouvés pareillement dans la fibrine solide qui, macérée, offre tout au plus des fibrilles oblongues sans organisation.

Si on place une goutte de sang (fig. 32. c.) sur une lame de verre (fig. 32. a.), et si on met sur les bords de cette goutte une seconde lame de verre très mince (fig. 32. b.), on verra le sang s'infiltrer. Considéré sous le microscope, le sang offre une foule de courants, qui emportent les globules rouges; mais on aperçoit tantôt quelques globules blancs, collés pour ainsi dire au verre, et contre lesquels les autres globules se heurtent; ceux-là changent beaucoup leur forme par le choc qu'ils reçoivent; les globules blancs au contraire restent invariables. Peu à peu on voit leur nombre s'augmenter considérablement, et on en voit apparaître dans tout le champ; mais ils sont les plus nombreux au bord de la gouttelette (fig. 32. d.). Ils sont blancs, mamelonnés, ayant l'aspect d'un paquet de plusieurs molécules très-petites; ils sont plus pâles et plus minces dans le sang des mammifères que dans celui des autres animaux. Ces globules appartiennent à la fibrine, qui se trouve dissoute dans le sérum, et qui se coagule sur le porte-objet. Nous parlerons plus amplement de ces globules, que nous appelons *fibrineux*, à l'occasion du pus et du mucus, dont ils partagent toutes les propriétés. Nous nous bornons à mentionner pour le moment, à l'appui de notre opinion, que le sang observé dans les vaisseaux n'offre jamais ces globules blancs, que la partie filtrée du sang des batraciens est remplie de ces corpuscules, qu'ils partagent les propriétés chimiques de la fibrine, et que leur nombre augmente visiblement sous les yeux de l'observateur, ce qui ne peut provenir que d'une formation postérieure à l'émission du sang. Nous renvoyons le lecteur, pour tous ces détails, à notre mémoire sur le pus pour éviter les répétitions.

§ 5.

Si nous nous rappelons maintenant les opinions si contradictoires sur la structure des globules du sang, nous trouverons dans les circonstances différentes de l'observation, les moyens de les expliquer ou de les accorder. Les globules des mammifères, qui ne sont ni sphériques, ni composés de six globules plus petits (Leeuwenhoek), sont aplatis (Weiss); ils n'ont point de noyaux dans leur état naturel (Blumenbach, de Blainville, Donné); mais il s'en forme un dans l'eau sucrée (Müller, Wagner). Les globules, soit dans l'eau, soit quelquefois par eux-mêmes dans le sérum, prennent l'aspect de corpuscules creusés au centre (Hodgkin et Lister), ce qui a fait croire aux anneaux percés (Della Torre). L'existence du noyau et de l'enveloppe est incontestable dans les globules elliptiques (Hewson), mais nous n'avons pas encore acquis la preuve que ce soient des vésicules remplies de gaz (Schultz), car jamais on n'en a observé de dégagement. Nous ne pouvons non plus les considérer comme de l'albumine précipitée (Raspail); la forme toute différente des globules albumineux et des globules elliptiques, par exemple, s'oppose à cette manière de voir. La transformation des globules du chyle en globules sanguins n'est pas du tout démontrée; au contraire, toutes les observations s'y opposent. Ce qu'on appelait globules lymphatiques dans les grenouilles (Müller) est, selon nous, des globules fibrineux,

dont nous avons démontré la présence dans le sang de toutes les classes d'a-
nimaux.

Nous ajoutons les diamètres des globules du sang mesurés par nous à la
chambre claire ; et, grâce à l'obligeante permission de M. Isidore Geoffroy
Saint-Hilaire, nous nous sommes procurés du sang de plusieurs animaux du
jardin des Plantes. Nous avons fait l'observation remarquable que le sang du
Dromadaire (Camelus dromedarius) et de l'Alpaca (Auchenia llacma), qui appartiennent à la famille des chameaux, contient des globules elliptiques; ils
sont pâles et moins ovalaires que les globules des grenouilles. Vus de champ, ils
sont bombés. Dans les mesures, ainsi que dans les figures, nous donnons la
moyenne des grandeurs; et nous reproduisons dans ces dernières les globules
plus ou moins inclinés dans leurs différentes formes, depuis les premiers moments de leur sortie du vaisseau jusqu'à la formation du noyau. Les diamètres
sont exprimés en fractions de millimètre.

Animal observé.	Diamè-tre.	Rapport.	Animal observé.	Grand diam.	Petit diam.	Rapport
Homme	1|125	36	Dromadaire	1|125	1|230	36
Simia sphynx (malade)	1|250	18	Alpaca	1|125	1|290	36
Simia faunus	1|150	30	Falco tinnunculus	1|75		60
Simia fatuellus	1|140	32	Perroquet	1|90		60
Potto caudivolvulus	1|175	26	Paon	1,87		52
Nasua fusca	1|125	36	Numida melleagris	1|83		54
Chien	1|150	30	Tourterelle	1|80		56
Kanguroo (Macropus lab.)	1|133	34	Casuarius N. Holl.	1|70	1|133	64
Eléphant d'Afrique	1|100	45	Struthio rhea	1|73		62
Tapirus americanus	1|160	28	Tantalus ruber	1|90		50
Equus Burchelii	1|200	22	Fulica porphyrio	1|80		56
Equus Hemionus	1|150	30	Larus fuscus	1|80		56
Cerf de l'Inde	1|150	30	Anas acuta, Penelope	1|93		48
Girafe	1|160	28	Anas bernicla	1|90		50
Bouc de l'Inde	1|300	15	Muraena anguilla	1|75	1|120	60
Mouton d'Astragan	1|275	16	Cyprinus carpio	1|60	1|120	75
Mouton d'Ecosse	1|250	18	Gadus lota	1|80	1|120	56
Mouton de Norwège	1|300	15	Grenouille	1|45	1|66	100
Astacus fluviatilis	1|350	13	Salamandre	1|30	1|53	150
Helix pomatia	1|450	10	Anguis, lacerta	1|66	1|115	68

LITTÉRATURE.

N. 1. Kircher. Scrutinium physic.-medic. Lips. 1671. ed. orig. Romæ. 1658.

N. 2. Malpighi. De omento et adiposis ductibus. Opera omnia. Lond. 1686.

N. 3. Leeuwenhœk. Philos. Transact. 1674. p. 23, 121, 1675, p. 380. 1684;
p. 788. 1700. p. 556. Opera omnia. Lugd. Bat. 1722. (T. I. Anatomia
et contemplationes. Pars I. p. 35, 39, 67. Pars II. p. 51, 54.)

N. 4. Wedel. Miscel. academ. natur. curios. Dec. II. ann. 5. 1686. p. 788.

N. 5. Jurin. Philos. Transact. 1717. n. 355.

N. 6. Menghini. De Bononiensi scientiar. Instit. Comment. Bononiæ, 1746.

N. 7. Senac. Traité du cœur. Paris. 1479. T. II.

N. 8. Muys. Musculorum artificiosa fabrica. Lugd. Bat. 1751.

N. 9. Weiss. Acta Helvet. Vol. IV et V. Basileæ. 1760.

N. 10. Torre. Epist. ad Haller. (1759). Bern. 1774. Oss. int. la stor. nat. Nap. 1776.

N. 11. Fontana. J globetti del sangue. Lucc. 1766. Venin de la vipère. Flor. 1781.

N. 12. Spallanzani. Del azione del cuore ne vasi sanguine. In Modena. 1768.

N. 13. Hewson. Philos. Transact. 1773. p. 303. Experimental inquiries P. III.
Lond. 1777. Hewsonii opus posthum. Lugd. Bat. 1785.

N. 14. Magni. Nuove osservaz. micr. sopra le molec. rosse del sangue. Mil. 1776.

N. 15. Blumenbach. Institutiones physiologicæ. Gottinguæ. 1787.

N. 16. Poli. Testacea utriusque Siciliæ. Parmæ. 1791.

N. 17. Caldani. Memorie di Padova. 1794. T. III. P. I.

N. 18. Villar. Journal de physique. T. LVIII. Paris. 1804.

N. 19. Gruithuisen. Beitrage zur Physiognosie und Eautognosie. Münch. 1812.

N. 20. Young. Introduction to the medical litterature. London. 1813.

N. 21. Treviranus. Vermischte Schriften. Gottingen. 1816. Vol. I.

N. 22. Bauer et Home. Philos. Transact. 1818 et 1820.

N. 23. Rudolphi. Grundriss der Physiologie. Berlin. 1821.

N. 24. Prevost et Dumas. Bibliothèque universelle de Genève. 1821. T. XVII.

N. 25. Dœllinger. Mémoires de l'académie de Munich. 1821. T. VII.

N. 26. Schmidt. Ueber die Blutkœrner. Wurtzbourg. 1822.

N. 27. Dalle Chiaje. Mem. sulla storia degli anim. senza vertebre. Nap. 1823.

N. 28. Edwards. Ann. des sc. nat. Paris. 1826. Todd. Cyclopædia. Lond. 1836.

N. 29. Hodgkin et Lister. Philos. Magaz. 1827.

N. 30. Raspail. Répertoire d'anat. T. IV. Paris. 1827. Chimie organique. 1838.

N. 31. Blainville. Cours de physiologie générale. Paris. 1829

N. 32. Weber. Hildebrandt's Anatomie des Menschen. Hanover. 1830.

N. 33. Czermak. Medizinische Jahrbücher des œstreisch. Staates. Wien. 1831.

N. 34. Donné. Recherches sur les globules du sang. Thèse, N. 8. Paris. 1831.

N. 35. Wagner. Vergleich. Physiol. des Blutes. Cah. I. Leipz. 1833. Cah. II. 1838.

N. 36. Müller. Handbuch der Physiologie. Koblenz. 1835. T. I.

N. 37. Schultz. System der Circulation. Stuttg. 1836. Hufelands Journal. 1838.

N. 38. Valentin. Repertorium für Anat. und Physiol. Berlin. 1836. Cah. I.

N. 39. Mandl. Sanguis respectu physiologico. Pestini. 1836.

N. 40. Mandl. a. L'institut. 1836, N. 189; b. 1837, N. 194 c. Gazette méd. 1837, N. 40.

MÉMOIRE

SUR

LES PARTIES MICROSCOPIQUES

DU PUS

ET DU MUCUS.

PAR

LE DOCTEUR LOUIS MANDL.

ACCOMPAGNÉ DE DEUX PLANCHES.

PARIS,

CHEZ J.-B. BAILLIÈRE,

LIBRAIRE DE L'ACADÉMIE ROYALE DE MÉDECINE,

RUE DE L'ÉCOLE DE MÉDECINE, 17;

A LONDRES, même maison, 219, Regent Street.

POUR L'ALLEMAGNE : CHEZ G. REMMELMANN, RUE VIVIENNE, 16.

1839

MÉMOIRE

SUR

LES PARTIES MICROSCOPIQUES

DU PUS

ET DU MUCUS.

CHAPITRE PREMIER.—HISTORIQUE.

(PLANCHE I.)

Depuis les temps les plus reculés jusqu'à nos jours, le pus fut constamment un de ces produits morbides qui attirèrent vivement l'attention des médecins. Ce fut d'abord pour le diagnostic des maladies de poitrine qu'on s'efforça d'acquérir des signes certains, au moyen desquels on pût distinguer le pus du mucus. Beaucoup d'autopsies faisaient découvrir inopinément des dépôts de pus dans des organes éloignés du foyer de la suppuration, dépôts qui, pendant la vie, ne s'étaient manifestés par aucun signe. Une série de phénomènes pareils, où le pus parut jouer un rôle important, était déterminée par des pustules malignes, résultats du contact des animaux malades. Enfin, les fièvres puerpérales offraient des phénomènes qui attirèrent l'attention des médecins au plus haut degré. A l'ouverture de la cavité abdominale, on voit les vaisseaux lymphatiques et les veines de l'utérus et des parties annexes remplies d'un fluide puriforme.

Voilà donc des raisons assez graves pour supposer que les médecins, dès le moment de la découverte du microscope, auraient dû porter toute leur attention à l'examen des parties élémentaires du pus. En effet, quels sont les éléments du pus qui, absorbés, produisent des effets aussi dangereux à la santé humaine? Ces éléments, de quelle nature sont-ils? sont-ce des molécules mortes de parties suppurantes? sont-ce des molécules d'une nouvelle formation puisée dans le sang? Les parties élémentaires ne s'opposent-elles pas par leur volume à une absorption? On aurait pu aborder, à l'aide du microscope, de pareilles questions et les résoudre d'une manière supérieure aux hypothèses et aux théories médicales.

Mais telle est quelquefois la singulière direction de l'esprit humain que tous ces points si intéressants dans l'histoire de la médecine étaient parfaite-

II.   (1)   5

ment oubliés par les micrographes jusqu'aux derniers temps. Une sorte de *mucosité* paraissait pourtant plus importante aux premiers observateurs que toutes les maladies dont nous venons de parler; ce sont les écoulements syphilitiques. Bien que ces observations soient assez incomplètes, on nous permettra de nous y arrêter un instant dans l'intérêt de l'histoire de notre science.

Une des plus anciennes observations que nous possédions est celle de *Borelli* (n° 1, obs. n° 53), qui décrit des animalcules dans le pus, provenant probablement des chancres, et qui veut même les avoir vu déposer leurs œufs : « In gonorrhea virulenta militis, *seu in balano ejus*, amicus meus observavit insectulum limaciformem, sed fere invisibilem, quod ejus etiam gressus vel vermium imitabatur, crassescens in certis corporis locis : triginta autem vel quadraginta peperit ova in microscopio, e quorum quibusdam vermiculi subtilissimi, sed hirsuti manabant; punctis autem notata erant, et distincta ova supradicta. » Or, est-il permis de voir dans ces animalcules les vibrions décrits dans nos temps par *Donné* dans le pus des chancres? Est-il permis de voir dans ces œufs «punctis notata» les globules du pus qui offrent en effet l'aspect de globules couverts de points? Assurément les paroles que nous venons de citer ne permettent pas de conclure sûrement, et nous ne pouvons faire que des conjectures plus ou moins hasardées sur cette observation.

Kircher (n° 2) voit des animalcules partout; les animalcules sont les causes de toutes maladies, et la peste doit son origine à des animalcules. Cet auteur fait des recherches microscopiques sur le pus de bubons, et celui-ci encore est rempli d'animalcules. « Quod et in dissectione bubonum innumerabili vermium minutissimorum fœtura repertorum, dum Nosodochio præficeretur, ad meam instaniam non semel se observasset, testatur eximius et doctissimus Julius Placentius medicus romanus. » Mais le pus de bubons ne présente jamais d'animalcules; Kircher, ou son ami, le médecin romain, fut-il donc trompé en voyant les globules emportés par le courant, quand il les a examinés au microscope?

La découverte de globules du pus échappe une troisième fois aux observateurs; c'est pourtant maintenant le père de la micrographie qui y est intéressé. On sait que les médecins des siècles passés voyaient dans l'écoulement blennorrhagique le sperme; ce qui a fait donner le nom de gonorrhée à la blennorrhagie urétrale. Nous ne serons donc guère étonné d'entendre *Leeuwenhœk* (n° 3, t. 3, epist. 113) raconter, que le jeune *Hamnius* est venu le voir, apportant dans un flacon du sperme qui s'écoulait d'un homme qui était en relation avec une femme impure et malade; il y voyait les animalcules avec une queue, qu'il retrouvait plus tard dans le sperme, non pas des malades, mais d'hommes sains. C'est de cette manière que la découverte importante d'animalcules spermatiques s'est faite. Or, c'est un fait constaté généralement que le sperme contient des animalcules vus depuis par un grand nombre d'observateurs : Leeuwenhœk était aussi trop bon observateur pour supposer qu'il s'était trompé la première fois, en prenant des globules muqueux pour les animalcules, qu'il a trouvés plus tard dans le sperme de l'homme sain. On serait donc porté à croire que Hamnius, en apportant ce sperme, «in laguncula vitrea

semen virile, quod homini cuidam, qui cum muliere impura ac male sana rem
habuerat, defluxerat,» n'a pas dit ou n'a pas su toute la vérité; il est assez
curieux d'entendre Hamnius ajouter que ces animalcules mouraient, dès que le
malade avait pris de la térébenthine. Leeuwenhœk était plus heureux avec le
mucus vaginal, où il reconnut la présence de lames épidermoïdales, mais il n'y
a pas signalé la présence d'aucune espèce de globules (n° 3, t. 1, pars II, p. 153
et 155). Les globules qu'il a vus dans le mucus intestinal des bœufs, à côté des
vaisseaux sanguins, peuvent être attribués, soit au sang épanché, soit aux excréments, ainsi que Leeuwenhœk le croit lui-même (t. 2, p. 55).

Il nous paraît donc, d'après les passages que nous venons de citer, que la
présence des globules du pus n'était pas connue avant *Gorn* (n° 4), chez qui
nous trouvons les premiers indices incontestables de la connaissance des globules dans les mucosités. «Omnis pituita, sive eadem fuerit crassa, sive limpi-
dior microscopio indita, e meris corpusculis rotundis conflata videtur et ita
quidem, ut dicta corpuscula immediate, id est absque ullo corpusculo alieno
interveniente, inter se invicem cohæreant. Maxima horum corpusculorum
seminis milii magnitudinem admittunt.» Les fibres cohérentes qu'on trouve
quelquefois dans les crachats, sont aussi composées de corpuscules qui varient
beaucoup dans leur grandeur. Il est évident que Gorn a pris quelquefois plusieurs globules cohérents pour un globule, ce qui lui a fait voir les globules
si différents dans leurs diamètres. Le microscope dont ce jeune médecin se
servait, n'était pas un des meilleurs; il ne savait non plus bien modifier la
lumière; nous pouvons en juger par la phrase suivante, où l'auteur signale un
rayonnement propre à ces globules : Interna singulorum centra lucidum quid
circumquaque radians perhibent. »

Depuis que Gorn a décrit les globules muqueux, les auteurs du siècle passé
ont peu ajouté à la connaissance de ces corpuscules. Aussi ne nous arrêterons-
nous pas long-temps à cette partie de l'histoire. Voici ce que *Senac* se contente de dire à ce sujet (n° 5, II, p. 659) : «Les globules du pus sont semblables
à ceux du sang; ceux qu'on voit dans la matière qui fait la gonorrhée sont plus
grands; ceux qui forment le pus des ulcères sont plus petits et plus inégaux en
masse. Or, cette figure ne donne point à ces globules la couleur rouge; ils sont
blancs, et cette blancheur est constante. »

Les anciens déjà s'étaient occupés des moyens de distinguer les crachats purulents des crachats muqueux. Nous avons passé ailleurs (n° 24) en revue, et démontré l'insuffisance de tous les moyens proposés, insuffisance d'autant plus
motivée, qu'en effet il n'y a, selon nous, aucune différence entre les matières
examinées. Mais ce n'est que dans le commencement de ce siècle qu'un médecin
allemand s'est avisé d'appliquer le microscope à cet examen; recherche intéressante, mais basée sur la fausse présomption que chaque substance se distingue
par les animaux infusoires qui lui sont propres.

Voici les résultats des expériences de *Gruithuisen* (n° 6). Lorsqu'on étale la
vingtième partie d'une goutte de pus provenant d'un ulcère bénin sous l'objectif
d'un bon microscope composé qui grandit de 400 fois, on observe dans un liquide
diaphane, et qui paraît avoir quelque consistance, des corps sphériques légère-

ment ponctués à leur surface. Au bout de quelques heures ces corpuscules commencent à se flétrir et se couvrent de petites rides; ils conservent néanmoins leur forme ronde. L epus offre déjà un aspect granuleux, lorsqu'on l'examine a l'aide d'une loupede deux pouces de foyer. On distingue en outre facilement cet aspect, en étendant sans eau le pus sur l'objectif. Le mucus, au contraire, a besoin d'être étendu d'eau, si on veut apercevoir distinctement les grains qu'il contient. La couleur des grains de pus est blanche et opaque, leur véhicule est transparent, les grains de mucus sont diaphanes. Les diverses espèces de pus n'offrent point de différences bien notables. Lorsque le mucus est granulé, ses grains ne sont point aussi ronds; ils sont d'une forme plus irrégulière et frangés; d'ailleurs, ils varient tellement de dimension, que quelques-uns sont jusqu'à huit fois plus petits que les plus grands d'entr'eux. Plusieurs espèces de mucus, telles que le sperme, le mucus uréthral, œsophagien, manquent totalement de ces corps granulés que l'on rencontre presque toujours dans le mucus nasal et trachéal.

Le véhicule du pus n'est jamais assez consistant ou visqueux pour empêcher la rupture des bulles d'air qu'il contient, même lorsqu'on l'agite fortement; le mucus, au contraire, renferme des bulles d'air qu'il conserve pendant plusieurs jours. En arrivant alors, après cette première épreuve, à celle des infusoires de chacun de ces liquides, Gruithuisen propose le moyen suivant: On mêle à un scrupule environ de la matière à essayer une once d'eau distillée; on ferme le bocal avec un morceau de gaze ployé en double; on laisse reposer, sans l'agiter d'abord, et on expose le tout à une température de 97 à 106 degrés Farenheit. On remarquera le lendemain ou le troisième jour, dans une goutte examinée au microscope, quelques points fins, blancs ou colorés; ils tournent continuellement en petits cercles, de manière à exécuter trois rotations en deux secondes; quelquefois ils se meuvent en ligne droite ou ondulée, se rencontrent et s'évitent. L'accroissement des infusoires augmente de jour en jour dans la plupart des mélanges d'eau et de pus. Il est rare qu'ils soient tous de la même grandeur; ils sont très-gais, et exercent, en se déplaçant, un mouvement sur leur axe transversal. Si, après avoir traité le mucus de la même manière que le pus, on l'examine du quatrième au sixième jour, on découvrira un infusoire beaucoup plus grand que l'habitant du pus. Ses mouvements sont en outre beaucoup plus accélérés; c'est l'animal à pandeloques de *Gleichen*. La partie courbée, qui est en même temps la plus étroite, est celle qui précède dans chaque mouvement. Outre cet habitant du mucus, on en trouve encore un autre dans le mucus nasal, végétal, dans la gélatine animale et dans l'urine; c'est une espèce d'infusoire que *Rœsel* désigne sous le nom de pseudopolype. Une infusion de pus et de mucus ne contient point en même temps les habitants de l'un et de l'autre de ces liquides, mais toujours de nouvelles espèces. L'infusion des produits de la leucorrhée contenait des animaux oblongs qui exerçaient des mouvements de rotation, et dont le volume n'augmenta point; on voyait au bout de quinze jours leur nombre diminuer. Ce sont les animalcules trembleurs de Gleichen. Nous représentons, d'après Gruithuisen, dans la figure 1 les globules du pus, et dans la figure 2 les mêmes, conservés depuis quelques jours; ils se sont formés de petites rides. Les figures 3, 4 et 5 sont les infusoires du pus (monas); la figure 6 l'infusoire des cra-chats (kolpoda); les figures 7 et 8 celui du mucus de l'œsophage; la figure 9 représente les infusoires qui naissent quelques jours plus tard dans le mucus (vorticella); les figures 10, 11 et 12 font voir les infusoires du mucus de la leucorrhée (enchelys), et la figure 13 les cristaux qui s'y forment.

Young (n° 7) croit que les globules du pus sont des globules du sang al-térés par le travail de la suppuration; si on étale une goutte du pus ou du sang entre deux lames de verre, et si on les met devant la flamme d'une bougie, on verra naître des anneaux colorés. Le même phénomène n'a pas lieu avec le mucus, et Young en conclut que le mucus est privé de globules; mais cela n'arrive qu'avec les mucus trop cohérents qui empêchent les globules de s'étaler.

Everard Home (n° 8) veut que les granules du pus soient des globules du sang dépouillés de leur matière colorante; sont plus gros que ceux du chyle. La sécrétion purulente consiste, d'après cet auteur, d'abord en un liquide purement séreux et transparent, dans lequel apparaissent ensuite des granula-tions microscopiques, dont le nombre s'accroît peu à peu, et qui diminuent de plus en plus de transparence, jusqu'à ce que du véritable pus soit produit. La formation du pus est précédée de la formation d'un liquide clair comme de l'eau; mais il n'y a point là seulement succession de sécrétions diverses, mais une véritable métamorphose; ayant bien séché un ulcère, qu'il couvrit ensuite d'un emplâtre, il trouva, au bout de dix minutes, le liquide plein de granu-lations transparentes, qui, dix minutes plus tard, étaient devenues plus nom-breuses et opaques.

Prevost et *Dumas* (n° 9) assurent que les globules du pus sont semblables en forme et en dimension aux globules du lait et du chyle.

Kaltenbrunner (n° 10) décrit ce qui arrive pendant la formation du pus dans le milieu des stases inflammatoires; des flocons, qui sont les éléments du pus, et qui se détachent des stases, ou naissent dans le parenchyme même, se meuvent d'une manière continue, irrégulière, puis se réunissent en grumeaux qui s'al-longent et deviennent des canaux, dans lesquels les granulations du pus oscillent en toutes directions; ces canaux purulents s'anastomosent en réseaux, s'éten-dent jusqu'à la surface, où ils versent le pus, et se liquéfient quand la suppu-ration diminue, époque à laquelle les granulations du pus cessent d'exister et se mêlent avec le parenchyme voisin.

Gendrin (n° 11) dit que les globules du pus sont un peu aplatis. Il croit éga-lement que les globules du sang se transforment en globules du pus; les pre-miers se dépouillent, suivant lui, de leur matière colorante, deviennent d'un rouge grisâtre et transparents, puis d'un jaune grisâtre et opaque, enfin plus volumineux. Cependant il ne se fonde que sur les phénomènes qu'il a obser-vés, en examinant une rate en suppuration, qui lui présenta des granulations rougeâtres au centre, grisâtres autour, et, à leur extrême limite, d'un jaune opa-que. Il dit aussi avoir observé, dans une inflammation excitée par le fer rouge, sur une grenouille, que certains vaisseaux capillaires contenaient des globules d'un rouge grisâtre, et d'autres des globules d'un jaune grisâtre, de manière que le pus semblait être formé dans ces vaisseaux.

D'après *Weber* (n° 12, vol. 1), les granules du mucus ont le diamètre de 0,0012 à 0,0013 d'une ligne de Paris; les flocons de mucus se divisent dans l'eau en globules ronds; ceux-là ont d'après *Krause* (n° 13, p. 88), $\frac{1}{6.2}$ à $\frac{1}{450}$ d'une ligne de Paris de diamètre. Les granules du pus se gonflent dans l'eau d'après Weber, et se séparent alors en particules très-petites. Ces granules sont deux fois aussi grandes que celles du mucus; elles ont 0,004 à 0,005 d'une ligne de diamètre; plus rarement 0,006 à 0,008.

Les globules du pus paraissaient arrondis et incolores à *Wagner* (n° 14); ils avaient une surface manifestement grenue, et étaient plus gros d'un tiers que les globules du sang, ayant depuis $\frac{1}{100}$ à $\frac{1}{200}$ de ligne; le diamètre des globules du mucus est de $\frac{1}{100}$ à $\frac{1}{200}$ de ligne. Les globules du pus ne changent point dans l'eau, même quand celle-ci est très-abondante, et les surnage pendant long-temps. L'éther et l'acide acétique ne les altèrent pas non plus; dans ce dernier réactif, ils se resserrent sur eux-mêmes, prennent une couleur un peu plus sombre, acquièrent des limites mieux tranchées, et deviennent plus petits. L'acide nitrique les résout en une masse grenue et jaunâtre; ils se dissolvent complètement dans l'ammoniaque et dans la potasse caustique.

Examiné au microscope, le pus se montre, d'après *Donné* (n° 15), sous la forme d'un liquide dans lequel nagent une multitude de corpuscules globulaires, n'ayant guère moins d'un centième de millimètre de diamètre, et dépassant souvent cette limite. Ces globules sont sphériques et comme ridés; par la putréfaction du pus, ils se désagrègent et finissent par se dissoudre; mais cet effet se produit lentement. Ils ne se dissolvent pas par l'ammoniaque concentrée; on les retrouve intacts sous le microscope, si l'on n'attend pas trop long-temps. C'est le procédé proposé pour distinguer le pus du sang. Après avoir exposé ses recherches sur la liquéfaction du caillot, si une certaine quantité du pus se trouve mêlée au sang, recherches que nous ne pouvons pas exposer ici, *Donné* établit que les globules du pus ne sont que des globules sanguins transformés. Du sang de grenouille a été mêlé avec du pus, et on a vu l'enveloppe des globules sanguins se rider, le noyau central devenir opaque. Bientôt le globule perd sa forme ovalaire et régulière; plus tard son enveloppe se déchire et se dissout, et le noyau central apparaît dans la liqueur, tout-à-fait analogue à un globule purulent. Tous ces phénomènes se produisent dans l'espace de vingt-quatre heures au plus.

Nous nous sommes prononcé (n° 16, 17) contre une telle transformation des globules du sang en globules du pus, appuyant notre opinion sur des recherches que nous exposerons dans le second chapitre, et d'où résulte pour nous maintenant une conviction d'autant plus forte qu'elles ont obtenu l'assentiment complet de M. Donné. Nous avons aussi signalé (n° 19) l'insuffisance du moyen proposé de reconnaître à l'aide du microscope la présence des globules du pus parmi les globules sanguins, en démontrant la présence des globules blancs dans le sang des mammifères. Nous avons dit que ces globules blancs doivent leur

origine à la fibrine, qui coagule sur le porte-objet, qu'ils sont en tout semblables aux globules du pus, du mucus, de la salive, de l'urine, des épanchements, etc., et nous avons dit que ces derniers ne sont pas autre chose que des
globules de fibrine coagulée. La fibrine du sang se trouve dissoute dans le sérum; celui-ci, en transsudant à travers les parois des vaisseaux, fait maintenant coaguler sa fibrine en globules, et donne de cette manière naissance aux
globules muqueux et purulents. Nous apportons à l'appui de ces recherches de
nouvelles expériences qui se trouvent consignées dans le second chapitre.

Le pus de la blennorrhagie urétrale contient, d'après *Donné* (n° 18), des globules
de la même forme et de la même grosseur que ceux des autres espèces de pus (fig.
14). Le pus des chancres et des bubons syphilitiques offre des globules moins nets
et moins réguliers dans leur forme; surtout le liquide dans lequel ils nagent,
contient des parcelles étrangères, comme si un certain nombre des globules
étaient dissous, et que leurs débris fussent répandus dans le liquide (fig. 15).
C'est presque une poussière très-fine mêlée aux globules eux-mêmes. Dans les
chancres situés sur le gland, le pus a toujours offert à Donné un grand nombre
d'animalcules ayant la forme du vibrio lineola Müller. Aucune autre espèce
de pus n'offre ces animalcules; mais *Froriep* veut les avoir vus dernièrement
dans le pus de quelques ulcères non syphilitiques. Une pustule produite à l'aide
d'un vésicatoire sur le gland d'un homme sain ne contenait point de vibrions.
Une pustule provoquée sur la cuisse d'un malade par le pus d'un chancre
était remplie de vibrions. Le mucus vaginal paraît entièrement composé de petits corps ovalaires (fig. 16), quatre ou cinq fois plus grands qu'un globule muqueux; ils présentent l'aspect de pellicules, détachées de la membrane muqueuse; ce sont les mêmes que Leeuwenhœk avait déjà vus. Dans l'inflammation
du vagin, des globules purulents se trouvent mêlés au mucus pur, et on y voit
alors aussi l'animalcule découvert par Donné, et décrit sous le nom de tricho-
monas vaginale (fig. 17). Quelquefois la matière contient une multitude de petites parcelles; alors la surface des animalcules est comme tomenteuse (fig. 18).
Notre auteur dit que ce n'est qu'avec une extrême réserve qu'il émet l'opinion,
qu'il ne se produit de trico-monas que dans la vaginite syphilitique. Le mucus
du col de l'utérus, dans son état de pureté, ne présente absolument qu'une substance homogène sans aucune apparence de globules dans son intérieur; le plus
souvent on le trouve rempli d'une multitude de globules muqueux. Donné
croit, ainsi que les auteurs suivants, que les globules du pus sont pourvus
de noyaux.

Gueterbock (n° 20) croit les globules du pus composés de deux parties: l'une
est la coque, l'autre est le noyau, qui se compose de granules très-apparents
après la dissolution de l'enveloppe à l'aide de l'acide acétique; il suffit de la tri-
turation et de quelques secousses pour rompre l'enveloppe. Gueterbock ne sait
pas si ces noyaux sont solubles dans la dissolution de potasse caustique. La fig.
19 représente les globules du pus; la fig. 20, les mêmes avec leurs noyaux; la
fig. 21, les noyaux isolés.

Les globules du pus sont colorés en jaune, selon *Wood* (n° 21), par l'action
de l'iode.

Vogel (n° 22.) voit, ainsi que Gueterbock, les gobules composés d'une enveloppe et des noyaux; ces derniers ont une dépression au centre; l'auteur les croit primitifs; il avoue pourtant qu'à l'état frais on ne peut distinguer ces derniers que sur un très-petit nombre de globules plus transparents. Cet auteur croit les globules formés par une transformation des cellules de l'épithélium, idée qui, dans le même temps, était plus amplement développée par Henle, ainsi que nous le verrons tout-à-l'heure. Les cellules qui à leur état naturel sont pourvues d'un noyau central, se contractent peu à peu, deviennent granulées à leur surface, et ne font voir à la fin que le noyau original. Nous reproduisons d'après cet auteur, dans la figure 22, ces différents changements qui se passent dans la cellule de l'épithélium, jusqu'à sa parfaite transformation. Vogel veut voir dans la présence des morceaux de l'épithélium un signe caractéristique du mucus; mais les crachats purulents en contiennent autant que les crachats ordinaires. Nous ne pouvons nullement accepter l'idée purement hypothétique de la formation de globules purulents, parce que, à part ce que nous dirons (§ 4) sur l'origine instantanée de ces corpuscules, nous démontrons la signification bien différente du nucleus des morceaux de l'épithélium dans notre mémoire sur ce sujet.

Henle a dernièrement publié (n° 23) un mémoire sur la formation du mucus et du pus dans ses rapports avec le tissu épidermoïde.

Ce tissu se compose de cellules nombreuses plus ou moins superposées, renfermant chacune dans son intérieur un noyau orbiculaire, ovoïde ou aplati, et remarquable, en outre, par un ou deux points qu'on y distingue. Ces cellules diffèrent les unes des autres par leur forme, leur densité et le lieu qu'elles occupent. Sur les membranes muqueuses et sur la peau extérieure les couches de cellules sont multiples et stratifiées; dans la couche la plus interne le noyau des cellules est d'un rouge jaunâtre, et ressemble en partie aux globules du sang (fig. 23). Un peu plus vers la superficie, le noyau devient plus granuleux, plus pâle et plus grand; plus en dehors encore, le noyau et la cellule s'aplatissent et se compriment (fig. 24). Or, les débris des cellules, mêlés aux humeurs sécrétées, forment ce que l'auteur appelle la première espèce de mucus, mucus normal. Toutes les autres espèces de mucus sont des produits épidermoïdes anormaux. Le tissu épidermoïde peut être altéré dans sa structure, et ce sont les éléments altérés de l'épithélium qui constituent les globules muqueux (fig. 25). Outre les globules du mucus et les débris de l'épithélium, on trouve encore dans les mucosités une humeur ténue qu'on ne peut mieux comparer qu'à la sueur. Les noyaux des cellules épidermoïdes, les globules muqueux et les globules du pus se comportent les uns et les autres d'une manière tout-à-fait analogue avec l'acide acétique. Cet acide les fait fendre par leurs bords, les casse en plusieurs lobes, et finit par les séparer en pièces, s'il est concentré (fig. 26).

CHAPITRE SECOND.

RECHERCHES DE L'AUTEUR.

(PLANCHE II.)

§ 1.

Le *pus* observé sous le microscope offre des globules nageant dans un fluide; lorsqu'on abandonne le pus très-liquide à lui-même, on le voit souvent se séparer spontanément en sédiments et en liquide surnageant; dans ce cas le sédiment est composé de globules, et le sérum surnageant n'en contient que très-peu. Nous allons voir ce que chaque partie offre de remarquable.

Les *globules* du pus ont la forme mamelonnée; ils offrent presque l'aspect d'un paquet de globules très-petits, réunis ou collés ensemble les uns contre les autres (fig. 1, a). Leur épaisseur offre des différences, de sorte que leur forme varie entre la lenticulaire et la sphérique; ils sont plus ou moins transparents, et si les uns se trouvent sur les autres, on peut distinguer leurs contours. Dans le cas où il y en a un grand nombre pressés les uns contre les autres, les contours ne se voient pas bien, et il en résulte des espèces de grumeaux. Les globules du pus ne perdent que lentement leur forme; on peut les conserver pour un temps plus ou moins long, selon la température, la quantité plus ou moins grande de sels dissoute dans le sérum, etc. Nous avons conservé du pus pendant plusieurs mois, et nous pouvions encore voir beaucoup de globules intacts au milieu des débris de globules dissous; on voit alors parmi ces globules se déposer un grand nombre d'aiguilles cristallines (fig. 2). La grandeur des globules du pus varie entre $\frac{1}{10}$, $\frac{1}{100}$ et $\frac{1}{110}$ de millimètre. Cette seule mesure aurait pu décider la question de l'absorption purulente, parce que jamais des globules de cette grandeur ne peuvent passer à travers les parois des vaisseaux. Nous avons encore observé souvent parmi les globules du pus, une autre espèce de très-petites molécules (fig. 1, b), ayant $\frac{1}{200}$ à $\frac{1}{60}$ de millimètre. Ils proviennent probablement d'une partie de l'albumine précipitée par les sels qui se trouvent dans la partie liquide, qu'on pourra appeler le *sérum* du pus. Si on prend, en effet, cette partie séparément, et qu'on la coagule à l'aide de la chaleur ou des sels, on y voit naître une foule de globules albumineux (fig. 3 b), séparés les uns des autres en formant des grumeaux plus ou moins volumineux; ces globules ressemblent tout-à-fait aux molécules dont nous venons de parler. On voit enfin souvent nager parmi les globules du pus, plusieurs globules huileux qui peuvent s'y trouver accidentellement, principalement si le pus est recueilli dans un endroit où le tissu adipeux se trouve lésé.

Les globules du pus frais des abcès et des plaies nous offrent cet aspect uniforme mamelonné, dont nous avons déjà parlé; cette forme donnerait l'idée que les globules du pus sont composés d'un paquet de globules albumineux; mais nous verrons plus tard, par les expériences que nous allons rapporter, qu'il faut renoncer jusqu'à un certain point à cette opinion. Les globules du pus, qui proviennent d'une sécrétion récente, sans avoir séjourné long-temps à la surface exsudative ou dans l'abcès, n'offrent jamais de noyaux ; mais après qu'ils ont séjourné plus ou moins long-temps, soit dans l'eau, soit dans un autre liquide, on voit se former un grand noyau, ou deux, ou trois, et même quatre petits. Ceux-ci nous paraissent donc tout-à-fait secondaires, produits par les altérations survenues dans les globules, et parfaitement étrangers à leur forme primitive. Nous différons par cette opinion de plusieurs observateurs, qui dernièrement ont travaillé sur le pus ; mais nous y tenons d'autant plus, que la connaissance exacte de la forme originaire peut nous éclaircir sur la formation des globules du pus formés tout d'un coup, ce qui fait renoncer à l'idée d'un noyau préexistant autour duquel se formerait une enveloppe.

Les tissus différents fournissent tous du pus composé des mêmes globules microscopiques. Leur forme ne change en rien, mais on trouve parmi les globules de quelques espèces de pus, des dépôts plus ou moins abondants de matières étrangères, qui, mêlées dans le liquide comme une poudre très-fine, rendent quelque fois moins net l'aspect de globules purulents. C'est ainsi que le pus des bubons (fig. 4) contient une masse granuleuse, visqueuse, composée d'une foule de molécules, ou globules très-petits, qui peuvent provenir d'un dépôt albumineux ; les crachats des phthisiques contiennent une très-grande quantité de globules, provenant de la matière tuberculeuse, qui quelquefois forme même des grumeaux plus ou moins grands (fig. 5). On pourrait voir dans ces particules, un signe distinctif entre les différents crachats ; mais la présence de ces grumeaux ne se manifeste pas dans tous ces crachats phthisiques, et la présence surtout des molécules n'est rien moins que caractéristique pour ces sortes des crachats ; car, ainsi que nous le verrons plus tard, des crachats provenant de toute autre source peuvent contenir des molécules pareilles. Le pus sanieux est chargé des particules des tissus désorganisés (fig. 6) ; le pus mêlé à une sécrétion quelconque ne diffère en rien du pus des abcès ; mais ses globules subissent des changements plus ou moins prononcés selon le caractère chimique des sécrétions. Nous avons eu déjà l'occasion de parler des animalcules que Donné avait trouvés dans le pus des syphilitiques ; le pus des abcès scrophuleux contient des grumeaux sans organisation, pareils à ceux de la masse tuberculeuse.

Les globules du pus partagent les caractères chimiques de la fibrine ; ils se dissolvent peu à peu dans l'acide hydrochlorique à la température ordinaire, si elle n'est pas moindre de 12° ; mais à une température un peu élevée, l'acide les dissout de suite. L'éther sulfurique et l'acide nitrique ne produisent presque aucun changement dans la forme des globules, mais leur couleur devient plus foncée dans ce dernier acide. L'acide acétique concentré contracte fortement les globules et produit dans le même temps un dépôt de globules d'albumine coagulée, qui se trouvait dissoute dans le sérum du pus (fig. 7) ; nous n'avons pu, malgré toute notre attention, voir s'échapper les prétendus noyaux des globules purulents ; peut-être que l'apparition de globules albumineux a conduit quelques observateurs à la conclusion de la dissolution d'une enveloppe et de l'apparition des noyaux dans les globules purulents. L'acide sulfurique produit des effets semblables ; l'ammoniaque et la potasse caustique les dissolvent peu à peu. L'eau (fig. 8)

gonfle ces corpuscules et leur donne l'aspect de mûres; il se forme des espèces de
divisions internes, qui affectent la forme de deux ou trois noyaux; les globules
peuvent avoir le même aspect après un séjour plus ou moins prolongé dans une
sécrétion liquide. Nous avons encore étudié l'effet produit par une solution d'hydrochlorate de soude sur les globules, parce que ce sel se trouve dans les sécrétions, et les changements produits pourraient faire croire à la présence d'une
autre espèce de globules. Nous les voyons alors perdre leur forme mamelonnée;
ils deviennent plus circonscrits et leur surface pointillée devient uniforme. On
trouve, ainsi que nous le verrons (§ 2), les globules du mucus du nez ayant quelquefois une forme correspondante à celle de globules du pus exposés à l'action
d'une dissolution saline.

Ou avait émis l'opinion de la transformation des noyaux des globules sanguins
en globules du pus; nous nous sommes prononcé dès les premiers moments
contre une telle transformation, appuyant notre opinion sur les recherches suivantes. Nous avons mêlé le sang au pus; mais pour étudier d'une manière plus
facile et plus sûre les changements des globules du sang, nous avons d'abord
retiré la fibrine par l'agitation du sang, opération qui n'altère point les formes
des globules sanguins. Si l'on examine à différents intervalles une goutte de ce
mélange au microscope, on verra, parmi des globules du pus, les globules du
sang parcourir les changements suivants. Le globule s'infiltre, devient moins
transparent, et le noyau est à peine visible; c'est la raison qui fait que recouverts les uns par les autres, leur contour ne peut pas être nettement apprécié.
Peu à peu les noyaux deviennent invisibles, les globules se renflent, commencent
à être frangés; sur quelques globules plus transparents le noyau se voit excen-
trique, et des plis correspondent dans l'enveloppe à l'endroit où le noyau s'é-
chappe. Les globules acquièrent un grand degré d'élasticité; pressés les uns contre les autres, ils s'allongent sous forme de poires, et deviennent polygo-
neux, etc.; il survient une dissolution lente de l'enveloppe et des noyaux, qui se
divisent en lambeaux, et nagent parmi les globules du pus plus ou moins intact.
(fig. 9 et 10). Les globules subissent ces changements d'autant plus vite que la
quantité du pus mélangé est plus grande, la température plus élevée, l'époque
du mélange plus avancée, etc. Or, tous ces changements énumérés appartiennent
à la dissolution des globules sanguins, on les observe partout où elle a lieu; on
ne peut donc pas y voir une transformation purulente. Il nous est permis dès
à présent de conclure que les globules du pus ne sont pas les globules du sang
altérés; nous trouverons plus tard (§ 4) des éclaircissements sur leur origine.

Nous avons aussi examiné la matière des épanchements pour compléter nos
observations. On appelle sérum ou sérosité, les épanchements qui accompagnent les fausses membranes dans l'inflammation des séreuses; tandis que ce liquide prend le nom de sérosité purulente, lorsque son aspect se rapproche plus
ou moins de celui du pus. Ces épanchements offrent toujours, quelle qu'ait été
leur durée, quel que soit le lieu de leur naissance, des globules nageant dans le
sérum. Ces globules sont tout-à-fait conformés comme les globules du pus;
ainsi au début d'une pleurésie il n'existe point d'épanchement purulent, et cependant on retrouve dans le liquide sécrété des globules purulents.

Ces épanchements sont en général accompagnés de fausses membranes, dont plusieurs analyses ont reconnu la nature fibrineuse. Or, si on examine les bords de ces membranes, qui sont plus transparents, on aperçoit une foule de globules (fig. 11), en tout ressemblant aux globules du pus, ayant les mêmes propriétés chimiques. Ce sont eux qui composent la membrane entière; si on prend une partie plus épaisse, non-transparente de cette membrane, il est tout naturel qu'on ne puisse point distinguer sa structure intime. On voit dans les épanchements nager souvent une foule de flocons, qui sont tous composés pareillement de globules purulents.

§ 2.

Le *mucus* offre, ainsi que le pus, des globules nageant dans un liquide. Ces *globules* ont la même forme, les mêmes diamètres, les mêmes propriétés chimiques que ceux du pus. Mais le liquide dans lequel ils se trouvent, et que nous appelons le *sérum* du mucus, est plus ou moins visqueux, en général plus consistant que celui du pus, ce qui empêche le plus souvent les globules d'y nager. Mais on sait que la consistance du mucus change beaucoup, et que sa densité varie selon les circonstances de sa production. Aussi voyons-nous les globules du mucus tantôt nager librement dans le sérum, tantôt fixés ou collés contre le verre dans une masse visqueuse, transparente, à moitié fluide. Dans ce dernier cas les globules du mucus sont souvent de forme plus ou moins oblongue; cette altération de leur forme provient de ce que les globules du mucus sont très-compressibles, ainsi que les globules du pus. On ne s'en aperçoit pas dans ces derniers, parce que nageant dans un véhicule très fluide, ils échappent facilement à la déformation; mais si on prend une petite quantité du mucus du nez, par exemple, et qu'on le comprime entre deux verres, pour avoir une couche mince, transparente, les globules seront d'autant plus changés, que la compression, le frottement appliqués sont plus grands. On trouve dans les figures 12 à 15, plusieurs exemples de ces formes différentes provenant des causes indiquées.

L'épithélium des membranes muqueuses est soumis à un renouvellement continuel, ainsi que l'épiderme de la peau externe; aussi trouverons-nous toutes les sécrétions chargées de débris de l'épithélium, d'autant plus nombreux que l'évacuation de la sécrétion est plus rare. Les mucus emporteront donc naturellement des débris de l'épithélium, débris qui changent de forme selon la membrane où le mucus prend naissance, ou par laquelle il s'écoule. Nous représentons dans la fig. 12 le mucus de la langue avec les grandes particules de l'épithélium, qui elles-mêmes contiennent dans leur milieu un nucleus; dans la fig. 13, le mucus qui se trouve à la base des dents rempli d'un grand nombre de filaments très-minces, flexibles, réunis en faisceaux; dans la fig. 14, le mucus du nez, dont les globules prennent quelquefois un aspect uniforme, non-pointillé, aux contours bien déterminés; nous avons déjà exposé, à l'occasion des globules du pus, une cause qui peut produire une telle transformation de ces globules; les globules du mucus se trouvent par les mêmes causes altérés de la même manière. On trouve ces sortes de gobules principalement dans les gouttes blan-

ches visqueuses, qui s'écoulent du nez dans un léger rhume. On sait qu'on cra-
che souvent le matin des mucus noirâtres qui sont composés de globules non
transparents mais noirâtres (fig. 15); la matière colorante paraît donc déposée à
leur surface. Les autres différents mucus, comme ceux de l'estomac, des intestins, des reins, etc., sont tous chargés de débris de l'épithélium des membranes muqueuses relatives; nous exposerons ces formes différentes dans
notre mémoire sur l'épithélium. La fig. 16 représente un centième de millimètre, auquel on peut comparer les grandeurs des différents objets dessinés.

Le mucus qu'on trouve évacué par les sécrétions, comme celui de la salive,
de la vessie, etc., se compose tout-à-fait de globules pareils à ceux que nous
connaissons; mais ils auront, selon le degré du séjour dans le liquide, subi des
changements plus ou moins notables. Ce sont les mêmes globules, qu'on a désignés jusqu'à présent sous les noms particuliers de globules de la salive, de
l'urine, etc.

§ 3.

Nous avons vu, dans les paragraphes précédents, qu'il n'y a aucune différence entre les globules que nous avons examinés; aussi il n'existe, selon nous,
aucune *différence caractéristique entre le pus et le mucus*. Les mêmes parties microscopiques se manifestent dans les deux sécrétions, et ce n'est pas à nous à
examiner la richesse ou différence des sels, qui se trouvent dissous dans leur
sérum. On voit bien qu'une goutte de pus est plus riche en globules qu'une
goutte de mucus du nez, par exemple; mais qu'on prenne une particule du même
mucus desséché et on la trouvera presque entièrement composée de globules. La
richesse de ces particules ne peut donc servir à caractériser le pus. Le mucus est
chargé de morceaux d'épithélium; mais si le pus s'écoule sur une membrane
muqueuse, ces débris peuvent très-bien s'y trouver, ainsi qu'on rencontre les
cellules de l'épiderme dans le pus des abcès. Ce signe surtout perd toute sa valeur
aussitôt qu'il s'agit d'établir une différence entre le pus et le mucus mêlés ensemble, par exemple dans les crachats des phthisiques, qui naturellement contien-
dront toujours des débris de l'épithélium, et c'est dans ces cas qu'on a recours aux
recherches scientifiques. On trouve parmi les globules du pus presque toujours
des globules graisseux; mais on en voit aussi quelquefois parmi ceux du mucus;
l'absence de graisse, n'est donc pas absolument un signe de distinction entre le
pus et le mucus, ainsi que Gueterbock le croit. La grandeur des globules ne
peut non plus servir de guide, ainsi que Weber le pense. Plusieurs signes dis-
tinctifs rapportés par Gruithuisen, par exemple que le mucus est privé de globules, ou que s'ils sont présents ils sont mal formés, qu'ils se conservent mieux,
qu'ils diffèrent en couleur de ceux du pus, etc., ont déjà trouvé leur réfutation
dans nos précédentes observations. Enfin les infusoires indiqués par cet auteur
sont ceux qui se trouvent dans toutes les infusions des matières animales. Dans
toutes ces recherches, sur la différence entre les deux sécrétions, il ne s'agit point
de distinguer le pus des abcès du mucus nasal; une telle distinction se fait déjà à
l'œil nu, et dépend, ainsi que nous le disions, de signes tout-à-fait variables. Mais on
veut un critérium dans le cas de mélange du pus et du mucus; or, dans ces cas, le

microscope ne peut démontrer aucune différence, parce qu'il y a parfaite identité dans leurs globules, sous le rapport de leur forme, de leur grandeur et de leurs propriétés chimiques, parce que les deux sécrétions se composent des mêmes parties microscopiques, parce qu'enfin toutes les deux ont la même origine, ainsi que nous le verrons dans le paragraphe suivant.

§ 4.

Nous avons jusqu'à présent démontré que les globules du pus et du mucus partagent les propriétés chimiques de la fibrine; nous avons vu que les fausses membranes font voir une structure parfaitement globuleuse. Si l'on recueille la sécrétion provenant d'un vésicatoire, on verra souvent au milieu du liquide une matière se coaguler spontanément, et former un caillot; or, cette matière, que nous appelons fibrine parce qu'elle coagule par elle-même, et se trouve insoluble par la chaleur, est composée de globules parfaitement pareils aux globules du pus. Si on mêle le sang sortant de la veine avec une portion de blanc d'œuf qui ne contient aucune espèce de globules, excepté quelques molécules très-rares, et si on l'agit au moyen de verges, pour séparer la fibrine, on obtient cette dernière en lambeaux très-mous, et peu cohérents. Ces morceaux examinés au microscope sont composés de globules purulents les plus parfaits. La fibrine retirée du sang pur qui a été agité forme une masse trop compacte, pour qu'on puisse l'examiner avec succès au microscope. Qu'on se rappelle maintenant ce que nous avons dit à l'occasion des globules blancs, mamelonnés, que nous avons signalés dans le sang. Ils sont en tout ressemblants aux globules purulents, et possèdent les mêmes propriétés chimiques, de sorte que la seule inspection microscopique ne peut décider si le sang est pur ou mêlé au pus, parce que le sang le plus pur contient de pareils globules; ils sont de la même forme dans les différentes classes d'animaux que les globules du pus; ils n'existent point dans la circulation, et ne se forment qu'après la sortie du sang sur le porte-objet, ou dans les vaisseaux après la mort; on trouve le sang des cadavres plein de ces globules, principalement là où il n'y point formation du caillot. Or, toutes ces raisons nous donnent le droit de conclure que ces globules sont les parties élémentaires de la fibrine qui se coagule, et que ces parties élémentaires sont dans ces cas séparées, ne forment point une masse cohérente. Cette dernière contient un trop grand nombre de globules réunis qui se couvrent les uns les autres, de sorte qu'on ne peut plus distinguer leur forme, comme cela arrive dans le caillot du sang, etc.

Or, nous disons que les globules du pus et du mucus sont les mêmes que ces globules blancs, fibrineux du sang; mais comment alors concevoir l'origine de particules du pus et du mucus? Voici notre explication que nous avons confirmée par des expériences. Le sang circulant dans les vaisseaux contient la fibrine dissoute dans le sérum; d'après les lois de l'endosmose et de l'exosmose une partie du sérum du sang doit transsuder à travers les parois des vaisseaux; le sérum, une fois hors de la circulation, laisse coaguler sa fibrine; et celle-ci se coagulera dans ses parties élémentaires, en globules. Nous n'avons donc pas besoin d'une membrane particulière pour la formation du pus, et nous comprenons pourquoi le pus et le mucus contiennent toutes les parties du sang, excepté la matière colorante, qui, déposée dans les globules du sang, ne peut traverser les parois des vaisseaux ; nous comprenons que par un séjour plus ou moins long dans les organes sécrétoires, le sérum de ces sécrétions différentes peut subir des changements différents. Nous perdons donc continuellement de la fibrine par ces sécrétions, et si nous en jugeons par la quantité des globules, on en perd plus encore par la suppuration. L'expérience que nous allons indiquer, peut servir à dissiper tous les doutes à ce sujet.

Si l'on répète l'expérience indiquée par Müller, qui consiste à filtrer le sang de grenouilles, on verra passer à travers le papier un liquide limpide qui, recueilli dans un verre à montre, fait voir bientôt de petits caillots nageant à sa surface. Or, ces petits flocons fibrineux, examinés avec précaution, sont composés de globules ressemblant en tout aux globules du pus et du mucus. On ne doit point exercer une compression trop forte sur ces particules, parce que celle-ci détruit la composition élémentaire, et réduit le tout en une masse informe. Voici donc de la fibrine composée de globules, obtenue directement par la filtration du sang ; or, ces globules ne peuvent point avoir existé avant la coagulation de la fibrine, c'est-à-dire avant que le sérum du sang ait passé à travers le papier à filtrer ; car voici l'expérience qui nous donne le droit à cette conclusion. Si on veut filtrer le pus à travers le même papier, en l'abandonnant soit à lui-même, soit en le lavant par l'eau pour faciliter la filtration, les gros globules du pus ne passent pas. Mais les globules de la fibrine, de la même grandeur que ceux du pus, ayant passé, ils doivent nécessairement être un produit de la coagulation ; car si ces globules avaient préexisté, ils n'auraient, non plus que le pus, passé à travers le papier. Ces simples expériences nous paraissent pleinement confirmer nos idées sur l'origine du pus et du mucus. En nous appuyant sur ces expériences nous appellerons donc toujours les globules du pus, du mucus et ceux des sécrétions, des *globules fibrineux*.

LITTÉRATURE.

N. 1. Borellus. Observationum microscopicarum centuria. Hagæcomitis. 1656.

N. 2. Kircher Athanasius. Scrutinium physico-medicum con tagiosæ luis quæ dicitur Pestis. Lips. 1671. ed. orig. Romæ. 1658.

N. 3. Leeuwenhœk. Opera omnia, quatuor tomis distincta. Lugduni Batavorum. 1722 (T. I. Anatomia et contemplationes, en trois parties. T. II. Arcana naturæ. T. III. Continuatio arcan. nat., en deux parties. T. IV. Epist. physiologicæ).

N. 4. Gorn. De pituita. Thes. inaug. Lips. 1718.

N. 5. Senac. Traité du cœur. Paris. 1749.

N. 6. Gruithuisen. Naturhistoriche Untersuchungen über den Eiter und Schleim. Münch. 1809. Allgemeine medizinische Annalen. Altona. 1810.

N. 7. Young. Introduction to the medical litterature. London. 1813.

N. 8. Home. Lectures of comparative anatomy. Lond. 1814-1823. T. III. Philosoph. Transact. 1819. A dissertation of the properties of pus. Lond. 1788.

N. 9. Prevost et Dumas. Bibliothèque universelle. T. XVII. Genève. 1821.

N. 10. Kaltenbrunner. Experimenta circa statum sanguinis et vasorum in inflammatione. Monachii. 1826.

N. 11. Gendrin. Histoire anatomique des inflammations. Paris. 1826.

N. 12. Weber. Hildebrandt's Haudbuch der Anatomie des Menschen. Braunschweig. 1830.

N. 13. Krause. Handbuch der menschlichen Anatomie. Ersten Bandes, erste Abtheilung. Hannover. 1833.

N. 14. Wagner, Burdach, die Physiologie als Erfahrungswissenschaft. Vol. V. Leips. 1835. trad. par Jourdan. Paris. 1837. T. VIII.

N. 15. Donné. Archives de médecine. Paris. 1836.

N. 16. Mandl. L'Institut. 1836. N. 189.

N. 17. Mandl. Compte rendu de l'académie des sciences. Paris, 21 fév. 1837.

N. 18. Donné. Sur la nature des mucus. Paris. 1837.

N. 19. Mandl. Compte rendu de l'académie des sciences. Septembre 1837. Gazette médicale. 1837. N. 40. L'expérience. 1838. N. 58.

N. 20. Güterbock. De pure et granulatione. Berolini. 1837.

N. 21. Wood. De puris natura. Berol. 1837.

N. 22. Vogel. Ueber Eiter, Eiterung. Erlangen. 1838.

N. 23. Henle. Hufelands Journal der praktischen Heilkunde. Berlin. 1838.

N. 24. Mandl. L'expérience. N. 79. Paris. 1839.

MÉMOIRE

SUR

LES PARTIES MICROSCOPIQUES

DE L'URINE

ET DU LAIT

PAR

LE DOCTEUR LOUIS MANDL.

ACCOMPAGNÉ DE DEUX PLANCHES.

PARIS,

CHEZ J.-B. BAILLIÈRE,

LIBRAIRE DE L'ACADÉMIE ROYALE DE MÉDECINE,

RUE DE L'ÉCOLE DE MÉDECINE, 17;

A LONDRES, CHEZ H. BAILLIÈRE, 219, Regent Street.

1842

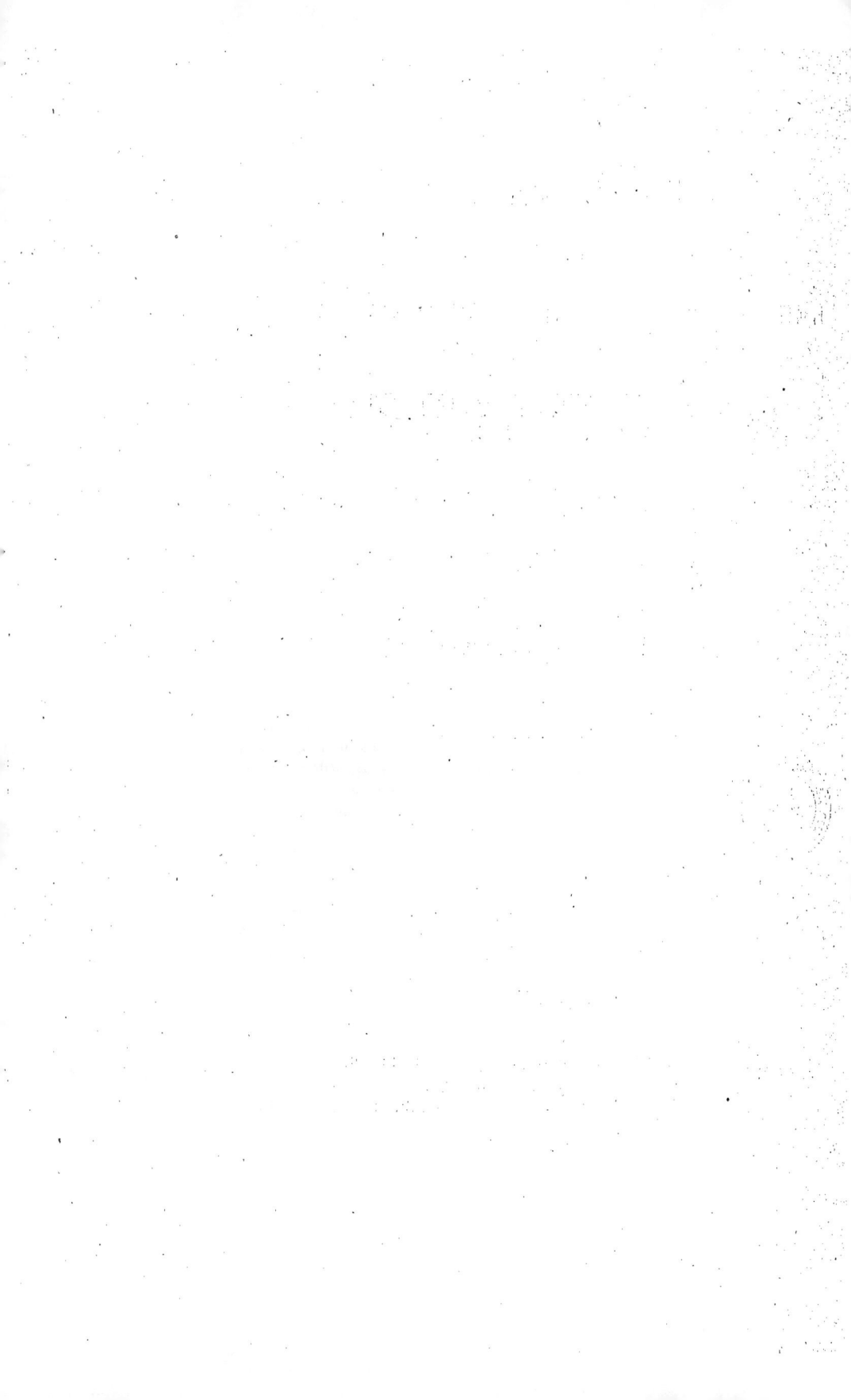

MÉMOIRE

SUR

LES PARTIES MICROSCOPIQUES

DE L'URINE

ET DU LAIT.

CHAPITRE PREMIER.—HISTORIQUE.

§ 1. *Urine.*

PLANCHE I.

(Planche cinq de la seconde partie).

La forme cristalline des sédiments de l'urine n'a pas échappée aux anciens observateurs, mais les connaissances chimiques qu'ils possédaient étaient trop imparfaites pour que la science aie pu profiter de ces observations. Toutefois on doit s'étonner que les idées médicales qui régnaient au dix-septième siècle, n'aient pas engagées les premiers observateurs et ceux qui leur succédèrent, à poursuivre avec plus de persévérance un sujet auquel la médecine attribuait alors la plus grande importance. A peine verrons-nous quelques observations faites par les premiers micrographes, et l'examen microscopique de l'urine est ensuite entièrement négligé jusqu'à nos jours.

Hooke (n. 1, Obs. 12 et 14.) donne quelques détails sur les cristaux que l'on trouve dans les sédiments : ces cristaux (fig. 1.) se présentent sous forme de lames rhomboïdales ou rectangulaires : ils sont solubles dans l'acide sulfurique sans effervescence, et encore dans quelques autres *« saline menstruum. »* C'é-taient probablement des cristaux d'acide urique. Hooke décrit aussi avec beau-coup de soin les cristaux (fig. 2) qu'il a obtenus par la congélation à la surface de l'urine, et qu'il compare aux feuilles de fougère.

Sachs cite, dans son Aperçu historique sur les travaux des premiers micro-graphes, les observations suivantes de *Panarolus* (n. 2. IV. Observ. 35) : « In calculosis arenulæ albæ per microscopium visæ opacæ sunt, non diaphanæ, asperrimæ et pungentes, cum extremitates sint acuminatæ, substantia simi-les fragmentis lapidis Tiburtini. Rubræ vero sive flavæ lapides pretiosos nempe sardonium repræsentant, læves, figura ovali, aut rotunda et fria-biles. »

Leeuwenhoëk (n. 3, vol. 2, p. 13.) parle seulement en général des sels qui se déposent dans les urines, sans entrer en plus de détails. Il s'occupe davantage (vol. 2, p. 61, 69, 73, 79) des formes cristallines obtenues par la décomposition de calculs de la vessie (fig. 3) ; on y reconnaît bien la forme d'urates de chaux, de potasse, etc., mais il serait inutile de donner de plus amples détails, puisque ces expériences chimiques ne peuvent plus intéresser actuellement la science.

Ledermüller (n. 4, I. 15.) fait évaporer une goutte d'urine et décrit les différents cristaux (fig. 4.) qui s'y forment. Il ajoute que toutes les observations de l'urine ne reviendront pas au même point, « puisque la diète doit avoir une grande influence sur ces conformations » : les cristaux seront différents, d'après cet auteur « suivant que l'on boit du vin, de la bière, etc. »

Sans nous arrêter davantage à quelques observations éparses dans les écrits des auteurs modernes sur la forme des dépôts cristallins des urines, occupons-nous de suite des travaux les plus modernes à ce sujet. La chimie anorganique s'était occupée avec beaucoup de succès de l'examen de sédiments : elle avait déterminé les caractères chimiques et physiques de ces dépôts, elle avait décrit avec beaucoup de soins la forme des cristaux, etc. Les micrographes par conséquent, en s'occupant actuellement de ces questions, trouvaient de grandes ressources dans ces connaissances acquises : en examinant un cristal sous le microscope, et en comparant sa forme avec celle de grands cristaux visibles à l'œil nu, ils pouvaient déjà, dans beaucoup de cas, sans autre examen, reconnaître son caractère chimique. Toutefois, nous n'avons guère besoin de l'ajouter, l'examen chimique sous le microscope devait seul décider la question. Mais deux autres points restaient à éclairer par les observations microscopiques. Le premier est relatif aux mélanges des matières organiques avec l'urine, comme par exemple du sang, du sperme, des poils, du mucus, du pus, etc. Lorsqu'il s'agit de très-petites quantités de ces matières, la chimie ne peut pas résoudre cette question, et le microscope devient d'une grande utilité pour les observations pratiques en médecine. Plusieurs des observateurs que nous allons citer, ont fixé leur attention sur ce sujet : mais ayant déjà exposé précédemment la forme de ces éléments organiques, nous ne croyons pas utile d'y revenir une seconde fois. Un autre point, qui offrait de l'intérêt micrographique, était la détermination de la forme cristalline de plusieurs dépôts qui, à l'œil nu, paraissent amorphes. Les expériences microscopiques sur la nature des dépôts de l'urine furent reprises en France, dans l'année 1837 et 1838. Sans nous occuper ici de la question de priorité qui s'est élevée entre *Rayer*, *Vigla*, *Quevenne* d'une part et *Donné* d'un autre côté, nous allons exposer ici les observations dans l'ordre chronologique de leur publication.

Donné (n. 6, p. 15) dit, dans une communication faite à la Société Philomatique, le 25 nov. 1837, et publiée le 1er février 1838 : les sédiments pulvérulents sont formés d'urate d'ammoniaque, de potasse ou de soude, et les sédiments cristallisés en losange sont dus à l'acide urique. Les sédiments des urines alcalines sont formés de phosphate de chaux ou de phosphate ammoniaco-magnésique. Donné annonce qu'il présentera plus tard les caractères propres à distinguer ces deux sels. Parmi les matières organiques que peut renfermer l'urine, se trouve le ferment, dont les globules sont insolubles dans l'éther et dans l'ammoniaque. Ajoutons ici que l'attention des micrographes a été de nouveau fixée sur ces globules de ferment, connus déjà à *Leeuwenhoëk*, par les travaux de *Turpin* et *Cagniard-Latour* sur la fermentation, recherches qui concernent l'anatomie botanique.

Vigla (n, 5, 1837, 31 décembre, page 177 et suiv.), dans un travail fait en commun avec *Quévenne, Guibourt* et *Rayer*, et publiée quelques jours après la communication citée de Donné, rapporte les observations suivantes, relatives aux caractères microscopiques des matières anorganiques trouvées dans l'urine : « Le nitrate d'urée se présente sous forme de beaux cristaux, en aiguilles. L'acide urique se rencontre dans les urines acides, troubles, dans leurs dépôts, dans leurs nuages et leurs *cremors*. A l'état amorphe ou pulvérulent, il paraît composé de petits grains de sable noir qui peuvent être réunis en très-grand nombre et former des masses presque opaques (fig. 8.). L'acide urique cristallisé offre des prismes rhomboïdaux, qui paraissent sous la forme de losanges assez réguliers (fig. 9.). Le plus grand nombre offre des formes un peu altérées par la destruction d'un ou de plusieurs angles. Les uns offrent une belle couleur jaune, les autres sont parfaitement blancs; ces derniers sont les plus rares. Précipité par l'acide nitrique, d'une urine jumenteuse préalablement filtrée, l'acide urique se présenta sous forme de rosaces (fig. 10), d'une belle couleur jaune. De la circonférence, moins transparente que le reste du cristal, partent, sous forme de rayons, une multitude d'aiguilles qui toutes convergent vers un point central. Les rosaces entières sont assez rares : la masse est formée de segments parfaitement réguliers et qui ont, en général, le quart de la surface d'une rosace. L'urate d'ammoniaque (fig. 5, d'après un échantillon préparé par Guibourt) ne se rencontre que rarement dans les urines devenues ammoniacales par la décomposition. Le phosphate ammoniaco-magnésien neutre apparaît dans l'urine alcaline au moment de l'émission sous forme de cristaux parfaitement réguliers (fig. 6) qui ont paru pouvoir être tous ramenés au même type, à celui du prisme rectangulaire droit; ils offrent un grand nombre de variétés. Beaucoup sont brisés, tronqués, irréguliers et non-reconnaissables : d'autres sont coupés dans la moitié de leur longueur. On voit aussi des masses cristallines confuses (fig. 7.) sur les bords desquelles on distingue quelquefois des portions de cristaux bien formées. Ces cristaux sont ordinairement mêlés à une poussière grise amorphe qui paraît être du phosphate de chaux. Le phosphate ammoniaco-magnésien neutre artificiel offre les mêmes cristaux que ceux qui cristallisent naturellement dans l'urine; le phosphate bi-basique cristallise d'une manière différente. Les cristaux observés pendant la décomposition de l'urine abandonnée à elle-même, se rapportent à ce dernier; ils apparaissent sous la forme de feuilles de fougère (fig. 12.). Le phosphate de chaux est une poussière blanche amorphe. L'hydrochlorate de soude forme des cristaux octaëdriques très-réguliers (fig. 11). Les urines très-acides, quelquefois aussi les alcalines, présentent des globules particuliers (fig 13.) d'une couleur noirâtre, peu foncée, brillante, ressemblant un peu à la mine de plomb. Leur teinte est un peu plus claire au centre des gros ; sur quelques-uns on croit distinguer des appendices. Ces globules noirâtres paraissent être des globules de mucus ou de matière grasse incrustés d'acide urique seul, ou mélangés de sels de chaux insolubles. L'albumine se rencontre quelquefois sous forme lamelleuse, coagulée par l'acide libre de l'urine. Le ferment dans l'urine diabétique est composé de globules réguliers transparents (fig. 14).

Donné (n. 5, 1838, 30 janvier, p. 273) n'admet pas la coagulation de l'albumine par l'urine ; dans aucun cas, suivant lui, on ne doit la confondre, comme l'a fait Vigla, avec les lamelles d'épithélium. Les globules noirs se composent quelquefois de deux sphères accolées ensemble et munies de nombreux appendices ; on pourrait les rapprocher de l'oxalate de chaux. L'acide urique qui se dépose dans l'urine, est toujours cristallisé, le plus souvent en belles lames rhomboïdales, parfois transparentes, et d'autres fois en beaux cristaux colorés et jaunes, probablement par la matière colorante de l'urine ; ces derniers sont formés de la réunion de plusieurs cristaux diversement groupés en rosaces ou autrement. Les granulations pulvérulentes que Vigla a prises pour de l'acide urique sont de l'urate d'ammoniaque que l'on trouve abondamment dans un grand nombre d'urines acides ou alcalines. Cette poudre amorphe se redissout dans l'urine par une faible chaleur, tandis que l'ébullition ne dissout pas sensiblement les cristaux d'acide urique. Le phosphate ammoniaco-magnésien neutre n'existe que dans les urines acides ; on ne le rencontre pas cristallisé, à moins qu'on ne fasse évaporer l'urine : alors on obtient une belle cristallisation nacrée. Ce sont de longues aiguilles portant, sur un de leurs côtés seulement et perpendiculairement, de petits échelons, de sorte que plusieurs aiguilles étant ainsi placées les unes à peu de distance des autres et réunies par de petites lignes horizontales, on a sous les yeux des espèces d'échelles très-élégantes. Quant au phosphate ammoniaco-magnésien basique, on ne le trouve que dans l'urine alcaline : il cristallise, soit en petites feuilles de fougères, soit en beaux prismes droits rhomboïdaux, les mêmes que Vigla croyait composés de phosphate ammoniaco-magnésien neutre. Le phosphate ammoniaco-magnésien basique ne peut exister dans une liqueur acide.

Vigla (n. 5, 1838, 10 mars, p. 401), dans sa réponse aux remarques critiques de Donné, persiste dans son opinion en ce qui concerne la forme de cristaux des phosphates ammoniaco-magnésiens neutre et bibasique. Suivant lui, les dépôts amorphes sont essentiellement formés d'acide urique uni à une matière animale. Examinés à l'état frais, immédiatement après l'émission de l'urine, ils ne donnent d'indices de l'existence d'ammoniaque que d'une manière tout à fait douteuse, tandis que l'ammoniaque se développe rapidement dans certaines circonstances, quelque temps après l'émission de l'urine. L'ammoniaque donne souvent naissance aux globules noirâtres, formés d'urate d'ammoniaque ou, en général, d'urates avec excès d'acide. Les urates avec excès de base se cristallisent en aiguilles. L'urate d'ammoniaque n'existe pas nécessairement à l'état amorphe ; on l'observe le plus souvent cristallisé en globules. *Quévenne* ajoute quelques détails sur les globules du ferment ; ils apparaissent comme circonscrits par un cercle noir mince, et laissent voir quelquefois sur leur centre diaphane un ou plusieurs petits cercles pâles; leur diamètre varie depuis 1/400 jusqu'à 1/150 de millimètre. Ces globules offrent à froid une grande force de résistance aux agents de décomposition les plus puissants, tels que les acides minéraux concentrés, les alcalis, etc.. Le ferment de bière et celui de l'urine paraissent être identiques.

Nous (n. 6, p. 177) avons communiqué à la société Philomatique une note sur la cystine, qui a été aussi insérée dans le Mémoire du docteur *Civiale* sur les calculs de cystine (Traitement de la pierre. Paris, 1840, p. 434, 436.) et dans notre *Traité du Microscope*. M. Civiale, m'ayant donné l'occasion d'examiner l'urine d'un malade, qui quelques mois auparavant avait été opéré par lui d'un calcul de cystine, le sédiment de cette urine nous a offert les signes suivants. Le sédiment est composé de petits cristaux hexagones trèsaplatis, la plupart isolés (fig. 15, a), d'autres fois réunis en groupes (b). Quelquefois trois côtés de cet hexagone sont allongés, tandis que les trois autres côtés sont raccourcis (fig. 15, c). En faisant chauffer ce sédiment, les cristaux perdent la forme régulière; ils s'arrondissent, deviennent globuleux, et il part du centre vers la périphérie plusieurs rayons (d). L'acide cystique se distingue facilement de l'acide urique par son odeur, quand on le brûle, et par sa solubilité dans l'acide sulfurique étendu (5 parties d'eau). Les autres propriétés chimiques de ces cristaux s'accordent parfaitement avec celles de la cystine. En dissolvant un calcul de cystine dans la potasse caustique, et en ajoutant de l'acide acétique, on obtient les mêmes cristaux microscopiques que le sédiment a offerts. Il est préférable de faire cette opération à froid pour obtenir de beaux cristaux, plutôt que dans la solution bouillante, comme le conseille Berzélius : dans ce dernier cas, les cristaux qui se précipitent sont tout noirâtres, trèspetits et imparfaits.

Donné (n. 7) a exposé dans un tableau les principaux résultats auxquels lui et ses prédécesseurs sont parvenus; mais il persiste en général dans les opinions qu'il a exprimées à l'occasion du travail de Rayer et Vigla. Parmi ces figures, nous remarquerons celle de l'acide urique (fig. 16), du phosphate de chaux (fig. 17), qui toutefois se présente le plus souvent sous forme pulvérulente, et du sel marin (fig. 18): ces derniers cristaux sont des octaèdres, dont les faces présentent des espèces d'escaliers (a); l'urée les modifie souvent comme en b. La cystine, cristallise quelquefois sous forme de belles aiguilles cristallines soyeuses et d'un blanc éclatant (fig. 19). Les beaux cristaux de forme variée, mais dérivant en général du prisme droit rhomboïdal (fig. 20), que l'on rencontre dans les urines alcalines, appartiennent au phosphate ammoniaco-magnésien. En dissolvant ces cristaux dans un acide faible, et en ajoutant ensuite un peu d'ammoniaque caustique, on voit se former de nouveau une multitude de petits cristaux diversement groupés (fig. 21), qui sont aussi du phosphate ammoniaco-magnésien. L'auteur ne se prononce pas sur le caractère basique ou neutre de ces phosphates. Le phosphate de soude et d'ammoniaque forme de larges pyramides à quatre faces, dont le sommet est tronqué (fig. 22).

Rayer (n. 8), dans un travail fort étendu sur l'urine, émet en général des opinions conformes à celles publiées précédemment, sous ses auspices, par son élève Vigla. Ce qui nous intéresse surtout, ce sont les figures différentes qu'il donne des dépôts cristallins. La fig. 23 représente l'acide urique, la fig. 24 l'urate d'ammoniaque, la fig. 25 les globules noirs, la fig. 26 les aspects divers des urates de chaux, de soude et de potasse; la fig. 27 les cristaux de cystine; la fig. 28 les cristaux de phosphate ammoniaco-magnésien neutre, la fig. 29 le phosphate ammoniaco-magnésien bibasique, la fig. 30 l'oxalate de chaux, la fig. 31 les cristaux d'urée, la fig. 32 le nitrate d'urée, la fig. 33 les cristaux de sulfate de quinine extraits de l'urine d'un malade qui avait pris du sulfate de quinine à très-haute dose, et la fig. 34 les cristaux d'acide hippurique obtenus, par le procédé ordinaire, de l'urine du cheval. Voici les matières que Rayer a trouvées contenues accidentellement dans l'urine : soufre, matière phosphorescente, fer, acides fluor-hydrique, purpurique, rosacique, hippurique, oxalique, benzoïque, carbonique, butyrique, prussique, cyanurine et mélanurine, xanthique, cystine, sang, albumine et globules sanguins, albumine et pus, albumine et sucre, albumine et matières grasses, bile, sperme, humeur prostatique, matière tuberculeuse et encéphaloïde, poils, des corps étrangers organiques et inorganiques, iode, mercure, arsenic, chlore, silice, acides gallique, citrique, malique, succinique, tartarique, sulfhydrique, acétate de potasse, carbonate de soude, chlorate de potasse, cyanures de potassium et de fer, sulfocyanure de potassium, chlorure de barium, nitrate de potasse, tartrate de nickel et de potasse, sulfate de quinine.

Ayant demandé à M. *Biot* si l'observation rotatoire pourrait décéler la présence et la proportion du sucre dans les urines des diabétiques, il a bien voulu faire à ce sujet un travail (n. 10. janvier) qui résout affirmativement la question, et dont nous regrettons de ne pas pouvoir nous occuper ici.

Vogel (n. 9) a rapporté que les cristaux de nitrate d'urate présentent sous le microscope des tables rhomboïdales, dont les angles sont plus ou moins coupés (fig. 35). Ces cristaux forment à l'œil nu de petites lamelles ou écailles blanchâtres, soyeuses, très-délicates au toucher, et qui répandent une odeur particulière urineuse. L'acide urique cristallise quelquefois sous forme prismatique (fig. 36) dont le milieu est occupé par un groupe de globules de la matière colorante rouge de l'urine. Cette matière colorante rouge ne cristallise jamais, mais elle se combine le plus souvent avec les cristaux de l'acide urique et de l'urate d'ammoniaque, qui acquièrent de cette manière, ainsi que nous l'avons déjà exposé, une teinte orangée. Le sucre diabétique présente aussi, à l'état sec, des cristaux ; ils forment sous le microscope, d'après *Fr. Simon*, des tablettes oblongues, rectangulaires.

Donné (n. 10) assure que chez l'homme en bonne santé l'urine contient du fer : dans la chlorose on ne peut plus le retrouver par les réactifs ordinaires. L'urine pendant la gestation contient moins d'acide urique et de phosphate de chaux que dans l'état naturel ; et cette différence est facile à comprendre, puisque ces principes sont nécessaires à la formation des os du fœtus. Dans la fièvre typhoïde, les cristaux présentent un aspect rayonné et nacré, qui rappelle l'apparence des cristaux de phosphate d'ammoniaque ; mais ce caractère se rencontre aussi dans d'autres affections.

PLANCHE II. Fig. 1-14.

Kircher (n. 12, sect. I, cap. 10 ; sect. II, cap. 1) voit, à l'aide du miscroscope, le lait rempli de très-petits vers. « insensibilibus vermiculis plenum. » Ces vers proviennent des œufs qui se trouvent dans la viande qui sert de nourriture. Ces mêmes vermicules donnent naissance aux vers du fromage. Nous n'aurions pas cité cette observation, qui n'a pas la moindre valeur, si l'on ne pouvait supposer que Kircher a vu les globules emportés par le courant, et que par suite de ces idées théoriques il leur attribuât une vie animale. Ces observations au reste devaient être faites avant celles de Leeuwenhoëk, puisque *Borellus* (n. 11, obs. 2) s'appuie de l'autorité de Kircher pour énoncer une opinion analogue. Cet auteur trouve des vers surtout lorsque le lait est devenu acide.

Leeuwenhoëk (n. 13, vol. II, p. 13; vol. III, ep. 106) a découvert les globules de lait. Le lait de vache, dit-il, consiste en globules transparents qui nagent dans un sérum, comme ceux du sang. Ces globules sont de grandeurs différentes, quelques-uns plus petits que les globules du sang, d'autres beaucoup plus grands; ces derniers composent le beurre. Les globules de lait diffèrent des particules qui composent le coagulum lorsque le lait est caillé; on y voit les globules de lait intacts et emprisonnés.

Bonnani (n. 14) confirme la présence de globules dans le lait, toutefois sans citer, peut-être sans connaître les observations de Leeuwenhoëk : « animadverti non dissimiles sanguini globulos in sero natantes, sed albos. » Bonanni a examiné le lait des différents animaux, qui tous ont présenté des globules identiques; mais leur qualité relative variait dans le lait de différentes femmes.

Hewson (n. 15) croit les globules de la crème et les globules du lait identiques. La figure (fig. 1, *a*) qu'il publia dans les *Philosophical Transactions* est, à ce que nous savons, la première que l'on donna; nous y avons ajouté par comparaison la figure des globules du sang humain (*b*), d'après le même auteur.

Della Torre (n. 16) dit que les globules du lait sont presque ronds et très-turgides. Cette extrême turgescence est la raison qui fait que l'on ne peut pas distinguer les parties dont il les suppose composés.

Gruithuisen (n. 17) trouve que les globules du lait se distinguent de ceux du pus et du mucus par leur forme parfaitement sphérique (fig. 2). Dans la crème on trouve souvent des amas de globules de lait autour de quelques particules grumeleuses. Les globules de lait parcourent toutes les grandeurs, depuis un point à peine visible jusqu'à celle d'un globule de mucus.

Treviranus (n. 18, p. 121) assure que les globules du lait ne sont autre chose que des globules de graisse. On reconnaît ce caractère par la couleur brillante et par le mouvement tremblotant de ces globules. *Hodgkin* et *Lister* (n. 19) considèrent les globules du lait comme tous identiques.

Weber (n. 20, vol. I, p. 162) dit que les globules du lait sont d'un tiers à la moitié plus petits que les globules du sang; ils sont insolubles dans l'eau, transparents, sphériques et d'une grandeur inégale. Cet auteur est disposé à croire ces globules composés de graisse et de caséum, parce que, mêlés à l'eau, ils n'adoptent pas la grandeur de grandes gouttelettes comme la graisse.

Wagner (n. 21, 292) avance que les globules du lait sont des gouttelettes de graisse, parce que les acides n'exercent aucune action, tandis que l'éther dissout instantanément ces globules. La manière dont ils réfractent la lumière est identique à celle qui est propre aux globules d'huile et de graisse ; leur grandeur varie de $\frac{1}{100}$ à $\frac{1}{1000}$ de ligne.

Raspail (n. 21, vol. 3, p. 174) expose de la manière suivante son opinion sur la composition du lait. C'est un liquide aqueux, tenant en solution de l'albumine et de l'huile, à la faveur d'un sel alcalin ou d'un alcali pur, et en suspension un nombre immense de globules albumineux d'un côté et de globules oléagineux de l'autre. Examiné au microscope, le lait n'offre que des globules sphériques fortement colorés en noir sur les bords à cause de leur petitesse, lorsqu'on ne se sert que d'un grossissement de 100 diamètres, et dont les plus gros dépassent à peine $\frac{1}{100}$ de millimètre. Ces globules disparaissent dans les alcalis, tels que l'ammoniaque, et le lait devient alors transparent. Dans un excès d'acide sulfurique concentré, une portion de ces globules se dissout avec le même mouvement qu'offrent les huiles, et l'autre partie reste indissoute et incolore. L'acide acétique concentré et l'acide hydrochlorique les dissolvent tous. Le coagulum produit par les acides ne provient pas du seul rapprochement des globules entre eux ; mais on voit évidemment au microscope que les globules sont enveloppés par une membrane transparente et albumineuse, diaphane et nullement granulée par elle-même ; les acides et l'alcool agissent ici comme sur l'albumine soluble. Au bout de vingt-quatre heures on remarque à la surface du lait une croûte composée de deux couches, dont la supérieure contient un plus grand nombre de globules oléagineux que de globules albumineux, c'est-à-dire dont la supérieure renferme plus de beurre que de crème, et l'inférieure plus de crème que de beurre. L'auteur avait déjà énoncé ces idées dans la première édition de son ouvrage.

Donné (n. 22) considère tous les globules de lait (fig. 3) comme appartenant à l'élément gras, et non en partie au caséum ; il n'a pas pu décider si les globules sont organisés, mais plusieurs considérations paraissent favorables à l'idée d'une constitution régulière dépendant de la réunion de plusieurs éléments distincts, quoique *Dujardin* (p. 25 ; 1837, p. 40), ait observé qu'en faisant glisser l'une sur l'autre deux lames de verre mince, entre lesquelles est interposée une goutte de lait, une partie de globules se réunit et se confond ensemble. C'est à peine si la chaleur, portée au-dessus de 100 degrés, parvient à confondre ensemble quelques globules. L'ammoniaque n'altère pas les globules. Outre les globules gras, une petite quantité de matière grasse est dissoute dans le sérum avec le sucre et les sels. Le *colostrum* se compose de corps particuliers (fig. 4, a), désignés sous le nom de *corps granuleux*. Ces particules n'ont aucun rapport avec les globules laiteux ordinaires ; elles en diffèrent par leur forme, leur grandeur, leur aspect général et leur composition intérieure. Ces corps n'ont pas toujours la forme globulaire, ni même une forme constante ; ils présentent à cet égard toutes les variétés possibles ; il en est de petits ayant moins

d'un centième de millimètre, et d'autres très-gros, ayant plusieurs fois ce diamètre; ils sont peu transparents, d'une couleur un peu jaunâtre et comme granuleux, c'est-à-dire qu'ils semblent composés d'une multitude de petits grains
liés entre eux ou renfermés dans une enveloppe transparente; très-souvent il
existe au centre ou dans tout autre point de ces petites masses un globule qui ne
parait autre chose qu'un véritable globule laiteux emprisonné dans cette matière. Donné croit ces corps formés de substance grasse et d'une matière muqueuse particulière; ils ne se dissolvent pas dans les alcalis; mais, de même que
les globules laiteux véritables, ils disparaissent dans l'éther; après l'évaporation de cet agent, il reste sur le verre de petits bouquets d'aiguilles cristallines.
On trouve en outre dans le colostrum un certain nombre de globules laiteux,
mais mal formés, irréguliers et disproportionnés entre eux; quelques-uns ressemblent à de larges gouttes oléagineuses, et ne méritent pas le nom de globules :
c'est évidemment de la substance butyreuse encore mal élaborée; c'est cette
même matière que l'on voit monter à la surface du colostrum et y former une
couche jaune. La plupart des autres globules dans le colostrum sont très-petits,
et forment une poussière au milieu de la liqueur. Ces globules, au lieu de nager
librement et indépendamment les uns des autres, sont pour la plupart liés entre
eux par une matière visqueuse, de manière qu'en les faisant circuler sur la lame
de verre, ils se séparent par petites masses agglomérées, au lieu de rouler les
uns sur les autres et sans adhérence comme dans le lait pur. L'éther, en dissolvant toutes les parties grasses du colostrum, laisse voir des globules muqueux
existant dans ce fluide. Cet état du lait persiste presque sans changement jusqu'à la fin de la fièvre de lait; ensuite ce liquide s'éclaircit peu à peu; le nombre
des corps granuleux diminue chaque jour, les globules laiteux prennent une
forme plus régulière, mieux déterminée; ils deviennent d'une grosseur mieux
proportionnée, sans avoir, à beaucoup près, le même diamètre; mais il ne s'en
trouve plus de démesurément gros à côté de très-petits; en même temps ces
globules deviennent libres et roulent dans le liquide, tout-à-fait indépendants
les uns des autres. On retrouve encore des traces de cet état primitif du lait plus
de vingt jours après l'accouchement (fig. 5 et 6). Le lait peut persister quelquefois à l'état de colostrum pendant plusieurs mois et jusqu'à la fin de l'allaitement. Le lait d'ânesse, celui de chèvre, etc., offrent les mêmes caractères. On
peut connaître la richesse du lait par l'examen des globules. Certaines affections
pathologiques, telles que l'engorgement des mamelles, déterminent dans le lait
des modifications analogues à celles qu'il présente dans son état primitif.
Du pus et du sang peuvent être mêlés au lait.

    Turpin (n. 24 et n. 27. 18 décembre 1837) croit chaque globule de lait com-
posé de deux vésicules sphériques (fig. 7), incolores et translucides, qui s'em-
boîtent et dont l'intérieur renferme tout à la fois des globulins très-fins
et l'huile butyreuse, de laquelle résulte plus tard le beurre. Leur diamètre
varie depuis le point jusqu'à 1/100 de millimètre. Lorsqu'on étend des globules de lait de vache entre deux lames de verre mince, et qu'on a soin
de n'en pas mettre une trop grande quantité, et de les diviser à l'aide d'une
goutte d'eau, on ne tardera pas à voir ces globules germer (fig. 8 et 10) et

produire le *penicillium glaucum*, jusqu'à son dernier terme de fructification. C'est plus particulièrement du pourtour des îlots que forment les globules de lait, que poussent et germent les longues tigellules. Ce sont donc les globules de lait qui se développent et se transforment en un végétal. Le lait de beurre (fig. 9) contient les éléments que voici : de très-petits globules de lait de diamètres différents, qui n'ont point fourni de beurre, de gros globules oléagineux échappés à l'action de la baratte, d'autres déchirés et ayant lâché l'huile butyreuse et les globulins intérieurs; des chiffons membraneux produits par de gros globules déchirés ou détruits; des globules très-dilatés et d'une manière difforme, et enfin des gouttelettes aplaties d'huile de beurre s'élevant et nageant à la surface du sérum. La figure 11 représente des cristaux qui s'obtiennent par évaporation, lorsqu'on abandonne du lait entre deux lames de verre. En examinant le lait d'une jeune femme (n. 27. 26 février 1838) qui avait eu à la suite d'une couche, un phlegmon au sein, Turpin avait signalé comme existant dans ce liquide de petites agglomérations informes, composées de globulins excessivement tenus, d'un rouge brun sanguin, teints par l'hématosine et dégagés des globules du sang. Mais plus tard (n. 27. 12 mars 1838), il a reconnu que ces taches n'existaient que dans la matière de la lame de verre sur lequel le lait était étendu. (Voy. à ce sujet une note communiquée à nous par M. *Payen*, n. 29, p. 174.)

Donné (n. 27, 18 mars 1839), dit que le lait des vaches atteintes de la cocotte offre les caractères du colostrum de la femme, c'est-à-dire qu'on y trouve « des globules butyreux, agglomérés, muciformes et muqueux ». Le caséum (n. 27. 16 sept. 1839) ne fait pas partie des globules, et il n'existe pas à l'état concret dans le lait. Les globules ne sont autre chose que de la matière grasse suspendue à l'état de globules très-divisés ; l'auteur a donc renoncé à toute idée d'une organisation des globules. Les végétaux microscopiques du lait, figurés par Turpin, se développent également à la surface du beurre préalablement fondu et traité par l'éther, de même qu'à la surface du lait filtré et privé entièrement de globules. Aucune expérience ne peut démontrer l'existence d'une ou de deux vésicules dans les globules laiteux; tous ces faits, au contraire, établissent leur parfaite homogénéité. Le beurre résulte de l'agglomération des globules gras du lait. Il existe un rapport constant entre la sécrétion du colostrum chez les femmes avant l'accouchement et la sécrétion du lait après le part.

Simon (n. 30 et n. 28. 1839. p. 10), dit avoir examiné le lait de trois femmes, sans avoir pu jamais rencontrer de traces de corps granuleux; il croit que ces corps n'existent pas réellement, et que c'est une illusion optique qui leur a donné naissance. En effet, dit-il, si l'on fait dessécher les globules laiteux, ils deviennent peu transparents, bleuâtres au centre, tout en conservant la régularité des contours. En refutant cette opinion, *Güterbock* (n. 28. 1839. p. 184) dit que les corps granuleux sont entourés d'une membrane; il croit avoir observé cette dernière après avoir fait dissoudre les granules internes par l'éther. Nous avons, dans une lettre adres-

sée à Müller (n. 28, 1839, p. 250), exprimé l'opinion que ces corps ne
doivent pas être considérés comme des produits de la sécrétion organique,
puisque tous ces produits ont une forme déterminée, régulière. Ils sont
plutôt des agglomérations des éléments moléculaires, de ces granules dont
on voit une grande quantité nager dans le sérum du colostrum. (fig. 12,
b.) Ce qui prouve encore davantage leur formation dans le lait déjà sécrété, c'est la présence d'un globule laiteux souvent emprisonné au milieu
de ces corps. D'autres fois, on ne peut plus distinguer les éléments, mais
ces corps offrent une surface striée. Simon n. 28. 1830. p. 187) convient
plus tard de l'existence de ces corps; mais il affirme qu'ils n'existaient pas
dans le colostrum des trois femmes examinées par lui. Les corps granuleux
disparaissent huit à quatorze jours après l'accouchement.

Henle (n. 31., juillet, 123) conseille de mêler la gouttelette de lait avec
de l'eau, pour le rendre plus propre à l'observation. L'acide acétique produit des altérations particulières sur les globules: les uns deviennent ovales,
les autres font apercevoir sur leurs bords de petits globules, qui peu à
peu s'agrandissent. Si cette nouvelle gouttelette se trouve placée au-dessus ou au-dessous du globule de lait, on croit apercevoir un noyau.
Quelquefois une seconde gouttelette se joint à la première : on voit ainsi
des productions tout à fait analogues à celles décrites par Turpin, qui, de
cette manière, n'a probablement figuré que les altérations des globules,
lorsque le lait devient acide. L'acide acétique concentré dissout presque
tous les globules du lait. Ces faits, ainsi que les suivants, paraissent
parler en faveur de la présence d'une membrane particulière aux globules.
L'éther ne dissout pas les globules de lait, mais ils deviennent ridés.
L'alcool bouillant de même ne les dissout qu'à la longue. Le résidu
blanc, granuleux, soluble dans l'acide acétique, est composé, ainsi que l'a
démontré plus tard Simon (n. 32), de membranes des globules. Ce dernier
observateur dit avoir trouvé dans ce résidu de segments de globules, de
la grandeur des globules du lait. Henle est disposé à croire que la membrane des globules est composée de caséum.

Nasse (n. 28. 1840. p. 260) distingue des globules oléagineux et des
globules de crème. Ces derniers sont opaques et à facettes; ils proviennent
de la transformation des globules oléagineux, qui s'opère hors de la mamelle par l'accès de l'air. Les globules de colostrum se forment déjà dans
la mamelle. Rien dans l'aspect du globule du lait ne révèle la présence
d'une membrane.

Nous passons ici sous silence les observations de quelques auteurs qui n'ont
rien publié de particulier, et dont nous citons seulement les mesures,
exprimées en décimales de ligne: Schultze 0,003; Krause 0,0037, la plupart
0,0012; Simon jusqu'à 0,01; Harting 0,0009 à 0,0041; les globules de colostrum ont, d'après ce dernier auteur 0,0096, d'après Nasse 0,005 à 0,01,
et d'après Henle 0,0063 à 0,0232 d'une ligne.

Fuchs (n. 33. VII, 2) confirme les expériences de Henle. D'Outrepont
(n. 34. vol. 10, p. 1.) dit que les corps granuleux n'existent pas habi-

tuellement au delà du troisième jour, *Gerber* (n. 35) a trouvé dans un lait jaune, muqueux, provenant d'une vache malade les globules réunis par une masse visqueuse (fig. 13). *Vogel* (n. 9) donne un dessin (fig. 14) qui représente les cristaux du sucre de lait.

Quevenne (n. 36) trouve, comme plusieurs auteurs déjà cités, que les premières portions de crème qui s'élèvent à la surface, sont en général composées des plus gros globules butyreux. Quevenne regarde comme chose à peu près prouvée l'état de simple division et de non-organisation des globules de matière grasse dans le lait; leur diamètre varie depuis $\frac{1}{600}$ jusqu'à $\frac{1}{60}$ de millimètre. La plus grande partie du caséum existe à l'état solide dans le lait, visible sous forme de très-petits globules dans le lait d'ânesse. Le lait de beure contient une infinité de petits points noirs ou fibrilles, dont les plus petits étaint de $\frac{1}{600}$ de millimètre environ. Ce sont probablement des particules du caséum solide, gonflées ou réunies par l'agitation.

Devergie (n. 26. 1841, p. 638, 731), base une classification des laits sur le volume des globules qui s'y trouvent en prédominance, et il distingue de cette manière le lait à gros globules, à globules très-petits, et le lait à globules de moyenne grosseur. Ce n'est pas qu'un même lait ne contienne que des globules d'un seul de ces trois ordres; ils y existent en général tous. Le lait du premier ordre est le plus fort et le plus nourissant, et les autres ont des propriétés moindres, et en rapport avec le volume de leurs globules. Ce sont surtout les femmes à tempérament sanguin-lymphatique, qui ont présenté le lait avec de très-gros globules, quoiqu'il puisse se rencontrer chez les femmes de toute constitution. Le lait n'a pas toujours une composition identique, chez la même femme, dans les deux seins, quoique ce soit cependant la circonstance la plus fréquente. Le nombre des globules n'était pas toujours en rapport avec leur volume, quoique cela soit le cas le plus ordinaire. *Dubois d'Amiens* a confirmé la plupart des faits énoncés par l'auteur.

Romanet (n. 27. 25 avril 1842) dit que les globules de lait contiennent tous du beure et ne contiennent que du beure, enveloppé d'une pellicule blanche, translucide, mince, élastique et résistante. L'action du barattage n'est autre chose que la rupture mécanique de ces pellicules; ce sont leurs débris qui troublent et blanchissent le liquide qu'on nomme lait de beurre, ainsi que les eaux dans lesquelles on lave le beurre qui vient d'être réuni. Cette opinion nous parait semblable à celle émise par Turpin. : Romanet au reste n'a pas apporté d'autre preuves en faveur de l'existence d'une membrane, que les faits signalés par Turpin, et trouvés par l'examen du lait de beurre.

CHAPITRE SECOND.

RECHERCHES DE L'AUTEUR.

PLANCHE II. Fig. 15-21.

(Planche six de la seconde partie).

§ 1. *Urine.*

Les principales questions, qui, dans les recherches sur l'urine, intéressaient la micrographie, nous paraissent actuellement résolues par les observations citées (chap. I, § 1). La présence et le caractère des éléments organiques se reconnaissent facilement; tout le monde est d'accord à ce sujet. Quant au caractère chimique des cristaux et des matières amorphes, les dernières observations de *Rayer* nous paraissent répondre le mieux à l'état actuel de nos connaissances à ce sujet. Tous les observateurs sont aussi d'accord sur les cristaux que forment les phosphates ammoniaco-magnésiens, et le seul point encore en litige est de savoir lesquels appartiennent au phosphate ammoniaco-magnésien neutre, lesquels au basique. *Donné* ne s'exprime pas catégoriquement à ce sujet dans son tableau; il parle seulement du phosphate ammoniaco-magnésien, sans préciser avec plus de détail le neutre ou le basique, tandis que *Rayer* persiste dans sa première opinion. Cette question, toutefois, ne nous a pas paru devoir beaucoup intéresser la micrographie.

§ 2. *Lait.*

Nous avons vu (chap. I, § 2) que les auteurs ne sont pas du tout d'accord sur l'existence d'une membrane particulière dans les globules du lait. Les uns l'admettent, tandis que les autres la nient ou ne trouvent rien qui puisse autoriser cette opinion. Parmi les auteurs cités, nous avons vu que *Raspail* dit : « Le coagulum produit par les acides ne provient pas du seul rapprochement des globules entre eux ; mais on voit évidemment au microscope que les globules sont enveloppés par une membrane transparente et albumineuse, diaphane et nullement granulée par elle-même. » *Donné* (n. 22), s'appuyant sur ces paroles, attribue à *Raspail* l'opinion que les globules sont enveloppés par une membrane : mais cette interprétation ne nous paraît pas exacte. *Raspail* ne parle que d'une membrane enveloppant les globules, lorsqu'un coagulum est produit, ou, pour le dire en d'autres termes, il parle d'une membrane étrangère aux globules et renfermant ceux-ci, lorsqu'un coagulum est produit ; mais il ne parle nulle part d'une membrane particulière à chaque globule.

Voyons maintenant ce que nos recherches nous ont appris à ce sujet. Lorsqu'on fait infiltrer une gouttelette de lait entre deux lames de verre, on voit tous les globules (fig. 15.) isolés les uns des autres , de grandeurs différentes et ne dépassant guère 1/100 de millimètre. Leurs bords sont distinctement visibles, simples, jamais doubles, un peu ombrés , réfractant la lumière à la manière des globules de la graisse, ne présentant jamais un cercle intérieur. Rien, par conséquent, dans l'aspect du globule ne révèle la présence d'une membrane particulière. En faisant dessécher les globules (fig. 16), on en voit bien un grand nombre conserver leur individualité, mais on aperçoit en même temps de larges gouttelettes qui pourraient aussi bien provenir des globules réunis que du sérum. En soumettant le lait à l'action de la chaleur (fig. 17), la plupart des globules restent isolés, tandis qu'en même temps on aperçoit quelques larges gouttelettes oléagineuses : cette expérience n'est donc pas plus décisive que les autres. Tout en constatant l'action de l'éther et de l'acide acétique, comme l'avait exposé *Henle*, nous avons bien reconnu qu'on pouvait y puiser des arguments favorables à l'opinion qui suppose une membrane particulière; mais nous n'avons pu y trouver une démonstration définitive, attendu que quelques personnes pourraient voir, dans les formes différentes produites par l'acide acétique (fig. 18), plutôt l'agglomération de plusieurs globules ou des changements particuliers produits par l'acide acétique sur le globule butyreux, sans y trouver une preuve absolue pour la présence d'une enveloppe. Nous avons donc cru devoir recourir à une autre expérience facile à constater, indépendante de toute action chimique : elle consistait à écraser les globules de lait et à examiner si l'on peut apercevoir alors distinctement une membrane particulière et un contenu.

En faisant glisser deux verres l'un sur l'autre sous une forte compression, après avoir interposé une petite gouttelette de lait et en poussant le verre supérieur dans la même direction, on apercevra à un grossissement de 300 à 400 fois des trainées pâles (fig. 19, a), très-longues, étroites. On trouve en outre, placées sous un angle droit, sur la direction de ces trainées, de petites lignes droites (b), longues à peu près de un à deux centièmes de millimètre et larges d'un cinq centième de millimètre. Ces petites lignes ne sont autre chose que les membranes roulées des globules, dont le contenu, le beurre constitue les longues trainées. On peut s'en convaincre facilement en ajoutant un peu d'eau. Les trainées disparaîtront; on verra à leur place paraître des gouttelettes oléagineuses, de formes différentes (fig. 20, a), tandis que les petites membranes restent, soit attachées au verre, soit différemment courbées (b), nageant dans le sérum. Ces membranes sont insolubles dans l'éther, qui dissout les gouttelettes. Toutes les membranes ne sont pas attachées sous un angle droit aux trainées de beurre, mais on en trouve quelquefois isolées (fig. 19, b'). Lorsqu'on triture les globules entre deux verres, au lieu de le faire glisser l'un sur l'autre, une foule de bulles d'air comprimées, ayant un aspect granuleux (fig. 21, a), se présenteront sous le microscope. On en voit même quelquefois, lorsqu'on prépare les globules de lait selon la méthode précédemment indiquée (fig. 19, c). Le beurre ne se présente plus ,lorsqu'il y a des bulles d'air, seulement sous forme de trainées; mais il forme alors le plus souvent des segments de gouttelettes plus ou moins grosses attachés aux bords des bulles d'air (fig. 21, b). Les membranes, se présentant sous la même forme, comme dans la première expérience, sont placées, soit isolément, soit sous angle droit, sur la direction des bulles d'air (fig. 22, c). Ces expériences nous paraissent mettre hors de doute la présence d'une membrane particulière de globules de lait.

Toutefois, la longueur de ces membranes qui paraît égaler quelquefois cinq à six centièmes de millimètre, pourrait exciter quelques doutes. Il serait possible de croire que ces fibrilles, débris des membranes dans notre opinion, doivent être attribuées à un noyau central, qui serait dans sa composition différent de l'autre portion du globule. Mais nous répondons à cela : d'abord, que l'on ne voit aucune trace de noyau dans les globules; ensuite qu'il n'est pas plus difficile de comprendre l'allongement des membranes que celui du noyau. Du reste, cette longueur n'est qu'apparente; elle provient de ce que plusieurs membranes de globules placés les uns à côté des autres, se sont réunis. Lorsqu'on délaie la gouttelette de lait avec une quantité plus ou moins grande d'eau, les globules deviennent beaucoup plus rares dans le champ de vision. En employant ensuite les procédés que nous avons exposés, la plupart des membranes n'atteignent que la longueur d'un demi centième de millimètre.

Nous comprenons maintenant pourquoi l'agitation ne réunit pas les globules, pourquoi ils restent isolés la plupart dans le lait bouilli, tandis que quelques-uns seulement crèvent et se réunissent pour former des gouttelettes oléagineuses, pourquoi l'éther ne les dissout pas instantanément; nous comprenons l'action de l'acide acétique, etc. Les globules de lait doivent donc être considérés comme des corpuscules organisés, composés d'une membrane probablement formée de caséum et d'un contenu qui constitue le beurre. Mais nous sommes bien loin de croire que ces observations viennent à l'appui de l'opinion de *Turpin*; nous croyons, en effet, que cet auteur a confondu les globules altérés, avec le germe du *penicilium glaucum* qui se développe aussi bien dans le lait que dans toute autre substance organique, ou quelquefois même dans une substance anorganique. Or, ces altérations des globules dans le lait acide sont tout-à-fait analogues à celles produites par l'action de l'acide acétique. Toutefois nous avouons, que nous n'avons pas fait des recherches assez suivies à ce sujet, pour pouvoir nous prononcer sans restriction. Mais d'après tout ce que nous savons sur la production des cryptogames, ces végétaux nous paraissent seulement se produire dans le lait, comme ils croissent sur le fromage, sur les arbres, etc. Nous n'avons pas poursuivi ces recherches, parcequ'en définitive elles n'intéressent pas l'anatomie microscopique des globules du lait. En effet, la germination admise, qui est-ce qui prouve que dans ce phénomène les globules du lait sont seulement organiques ou qu'ils sont véritablement organisés?

LITTÉRATURE.

A. Urine.

N. 1. Panarolus. Iatrologism. s. medic.observ.pentec.quinque. Romæ. 1652.
N. 2. Hooke. Micrographia. Londres. 1665.
N. 3. Leeuwenhoëk. Opera omnia, en quatre volumes. Lugd. Bat. 1722.
N. 4. Ledermüller. Amusem. microsc., en trois parties. Nurenberg. 17.
N. 5. Vigla, Donné. L'expérience. Tome premier. Paris. 1837-1838.
N. 6. Mandl, Donné. l'Institut. Paris. 1838.
N. 7. Donné. Tableau des dépôts dans les urines. Paris. (1838).
N. 8. Rayer. Traité des maladies des reins. Tome premier. Paris. 1839.
N. 9. Vogel. Anleitung zum Gebrauch des Microscopes. Leipsik. 1841.
N. 10. Compte-rendu de l'Académie des sciences Paris. 1841.

B. Lait.

N. 11. Borellus. Observationum microscopicarum centuria.Hagæ comitis.1656.
N. 12. Kircher. Mundus subterr. Amst. 1678.—Scrut. phys. med. Romæ. 1658.
N. 13. Leeuwenhoëk. Op. omnia. Lugd. Bat. 1722. --- Phil. transact. 1674.
N. 14. Bonanni. Micrographia de rebus viventibus, etc. Romæ. 1691.
N. 15. Hewson. Experimental Inquiries, 3e partie. Londres. 1777. --- Trad.
   lat. Lugd. Bat. 1785. Phil. transact. Vol. 63. 1773.
N. 16. Della Torre. Nuove osservazioni microscopiche. Naples. 1776.
N. 17. Gruithuisen. Eiter und Schleim. Munich. 1809.
N. 18. Treviranus. Vermischte Schriften. Vol. I. Gottingue. 1816.
N. 19. Hodgkin et Lister. Annales des sciences naturelles. Paris. 1827.
N. 20. Weber. Anatomie von Hildebrandt. Brunswik. 1830.
N. 21. Wagner. Physiologie von Burdach. Vol. 5. Leipsik. 1835.
N. 22. Raspail. Chimie organique, 2e édition. Paris. 1838.
N. 23. Donné. Du lait. Paris. 1837.
N. 24. Turpin. Annales des sciences naturelles. Paris. 1837.
N. 25. L'Institut. Paris. --- N. 26. Gazette médicale. Paris. --- N. 27. Comptes
   rendus de l'Académie des sciences.Paris.---N.28.Archives de Müller.Berlin.
N. 29. Mandl. Traité pratique du microscope. Paris. 1839.
N. 30. Simon. De lactis muliebris ratione chem. et phys. Berlin. 1838. ---
   Die Frauenmilch. Berlin. 1838.
N. 31. Henle. Froriep's Notizen. Weimar. 1839.
N. 32. Simon. Medicinische Chemie. Premier volume. Berlin. 1840.
N. 33. Fuchs. Gurlt und Hertwig Magazin. Berlin. 1840.
N. 34. D'Outrepont. Busch, Zeitschrift für Geburtskunde. Berlin. 1840.
N. 35. Gerber. Allgemeine Anatomie. Berne. 1840.
N. 36. Quevenne. Mémoire sur le lait. Paris. 1841. (Extr. des Annales d'hy-
   giène publique et de médecine légale. Vol. 26, 1re partie). --- Deuxième
   mémoire, dans le même journal, vol. 26, 2e partie. 1841.

MÉMOIRE

SUR LES PARTIES MICROSCOPIQUES

DU

SPERME.

PAR

LE DOCTEUR LOUIS MANDL.

ACCOMPAGNÉ DE QUATRE PLANCHES.

———————————

PARIS,

CHEZ J.-B. BAILLIÈRE,

LIBRAIRE DE L'ACADÉMIE ROYALE DE MÉDECINE,

RUE DE L'ÉCOLE DE MÉDECINE, 17;

A LONDRES, CHEZ H. BAILLIÈRE, 219, Regent Street.

1846

MÉMOIRE

SUR LES PLANTES MICROSCOPIQUES

et

MÉMOIRE

SUR LES PARTIES MICROSCOPIQUES

DU SPERME.

CHAPITRE PREMIER.— HISTORIQUE.

PLANCHE I-III.

(Planche sept à neuf de la seconde partie.)

§ 1. *Découverte des zoospermes et les premières observations de Leeuwenhoëk.*

Les zoospermes furent découverts au mois d'août 1677, par un jeune étudiant en médecine, nommé *Ham*. (Leeuwenhoëk l'appelle tantôt *Ham*, tantôt *Hammius*; mais cette dernière dénomination s'explique par l'habitude qu'ont les auteurs écrivant en latin de faire subir des tranformations pareilles aux noms propres. Gleichen l'appelle *Louis de Hammen* et dit qu'il était fils d'un consul hollandais. Dans l'édition hollandaise de ses ouvrages, Leeuwenhoëk le nomme toujours *Ham*). Voici les détails donnés à ce sujet par *Leeuwenhoëk* (n. 1, *a*, p. 1040), dans une lettre adressée à la Société royale de Londres, et datée du mois de novembre 1677; cette lettre fut reproduite plus tard (n. 1, *b*, p. 60) avec quelques légères corrections, auxquelles Buffon attache trop d'importance. On y voit que Leeuwenhoëk s'est immédiatement appliqué à constater les observations de Ham, et la suite nous apprendra que, sans les recherches nombreuses et intelligentes du premier, cette découverte aurait été sans doute bientôt oubliée. Voici les principaux passages de *Leeuwenhoëk*, d'après la traduction de la *Collection académique* (n. 1, *a*).

« Après m'avoir souvent honoré de ses visites, M. *Craanen* m'écrivit pour me prier de faire voir quelques-unes de mes observations à M. *Ham*, son parent, qui la seconde fois qu'il vint me voir apporta avec lui de la semence d'un homme qui avait une gonorrhée, dans une petite fiole de verre; disant que lorsque cette matière eut été dissoute au point qu'elle put être mise dans des petits tuyaux de verre, il y avait observé des animalcules avec des queues, qu'il croyait ne vivre que 24 heures. Il me dit aussi que ces animalcules lui avaient paru morts après que le malade eut pris de la térébenthine. J'observai cette matière en présence de M. *Ham*, et j'y vis quelques animalcules vivants, qui me parurent morts deux ou trois heures après, lorsque j'observais cette matière tout seul. »

Nous ferons remarquer que le texte latin porte d'abord (n. 1, *a*): « semen

viri gonorrhæa laborantis, sponte distillatum » ; plus tard on lit (n. 1, *b*, p. 60) :
« semen virile, quod homini cuidam qui cum muliere impura ac male sana rem
habuerat, defluxerat.» Mais on comprend qu'il ne peut pas s'agir ici de la matière
même de l'écoulement, mais uniquement du sperme. Ou bien, aurait-on pris
d'abord les globules de pus de l'écoulement pour des animalcules? Quoi qu'il
en soit, toujours est-il que Leeuwenoëk, ayant fait depuis des recherches
fréquentes sur le sperme d'un homme sain, cinq ou six minutes après l'éjaculation, a constaté un grand nombre d'animalcules dans la partie fluide du
sperme, mais immobiles dans la matière épaisse. » Leur corps était rond, obtus
en avant et terminé par derrière en une espèce de pointe ; ils avaient une queue
transparente, quinze ou seize fois plus longue que tout leur corps, et vingt-
cinq fois plus grêle ; ils nageaient ou s'avançaient dans l'eau en serpentant
comme des anguilles. Lorsque la matière était un peu plus épaisse, ils faisaient
sept à huit vibrations de leurs queues avant d'avancer de la largeur d'un
cheveu. Parmi ces animalcules il y en avait de plus petits, dont la figure
m'a paru globuleuse. » Cette dernière phrase a été modifiée plus tard (n. 1,
b, l. c.) par Leeuwenhoëk, qui dit seulement avoir vu, parmi ces animalcules, des petits globules. Leeuwenhoëk ajoute encore qu'ayant déjà fait (n. 1,
b, p. 62) en 1674 des observations sur le sperme, il a pris les animalcules pour
des globules ; il parle ensuite d'artères, de veines, et de nerfs du fœtus qu'il
croit exister dans la partie épaisse du sperme en prenant les diverses confi-
gurations de cette matière coagulée pour des tissus.

Le *secrétaire de la Societé royale* répondit à cette lettre de Leeuwenhoëk
(n. 1, *a*, p. 1043); il lui conseillait de faire des observations semblables sur le
sperme des animaux et exprimait des doutes sur l'existence des vaisseaux dans
le sperme ; ce ne sont, dit-il, que des filaments. Le 18 mars 1678 (n. 1, *a*),
Leeuwenhoëk répond que « si on sépare un chien d'une chienne dans l'instant
de l'accouplement, il a coutume de sortir de la verge du chien une matière
aqueuse qui découle peu à peu. J'ai vu quelquefois cette matière toute remplie
d'animalcules de la même grosseur que ceux qu'on aperçoit dans la semence
de l'homme. » Il a également constaté l'existence de ces animalcules dans le
sperme du lapin et envoie quelques figures. Quant aux vaisseaux, il persiste
dans son opinion, même dans une lettre postérieure du 31 mai 1678 (n. 1, *a*);
cette opinion fut de nouveau combattue par le secrétaire de la Société royale
de Londres.

Leeuwenhoëk communiqua la découverte des zoospermes à *Constantin Huygens*, près duquel se trouvait son fils, le célèbre physicien (n. 1, *b*, p. 63). Le 6
juin 1678, Huygens le père écrit à la Société royale qu'il a souvent vu les animalcules découverts par Ham dans le sperme ; Birch (n. 2, p. 415) a donné un extrait
de cette lettre : « He added, that he had of late employed some thoughts about
improving microscopes ; being prompted thereto by the discovering of those
animalcules *in semine animali* made, by one *Hammius*, a student at Leyden,
which animalicules he, mons. Huygens, had often seen. » Quelques mois plus
tard (n. 3, 15 août 1678), *Huygens* le fils, en parlant des infusoires, mentionne
les zoospermes, qu'il compare aux têtards ; mais on ne trouve pas cité le nom de

Ham, dans l'extrait de la lettre publiée par le rédacteur. On y lit seulement : « cette découverte qui a été faite en Hollande pour la première fois, me parait fort importante, etc. »

Nul doute n'existe donc pour nous que Ham et Leeuwenhoëk n'aient les premiers annoncé la découverte des zoospermes; cependant *Hartsoeker* (n. 4, *b.* § 88 et 4, *c*, lib. I. Disc. 7, art. 1), soutient qu'il a fait cette découverte en 1674 à l'âge de dix-huit ans; il dit qu'il n'avait pas osé la communiquer d'abord, mais qu'en 1676 il en fit part à son maitre de mathématiques et à un autre ami, et qu'en 1678 (n. 4, *a*) il publia ses premières observations, en comparant les zoospermes aux têtards. Cette lettre n'a paru que le 29 août 1678, et dans l'extrait publié, on lit : « il en a trouvé (des animalcules) dans la semence du coq qui ont paru à peu près de cette même figure (de petites anguilles), qui est fort différente, comme l'on voit, de celle qu'ont ces petits animaux dans la semence des autres qui ressemble, comme nous l'avons remarqué, à des grenouilles naissantes. » Cette dernière phrase se rapporte à la lettre de Huygens (n. 3, 15 août 1678). On ne peut donc contester à Hartsoeker d'avoir fait un des premiers des observations sur les zoospermes ; mais la priorité nous parait positivement appartenir à Ham, quoi qu'en aient dit plus tard quelques auteurs. *Schrader* (n. 5) attribue également la découverte à Ham « amicus meus carissimus » qui, dit-il, les a vus pour la première fois dans le sperme du coq. Leeuwenhoëk a fait voir à Schrader les zoospermes de l'homme et de quelques animaux.

Nous nous sommes étendus avec détail sur la découverte des zoospermes, parce que c'est un des faits les plus curieux dont la micrographie ait enrichi les sciences naturelles, et parce que ces recherches ont exercé une grande influence sur la marche de théories touchant la génération. Mais, avant d'examiner cette question, nous allons exposer les observations de Leeuwenhoëk.

Leeuwenhoëk (n. 1, *c*.) a observé les animalcules dans le sperme de l'homme, des animaux quadrupèdes, des oiseaux, des poissons, des mollusques, des insectes (pl. 1, fig. 1 à 12). Ceux du coq sont semblables aux anguilles, mais si petits que cinquante mille n'égalent pas la grosseur d'un grain de sable; dans le sperme du rat, il en faut plusieurs milliers pour faire l'épaisseur d'un cheveu. Les zoospermes de l'homme ont le corps arrondi, obtus en avant, pointu en arrière, et une queue très-transparente, 5 à 6 fois plus longue et 25 fois plus mince que le corps. Ils sont très-nombreux; les mouvements de la queue sont très-marqués; mille égalent à peu près l'épaisseur d'un grain de sable. Ceux de la sauterelle sont longs et très-déliés; ils paraissent attachés, dit-il, par leur extrémité supérieure, tandis que leur queue est libre et possède un mouvement très-vif. Cette observation est très-curieuse et s'accorde parfaitement avec les observations modernes sur les zoospermes des animaux inférieurs. Les zoospermes existent aussi, d'après Leeuwenhoëk, hors de la saison d'amour; mais alors ils sont immobiles. Les animalcules ne sont pas vivants dans le testicule de la grenouille, mais seulement dans l'épididyme et les vaisseaux déférents. Chez l'homme et le chien, il existe deux espèces des zoospermes; les uns sont mâles, les autres femelles; conservés dans un petit tube, il y en a qui restent vivants pendant plusieurs jours. Ayant ouvert une chienne, qui avait été couverte trois fosi par le même chien avant l'observation, il trouva des zoospermes dans la matrice, près du vagin, et dans les cornes. L'arrivée des animalcules dans cet endroit s'explique par leurs mouvements, qui peuvent leur faire parcourir 4 à 5 pouces en une demi-heure. Le même fait a été observé dans la matrice d'une lapine.

Cet auteur distingue, en outre, une partie liquide et une autre épaisse dans le sperme qui finit par se liquéfier complétement. Les zoospermes se remuent très-vivement dans la partie liquide, tandis que dans la partie épaisse ils sont à peu près immobiles. Leeuwenhoëk croyait d'abord cette partie épaisse composée d'artères, de veines, etc.; mais, dès 1680, il abandonna cette opinion. Il vit, en outre, dans le sperme des gouttelettes oléagineuses qui prennent des formes diverses. La chaleur épaissit le sperme, et les animalcules se meurent alors. Il n'y en a pas chez la femme. Ces observations nombreuses sont dispersées dans ses œuvres; mais il s'en occupe principalement dans le vol. I, p. 149; le vol. III, Ep. 113, 117, 127, 128, 135, 137, 143, 146; et vol. IV, Ep. 18, 23, 29, 30, 31, 41.

Entraîné par des idées téléologiques, cherchant à déterminer la cause finale, l'usage des zoospermes, il nie l'existence des œufs et affirme que les animalcules deviennent des fœtus et que, par conséquent, ils se métamorphosent en animaux parfaits. Conformément à ces idées, il leur accorde la faculté de changer de peau, de s'accoupler, d'accoucher, etc. Quelquefois même il prend (vol. III, p. 93) les corpuscules nageant dans le sperme pour des animalcules nouveau-nés. Nous trouverons plus tard l'explication de ces erreurs, autant qu'elles ont été provoquées par l'observation.

A part les idées fausses sur la génération, les observations de Leeuwenhoëk sont, en général, très exactes et supérieures à celles du siècle passé. Ce sont elles qui ont démontré l'existence des spermatozoaires dans tout le règne animal, et qui ont fait de l'observation de Ham une découverte importante.

Nous passons maintenant sous silence les auteurs de cette époque qui n'ont fait que constater l'existence des zoospermes; on les trouve cités dans l'ouvrage de *Schurig* (n. 13, cap. I, § 23; cap. IV, § 5.)

§ 2. *Influence de la découverte des zoospermes sur les théories de génération.*

Déjà les auteurs les plus anciens, comme *Aristote, Platon*, etc., s'étaient occupés de l'explication du phénomène mystérieux de la génération. On comprend facilement que les imaginations ont dû être vivement excitées par la découverte des zoospermes, et produire des nouvelles théories de génération. Plusieurs de ces théories ont été fondues ensemble de diverses manières et avec une multitude d'insignifiantes modifications; mais vers la fin du dix-septième siècle, on en évaluait déjà le nombre à plus de trois cents. Nous donnerons ici un aperçu général de ces théories pour mieux saisir leurs rapports avec les recherches concernant les zoospermes.

Les uns disaient que la procréation est purement apparente; les êtres organiques que nous voyons apparaître existaient déjà en germe, et ce que nous appelons l'acte procréateur ne fait que les développer. C'est la théorie de la préexistence. Les autres disaient que la procréation est réellement ce qu'elle paraît être, une création par laquelle seule les êtres organisés commencent à exister. C'est la théorie de la postformation.

Si les êtres organisés préexistent à la procréation, leurs germes sont contenus ou dans l'ovaire de la femelle (théorie des ovistes), ou dans le sperme du mâle (théorie des spermatistes). Ou bien, ils existent déjà en matière et en forme, et la procréation ne fait que les déterminer à se développer (théorie de la préformation); ou ils n'existent qu'en matière, et c'est la procréation seule qui leur fait acquérir la forme (théorie de la métamorphose). Enfin, ils existent de toute éternité, et depuis le commencement de l'espèce (théorie de la syngénèse), ou ils se forment dans les individus procréateurs, mais antérieurement à la procréation (théorie de l'épigénèse).

Parmi ces diverses théories, celle du spermatisme et cette autre de la métamorphose doit plus particulièrement fixer notre attention, parce que dans le premier demi-siècle après la découverte des zoospermes, les auteurs n'ont examiné le sperme que sous ces points de vue.

Nous avons déjà parlé de la théorie de Leeuwenhoëk. Abandonnant ses premières idées, suivant lesquelles le sperme contiendrait déjà les vaisseaux du fœtus futur, il a affirmé, pendant toute sa carrière scientifique, que les animalcules du sperme forment les animaux futurs, c'est-à-dire les fœtus. Mais ses successeurs avaient bientôt dépassé les limites posées par Leeuwenhoëk. L'imagination avait alors un vaste champ ouvert devant elle. Héraclite n'avait-il pas dit que les germes des êtres vivants sont répandus sur la terre entière où ils errent jusqu'à ce que chacun rencontre les parties génitales d'un de ses frères déjà développé, jette en lui ses racines, se dépouille de l'enveloppe qui l'avait couvert jusque alors et qu'il arrive ainsi à se développer lui-même? Ces idées de Démocrite et d'Héraclite avaient trouvé un nouvel appui en 1630, dans la philosophie de Cartesius.

Lelevel (n. 8, p. 210) dit que « les moules des corps organisés, ou tous ces corps en petit ont été formés par Dieu même dès le commencement; que les embryons de tous les corps organisés sont aussi anciens que le monde et que le corps du dernier des hommes qui vivra sur la terre est aussi âgé que celui d'Adam. »

Ces idées se sont présentées avec une nouvelle vigueur à l'occasion de la découverte des infusoires faite en 1675 par Leeuwenhoëk, et surtout à propos des zoospermes. Les idoles fantastiques de Démocrite, on a cru les trouver dans les animalcules du sperme, qui bientôt ont été interprétés et figurés comme des embryons réalisés.

C'est ainsi que *Dalenpatius* (n. 7, p. 552) prétend voir les zoospermes humains (pl. I, fig. 13), placés sous le microscope, se dépouiller de leur enveloppe (fig. 14-15) et présenter une tête, des extrémités, etc., comme l'homme parfait. Cet auteur signale, en outre, dans le sperme des « *trabiculæ* ou *partes salis* » qui, à juger d'après la figure, ne sont autre chose que des lamelles d'épithélium. Comme cet auteur parle, en outre, des globules du sang dans le sperme, on peut supposer qu'il a examiné le sperme après le coït avec une femme qui était à l'époque des menstrues. Nous supposons, par conséquent, qu'il a pris des parcelles de mucus pour des zoospermes dépouillés de leur enveloppe; ce qui est d'autant plus probable que ces animalcules meurent, selon lui, aussitôt après leur sortie; en effet, les mucosités n'ont pas de mouvement. La singulière interprétation qu'il en a donnée s'explique par les idées répandues à cette époque. C'est ainsi du moins que nous comprenons cette observation; nous ne partageons pas, par conséquent, l'opinion de Gleichen qui suppose que M. *Plantade*, secrétaire de l'Académie de Montpellier, déguisant son nom sous celui de *Dalenpatius*, ait voulu s'amuser aux dépens des savants.

Andry (n. 9), comme Leeuwenhoëk, s'oppose au système des œufs; il suppose également que les zoospermes sont destinés à devenir des animaux parfaits, et établit à ce sujet les hypothèses les plus ridicules. Chaque zoosperme, dit-il, va gagner l'ovaire, se glisse dans un œuf, ferme la porte derrière lui avec sa queue, et se développe; si plusieurs veulent entrer à la fois dans un même œuf, ils se fâchent, se battent ensemble et se brisent ou se luxent les membres, ce qui donne lieu aux monstruosités; ils ont même déjà le naturel des animaux qui doivent résulter de leur développement : ceux, par exemple, du bélier vivent déjà en troupeau, etc. Ce dernier fait, du reste, avait été également avancé par Leeuwenhoëk. *Joblot* (n. 11) prend au sérieux les observations de Dalenpatius, et donne (dans la sixième planche de son ouvrage, fig. 12) la figure d'un animalcule aquatique ayant une face humaine et des moustaches. Cet auteur avait sous les yeux le dos de cet animalcule et l'imagination lui avait fait trouver ces analogies. *Gautier d'Agoty* (n. 25), peintre et anatomiste, pousse à l'absurdité les idées fantastiques sur les zoospermes. Il les représente ayant des figures d'hommes. *Lieberkühn* (n. 26), dans une lettre adressée le 15 mai 1743 à Hamberger, affirme que l'animalcule du sperme donne naissance au fœtus, et que la queue du zoosperme devient la colonne vertébrale; il croit même la grandeur de la queue proportionnelle à celle de la colonne vertébrale de l'animal adulte (pl. I, fig. 24 à 28).

Les exemples cités suffisent pour faire voir jusqu'à quel point les spermatistes avaient poussé leur théorie. Cette exagération a dû amener une vive réaction. Les uns, comme *Verheyen*, *Vater*, *Lang*, *Garmann*, niaient jusqu'à l'existence des zoospermes; les autres, sans les nier précisément, contestaient leur importance dans la production du fœtus; voyez par exemple *Lister* (n. 12) et *Hamberger* (n. 26, § 1456). *Maupertuis* (n. 20, chap. 18) dit que « les petits animaux qu'on découvre au microscope dans la semence du mâle « pourraient bien ne servir » qu'à mettre les liqueurs prolifiques en mouvement. »

Mais l'opposition contre les spermatistes devint bientôt plus forte. Les théories de la métamorphose et de l'épigénèse se produisirent de nouveau. *Leibnitz* s'était prononcé en faveur de la préexistence des animaux. *Perrault* admet que les éléments des êtres vivants sont généralement répandus dans la nature entière, qu'ils n'attendent qu'une occasion pour se développer, et qu'ils la trouvent lorsque le principe salin spirituel du sperme vient à agir sur eux. Cette théorie de la métamorphose a été surtout développée par *Buffon*. Cet auteur conteste l'animalité des zoospermes; il a donné, par cette opinion, une nouvelle direction aux recherches micrographiques dans la dernière moitié du siècle passé. Ces observations, ainsi que celle de ses successeurs, méritent donc une exposition détaillée.

§ 3. *Discussion sur l'animalité des zoospermes.*

Les premiers observateurs n'ont pas hésité à voir dans les zoospermes des animalcules. Nous connaissons déjà les opinions de *Ham, Leeuwenhoëk, Huygens, Hartsoeker.*

Swammerdam, Hook, Bœrhaave et d'autres observateurs des Pays-Bas de cette époque prononcent une opinion analogue. *Lipstorp* (n. 6) affirme qu'on ne trouve pas ces animalcules dans chaque sperme, mais seulement « in semine masculino, quod imprægnandi mulieri aptum. » *Valisnieri* et *Bourguet* (n. 10), ayant fait ensemble des observations sur le sperme d'un lapin, y virent des animalcules dont l'une des extrémités était plus grosse que l'autre. Ces animalcules étaient fort vifs; ils partaient d'un endroit pour aller à un autre, et frappaient la liqueur de leur queue; quelquefois ils s'élevaient; quelquefois ils s'abaissaient; d'autres fois ils se tournaient en rond et se contournaient comme des serpents; enfin, dit Valisnieri, je reconnus clairement qu'ils étaient de vrais animaux. « e gli riconobi, e gli giudicai senza dubitamento alcuno per veri, verissimi, arciverissimi veri. » *Rüdiger* (n. 14, p. 329, §. 17) dit que si quelques savants doutent de l'existence de ces animalcules, ils ne savaient pas se servir des microscopes, ou n'ont eu à leur disposition que des « binocles achetés à la foire.» *Wolf* (n. 15, §. 99), le physicien, décrit avec détails les mouvements des zoospermes qu'il regarde comme des animalcules. Il ajoute que l'on voit quelquefois une parcelle de sperme coagulée, attachée à leur ventre et voyager avec l'animalcule. *Obermann* (n. 16) écrit une thèse étendue sur les animalcules du sperme. *Carthaeuser* (n. 17, chap. 9, § 4) confirme les observations de Leeuwenhoëk et dit avoir montré des zoospermes, dans ses leçons, à plus de 60 personnes. *Dieterich* (n. 18) ne doute non plus de l'animalité des zoospermes. Voilà comment il s'exprime à ce sujet · « Dari sinpermate animalium masculinorum animantia viva, minima, anguillarum fere similia, parte anteriore varie tumida, posteriore in caudam desinentia minutissimam, maximo et fere incredibili numero, apud eos, qui vel ipsi observationes instituere voluerunt, vel a viris magnis institutos dijudicare norunt, in confesso est. » *Lesser* (n. 19, § 96) croit que les zoospermes sont des animalcules (des vermicules) particuliers, dont l'usage est encore inconnu. *Mylius* (n. 21) combat l'opinion de Lyonnet qui nie l'existence des zoospermes, sans jamais avoir fait usage d'un microscope.

Linné (n. 22) est le premier qui doute du caractère animal des zoospermes; il les prend pour des particules huileuses. Toutefois, il ne parait pas que cet auteur ait fait lui-même des observations sur ce sujet; quelque grande que soit donc l'autorité de ce naturaliste, son opinion dans cette occasion sera de peu de valeur.

Needham (n. 23, *a*) avait vu des contractions particulières dans les canalicules spermatiques du calmar; mais le sperme lui-même (n. 23, *b*, p. 56) lui a paru composé « de petits globules opaques, qui nagent dans une matière séreuse, sans donner aucun signe de vie. » Plus loin (p. 65) il ajoute : « Si j'avais vu les animalcules qu'on prétend être dans la semence d'un animal vivant, peut-être serais-je en état de déterminer avec quelque certitude si ce sont réellement des créatures vivantes, ou simplement des machines prodigieusement petites, et qui sont en miniature ce que les vaisseaux séminaux du calmar sont en grand. » Par cette analogie et par quelques autres raisonnements, Needham conclut que probablement les zoospermes des autres animaux ne sont que des corps organisés et des espèces de machines semblables à celles du calmar. On le voit donc, Needham n'était guère disposé à regarder les zoospermes comme des animalcules.

Ce caractère d'animalité a été complétement contesté aux zoospermes par *Buffon* (n. 24). Suivant ce célèbre naturaliste, il existe une matière particulière, de laquelle tous les êtres vivants tirent leur nourriture; dès que l'organisme est arrivé à maturité par la nutrition, il se sépare de chaque organe des *molécules organiques*, qui lui ressemblent, et qui en sont des modèles en petit. Si ces molécules arrivent dans une partie d'où elles ne puissent plus sortir, elles prennent la forme de vers intestinaux; chez les animaux dépourvus de sexes, elles produisent de nouveaux individus dans toutes les parties du corps indistinctement; mais chez ceux qui ont des sexes, elles sont obligées de se rendre dans l'ovaire et le testicule; pendant l'acte de l'accouplement, les matières des deux sexes se mêlent ensemble, et s'unissent d'après les lois de la même affinité que celle qui règne entre les organes d'où elles proviennent.

Ces idées théoriques, Buffon a cru pouvoir les appuyer de ces observations microscopiques. Les infusoires et les zoospermes sont pour lui des molécules organiques; elles existent aussi bien, et Buffon prétend les avoir vues, dans les testicules et dans les glandes séminales (ovaire) des femelles des animaux (n. 24, *a*, p. 201; et n. 24, *b*). Les molécules, bien entendu, ne sont pas des animalcules; leurs mouvements sont involontaires. La queue des zoospermes, vue et figurée par Leeuwenhoëk n'est qu'illusoire, elle manque souvent; du reste, ce n'est qu'un filament de la matière spermatique attaché à la molécule organique mouvante. Ces dernières « font effort pour s'en débarrasser » (p. 179). Ainsi, « lorsque la liqueur séminale est devenue plus fluide, on ne voit plus les filaments, » ou ces derniers sont devenus plus courts (p. 180) et plus minces (p. 184); « ce qui fait que le mouvement d'oscillation des globules est fort diminué. A la douzième ou treizième heure, les globules mouvants changent de grandeur et de forme. Ces observations ont été faites, en commun avec Needham, sur le sperme de l'homme, du chien, du lapin et du bélier.

Buffon croit trouver ces mêmes globules mouvants dans le chyle, les excréments (p. 284) et les infusions; par exemple dans l'infusion d'un testicule de chien, au bout de trois ou quatre jours, dans l'eau d'huîtres, dans l'infusion du poivre, etc.; partout là il n'y a que des molécules organiques, mais pas d'animaux. Buffon conteste par conséquent l'animalité des zoospermes, et apporte, parmi d'autres arguments, encore celui que les zoospermes ne peuvent jamais interrompre leur mouvement et le reprendre (p. 266), fait complétement inexact.

Un des premiers qui aient combattu les idées de Buffon est le célèbre *Haller*, dans la préface de la traduction allemande de l'Histoire naturelle du premier. Haller croit que les zoospermes sont de véritables animalcules, d'après ce que lui en ont dit des savants habiles dans les recherches microscopiques. Plus tard (n. 28, *a*, § 785), il persiste encore dans cette opinion : « Animalcula esse intelligitur ex motu vario, evitatione concursus, retrogressu, mutatione velocitatis. » Il dit même que le zoosperme est le germe de l'homme : « Vermiculus seminalis est primordium hominis, fere uti vermis primordium muscæ, etc. » Mais dans la suite de ces recherches il combat cette opinion de Leeuwenhoëk : il affirme (n. 28, *b*) que l'embryon existe dans l'œuf du poulet avant la fécondation; que le jaune, qui est une partie du fruit, ne peut contracter postérieurement des connexions avec le fruit, parce qu'il a déjà atteint son plein et entier volume avant la fécondation, que par conséquent le fruit lui-même doit préexister aussi, comme le jaune, à la fécondation (n. 28, *c*, t. VIII, p. 93). Le sperme n'est nécessaire que pour animer le germe contenu dans l'œuf (*l. c.*, p. 171).

Winkler (n. 29), après avoir exposé les diverses opinions sur les zoospermes, affirme que ceux-ci sont des animalcules. *Ledermüller* (n. 30) s'élève avec force contre l'opinion de Buffon, et se prononce pour l'animalité des zoospermes et sa transformation en fœtus. Il défend cette opinion par des raisonnements philosophiques; il s'appuie sur les recherches de Malpighi concernant le développement de l'œuf, et encore sur ses propres observations, dont quelques-unes (n. 30, *c*, Obs. 60, 76) ont été publiées par cet auteur. Il suppose que Leeuwenhoek a fait ses dessins des zoospermes à l'aide d'un microscope solaire, et explique de cette manière la grandeur de ces dessins. Mais on n'a pas besoin de recourir à une telle hypothèse; car chaque auteur, en indiquant les dimensions réelles, est libre de faire les dessins dans des proportions quelconques. Plusieurs auteurs de cette époque, comme *Gottsched, Poley, Delius, Windheim, Arnold* (*voy.* Ledermüller, n. 30, *b*, p. 14), adoptent les idées de Ledermüller. En revanche *Scrinci* (n. 31) nie complétement l'existence des zoospermes, tandis que *Asch* (n. 32) adopte presque entièrement les idées de Buffon. Comme ce dernier, il ne voit que des globules sans queue, pourvus quelquefois de mouvements comme les globules des autres liquides.

Parmi tous ceux qui défendaient l'animalité des zoospermes, *Hill* (n. 27) est le premier qui leur ait assigné une place dans le règne animal. Il les range dans la deuxième classe du premier livre des animaux, à savoir dans la classe des cercaires, genre *Macrocercus*, où se trouvaient également les vorticelles. *Pallas* (n. 35, p. 416) définit les zoospermes comme des êtres pourvus d'un mouvement volontaire et doués d'une vitalité manifeste. En donnant la description des *volvox*, il s'exprime à leur sujet de la manière suivante : « His forte animalculis affines sunt quæ in majorum animalium seminali liquore occurrunt moleculæ animatæ, a summo Buffonio pro organicorum corporum resolutis staminibus habitæ et, quidquid sint, spontaneo certissime et vitali motu præditæ, quem microscopia in recenti semine animalium evidenter demonstrat. » *Müller* (n. 36) n'a jamais vu les zoospermes; mais, après avoir constaté les infusoires des infusions animales, il croit les zoospermes analogues à ces derniers, et surtout aux *Cercaria gyrinus.*

Caspar Wolff (n. 33, p. XXIX) combat les idées de Leeuwenhoëk, et adopte franchement la théorie de l'épigénèse; il expose tous les arguments favorables à sa manière de voir, et finit par la phrase suivante : « Et igitur animalcula spermatica, in hypothesi ipsis superstructa spectata, non infiniti quidem philosophi opus esse videntur, sed Leeuwenhoëkii, hominis scilicet, qui parandi vibris studuit. » *Bonnet* (n. 34, p. 110 et suiv.), après avoir parlé en détail des observations de Buffon, s'exprime ainsi : « Les globules dont il s'agit pourraient bien n'être pas des animaux. On sait qu'il est plusieurs matières dont les particules constituantes affectent une figure sphérique. On connaît les globules des étamines ; on connaît aussi les globules du sang et ceux de la graisse. Les globules des liqueurs séminales et ceux des infusions sont, peut-être, du même genre ou d'un genre analogue. » Toutefois, on lit dans le paragraphe suivant : « Mais si ces globules sont de véritables animaux, comme on peut raisonnablement le conjecturer, quelle magnificence dans le plan de la création terrestre ! quelle grandeur ! quelle profusion ! etc. » En partant de là, Bonnet développe un brillant tableau de la vie répandue dans le monde entier, tableau dans lequel l'imagination occupe la place principale, tandis que l'observation directe, l'expérience positive nous fait défaut à chaque instant. Ainsi, il ne paraît pas que Bonnet ait fait lui-même des recherches sur les zoospermes ; mais il engage Buffon à répéter les siennes (p. 118), puisque Réaumur « avait examiné avec le plus grand soin pendant des heures entières les insectes des infusions, qu'il avait reconnu ce qui en avait imposé à ceux qui les ont pris pour de simples globules mouvants, » et qu'il avait démontré que ces prétendues particules organiques étaient des véritables animaux.

Si nous jetons maintenant un coup d'œil sur ces recherches, nous voyons d'une part un grand nombre d'observateurs se prononcer pour l'animalité des zoospermes, et quelques-uns même leur assigner une place déterminée dans le règne animal. D'autre part, nous trouvons Buffon et quelques sectateurs qui les prennent pour des molécules organiques. Cette discussion aurait pu se continuer longtemps encore sans utilité pour la science, si *Spallanzani* n'était pas venu imprimer un caractère nouveau à ces recherches par les expériences dont nous allons maintenant donner une analyse.

§ 4. *Expériences physiologiques sur les zoospermes, et leur Classification.*

Spallanzani (n. 37) s'est acquis une grande célébrité par ses expériences sur la génération artificielle. Nous ne devons pas nous occuper ici de ces recherches purement physiologiques : toutefois quelques-unes de ces observations nous intéressent plus particulièrement, à savoir celles qui sont relatives au rôle que jouent les zoospermes dans la fécondation. Spallanzani, non seulement nie, dès 1765, que les zoospermes soient les germes des animaux, mais encore leur conteste-t-il toute influence dans la fécondation (n. 37, t. III, p. 179). A l'appui de cette opinion, il dit d'abord que « les femelles des amphibies renferment dans leur sein les petits parfaitement formés avant la fécondation du mâle ; » cette erreur de Spallanzani provient d'un examen superficiel de l'œuf de ces animaux. En outre, il rapporte les expériences suivantes : « Premièrement, la semence de deux crapauds, où je n'ai vu absolument aucun ver, a très-bien fécondé.... Secondement, je mêlais de l'urine humaine ou du vinaigre dans la semence des grenouilles, et je m'assurais que tous les vers avaient été tués par ce mélange : cependant cette semence ne perdit pas sa puissance prolifique. » En troisième lieu , du sperme très-délayé dans lequel Spallanzani n'a pu découvrir aucun zoosperme, a très-bien fécondé. Mais cette dernière expérience ne prouve pas plus que la première ; car des zoospermes isolés ont pu très-bien échapper à l'observation, à cause de leur grande transparence, vu l'état imparfait des microscopes au siècle passé. Quatrièmement, Spallanzani prit le sperme des grenouilles mortes depuis quelques heures; il y trouva « les vers morts flottant sur la liqueur spermatique » ; mais rien ne prouve que tous les zoospermes étaient morts et que précisément les vivants ne se trouvaient pas au fond de la gouttelette examinée. Cinquièmement, Spallanzani prit du sperme avec une aiguille sur le bord d'une gouttelette en train de s'évaporer, et il affirme ne pas y avoir trouvé des zoospermes, fait assurément inexact. Reste donc seulement la seconde expérience contre laquelle on ne peut élever des doutes *à priori.*

Spallanzani a fait aussi quelques bonnes observations histologiques sur les zoospermes de l'homme et de quelques mammifères (n. 37, t. II, p. 1). Il décrit leur forme, leurs mouvements ; il n'y a que la salive qui conserve le mouvement aux zoospermes humains; il considère les zoospermes comme de véritables animaux, et combat l'opinion de Buffon touchant la non-existence de la queue. Ces mouvements des zoospermes durent d'autant plus longtemps, que la chaleur de la saison est plus considérable. Souvent attachés à des grumeaux, les zoospermes, que Spallanzani appelle corpuscules, cherchent à s'en débarrasser. On en voit souvent deux attachés ensemble par le buste (le corps) et se séparer ensuite. Il y en a de grandeurs différentes. Les zoospermes du chien ne diffèrent pas de ceux de l'homme. Ceux des poissons sont dépourvus d'une queue; enfin ceux de la salamandre aquatique ont tout l'appendice « couvert de chaque côté par deux suites de petites pointes. » Ce dernier fait est devenu le sujet de nombreuses observations modernes. Après avoir constaté l'exactitude des observations de Leeuwenhoëk et combattu le système de Buffon, Spallanzani affirme « que ces petits vers ne paraissent pas tirer leur origine du dehors. Il paraît, dit-il, plus vraisemblable qu'ils naissent et qu'ils se propagent dans l'homme et dans les animaux. »

A part quelques observations erronées, qui s'expliquent par l'état imparfait de son microscope, on doit regarder les recherches de Spallanzani comme les meilleures et les plus étendues faites depuis Leeuwenhoëk. Il ramena dans la science la méthode positive de l'observation, dont toutefois on s'est bientôt de nouveau écarté. Il est vrai, *Gleichen* (n. 38) examine encore avec attention les zoospermes de l'homme et de quelques autres animaux (pl. I, fig. 16 à 23); il décrit les cristaux et les fentes qui se forment dans le sperme desséché; il parle également des grumeaux d'une matière gélatineuse et des globules, qui sont probablement des globules de mucus et des lamelles d'épithélium; enfin, avec raison, il nie l'existence des zoospermes « dans les liqueurs des femelles ». Mais bientôt *Blumenbach* (n. 39) détourne des zoospermes l'attention des observateurs. Il en parle seulement, comme d'une chose accessoire, à l'occasion des infusoires, sous le nom de *chaos spermaticum.* Et *Cuvier,* qui d'abord (n. 40, *a*) les place parmi les animaux, ne les signale même pas plus tard (n. 40, *b*) en parlant de la génération. *Oken* (n. 41) trouve la matière vitale dans les infusoires; ceux-ci sont répandus dans l'air, dans l'eau et dans toutes les substances alimentaires ; ceux du sperme jouent le principal rôle dans la génération, qui consiste en une fusion des spermatozoaires tant entre eux qu'avec une vésicule de l'ovaire; il les classe parmi les cercaires. Suivant *Treviranus* (n. 42, t. II, p. 403) une matière constamment agissante est répandue dans la nature entière; cette matière, qui communique la vie à tous les organes, est invariable dans son essence, mais variable dans sa forme, qui change continuellement. Il n'attribue pas une grande importance aux zoospermes et affirme (t. IV, p. 657), comme Buffon, avoir vu dans l'ovaire des grenouilles des globules en mouvement. *Gruithuisen* (n. 43, p. 328) les regarde comme infusoires du sperme; il dit avoir vu des infusoires pareils dans le sang pourri, lorsque celui-ci exhalait une odeur spermatique. Observateur moins exact que Spallanzani, il voit dans deux zoospermes accidentellement accolés, une génération par fissure.

On le voit donc, depuis Spallanzani et Gleichen, on ne s'était guère sérieusement occupé des zoospermes. Ces recherches furent reprises avec zèle par *Prévost* et *Dumas* (n. 44) dans leur histoire de la génération. Ces auteurs donnent les figures (pl. I, fig. 54-73) et les mesures d'un grand nombre de zoospermes, qu'ils appellent « animalcules spermatiques. » Ces figures dessinées à un grossissement de mille diamètres, et quelquefois à celui de 1500 à 1600 pour la tête, et de 2,500 pour la queue, reproduisent des effets de diffraction. L'usage d'amplifications aussi considérables dans un microscope non acromatique a dû nécessairement produire des images confuses. Pour mieux voir les animalcules, les auteurs ont ajouté un peu d'eau ou de salive au sperme ; ils ont vu les zoospermes rester vivants pendant plusieurs heures dans les organes génitaux de l'animal tué. Les animalcules spermatiques n'ont aucun état intermédiaire entre l'état parfait et la non-existence. Dès l'instant où on les aperçoit, ils se montrent tels qu'ils doivent être toujours; ils sont le produit d'une véritable sécrétion et diffèrent complétement des infusoires ; ils manquent chez les animaux impubères et chez ceux qui sont stériles par vieillesse; les mulets n'en ont pas. Quelques décharges d'une bouteille de Leyde tuent les animalcules; ceux-ci restent vivants au pôle négatif, mais ils meurent au pôle positif où l'acide se produit. Les auteurs décrivent aussi les animalcules de la salamandre, qui se courbent en un arc très-régulier, changeant de direction à chaque instant; mais ils ne parlent pas des « pointes » décrites par Spallanzani. Les animalcules des mollusques ont le corps ondulé dans toute sa longueur, se meuvent avec lenteur et se terminent par une tête obovale; ceux des poissons sont pourvus d'une queue. Voici la longueur des animalcules, exprimées en fractions de millimètre : Putois, 0,083; chien, 0,016; lapin, 0,040; chat, 0,040; hérisson, 0,066 ; cochon d'Inde, 0,083; surmulot, 0,166; souris, 0,080 ; cheval, 0,055 ; âne, 0,060 ; taureau, 0,058 ; bouc, bélier, 0,040; moineau, 0,083; coq, 0,045; canard, 0,032; pigeon 0,054; vipère, 0,066; couleuvre 0,100; orvet, 0,066; crapaud, 0,030; grenouille 0,026; salamandre à crète 0,400; escargot, 0,833; lymnée, 0,611. Ces auteurs ont fait encore beaucoup de recherches physiologiques sur la fécondation artificielle; ils croient les zoospermes absolument nécessaires à la génération et supposent même que ces animalcules deviennent le rudiment de la moëlle épinière.

Bory de Saint-Vincent (n. 45) crée, pour les parties du sperme désignées jusque là sous le nom de *vers*, *animalcules spermatiques*, etc., le nom de *zoospermes*, et il les définit en ces termes: Genre de la famille des cercariées, dans l'ordre des gymnodés, dont les caractères sont: corps non contractile, ovale, comprimé ou discoïde, terminé par un appendice caudiforme implanté et très-distinct, qui égale au moins ou surpasse ce corps en longueur. L'auteur nie avec raison l'existence des zoospermes chez les femelles, et dans les mâles avant l'âge de puberté et dans la vieillesse. La filtration du sperme, faite par Prévost et Dumas, pour prouver la nécessité des zoospermes dans la fécondation, ne paraît à Bory de Saint-Vincent un argument irrécusable, puisque d'autres parties, aussi bien que les zoospermes, peuvent être retenues ou altérées par le papier à filtrer. Les zoospermes ne sont pas un produit de la sécrétion, mais ils se développent dans le sperme comme les entozoaires dans les intestins; ils ne se forment non plus, comme les infusoires, dans un liquide corrompu (voyez pour les figures publiées en 1825, pl. I, fig. 30 à 53).

Nous devons ici encore mentionner les observations de *Dugès* (n. 46, p. 333) qui décrit les zoospermes du lombric comme corpuscules ovales aplatis. Les figures données par l'auteur rend assez probable qu'il a vu des faisceaux des zoospermes dont il n'a pas isolé les individus.

Les recherches de Bory de Saint Vincent fixèrent de nouveau l'attention des observateurs sur la place que l'on devait assigner aux zoospermes dans le règne animal. La plupart des auteurs, les plaçant parmi les infusoires, en font un genre particulier des cercaires, comme quelques observateurs précédemment nommés. C'est sous un point de vue analogue qu'en parlent *Burdach* (n. 47, *a, c*) *Müller, Cuvier*, etc. *Baer* (n. 47, *b*) leur donne le nom de *spermatozoa*, et les considère (n. 47, *c*) comme des parasites, en confondant, du reste, dans ses observations sur les mollusques, les zoospermes avec des morceaux d'épithélium vibratile. *Müller* (n. 48, p. 86, 89) prend les zoospermes pour une partie et l'indice de la plus haute vitalité du sperme; ce sont pour lui des infusoires. A cette époque, Müller croyait les infusoires produits par la décomposition de la substance animale. Enfin *Cuvier* (n. 49) place maintenant les zoospermes, des animaux, dit-il, sur lesquels on a fondé tant d'hypothèses bizarres, parmi les cercaires. *Czermak* (n. 50) divise les zoospermes en trois ordres : *Cephaloidea, Uroidea, Cephaluroidea ;* les premiers se rapprochent des monades; les seconds des vibrions; les derniers des cercaires. L'auteur signale aussi l'existence des granules et des globules dans les testicules des oiseaux en dehors de la saison d'amour; plus tard, dit-il, se forment des zoospermes, d'abord immobiles, ensuite remuants. Il est à regretter que cet auteur n'ait pas poursuivi ces observations. Les figures (pl. I, fig. 74-87) ne font rien connaître de précis, et les ombres sont 5 ou 6 fois trop fortes. Une opinion singulière et tout à fait isolée à l'époque où nous sommes, fut prononcée par M. *De Blainville* (n. 51). Cet auteur nie de nouveau l'existence des zoospermes et ne croit pas plus que Buffon à l'existence d'une queue.

En, jetant un coup-d'œil sur cette époque de près de 70 ans, que nous venons de parcourir, nous voyons que les bonnes observations y sont rares, mais que les auteurs ont quitté la voie purement spéculative sur l'usage des zoospermes, en s'adonnant à des recherches intéressantes physiologiques. D'un autre côté, l'examen de la forme et de la structure des zoospermes entraine beaucoup d'auteurs à les classer parmi les cercaires. Ainsi, contrairement aux idées de la première moitié du siècle passé, on prend les zoospermes pour des véritables animaux et on cherche à établir par des expériences positives le rôle qu'ils jouent dans la génération. Restait à savoir si les mâles de tout le règne animal étaient pourvus des zoospermes, et comment ceux-ci se développaient, moins pour combattre les anciennes idées sur la préexistence des germes, que pour résoudre un point curieux d'histoire naturelle. Ces recherches ont été provoquées par celles de Tréviranus, et nous allons les exposer dans le paragraphe suivant, après avoir rappelé les observations suivantes. *Morren* (n. 52) décrit dans le testicule de *Anlostoma nigrescens* des granules immobiles et des zoospermes à mouvement vermiculaire. *Treviranus* (n. 53, *a*, vol. I, p. 21; vol. II, p. 162; vol. 5, cah. II, p. 136) fixe son attention sur les zoospermes des animaux inférieurs, il dit que ceux-là diffèrent des infusoires, et il les compare au pollen des plantes (pl. I, fig. 88-95) en prenant l'anse formée par l'enroulement des zoospermes pour un disque. *Carus* (n. 54, p. 487) conteste aux filaments décrits par Treviranus le caractère des zoospermes; il les prend uniquement pour des cils vibratiles plus développés. Ces filaments, ajoute-t-il, ont la particularité de s'enrouler à leurs extrémités et de renfermer dans l'anse un disque lenticulaire. Ainsi, Carus était près de trouver l'explication du phénomène particulier que possèdent les zoospermes des animaux inférieurs, à savoir de se vriller; mais il parle encore des disques.

§ 5. *Recherches histologiques sur les zoospermes.*

Dans les époques précédentes, ainsi que nous l'avons vu, l'attention des observateurs s'est fixée, soit sur l'animalité des zoospermes, soit sur leur utilité et le rôle qu'ils jouent dans l'acte de la génération. On ne s'était occupé que du zoosperme lui-même, et on avait presque entièrement négligé les autres éléments du sperme. C'est sur ceux-ci que les recherches de *Wagner* et de *Siebold* ont appelé l'attention des naturalistes, en agitant l'importante question du développement des zoospermes; en même temps, les observateurs ont repris l'examen du sperme chez les animaux inférieurs, sujet entièrement oublié jusque là et qui à peine avait été effleuré par Leeuwenhoëk et par Treviranus. On s'est en même temps appliqué à étudier avec soin la figure et la structure de ces êtres dans les diverses classes d'animaux : ces études, jointes à celles sur le développement des zoospermes, constituent la période histologique, celle qui commence par Wagner et par Siebold, et qui s'est continuée jusqu'à nos jours. Nous allons maintenant rapidement examiner le nombre considérable de ces recherches modernes, dans leur ordre chronologique.

Wagner (n. 55, *b*, p. 220) émet le premier l'opinion que le développement des zoospermes a lieu dans des cystes et qu'il se trouve en rapport avec les fonc-

tions sexuelles de l'animal. Ces premières recherches ont été faites sur des sangsues, à propos d'une observation de Treviranus, qui affirmait avoir vu des œufs
dans des testicules de ces animaux. Wagner non seulement combat cette opinion, mais il affirme, en outre (n. 55, *c*, p. 368), que l'on peut reconnaître les
glandes sexuelles des mâles par la présence des zoospermes. Après avoir parlé
des zoospermes articulés chez les lombrics, etc. (n. 55, *a*, vol. II, p. 315, et n. 55,
b. p. 222), cet auteur décrit les zoospermes linéaires de la sangsue, rangés en faisceaux, et, en outre, de petits granules et d'autres globules plus grands et transparents qui ressemblent en effet aux œufs. Ces derniers sont probablement ,
dit l'auteur, des capsules dans lesquelles se développent les zoospermes.

Henle (n. 56, p. 574) constata, quelques mois plus tard, l'existence de ces globules dans les organes sexuels de *Branchiobdella*, où leur diamètre égale 0,1
à 0,3 mill., dans ceux de la sangsue et du lombric ; un grand nombre des filaments mobiles est attaché aux globules. L'auteur décrit, en outre, les enrou-
lements et les anses que forment les filaments par l'action de l'eau, et il signale
des corps particuliers dans le sperme des écrevisses. Dans ceux de l'homme, lorsqu'ils sont morts, il voit, avec *Schwann*, un suçoir et la queue souvent séparée
de la tête, comme chez les cercaires.

Ce suçoir avait été déjà signalé par *Ehrenberg* (n. 57, *a*) en 1830 ; cet auteur ,
du reste, ne se préoccupe des zoospermes que sous le point de vue de leur classification. Il les sépare des infusoires (n. 57, *a*, *b*) parce qu'ils n'ont pas de structure polygastrique, ni le caractère des rotifères ; il les range parmi les entozoaires, sous le nom de *trematoda pseudo-polygastrica*, dans une famille particulière, appelée *cercozoa*, à laquelle il rattache les genres *cercaria*, *histrionella* et
phacellura, analogues aux distomes. Ehrenberg persiste encore plus tard (n. 57,
c) dans cette opinion ; il affirme avoir reconnu à leur intérieur des organes que
l'on ne trouve pas, il est vrai, dans les dessins des auteurs, mais qui lui ont
paru tout-à-fait analogues à ceux qu'il a pu constater jadis (n. 57, *b*, en 1828)
dans les *Histrionella*. C'est donc avec ces derniers que les zoospermes ont le plus
d'analogie.

Wagner continua avec beaucoup de zèle ces observations sur les zoospermes,
et publia sur ce sujet plusieurs articles (n. 58, *a*, *b*, *c*) dans les journaux. Plus
tard (n. 58, *a*) parut un travail complet de cet auteur, dont nous allons maintenant donner un extrait, en rappelant toutefois d'abord quelques observations
isolées.

Lampferhoff (n. 59) ne trouve pas des zoospermes dans les vésicules séminales du cheval, du bœuf et de quelques rongeurs. *Muller* (n. 60) compare les
mouvements des zoospermes de *Petromyzon marinus* à ceux des infusoires ; il
regarde les premiers comme de véritables animaux. *Valentin* (n. 61) décrit des
granules et des lamelles d'épithélium, outre les zoospermes, dans les organes de
génération d'un supplicié. *Mayer* (n. 62, octobre, p. 165) signale de nouveau le
phénomène particulier que présente la queue des zoospermes de la salamandre,
et qui était déjà connu à Spallanzani. Mayer dit avoir vu un mouvement vibratile sur la partie convexe de la queue, mouvement produit par des petits globules privés de cils. *Siebold* (n. 63, juin, p. 40) donna une autre explication de

ce phénomène. La queue, dit-il, est très-mince et forme, en se repliant, une spirale autour d'elle-même qui finit à la tête. Les ondulations de cette spirale font supposer le mouvement vibratile. *Remak* (n. 64, août) s'accorde avec l'opinion de Siebold. *Wagner* (n. 58, *d*) avait déjà émis des idées analogues.

Voici maintenant le résumé des recherches de *Wagner* (n. 58, *d*). Trois éléments principaux paraissent caractériser le sperme : un liquide homogène de granules ou globules et les zoospermes. Le liquide homogène se coagule par les acides et par l'alcool et devient alors une masse transparente, finement granulée. Les corpuscules ronds ou de formes diverses (indiquées dans les figures 1-24, pl. II, par la lettre *B*), sont beaucoup plus nombreux dans le testicule que dans le vaisseau efférent et se trouvent en rapport intime avec le développement des zoospermes. Parmi eux, on voit quelquefois des globules de graisse (fig. 1, *C*, 13, *C*). Les zoospermes naissent en masse dans des cystes particuliers (fig. 5, *B*, *d*, *e*; fig. 7, *B*, *e*, *f*) qui paraissent être une transformation des globules primitives (fig. 5, *B*, *a*, *b*, *c*; fig. 7, *B*, *a*, *d*). Le développement des zoospermes est en rapport intime avec les époques de rut chez les divers animaux. Les zoospermes sont des éléments essentiels du sperme; leur naissance ne peut s'expliquer que par une génération spontanée. Les zoospermes sont beaucoup plus vifs dans le vaisseau efférent que dans le testicule; dans cet organe leurs mouvements sont fort obscurs ; mais ils deviennent manifestes , lorsqu'on ajoute une goutte d'eau. Leurs formes sont différentes selon les genres et les espèces des animaux (fig. 1-24, *A*). Chaque animal n'a qu'une seule espèce de zoospermes, mais tous les animaux de la même espèce ont des zoospermes de la même forme. Chez les vertébrés, les zoospermes ont des formes d'autant plus différentes que les espèces se distinguent davantage les unes des autres. Toutefois, les animaux de la même classe et du même ordre ont dans leurs zoospermes un caractère général commun.

Plus la classe est haut placée dans l'échelle des vertébrés, plus aussi est constant le type général de leurs zoospermes. Les mammifères ont des zoospermes du type des cercaires (fig. 1-4): un corps aplati, arrondi ou pointu, et une queue beaucoup plus longue, très-fine. Chez les oiseaux, deux formes principales des zoospermes se rencontrent ; chez les oiseaux de chant, le corps est une spirale allongée (fig. 6-12); chez les autres oiseaux (fig. 5) il est en forme de baguette ou un peu courbé. Chez les amphibiens (fig. 13-16) et les poissons (fig. 17-19), et probablement aussi chez les invertébrés (fig. 20-24), il existe de très-grandes différences selon les divers ordres.

Nous allons maintenant donner quelques détails sur les zoospermes des vertébrés, décrits par Wagner. Le corps des zoospermes de l'homme (fig. 1, *A*) est en forme d'amande; les globules spermatiques ont 0,1 à 0,5 de ligne. Les zoospermes des singes (fig. 2) se rapprochent le plus de ceux de l'homme, mais le corps est plus grand et ovale. Les zoospermes de la souris (fig. 3) ont un mouvement ondulatoire; placés dans l'eau, ils s'enroulent et forment des anses; ils sont plus petits dans le testicule; le corps a une forme particulière. Les globules spermatiques ont 0,1 à 0,3 de ligne. Les zoospermes du lapin sont transparents. Chez l'*Erinaceus europæus* (fig. 4), les zoospermes existent en masses

compactes, dans l'épididyme et dans le vaisseau efférent. Les globules spermatiques ont des grandeurs différentes dans le pigeon (fig. 5, *B*, *a-c*), depuis 1/300
jusqu'à 0,1 de ligne; en *d*, on voit le contenu granulé déjà remplacé par des
zoospermes; en *f*, un groupe de zoospermes immobiles, dont l'auteur n'a pas
vu les queues. La lettre *g* se rapporte à un zoosperme altéré par l'action de
l'eau. Les globules spermatiques de *Parus ater* ont $\frac{1}{100}$ à $\frac{1}{300}$ de ligne (fig. 6);
on y remarque, en outre, des molécules très-ténues. Dans la fig. 7 est donné le
développement des zoospermes de *Parus cristatus*, identique avec celui observé
dans tous les oiseaux de chant. Les globules spermatiques sont représentés en
B, *a*, *b*, *c*, *d*; on voit, en *e*, un faisceau de 10 à 12 zoospermes dans l'intérieur
de la vésicule; ce kyste devient plus tard allongé, en forme de massue; *f*, les
têtes des zoospermes sont placées dans la portion renflée. Les fig. 7, *A*, 8-11,
donnent les zoospermes de divers oiseaux de chant, qui tous ont le corps en
forme de spirale. Les globules spermatiques du lézard (fig. 13, *B*, *a*) ont 1/100
à 1/300 de ligne; on y voit, en outre, des corps opaques, granulés (*b*), grands de
1/80e de ligne et qui paraissent être de nature huileuse. Les mouvements des
zoospermes de la grenouille (fig. 14, *A*) sont très-variés; quelques-uns portent
à leur queue un bouton ou un globule qu'ils font rebondir en même temps
que la queue (fig. 14, *A*, *c*). La grandeur des globules spermatiques (fig. 14, *B*)
varie de 1/300e à 1/75 de ligne; les plus grands (*B*, *c*) ressemblent aux œufs de
quelques invertébrés. La tête du zoosperme de la salamandre (fig. 15, *A*,*a*) porte
un petit nodule (*A*, *b*, grossissement idéal) qui peut avoir 1/2000e de ligne pour
diamètre. Un mouvement vibratile existe sur la queue (*c*); mais l'auteur n'a
pas pu distinguer les cils. Les globules spermatiques sont très-pâles (*B*, *a*),
ayant 1/100e à 1/200e de ligne pour diamètre; d'autres granulés (*b*) ont un 1/50
de ligne. Les mouvements des zoospermes des tritons (fig. 16, *A*,*a*) sont ondula-
toires, ressemblant à ceux des ressorts de montre; le zoosperme ne change guère
de place. On observe sur la queue, surtout sur le bord convexe, un mouvement
vibratile qui provient de cils très-fins, placés peut-être en spirale autour de la
queue; d'autres fois, on croit distinguer un fil roulé en spirale autour de la
queue; ces aspects divers sont représentés dans la fig. 16, *A*, *b*, *c*. On distingue
facilement les globules spermatiques aplatis (fig. 16, *B*) des globules sanguins
et des globules lymphatiques (*C*); les premiers ont 1/90 à 1/120 de ligne pour
diamètre. Chez les poissons osseux, les zoospermes sont globuleux (fig. 17).
L'auteur n'a pas pu d'abord voir la queue sur tous les zoospermes; mais plus
tard (n. 58, p. 580) il est arrivé à distinguer, sur le corps, un petit nodule,
dont part la queue, longue de 1/40 de ligne. Les zoospermes des autres poissons (fig. 18-19) ont été peu étudiés. Les recherches sur les zoospermes des
invertébrés (fig. 20-24) s'accordent avec celles faites par Siebold; ils paraissent
se développer comme ceux des oiseaux de chant. Les globules spermatiques
d'*Agrion virgo* atteignent la grandeur de 1/80 de ligne (fig. 20, *B*.). Dans le
genre *Cypris*, les zoospermes (fig. 21) existent à côté des œufs, dans les mêmes
individus. Chez les gastéropodes (fig. 22-23), la tête des zoospermes est très-
petite, quelquefois à peine marquée, la queue longue, filiforme. Les zoospermes
de *Limax ater* sont également filiformes; la tête paraît être en forme de S

(fig. 24). Les genres *Limax*, *Helix*, *Cyclas cornea* sont hermaphrodites. L'auteur a pu constater l'enroulement particulier des zoospermes des invertébrés (fig. 22), produit par l'action de l'eau, et déjà observé par Henle et par Siebold. — La plupart des figures sont dessinées à un grossissement de 800 à 900 fois. Pour éviter l'action de l'eau, Wagner a délayé le sperme avec du sérum sanguin, de l'albumine ou de l'eau sucrée. L'alcool, en tuant les zoospermes, peut servir à faire étudier leurs mouvements convulsifs. Les mesures suivantes ont été données par *Wagner*, en fractions de ligne *Parus cristatus*, $\frac{1}{10}$; *Parus cœruleus*, $\frac{1}{25}$; *Turdus viscivorus*, $\frac{1}{25}$; *Alauda camp.*, $\frac{1}{30}$-$\frac{1}{40}$; *Fringilla spinus*, $\frac{1}{15}$; *Vanellus crist.*, $\frac{1}{100}$; *Fringilla cœlebs*, $\frac{1}{10}$-$\frac{1}{11}$; *Salamandra maculata*, $\frac{1}{10}$; *Triton tœniatus*, $\frac{1}{5}$-$\frac{1}{6}$; *Cyprinus brama*, $\frac{1}{600}$-$\frac{1}{800}$; *Petromyzon planeri*, $\frac{1}{100}$; *Agrion virgo*, $\frac{1}{50}$-$\frac{1}{60}$; *Cypris*, 1; *Succinea amphibia*, $\frac{1}{6}$; *Limnacus stagnalis*, $\frac{1}{2}$. Chez les animaux suivants, le corps et la queue ont été mesurés séparément : *Homo* : corps, $\frac{1}{800}$-$\frac{1}{1000}$; queue, $\frac{1}{40}$-$\frac{1}{60}$; *Cercopithecus ruber* : corps, $\frac{1}{800}$; queue, $\frac{1}{50}$-$\frac{1}{75}$; *Mus musculus* : corps, $\frac{1}{400}$; queue, $\frac{1}{20}$-$\frac{1}{25}$; *Lepus cuniculus* : corps, $\frac{1}{300}$-$\frac{1}{400}$; queue, $\frac{1}{40}$; *Erinaceus europœus* : corps, $\frac{1}{605}$; queue, $\frac{1}{40}$; *Columba domestica* : corps, $\frac{1}{100}$; queue, $\frac{1}{40}$; *Lacerta agilis* : corps, $\frac{1}{500}$; queue, $\frac{1}{50}$-$\frac{1}{60}$; *Rana esculenta* : corps, $\frac{1}{100}$; queue, $\frac{1}{40}$; *Palludina impura* : corps, $\frac{1}{400}$; queue, $\frac{1}{2}$; *Limax ater* : corps, $\frac{1}{800}$; queue, $\frac{1}{6}$; *Cyclas cornea* : corps, $\frac{1}{400}$; queue, $\frac{1}{30}$-$\frac{1}{40}$; *Cobitis fossilis* : corps, $\frac{1}{500}$-$\frac{1}{600}$; queue, $\frac{1}{40}$.

Presque au même temps que les recherches de Wagner furent faites et publiées, *Siebold* (n. 65) fit connaître ses nombreuses observations sur les zoospermes des animaux invertébrés. L'auteur décrit (n. 65; *a*) avec soin les zoospermes capillaires des insectes, leur mode de développement et les zoospermes des crustacés. Les premiers se développent par faisceaux (pl. II, fig. 32 à 40); mais l'origine de ces faisceaux est inconnue (n. 65, *a*, p. 24). Siebold donne aussi des détails sur la propriété qu'ont ces zoospermes de se vriller dans l'eau (pl. II, fig. 25 à 31) Plus tard (n. 65, *b*), l'auteur décrit les zoospermes des helminthes et de *Palludina vivipara*, sous le même point de vue (pl. II, fig. 41-49), ceux des méduses (n. 65, *c*), et enfin (n. 65, *d*) ceux des bivalves et dans les femelles d'insectes fécondées. Il nous est impossible d'entrer dans les détails de ces observations, et il nous suffira d'avoir indiqué le caractère général de ces recherches. Ajoutons encore que Siebold (n. 65, *e*), ayant trouvé en hiver trois femelles de *Vespa rufa*, *Lin.*, constata des zoospermes vivants dans le réceptacle spermatique; les mâles n'hivernant pas, ce fait explique comment les femelles peuvent au printemps poser des œufs fécondés.

Les recherches de Wagner et Siebold éveillèrent vivement l'attention des observateurs, non-seulement en Allemagne, mais aussi en Angleterre et en France. Le nombre considérable des publications nous obligera d'être très-succincts.

J. Davy (n. 66, juillet, p. 357) affirme que les zoospermes, chez l'homme, n'existent que dans les vaisseaux déférents et dans les vésicules séminales. Les testicules ne renferment qu'un liquide peu abondant, quelques globules de la grandeur de ceux du sang et des molécules qui, suivant Davy, sont les œufs des zoospermes. L'auteur affirme également qu'il y a constamment chez l'homme une évacuation spontanée des zoospermes avec l'urine : cette opinion se fonde probablement sur des observations faites sur un homme affecté de pertes séminales. *Valentin* (n. 57, *a*, p. 133 ; *b*, 187) confirme la plupart des observations de Wagner et de Siebold ; il décrit les zoospermes capillaires de *Pentastoma tænioïdes*, et croit (*a*, p. 141) que le globule attaché à la queue des zoospermes de la grenouille, décrit par Wagner, n'est autre chose qu'une anse. Toutefois plus tard (n. 67, *b*, p. 189) il revient de cette opinion, et suppose que ces globules sont une espèce de vitellus destiné à la nutrition de l'animalcule. Le mode de développement des zoospermes, décrit par Wagner et Siebold, chez les invertébrés et les oiseaux, a lieu également, d'après Valentin (n. 67, *a*, p. 145) chez les mammifères, à savoir chez le lapin et chez l'ours (pl. II, fig. 52). L'auteur décrit (n. 67, *c*) dans les zoospermes de l'ours des organes internes (pl. II, fig. 50, 51).

En France, plusieurs observateurs s'occupent également des zoospermes sous un point de vue physiologique ou purement histologique. *Donné* (n. 68, *a*, N. 206, 212 ; *b*) fait connaitre ses intéressantes expériences concernant l'action des divers liquides de l'économie animale sur les zoospermes ; il publie plus tard (n. 68, *c*) la description détaillée de ces observations, et regarde les zoospermes comme de véritables animaux. *Suriray* (n. 69, p. 357) donne une figure inexacte des zoospermes de lombric. *Dujardin* (n. 70, *a*, p. 240) décrit les zoospermes de l'homme, du cheval et de l'âne ; il parle, ainsi que plusieurs auteurs précédemment cités, des lambeaux adhérents à la base du filament, et pense que les zoospermes sont produits par sécrétion sur la membrane des tubes séminaux, et que, par conséquent, ce ne sont pas de véritables animaux. Devancé dans la publication de ces recherches sur les zoospermes du triton par *Mayer* et *Siebold*, il communique quelques mois plus tard (n. 70, *b* ; Acad. des sciences, 26 mars 1838) la description de ces zoospermes. Les ondulations particulières de la queue sont dues, d'après cet auteur, à l'agitation vive d'un filament accessoire qui part de la partie antérieure et forme autour du filament principal une hélice lâche. Les figures ont été données plus tard (n. 70, *d*, p. 21) (pl. III, fig 1, 2). Enfin, Dujardin fait connaitre ses observations sur les zoospermes du cochon d'Inde, sur ceux de la carpe (n. 70, *b*, p. 47), et de la grenouille (*ibid*, p. 131 ; et n. 70, *c*, p. 291). A cette occasion *Peltier* (n. 71, p. 132) rappelle qu'il a fait connaitre en 1834, à la Société des sciences naturelles, les observations qu'il avait faites, en 1831, sur l'origine et le développement des zoospermes de la grenouille. Ces observations qui ne furent point publiées, se rencontrent en plusieurs points avec celles de Wagner et Siebold. Peltier avait également décrit les transformations que subissent les zoospermes sous l'influence de l'eau. Nous communiquons à la Société philomatique (n. 72, *a*, 23 mars) les figures de quelques formes anormales de zoospermes humains, qui n'ont été publiées que plus tard (n. 113) d'après les dessins de *Turpin*. Nous fixons également (n. 72, *b*, p. 148) l'attention des médecins sur l'utilité des recherches microscopiques dans les pertes séminales, et *Lallemand* (n. 73, t. II, p. 418) indique les moyens de les constater de la manière la plus prompte dans les urines. Cet auteur parle, ainsi que *Labat* (n. 74, 16 mai) des zoospermes imparfaits qui se présenteraient quelquefois sous forme de globules brillants dans la spermatorrhée. *Bayard* (n. 75, *a*) décrit la manière dont il faut procéder pour reconnaître, dans un but médico-légal, les zoospermes dans les taches de linge. *Devergie* (n. 75, *b*, janvier) cherche à donner plus de certitude aux signes de la mort par suspension, par l'examen de la matière contenue dans l'urèthre. Dans quelques cas, au lieu de zoospermes, il n'a rencontré que de petits corps ovoïdes, ressemblant à des animalcules sans queue. *Nordmann* (n. 76) décrit les zoospermes des polypes et de quelques autres animaux inférieurs. *Lallemand* (n. 77, p. 30, 257 et 262) publie les recherches dont il avait déjà donné lecture précédemment, en 1840 et 1841, à l'Académie des sciences. La tête des zoospermes présente, d'après cet auteur, près de l'insertion de la queue, un point très-brillant ; autour de ce globule brillant, qui est le rudiment du zoosperme futur, et que l'auteur a observé dans les pertes séminales, s'amasse la matière qui forme la tête et la queue. Sur trente-trois cadavres, Lallemand n'a trouvé que deux fois des animaux spermatiques dans le testicule. Après avoir exposé ses intéressantes recherches sur le sperme dans les maladies, sur les spermatophores, il développe ses idées sur l'origine des zoospermes. Ceux-ci sont isolés dès le principe ; quand il en arrive un plus ou moins grand nombre à la fois, les zoospermes sont groupés en faisceaux ; si les têtes rencontrent plus bas un liquide gluant, elles s'en coiffent, comme dans les oiseaux, etc.; c'est ainsi que Lallemand explique la présence du kyste qui, d'après Wagner, donnerait naissance aux zoospermes (pl. III, fig. 19-22). Les spermatozoaires, conclut cet auteur, ne sont pas le produit d'une sécrétion, mais celui d'une séparation d'une partie organisée et vivante ; qu'on appelle donc les zoospermes des parties vivantes, des tissus vivants, etc., doués de mouvements spontanés, mais non pas des animalcules, lorsqu'on veut attacher à cette expression l'idée d'animaux très-petits, provenant d'individus semblables à eux. *Peltier* (n. 78, p. 392) rappelle, à l'occasion des lectures faites par M. Lallemand, ses anciennes observations sur le développement des zoospermes, dont nous avons déjà parlé (n. 71). *Prévost* (n. 79, p. 407) décrit les courbures que forment les zoospermes de la grenouille placés dans l'eau. Les poisons les tuent. Le sperme filtré a perdu toutes ses propriétés fécondantes. *Doyère* (n. 80.) donne les figures des zoospermes du Macrobiotus Hufelandii (Pl. III. fig. 18). *Milne Edwards* (n. 81, XIII, p. 193) et *Peters* (n. 82; p. 98) examinent les corps découverts par Swammerdamm et par Needham, dans les organes mâles des Céphalopodes. Ces corps ne sont ni des animalcules spermatiques, ni des vers parasites, mais toujours un étui composé de deux tuniques et renfermant un long tube, le réservoir spermatique, contenant des milliers de zoospermes. Ces corps éclatent, et laissent échapper le sperme. Les auteurs proposent de les appeler *spermatophores*.

Tandis que ces travaux s'achevaient en France, les observateurs d'Allemagne continuèrent leurs observations et les publièrent successivement. La suite des recherches de *Wagner* (n. 83) donne de nouveaux détails sur le développement des zoospermes et sur leur caractère d'animalité (Pl. II, fig. 53-68). *Gerber* (n. 84) affirme avoir trouvé des organes dans les zoospermes du cochon d'Inde (Pl. III, fig. 38.), comme Valentin dans ceux de l'ours. *Carus* (n. 85, p. 1-19), *Siebold* (n. 87, p. 301) et avec le plus de détail, *Krohn* (n. 86, p. 17) décrivent les spermatophores de quelques animaux inférieurs et réfutent l'opinion précédemment

énoncée par *Wagner* (n. 55, *a*), suivant laquelle ces corps seraient des entozoaires. *Wagner* (n. 89, p. 98) démontre la duplicité des sexes chez les patelles,
et *Erdl* (n. 89, p. 99) dans les polypes. *Peters* (n. 82, p. 143), de même que
Rathke (n. 89, p. 65) annoncent l'existence des zoospermes chez les échino-
dermes. *Siebold* (n. 86, p. 36) décrit le mode d'accouplement de *cyclops castor*
et publie (p. 1-35) des nouvelles recherches sur les zoospermes des méduses qui
confirment ses précédentes observations. *Hallmann* (n. 90, p. 467) s'occupe du
développement des zoospermes dans les raies (Raja rubus), développement conforme aux recherches de Wagner et de Siebold (Pl. III, fig. 3-17). *Valentin*
(n. 91, p. 355) décrit les zoospermes capillaires du protée, rangés en faisceaux.
Dans ses recherches précédentes, (n. 55, *c*, vol. II, p. 215), *Wagner* avait décrit
comme zoospermes chez les actinies, des fils particuliers qui se développent
dans des capsules de la peau et qui produisent au toucher un sentiment analogue à la piqûre d'ortie. L'auteur retrouve ces mêmes fils chez les méduses
(n. 92) et *Erdl* (n. 93, p. 429) chez les polypes. D'après ces recherches, ces fils
diffèrent complétement des zoospermes. *Leukart* (n. 94) donne un résumé historique des recherches concernant les spermatophores. *Prévost* (n. 95) décrit
les zoospermes de la grenouille et il les voit mourir par l'action des narcotiques.
Vogt (n. 96, p. 33) s'occupe des zoospermes du Diplozoon. *Mayer* (n. 97) fait
quelques réflexions théoriques sur les zoospermes en général. *Siebold* et *Bagge*
(n. 98, p. 11) signalent dans le fond de la matrice du *strongylus auricularis* et
des *ascarides* des cellules particulières que les auteurs supposent avoir quelques
rapports avec les zoospermes.

   Koelliker (n. 99), après avoir étudié avec soin les zoospermes d'un grand
nombre d'invertébrés, propose de les appeler *fils spermatiques*. Il distingue deux
formes principales : des fils spermatiques capillaires et ceux qui ont la figure
d'une épingle (Pl. III. fig. 23 à 35). Il existe quelquefois des fils spermatiques
d'une forme analogue, chez des animaux très-différents les uns des autres. Aucune organisation ne peut être démontrée avec certitude chez les zoospermes,
ni aucune trace de reproduction. Les mouvements uniformes des fils spermatiques sont essentiellement différents de ceux des autres animaux. Cette dernière opinion de l'auteur nous paraît résulter de ses recherches trop exclusivement consacrées aux zoospermes des animaux inférieurs; il faut être prévenu
par des idées théoriques pour ne pas apercevoir dans les mouvements des
zoospermes, surtout de ceux des animaux vertébrés, une spontanéité bien plus
prononcée que dans une foule d'infusoires. Koelliker considère les zoospermes
purement comme des éléments organiques; car il ne peut pas admettre que
des animalcules constituent une partie essentielle d'un autre liquide organique. Résumant toutes ses observations sur le développement des zoospermes,
il établit cinq types suivant lesquels ce développement aurait lieu : I. Chaque
fil spermatique se développe dans une cellule particulière qui s'accroît d'un
ou de deux côtés et finit par se transformer entièrement en un fil. Les cellules
sont isolées (Cirrhipèdes, *Limnaeus stagnalis*) ou réunies par groupes *(Doris,
Branchiobdella, Pontobdella)* ou renfermées dans des cellules mères *(Branchiobdella, Turbo, Flustra)*. Mais nous ferons remarquer que toutes ces cellules sont

dépourvues des noyaux (voy. les figures, pl. III.) et que nulle part, dans l'organisme, on ne voit un fil se développer dans une cellule. II. Chaque cellule du testicule donne naissance à un faisceau de zoospermes, par la transformation de la cellule en cylindre qui se résout en fils. Koelliker s'appuie sur les observations de Siebold concernant les zoospermes de *Palludina vivipera* (voy. pl. II.); mais ces observations sont encore incomplètes. III. Les fils spermatiques se forment en grande quantité dans l'intérieur de grandes cellules, probablement d'une manière analogue à celle du développement des fibres musculaires. L'auteur rappelle les observations de Wagner sur les zoospermes des oiseaux et ceux de Lallemand concernant la raie. IV. Chaque fil spermatique se forme dans une cellule isolée. Koelliker a observé ce développement chez la souris et le cochon d'Inde (Pl. III. fig. 29). Dans les testicules de ce dernier on trouve une grande quantité de cellules remplies de granules, ayant un diamètre de 0,0035 à 0,005 de ligne. D'autres, moins nombreuses, sont larges de 0,02 à 0,03 de ligne et remplies des cellules précédentes. Chacune de ces petites cellules granulées donne naissance à un zoosperme, de la manière suivante: Le contenu granulé se résout peu à peu et en même temps le fil spermatique se dépose en spirale sur la paroi cellulaire. Le fil spermatique est étroitement serré contre la paroi, de sorte qu'il est impossible de voir distinctement ces deux éléments; mais en faisant rouler la cellule, on aperçoit le contenu granulé et le fil spermatique. Celui-ci fait en général 2 à 2 1/2 tours; il n'a pas encore la forme élégante qu'il adopte plus tard, lorsqu'il est libre; toutefois il paraîtrait que la cellule se dissout et que le fil se déroule. Chez la souris, Koelliker a vu quelquefois deux fils dans la même cellule. V. Les fils spermatiques se forment par faisceaux dans des cellules finement granulées par la fusion de petites molécules qui se transforment en fibres. Ce type n'a été observé par Koelliker que dans la sangsue; mais il avoue lui-même ne pouvoir pas affirmer avec certitude que plusieurs molécules se réunissent et s'accroissent en fil spermatique. Ajoutons encore que l'auteur penche à considérer la tête du zoosperme comme débris de la cellule qui a donné naissance au fil spermatique, et que, selon lui, cette tête reste étrangère au mouvement du zoosperme. Cette dernière assertion est inexacte, car nous l'avons vu se plier (Pl. IV. fig. 9) dans les zoospermes du coq; et quelle ressemblance peut-il y avoir entre une cellule et, par exemple, la tête des zoospermes de la salamandre, si bien dessinée par Amici (Pl. III. fig. 50)?

Henle (n. 100) appelle également les zoospermes *filaments spermatiques*; la tête est homogène (pl. III, fig. 36); il adopte les vues de Koelliker, quant au développement de ces filaments chez les mammifères. *Valentin* (n. 101, p. 277) aussi partage l'opinion de Koelliker sur l'animalité des zoospermes, et propose de les appeler *corps spermatiques*. Kraemer (n. 102), à la suite d'un grand nombre de recherches concernant les mouvements des zoospermes, se prononce en faveur de leur animalité. *Siebold* (n. 103, *a*, p. XCIII) affirme que, chez les annélides, les zoospermes se développent en dehors des kystes; il communique encore (n. 103, *b*, CL, CLXII) ses observations sur le *Cynips divisa* et le *Branchiobdella parasita.* Stein (n. 104, p. 238) s'occupe des myriapodes (Pl. III. fig. 37). *Milne-Edwards* (n. 105, p. 331) donne une description détaillée des spermatophores des céphalopodes. *Bischoff* (n. 106) affirme avoir trouvé des zoospermes à la surface de l'œuf fécondé. *Klenke* (n. 107) voit dans quelques zoospermes déformés ou accidentellement accollés un argument pour adopter une reproduction de ces éléments par gemmation ou par scission. *Dujardin* (n. 108) donne les détails et les figures (Pl. III. fig. 39 à 49) de différents spermatozoaires qui, selon l'auteur, ne sont pas des animaux, mais de simples dérivés de l'organisme, produits par la surface interne des tubes séminifères, dont on voit même quelquefois des lambeaux irréguliers attachés à la queue.

A cette époque, M. *Amici*, arrivé à Paris, nous communiqua ses dessins (Pl. III, fig. 50) des zoospermes de la Salamandre aquatique; le mouvement particulier, observé sur la queue, est produit, selon Amici, par une membrane, et non pas par un fil. M. *Pouchet* nous communiqua verbalement, quelques jours avant, une opinion identique; il envoya sur le même sujet plus tard (n. 114) une note à l'Académie des sciences; la commission (n. 117, 13 avril) confirme l'existence de cette membrane, sans y trouver un argument nouveau pour l'animalité des zoospermes en général. Il nous semble convenable d'appeler cette membrane, *membrane vibratile*. *Goodsir* (n. 109, octobre) n'a pas pu voir les corps particuliers qui existent dans le sperme des crustacés. *Gulliver* (n. 110, p. 469) ne trouve aucune différence entre les zoospermes du chameau et ceux des autres animaux. *Fée* (n. 111) affirme avoir vu dans l'urine humaine, chargée de zoospermes, des capsules contenant à l'intérieur des zoospermes. *Pouchet* (n. 112, 29 avril) considère les zoospermes de l'homme comme possédant une organisation interne et signale une espèce d'épiderme qui serait rejeté, sur quelques individus, en arrière comme la dépouille épidermique de certaines larves; il parle également du globule attaché à la queue des zoospermes de la grenouille et déjà figuré par Wagner. Nous rappelons (n. 113, *b*, 13) mais à cette occasion, notre opinion précédemment émise (n. 113, *a*, p. 496), suivant laquelle cette membrane serait le reste de la cellule dans laquelle le zoosperme s'est développé. Mais bientôt, ayant soumis ces formations à un examen suivi, nous avons reconnu leur véritable caractère et nous l'avons indiqué dans les tableaux en relief, exécutés sous notre direction par M. Thibert. Nous exposerons ces recherches dans le chapitre suivant. *Siebold* (n. 115) décrit les spermatozoïdes des locustaires qui, pourvus d'un appendice anguleux, forment dans le réservoir séminal de la femelle un corps penniforme ayant une apparence de tige avec deux séries de barbules. *Dujardin* (n. 108) avait signalé des corps penniformes analogues dans le sperme du testicule du *sphacrodus terricola* et de la cigale de l'orne. *Duvernoy* (n. 116) expose l'état actuel de nos connaissances sur le sperme dans leurs rapports avec l'histoire naturelle. *Kaula* (n. 118) fait ressortir tout le parti que peut tirer des recherches microscopiques la pratique médicale dans le traitement des pertes séminales. *Quatrefages* (n. 119, 24 août) enfin dit que chez les Némertiens, comme chez les Annélides, « la structure cellulaire » ne joue aucun rôle dans le développement des spermatozoïdes. « Des masses homogènes transparentes se partagent par des sillons de plus en plus nombreux, qui rappellent ce qui se passe dans le vitellus, lors des premières heures de l'incubation. Bientôt ces masses se résolvent, pour ainsi dire, en spermatozoïdes, qu'on voit souvent, encore réunis par la tête, agiter vivement l'appendice caudal. »

CHAPITRE SECOND.

RECHERCHES DE L'AUTEUR.

PLANCHE IV.

(Planche dix de la seconde série).

§ 1.

Les auteurs qui se sont occupés des recherches micrographiques sur le sperme ont considéré les zoospermes, ainsi que nous l'avons vu dans les paragraphes précédents, sous trois points de vue différents. A peine découverts, les animalcules furent d'abord le sujet des méditations téléologiques et philosophiques concernant leur usage et leur destination dans l'acte mystérieux de la génération ; on quitta plus tard cette voie pour entreprendre des recherches plus positives, des expériences physiologiques propres à nous éclairer sur le rôle joué par les zoospermes ; enfin, après avoir discuté l'animalité de ces éléments essentiels du sperme, on examina, avec sang-froid, sous un point de vue purement histologique, leur structure, leurs formes et leur développement dans la série animale, espérant arriver ainsi à la solution des questions soulevées. Nous allons à notre tour examiner les zoospermes, en parcourant successivement chacune de ces voies tracées, pour choisir celle qui paraîtrait la plus instructive.

§ 2.

Nous n'avons guère besoin d'insister longtemps sur l'inutilité des réflexions purement spéculatives concernant l'usage des zoospermes. Quelque séduisantes qu'eussent été les hypothèses des naturalistes, l'observation est venue les anéantir les unes après les autres. L'existence de l'œuf, démontrée par tous les savants, a ôté toute valeur aux idées de *Leeuwenhoëk* et de ses sectateurs qui ont vu dans les zoospermes le germe des fœtus. Qui croit encore aux molécules organiques de *Buffon*, puisqu'on sait que cet observateur a confondu les zoospermes avec les infusoires et que, pour sauver son hypothèse, il en a créé une autre destinée à expliquer l'existence de l'appendice des zoospermes ? Dans l'état actuel de nos connaissances sur le développement de l'embryon, les idées de *Lieberkühn* et de *Prévost et Dumas* ne peuvent plus se produire. Une seule opinion trouve encore quelque indulgence devant les naturalistes, c'est celle de *Maupertuis*, développée depuis, suivant laquelle le rôle des zoospermes consisterait à diviser les liquides épais du sperme, à contribuer à leur marche progressive dans les organes génitaux de la femme et à exciter le mâle à l'acte de la copulation par leurs mouvements dans les vésicules séminales. Que l'usage des zoospermes se borne à ces effets, nous n'oserions pas l'affirmer : toujours est-il que ce sont là les seuls faits raisonnables que l'on peut *a priori* mettre en rapport avec l'existence des zoospermes. Il est remarquable que les cils vibratils des trompes, au lieu de favoriser la marche des liquides spermatiques, agissent au contraire dans un sens opposé, et que par conséquent la part que prendraient les zoospermes sur la progression du sperme doit être considérable.

Si ces hypothèses ne nous ont pas fourni des résultats brillants, examinons maintenant ceux obtenus par les expériences physiologiques.

§ 3.

Les recherches de *Spallanzani* et de *Prévost et Dumas* conduisent à considérer les zoospermes comme nécessaires à l'acte de la fécondation. Il est vrai, le premier de ces auteurs n'a pas tiré ces conclusions de ses recherches; mais lorsqu'on examine (p. 66) ses observations qui doivent prouver le contraire, on voit qu'elles ne sont pas faites avec un degré suffisant d'exactitude et de sévérité pour autoriser une opinion qui contesterait aux zoospermes une part quelconque dans la fécondation de l'œuf. La présence absolument nécessaire des zoospermes pour cet acte a été mise en avant surtout par *Prévost et Dumas* et a paru trouver un nouvel argument dans les observations de *Bischoff* (n. 106) qui affirme avoir vu des zoospermes sur l'œuf, dans les trompes, et même sur l'ovaire. Il est vrai que *Pouchet* (n 120) conteste ces observations et assure que la fécondation ne s'opère que dans le canal utérin. Mais toujours est-il que l'on a constaté l'existence des zoospermes sur l'œuf fécondé et que l'on y a vu une preuve de la part qu'ils prennent dans l'acte de la fécondation. Ainsi que nous venons de le dire, ce sont surtout *Prévost et Dumas* qui ont insisté sur l'importance des zoospermes et ils se sont principalement appuyés sur l'expérience suivante : « un filtre suffisamment redoublé arrête tous les animalcules; la liqueur qu'il laisse écouler n'est pas propre à vivifier les œufs; celle qu'il conserve produit au contraire les résultats particuliers au fluide séminal. » Cette expérience avait été déjà faite par *Spallanzani* (n. 37, vol. III, p. 310).

Sans nous arrêter dans l'examen de ces expériences à quelques objections que l'on pourrait élever, comme par exemple à savoir si, en même temps que les zoospermes, quelques autres parties du sperme ne sont pas retenues sur le filtre, objection déjà élevée par *Bory St-Vincent*, il nous semble que l'on pourrait connaître par d'autres expériences si le principe fécondant réside dans les zoospermes. En effet, si ces éléments sont nécessaires à la fécondation, ils y prennent une part quelconque, soit vivants, soit morts. Dans le premier cas, quelque inconnus que soient encore actuellement les procédés de la fécondation, on pourrait pourtant peut-être expliquer l'action des zoospermes par une analogie quelconque avec l'influence qu'exerce par exemple la *Torula cervisiæ* dans la fermentation. Mais s'il est possible de féconder avec un liquide ne renfermant plus que des zoospermes morts, il nous paraîtrait fort hasardeux de conclure que la fécondation ne peut pas s'accomplir sans les zoospermes, car aucun fait physiologique ne nous montre le développement d'un élément dépendant de la présence d'une autre particule morte, surtout lorsque cette dernière est un élément solide.

Or, tous les observateurs s'accordent à dire que les zoospermes des grenouilles meurent après avoir séjourné quelques heures dans une grande quantité d'eau. D'un autre côté, on connaît les expériences de *Spallanzani*, concernant la fécondation artificielle avec une dissolution de trois grains de sperme de grenouille, dans dix-huit onces, et même dans une quantité plus grande d'eau. Cette eau, appelée par *Spallanzani* eau spermatisée, put féconder des œufs, dit cet auteur (tom. III, p. 172) « qu'on y plongea, trente-cinq heures après qu'on en eut mêlé une livre avec trois grains de semence; et cela se fit dans une de mes chambres où le thermomètre était de 17 et 19. Dans une glacière, le mélange conserva sa propriété prolifique pendant cinquante-sept heures. Le thermomètre y montrait le troisième degré au-dessus de zéro. » Spallanzani ajoute même que cette eau conserve plus longtemps sa vertu prolifique que le sperme pur. Il est donc très probable que Spallanzani a fécondé des œufs avec du sperme délayé, dans lequel tous les animalcules étaient morts. Du reste, il est remarquable que précisément cette conclusion ait échappé à Spallanzani, tandis que les autres observations citées par l'auteur (voy. plus haut p. 66) sont contestables.

La simple énumération de ces faits rend donc probable que la fécondation peut avoir lieu sans que les zoospermes soient en vie. Mais nous étions arrivés au même résultat, sans connaître le passage cité de Spallanzani, ayant fait depuis plusieurs années des expériences sur le rôle que jouent les zoospermes dans l'acte de la génération. Est-il maintenant, d'après ces faits, permis de conclure que les zoospermes n'y contribuent pour rien? Rigoureusement, on ne pourrait l'affirmer qu'après avoir fécondé avec du sperme complètement privé des zoospermes. Plusieurs expériences que nous avons faites à ce sujet sont favorables à cette conclusion; toutefois elles ne sont pas encore assez concluantes pour que nous ne désirions retarder leur publication jusqu'à ce qu'un plus grand nombre de faits nous autorisât à défendre une opinion qui heurte les idées actuellement répandues. Nous exposerons alors aussi en détail la série des expériences sur la fécondation avec les zoospermes morts.

Toutefois, nous nous garderons bien de conclure de ces recherches que les zoospermes ne se trouvent dans aucun rapport avec la vertu fécondante du sperme. Le développement parfait de ce dernier est intimement lié à celui des premiers. On sait que le sperme avant l'âge de la puberté, celui des vieillards, des animaux hors la saison d'amour et des hybrides est infécond en même temps que les zoospermes manquent ou sont imparfaitement développés. Nous avons observé, ainsi que *Turpin*, que le sperme d'hommes stériles ne renfermait que des animalcules mal formés. Depuis longtemps nous avons dit (n. 72, *b*, p. 148) qu'une fécondation n'est possible que lorsque les zoospermes ont atteint leur développement entier. M. Lallemand partage la même opinion. Le micrographe peut donc décider (*l. c.* p. 149) si la fécondation peut avoir lieu par un sperme donné, parce que le développement des zoospermes dénote la maturité du sperme. Mais ces faits n'autorisent (*ibid.*) ni à admettre, ni à nier le concours des zoospermes à la formation du germe. On vient de voir le résultat de nos expériences, et la suite nous apprendra si les zoospermes sont nécessaires à la fécondation.

§ 4.

Une autre question qui a été agitée longtemps parmi les observateurs, et qui se lie à la question traitée dans le paragraphe précédent, est celle de l'animalité des zoospermes. Toutes les tentatives de classer les animalcules spermatiques parmi les infusoires, ont échoué. Les traces d'organisation, que l'on a signalées dans quelques zoospermes, sont fort problématiques. Du reste, elles ne prouveraient rien; personne n'a nié, par exemple, l'organisation des cellules de l'épithélium vibratile, et pourtant on ne voudra pas les ranger, pour cette raison, parmi les animaux. Dans les derniers temps, on a de nouveau nié l'animalité des zoospermes et on s'est laissé surtout déterminer par des considérations relatives à la génération spontanée. En effet, regarder les éléments mobiles du sperme comme des animalcules, c'est reconnaître implicitement la génération spontanée, autant du moins qu'on serait obligé d'adopter la production des zoospermes par la transformation de certains éléments organiques, puisqu'on ne connaît pas chez les zoospermes ni de sexe, ni la reproduction par des êtres semblables.

Pour nous orienter dans cette question, nous allons brièvement rappeler les caractères propres à faire reconnaître l'animalité. C'est d'abord la reproduction par ses semblables, ensuite la spontanéité des mouvements, enfin l'accroissement indépendant d'un autre organisme. Quant à la reproduction, quoique les faits concernant le développement des zoospermes ne nous paraissent pas encore à l'abri de toute objection (§ 6), du moins tous les auteurs sont d'accord qu'elle ne se fait pas par des œufs d'un autre zoosperme, puisqu'on ne connaît ni des œufs ni des jeunes qui s'y seraient développés. Quant aux mouvements, presque tous les auteurs y voient un caractère de spontanéité qui est essentiellement différent du mouvement vibratile et qui ne peut se comparer qu'à celui des infusoires. Dans les vaisseaux déférents et dans les vésicules séminales de l'homme, du coq, etc., dès que le sperme est arrivé à son degré parfait de maturité, on peut les voir s'agitant vivement, sans qu'on ait besoin d'ajouter de l'eau. Il suffit d'avoir observé quelquefois les zoospermes évitant les obstacles, perçant les mucosités, etc., pour partager cette opinion. L'influence délétère des narcotiques, de la salive (*Donné*), etc., ne laisse aucun doute à ce sujet. Pour ce qui regarde enfin l'accroissement des zoospermes, indépendamment de l'organisme, nous avons fait l'observation suivante. Chez un homme bien portant les zoospermes avaient pris, après une abstinence de trois mois, un accroissement considérable; ils avaient tous, au lieu de 0,045 à 0,055 mill., 0,07 à 0,08 mill. Or, que les zoospermes se forment dans des cellules ou qu'on les regarde comme des particules détachées de l'organisme (§ 6), toujours est-il que, parvenus à un certain degré de développement, ils nagent isolés dans les liquides spermatiques. Et ce sont précisément ces éléments isolés qui ont pris de l'accroissement, par conséquent en dehors d'une connexion immédiate avec l'organisme.

Ainsi, nous trouvons chez les zoospermes deux caractères essentiels de l'animalité : spontanéité des mouvements et accroissement indépendant de l'organisme, tandis qu'ils diffèrent des autres animaux par leur origine. Ces faits nous engagent à faire des zoospermes une classe particulière d'animaux, dont la vie est limitée à chaque individu, qui ne se reproduit pas, mais qui se meut et qui s'accroît d'une manière bien plus distincte que bien d'autres infusoires. Quant au nom qu'il faut donner à ces éléments, nous repoussons, bien entendu, celui de *filaments spermatiques* et croyons, parmi les autres, celui de *zoospermes*, créé par M. Bory de Saint-Vincent, le plus convenable. Ceux qui ont proposé de les appeler *spermatozoa* ou *spermatozoaires*, nous a écrit dernièrement un savant qui certainement a le droit d'élever sa voix dans cette question, n'ont fait avancer la science que de trois syllabes. Du reste, peu importe le nom dans l'ordre d'idées que nous avons exposé.

§ 5.

Sous le point de vue histologique, on connaît la grande diversité des formes dans les zoospermes, selon les genres et les espèces. Leur présence constante dans les organes sexuels du mâle offre au naturaliste un moyen précieux pour reconnaître le sexe des individus ; les réceptacles spermatiques des insectes, placés à côté des ovaires, expliquent les fécondations lentes et successives.

Nous avons dirigé notre attention, moins sur ces diverses formes, que sur la structure même du zoosperme et particulièrement sur les lambeaux, signalés principalement chez les spermatozoaires humains, entre la tête et la queue. *Leeuwenhoek* et *Pouchet* les regardent comme des dépouilles de l'épiderme, et y voient une preuve de l'organisation des zoospermes ; *Dujardin* les prend pour des lambeaux des canalicules séminifères dont les zoospermes constituent des particules détachées. Un examen attentif de ces formations, fait sur les zoospermes d'un grand nombre d'animaux, et les expériences suivantes nous ont convaincu qu'elles proviennent uniquement de la coagulation d'une matière précédemment dissoute dans le sperme, et qui, en se coagulant, s'attache fortuitement à une partie quelconque du zoosperme. Voici la preuve de cette opinion.

Ayant soumis à l'examen microscopique le sperme du vaisseau déférent d'un coq mis à mort, mais dont le cœur battait encore vivement, nous avons vu dans ce liquide, pur de tout mélange, se former peu à peu et s'augmenter avec le temps de l'observation, un nombre plus ou moins considérable de gouttelettes (Pl. IV, fig. 1 à 7), provenant de la solidification de diverses matières précédemment liquides. Parmi ces diverses gouttelettes nous avons particulièrement fixé notre attention sur celles d'une matière blanche amorphe, qui peut-être est identique avec celle que nous avons eu déjà plusieurs fois l'occasion de signaler dans les divers tissus, comme par exemple dans l'épithélium à cylindre, dans la rétine, dans le foie. Quoi qu'il en soit de cette identité, toujours est-il que l'on trouve dans le sperme, au moment de son éjaculation, ou lorsqu'on le prend dans le vaisseau déférent d'un animal (chien, coq) vivant, des flocons gélatineux qui peu à peu se dissolvent. On voit d'abord des plis dans ces flocons (fig. 6, 15, 16, *a*); plus tard, ils se forment des gouttelettes grises rougeâtres dans leur intérieur (fig. 6, *b*; 16, *b*); peu à peu la substance qui entoure ces gouttelettes paraît se résoudre et les gouttelettes deviennent libres (fig. 16, *c*; 11, *a*; 14). C'est cette matière blanche, ou peut-être une autre analogue, également coagulable dans le sperme, qui s'attache aux zoospermes, et produit alors les conformations les plus diverses, ayant l'apparence des lambeaux attachés à la queue, à la tête ou enveloppant tantôt l'une, tantôt l'autre. Les figures (8, 11, 12, 17) que nous donnons feront comprendre comment on a pu parler tantôt des lambeaux des canaux séminifères, tantôt des globules de la queue, tantôt des débris de l'épiderme.

Voici du reste les expériences qui prouvent l'exactitude de notre opinion. En tuant un coq et en examinant immédiatement, sans la moindre perte de temps, le sperme contenu dans les vaisseaux déférents, on voit les zoospermes privés de lambeaux adhérents (fig. 9); ceux-ci se forment quelquefois, à la queue ou à la tête du zoosperme, sur le porte-objet, lorsqu'on prolonge l'observation. Mais, en soumettant une nouvelle quantité de sperme à l'observation, prise par conséquent sur l'animal déjà quelques minutes après sa mort, presque tous les zoospermes offrent ces lambeaux, formés depuis par la coagulation d'une matière blanche-grisâtre (fig. 8). Nous avons souvent fait cette expérience, et toujours constaté ces résultats. Nous ajoutons seulement, pour ceux qui voudront les répéter, qu'il ne faut pas laisser passer une minute entre l'ouverture du corps et la mort de l'animal, et qu'il vaudrait mieux encore, si les circonstances le permettent, examiner le sperme du coq vivant.

Les zoospermes s'accollent souvent par la tête ou par la queue (fig. 10, b, c; 11, e; 18, a, b) et continuent à marcher en se tournoyant autour de leur axe; on les voit quelquefois se séparer ensuite. L'influence délétère de l'eau sur les zoospermes des invertébrés (fig. 14, c, d) et des grenouilles (fig. 11, c, d) est connue; chez les premiers, la vie parait presque instantanément éteinte; chez les grenouilles on voit souvent des zoospermes courbés se remuer encore longtemps. La persistance des mouvements chez les zoospermes de la grenouille dépend du reste, de la quantité de l'eau ajoutée. Ils cessent d'autant plus vite que cette quantité est plus considérable.

La queue des zoospermes humains (fig. 17, d) nous parait être attachée vers le milieu de la surface postérieure de la tête. C'est ce point d'attache qui a été pris probablement par quelques auteurs pour un suçoir. Après la mort du zoosperme, la tête s'altère; elle s'élargit (fig. 17, e, g) et l'on voit quelquefois à son intérieur se former des espaces ronds, d'une transparence différente (fig. 17, f). D'autres fois la tête et la queue (fig. 18, g, h) sont séparées l'une de l'autre; mais nous n'avons plus observé dans ce cas des mouvements de la queue. Ces mouvements, au contraire, sont encore fort manifestes sur les zoospermes déformés et qui sont, pour ainsi dire, brisés (fig. 18, c, e, f).

Dans le sperme des crustacés existent des corps particuliers (fig. 13) dont les rayons restent immobiles. Le corps lui-même a tout-à-fait la structure d'une cellule pourvue d'un noyau et d'un nucléole. Les rayons sont des cils immobiles attachés tout au tour à cette cellule. On ne connait pas d'autres zoospermes chez les crustacés.

Nulle part, dans aucun zoosperme, nous n'avons pu trouver une trace d'un organe intérieur quelconque.

§ 6.

Les observations dont nous venons de parler ont soulevé dans notre esprit des doutes sur l'exactitude de la théorie du développement des zoospermes, établie par *Wagner* et *Siebold*. Sans vouloir la repousser entièrement, il nous semble pourtant qu'on a souvent pris des gouttelettes d'une matière coagulée pour des cellules, comme cela a été fait dans les recherches concernant la structure du foie des animaux inférieurs. Cette explication nous paraît d'autant plus probable, que l'on parle souvent des cellules sans noyau; d'autres fois on en compte deux ou trois dans la même cellule. De nouvelles observations, faites sur les animaux vivants, nous paraissent donc absolument nécessaires pour nous former une idée exacte sur la valeur de cette théorie de développement.

Quant à l'hypothèse qui considère les zoospermes comme des particules détachées des canaux séminifères, nous avouons franchement n'y rien comprendre. Si les zoospermes jouaient le rôle d'un épithélium, on devrait trouver à la surface de ces canaux les divers degrés de développement de ces éléments, comme il existe à la peau l'épiderme dans ses diverses formes de transformation, etc. Pourtant les auteurs qui ont mis en avant ces idées n'apportent aucun fait à l'appui de leur hypothèse et ne les ont pas même cherchés.

L'utilité des faits précédemment exposés pour l'histoire naturelle, la médecine légale et surtout pour la médecine pratique, dans la question de la spermatorrhée, est trop connue pour que nous ayons besoin d'insister davantage. Il sera souvent nécessaire de signaler la présence des zoospermes humains desséchés (fig. 19) et nous engageons, par conséquent, les médecins à s'exercer dans ces observations. Si les circonstances le permettent, on pourra mouiller le sperme desséché, pour mieux reconnaître les zoospermes. Nous ne pouvons pas assez recommander aux médecins de fixer leur attention sur les pertes séminales. Plusieurs fois déjà nous avons pu diagnostiquer cette affection chez des personnes traitées pour une maladie tout à fait différente, et chez lesquelles nous avons reconnu, à l'aide du microscope, la cause du mal qui avait échappé aux médecins.

LITTÉRATURE.

N. 1. Leeuwenhoek. a. Philosophical transactions. N. 142, Décembre (1677), janvier, février 1678. (Traduit dans la collection académique de Dijon. Tome II, p. 490. Dijon, 1755). b. Continuarcuum naturæ. (Opera omnia. Tome III.) Leyde. 1722. Epist. 113. c. Opera omnia, quatuor tomis distincta. Lugd. Bat. 1719 ou 1722.
N. 2. Huygens. (1678). Birch, the history of the royal Society of London. Vol. 3. Londres 1757.
N. 3. Huygens. Journal des savants. Paris. 1678.
N. 4. Hartsoeker. a. Journal des savants. Paris. 1678. b. Essai de dioptrique. Paris. 1694. c. Suite des conjectures physiques.
N. 5. Schrader. Dissert. epistol. de microscopiorum usu. Gottingue. 1680.
N. 6. Lipstorp. De animalculis in humano corpore genitis. Brème. 1688.
N. 7. Daleupatius. Nouvelles de la république des lettres. Mai 1699. Amsterdam. 1699.
N. 8. Lelevel. Nouvelles de la république des lettres. Février. 1699. Amsterdam. 1699.
N. 9. Andry. Traité de la génération des vers dans le corps de l'homme. Amsterdam. 1701. Paris. 1741.
N. 10. Valisnieri. Considerazioni intorno alla generazione dei vermi. Padoue. 1710.
N. 11. Joblot. Description et usage de plusieurs nouveaux microscopes. Paris. 1718.
N. 12. Lister. Philosoph. transact. Vol. 20, n. 244. 1720.—De humoribus.
N. 13. Schurig. Spermatologia. Francof. ad Moenum. 1720.
N. 14. Rüdiger. Vom Wesen der Seele. Leipzig. 1726.
N. 15. Wolf. Experimental physic oder Versuche zur genauern Erkaentnuss der Natur und Kunst. 3 vol. Halle 1725-1729.
N. 16. Obermann. De animalculis spermaticis. Thèse. Erfurt. 1731.
N. 17. Carthaeuser. Amœnitat. naturæ. Halle. 1735.
N. 18. Dieterich. Peri ton spermaticou zoon. Gottingue. 1736.
N. 19. Lesser. Insectotheologie. Francfort et Leipzik. 1740.
N. 20. Maupertuis. Vénus physique. Paris. 1745.
N. 21. Mylius. Sendschreiben von den samenthierchen. Hamburg. 1746.
N. 22. Linné. Amœnit. acad. de spousal. plantarum. Upsal, 1746.
N. 23. Needham. a. Nouvelles découvertes faites avec le microscope. (Ed. orig. Londres, 1745). Trad. à Leyde. 1747. b. Nouvelles observations microscopiques. Paris. 1750.

N. 24. Buffon. *a.* Histoire naturelle, générale et particulière. Tome II. Paris. 1749. *b.* Histoire de l'acad. roy. des sciences pour l'année 1748.

N. 25. Gautier. Zoogénie, ou génération de l'homme. Paris. 1750.

N. 26. Lieberkühn, dans Hamberger. Physiologia medica. Iena. 1751.

N. 27. Hill. History of animals. Londres. 1752.

N. 28. Haller *a.* Primæ lineæ physiologiæ, Gottingue. 1747. *b.* Sur la formation du cœur dans le poulet. Lauzanne. 1758. *c.* Elementa physiologiæ corporis humani. Lauzanne. 1757.

N. 29. Winkler. Physic. Leipzig. 1754.

N. 30. Ledermuller. *a.* Physik. Beobachtungen der saamenthierchen. Nurembrg. 1756. *b.* Vertheidigung derer saamenthiergen. Nuremberg. 1758. *c.* Mikroskopische Gemüths-und Augen-Ergoetzung. Nuremberg. 1760. Trad. en fr. Ibid. 1764.

N. 31. Serinci. De principio, aut causa corpus animale formante. Altdorf. 1756.

N. 32. Asch. De natura spermatis. Gottingue. 1756.

N. 33. Caspar Wolff. Theoria generationis. Diss. inaug. Halae ad salam. 1759. Edit. nov. Ib. 1774.

N. 34. Bonnet. Considérations sur les corps organisés. Amsterdam. 1762. 2 vol.

N. 35. Pallas. Elenchus zoophytorum. Hagae-comitum. 1766.

N. 36. O. F. Müller. Vermium terrestrium, etc., historia. Copenhague. 1775.—Animalcula infusoria. Hauniae. 1786.

N. 37. Spallanzani. Opuscules de physique. Paris. 1787. 3 vol.

N. 38. Gleichen, appelé Russwurm. *a.* Abhandlung über die samen-und infusions thierchen. Nuremberg. 1778. *b.* Dissertation sur la génération, les animalcules spermatiques, etc. Paris, an VII.

N. 39. Blumenbach. Uiber den Bildungstrieb. Gottingue. 1791.

N. 40. Cuvier. *a.* Tableau élémentaire d'histoire naturelle des animaux. Paris, an VII. *b.* Leçons d'anatomie comparée. Paris. 1805.

N. 41. Oken. Die zeugung. Bamberg. 1805.

N. 42. Treviranus. Biologie. Gottingue. 1802-22. 6 vol.

N. 43. Gruithuisen. Physiognosie und Eautognosie. Munich. 1812.

N. 44. Prévost et Dumas. *a.* Mémoires de la société de physique de Genève. Vol. I. 1821. *b.* Annales des sciences naturelles. Tome I-III. 1824. *c.* Dictionnaire classique d'histoire naturelle. Tome 7. art. *Génération.* Paris. 1825.

N. 45. Bory de Saint-Vincent. *a.* Journal de physiologie expérimentale, par Magendie. Tome II. Paris. 1822. *b.* Encyclopédie méthodique, histoire naturelle, art. *Zoospermes.* Paris. 1824. *c.* Ibid. Art. *Microscopiques.* Tome II (zoophytes). *d.* Dictionnaire class. d'histoire naturelle, t. 3, art. *Cercariées.* Paris. 1823. *e.* Ibid. t. 10, art. *Matière muqueuse.* Paris. 1826. *f.* Ibid. t. 16, art. *Zoospermes.* Paris. 1830. *g.* Planche de cet article, publiée en 1825 dans la 7ᵉ livraison ; son explication parut en 1831, dans le tome 31, où la planche porte le nᵒ LVII.

N. 46. Dugès. Annales des sciences naturelles. Tome XV. Paris. 1828.

N. 47. Baer. *a.* Burdach, Die physiologie als Erfahrungswissenschaft. Vol. I. Leipzig. 1826. *b.* Nova acta nat. cur. vol. XIII, part. II. *c.* Burdach, Physiologie, 2ᵉ éd. Leipzig. 1835. Trad. par Jourdan. Paris. 1837. Vol. I.

N. 48. Müller. Grundriss für Vorlesungen über Physiologie. Bonn. 1827.

N. 49. Cuvier. Le règne animal. Paris. 1809. 5 vol.

N. 50. Czermak. Beytraege zu der lehre von den spermatozoen. Vienne, 1833.

N. 51. Blainville. Cours de physiologie générale et comparée. Paris. 1833. 3 vol.

N. 52. Morren. L'Institut. N. 58. Paris. 1834.

N. 53. Treviranus. *a.* Zeitschrift für physiologie. Darmstadt. 1824-1835. 5 vol. *b.* Erscheinungen und Gesetze des organischen Lebens. Breme. 1833.

N. 54. Carus. Archives de Müller. 1835.

N. 55. Wagner, *a.* Lehrbuch der vergleichenden Anatomie. Leipzig. 1834-35. *b.* Archives de Müller. 1835. *c.* Archives de Wiegmann. Vol. I. 1835.

N. 56. Henle. Archives de Müller. 1835.

N. 57. Ehrenberg. *a.* Mémoires de l'acad. des sciences de Berlin. 1830, 1832 et 1835. *b.* Hemprich et Ehrenberg, symbolæ physicæ. Evertebrata. 1. Phytozaa. Berlin. 1828. Texte. Berlin. 1830. *c.* Die Infusionsthierchen. Leipzig. 1838.

N. 58. Wagner. *a.* Archives de Müller. 1836, p. 60. *b.* Ibid. p. 225. *c.* Notices de Froriep. 1837. n. 51. *d.* Fragmente zur Physiologie der zeugung, dans les Mémoires de l'académie des sciences de Munich pour l'année 1836. Munich. 1837.

N. 59. Lampferhoff. Diss. de vesicularum seminalium quas vocant natura atque indole. Berlin. 1835.

N. 60. Müller. Archives de Müller. Berlin. 1836.

N. 61. Valentin. Repertorium für Anatomie. etc. Vol. I. Bern. 1836.

N. 62. Mayer. Notices de Froriep. 1836.

N. 63. Siebold. Notices de Froriep. 1837.

N. 64. Remak. Notices de Froriep. 1837.

N. 65. Siebold *a.* Archives de Müller. 1836, p. 13. *b.* Ibid. p. 232. *c.* Notices de Froriep. 1836. n. 1081. *d.* Archives de Müller. 1837, p. 381. *e.* Archives de Wiegmann, 1839, p. 107.

N. 66. Davy. Edinburgh medic. and surgical Journal. Edimburg. 1838.

N. 67. Valentin. *a.* Repertorium für Anatomie and Physiologie. Vol. II. 1837. *b.* Ibid. Vol. III. 1838. *c.* N. A. Natur. Curios. Vol. XIX, t. I.

N. 68. Donné. *a.* L'Institut. Paris. 1837. *b.* Nouvelles expériences sur les animalcules spermatiques, etc. Paris. 1837. *c.* Cours de microscopie. Paris. 1844.

N. 69. Suriray. Annales des sciences naturelles. Paris. 1836. Vol. 6.

N. 70. Dujardin. *a.* Annales françaises et étrangères d'anatomie et de physiologie, par Laurent, etc. Paris. 1837. *b.* L'Institut. Paris. 1838. *c.* Annales des sciences naturelles. Paris. 1837. Tome 8. *d.* Ibid. Paris. 1838. Tome 10.

N. 71. Peltier. L'Institut. Paris. 1838.

N. 72. Mandl. *a.* L'Institut. Paris. 1839. *b.* Traité pratique du microscope. Paris. 1839.

N. 73. Lallemand. Des pertes séminales. Paris. 1840. Tome. II.

N. 74. Labat. Gazette des hôpitaux. Paris. 1839.

N. 75. *a.* Bayard. Examen microscopique du sperme desséché sur le linge. Paris. 1839. (Annales d'hygiène publique. 1839. T. XXII).

N. 75. *b.* Devergie. Annales d'hygiène et de médecine légale. Paris. 1839. T. XXI.

N. 76. Nordmann. Observations sur la Faune pontique. (Voyage dans la Russie méridionale et la Crimée, exécuté sous la direction de M. Demidoff). Paris. 1839.

N. 77. Lallemand. Annales des Sciences naturelles. Paris. 1841. T. XV.

N. 78. Peltier. L'Institut. 1840.

N. 79. Prévost. L'Institut. 1840.

N. 80. Doyère. Annales des sciences naturelles. Paris. 1840. Vol. XIV.

N. 81. Milne-Edwards. Annales des sciences naturelles. Paris. 1840. Vol. XIII.

N. 82. Peters. Archives de Müller. 1840.

N. 83. Wagner. *a.* Physiologie. Leipzig. 1839. *b.* Archives de Wiegmann. 1839.

N. 84. Gerber. Handbuch der Allgemeinen Anatomie. Bern. 1840.

N. 85. Carus. Nova acta nat. curios. Vol. XIX, part. I.

N. 86. Siebold. Beytraege zur Naturgeschichte der wirbellosen Thiere. Danzig. 1839.

N. 87. Philippi. Archives de Müller. 1839.

N. 88. Krohn. Notices de Froriep. Weymar. 1839.

N. 89. Wagner, Erdl, Rathke. Notices de Froriep. 1839.

N. 90. Hallmann. Archives de Müller. 1840.

N. 91. Valentin. Repertorium für Anatomie und Physiologie. Bern. 1841. Vol. 6.

N. 92. Wagner. Archives de Wiegmann. 1841.

N. 93. Erdl. Archives de Müller. 1841.

N. 94. Leukart. Zoologische Bruchstücke. Deuxième cahier. Stuttgart. 1841.

N. 95. Prévost. Note sur les animalcules spermatiques de la grenouille et de la salamandre. Genève. 1841.

N. 96. Vogt. Archives de Müller. 1841.

N. 97. Mayer. Physiologische Beylage des medicinischen Correspondenzblattes. Bonn. 1841.

N. 98. Bagge. Diss. de evolutione strongyli auricularis et ascaridis acuminatæ viviparor. Erlangue. 1841.

N. 99. Koelliker. Beytraege zur Kenntniss der Geschlechtsverhæltnisse und der Saamenflüssigkeit wirbelloser Thiere. Berlin. 1841.

N. 100. Henle. Allgemeine Anatomie. Leipzig. 1841. (Encyclopédie anatomique. Tome 6 et 7. Trad. par A. J. L. Jourdan. Paris. 1843.)

N. 101. Valentin. Repertorium für Anatomie und Physiologie. Bern. 1842.

N. 102. Kraemer. De motu spermatozoorum. Gottingue. 1842.

N. 103. Siebold. *a.* Archives de Müller. 1841. *b.* Ibid. 1842.

N. 104. Stein. Archives de Müller. 1842.

N. 105. Milne-Edwards. Annales des sciences naturelles. Tome XVIII. Paris. 1842.

N. 106. Bischoff. Traité du développement de l'homme (Encyclopédie anatomique, traduit par L. Jourdan. T. VIII.) Paris. 1843.

N. 107. Klenke. Abhandlungen aus dem Gebiete der Physiologie and Pathologie. Leipzig. 1843.

N. 108. Dujardin. Observateur au microscope. Paris. 1843.

N. 109. Goodsir. Edinb. philos. journal. 1843.

N. 110. Gulliver. Edinb. med. and surg. journal. 1843.

N. 111. Fée. Mémoires du muséum d'histoire naturelle de Strasbourg, Tome III. 1840-6.

N. 112. Pouchet. Comptes-rendus de l'Acad. des sciences. Paris. 1844.

N. 113. Mandl. *a.* Manuel d'anatomie générale. Paris. 1845. *b.* Comptes-rendus de l'Académie des sciences. Paris. 1844.

N. 114. Pouchet. Comptes-rendus de l'Académie des sciences. Paris. 1845.

N. 115. Siebold. Nova acta nat. cur. Vol. XXI

N. 116. Cuvier. Leçons d'anatomie comparée. 2ᵉ édit. Paris. 1846. T. 8.

N. 117. Pouchet. Rapport fait à l'Académie des sciences, par Milne-Edwards, etc. (Comptes-rendus de l'académie). Paris. 1846.

N. 118. Kaula. De la spermatorrhée. Paris. 1846.

N. 119. Quatrefages. Comptes-rendus de l'Académie des sciences. Paris. 1846.

N. 120. Pouchet. Théorie positive de l'ovulation spontanée et de la fécondation. Paris. 1846.

ADDITIONS.

I. SANG.

P. 12. Par suite de nos recherches sur le développement des globules sanguins, et après avoir constaté rigoureusement l'existence du noyau des globules elliptiques déjà pendant la circulation, nous regardons le globule sanguin rond privé de *noyau*, tandis que les elliptiques en sont pourvus. Dans ces derniers, le noyau joue par conséquent le même rôle que le noyau dans les autres cellules; il n'est pas le produit de la coagulation. Dans les globules ronds il est résorbé et les globules eux-mêmes sont plus minces au centre; de là leur aspect d'un 8 allongé, lorsqu'ils sont placés sur leurs bords. Les globules sanguins se forment dans les glandes vasculaires et ne sont pas le produit de la transformation des globules lymphatiques (voy. *Histogénèse*). P. 13. Les globules sanguins, considérés comme des cellules, sont pourvus d'une *membrane* cellulaire, dans laquelle est déposée la matière colorante. On peut se convaincre par la compression des globules que cette matière colorante ne constitue pas un liquide contenu dans la cellule, car les globules rompus ne laissent pas échapper un liquide coloré. P. 14. Les noyaux elliptiques des globules elliptiques deviennent également ronds dans l'eau; nous considérons par conséquent les *altérations du noyau* produites par un effet d'endosmose, analogue à celui qui se manifeste dans les globules sanguins, et nous ne pouvons plus y voir le résultat de la coagulation de la fibrine. P. 16. Les *globules blancs* du sang sont de deux espèces: les uns, véritables globules lymphatiques (*V. Lymphatiques*), existent déjà pendant la circulation (voyez le mémoire sur les *vaisseaux sanguins*); les autres sont le produit des matières coagulables, peut-être des graisses. La fibrine coagulée forme une membrane amorphe emprisonnant les globules rouges et les blancs.

II. PUS ET MUCUS.

P. 29. L'aspect mamelonné des globules du pus provient des molécules renfermées dans leur intérieur; lorsque les globules crèvent, les molécules s'échappent et nagent tout autour dans le sérum. P. 30. Les globules du pus sont des cellules pourvues d'un noyau que les réactifs chimiques, surtout les acides, partagent en deux ou trois petits morceaux. On rencontre souvent dans le pus fraîchement sécrété des globules primitifs, c'est-à-dire des noyaux sans membrane cellulaire (comme par exemple dans la blennorrhée chronique); d'autres fois, la cellule est rompue et le noyau s'est échappé. On ne voit par conséquent, ni dans l'un ni dans l'autre cas, des cellules pourvues de noyaux. Ces circonstances nous avaient fait douter à tort de l'existence du noyau dans les globules du pus. Nous pouvions d'autant plus facilement tomber dans cette erreur que les observateurs allemands, entraînés par la théorie, affirmaient avoir vu le noyau dans les circonstances précédemment citées. Maintenant nous comprenons l'exactitude de nos anciennes observations, en les corrigeant seulement en ce sens, que les globules examinés étaient ou imparfaits ou altérés. P. 32. Ce que nous venons de dire des globules du pus s'applique également aux globules du mucus. Dans le mucus du nez (pl. IV, fig. 17) on trouve souvent, à côté des globules, les éléments de l'épithélium à cylindres. Les filaments du mucus dentaire sont des vibrions morts, dont les carapaces forment le tartre (voy. notre communication, dans les *Comptes rendus de l'Académie des sciences*. 1843). P. 34. Les recherches que nous avons faites, depuis la publication de notre mémoire, sur l'organisation des globules du pus et du mucus, nous font renoncer à nos opinions précédemment établies sur l'origine de ces éléments. Nous croyons actuellement la formation des globules du pus et du mucus analogue à celle des autres cellules, c'est-à-dire procédant du noyau et non des nucléoles (*Histogénèse*) pour arriver à la forme d'une cellule complète. Les globules que nous avons trouvés dans la fibrine ne proviennent pas de la coagulation de cette dernière, mais ils sont les globules blancs du sang (voy. le *paragraphe précédent*). Enfin, nous ne pouvons pas admettre l'opinion de ceux qui ne voient dans les globules du mucus que les éléments de l'épithélium en pavé.

III. LAIT.

P. 53. Les globules du colostrum sont des cellules pourvues d'une membrane cellulaire, soluble dans l'acide acétique, et dont la grandeur varie de 0,01 à 0,04 et 0,05 mill. Les plus petits renferment un noyau qui disparaît plus tard. On voit souvent à leur surface des globules du lait. Outre ces globules du colostrum, il existe encore dans le colostrum des amas irréguliers composés des petites molécules provenant de la rupture des globules du colostrum.

IV. QUELQUES LIQUIDES SÉCRÉTÉS.

Les éléments microscopiques des liquides sécrétés autres que ceux traités dans nos mémoires précédents sont faciles à reconnaître. Ce sont d'une part des globules du mucus, et d'autre part les éléments détachés de l'épithélium, tous nageant dans un liquide. On y voit en outre quelquefois des molécules, provenant de la rupture des globules du mucus, et des cristaux qui se forment après l'évaporation plus ou moins complète du liquide. Telle est en général la composition de la *salive*, de la *sueur*, des *larmes*, de la *bile*, des *sécrétions intestinales*. Nous avons déjà traité des quelques autres liquides sécrétés dans la première partie de cet ouvrage, comme de la *lymphe*, des liquides *prostatiques*, du *cerumen*, etc.

La *salive* renferme des globules du mucus et des lamelles d'épithélium; par l'évaporation on y voit souvent se former des cristaux d'hydrochlorate d'ammoniaque. Nous avons déjà parlé des vibrions qui existent dans le mucus dentaire et qui ont déjà été signalés par *Leeuwenhoëk* (Op. omnia, t. 2. p. 42, Ep. 75, etc.); nous avons trouvé que les carapaces de ces vibrions forment le tartre (*Comptes rendus de l'Acad. des sciences*. 1843). *Asch* (De nat. sperm. p. 78), qui voit dans tous les liquides des particules mouvantes analogues aux zoospermes, parle également des globules de la salive; mais sa description est incomplète, et l'on ne sait pas s'il s'agit des globules de mucus ou des lamelles d'épithélium. *Tiedemann, Weber, Müller, Krause* et *Sebastian* ont depuis examiné les globules de la salive; on croit généralement ces derniers identiques aux globules du mucus.

La *sueur* est un liquide transparent, charriant quelques rares globules muqueux et des lamelles d'épithélium. Il en est de même des *larmes*. Les lamelles d'épithélium ont été déjà signalées par *Leeuwenhoëk* (Philos. transact. 1674. n. 106. Op. omn. I. 99, II. ep. 80, IV. Ep. 43). *Gurlt* (Physiologie. 1837. p. 195) distingue dans la sueur, outre les squamules d'épiderme, des granules élémentaires associés à des corpuscules muqueux.

Quelques éléments de l'épithélium à cylindre et quelques globules muqueux, mais toujours en très petite quantité, se voient dans la *bile*. Les cristaux que quelques auteurs y ont signalés (*Leeuwenhoëk*, I. 104, *Buisson*, Acad. des sciences, mars, 1842) ne s'y forment que par l'évaporation. Nous avons donné (prem. série, pl. 29) la figure des cristaux de cholestérine. *Bonanni* (*Micrographia curiosa*, Rome, 1703, p. 93) trouve que la bile est un liquide pur, ne renfermant aucun élément en suspension.

Les *sécrétions intestinales* ne se distinguent des autres liquides sécrétés que par la grande quantité des cristaux qui s'y forment très-facilement. La forme et la nature chimique de ces cristaux n'ont aucun intérêt histologique; ce ne serait que sous le point de vue pathologique que l'on pourrait désirer un examen suivi. Ces cristaux ont été déjà vus par *Leeuwenhoëk* (I, 57, IV. Ep. 39), *Schoenlein* (Arch. de Müller. 1837), *Gluge, Boehm*, etc.

TABLE DES MÉMOIRES

DU TOME PREMIER [1].

La date mise à la suite du titre est celle de la publication de chaque mémoire).

———

PRÉFACE V

PREMIÈRE SÉRIE. — *TISSUS ET ORGANES*.
Mémoire sur la structure intime des MUSCLES (1er août 1838). 3
    Chapitre premier.—Historique 5
    Chapitre second. — Recherches de l'auteur 13
        Littérature. 18
Mémoire sur la structure intime des NERFS ET DU CERVEAU. Première partie (15 septembre 1838). 19
    Chapitre premier.—Historique 21
        Littérature. 35
Mémoire sur la structure intime des NERFS ET DU CERVEAU. Deuxième partie (15 mai 1842). . . 37
    Chapitre second. — Recherches de l'auteur. 39
Mémoire sur la structure intime des APPENDICES TÉGUMENTAIRES. Première partie (15 août 1840). 55
    Chapitre premier. — Historique 57
    Chapitre second. — Recherches de l'auteur. 65
        Littérature. 72
Mémoire sur la structure intime des APPENDICES TÉGUMENTAIRES. Deuxième partie (15 juillet 1839). 73
    Chapitre second (suite). 75
Mémoire sur la TERMINAISON DES NERFS (15 juillet 1842). 91
    Chapitre premier. — Historique. 93
    Chapitre second. — Recherches de l'auteur 103
        Littérature. 108
Mémoire sur la structure intime des CARTILAGES, des os et des DENTS (1er août 1842). 109
    Chapitre premier. — Historique. 111
    Chapitre second. — Recherches de l'auteur. 120
        Littérature. 126
Mémoire sur la structure intime des TISSUS CELLULAIRE et ADIPEUX (1er novembre 1842). . . . 127
    Chapitre premier.—Historique 129
    Chapitre second.—Recherches de l'auteur. 137
        Littérature. 144
Mémoire sur la structure intime des TISSUS SÉREUX, FIBREUX et ÉLASTIQUE (15 novembre 1842). 145
    Chapitre premier.— Historique. . . . . , . . 147
    Chapitre second. — Recherches de l'auteur. 155
        Littérature. 162
Mémoire sur la structure intime de L'ÉPIDERME et de L'ÉPITHÉLIUM (15 mai 1844). 163
    Chapitre premier.—Historique. 165
    Chapitre second.—Recherches de l'auteur. 175
        Littérature. 180
Mémoire sur la structure intime des GLANDES (15 mai 1844). 181
    Chapitre premier.— Historique. 183
    Chapitre second. — Recherches de l'auteur. 191
        Littérature. 198
Mémoire sur la structure intime des VAISSEAUX SANGUINS (1er juin 1845). 199
    Chapitre premier.— Vaisseaux capillaires. 201
    Chapitre second. — Circulation. 207
    Chapitre troisième.— Structure des vaisseaux 210
        Littérature. 215
Mémoire sur la sructure intime des VAISSEAUX LYMPHATIQUES (1er juin 1845). 217
    Chapitre premier. — Historique 219
    Chapitre second. — Recherches de l'auteur. 231
        Littérature. 234

(1) La table alphabétique des matières de ce volume sera réunie à celle du tome second.

Mémoire sur la structure intime du FOIE et des GLANDES VASCULAIRES (15 septembre 1846). . . 235
　　　　Chapitre premier.—Historique 237
　　　　Chapitre second. - Recherches de l'auteur. 248
　　　　　　　　Littérature 252
Mémoire sur la structure intime des ORGANES DE LA RESPIRATION (15 septembre 1846). . . 253
　　　　Chapitre premier.— Historique. 255
　　　　Chapitre second. — Recherches de l'auteur. 263
　　　　　　　　Littérature. 270
Mémoire sur la structure intime des ORGANES URINAIRES (15 janvier 1847). 271
　　　　Chapitre premier.— Historique. 273
　　　　Chapitre second. — Recherches de l'auteur. 284
　　　　　　　　Littérature. 288
Mémoire sur la structure intime des ORGANES GENITAUX (15 janvier 1847). 289
　　　　Chapitre premier.— Organes génitaux des mâles. 291
　　　　Chapitre second. — Organes génitaux des femelles. 299
　　　　　　　　Littérature. 306
Mémoire sur la structure intime de la PEAU (15 février 1847). 307
　　　　Chapitre premier.—Historique 309
　　　　Chapitre second. —Recherches de l'auteur. 321
　　　　　　　　Littérature. . . . . , ... 324
Mémoire sur la structure intime des MEMBRANES MUQUEUSES (organes digestifs) (15 mars 1847). 325
　　　　Chapitre premier.— Membranes muqueuses. 327
　　　　Chapitre second. — Organes digestifs. 330
　　　　　　　　Littérature. 342
Mémoire sur la structure intime des ORGANES DES SENS. (1er avril 1847) 343
　　　　Chapitre premier. — Organe du tact. 345
　　　　Chapitre second. — Organe du goût 353
　　　　Chapitre troisième. — Organe de l'odorat. 356
　　　　Chapitre quatrième.— Organe de l'ouïe. 357
　　　　Chapitre cinquième.—Organe de la vue 361
　　　　　　　　Littérature 365
　　ADDITIONS. Muscles. 367
　　　　　　　　Nerfs. . . . . Id.
　　　　　　　　Appendices tégumentaires. . . . . Id.
　　　　　　　　Terminaisons des nerfs. 368
　　　　　　　　Os. Id.
　　　　　　　　Tissu adipeux. . . . . Id.
　　　　　　　　Tissu fibreux. . . . . Id.
　　　　　　　　Epiderme. . . . . Id.
　　　　　　　　Organes de la voix. . . . . Id.

DEUXIÈME SÉRIE. — *LIQUIDES ORGANIQUES.*

Mémoire sur les parties microscopiques du SANG (15 décembre 1838). 1
　　　　Chapitre premier.— Historique. 3
　　　　Chapitre second. — Recherches de l'auteur. 11
　　　　　　　　Littérature. 18
Mémoire sur les parties microscopiques du PUS et du MUCUS (1er janvier 1839). . . . 19
　　　　Chapitre premier.— Historique. 21
　　　　Chapitre second. — Recherches de l'auteur. 29
　　　　　　　　Littérature. 36
Mémoire sur les parties microscopiques de L'URINE et du LAIT (20 juillet 1842). . . . 37
　　　　Chapitre premier.— Historique. 39
　　　　Chapitre second. — Recherches de l'auteur. 51
　　　　　　　　Littérature. 54
Mémoire sur les parties microscopiques du SPERME (1er novembre 1846). 55
　　　　Chapitre premier.— Historique. 57
　　　　Chapitre second. — Recherches de l'auteur. 80
　　　　　　　　Littérature. 86
　　ADDITIONS. Sang. 89
　　　　　　　　Pus et mucus. 89
　　　　　　　　Lait. 90
　　　　　　　　Sécrétions intestinales, bile, salive, etc. 90

FIN DE LA TABLE DU TOME PREMIER.

IMP. DE E. RAUTRUCHE,
20, r. du in lharp.

INDICATION SOMMAIRE DES PLANCHES.

PREMIÈRE SÉRIE. — *TISSUS ET ORGANES*.

		Nombre de figures.
Planche I.	Muscles. — Planche 1. Historique.	48
» II.	Muscles.—Planche 2. Recherches de l'auteur.	16
» III.	Nerfs et cerveau.— Pl. 1. Historique.	41
» IV.	Nerfs et cerveau. — Pl. 2. Historique.	36
» V.	Nerfs et cerveau. — Pl. 3. Recherches de l'auteur.	25
» VI.	Nerfs et cerveau. — Pl 4. Recherches de l'auteur.	24
» VII.	Appendices tégumentaires : première partie (poils, plumes).— Pl. 1. Historique.	70
» VIII.	Appendices tégumentaires : première partie (poils, plumes).—Pl. 2. Recherches de l'auteur.	60
» IX.	Appendices tégumentaires : deuxième partie (écailles). — Pl. 1. Recherches de l'auteur.	21
» X.	Appendices tégumentaires : deuxième partie (écailles). —Pl. 2. Recherches de l'auteur.	20
» XI.	Terminaison des nerfs.—Pl. 1. Historique.	30
» XII.	Terminaison des nerfs.—Pl. 2. Recherches de l'auteur.	17
» XIII.	Cartilages, os et dents. — Pl. 1. Historique.	39
» XIV.	Cartilages, os et dents.—Pl. 2. Recherches de l'auteur.	15
» XV.	Tissus cellulaire et adipeux.— Pl. 1. Historique.	30
» XVI.	Tissus cellulaire et adipeux.— Pl. 2. Recherches de l'auteur.	14
» XVII.	Tissus séreux, fibreux et élastique. — Pl. 1. Historique.	30
» XVIII.	Tissus séreux, fibreux et élastique.—Pl. 2. Recherches de l'auteur.	18
« XIX.	Epiderme et épithélium. — Pl. 1. Historique.	40
» XX.	Epiderme et épithélium. — Pl. 2. Recherches de l'auteur.	32
» XXI.	Glandes. — Pl. 1. Historique.	21
» XXII.	Glandes. — Pl. 2. Recherches de l'auteur.	14

		Nombre de figures
Planche XXIII.	Vaisseaux sanguins. — Pl. 1. Historique.	21
» XXIV.	Vaisseaux sanguins.— Pl. 2, fig. 1-15. Historique; fig. 16-19. Recherches de l'auteur.	19
» XXV.	Vaisseaux lymphatiques. — Pl. 1. Historique. . .	28
» XXVI.	Vaisseaux lymphatiques.— Pl. 2, fig. 1-10. Historique; fig. 11-16. Recherches de l'auteur. . . .	16
» XXVII.	Foie et glandes vasculaires.— Pl. 1. Historique. . .	23
» XXVIII.	Foie et glandes vasculaires. — Pl. 2. Recherches de l'auteur.	20
» XXIX.	Organes de la respiration.— Pl. 1. Historique. . .	28
» XXX.	Organes de la respiration. — Pl. 2. Recherches de l'auteur.	10
» XXXI.	Organes urinaires. — Pl. 1. Historique.	12
» XXXII.	Organes urinaires.—Pl. 2. Recherches de l'auteur. .	10
» XXXIII.	Organes génitaux.—Pl. 1. Historique.	13
» XXXIV.	Organes génitaux.— Pl. 2, fig. 1-9. Historique ; fig. 1-7. Recherches de l'auteur.	16
» XXXV.	Peau.— Pl. 1. Historique.	21
» XXXVI.	Peau.— Pl. 2. Recherches de l'auteur.	14
» XXXVII.	Membranes muqueuses.— Pl. 1. Historique. . .	26
» XXXVIII.	Membranes muqueuses. — Pl. 2. Recherches de l'auteur.	16
» XXXIX.	Organes des sens.— Pl. 1. Historique.	14
» XL.	Organes des sens. — Pl. 2. Historique.	12
» XLI.	Organes des sens.— Pl. 3. Recherches de l'auteur.	18
» XLII.	Organes des sens.— Pl. 4. Recherches de l'auteur.	20

DEUXIÈME SÉRIE. — *LIQUIDES ORGANIQUES.*

» I.	Sang.— Pl. 1. Historique.	54
» II.	Sang.— Pl. 2. Recherches de l'auteur.	33
» III.	Pus et mucus. — Pl. 1. Historique.	26
» IV.	Pus et mucus. — Pl. 2. Recherches de l'auteur. . .	16
» V.	Urine et lait.—Pl. 1. Historique.	36
» VI.	Urine et lait.—Pl. 2. fig. 1-14. Historique; fig. 15-21. Recherches de l'auteur.	21
» VII.	Sperme. — Pl. 1. Historique.	95
» VIII.	Sperme.—Pl. 2. Historique.	68
» IX.	Sperme. — Pl. 3. Historique.	50
» X.	Sperme. — Pl. 4. Recherches de l'auteur.	19

FIN DE LA TABLE DES PLANCHES DU TOME PREMIER.

PREMIÈRE SÉRIE

TISSUS ET ORGANES.

PLANCHE I.

MUSCLES.

PLANCHE I. — HISTORIQUE.

Fig. 1-6. Leeuwenhoëk. 1. Fibres musculaires de la puce. 2. Fibres musculaires du bœuf. 3. Fibres musculaires élémentaires. 4. Fibres musculaires rangées autour du tendon. 5. Section transversale de fibres musculaires avec les membranes (tissu cellulaire) qui les entourent. 6. Fibres musculaires, d'après un des derniers dessins de Leeuwenhoëk.

Fig. 7-9. Heyde. 7. Fibre musculaire paraissant composée de globules oblongs. 8. Fibre composée de fibrilles courbées. 9. Fibre composée de fibrilles parallèles.

Fig. 10-11. Muys. Divers aspects de fibres musculaires élémentaires.

Fig. 12-14. Della Torre. 12. Fibre musculaire, grossie 840 fois; 13. Fibre musculaire grossie 650 fois. 14. Fibre musculaire grossie 1280 fois.

Fig. 15-19. Prochaska. 15. Fibre musculaire en contraction. 16. Fibre musculaire de l'homme, cuite, grossie 400 fois. 17. Fibres élémentaires obtenues par la macération. 18. Fibres élémentaires (fila carnea) plus ou moins ondulées, grossies 400 fois. 19. Section transversale des fibres musculaires entourées de leurs membranes et composée de fibres élémentaires, dont on voit les sections transversales indiquées par les petits globules, grossies 400 fois.

Fig. 20-22. Fontana. 20. Faisceaux charnus primitifs, en contact l'un avec l'autre et couverts de leur tissu cellulaire. 21. Faisceau charnu primitif, couvert à moitié de sa cellulaire. 22. Faisceau charnu mis à nu ; les fils s'éparpillent.

Fig. 23-24. Monro. 23. Fibre musculaire paraissant composée de nerfs. 24. Dessin postérieur de l'auteur.

Fig. 25-26. Treviranus. 25. Fibres musculaires de *Coccinella quadripustulata*. 26. Fibres musculaires du bœuf.

Fig. 27-28. Mascagni. 27. Fibres musculaires paraissant composées de vaisseaux absorbants. 28. Fibres musculaires examinées avec une lentille simple.

Fig. 29. Milne Edwards. Fibres musculaires, paraissant composées de globules.

Fig. 30. Dutrochet. Corpuscules musculaires et fibrilles.

Fig. 31-32. Prévost et Dumas. Divers aspects de fibres musculaires.

Fig. 33-35. Bauer et Home. Fibres musculaires élémentaires, composées de globules.

Fig. 36. Raspail. Cylindre musculaire du bœuf, bouilli.

Fig. 37-38. Strauss-Durkheim. Fibre musculaire du hanneton, vue des deux côtés.

Fig. 39. Turpin. Fibre musculaire composée d'un boyau plissé et de filaments.

Fig. 40-43. Mirbel. Divers aspects de fibres musculaires, composées de granulations.

Fig. 44-46. Wagner. 44. Fibres musculaires lisses de la queue du *Distoma duplicatum Baer*, ayant 1/125 de ligne pour diamètre. 45. Fibre musculaire élémentaire de *Eristalis tenax*; ayant 0,001 de ligne. 20. Les mêmes, présentant des stries transversales.

Fig. 47. Dutrochet. Fibrilles musculaires, offrant a leur surface des ponctuations.

Fig. 48. Prévost. Cylindre musculaire de la grenouille, entouré d'anneaux nerveux.

Comparez aussi les fig. 24-30 de la *planche XVII*.

PLANCHE II.

MUSCLES.

PLANCHE II. — RECHERCHES DE L'AUTEUR.

Fig. 1. Faisceaux musculaires primitifs.

Fig. 2. Fibres musculaires élémentaires.

Fig. 3. Fibre musculaire du bœuf, décomposée en fibres élémentaires.

Fig. 4. Fibres musculaires fraîches du veau.

Fig. 5. Les mêmes, desséchées.

Fig. 6. Fibres musculaires des oiseaux.

Fig. 7. Fibres musculaires des poissons.

Fig. 8. Fibres musculaires de la grenouille.

Fig. 9. Fibres musculaires des insectes.

Fig. 10. Fibres musculaires des crustacés.

Fig. 11. Fibres musculaires rangées autour du tendon.

Fig. 12. Fibre musculaire contractée.

Fig. 13. Fibre musculaire avec l'extrémité attachée au tendon.

Fig. 14. Dessin schématique de la fibre musculaire des insectes.

Fig. 15. Dessin schématique, pour expliquer l'origine des stries transversales.

Fig. 16. Centièmes de millimètre.

Toutes les figures sont dessinées à un grossissement de 250 à 300 fois. Comparez aussi les figures 10-18 de la planche XVIII.

NERFS ET CERVEAU.

PREMIÈRE PARTIE.

PLANCHE I.—HISTORIQUE.

Fig. 1-5. Leeuwenhoek. 1. Section transversale du nerf optique ; 2. Nerf divisé dans sa longueur; 3, 4. Moëlle épinière; 5. Ondulations des fibres primitives.

Fig. 6-9. Ledermüller; 6, 8, 9. Morceaux de nerfs, examinés à un faible grossissement; 7. Grandeur naturelle du nerf repr6senté dans la figure 6.

Fig. 10-12. Della Torre. 10. Filaments et globules qui composent les nerfs, 11. Substance corticale du cerveau ; 12. Substance médullaire du cerveau.

Fig. 13-15. Prochaska ; 13. Moëlle; 14. Nerf, 15. Quelques globules nerveux isolés.

Fig. 16-24. Fontana; 16, 17. Nerf grossis 6 à 8 fois; 18. Fibres ondées et tortueuses du nerf; 19, 20, 21. Cylindres nerveux primitifs; 22, 23, 24. Substance médullaire du cerveau.

Fig. 25-27. Monro. 25, 26. Fibres entortillées des nerfs; 27. Cerveau.

Fig. 28. Reil. Nerf optique injecté.

Fig. 29-30. Treviranus. 27. Moëlle durcie dans l'alcool; 30. Nerf.

Fig. 31. Milne Edwards. Fibres globuleuses qui composent les nerfs.

Fig. 32. Bauer et Home. Cerveau et nerfs.

Fig. 33-36. Carus. 33. Substance corticale grossie 48 fois; 34. La même grossie 348 fois; 35. Nerf grossi 48 fois; 36. Le même grossi 348 fois.

Fig. 37-38. Raspail. 37. Tranche humectée d'un nerf desséché; 38. Cylindres nerveux, ayant 10,02 de millim.

Fig. 39-41. Dutrochet. 39, 40. Fibres nerveuses; 41. Fragment du cerveau de la grenouille.

PLANCHE IV.

NERFS ET CERVEAU.

PREMIÈRE PARTIE.

PLANCHE II.—HISTORIQUE.

Fig. 1-13. Ehrenberg. 1, 5. Tubes variqueux; 2, 4. Tubes de la matière grisàtre; 3, 10. Grains nerveux; 6. Tubes cylindriques; 7, 8. Les mêmes remplis de grumeaux; 9. Tubes variqueux déchirés; 11-13. Corps qui se trouvent dans les ganglions.

Fig. 14-15. Krause. 14. Fibriles du cerveau exposées à l'action de l'eau; 15. Les mêmes à leur état naturel.

Fig. 16-17. Mirbel. 16. Matière médullaire des premières vertèbres; 17. Matière cérébrale du mouton.

Fig. 18-35. Valentin. 18, 19, 20. Différentes formes des fibres primitives altérées; 21. État naturel des fibres primitives; 22. Fibres primitives avec leur gaine de tissu cellulaire; 23. Fibres variqueuses; 24. Entrée des fibres dans la moëlle épinière; 25. Fibres primitives d'un ganglion; 26. Lamelle du ganglion cervical du sympathique de l'homme; 27, 28. Ganglions, dont les corpuscules (les globes) ne sont indiqués que par des contours; 29. Deux corpuscules glanglionaires unis par un filet intermédiaire; 30. Filets du tissu cellulaire qui entourent chaque corpuscule; 31 à 35. Formes différentes des corpuscules ganglionaires.

Fig. 36. Remak. Fibres primitives des nerfs.

NERFS ET CERVEAU.

DEUXIÈME PARTIE.

PLANCHE III.—RECHERCHES DE L'AUTEUR.

§ 1-4. *Partie périphérique du système cérébro-spinal.*

Fig. 1-4. (§ 3). Troncs nerveux de la grenouille; *a.* Plis de la surface supérieure du névrilème; *b.* Plis de la surface inférieure; *c.* Les fibres primitives ondulées; *d.* Ombre produite par ces ondulations.

Fig. 5. (§ 3). Sructure du névrilème.

Fig. 6-8.(§ 2). Nerfs des invertébrés; 6. Sangsue. Nerfs partant d'un ganglion; *a.* Tronc principal; *b* et *c.* Ramifications; *d.* Fibres obtenues par le déchirement du faisceau interne;*e.* Névrilème;*f.* Le faiseau interne dépouillé du névrilème; *g.* Le névrilème étendu par la compression; 7. Nerfs de la larve de l'*oryctès nasicorne*, observés dans le suc propre de l'animal; *a.* Enveloppe; *b.* La même déchirée; *c* et *d.* Le faiseau interne; *e.* Le même comprimé;*f.* Les fibres élémentaires; 8. Nerfs de la même larve observés dans l'eau; *a.* Granulations qui se produisent dans l'enveloppe; *b.* Le faisceau interne; *c.* Son bord noirâtre.

Fig. 9-14. (§ 2). Nerfs des reptiles (grenouille, lézard); 9, *a.* Fibres primitives dans leur état naturel; *b.* Une fibre primitive déchirée; 10. Changements produits par la compression; 11, par le séjour dans l'eau; 12, par l'alcool; 13. Fibres primitives du nerf sciatique; on voit quelquefois (*a*) le contour interne plus éloigné qu'habituellement du contour externe; 14. (§ 4) Nerf optique, *a.* Fibres blanches; *b.* Fibres grises (§ 8).

Fig. 15-16. (§ 2). Poissons (carpe, truite, perche). 15, *a.* Fibres primitives dans l'état naturel; *b.* Le contour interne est séparé de l'externe; 16. Changements produits par la macération ou la décomposition cadavérique.

Fig. 17. (§ 2). Oiseaux. Fibres primitives recourbées au milieu du tronc nerveux.

Fig. 18-24. Mammifères. 18. (§ 2). Lapin; *a.* Fibres grises (§ 8); 19 (§ 4). Nerf olfactif du lapin; 20 (§ 2). Mouton; fibres primitives détruites; 21 (§ 4). Nerf optique du mouton; 23 (§ 2). Fibres primitives nerveuses de l'homme, altérées par la décomposition cadavérique; *a*. Cylindre central de Purkinje; 23 (§ 4). Nerf optique de l'homme; 24 (§ 2). Formes différentes qu'offrent les nerfs par la destruction.

Fig. 25. Centièmes de millimètre.

NERFS ET CERVEAU.

DEUXIÈME PARTIE.

PLANCHE IV.—RECHERCHES DE L'AUTEUR.

§ 5-10. *Centres nerveux et nerf sympathique.*

Fig. 1. (§ 6). Les éléments de la substance grise; *a.* Les corpuscules gris; *b.* La matière grise amorphe; *c.* Éléments qui résultent de la coagulation de la matière grise amorphe autour des corpuscules gris.

Fig. 2. (§ 7). Formes différentes des corpuscules ganglionaires.

Fig. 3. (§ 6). Matière blanche amorphe; *a.* Globules d'huile; *b.* Matière blanche amorphe, en se partagaent en globules; *c.* Globules de cette même matière, se pressant les uns contre les autres.

Fig. 4. (§ 8). Sympathique; *a.* Fibres grises; *b.* Épithélium.

Fig. 5-7. (§ 7). Invertébrés. 5. Moitié d'un ganglion abdominal de la sangsue; *a.* Les corpuscules gris; *b.* Filaments du névrilème ganglionaire; 6. Ce même ganglion déchiré; *a.* Corpuscules gris entourés de la matière grise (*d*) amorphe; *b* et *f.* Corpuscules ganglionaires; *c.* Corpuscules gris isolés ; *e.* matière blanche amorphe; *g.* Matière grise sans corpuscule ; 7. Ganglion cérébral de la larve de l'*oryctès nasicorne*; *a.* Matière blanche amorphe; *b.* Matière grise entourant de globules de cette dernière substance; *c.* Globules de la matière grise amorphe logés dans la matière blanche amorphe.

Fig. 8-11. Reptiles. 8. (§ 5). Fibres primitives les plus fines de la substance blanche de l'encéphale; 9. (§ 6). Substance corticale de l'encéphale de la grenouille; *a, d.* Corpuscules gris; *b.* Les mêmes sans noyau; *c.* Les mêmes entourés de la matière grise amorphe; *e.* Fibres primitives; *f.* Vaisseau sanguin; *g.* Corpuscule gris altéré; 10. (§ 7). Ganglions; *a.* Corpuscules gris; 6. Matière grise amorphe; *c.* Corpuscule ganglionaire sans corpuscule gris; *d.* Fibres primitives blanches et grises; 11. (§ 5). Substance blanche; fibres primitives de grosseur différente, altérées par le séjour dans l'eau.

Fig. 12-13. Poissons. 12. (§ 7). Ganglion acoustique; *a, b.* Corpuscules ganglionaires; *c.* Fibres grises; *d.* Tissu cellulaire; 13 (§ 9). Moëlle épinière.

Fig. 14-15. Oiseaux. 14. (§ 6). Substance corticale décomposée (comp. fig. 7); 15. (§ 9). Moëlle épinière comprimée.

Fig. 16-23. Mammifères; (§ 6). Substance corticale de l'encéphale du lapin; 17. (§ 5) Substance blanche; 18. (§ 9.) Moëlle épinière; 19. (§ 8.) Nerf sympathique du lapin; 20. (§ 9.) Moëlle allongée du mouton; 21. (§ 9.) Moëlle épinière comprimée du veau; 22. (§ 6.) Substance corticale de l'encéphale de l'homme; 23. (§ 8.) Nerf sympatique de l'homme; *a, b, e.* Epithélium *e, d.* Fibres grises.

Fig. 24 Centièmes de millimètres.

APPENDICES TÉGUMENTAIRES.

PREMIÈRE PARTIE.

POILS, PLUMES, ONGLES, ETC.

PLANCHE I.—HISTORIQUE.

Fig. 1. Malpighi. Follicule, bulbe et racine du poil.

Fig. 2. Griendel. Poil avec des rameaux.

Fig. 3-7. Leeuwenhoëk. 3. Poil déchiré, 4. Poil de souris, 5. Poil de l'ours, 6. Poil du cerf, 7. Coupe transversale de soie.

Fig. 8-10. Ledermüller. 8. Cheveux, 9. Poil de la taupe, 10. Poil du cerf.

Fig. 11. Baster. Poil de l'écureuil volant.

Fig. 12-16. Heusinger. 12. Poil du cerf, 13. Poil de l'homme, 14. Poil de la chauve-souris, 15. Poil de la taupe, 16. Racine du poil.

Fig. 17-18. Weber. 17. Coupe transversale ronde du cheveu, sans canal et sans cellules, 18. Poils de favoris.

Fig. 19-31. Eble. 19 et 20. Follicule, corps gélatineux ou conique, et racine du poil, 21. Cheveu, 22. Laine, 23. Poil de la taupe, 24. Poil d'une chauve-souris, 25. Soies de cochon, 26. Leur pointe, 27. Coupe transversale de soie, 28. Celle du piquant du porc-épic, 29-31. Capsules des poils de l'homme.

Fig. 32. Heusinger. Corne du Rhinocéros.

Fig. 33-37. Gurlt. 33. Coupe verticale de l'ongle, 34. Celle de la griffe de carnivores, 35. Tubes longitudinaux du sabot et de l'onglon, 36. Coupe transversale de ces tubes, 37. Rubans des cornes.

Fig. 38. Borellus. Écaille d'un poisson.

Fig. 39. Hooke. Les dents de l'écaille de la sole.

Fig. 40. Leeuwenhoek. Section transversale d'une écaille.

Fig. 41-44. Kuntzmann. Écailles des poissons suivants, 41. Clupea harengus, (moitié), 42. Salmo salar, 43. Acanthonothus nasus, 44. Cyprinus rutilus.

Fig. 45-47. Hooke. 45. Une barbule, a. Barbule secondaire, 46.47. Barbules secondaires du paon.

Fig. 48-49. Leeuwenhoek. Barbules secondaires.

Fig. 50-52. Audebert. 50. Barbules des plumes dorées, 51. 52. Paillettes qui se trouvent à leur surface et qui réfléchissent la lumière.

Fig. 53-58. Nitzsch. Barbules secondaires.

Fig. 59. Hooke. Écaille de la teigne.

Fig. 60. Bonanni. Écaille d'un lépidoptère.

Fig. 61-69. Bernard-Deschamps. 61. Écaille, composée de trois membranes, 62. Écaille, divisée entre les lignes, en petits carrés, 63. Morceau d'une écaille, dont les carrés présentent une petite cavité circulaire, 64. 65. Plumules, 66. 67. Tubes squamulifères, 68. Pédicule d'une écaille, 69. Aile d'un papillon.

Fig. 70. Valentin. Cristallisations de la coque de l'œuf de quelques serpents

PLANCHE VIII.

APPENDICES TÉGUMENTAIRES.

PREMIÈRE PARTIE.

POILS, PLUMES, ONGLES, ETC.

PLANCHE II.—RECHERCHES DE L'AUTEUR.

A-C. *Cheveux et Poils.*

Fig. 1. Forme générale d'un poil. *a.* Substance corticale. *b.* Substance médullaire, 2. Pointe d'un poil, 3. *a.* Bout coupé. *b.* Lignes transversales de la substance corticale. *c.* Lamelles détachées de la substance corticale. *d.* Tranche très mince. *e.* Mailles de la substance médullaire, 4 et 5. Modes de cicatrisation du bout coupé, 6. Moustaches de chien. *a.* Bulles d'air qui se trouvent dans la substance médullaire, 7. Lamelles de la substance corticale, qui paraissent composer ses fibres, 7. Laine, 9 et 10. Poils veuls de rongeurs, 11. Substance corticale du jarre de rongeurs, 12. Jarre de rongeurs (castor). *a.* Substance corticale. *b.* Substance médullaire, 13. Poils du cerf.

D. *Ongles.*

Fig. 14 à 16. Les lamelles, qui produisent l'apparence de fibres dans la structure de l'ongle humain.

E. *Plumes.*

Fig. 17. Moitié d'une plume. 18-22. Les éléments du tuyau. 23. Les cellules de la substance blanche dans la tige, 24. Une barbule du duvet, 25. Une barbule colorée, 26. Une barbule à reflet métallique. (Nous avons seulement voulu donner dans ces trois dernières figures une idée générale de la manière dont les barbules secondaires composent la barbule; mais il nous a été impossible de reproduire la longueur proportionnelle et le grand nombre de ces barbules secondaires qui, dans la fig. 26, devraient se trouver aussi serrées que dans la fig. 24.)

Fig. 27-36. Barbules secondaires du duvet, 37-42. Celles des plumes colorées, 43-49. Celles des plumes à reflet métallique.

F. *Poils des insectes.*

Fig. 50. Poil d'un hanneton, 51. Poil de l'Oryctès nasicorne, 52. Poil d'un scatophage, 53, 54. Poils de l'araignée, 55. Elytre du hanneton.

G. *Lépidoptères.*

Fig. 56, 57. Poils et 58. Ecailles qui se trouvent à la surface des ailes des papillons, 59. Une écaille déchirée, 60. Forme particulière de quelques écailles du papillon *Pâris.*

APPENDICES TÉGUMENTAIRES.

DEUXIÈME PARTIE.

ÉCAILLES DES POISSONS.

PLANCHE I.—RECHERCHES DE L'AUTEUR.

Fig. 1-4. Écailles entières. 1. *Perca fluviatilis*, 2. *Carpio*, 3. *Cobitis fossilis*, 4. *Coluber trabalis*.

Fig. 5-8. Canaux longitudinaux. 5. *Percarina Demidoffii*, 6. *Serranus*, 7. *Mullus barbatus*, 8. *Acerina vulgaris*.

Fig. 9-11. Tuyaux pleins. 9. Écaille osseuse des scinques, 10. Piquants de *Gadus euxinus*, 11. Écusson de *Syngnathus*.

Fig. 12-21. Lignes cellulaires. 12, Écaille de *Corvina nigra*, *a.* la ligne, *b.* sa base, 13. Lignes cellulaires du foyer détruites en partie par le frottement, 14. Formes de lignes près de dents de l'écaille, 15. *Ophidium barbatum*, les lignes sont composées de cellules (a'), placées sur une base (a''), et séparées des autres cellules par une rigole étroite (a'''), *e.* Canal longitudinal, *i.* Bord postérieur de la cellule, 16. *Gadus euxinus*, *a.* Cellules isolées, *b.* Bases réunies, *c.* Canaux longitudinaux, 17. *Anguilla muraena*, *a.* Espace qui sépare les cellules isolées, 18. *Motella tricinnata*, cellules proéminentes, 19. *Mullus barbatus*; on voit les cellules tantôt isolées, tantôt se confondre et former des lignes, 20. *Serranus*; lignes dans lesquelles on peut encore distinguer des cellules, 21. *Carpio*; les cellules sont toutes réunies.

PLANCHE X.

APPENDICES TÉGUMENTAIRES.

DEUXIÈME PARTIE.

ECAILLES DES POISSONS.

PLANCHE II.—RECHERCHES DE L'AUTEUR.

Fig. 1-4. Corpuscules cartilagineux des écailles.

Fig. 5-7. Structure de la couche fibreuse.

Fig. 8. Cristaux de la matière argentine.

Fig. 9-17. Dents qui se trouvent sur le bord libre de quelques écailles. 9-12, *Corvina nigra*, 9 et 10. Anatomie de dents ; la fig. 9 est la continuation de la fig. 10 ; 11. Les dents placées sur le bord libre de l'écaille, 12. Ces dents déchirées, 13. Dents des écailles des *Gobioïdes*, 14. des *Percoïdes*, 15. de *Solea nasuta*, 16. de *Sargus annularis*, 17. de *Mugil cephalus*.

Fig. 18 et 19. Écailles de reptiles, 18. *Coluber trabalis*, 19. *Coluber natrix*.

Fig. 20. Coupe idéale d'une écaille, *a*. Les lamelles de la couche inférieure, *b*. La base des cellules, *c*. Les cellules.

TERMINAISON DES NERFS.

PLANCHE I. — HISTORIQUE.

Fig. 1—3. *Prévost* et *Dumas*; 1. Muscle en état de repos avec le nerf qui s'y distribue; 2. le même muscle contracté, gr. de 45 fois; 3. distribution des derniers rameaux nerveux; grossissement de 200 à 300 fois.

Fig. 4—6. *Breschet*; 4. Tiges nerveuses de la peau de la baleine grossies; 5. groupe de papilles humaines; 6. terminaison du nerf cochlé sur la cloison spirale.

Fig. 7—14. *Valentin*; 7. Terminaison des nerfs dans le follicule de la seconde dent molaire inférieure des brebis; 8. t. d. n. à la surface interne de la peau dorsale de la grenouille. *(Rana esculenta);* 9. t. d. n. dans la membrane muqueuse nasale du chien; 10. structure de la rétine de l'homme; *a.* globules de la couche interne; *b.* et *c.* le foramen central; *d.* globules de la couche moyenne; 11. plexus des fibres primitives qui existent dans la couche externe de la rétine; 12. terminaison du nerf dans la *lagena* de l'oreille d'une oie; 13. dans l'oreille d'une pie; 14. dans l'ampoule de l'oreille de l'oie.

Fig. 15—17. *Burdach*; 15. Distribution de nerfs dans un morceau de la peau dorsale de la grenouille; *a.* tronc nerveux; *b.* faisceau nerveux; *c.* fibres élémentaires; 16. forme fondamentale des arcs terminaux des nerfs musculaires; 17. plexus terminal du nerf glosso-pharyngien formé d'anastomoses des simples faisceaux nerveux primitifs; grossissement de 250 fois.

Fig. 18—29. *Treviranus*; 18. Rétine de la corneille (corvus cornix); *a.* lamelle interne de la choroïde; *b.* tissu cellulaire, contenant des vaisseaux sanguins et les cylindres médullaires que l'on voit en *q* monter perpendiculairement, passer en *d* par une seconde couche de tissu cellulaire où ils reçoivent des gaines; *e.* ces mêmes cylindres devenus plus larges; *m.* troisième couche de tissu cellulaire; *n.* les papilles; gr. 300 fois; 19. surface externe de la rétine de la chouette (strix brachyotos); gr. 510 fois; 20. rétine d'un lapin; gr. 510 f.; 21. rétine d'une couleuvre (coluber natrix); gr. 200 f.; 22. papilles de la rétine d'un brochet; gr. 300 f.; 23. rétine de la grenouille; gr. 300 f.; 24. rétine du lapin, vue en direction oblique; gr. 300 f.; 25. papilles de la rétine d'un têtard, vues de côté; gr. 510 f.; 26. rétine d'une tortue (terapene clausa); gr. 300 f.; 27. papilles du nerf acoustique, sur la cloison spirale du limaçon de l'oreille interne d'une jeune souris; *a.* partie osseuse de la cloison; *b.* partie membraneuse; gr. 300 f.; 28. papilles du nerf olfactif d'une souris; gr. 510 f.; 29. les mêmes d'un hérisson.; gr. 300 f.

Fig. 30. *Pappenheim. a-d.* Baguettes simples; *e-g.* Cônes jumeaux de la rétine des poissons.

PLANCHE XII.

TERMINAISON DES NERFS.

PLANCHE II. — RECHERCHES DE L'AUTEUR.

Fig. 1. Petite portion de la queue du têtard; *x.* bord libre; *y.* bord coupé; *a.* tronc nerveux; *b.* une ou plusieurs fibres primitives se séparant du tronc; *c.* anses terminales; *d.* terminaison (?) de deux fibres primitives; *e.* vaisseau sanguin; *f.* et *g.* vaisseaux lymphatiques; *z.* épiderme et pigment.

Fig. 2. Portion d'une feuille (de laitue), pour faire voir la distribution et la terminaison des vaisseaux spiraux; *a.* tronc principal; *b.* plexus; *c.* terminaison.

Fig. 3-6. Rétine de la grenouille. 3. *a, b.* les baguettes; *c, d, i, m, o.* la substance corticale de la rétine. 4. *a-k.* formes différentes de baguettes simples; *m.* cônes jumeaux; 5, *a, b.* altérations de baguettes produites par la compression, par l'eau, etc. 6, *a, b, c.* matière blanche amorphe; *d.* corpuscules gris.

Fig. 7-10. Rétine des poissons (carpe, tanche, anguille). 7. Aspect général de la substance blanche de la rétine; *a.* les baguettes simples; *b.* les cônes jumeaux; 8. *a-f.* baguettes simples; *g, i, o, l.* cônes jumeaux; 9. *a.* altérations de baguettes simples, *b.* des cônes jumeaux; 10. substance corticale.

Fig. 11-14. Rétine des oiseaux (pigeon, moineau). 11. Aspect général de la rétine; *a.* baguettes simples; *b.* cônes jumeaux; 12. Formes différentes des baguettes; 13. Leurs altérations; 14. *a. b. c. d.* Substances corticales; *e.* Substance blanche de la rétine.

Fig. 15-17. Rétine des mammifères (lapin, veau, bœuf, homme.); 15. *a. a'.* les corpuscules du pigment de la choroïde; *b. c.* globules d'huile blanche; 16. *b. c. e.* Baguettes simples; *a. d.* Baguettes doubles; *f. g. h.* Des baguettes altérées; *i.* Molécules de pigment; 17. Aspect général de la rétine; *a.* Les baguettes simples; *e.* Tourbillons probablement artificiels; *b.* Fibres du nerf optique; *c.* Vaisseau sanguin; *d.* Pigment; *f.* Corpuscules gris; *g.* Les mêmes très-petits, sans noyau; *h. l.* Substance blanche amorphe, *i.* Substance grise amorphe; *k.* Corpuscules produits par la coagulation de la substance grise amorphe.

CARTILAGES, OS ET DENTS.

§ 1. *Cartilages.*

Fig. 1. Müller. Corpuscules des cartilages.

Fig. 2. Miescher. Fémur d'un chien nouveau-né; *a*. Cartilage non ossifié; *b*. Commencement de l'ossification.

Fig. 3-4. Arnold. 3. Cartilage ossifiant d'un fœtus de quatre mois; 4. Cartilage de l'oreille.

Fig. 5-12. Schwann. 5. Cellules de la corde dorsale du gardon; 6, 7, 8. Cartilage des branchies du gardon; 9. Os ethmoïde de *Pelobates fuscus*; 10. Branchies du têtard; 11. Cartilage du fœtus d'un cochon, traité par l'acide acétique; 12. Cartilage de la branchie d'une grenouille (Rana esculenta).

Fig. 13. Gerber. Cartilage qui s'ossifie.

Fig. 14-15. Henle. 14. Cartilage d'une côte; 15. Épiglotte du veau.

§ 2. Os.

Fig. 16. Reichel. Fibres et canaux de l'os; *a*. Poil dans un canal.

Fig. 17-19. Müller. 17. Corpuscules osseux de l'homme : grossiss. 410 fois; 18. Cartilage ossifié de *Myliobates aquila*; 19. Mâchoire inférieure d'une grande raie.

Fig. 20-22. Valentin. 20. Substance osseuse du protée; 21, 22. Des concrétions osseuses.

Fig. 23-24. Miescher. 23. Coupe transversale d'un os pariétal; 24. Coupe longitudinale d'un os long.

Fig. 25. Gerber. Côte d'un chien; cartilage qui s'ossifie. Gross. 160 fois.

Fig. 26. Henle. Lamelle très-mince du fémur.

§ 3. *Dents.*

Fig. 27. Leeuwenhoëk. Les tuyaux de la substance dentaire.

Fig. 28. Fraenkel et Purkinje. Les prismes quadrangulaires de l'émail.

Fig. 29. Müller. Les prismes de l'émail qui n'est pas encore parfaitement développé.

Fig. 30-36. Retzius. 30. Coupe longitudinale d'une dent; *a*. Les canalicules; *b*. La cavité; *c*. L'émail; *d*. La substance osseuse; 31, 32, 33. Les canalicules vus à un grossissement de 400 fois; 34. Les mêmes coupés à travers; 35, 36. L'émail.

Fig. 37-39. Owen. 37, 38. Dent de *Lemna*; 39. Dent de *Ptychodus decurrens*.

CARTILAGES, OS ET DENTS.

PLANCHE II. —RECHERCHES DE L'AUTEUR.

Fig. 1-9. *Os.* 1. Os de mouton, morceau carré; *a.* Couches concentriques qui entourent l'os à sa surface externe ; *b.* Coupe transversale des canaux médullaires; *c.* Coupe longitudinale des canaux médullaires; *d.* Vaisseau sanguin qui se trouve dans le centre de ces canaux : grossissement de 100 fois; 2. Coupe transversale d'un canal médullaire du plus petit diamètre, vu à un grossissement de 350 fois; *a.* Vaisseau sanguin central ; *b.* Vaisseaux calcigères ; *c.* Corpuscules osseux ; *d.* Couches concentriques du canal médullaire; *e.* Surfaces de quelques canaux médullaires placés sous des directions différentes; *f.* Esquisse de canaux coupés transversalement ; 3. Les corpuscules osseux des poissons ; 4. Os du chien; *a.* Couches concentriques; *b.* Vaisseau sanguin central ; *c.* Surface de canaux médullaires; 5. Os des oiseaux ; 6. Coupe transversale du tibia d'une grenouille; *a.* Couches concentriques externes; *b.* Celles qui entourent les deux (*d*) vaisseaux sanguins principaux ; *c.* Petits vaisseaux sanguins; *e.* Vaisseaux calcigères. Les figures 4-6 sont dessinées d'après un grossissement de 150 fois ; 7. Os de poissons : grossissement de 300 fois ; 8. Couches concentriques d'un canal médullaire; *a.* Couches isolées ; *b.* Vaisseaux calcigères ; 9. Cornet nasal du lapin ; *a.* Corpuscules osseux ; *b* et *c.* Vaisseaux calcigères.

Fig. 10-14. *Cartilages.* 10. Chorde dorsale du têtard; *a.* Le corpuscule ; *b.* Le noyau ; 11. Cartilage permanent; *a.* Le corpuscule ; *b, c.* Le noyau qui présente une (*d*) ou plusieurs ('*b*) gouttelettes d'huile; *e.* Substance intermédiaire; 12. Cartilage permanent; *a.* Le noyau ; *b.* La gouttelette d'huile; *c.* Traces du corpuscule ; *d.* Noyaux qui renferment plusieurs gouttelettes d'huile; 13. Cartilage qui s'ossifie ; *a.* Le noyau; *b.* Traces de la gouttelette d'huile; *c.* Première indication du canal médullaire; 14. Cartilage fibreux ; *a.* Fibres; *b, c.* Corpuscules cartilagineux.

Fig. 15. *Dents.* *a.* Fibres de la substance intermédiaire; *b, c, d.* Canaux dentaires.

TISSUS CELLULAIRE ET ADIPEUX.

PLANCHE I. — HISTORIQUE.

Fig. 1. Grützmacher. La moelle des os, après en avoir séparé la membrane médullaire.

Fig. 2. Fontana. Deux vésicules adipeuses, couvertes de tissu cellulaire.

Fig. 3-6. Wolf. 3. Une grappe de la graisse de l'oie; 4. Plusieurs grappes de la même graisse; 5. Les vésicules dures de la graisse du bœuf, tantôt réunies, tantôt séparées, jamais cohérentes; 6. Graisse humaine, formant des grappes.

Fig. 7. Monro. Graisse humaine.

Fig. 8-9. Treviranus. 8. Tissu cellulaire du veau; 9. Tissu cellulaire de hydra vulgaris (Pallas).

Fig. 10. Mascagni. Grappes des cellules adipeuses, avec leurs vaisseaux sanguins.

Fig. 11-12. Milne Edwards. 11. Tissu cellulaire du bœuf, renfermant des vésicules adipeuses; 12. Tissu cellulaire de l'homme.

Fig. 13-16. Seiler. 13. Tissu formatif d'un embryon humain, âgé de huit semaines; 14. Le même, du côté des reins, grossi 48 fois; 15. Le même d'un œuf incubé, grossi 34 fois; 16. Le même d'un embryon de brebis, grossi 48 fois.

Fig. 17-23. Raspail. 17-18. Granules de graisse de mouton; 19-20. Granules de graisse du porc; 21, 22, 23. Graisse humaine.

Fig. 24-26. Jordan. 24. Deux fibres isolées du tissu cellulaire; 25. Faisceaux composés de ces fibres; 26. Fibres de la tunique du dartos.

Fig. 27. Pallucci. Fibres et vésicules du tissu cellulaire de *loria chloris*.

Fig. 28. Hollard. Vésicules avec débris de tissu cellulaire ayant l'apparence d'un pédicule, mais qui était composé de fibrilles fasciculées.

Fig. 29-30. Henle. Faisceaux des fibres de tissu cellulaire, rendues transparentes par l'acide acétique; 29. Des fibres aux contours noirs, entourant le faisceau sous forme de spirale; 30. Ces mêmes fibres se déroulant à sa surface.

TISSUS CELLULAIRE ET ADIPEUX.

PLANCHE II. — RECHERCHES DE L'AUTEUR.

Fig. 1. Fibres élémentaires du tissu cellulaire.

Fig. 2. Lamelle de tissu cellulaire.

Fig. 3. Vaisseau capillaire entouré d'une gaine de tissu cellulaire.

Fig. 4. Tissu adipeux.

Fig. 5. Vésicules adipeuses du lapin; elles ne sont pas encore parfaitement développées.

Fig. 6. Vésicules adipeuses traitées par l'acide acétique.

Fig. 7. Une espèce de cristallisation qui se rencontre quelquefois dans le beurre figé.

Fig. 8. Mucus trouvé à l'angle interne de l'œil.

Fig. 9. Vésicules adipeuses du porc.

Fig. 10. Les mêmes, après avoir été exposées à la chaleur.

Fig. 11. Elaïne de la graisse humaine.

Fig. 12. Margarine et acide margarique de la graisse humaine.

Fig. 13. Stéarine cérébrale.

Fig. 14. Acides margarique et stéarique du mouton cristallisés.

TISSUS SÉREUX, FIBREUX
ET ELASTIQUE.

PLANCHE I. — HISTORIQUE.

Fig. 1-4. Leeuwenhoëk. 1. Ondulations des fibres élémentaires du tendon ; 2. Rugosités en forme de spiral à la surface du tendon ; 3. Tendon plié d'un mollusque ; 4. Disposition des fibres musculaires autour du tendon.

Fig. 5-7. Fontana. 5. Rugosités à la surface du tendon ; 6. Ondulations des fibres élémentaires du tendon ; 7. Fibres élémentaires du tendon.

Fig. 8. Jordan. Fibres élémentaires du tendon.

Fig. 9-16. Eulenberg. 9. Fibres du ligament de la nuque du bœuf ; 10. Fibres élastiques prises dans les ramifications les plus déliées des bronches du bœuf ; 11. Fibres élastiques de l'œsophage de l'homme ; 12. Fibres des ligaments jaunes de l'homme ; 13. Fibres élastiques de la tunique externe de la veine cave inférieure du bœuf ; 14. Fibres de la tunique moyenne de l'aorte du bœuf ; 15. Tendon du chien ; 16. Quelques fibres élastiques de la veine crurale du bœuf, placées transversalement sur des fibres de tissu cellulaire.

Fig. 17-21. Ræuschel. 17. Faisceaux de fibres tendineuses, dont on n'a pas pu saisir les fibres élémentaires ; 18. Fibres de la tunique moyenne de l'aorte ; 19. Ces mêmes fibres coupées transversalement ; quelques fibres transparentes de tissu cellulaire s'y trouvent mêlées ; 20. Une petite portion du ligament jaune de la nuque du bœuf ; 21, a. Section transversale du même ligament ; b. Section transversale de l'aorte de l'oie.

Fig. 22-23. Gerber. 22. Tissu élastique rétiforme du ligament de la nuque du cheval ; grossissement de 200 fois ; 23. Tissu élastique du bulbe oculaire du bœuf.

Fig. 24. Prévost et Dumas. Muscle en contraction.

Fig. 25-26. Schwann. 25. Faisceau primitif musculaire de la larve d'un hanneton ; 26. Faisceau musculaire du brochet.

Fig. 27. Skey. Fibre musculaire ; on voit de quelle manière les stries transversales peuvent être éloignées les unes des autres, et se présenter en relief.

Fig. 28. Gerber. Faisceau primitif musculaire du chien ; les fibres élémentaires sont entourées d'une gaine, formée par des fibres tournées en spirale.

Fig. 29-30. Bowmann. 29, a. Fibrille élémentaire du muscle psoas du lièvre ; b. Faisceaux primitifs musculaires d'un lapin nouveau-né ; 30. Faisceau primitif musculaire, dont les éléments se trouvent distendus.

TISSUS SÉREUX, FIBREUX
ET ELASTIQUE.

PLANCHE II. — RECHERCHES DE L'AUTEUR.

Fig. 1-6. Tendons. 1. Fibres élémentaires disposées en faisceaux droits ou ondulés; elles sont tantôt bien visibles (a), tantôt moins évidentes (b); c, d. Fibres variqueuses; e. Contours de faisceaux primitifs; 2. Fibres élémentaires, visibles après la division des faisceaux primitifs; 3, A. Section transversale de tendon; a. Contours des faisceaux primitifs; b. Sections transversales des fibres variqueuses; B. Section longitudinale du tendon, traité par l'acide acétique; a. Les fibres variqueuses; 4. Plusieurs faisceaux réunis; on voit en a, b, c, des plis transversaux; 5. Ces mêmes faisceaux comprimés, présentant des lignes droites, transversales, parallèles; 6. Un plus grand nombre de faisceaux primitifs également réunis, soumis à la compression; les plis indiqués en a présentent l'aspect d'une fibre tournée en spirale autour des faisceaux primitifs. Les fibres élémentaires ne sont pas représentées dans cette figuré, pour ne pas confondre ces divers éléments.

Fig. 7-11. Crispation de diverses fibres élémentaires; 7. Tissu cellulaire; 8. Tissu fibreux; 9. Fibres élémentaires des nerfs; 10. Faisceaux primitifs de muscles volontaires; b, c, d. Crispation de fibres primitives dans l'intérieur du faisceau; 11. Contraction de muscles involontaires.

Fig. 12-18. Muscles. 12. Fibre musculaire du cochon; a. Bourrelet transversal; b. Intervalle; 13. La même, en contraction; a. Intervalle; b. Bourrelet transversal; c. Les intervalles rapprochés; d. Les bourrelets rétrécis; 14. Fibre musculaire du bœuf comprimée; a. Bourrelet; 15. La même, en contraction; a. Les bourrelets, comme dans la figure précédente; b. Les mêmes, en contraction et se continuant en c de l'autre côté du vaisseau; 16. Fibres élémentaires des insectes; de différentes grosseurs; a. Les mêmes, réunies en faisceaux; 17. Gaîne transparente pourvue de corpuscules, entourant largement la fibre primitive musculaire (jeune lapin); a. Corpuscule allongé en fibre; 18, A. La même, entourant plus étroitement la fibre musculaire; a. Eloignée à peu de distance de la fibre; b. Un peu plus distant; c. Collée contre la fibre; 18, B. Fibre élémentaire, présentant de nombreux corpuscules de la gaine. Les fibrilles élémentaires sont à peine visibles dans la partie supérieure, plus apparente dans la partie inférieure.

EPIDERME, EPITHELIUM ET PIGMENT.

PLANCHE I. — HISTORIQUE.

§ 1. *Epiderme et Epithélium.*

Fig. 1-5. Leeuwenhoëk; 1. Epiderme composé de petites particules arrondies (1674.); 2. Ecailles transparentes de l'épiderme (1686); la portion entre les quatre étoiles est à jour, l'inférieure est recouverte par d'autres écailles; 3, 4. Epiderme (1717); 5. L'épithélium qui recouvre la surface interne des intestins.

Fig. 6. Ledermüller. Ecailles de l'épiderme humain.

Fig. 7. Fontana. Une lamelle très mince de l'épiderme.

Fig. 8. Raspail. Débris de la couche externe des surfaces buccales: ce sont des cellules aplaties et isolées ou réunies en plus grand nombre.

Fig. 9-10. Delle Chiaje; 9. Une aréole épidermique composée d'autres aréoles plus petites; 10. Une de ces aréoles, examinée à un grossissement plus considérable.

Fig. 11. Breschet et Roussel de Vauzème. Ecailles de la matière cornée de l'homme, vues à la loupe.

Fig. 12-14. Treviranus; 12. Epiderme de la grenouille, composé de trois lamelles, une externe, une autre moyenne, et une interne, dans laquelle on aperçoit l'orifice d'un follicule muqueux; 13. Une couche de cylindres (papilles) de l'épithélium des villosités intestinales de la tortue, présentée isolément, séparée des autres couches. Les extrémités présentent un point noir, qui est l'ouverture de la papille. Gross. 300 fois; 14. Cils vibratiles de la langue de la grenouille.

Fig. 15-16. Valentin; 15. Epithélium de la conjonctive humaine, où les papilles qui dépassent le bord libre, sont vues de côté, tandis que les autres ne présentent que leur bout supérieur; 16. Mouvement vibratile à la surface du ventricule latéral de l'homme.

Fig. 17-27. Henle; 17. Cellules d'épithélium de la cavité buccale; 18, de l'œsophage du chat; 19, de la tunique péritonéale; 20, de la carotide du veau; 21. Bord libre d'une valvule de la veine crurale; 22. Epithélium des plexus choroïdes des ventricules cérébraux; 23. Cellules d'épiderme rendues transparentes au moyen de l'acide acétique; 24. Epithélium de la conjonctive du veau, plissé, de manière que la surface libre forme le bord; 25. Cylindres d'épithélium de l'intestin du lapin; 26. Les mêmes du gros intestin du cochon d'Inde, vus d'en haut; 27. Cylindres vibratiles.

Fig. 28-30. Valentin; 28. Epithélium à fibres horizontales; 29. Cylindres vibratiles, (1838); 30. Un pli de l'intestin grêle de la grenouille.

§ 2. *Pigment.*

Fig. 31-42. Mondini. 31. Pigment noir de l'homme, examiné à un grossissement de 75 fois; 32. Pigment noir de l'œil de *Melleagris gallopavo*.

Fig. 33. Heusinger. Pigment du péritoine des poissons.

Fig. 34-36. Wharton Jones. 34. Plaques hexagonales de la choroïde; 35. La choroïde qui recouvre le tapis; 36. Choroïde des albinos.

Fig. 37. Valentin. Eléments de la choroïde des oiseaux.

Fig. 38. Schwann. Cellules pigmentaires de la queue des têtards.

Fig. 39-40. Henle. 39. Cellules pigmentaires vues de côté; 40. Molécules pigmentaires. Gross. 700 fois.

ÉPIDERME, ÉPITHÉLIUM
ET PIGMENT.

PLANCHE II. — RECHERCHES DE L'AUTEUR.

§ 1. *Épiderme et épithélium.*

Fig. 1; I. Epithélium à cylindres arrondis, dont les contours seulement sont dessinés; II. Cylindres isolés.

Fig. 2. Epithélium à cylindres tronqués.

Fig. 3. Pli de la muqueuse de l'intestin grêle de la grenouille, *a.* La membrane transparente; *b.* Plusieurs couches des cylindres superposés les uns aux autres; *c.* Les mêmes et leurs noyaux, vus d'en haut; *d.* La membrane transparente, séparée des cylindres; *e.* Divers degrés de développement de cylindres; *f.* La couche des noyaux. Figure schématique.

Fig. 4. Matière amorphe transsudant entre les cylindres.

Fig. 5. Matière granulée.

Fig. 6. Cylindres d'épithélium isolés de la grenouille.

Fig. 7. Les mêmes, vus d'en haut.

Fig. 8. Corpuscules primitifs (noyaux).

Fig. 9. Transformation de ces corpuscules en cylindres.

Fig. 10. Epithélium vibratile, qui laisse transsuder la matière amorphe.

Fig. 11. Le même, vu d'en haut.

Fig. 12. Cylindres d'épithélium vibratile isolés.

Fig. 13; *a.* Cils à l'état normal; *b.* Les mêmes détruits.

Fig. 14; *a.* La membrane transparente qui existe entre les cylindres(*b*) et les cils(*c*).

§ 2. *Pigment.*

Fig. 15. Pigment de la choroïde du cochon.

Fig. 16. Pigment de l'uvée de cochon.

Fig. 17. Pigment de l'uvée de l'ablette.

Fig. 18. Cellules pigmentaires des yeux des écrevisses.

Fig. 19-22. Pigment de la choroïde des grenouilles.

Fig. 23. Pigment de l'iris des grenouilles.

Fig. 24. Molécules pigmentaires de la choroïde des grenouilles.

Fig. 25. Pigment de la choroïde de la tanche; *b.* La membrane sous-jacente.

Fig. 26. Corpuscules pigmentaires isolés du même poisson.

Fig. 27. Cristaux qui forment la matière argentine.

Fig. 28. Les molécules pigmentaires se groupant autour des globules (*a*) ou les baguettes (*b*) de la rétine.

Fig. 29. Un corpuscule pigmentaire déchiré.

Fig. 30. Corpuscules pigmentaires privés en partie des molécules par le frottement.

Fig. 31. Pigment formé par des corpuscules étoilés.

Fig. 32. Pigment de la choroïde de l'homme.

GLANDES.

Fig. 1. *Boerhaave* d'après *Malpighi*. Plusieurs follicules d'une glande simple, pourvu chacun d'un canal excréteur particulier, qui tous s'abouchent avec un canal excréteur commun.

Fig. 2. *Ruysch*. Portion du mésentère humain injecté. *a*. Une glande mésentérique (lymphatique) composée, d'après Ruysch, de vaisseaux sanguins, indiqués dans la figure par les petites lignes; *b*. Les grains apparents, mais en réalité : *pulposi arteriarum fines ; c*. les artères.

Fig. 3-5. *Weber*. 3. Tête de l'embryon du veau, avec l'indication de la glande parotide; 4. Un des conduits excréteurs du milieu de la glande sous-maxillaire, de la pintade, remplie de mercure; 5. Une des terminaisons cœcales de cette glande, examinée au microscope.

Fig. 6-16. *Müller*. 6. Cryptes agminés : glandes de Peyer du chat; chaque papille est entourée d'une couronne de cryptes; 7. Follicules agrégés : oie; 8. Utricules allongées : estomac des oiseaux; 9. Tubes terminés en cul-de-sac; 10. Vaisseaux bilifères de *Blatta orientalis*; 11. Organes sécréteurs du scorpion : A, intestin; B, cœur; C, système vasculaire particulier; *a*, organes bilifères, *b*, vaisseaux urinaires; *c*, leur ramification dans le corps adipeux; *d*, leur connexion avec le cœur; 12. Petit lobe du foie de *squilla mantis*, coupé en travers pour faire voir les cavités des cellules dont il se compose; 13. Portion du pancréas de *scomber tynnus*; les canaux sont insufflés; grandeur naturelle; 14. Les plus petits lobes insufflés de la glande mammaire de la lapine; grandeur naturelle; 15. Portion du foie de l'embryon de *coturnix*, grossie; 16. Portion des reins du crocodile, vue au microscope simple; on voit les canalicules, partant du canal excréteur central de chaque lobule, se diriger directement vers la surface.

Fig. 17-19. *Eysenhardt*; 17. Vaisseaux urinaires de la substance corticale, partant des corpuscules de Malpighi; grossissement de 90 fois; 18. Les mêmes d'un rein macéré pendant quelque temps dans l'eau; 19. Faisceaux de la substance médullaire du rein d'un fœtus; grossissement de 90 fois.

Fig. 20. *Henle*. Glande du fond de l'estomac du lapin. Les vésicules claires, faiblement grenues, sont pourvues d'un noyau de cellule bien marqué. Vers le haut, le contenu devient plus grenu, les limites s'effacent; plus haut encore, les cloisons disparaissent et il se forme de tubes simples; grossissement de 220 fois.

Fig. 21. *Todd*. Follicules simples de la membrane muqueuse, tapissés par l'épithélium de cette dernière.

GLANDES.

PLANCHE II. — RECHERCHES DE L'AUTEUR.

Fig. 1-4. Contours des canalicules sécréteurs, terminés: 1, en cul de sac; 2, en anse; 3, en pelotte; 4, en vésicules.

Fig. 5-8. Vésicule multifide du colimaçon; 5. Une portion de la vésicule vue à la loupe; 6. Le bout d'un canalicule, examiné à un gross. de 200 fois; *a*, contours des cylindres de l'épithélium; *b*, la matière secrétée; 7. Eléments de cette matière; *a*, les cellules isolées; gross. de 300 fois; *b*, les mêmes, cohérentes; 8. Divers degrés de développement; *a*, des cellules de la matière secrétée; *b*, des cylindres de l'épithélium.

Fig. 9. Cellules du sac calciphore du colimaçon; *a*, divers degrés de développement de ces cellules; 6. Gouttelette de la matière amorphe de l'épithélium à cylindres de la glande; *c*, cellules calcaires entourées de ces gouttelettes.

Fig. 10. Foie du dytique; *a*, cellules du parenchyme; *b*, cylindres de l'épithélium.

Fig. 11. Portion d'une glande composée, dont les derniers éléments sont des vésicules arrondies.

Fig. 12. Glande buccale du lapin; *a*, quelques vésicules remplies de cellules *b*, ces cellules isolées; *c*, divers degrés de développement de ces cellules.

Fig. 13. Portion d'une glande composée, dont les derniers éléments sont des vésicules allongées.

Fig. 14. Fibres musculaires involontaires des conduits excréteurs.

VAISSEAUX SANGUINS.

PLANCHE I. — HISTORIQUE.

Fig. 1—13. *Berres*. Terminaisons de vaisseaux sanguins. 1—7. *Vaisseaux capillaires;* 1. Plexus vasculosus linealis cruciatus (Class. I. ord. 1.); 2. Pl. vasc.
erectilis linealis (Class. II. ord. 1.); 3. Pl. vasc. longitudinalis reticularis
(Class. III. ord. 2.); 4. Pl. vasc. maculoso-longitudinalis (Class. IV.); 5. Pl.
vasc. excentricus ramosus (Class. VI. ord. 1.); 6. Pl. vasc. excentricus sar-
mentosus involvens (Class. VI. ord. 2.); 7. Plexus vasculosus dendriticus. —
8—11. *Vaisseaux intermédiaires;* 8. Rete vasculosum maculosum simplex
plicatum (Class. I. ord. 1. var. 2.); 9. Rete vasc. ansatum lineale (Class. II.
ord. 1. var. *a.*); 10. Rete vasc. ansis palmatis ornatum (Class. II. ord. 2.); 11.
Rete vasc. ansato-maculosum (Class. III. ord. 3.); 12. La membrane muqueuse du conduit cholédoque, à l'endroit de sa réunion avec le duodénum;
a, follicules du conduit cholédoque; *b*, vaisseaux intermédiaires de la membrane muqueuse, entre les follicules; 13. Une portion d'une plaque de Peyer,
prise sur un enfant; *a*, villosités pyramidales qui entourent la glande de
Peyer; *b*, orifices de petits sacs de la glande de Peyer; *c*, orifices des glandes
de Lieberkühn qui sont rangées en cercle autour du petit sac central.
Fig. 14. Leeuwenhoëk. Circulation dans la queue des têtards.
Fig. 15-19. Poiseuille. Circulation; 15. Portion d'intestin grêle de grenouille
avec les vaisseaux mésentériques correspondants. Grossissement de 30 à 40
diamètres; 16. Vaisseaux capillaires avec leurs globules. Gross. 160 à 180 diamètres; 17 à 19. Artères et veines de batraciens et de souris, pour servir surtout a l'étude de la couche transparente de sérum qui tapisse l'intérieur des
vaisseaux.
Fig. 20-21. Wagner. Circulation; 20. Membrane natatoire des pattes de grenouilles; grossissement de 110 fois; *a*, les vaisseaux sanguins; *b*, les cellules de
pigment; 21. Morceau de poumon d'un triton, grossi 300 fois; *a*, les globules
de sang; *b*, les globules lymphatiques.

PLANCHE XXVI.

VAISSEAUX SANGUINS.

PLANCHE II.

Fig. 1-15. — *Historique.*

Fig. 1-7. Raeuschel. 1. La membrane intime de l'aorte thoracique; les fissures indiquent la distribution des fibres; 2. Coupe transversale de l'artère mammaire; *a*, membrane externe de l'artère; *b*, couche externe et *c*, couche interne de la tunique moyenne; *d*, la membrane intime; 3. Figure schématique de la distribution des fibres dans la membrane moyenne de l'aorte thoracique; 4. Vaisseau capillaire de la pie-mère; on voit sur le bord les contours semi-annulaires des fibres transversales; 5; le même vaisseau, grossissement plus fort; 6. Section transversale de l'artère hypogastrique; *a*, membrane externe cellulaire; *b*, couche externe et *c*, couche interne de la tunique moyenne; *d*, membrane intime. 7. Coupe longitudinale. Les lettres, comme dans la figure précédente.

Fig. 8-15. Henle. 8. Vaisseau capillaire de la pie-mère de brebis; *a*, noyaux ovales en long; 9. Artère plus forte du même endroit, traitée par l'acide acétique; *a*, lumière du vaisseau, limitée par la tunique à fibres longitudinales; *b*, tunique à fibres annulaires; *c*, tunique adventice; *d*, noyaux ovales en long de la tunique à fibres longitudinales; *e*, noyaux en travers de la tunique à fibres annulaires; *f*, coupe apparente de ces noyaux; *g*, noyaux ovales en long de la tunique adventice; 10. Une artère de la pie-mère, dont la tunique à fibres longitudinales est déchirée en travers, traitée par l'acide acétique; *a*, tunique à fibres longitudinales; *b*, tunique à fibres annulaires; *c*, noyaux allongés de cette tunique, en partie réunis en fibres; *d*. Coupe apparente de ces derniers; 11. Tunique striée de l'artère crurale, enroulée; *a*, un de ses trous; 12. Les réseaux de fibres qui restent après la résorption partielle de la membrane striée des vaisseaux; 13. Fibres de la tunique à fibres longitudinales d'une veine, après le traitement de la tunique interne par l'acide acétique; 14. Morceau de la tunique à fibres annulaires de l'artère crurale; *a, b*, fibres de cellules sur lesquelles des fibres de noyaux courent comme des arêtes; *h*, fibre de noyau détachée; 15. Fibres qui restent après le traitement de la membrane interne des vaisseaux par l'acide acétique.

Fig. 16-19. — Recherches de l'auteur.

Fig. 16. Vaisseaux sanguins capillaires du cerveau de la grenouille; *a*, vaisseaux capillaires les plus ténus; *b*, globules de sang allongés; *c*, matière cérébrale écrasée; *d*, un vaisseau sanguin plus gros.

Fig. 17. Vaisseaux sanguins plus forts du même endroit, plongés dans l'eau; *a*. Le vaisseau; *b*, les globules du sang; *c, d*, les mêmes, altérés par l'action de l'eau.

Fig. 18. Vaisseau capillaire tortueux de la langue de grenouille.

Fig. 19. Circulation dans le poumon des grenouilles; la circulation est accélérée dans la partie supérieure et ralentie dans la partie inférieure; *a*, un gros vaisseau sanguin; *b*, les globules de sang; *c*, les globules blancs, quelques-uns seulement sont indiqués dans la figure; *d*, vaisseaux capillaires; *e*, un vaisseau capillaire très-étroit; *f*, globules de sang altérés par l'action de l'eau; *g*, parenchyme pulmonaire; sa structure n'est pas indiquée dans la figure; *h*, globule de sang jeté hors du courant.

VAISSEAUX ET GLANDES LYMPHATIQUES.

PLANCHE I. — HISTORIQUE.

Fig. 1. Helvétius. Mamelon (villosités) de l'intestin, examiné au soleil.

Fig. 2. Cruikshank. Quelques villosités. « On voit distinctement les orifices des lactés et leurs extrémités radiées. La villosité la plus inférieure était si pleine de chyle que nous ne pûmes en voir les orifices. »

Fig. 3-10. Hedwig. 3. Villosités de l'homme; 4. Du cheval; 5. Du chien; 6. De la poule; 7. De l'oie; 8. De la souris; 9. Du veau. On aperçoit dans quelques-unes de ces figures de villosités pourvues d'ouvertures; 10. Intestin de la grenouille, dépourvu de villosités.

Fig. 11. Doellinger. Villosité intestinale du lièvre, injectée par Doellinger. Grossissement 45 fois. (Voy. *Icones physiologicæ* par Wagner. Leipsik. 1839. Cah. II. pl. 20, fig. 8.).

Fig. 12-13. Tréviranus. 12. Vaisseau lymphatique du mésentère d'une souris; 13. Papilles lymphatiques avec l'ouverture qui existe à leur sommet (noyaux de cellules de l'épithélium). Gross. de 500 fois.

Fig. 14. Krause. Villosité intestinale de l'homme.

Fig. 15-17. Henle. 15. Cette figure représente la distribution des vaisseaux chylifères, remplis de chyle, dans l'intestin grêle. Le tronc principal est représenté dans l'angle droit supérieur; il se partage en deux branches, qui elles-mêmes se divisent en plusieurs petits rameaux pour finir dans les villosités par un bout élargi, presque renflé; 16. Villosité couverte d'épithélium; 17. Coupe transversale du canal de la villosité, entouré de cylindres d'épithélium.

Fig. 18-24. Boehm. 18. Villosités des cholériques, pourvues à leurs extrémités libres de cavités arrondies et remplies d'une huile transparente; 19. La gouttelette d'huile est coagulée (a) et se divise (b, c, d,) par la compression; 20. La gouttelette est poussée, de la cavité qu'elle occupait, dans le canal central; 21. La gouttelette s'échappe à l'extrémité de la villosité; 22. Une villosité dont l'épithélium déchiré se détache; 23. Villosités presque entièrement dépouillées de leur épithélium; quelque cylindres épithéliales seulement restent encore attachés; 24. Villosités recouvertes de l'épithélium qui se détache.

Fig. 25. Henle. Villosité d'un chat, traitée par l'acide acétique, l'épithélium étant enlevé : a, noyaux de la membrane intermédiaire; b, les mêmes, de la face inférieure, perçant à travers la substance; c, granules élémentaires; d, noyaux de cellules ovales en long qui appartiennent à un vaisseau lymphatique central; e, autres noyaux ovales en long qui appartiennent à un vaisseau capillaire, ou à un vaisseau lymphatique se dirigeant de coté.

Fig. 26. Goodsir. a. Cylindres d'épithélium remplis de globules de chyle; b. Les mêmes, avant la digestion.

Fig. 27-28. Lacauchie. 27. Villosité du chien, immédiatement après avoir été prise sur l'animal vivant; a. Épithélium; b. Faisceau de chylifères; c. Vaisseaux sanguins; d. Plis transversaux produits par la contraction du faisceau absorbant; 28. La même villosité légèrement comprimée. Les plis transversaux disparaissent, le réseau sanguin devient moins visible, tandis qu'on aperçoit les vaisseaux chylifères.

VAISSEAUX ET GLANDES LYMPHATIQUES.

PLANCHE II.

Fig. 1-10. *Historique.*

Fig. 1. Panizza. Le réseau des vaisseaux lymphatiques qui recouvre le rectum de l'oie.

Fig. 2-4. Mascagni. 2. Coupe verticale du bulbe d'un poil de la vache, examinée à un fort grossissement et à la lumière réfléchie. On voit, dit l'auteur, les vaisseaux lymphatiques s'enchevêtrer et former les éléments primitifs de la substance; 3. Portion du poil lui-même, composé également de vaisseaux lymphatiques; 4. Vaisseaux lymphatiques qui composent la substance de l'ongle; celui-ci est représenté ici, vu de sa face interne. Tous ces prétendus lymphatiques ne sont que des irisations produites par les rayons directs du soleil.

Fig. 5. Breschet. «Vaisseaux inhalants du tissu corné épidermique d'une trompe d'éléphant. » Ce sont des vaisseaux sanguins capillaires injectés.

Fig. 6. Hewson; a. Une portion de la glande lymphatique de l'homme composée de cellules; b. Globules de sang de l'homme; c. Les mêmes d'un oiseau; d, corpuscules de lymphe pris dans une glande lymphatique de l'homme; e, les mêmes, d'une glande lymphatique d'un oiseau.

Fig. 7. Gerber; a. Gouttelettes d'huile entourées de globules de lymphe, prises dans le chyle d'un chien nourri avec de la viande de cheval, b. Globules de la lymphe du cheval, grossissement de 450 fois.

Fig. 8. Henle. Corpuscules de la lymphe dans le sang; a, avec trois noyaux; b, avec deux noyaux en partie confondus; c-f, avec un noyau simple; d, l'enveloppe, formée de granules mal délimitées; f, enveloppe lisse, avec des granules enfermées; c, e, enveloppe claire; g, corpuscules de la lymphe, avec un noyau irrégulier et rapetissé, qui est peut-être sur le point de se dissoudre.

Fig. 9. Arnold. Chyle du canal thoracique; a-d, divers degrés de développement des corpuscules du chyle.

Fig. 10. Valentin. Corpuscules du chyle rougeâtre du canal thoracique du chien.

Fig. 11-16. *Recherches de l'auteur.*

Fig. 11. Glandes lymphatiques, composées de canalicules pelotonnés, telles qu'on les rencontre dans la rate.

Fig. 12. Prétendus vaisseaux lymphatiques des membranes séreuses, grossiss. 100 à 150 fois.

Fig. 13. Lobules d'une glande lymphatique du lapin; les corpuscules dont se compose le parenchyme sont indiqués dans un de ces lobules.

Fig. 14. Les corpuscules du parenchyme de cette glande, grossis 500 fois.

Fig. 15. Un globule lymphatique du sang du même animal.

Fig. 16. Villosité intestinale. Le sommet est recouvert par l'épithélium, de manière que les parties sous-jacentes ne peuvent pas être distingués. Plus bas, la couche supérieure de l'épithélium est enlevée pour faire appercevoir les fibres transversales et les longitudinales qui ne sont plus couvertes que par les éléments les plus inférieurs de la seconde couche de l'épithélium. Enfin, le bas de la figure représente la villosité privée d'épithélium.

FOIE ET RATE.

§ 1. *Foie.*

Fig. 1-3, Vivenot. Particules du foie injecté; 1, par l'artère hépatique; 2, par la veine porte; 3, par les veines hépatiques. Grossissement de 20 fois.

Fig. 4-6. Muller. 4. Premières traces du foie, dans l'embryon du poulet, au quatrième jour; 5. Foie plus développé dans l'embryon du poulet, au sixième jour. Le foie est déjà divisé en deux lobes, et chacun de ces derniers en lobules; 6. Foie d'un embryon de caille, déjà couvert de plumes. Faible grossissement. On aperçoit les lobules et leurs subdivisions.

Fig. 7-10. Wagner, 7. Foie et pancréas d'un embryon de poulet, à la fin du quatrième jour; *a*, foie; *b*, pancréas; *c*, estomac; *d*, poumons. Grossissement de douze fois; 8. Les mêmes parties grossies davantage; on aperçoit les lobules du foie et du pancréas; 9, 10. Substance du foie d'un embryon de faucon; on voit, en *a*, les globules de sang.

Fig. 11-14. Kiernan. 11. Une vésicule hépatique, dont les branches portent les lobules; 12. Coupe horizontale de lobules, près la surface du foie; *a*, veines intralobulaires; *b*, les intervalles entre les lobules, remplis de tissu cellulaire et de ramifications de la veine porte, de l'artère hépatique et des conduits biliaires; 13. Plexus des canaux biliaires, ainsi que les suppose Kiernan; *a*, section transversale du lobule avec la veine intralobulaire située au centre; *b*, canaux biliaires injectés; *c*, tissu cellulaire; *d*, substance non injectée des lobules; 14. Lobules hépatiques avec les ramifications de la veine hépatique; *a*, veine intralobulaire; *b*, ramifications de la veine porte.

Fig. 15-16. Dujardin et Verger. 15. Lobules du foie de cochon, grossis vingt fois, avec l'injection poussée au centre, et ayant commencé à pénétrer entre les globules; *a*, ramifications de la veine porte et de l'artère hépatique; *b*, substance du lobule; *c*, veine hépatique; 16, *a*. Globules glutineux, composant le lobule du foie de lapin, grossis 150 fois; *b*, les mêmes du foie de cochon.

Fig. 17. Wagner. Cellules du foie, grossies deux cents fois. La plupart font voir un petit noyau clair.

Fig. 18. Henle. Cellules du foie du lapin. Grossissement de 220 fois.

Fig. 19-20. Bowmann. 19. Cellules normales; 20. Cellules d'un foie affecté de dégénération graisseuse.

Fig. 21. Valentin. Cellules du foie d'une femme adulte.

§ 2. *Rate.*

Fig. 22. Muller. Rate du cochon. Faisceau de filaments blancs injecté et les corpuscules blancs.

Fig. 23. Bourgery. « Portion de surface d'une locule vésiculaire. Au contour se montre une petite cloison où se voient à nu des glandes lymphatiques, unies par un cordon de même substance. Elles sont côtoyées par une artériole et une veinule. Au milieu, la vésicule est divisée par la saillie d'une veinule pariétale qui supporte les grands rameaux lymphatiques du champ vésiculaire. Toute la surface est recouverte par les réseaux des lymphaticules. Les corpuscules d'où naissent les lymphatiques sont représentés les uns nus, les autres revêtus de leurs aigrettes rayonnées. »

PLANCHE XXVIII.

RATE ET FOIE.

PLANCHE II. — RECHERCHES DE L'AUTEUR.

Fig. 1. Un tube (lobule) du foie d'écrevisse; a, b, le parenchyme; c, d, le canalicule biliaire.

Fig. 2; a, tissu cellulaire sur lequel sont placés : b, des cellules du parenchyme du foie; c, des corpuscules primitifs et des cellules de tissu cellulaire.

Fig. 3. Globules que l'on trouve dans le sang coagulé.

Fig. 4. Gouttelettes de la substance blanche amorphe qui remplit le tube et qui renferment accidentellement (a) des granules.

Fig. 5. Les mêmes sans granules.

Fig. 6. Les mêmes devenues opaques et renfermant une ou deux gouttes transparentes d'une teinte gris-rougeâtre.

Fig. 7. Les mêmes renfermant plusieurs gouttelettes transparentes.

Fig. 8. Gouttelettes de graisse liquide, dont le canal biliaire est rempli.

Fig. 9. Cellules du parenchyme du foie; a, cellules parfaitement développées; b, les mêmes vues de côté; c, cellules à un degré inférieur de développement; d, cellules traitées par l'acide acétique.

Fig. 10. Tube comprimé, présentant des plis longitudinaux et transversaux, et renfermant encore quelques-uns des éléments précédemment nommés; a, fibres transversales.

Fig. 11. Bord libre d'un lobule de foie de grenouille; a, l'épithélium vibratile du péritoine qui recouvre le foie; b, les capillaires remplis de globules sanguins qui ne sont pas indiqués; c, les mailles interstitielles remplies de parenchyme.

Fig. 12. A. Foie de grenouille, injecté avec une teinture d'iode par la veine porte; a, parenchyme; b, vaisseaux sanguins. B. Une veine isolée.

Fig. 13-15. Cellules hépatiques de la grenouille; 13. Amas de cellules hépatiques; 14. Quelques-unes isolées; a, cellules, b, noyaux; c, granules; 15. Les mêmes traitées par la potasse.

Fig. 16. Cellules hépatiques de l'ablette.

Fig. 17. Cellules hépatiques du bœuf; a, la cellule; b, le noyau; c, gouttelettes de graisse; d, corpuscules primitifs (noyaux) isolés.

Fig. 18-19. Cellules hépatiques de l'homme; 18. a, isolées; b, réunies; 19, traitées par la potasse.

Fig. 20. Cristaux de cholestérine.

ORGANES DE RESPIRATION.

PLANCHE I. — HISTORIQUE.

Fig. 1-2. Swammerdam. 1. Trachées du pou. On voit les anneaux et la membrane qui les réunit. 2. Trachées de la larve de l'abeille.

Fig. 3. Leeuwenhoëk. Morceau de l'aile d'un papillon, avec les trachées et quelques écailles fixées dans la membrane.

Fig. 4-5. Malpighi. 4. Quelques lobules pulmonaires isolés; 5. Disposition des lobules des poumons sur la trachée artère et sur les vaisseaux pulmonaires.

Fig. 6-9. Willis. 6. Portion d'un lobe pulmonaire; 7. Divisions d'une branche trachéale et sa ramification en tubes et vésicules; 8. Tunique externe des poumons; les vaisseaux sanguins entourent les vésicules pulmonaires et forment de petites surfaces trapézoïdes; dans ces trapézoïdes on voit les vaisseaux sanguins les plus ténus; 9. Une de ces surfaces grossie davantage.

Fig. 10-13. Reisseissen. 10. Trachée injectée avec du mercure; les nodules terminales qui indiquent l'origine de nouvelles bronches ne sont pas injectées. Gross. 64 fois. 11. Trachée injectée avec de l'air et vue par transparence; il y existe aussi beaucoup de bronches non injectées. Même grossissement; 12. Un lobule pulmonaire, injecté avec de l'air et examiné à la loupe; 13. Un lobule pulmonaire, injecté avec du mercure, examiné également à la loupe.

Fig. 14. Home. La substance intermédiaire entre les cellules pulmonaires, à l'état frais, composée de petites cellules, ouvertes les unes dans les autres, et communiquant avec la grande cellule; on voit aussi dans la figure des vaisseaux sanguins et lymphatiques. Grossissement de 400 diamètres.

Fig. 15. Müller. Une grande partie du poumon droit d'un fœtus de brebis, vue au microscope.

Fig. 16. Bourgery. Anastomoses des artérioles et des veinules pulmonaires, sous la plèvre, qui ont lieu par des anneaux embrassant les canaux aériens. Plusieurs artérioles forment une seule veinule. Gross. de 50 diamètres.

Fig. 17. Lereboullet. Portion grossie d'un lobe pulmonaire de la loutre, dont les canaux aériens ont été injectés au mercure, et les vaisseaux sanguins au cinabre. Ces derniers forment un réseau qui enlace les dernières ramifications des vaisseaux aériens et pénètre dans leurs intervalles.

Fig. 18-23. Wagner. 18. Une petite portion de poumon d'homme, peu de temps après la mort; a, les vaisseaux remplis de sang; b, les fibres élastiques; Grossissement : 200 fois; 19. Cellules terminales, séparées les unes des autres; figure à moitié schématique; 20. Cellules terminales, remplies de mercure et examinées à la loupe; 21, 22. Embryon du faucon. Terminaisons des bronches en cul-de-sac. Grossissement : cent cinquante fois; 23. Portion de poumon de grenouille, vue du côté interne, pour montrer les cellules pariétales. Grossissement de deux diamètres.

Fig. 24. Gerber. Cellules pulmonaires du cheval.

Fig. 25-28. Valentin. 25. Ramification des bronches avec leur blastème; 26. Ramification analogue, avec une vésicule latérale, dont la cavité est close en apparence; 27. Une bronche très-ténue traitée par la potasse caustique; 28. Coupe transversale du poumon de lapin, faite près de la surface du poumon; on voit les fibres de la membrane moyenne des cellules. Grossissement des trois premières figures : 27 fois; de la dernière : 255 fois.

PLANCHE XXX.

ORGANES DE RESPIRATION.

PLANCHE II. — RECHERCHES DE L'AUTEUR.

Fig. 1. Poumon de fœtus humain. Bord libre d'un lobule; *a*, terminaisons des bronches; *b*, tissu cellulaire intermédiaire. Grossissement de 40 fois.

Fig. 2. Lamelles très-minces des poumons desséchés; *a*, vésicules terminales; *b*, vésicules latérales; *c*, coupes transversales de bronches ou de vaisseaux; *d*, parois proéminentes des vésicules. Gross. : 60 fois.

Fig. 3. Poumon de chien, injecté avec une solution de gélatine, tenant en suspension de l'arséniate de cuivre. On voit déjà à l'œil nu, à la surface du lobe, les contours verdâtres des lobules. Gross. : 4 fois.

Fig. 4. Poumon d'enfants nouveau-nés, injecté; *a*, lobules; *b*, vésicules terminales et latérales; *c*, vaisseaux capillaires; *d*, trois ou quatre vésicules terminales, vues d'en haut.

Fig. 5. Coupe transversale d'un poumon d'enfant, injecté; *a*, coupes transversales de grandes bronches; *b*, vésicules groupées autour; *c*, trois ou quatre vésicules terminales, groupées ensemble et vues d'en haut; *d*, coupes transversales des bronches terminales, remplies avec la matière injectée.

Fig. 6. Portion des branchies de l'écrevisse injectées; *a*, vaisseau sanguin central injecté; *b*, une série des tubes dont se composent les branchies. On voit dans chaque tube un vaisseau sanguin central injecté qui est en communication directe avec le grand vaisseau sanguin central; *c*, parenchyme des tubes.

Fig. 7. Tube branchial terminal, non injecté; *a*, le vaisseau sanguin central, pourvu d'une membrane propre; *b*, parenchyme du tube branchial; *c*, les globules sanguins. Gross. : 200 fois.

Fig. 8. Tube branchial terminal, injecté; *a*, le vaisseau sanguin central; *b*, parenchyme du tube, comprimé par l'injection. Gross. : 200 fois.

Fig. 9. Tissu pulmonaire des mammifères, comprimé et examiné à un grossissement de 500 fois. On voit un lacis de fibres élastiques.

Fig. 10. Parenchyme pulmonaire; *a*, corpuscules primitifs; *b*, cellules à divers degrés de développement; *c*, cellules mères, renfermant plusieurs corpuscules primitifs.

ORGANES URINAIRES.

PLANCHE I. — HISTORIQUE.

Fig. 1. Schumlansky. Une papille rénale depuis son origine jusqu'à sa terminaison dans la substance corticale; *a.* surface externe; *u d u*, orifices des tubes de Bellini; *t.* quelques-uns de ces tubes; *s.* leur bifurcation; *q.* espaces
intermédiaires pour les vaisseaux sanguins; *o.* tubes droits; *p.* coupes transversales des vaisseaux sanguins; *c.* artère et veine; *g*, *h.* corpuscules de Malpighi; *l.* tubes flexueux.

Fig. 2. Huschke. Corpuscules de Malpighi du *Triton palustris*; on voit une
veine ramifiée sortir d'un de ces corpuscules.

Fig. 3. Berres. Substance corticale et une portion de la substance médullaire du
rein; *a.* les corpuscules de Malpighi; *b.* le réseau capillaire.

Fig. 4. Cayla. Surface du rein chez le porc, destinée à montrer la jonction des
vaisseaux de l'urine avec les sanguins; *b.* vaisseaux urinaires du deuxième ordre; *c.* ceux du troisième ordre; *d.* veinules; *c.* artérioles.

Fig. 5-6. Wagner. 5. Figure schematique des reins; *a.* terminaison cœcale d'un
tube urinifère; *b.* anses terminales de ces mêmes tubes; *e.* terminaison bifurquée; *d. e. f.* anastomoses de ces tubes; *g.* glomerules artériels réunis par des
vaisseaux capillaires; grossissement de 60 fois. 6. Terminaison cœcale d'un
tube; grossiss. 250 fois. On voit la structure celluleuse.

Fig. 7. Henle. De la substance médullaire du rein d'un chat; *A. B.* Canalicules urinaires; *C.* vaisseau capillaire; *a. a.* noyaux libres; *b. b.* noyaux avec
d'étroites cellules; *c.* une large cellule.

Fig. 8-12. Bowmann. 8. Corpuscule malpighien du cheval; gross. 70 fois; 9.
Homme, gross. 45 fois; 10. Grenouille; vu par transparence; gross. 320 fois;
11. Circulation rénale chez l'homme; gross. 40 fois; 12. Circulation rénale
dn Boa; même grossissement. Dans toutes ces figures les lettres ont la valeur
suivante : *a.* branches artérielles; *af.* vaisseau afférent du corpuscule; *b.*
branches du vaisseau afférent ou de la veine porte; *b m.* membrane du tube
et de la capsule; *c.* capsule du corpuscule; *cav.* cavité du tube et de la capsule; *e* ou *ef.* vaisseau efférent du corpuscule; *m.* la pelote vasculaire; *p.*
plexus des tubes; *pv.* veine porte; *t.* tubes urinaires; *u.* uretère; *a'.* un corpuscule incomplétement injecté; *b'. c'.* extravasations dans le tube; *c'.* un
corpuscule complétement injecté, ainsi que son vaisseau efférent, sans extravasation; *d'.* rupture de la capsule, extravasation dans le tube; *ep.* épithélium
du tube; *ep''.* épithélium vibratile.

Fig. 13. Valentin. (Handwoerterbuch der physiologie, par Wagner. Vol. I,
pl. V). Tubes urinaires du lapin, traité par l'acide tartrique. Gross. 255 fois.

ORGANES URINAIRES.

PLANCHE II. — RECHERCHES DE L'AUTEUR.

Fig. 1. Canalicules de la substance corticale des reins du cheval, douze heures après la mort; *a*, les canalicules; *b*, le contenu exprimé; *c*, la membrane propre du canalicule vidé. Gross. 250 fois.

Fig. 2. Les éléments divers qui remplissent ces canalicules; *a*, corpuscules primitifs (noyaux), pourvus eux-mêmes d'un nucléole; *b*, cellules parfaites, remplies en partie de molécules; *c*, les mêmes, entièrement remplies de molécules; *d*, les mêmes, très-développées; *e*, molécules libres par la rupture des cellules; *f*, gouttelettes de la matière blanche amorphe. Gross. 500 fois.

Fig. 3. Canalicules de la substance médullaire des reins du cheval, pris à la base des pyramides, douze heures après la mort; *a*, les canalicules remplis; *b*, les canalicules vidés; on voit les plis de la membrane propre. Gross. 250 fois.

Fig. 4. Les éléments d'un épithélium à cylindres, qui remplissent ces canalicules. Gross. 500 fois.

Fig. 5. Un corpuscule de Malpighi, des reins de la grenouille; *a*, vaisseau afférent; *e*, vaisseau efférent; *b*, la capsule; *v*, les vaisseaux; *c*, corpuscules primitifs (noyaux), qui paraissent renfermés dans les canalicules; *d*, conduit excréteur qui se trouve en communication avec le corpuscule; l'épithélium vibratile manque chez les grenouilles hivernantes. Gross. 300 fois.

Fig. 6. Conduits excréteurs des corpuscules de Malpighi, du cheval, examinés à un grossissement de 600 fois.

Fig. 7. Portion de la substance corticale des reins du cheval, douze heures après la mort; *a*, conduits excréteurs des corpuscules; *b*, canalicules sécréteurs des reins.

Fig. 8. Eléments des canalicules sécréteurs des reins de la grenouille; *a*, globules du sang; *b*, corpuscules primitifs (noyaux), pourvus d'un nucléole; *c*, deux de ces corpuscules réunis; *d*, cellules parfaites; *e*, cellules mères; gross. 600 fois. (Comp. la fig. 2).

Fig. 9. Corpuscule de Malpighi de la grenouille, écrasé; *a*, vaisseaux sanguins; *b*, canalicules ou culs-de-sac, paraissant renfermer des corpuscules primitifs; *c*, ces derniers, isolés. Gross. 300 fois.

Fig. 10. Un corpuscule de Malpighi de la grenouille, où le conduit excréteur paraît se continuer directement avec le contenu de la capsule; *a*, la capsule; *b*, les vaisseaux sanguins; *c*, corpuscules primitifs; *d*, conduit excréteur du corpuscule; *e*, canalicules sécréteurs de la substance rénale. Gross. 225 fois.

ORGANES GÉNITAUX.

PLANCHE I. — HISTORIQUE.

Fig. 1. Lauth. Testicule injecté par le mercure ; *a*, lobules formés par les vaisseaux spermatiques ; *b*, rete testis ; *c*, *d*, vaisseaux efférents ; *e*, épididyme ; *f*, corps de l'épididyme ; *g*. appendice de l'épididyme ; *q*, queue de l'épididyme ; *i*, canal déférent.

Fig. 2. Berres. Vaisseaux capillaires des canalicules spermatiques. Ces vaisseaux ne sont indiqués que dans la partie gauche de la figure.

Fig. 3. Valentin. Canalicule spermatique d'un lapin. Gross. : 255 fois.

Fig. 4-6. Wagner. 4. OEuf complétement développé (lapine), grossi 290 fois ; *a*, le disque proligère composé de cellules dont les contours ne sont pas visibles ; ces cellules sont remplies de molécules. Le vitellus ne présente presque pas de granules dans le voisinage de la vésicule germinative. 5. Les cellules de la membrane granuleuse, d'après un dessin de Bischoff ; *a*, grandes cellules ; *b*, d'autres petites ; *c*, globules granuleux ; *d*, cellules de la tache embryonnaire ; *e*, granules des cellules rompues. 6. A. OEuf incomplétement développé (lapine) et pris dans le follicule de Graaf (lapine), gross. 290 fois ; *a*, membrane granuleuse ; *b*, chorion (la zône transparente) ; *c*, rupture du chorion, par laquelle sort le vitellus ; *d*, la vésicule germinative avec *e*, la tache germinative. 6. B. *a*, cellules qui composent le contenu des follicules de Graaf ; gross. plus considérable ; *b*, les mêmes, traitées par l'acide acétique ; la membrane se sépare alors du noyau.

Fig. 7-13. Bischoff. A. OEuf ovarique mûr de lapine ; *a*, le jaune ; *b*, la zône transparente ; *c*, les cellules du disque proligère ; *d*, celles de la membrane granuleuse. B. Cellules du disque et de la membrane granuleuse, grossies 530 fois ; C, les mêmes traitées par l'acide acétique qui rend plus visibles leur membrane et le noyau grenu. 8. Autre œuf ovarique de la lapine, dont le jaune a un aspect floconneux. La membrane granuleuse renferme plusieurs vésicules claires, que les écrivains antérieurs ont prises pour des vésicules adipeuses. 9. OEuf de lapine, dépouillé de la membrane granuleuse. 10. OEuf ovarique de lapine, ouvert avec l'aiguille ; on voit sortir la vésicule germinative avec sa tache. 11. OEuf ovarique d'une fille, dans lequel le jaune ne touche point la zône transparente ; outre la sphère vitelline principale, on en voit encore cinq autres plus petites. 12. OEuf ovarique d'une fille, ouvert avec une aiguille ; le jaune sortit en bloc, quoiqu'il n'y avait pas de membrane vitelline ; la vésicule germinative était visible. 13. OEuf ovarique de truie, dans lequel le jaune forme un disque biconcave.

ORGANES GÉNITAUX.

PLANCHE II.

Fig. 1.- 9. Historique.

Fig. 1-8. Weber. 1. Portion de la membrane caduque, au commencement de la grossesse, grossie 20 fois; *a*, surface de la caduque; *b*, terminaisons cœcales des glandes utérines, tournées vers la substance fibrillaire de la matrice; *c*, glande bifide. 2. Membrane caduque d'une grosseur de six jours et quelques heures; faible grossissement; 3. Une glande utérine très-mince, grossie 200 fois; on voit les cellules du parenchyme; 4. Section transversale de la terminaison glandulaire du canal déférent d'un étalon; on voit les lobules triangulaires de la substance glandulaire; 5. La même, fendue longitudinalement; *b*. Glandes utérines d'une chienne pleine, prises à un endroit où il n'y avait pas de placenta; *a*, glandes simples; *b*, glandes ramifiées; *c*, les mêmes, présentant des plis qui paraissent provenir d'un tube plissé et renfermé dans la glande; grossies 50 fois. 7, 8. Ouvertures de ces glandes, plus larges (8) dans le voisinage du placenta.

Fig. 9. Sharpey. Glandes utérines.

Fig. 1 - 7. Recherches de l'auteur.

Fig. 1. Canalicule spermatique du lapin; *a*. Contenu; *b*. Gouttelettes de la matière blanche amorphe.

Fig. 2. Divers degrés de développement des cellules qui forment le contenu des canalicules spermatiques.

Fig. 3. Feuillet interne de la membrane coquillère; *a*, les fibres; *b*, noyaux.

Fig. 4. Feuillet externe de la membrane coquillère; *a*, les fibres; *b*, corpuscules.

Fig. 5. Vitellus; *a*, grandes cellules remplies de molécules; leurs diamètres atteignent souvent quelques centièmes de millimètre; *b*, molécules sorties par la rupture de ces cellules; *c*, gouttelettes de graisse.

Fig. 6. Le jaune dans le voisinage de la cicatricule; *a*, une matière grasse, liquide; *b*, une autre, solide; *c*, une gouttelette de cette dernière, écrasée; *d*, petites cellules remplies de molécules; *e*, cellules (mères).

Fig. 7; *a*, petites cellules remplies de molécules; *b*, gouttelettes de la matière blanche amorphe.

PEAU.

PLANCHE I. — HISTORIQUE.

Fig. 1. **Grew.** Pores de la peau du doigt, à la surface palmaire.

Fig. 2. **Malpighi.** Peau du talon; *a*, papilles; *b*, corps réticulaire (réseau de Malpighi).

Fig. 3-4. **Gaultier.** 3. Section transversale de la peau de la plante du pied; *a*, derme; *b*, bourgeons sanguins; dans les intervalles existe la couche albide profonde; on remarque en outre au sommet de chaque bourgeon de petites sphères qui composent la couche des gemmules; *c*, couche albide superficielle; *d*, cuticule; 4. organe générateur du poil; *a*, vaisseaux sanguins qui pénètrent dans le col de la capsule; *b*, nerfs de la vie organique; *c*, les follicules sébacés, placés dans l'intérieur de la capsule.

Fig. 5. **Wendt.** Peau de la main, durcie par le carbonate de potasse; *a*, épiderme; *b*, réseau de Malpighi; *c*, derme; *d*, pores; *e*, glandes sudorifères et leurs conduits excréteurs roulés en spirale.

Fig. 6-10. **Breschet.** 6. Papille tactile de l'homme; *a*, nerf; *b*, son entrée dans la papille; *c*, névrilème fourni par le derme; *d*, l'enveloppe propre du nerf; *e*, matière cornée; 7, organe sudorifère; *a*, derme; *b*, organe sécréteur glanduliforme; *c*, canal excréteur en spirale. 8. *a*, canal des vaisseaux inhalants; *b*, papilles; *c*, matière cornée. 9. *a*, organe sécréteur de la matière muqueuse; *b*, canal exréteur; *c*, vaisseau sanguins; *d*, petits grains blanchâtres qui l'entourent. 10. Derme humain vu sous la loupe; *a*, papilles; *b*, organe chromatogène surmonté de ses canaux excréteurs; *c*, canaux sudorifères; *d*, glandes muqueuses; *e*, fragment de vaisseaux.

Fig. 11. **Gurlt.** Peau de la brebis; *a*, glande sudoripare; *b*, follicule pileux; *c*, glande sébacée du follicule. Grossissem. 14 à 15 fois.

Fig. 12-15. **Wagner.** 12. Glande sudoripare de la surface palmaire d'une jeune fille; *a*, l'épiderme; *b*, le derme; *c*, le conduit excréteur; *d*, sa bifurcation; *e*, la glande entourée de tissu adipeux. Gross. 40 fois; 13-15. Glandes de l'oreille externe d'une jeune fille; 13. Un poil renfermé dans le follicule double et pourvu de deux glandes sébacées; 15. Une lamelle de la peau, grossie 3 fois; *a*, glandes jaunâtres qui sécrètent le cérumen; *b*, les poils avec leurs glandes sébacées; 14. Une des glandes jaunâtres (auriculaires) grossie davantage; *a*, le conduit excréteur; *b*, le canalicule enroulé avec ses vaisseaux capillaires.

Fig. 16. **Ascherson.** Une glande cutanée de la grenouille; *a*, la glande; *b*, une cellule pigmentaire.

Fig. 17. **Gerber.** Glande sébacée du cochon.

Fig. 18. **Henle.** Partie inférieure du cheveu dans son follicule; *a*, follicule; *b*, germe du cheveu; *c*, couche externe de la gaine de la racine; *d*, couche interne de cette gaine; *e*, stries transversales larges de la partie inférieure de l'écorce; plus haut elles deviennent plus étroites; *g*, noyaux arrondis du bouton du cheveu; *h*, noyaux allongés et étirés en fibres; *i*, la substance corticale. Au centre est située la substance médullaire. Gross. d'environ 200 diamètres.

Fig. 19. **Berres;** *a*, une grande glande sébacée; quelques lobules sont ouverts; un poil prend naissance dans un de ces lobules; *b*, glande sudoripare; *c*, petites glandes sébacées.

Fig. 20. Une glande sébacée se terminant dans le follicule pileux; *a*, la glande; *b*, l'acarus logé dans le conduit excréteur.

Fig. 21. **Valentin.** Glande sébacée de la peau nasale, traitée par l'acide acétique: c'est un follicule simple. Gross. 27 fois.

PEAU.

PLANCHE II. — RECHERCHES DE L'AUTEUR.

Fig. 1. Section verticale de la peau ; *a*, glande sudoripare ; *b*, son conduit excréteur ; *c*, le même, près de sa terminaison, tourné en spirale ; *d*, tissu adipeux ; *e*, le derme ; *f*, les papilles ; *g*, le corps muqueux, couche profonde de l'épiderme ; *h*, couche supérieure de l'épiderme. Grossiss. 40 fois.

Fig. 2. Conduit excréteur de la glande sudoripare, avec son épithélium, grossi à peu près 100 fois, à son entrée dans la peau.

Fig. 3. Canalicule sécréteur de la glande sudoripare, traité par l'acide acétique et grossi 500 fois ; *a*, la membrane propre du canalicule ; *b*, de noyaux oblongs situés dans cette membrane ; *c*, le parenchyme glandulaire ; *d*, le même, sorti du canalicule par la pression ; *e*, vésicules adipenses.

Fig. 4. La couche la plus profonde de l'épiderme qui se continue dans le bulbe pileux pour y former une portion de la gaine externe du poil ; *a*, la membrane propre cutanée ; *b*, de noyaux (corpuscules primitifs) situés dans un blastème à moitié solide.

Fig. 5. La couche épidermique qui suit immédiatement la précédente et qui, avec elle, constitue la gaine externe du poil. Les noyaux anguleux sont plus développés. Gross. 400 fois.

Fig. 6. Ces noyaux deviennent allongés dans la substance corticale de la racine du poil, en même temps que le blastème solidifié se divise en fibres, sans qu'il y ait eu formation de cellules.

Fig. 7. Lamelles épidermiques dont se compose, dans les moustaches du lapin, la gaine interne du poil. Gross. 300 fois.

Fig. 8. Portion supérieure de la racine du poil ; *a*, substance médullaire composée encore de noyaux ; *b*, ces noyaux ont disparu ; *c*, substance corticale ; *d*, plis formés par la gaine interne. Gross. 200 fois.

Fig. 9. Derme ; *a*, fibres cellulaires isolées ; *b*, faisceaux fibreux presqu'entièrement divisés en fibres ; *c*, division à peine indiquée de ces faisceaux en fibres. Gross. 600 fois.

Fig. 10. Papilles filiformes de la peau ; *a*, le derme ; *b*, les papilles. Gross. 30 fois.

Fig. 11. Papilles arrondies de la peau ; *a*, le derme avec les papilles ; *b*, l'épiderme. Même grossissement.

Fig. 12. Section verticale de l'épiderme ; *a*, la membrane propre cutanée ; *b-f*, degrés divers de développement des lamelles épidermiques.

Fig. 13. Une glande sébacée de l'aile du nez. Gross. 300 fois.

Fig. 14. Cellules contenues à l'intérieur de ces glandes. Gross. 500 fois.

MEMBRANES MUQUEUSES.

PLANCHE I. — HISTORIQUE.

Fig. 1-6. Boehm. 1. Portion d'une glande de Peyer, d'un enfant âgé de sept mois; la surface de l'intestin tout autour est occupée par des plis qui entourent aussi la glande. Les ouvertures de petites glandes de Lieberkuhn sont blanches, à cause du contenu dont elles sont remplies. 2. Glandes solitaires de l'intestin grêle de l'homme. On y remarque une grande quantité de villosités. 3. Glande simple du rectum de l'homme; section transversale. Elle est entourée par des glandes simples allongées. 4. Glandes conglomérées ou de Brunner, de l'homme, grossies 100 fois. La tunique celluleuse est retirée, de sorte que l'on voit les trois lobes dont se compose la glande, et les culs-de-sac arrondis de ces lobes. Un conduit excréteur commun s'ouvre à la surface de l'intestin. 5. Glandes tubulées de l'auteur, qui, réunies par faisceaux, forment les glandes pyramidales du colon, chez le lapin, décrites par Boehm; grossies 100 fois. 6. Glandes de Peyer du cochon, entourées de plis, sans villosités.

Fig. 7-9. Sprott Boyd. 8. Cellules de l'estomac de l'homme; on voit dans chacune les bouches béantes de tubes; grossies 32 fois. 9. Section de la muqueuse stomacale du cochon; les fibres sont tubuleuses et dirigées perpendiculairement à la surface de la membrane; grossies 16 fois. 10. Section d'une glande stomachique de l'oie, présentant une structure fibreuse dans ses parois et de cellules à la surface interne. Grossiss. de 10 fois.

Fig. 10-10. Bischoff. 10. Glandes stomachiques du coucou, grossies 15 fois. 11. Membrane muqueuse stomacale du chien, recouverte de son épithélium, grossie 230 fois. 12. Glandes de Brunner du cochon, grossies 15 fois. 13. Villosités qui mettent en rapport l'épithélium de l'estomac charnu du coq avec sa matrice; grossies 230 fois. 14. Section transversale de la muqueuse stomacale du cochon, dans le voisinage du pylore. Grossiss. de 25 fois.

Fig. 15-18. Wasmann. 15. Tubes fermés en cul-de-sac, prises à la région cardiaque; a, cellules à noyaux qui forment la surface externe du tube; b, cellules sans noyau, qui remplissent le tube; c, la cavité centrale. 16. Section transversale de ces tubes. 17. Section transversale superficielle, et 18. Section transversale profonde des glandes digestives.

Fig. 19-21. Wagner. 19. Contours d'une glande stomachique appartenant à la portion moyenne de l'estomac, grossie 45 fois. 20. Une autre plus composée et pourvue d'un contenu plus clair, prise dans le voisinage du pylore. 21. Glandes stomachiques d'une jeune fille de 18 ans, examinées douze heures après la mort; elles sont remplies d'un contenu. Grossissement de 20 fois.

Fig. 22-25. Henle. 22. Glandes du gros intestin du chat; a, espace rempli d'eau entre la tunique propre et le contenu visqueux; b, noyaux libres; c, cellule à noyau; d, cellule avec un noyau divisé; e, grosses cellules dans les parois desquelles se trouve un noyau. 23. Glande à suc gastrique du lapin; a, cellule à noyau dans la profondeur; b, deux cellules confondues en une; c, cavité pleine de granules. Grossissement 220 fois. 24. Autre glande à suc gastrique du même estomac, avec une membrane simple, rendue transparente par l'acide acétique; a, cul-de-sac; b, noyau de cellule apposée; c, lumière de la glande. Même grossissement. 25. Bord tranchant et couvert de péritoine du pancréas du lapin; a, péritoine; b, ces noyaux; c, extrémités en cul-de-sac des canalicules glandulaires; d, extrémités plus profondes et qui s'aperçoivent vaguement. Grossissement 148 fois.

Fig. 26. Todd. Section verticale d'une glande de Peyer du chien.

MEMBRANES MUQUEUSES.

PLANCHE II. — RECHERCHES DE L'AUTEUR,

Fig. 1. Glandes stomachiques du lapin, situées au fond de l'estomac. Ce sont des glandes lobulées composées. Grossissement de 300 fois.

Fig. 2. Contenu de ces glandes; *a,* une matière grisâtre finement granulée; *b,* des noyaux.

Fig. 3. Glandes stomachiques du lapin, situées au cardia; *a,* les lobules; *b,* la substance interlobulaire.

Fig. 4. Les mêmes, traitées par l'acide acétique.

Fig. 5. Les cellules, dont chacune constitue un lobule de ces glandes. Grossis. de 500 fois.

Fig. 6. Epiderme de l'estomac des oiseaux; *a,* ouverture des glandes.

Fig. 7. Coupe verticale de l'estomac d'un moineau; *a,* épiderme; *b,* couche glandulaire; *c,* tissu cellulaire; *d,* muscles. Grossissement de 60 fois.

Fig. 8. Une de ces glandes grossie 300 fois.

Fig. 9. Fibres musculaires organiques de l'estomac de la linotte, formant une double couche; grossies 600 fois.

Fig. 10. Les mêmes, traitées par l'acide acétique; on voit apparaître des corpuscules allongées.

Fig. 11. Fibres musculaires de l'intestin grêle du lapin, traitées par l'acide acétique. Grossies 600 fois.

Fig. 12. Membrane muqueuse du cœcum du lapin, vue d'en haut. Elle est formée principalement par des glandes simples mucipares; *a,* ouvertures de ces glandes; *b,* tissus cellulaire et musculaire. Gross. de 3 fois.

Fig. 13. Les mêmes glandes, vues d'en bas; la couche musculaire est retirée. Même grossissement. *a,* terminaisons cœcales des glandes.

Fig. 14. Contenu et parenchyme de ces glandes, grossis 600 fois; *a,* corpuscules primitifs (noyaux); *b,* cellules (globules de mucus) à divers degrés de développement; *c,* cellules mères, renfermant plusieurs noyaux; *d,* d'autres cellules renfermant un grand et plusieurs petits noyaux; *e,* cellule, dont le contenu est refoulé d'un côté par l'eau; *f,* cellules rompues, laissant échapper leur contenu. Grossis. 600 fois.

Fig. 15. Les mêmes globules, traités par l'acide acétique.

Fig. 16. Structure des membranes muqueuses de l'intestin; *a,* villosité couverte de son épithélium; *b,* glande mucipare simple; *c,* la tunique dermoïde propre *d,* vaisseaux sanguins.

ORGANES DES SENS.

PLANCHE I. — HISTORIQUE.

Fig. 1-2. Leeuwenhoëk. 1. Cristallin des poissons. 2. Cristallin des mammifères, vu de côté.

Fig. 3-6. Ledermüller. 3. Langue de bœuf, crue; a, extrémité libre des papilles; b, tuyaux transparents, placés dans le derme; c, vaisseaux sanguins. 4. La même, cuite; a, b, papilles entières ou brisées; c, dos de la langue, où l'on trouve, outre la base des papilles indiquée par les ellipses, des papilles fongiformes et des trous pour la sueur. (Ces derniers sont les ouvertures des glandes mucipares simples). 5. Papille conique de la langue de bœuf, dans sa gaine; 6. La papille privée de la gaine, paraissant composée de tuyaux capillaires.

Fig. 7-11. Pappenheim. 7. Procès ciliaires de l'homme. 8. Fibres dont se compose la cornée. 9. La membrane de Descemet, couverte de son épithelium. 10. La zone de Zinn et la terminaison de la rétine, chez l'homme. 11. Procès ciliaire.

Fig. 12-14. Henle. 12. Cellules de l'humeur de Morgagni du lapin. 13. Fibres du noyau du cristallin de la brebis, traitées par l'acide chlorhydrique. 14. Fibres du cristallin, réunies; une est isolée et contournée, pour montrer son bord tranchant.

ORGANES DES SENS.

PLANCHE II. — HISTORIQUE.

Fig. 1-12. Henle et Kœlliker. Corpuscules de Paccini. 1. Corpuscules de Paccini, pris sur une jambe amputée; *a*, cavité de la capsule centrale; *b*, compartiments entre les capsules; *c*, divisions longitudinales; *d*, fibres plates, bifurquées; *f*, noyaux allongés de la couche fibreuse longitudinale; *g*, fibres de tissus cellulaire qui réunissent les corpuscules aux tissus voisins; *h*, la fibre nerveuse du pédicule; *k*, la même, dans la capsule centrale; *m*, sa terminaison. 2. Section longitudinale du pédicule du corpuscule, pour démontrer la continuation des capsules avec les enveloppes du pédicule. 3. Extrémité terminale d'un corpuscule, pris dans le mésentère du chat; la fibre nerveuse est bifurquée; *a*, *b*, la fibre nerveuse renflée à sa terminaison. 4. Extrémité terminale d'un autre corpuscule (chat), avec fibre nerveuse simple. 5. Variétés des corpuscules, pris au mésentère du chat. 7. Deux corpuscules réunis, avec deux fibres nerveuses distinctes. 8. Extrémité terminale d'un corpuscule pris au mésentère du chat; grossi 300 fois; *a*, l'extrémité granuleuse et renflée de la fibre nerveuse. 9. Corpuscule contourné, où la fibre nerveuse plate devient cylindrique en *a*, en se contournant. 10. Contours des capsules et des espaces intercapsulaires; *a*, sections transversales des fibrilles du tissu cellulaire externe; *b*, la lamelle cellulaire interne, composée de fibres longitudinales; *c*, noyaux de ces dernières. 11. Corpuscules en chapelet, du mésentère du chat; *a*, fibre nerveuse du pédicule; *b*, fibre nerveuse de la première capsule; *c*, celle de la seconde; *d*, sa bifurcation. 12. Une portion du nerf médian, pris à la face palmaire chez l'homme. On voit les corpuscules de Paccini suspendus aux branches. Grandeur naturelle.

ORGANES DES SENS.

PLANCHE III. — RECHERCHES DE L'AUTEUR.

Fig. 1. Papilles qui existent autour de la glotte des oiseaux; *a*, couche superficielle de l'épithélium; *b*, couche profonde de l'épithélium; *c*, membrane propre dermoïde; *d*, papilles; *e*, quelques lamelles épithéliales détachées.

Fig. 2. Papilles coniques de la langue du chien; chacune de ces papilles se compose d'une papille principale (*a*), entourée de 3 ou 4 papilles secondaires (*b*). **Gross.** de 60 fois.

Fig. 3. Papille fongiforme (*a*) de la langue du chien, entourée de papilles coniques (*b*). Même grossissement. La papille est vue de côté.

Fig. 4. La même (*a*), vue d'en haut.

Fig. 5. Grandes papilles coniques qui existent à la base de la langue du chien et qui ne sont pas entourées de papilles secondaires saillantes. Gross. 20 fois.

Fig. 6. Coupe transversale d'une papille caliciforme de la langue du chien; *a*, papilles coniques; *b*, renflement annulaire; *c*, surface plissée de la papille; *d*, intervalle entre la papille et le renflement annulaire.

Fig. 7. Papille conique de la langue du lapin.

Fig. 8. Les mêmes, vues à un grossissement de 10 fois; *a*, l'épiderme; *b*, les papilles.

Fig. 9. Lamelles superficielles de l'épithélium des papilles.

Fig. 10. Fibres incomplétement développées du tissu des papilles.

Fig. 11. Diverses formes de papilles coniques, d'après *Todd* et *Bowmann*.

Fig. 12. Distribution des vaisseaux sanguins dans une des papilles secondaires qui existent à la surface des papilles fongiformes; *a*, artère; *v*, veine; *c*, anses terminales.

Fig. 13. Distribution des vaisseaux dans les papilles coniques simples qui existent à la base de la langue; *a*, artère; *v*, veine; *c* couche profonde de l'épithélium; *d*, couche superficielle; *e*, quelques éléments de l'épithélium qui sont restés attachés à la surface de la papille.

Fig. 14. Distribution des vaisseaux dans une papille secondaire; *a*, artère; *v*, veine; *b*, épithélium.

Fig. 15-16. Anses terminales des vaisseaux sanguins dans les papilles.

Fig. 17. Papille secondaire recouverte de la couche profonde de l'épithélium; *a*, anse terminale de fibres nerveuses.

Fig. 18. Anses terminales de fibres nerveuses dans les papilles composées.

ORGANES DES SENS.

PLANCHE IV. — RECHERCHES DE L'AUTEUR.

Fig. 1-2. Cartilage de la sclérotique des oiseaux.

Fig. 3. Cornée du lapin; *a*, épithélium composé de plusieurs couches de cellules à divers degrés de développement; *b*, substance de la cornée elle-même, composée d'une substance lamelleuse.

Fig. 4. Lamelles superficielles de l'épithélium en pavé de la cornée.

Fig. 5. Procès ciliaires du moineau, vus à un grossissement de 100 fois.

Fig. 6. Les mêmes, examinés à un grossissement de 500 fois; *a*, procès ciliaires; *b*, vaisseaux sanguins qui les entourent.

Fig. 7. Cellules de l'humeur de Morgagni de la linotte, à divers degrés de développement; grossissement de 500 fois.

Fig. 8. Les mêmes, entremêlées de quelques fibres (*d*) à tête renflée.

Fig. 9-10. Fibres de la couche externe du cristallin du lapin.

Fig. 11. Fibres arrondies du cristallin du chien.

Fig. 12. Fibres centrales du cristallin des poissons.

Fig. 13. Fibres jaunes de l'iris des gallinacés. Grossissement de 200 fois.

Fig. 14. Les mêmes, comprimées; *a*, la fibre; *b*, gouttelette d'une huile jaune. Grossissement de 550 fois.

Fig. 15. Fibres jaunes de l'iris du lézard; *a*, pigment jaune; *b*, pigment noir, déposé à la surface de ces fibres. Grossissement de 500 fois.

Fig. 16. Les mêmes, devenues incolores par l'action de la potasse caustique; *a*, fibres circulaires; *b*, fibres longitudinales; *c*, bord interne de l'iris, auquel reste encore attaché du pigment noir. L'iris a été dépouillé préalablement de l'uvée. Grossissement de 250 fois.

Fig. 17. Terminaison des nerfs dans l'iris du lapin, très-visible après l'action de la potasse caustique.

Fig. 18. Fibres musculaires de l'iris du cerf.

Fig. 19. Les mêmes, traitées par l'acide acétique.

Fig. 20. Extrémité bifurquée de la langue de l'orvet, du lézard, etc.; *a*, épiderme; *b*, pigment noir déposé dans la couche la plus superficielle du derme.

LIQUIDES ORGANIQUES.

PLANCHE I.

SANG.

PLANCHE I. — HISTORIQUE.

Fig. 1-7. Leeuwenhoek. 1. Globules du sang de la grenouille; 2. Les mêmes, vus de champ; 3, 4. Globules du sang du saumon; 5. Ceux de *Butta*, desséchés; 6, 7. Les mêmes, à l'état normal.

Fig. 8-13. Della Torre. 8. Globules du sang de l'homme, desséchés; 9. Les mêmes, comprimés; 10. Les mêmes, placés dans l'eau; 11. Globules du sang de la grenouille, desséchés; 12. Ceux du pigeon, comprimés; 13. Ceux d'un muge mort depuis quelques heures.

Fig. 14. Fontana. Globules du sang du lapin.

Fig. 15-26. Hewson. 15. Bœuf, chat, âne, souris, chauve-souris; 16. Homme, lapin, chien, dauphin; 17. Oiseaux; 18. Poulet dans l'œuf, au sixième jour de l'incubation; 19. Saumon, carpe, anguille; 20. Vipère, tortue; 21. Fœtus de vipère; 22. Orvet (Cæcilia); 23. Grenouille; 24. Raie; 25. Homard; 26. Les mêmes globules, exposés pendant quelque temps à l'air.

Fig. 27-30. Poli. Globules du sang des acéphales.

Fig. 31-34. Bauer et Home. 31. Globule du sang de l'homme; 32, 33. Noyaux de ces globules; 34. Globule lymphatique.

Fig. 35. Carus. Globules du sang humain, grossis 384 fois.

Fig. 36-39. Prevost et Dumas; 36. Globule du sang de l'homme, grossi 1,000 fois; 37. Ceux de la chèvre; 38, de la grenouille; 39, de la Salamandre.

Fig. 40-46. Schultz. 40. Vésicules du sang de la salamandre; 41. Les mêmes altérées par l'eau; 42. Les mêmes, placées dans une dissolution de sel marin; 43. Vésicules du lapin, placées dans l'eau; 44. Vésicules du sang de bœuf, exposées à l'action du gaz acide carbonique; 45. Globules du sang de *palludina vivipera*; 46. Ceux du lombric.

Fig. 47-54. Wagner. 47. Homme; 48. *Squalus squalina*; 49. *Ascidia mamillaris*; 50. *Proteus anguinus*; 51. *Scorpio europæus*; 52. *Vespertilio murinus*; 53. *Asterias aurantiaca*; 54. *Petromizon planeri*.

SANG.

PLANCHE II. — REHERCHES DE L'AUTEUR.

Fig. 1. Homme ; *a.* Globules du sang ; *b*, globules blancs, appelés dans le texte globules fibrineux ; *c*, molécules ; *d*, globules particuliers (de graisse?), que l'on trouve quelquefois, mais qui, lorsqu'ils se rencontrent dans le sang, sont rangés sur le bord d'une *e*, bulle d'air ; *f*, globules du sang empilés.

Fig. 2-15. Globules du sang de quelques vertébrés ; 2. Bouc de l'Inde ; 3. Eléphant ; 4. *d.* Dromadaire ; 4. *b.* Alpaca ; 5. Perroquet ; 6. Ibis rouge ; 7. Mouette ; 8. Poule sultane ; 9. Grenouille ; 10. Salamandre ; 11. Orvet ; 12. Lézard ; 13. Carpe ; 14. Anguille ; 15. Lotte.

Fig. 16. Un centième de millimètre, indiqué par la distance entre deux lignes, pour les figures 1 à 20.

Fig. 17. Ecrevisse ; *a*, globules provenant de la réunion de plusieurs *b*, globules du sang ; *c*, globules de graisse ; *d*, lamelles d'épithélium (Comparez la planche XXX de la première série).

Fig. 18. Escargot. Fig. 19. Oryctes nasicorne. Fig. 20. Ver de terre. On voit, outre les petits globules sanguins, quelques cellules provenant du parenchyme des tissus, et quelques lamelles d'épithélium.

Fig. 21-31. Altérations des globules sanguins. 21. L'albumine est précipitée sous forme de petites molécules ; 22, 23. Globules du sang des mammifères, placés dans l'eau sucrée ; 24. Globules ronds, comprimés ; 25. Globules elliptiques, placés dans l'eau ; 26. Les mêmes, dans l'acide acétique ; 27. Les mêmes, dans l'acide chlorhydrique dilué ; 28. Les mêmes, dans une dissolution de sel marin ; 29. Les mêmes, dans l'eau sucrée ; 30. Les mêmes, desséchés ; 31. Globules ronds ; fissures qui se forment dans la goutte desséchée.

Fig. 32. Une goutte de sang placée, pour l'observation, entre deux verres.

Fig. 33. Un centième de millimètre, pour les figures 21 à 31.

PUS ET MUCUS.

PLANCHE I. — HISTORIQUE.

Fig. 1-13. Gruithuisen. 1. Globules du pus ; 2. Les mêmes, conservés pendant quelques jours ; 3, 4, 5. Infusoires du pus ; 16. Infusoire des crachats ; 7, 8. Infusoire du mucus de l'œsophage ; on le voit dans la fig. 7, grimpant sur un grumeau ; 9. Infusoires qui naissent plus tard dans le mucus ; 10, 11, 12. Infusoires qui se forment dans le mucus de la leucorrhée ; 13. Cristaux.

Fig. 14-18. Donné ; 14. Pus de blennorrhagie ; 15. Pus de chancre ; 16. Lamelles d'épithélium du mucus vaginal ; 17. Trico-monas vaginale ; 18. Trico-monas plongé dans un pus trouble. Les distances entre les traits indiquent des centièmes de millimètre.

Fig. 19-21. Güterbock ; 19. Globules du pus ; 20. Les mêmes, après un séjour prolongé dans l'eau ; les enveloppes sont devenues plus transparentes ; 21. Les noyaux isolés.

Fig. 22. Vogel. Divers degrés de développement de la cellule d'épithélium.

Fig. 23-26. Henle. 23-24. Développement de l'épithélium, 25. Globules muqueux ; 26. Altérations des globules muqueux et des cellules d'épithélium par l'acide acétique.

PUS ET MUCUS.

PLANCHE II. — RECHERCHES DE L'AUTEUR.

Fig. 1. Pus; *a*, globules; *b*, molécules.

Fig. 2. Cristaux formés dans du pus conservé depuis plusieurs mois.

Fig. 3. Albumine précipitée dans le sérum du pus.

Fig. 4. Pus des bubons.

Fig. 5. Crachats des phthisiques.

Fig. 6. Pus sanieux.

Fig. 7. Pus traité par l'acide acétique.

Fig. 8. Globules du pus, après un séjour prolongé dans l'eau.

Fig. 9-10. Globules du pus et du sang, mêlés ensemble. On voit indiquées dans la fig. 10 les altérations qui surviennent lorsque les globules sanguins ont séjourné pendant quelque temps dans le pus.

Fig. 11. Globules du pus des fausses membranes.

Fig. 12. Mucus de la langue; on voit, outre les globules du mucus, des lamelles d'épithélium.

Fig. 13. Mucus placé à la base des dents; les filaments, qui forment le tartre, sont des vibrions morts.

Fig. 14. Mucus du nez; on voit, outre les globules, des jeunes cellules de l'épithélium à cylindres.

Fig. 15. Globules de pigment mêlés aux crachats.

Fig. 16. Un centième de millimètre, indiqué par la distance entre les deux lignes.

URINE ET LAIT.

Historique.

Fig. 1-2. Hooke; 1. Sédiment rougeâtre des urines; 2. Cristaux se trouvant à la surface de l'urine congelée.

Fig. 3. Leeuwenhoëk. Cristaux composant les calculs de la vessie.

Fig. 4. Ledermüller. Une goutte d'urine évaporée.

Fig. 5-14. Vigla. 5. Urate d'ammoniaque artificiel; 6. Phosphate ammoniaco-magnésien neutre; 7. Masses cristallines du même sel, confuses; 8. Apparences qu'offrent les sels à l'état amorphe; 9. Cristallisations diverses de l'acide urique; 10. Acide urique précipité; 11. Sel marin cristallisé en octaèdres; 12. Phosphate ammoniaco-magnésien bibasique; 13. Globules noirâtres; 14. Globules de ferment; *a.* agglomérés; *b*; isolés.

Fig. 15. Mandl. Cristaux de cystine; *a.* isolés; *b.* agglomérés; *c.* variété; *d.* détruits par la chaleur.

Eig. 16-22. Donné; 16. Acide urique; 17. Phosphate de chaux; 18. Sel marin; 19. Cystine; 20, 21. Phosphate ammoniaco-magnésien; 22. Phosphate de soude et d'ammoniaque.

Fig. 23-34. Rayer. 23. Acide urique; 24. Urate d'ammoniaque; 25. Globules noirâtres; 26. Urates de chaux, de soude et de potasse; 27. Cystine; 28. Phosphate ammoniaco-magnésien neutre; 29. Phosphate ammoniaco-magnésien bibasique; 30. Oxalate de chaux; 31. Urée; 32. Nitrate d'urée; 33. Sulfate de quinine; 34. Acide hippurique. (Nous avons reproduit de préférence les figures qui n'ont pas été données par les auteurs).

Fig. 35-36. Vogel. 35 Nitrate d'urée; 36. Acide urique.

PLANCHE VI.

URINE ET LAIT.

PLANCHE II. — *LAIT.*

Fig. 1-14. *Historique.*

Fig. 1. Hewson. *a.* Globules du lait; *b.* Globules du sang humain.
Fig. 2. Gruithuisen. Globules du lait.
Fig. 3-6. Donné. 3. Lait de femme; 4. Colostrum; premier jour de l'accouchement; 5. Troisième jour; 6. Dixième jour.
Fig. 7-11. Turpin. 7. Globules vésiculeux du lait; 8, *a-f.* Globules de lait plus ou moins avancés dans leurs germinations et dans leurs végétations filamenteuses; quelques-uns sont encore à l'état de globules de diverses grosseurs, d'autres montrent un, deux et quelquefois trois bourgeons allongés en tigellules tubuleuses, simples ou rameuses, plus ou moins articulés, et contenant des globulins; 9. Le lait de beurre; 10. Les deux lignes indiquent arbitrairement un centième de millimètre; on a placé dans cette distance une lignée, composée de globules de lait plus ou moins avancés; 11. Cristaux.
Fig. 12. Mandl. *a.* Globules du lait; *b.* globules du colostrum.
Fig. 13. Gerber. Globules du lait.
Fig. 14. Vogel. Cristaux de sucre de lait.

Fig. 15-21. *Recherches de l'auteur.*

Fig. 15. Globules de lait de vache à leur état naturel.
Fig. 16. Les mêmes desséchés.
Fig. 17. Les mêmes soumis à l'action de la chaleur.
Fig. 18. Les mêmes soumis à l'action de l'acide acétique.
Fig. 19. Globules de lait comprimés horizontalement dans une seule direction; *a.* Gouttelettes de beurre; *b*, *b'.* Les membranes des globules; *c.* de bulles d'air.
Fig. 20. Ces globules comprimés mêlés à l'eau; *a.* Gouttelettes de beurre; *b.* Les membranes des globules.
Fig. 21. Globules de lait soumis à une compression en sens divers; *a.* Bulles d'air; *b.* Gouttelettes de beurre; *c.* Les membranes.

SPERME.

PLANCHE 1. — HISTORIQUE.

(Le nom de l'animal, placé après le numéro, se rapporte à ses spermatozaires).

Fig. 1-12. Leeuwenhoëk. 1. Lapin, mort; 2. Lapin, vivant; 3. Chien, mort; 4. Chien, vivant; 5-7. Grenouille; 8. Libellule; 9-10. Bélier; 11. Les mêmes, d'après Hartsœker (t. IV, Ep. 135); 12. Coq.

Fig. 13-15. Dalenpatius. 13. Zoosperme de l'homme. 14-15. Les mêmes dépouillés de leur enveloppe, dessinés à des grossissements différents.

Fig. 16-23. Gleichen. 16. Homme; 17. Chien; 18. Ane; 19. Cheval; 20. Taureau; 21. Bouc; 22. Grenouille; 23. Coq. Dans toutes ces figures on voit à côté des zoospermes des grumeaux d'une matière gélatineuse et des globules de grandeurs diverses. (Les observations de *Gleichen* sont postérieures à celles de *Lieberkühn* et de *Ledermuller*; elles datent de 1778).

Fig. 24-28. Lieberkühn. 24. Homme; 25. Tortue; 26. Poissons (perche); Grenouille; 28. Limaçon.

Fig. 29. Ledermüller. Carpe. Les points indiquent le chemin parcouru par le zoosperme.

Fig. 30-53. Bory. 30. Homme; 31. Chien; 32. Ane; 33. Cheval; 34. Taureau; 35. Bouc; 36. Bélier; 37. Chat; 38. Lapin; 39. Hérisson; 40. Cobaye; 41. Surmulot; 42. Souris; 43. Moineau; 44. Canard; 45. Pigeon; 46. Coq; 47. Vipère; 48. Crapaud; 49. Grenouille; 50. Triton; 51. Carpe; 52. Férussac; 53. Ver-à-soie.

Fig. 54-73. Prévost et Dumas. 54. Putois; 55. Chien; 56. Lapin; 57. Chat; 58. Hérisson; 59. Cochon d'Inde; 60. Ane; 61. Taureau; 62. Cheval; 63. Souris grise; 64. Homme, d'après Buffon; 65. Idem, d'après Gleichen; 64, *b*; Tête de l'animalcule du surmulot; 66. Moineau franc; 67. Pigeon; 68. Canard; 69. Grenouille; 70. Crapaud accoucheur; 71. Salamandre à crête, grossie 100 fois; 72. Vipère; 73. Escargot des vignes.

Fig. 74-87. Czermack. 74. Salamandra atra; *a*; Zoospermes isolés, grossissem. de 1350 fois; *b*, un faisceau de zoospermes, grossissement faible; 75. Cobitis barbatula; 76. Rana temporaria; 77. Bufo cinereus; 78. Hyla viridis; 79. Lacerta agilis; 80. Columba livia; 81. Coluber natrix; 82. Emys Europea; 83. Salamandra maculosa; 84. Anguis fragilis; 85. Triton cristatus; 86. Lepus cuniculus; 87. Vespertilio murinus.

Fig. 88-95. Treviranus. 88. Disques du sperme de *Limax ater* en partie attachés aux fils; 89. Un des plus grands disques, ayant un diamètre de 0,02 mil. Fig. 90. Un disque entouré par l'extrémité d'un fil; 91. Le fil, en abandonnant le disque s'est replié en spirale; 92. Portion d'un fil; 93. Plusieurs fils; 94. Sperme des hannetons; 95. Sperme du ver de terre.

PLANCHE VIII.

SPERME.

PLANCHE II. — HISTORIQUE.

(Le nom de l'animal, placé après le numéro, se rapporte à ses zoospermes).

Fig. 1-24. Wagner. Dans toutes ces figures la lettre *A* indique les zoospermes, et la lettre *B* les globules spermatiques et leurs divers degrés de développement. Nous allons maintenant donner pour chaque figure le nom latin de l'animal dont les zoospermes sont représentés : 1. *Homo* : *C*, gouttelettes de graisse; 2. *Cercopithecus ruber*; 3. *Mus musculus*; 4. *Erinaceus europæus*; *C*. corpuscules contenus dans les glandes de Cowper; 4. *Columba domestica*; 6. Globules spermatiques de *Parus ater*; 7. *Parus cristatus*; 8. *Parus cœruleus*; 9. *Turdus viscivorus*; 10. *Alauda campestris*; 11. *Fringilla spinus*; 12. *Vanellus cristatus*; 13. *Lacerta agilis*; *C*. gouttelettes de graisse; 14. *Rana esculenta*; 15. *Salamandra maculata*; 16. *Triton igneus*; *A*, *b*, figure idéale de la tête du zoosperme; *C*. Globules lymphatiques; 17. *Cyprinus Brama*; 18. *Petromyzon Planeri*, 19. *Squalus acanthias*; 20. *Agrion virgo*; 21. *Cypris*; 22. Zoosperme enroulé de *Succinea amphybia*; 23. *Paludina impura*; 24. Figure idéale de la tête d'un zoosperme de *Limax ater*.

Fig. 25-49. Siebold.. 25-31. Zoospermes vrillés, formant des anses; 25-29. *Helix hortensis*; 26, 27, 28, 30, 31. *Succinea amphibea*; 32. *Staphylinus erythropterus*; les zoospermes forment des faisceaux chevelus en forme de massue; 33. L'enveloppe de ce faisceau est déchirée; on voit en *a* ses lambeaux; 34,35. Autres formes de ces faisceaux; 36, 37, 38, 39. Faisceaux de zoospermes de *Cerambyx ædilis*; 40. *Cimex rufipes*; zoospermes sortant du faisceau déférent et se vrillant; *a*. Plusieurs zoospermes tortillés ensemble, 41. Faisceaux capillaires d'*Oniscus murarius*; 42-49 *Paludina vivipara*; 42. Zoosperme vermiculaire parfaitement développé; 43. Les mêmes, altérés par l'action de l'eau; 44. Zoospermes capillaires; 45. Les mêmes altérés par l'eau; 46. Zoospermes vermiculaires imparfaitement développés, 47. Faisceaux dont se développent probablement les zoospermes capillaires; 48. Un de ces faisceaux plus développé; 49. Zoospermes capillaires réunis en faisceau. Les deux figures sans numéro, placées entre les fig. 30 et 49, sont les zoospermes de l'écrevisse; la figure supérieure est un de ces zoospermes vu de côté, portant un corpuscule saillant; la figure inférieure est un zoosperme vu d'en haut.

Fig. 50-52. Valentin. 50. Zoospermes de l'ours examinés à un faible grossissement; *a*. vus d'en haut; *b*. du côté inférieur; *c*, latéralement; 51. Le même zoosperme examiné à un grossissement plus considérable et vu du côté inférieur; *c*. la bouche; *d*. l'anus; *e*. les vésicules intérieures. 52. Vésicule dans laquelle se développent les zoospermes; *a*. la membrane; *b*. les vitellus; *d*. les zoospermes.

Fig. 53-68. Wagner. 53. Développement des zoospermes de *Certhia familiaris*; *a*. granules spermatiques qui existent en hiver dans les testicules; *b-k*. corpuscules divers du testicule, en été; *b. c.* granules spermatiques dont quelques uns sont peut-être des cellules épithéliales; *d*. *e*. *f*. kystes ou vésicules renfermant un ou plusieurs globules, *g*. vésicule analogue renfermant entre les deux globules une masse finement granuleuse dans laquelle se développent les zoospermes; *h*. le kyste devenu ovale renferme, outre la masse granuleuse, un faisceau de zoospermes recourbé; *i*. kyste plus développé, mais encore recourbé; *k*. kyste devenu droit; *l*. zoosperme du vaisseau déférent; 54. Homme; *a*. globules; *b*. kyste renfermant trois corps granulés; *c*. faisceau de zoospermes du testicule ; 55. Zoosperme incomplet du bâtard d'un mâle de *Fringilla carduelis* et de la femelle de *Fringilla canaria*; 56. Coq; 57. *Picus viridis*; 58. *Lanius ruficeps*; 59. *Turdus merula*; 60. Tête du zoosperme de *Fringilla cœlebs*; 61. *Rhinolophus ferrum equinum*; 62. *Cercopithecus ruber*; 63. *Talpa europœa*; Têtes, 64. Chien, 65. *Mus musculus*; 66. *Hypudœus arvalis*; 67. *Lepus cuniculus*; 68. Têtes des zoospermes du rat. Dans les figures 61 à 68, *a* représente le côté plat et *b* le côté latéral des zoospermes.

SPERME.

PLANCHE III. — HISTORIQUE.

F. 1-2. Dujardin. Zoospermes de *Triton palmipes*: grossis 320 fois; *a*, filament principal; *b*, filament accessoire; *c*, portion de zoosperme; 2. Zoosperme du crapaud, grossi 400 fois.

Fig. 3-17. Hallmann. Sperme de la raie. 3-7. Noyaux de cellules dont la paroi est soulevée d'un côté; 8-13, cellules qui renferment d'autres plus petites; 14. Petites cellules qui renferment des zoospermes; 15-16. Faisceaux de zoospermes dans leurs cellules; 17. Zoospermes pris dans le testicule.

Fig. 18. Doyère. Les zoospermes de *Macrobiotus Hufelandii*, grossis 600 fois.

Fig. 19-22. Lallemand. 19. Différents degrés de développement des zoospermes de la raie, gross. de 800 fois ;20. Zoospermes encore réunis dans le cloaque, exécutant en commun divers mouvements fort étendus et très-rapides; 21. Zoospermes du testicule; 22. Zoospermes du cloaque.

F. 23-35. Kolliker: 23. *Turbo neritoïdes*; *a*, fils spermatiques presque entièrement développés; *b*,faisceaux de fils, attachés à un globule granuleux; *c*, globules granuleux ;*d*, globules du testicule, remplis de cellules; 24. *Doris* ; fils spermatiques à divers degrés de développement; 25. *Actinia rufa*; *a*, cellules remplies de fils spermatiques; *b*, cellule renfermant encore le fil spermatique; 26. *Æquorea Henleana*; *a*, cellule renfermant le fil spermatique; *b*, cellule sans fil; *c*, cellule renfermant deux à trois fils non développés; *d*, jeune cellule spermatique rompant la cellule mère; *e*, cellules de fils spermatiques sur lesquelles on aperçoit encore des traces de la cellule mère; *f*, cellule rompue ; le fil spermatique est développé; 27. *Branchiobdella parasita* ; *a*, petites cellules, rangées autour d'un globule granuleux et allongées d'un côté en fils spermatiques tandis que de l'autre côté elles n'ont pas encore changé; *b*, fils spermatiques, en voie de formation; 28. *Hirudo medicinalis*; *a*, *d*, globules du testicule; *b*, *c*, globules de l'épidydime; *e*, cellules donnant naissance aux faisceaux des fils spermatiques; *f*, *g*, développement de ces faisceaux; *h*, *i*, *k*, *l*, développement ultérieur de ces faisceaux; *m*, zoospermes réunis par faisceaux; 29, Développement des fils spermatiques du *Cavia cobaya* ; 30. *Carcinus mœnas*; *a*, grandes cellules, renfermant *b*, les cellules rayonnées; 31. *Hyas aranœa* ; *a*, cellules rayonnées, vues de côté; *b*, vues d'en haut; 32. *Stenorhynchus phalangium*; *a* et *b*, comme dans la figure précédente; 33. *Cancer pagurus*; *a* et *b*, comme dans la figure précédente; 34. *Hyperia medusarum* ; *b*, altérations produites par l'eau douce; 35. *Chthamalus*; *a*, *b*, fils spermatiques, et *c-g*, leurs divers degrés de développement.

Fig. 36. Henle. Filaments spermatiques; *a*, *b*, à un grossissement de 410 fois; *c*, à un grossissement de 700 fois ; on voit une tache claire dans le corps.

Fig. 37. Stein. Spermatozoaires capillaires du testicule de *Litholius forficatus* ; *a*, spermatozoaire enroulé ; *b*, le même déroulé.

Fig. 38. Gerber. Zoosperme du Cobiai, présentant dans le corps des organes internes.

Fig. 39-40. Dujardin. 39. *Limax hortensis*; grossiss. : 325 fois; longueur, 0,4; épaisseur en avant, 0,0008 mill.; 40. *Limax agrestis* ; gross : 325 fois; longueur, 0,123; épaisseur en avant, 0,00115 ; au milieu, 0,0008 mill. ; 41, Homme; gross. : 700 fois; longueur, 0,048 à 0,058 mill. ; la tête est longue de 0,0053, et large de 0,0035 ; 42. *Emberyza miliaria* ; gross. : 300 fois; *a*, zoosperme isolé ; longueur, 0,165 ; épaisseur à la partie antérieure, 0,00074 à 0,00110 ; *b*, faisceau de spermatozoaires non entièrement développés et encore repliés à la surface d'un globule muqueux dont le contour a été pris faussement pour une vésicule renfermant les spermatozoaires ; 43. *Coluber natrix*; gross. : 300 fois ; 44. Crapaud; grossiss. : 400 fois; longueur. 0,07; épaisseur. de 0,00123 à 0,00153; 45. Grenouille; gross. : 325 fois; longueur. 0,052 mill. ; 46. Lombric; gross. : 900 fois; longueur, 0,055 mill. ; 47. *a*, cochon d'Inde; gross. : 300 fois; longueur, 0,10 à 0,11 mill; *b*, souris; 48. Chien; gross. : 600 fois; longueur, 0,062 mill. ; 49. Lapin ; gross. : 400 fois ; longueur, 0,07 mill.

Fig. 50. Amici. Salamandre aquatique. Dessin communiqué. La queue porte une membrane ondulée.

PLANCHE X.

SPERME.

PLANCHE IV. — RECHERCHES DE L'AUTEUR.

Fig. 1. Zoospermes d'un oiseau de chant; *a*, globules de la matière blanche amorphe; *b*, les zoospermes.

Fig. 2-7. Diverses matières coagulables du sperme du coq; 2. Une substance grisâtre; 3. Une graisse solide, formant des particules irrégulières; 5. Petites molécules libres; 6, *a*. Gouttelettes de la matière blanche amorphe, dans l'intérieur desquelles se forment plus tard *b*, des gouttelettes d'une teinte grise rougeâtre; 4. Les molécules (de la fig. 4) libres ou renfermées dans des gouttelettes de la substance blanche amorphe; 7. Ces diverses substances coagulables réunies.

Fig. 8-10. Zoospermes du coq; 8. Ces zoospermes portant à la tête ou à la queue des lambeaux de la substance blanche amorphe; 9. Les zoospermes en mouvement; 10, [*a*. Un zoosperme mort; *b*, *c*, deux zoospermes accollés.

Fig. 11-12. Zoospermes de la grenouille, au mois de septembre; *a*, diverses matières coagulables; *b*, les zoospermes portant à la queue un globule ou un lambeau de la matière amorphe; *c*, *d*, altérations produites par l'action de l'eau; *e*, deux zoospermes accollés et tournoyant autour de leur axe; *f*, un globule sanguin, vu de côté; 12. Les mêmes zoospermes examinés à un grossissement de 800 fois.

Fig. 13. Sperme de l'écrevisse: *a*, *b*, cellules placées sur les parois du vaisseau spermatique; *c*, fibres dont se compose ce vaisseau; *d*, *i*, corps spermatiques rayonnés, dans différentes positions; *k*, figure schématique du noyau d'un de ces corps.

Fig. 14. Limaçon; *a*, matière blanche amorphe; *b*, zoospermes; *c*, zoospermes enroulés; *d*, les mêmes enroulés autour d'un *(e)* globule d'une substance grisâtre.

Fig. 15-19. Homme; 15. Sperme examiné à un grossissement de 50 fois; *a*, lambeau d'une matière coagulée; les stries proviennent des plis; *b*, zoospermes; 16, *a*. Dans l'intérieur des lambeaux se forment *b*, des globules d'une teinte grise-rougeâtre; *c*, ces globules isolés; 17. La tête et une portion de la queue; *a-d*, zoospermes dans diverses positions; *e-g*, têtes déformées, après la mort; *h-l*, lambeaux de la matière coagulable, attachés à la tête ou à la queue; gross. 800 fois; 18. *a*, deux zoospermes accollés par la queue; *b*, deux autres accollés par la tête; *c-f*, altérations diverses des zoospermes; *g*, *h*, tête et queue, séparées; 19. Sperme desséché; *a*, les zoospermes; *b*, fentes formées dans la matière desséchée; *c*, bulles d'air; *d*, queue d'un zoosperme, dont la tête est cachée dans la bulle d'air.

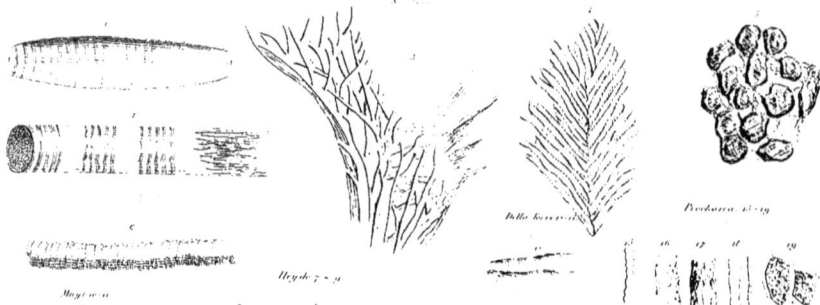

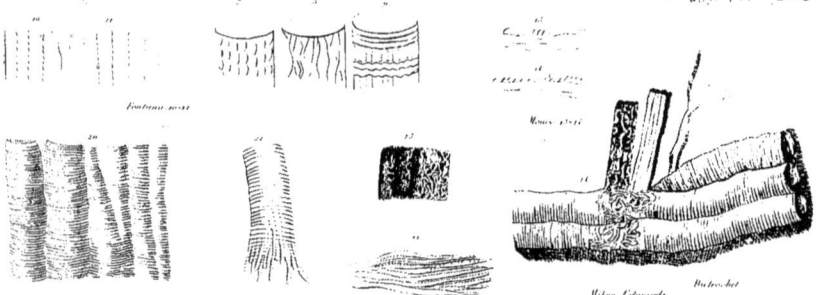

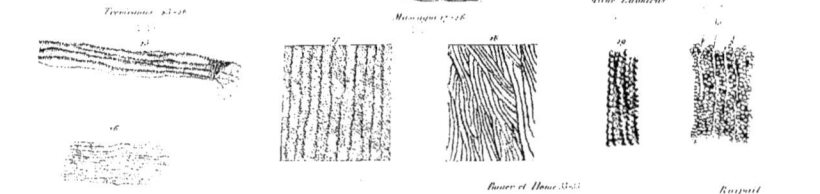

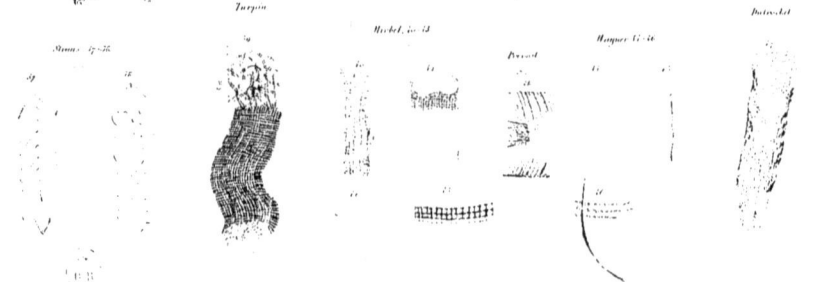

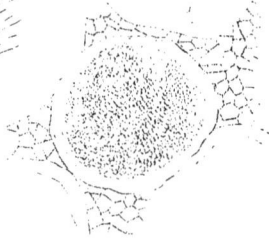

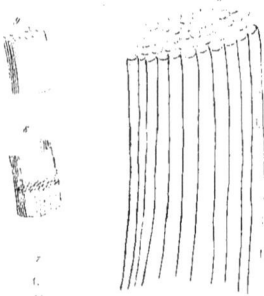

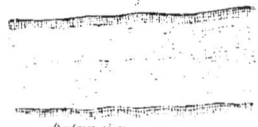

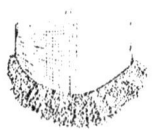

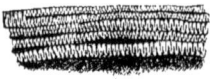

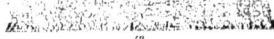

Ehrenberg 1–13

Krause 14–15

Herbst 16–17

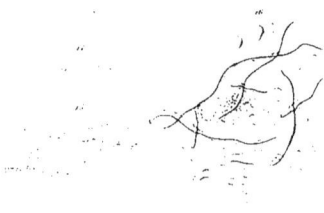

Valentin 18–35

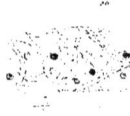

Remak

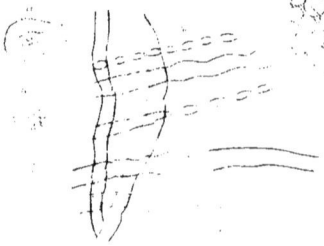
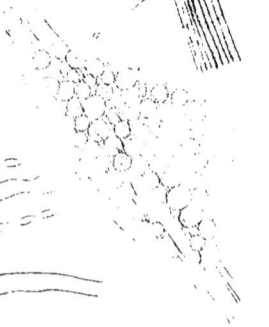

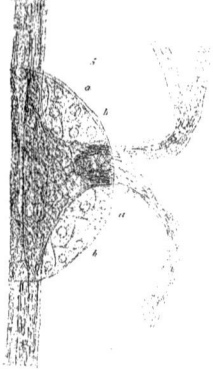

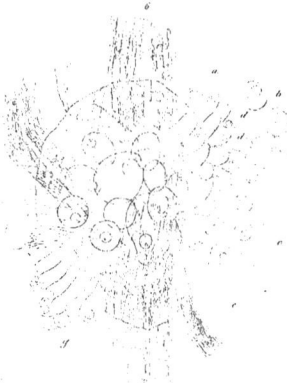

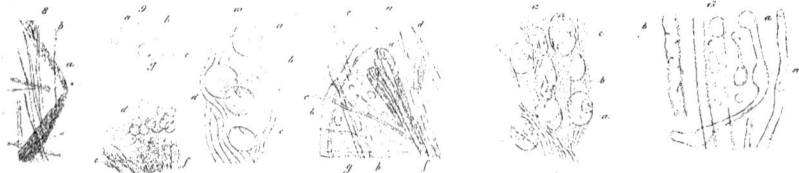

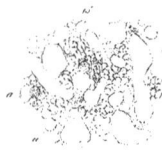

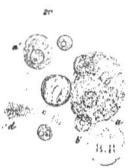

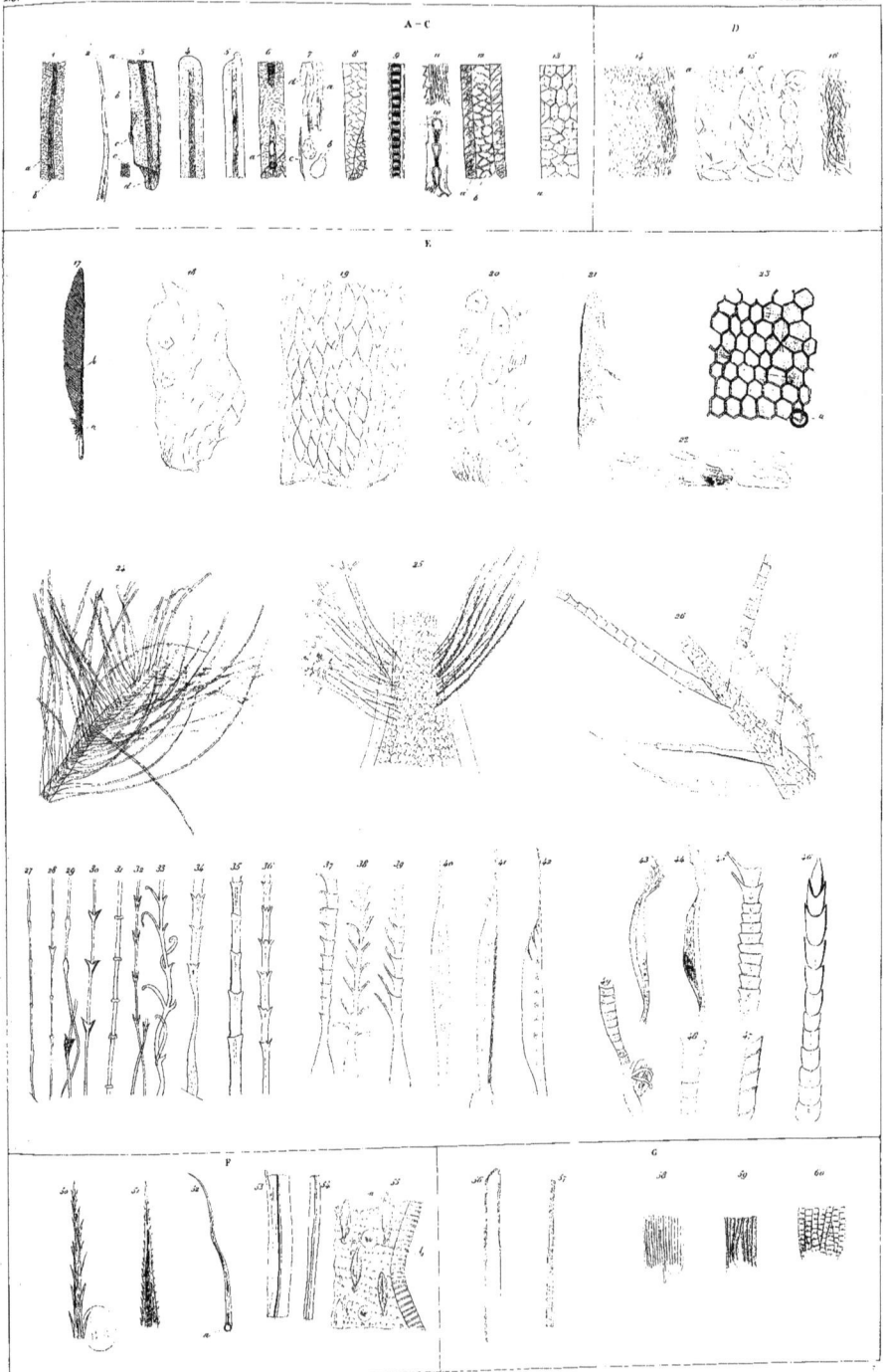

A – C

D

E

Perca fluviatilis

Carpio

Cobitis fossilis

Coluber trabalis

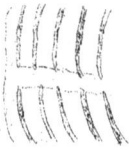

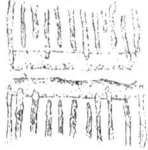

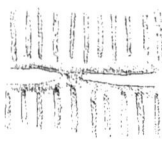

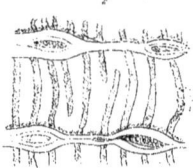

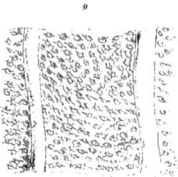

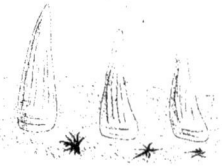

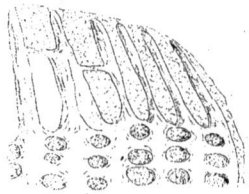

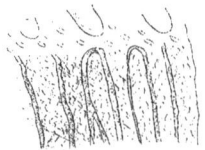

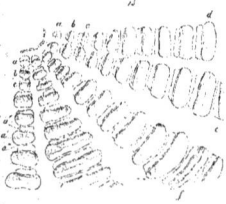

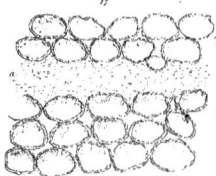

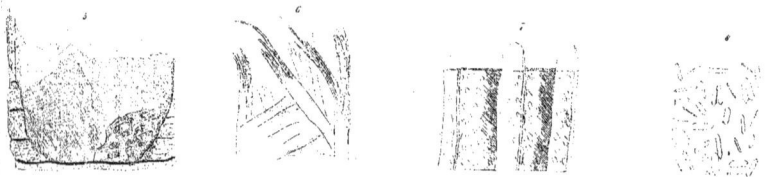

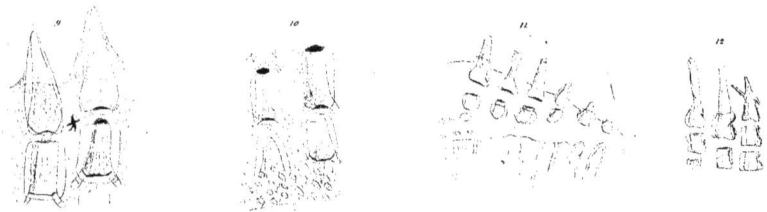

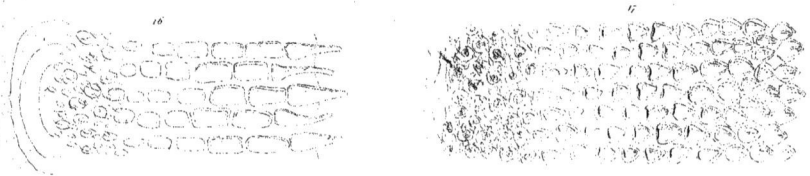

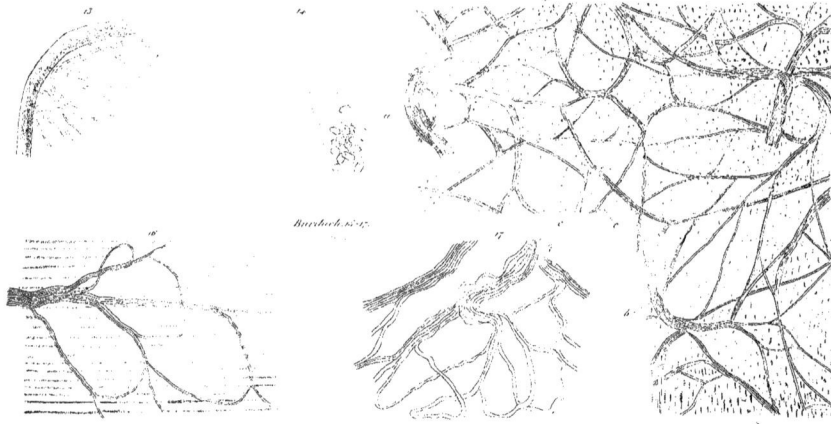

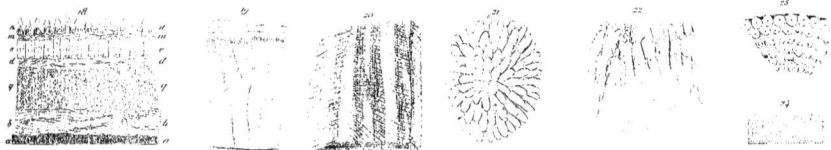

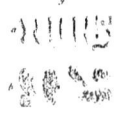

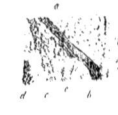

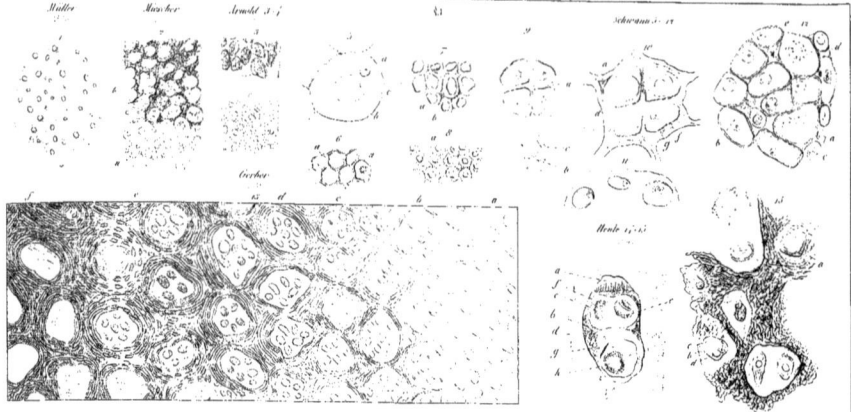

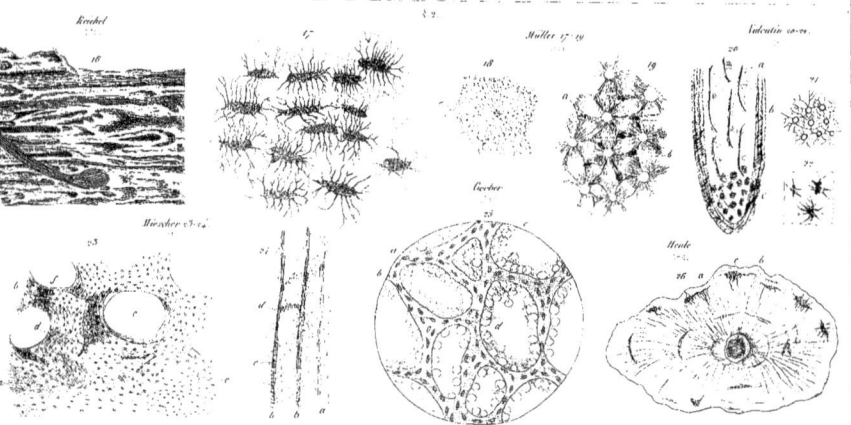

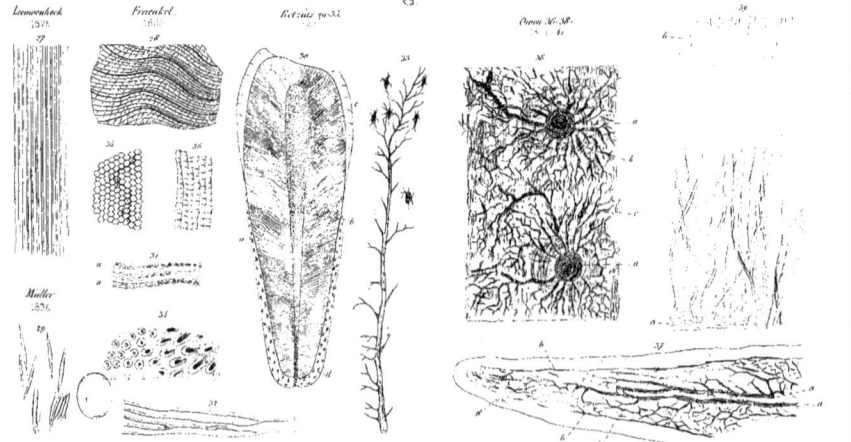

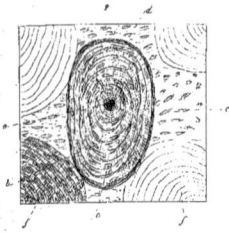

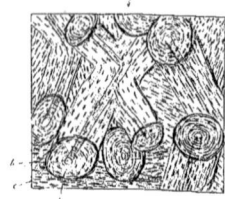

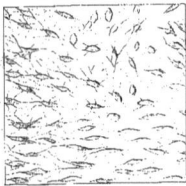

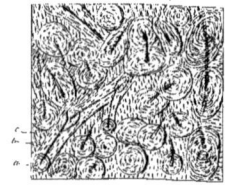

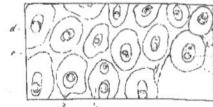

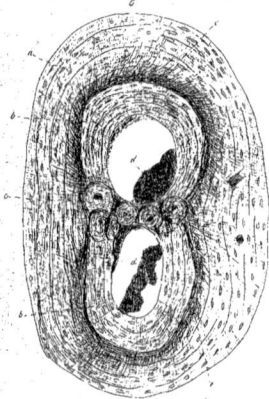

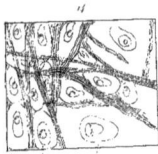

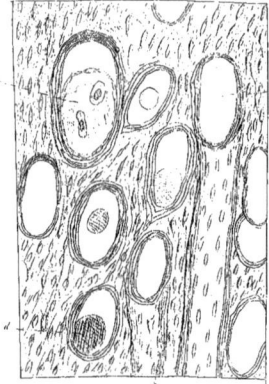

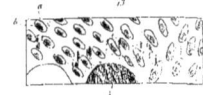

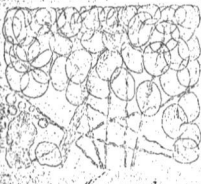
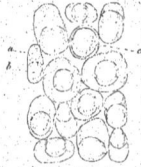
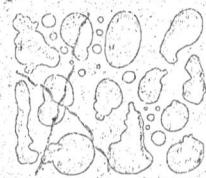

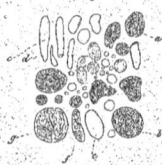

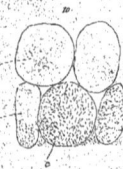

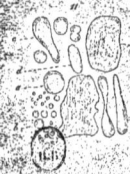
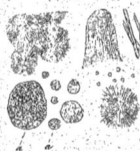
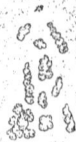

Auteur del. et sculpsit. _ Imp. Lemercier, Bénard et C.ⁱᵉ 15.

Leeuwenhoeck 1-4.
1715.

Fontana. 5-7.
1781.

Jordan
1834

Eulenberg 9-16.
1833

Raenschel 17-21.
1836

Gerber 22-23.
1840

Prévost et Dumas
1823

Schwann 25-26.
1837

Skey
1837

Gerber
1840

Bowmann 29-30.
1841

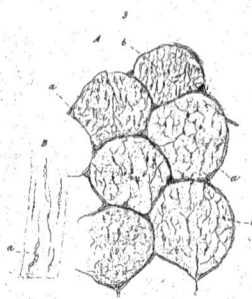

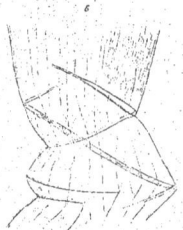

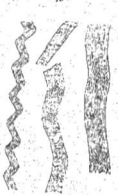

§ 1.

Leeuwenhock . 1-5.   Ledermüller.

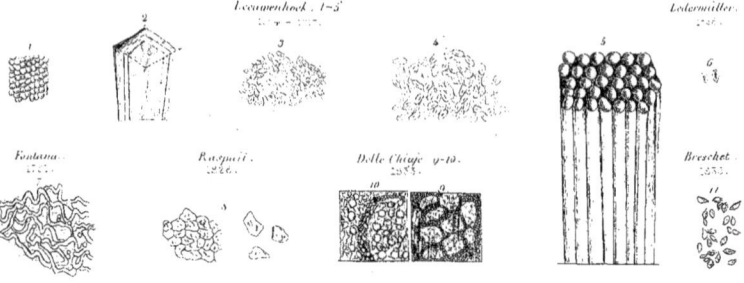

Fontana.   Rasparil.   Delle Chiaje . 9-11.   Breschet.

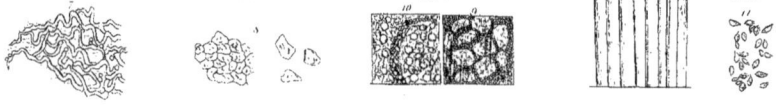

Treviranus . 12-14.   Valentin . 15-16.

Henle . 17-27.

Valentin . 28-30.
1838-1842.

§ 2.

Mandini . 31-32.   Heusinger.   Wharton Jones. 3-6.   Valentin.   Schwann.   Henle . 39-40.
1818.   1823.   1833.   1837.   1839.   1841.

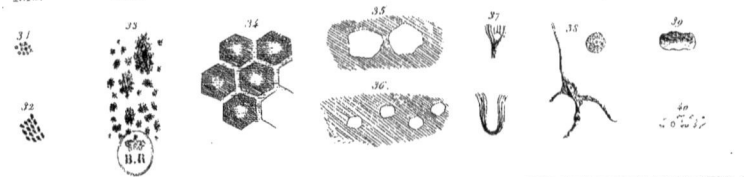

§ 1

§ 2

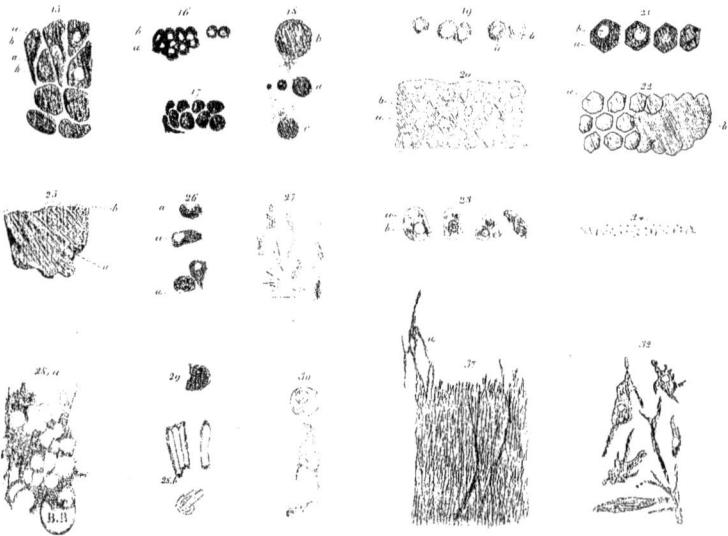

Malpighi.

Rugach.

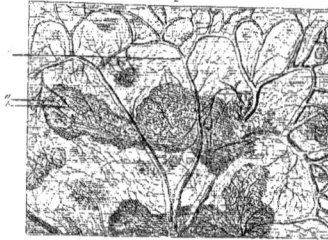

Weber. 3-5.

Muller 6-16.

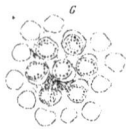

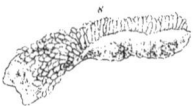

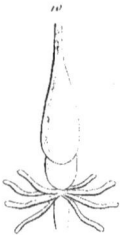

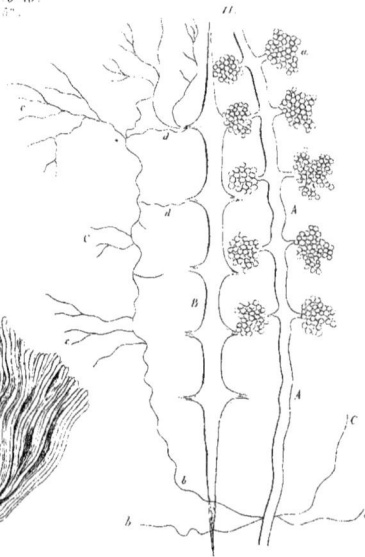

Henle.
1841.

Eysenhardt 17-19.

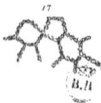

Todd.

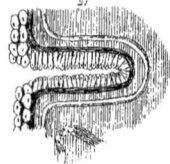

Revue 1.13

T.55

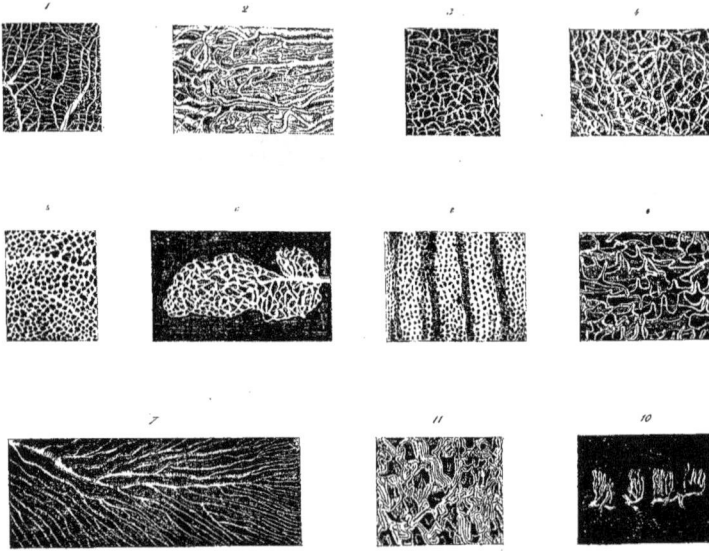

Leeuwenhoeck

1688

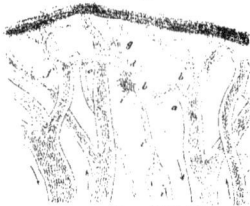

Poiseuille 15 19

1835

Wagner 20 21 1836

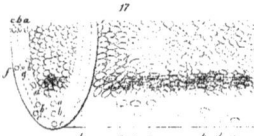

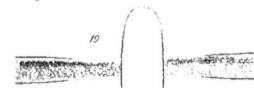

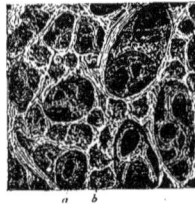

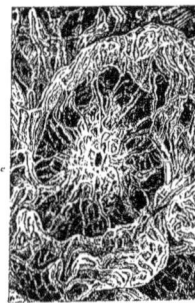

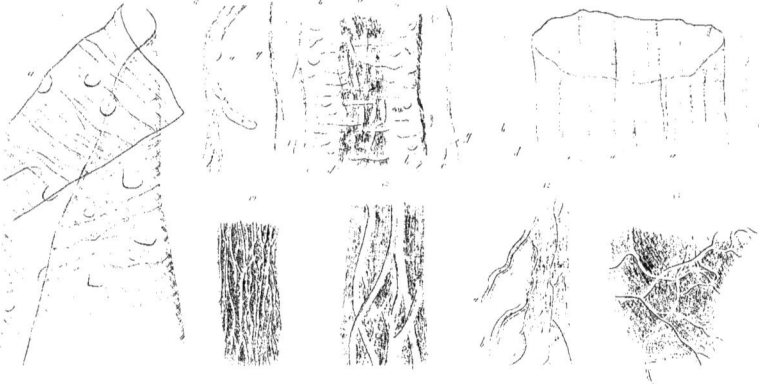

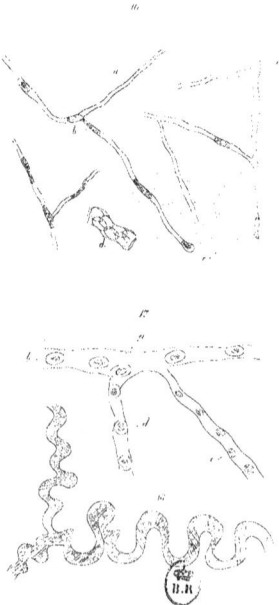

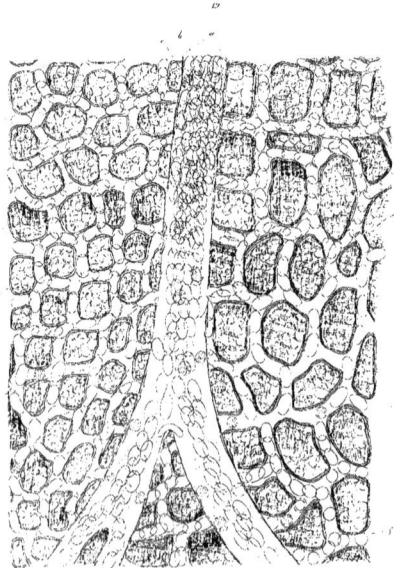

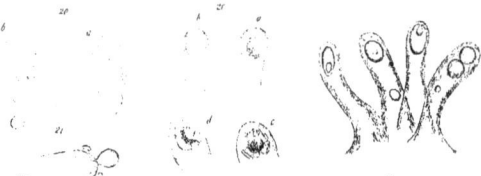

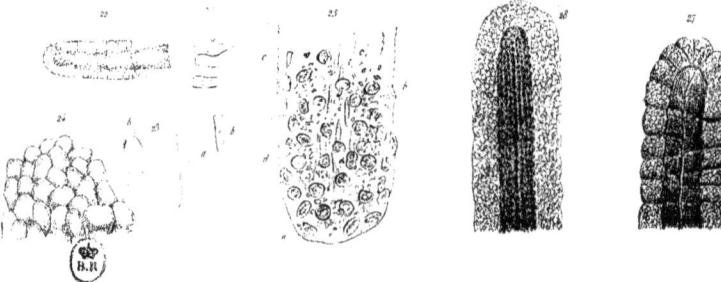

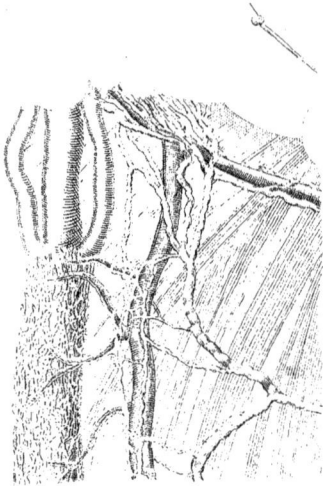

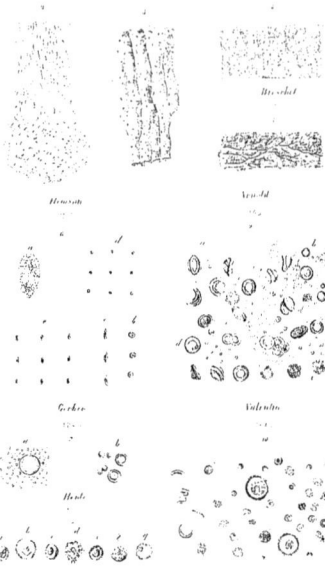

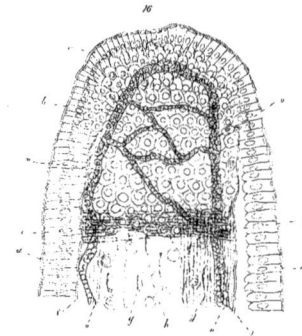

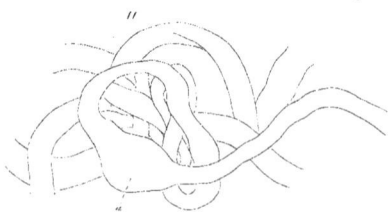

Foie

Muller 1. 6

Kiernan 2. 3

Wagner 7. 10

Kiernan 11. 14

Dujardin 15. 17

Henle

Wagner

Bowmann

Valentin

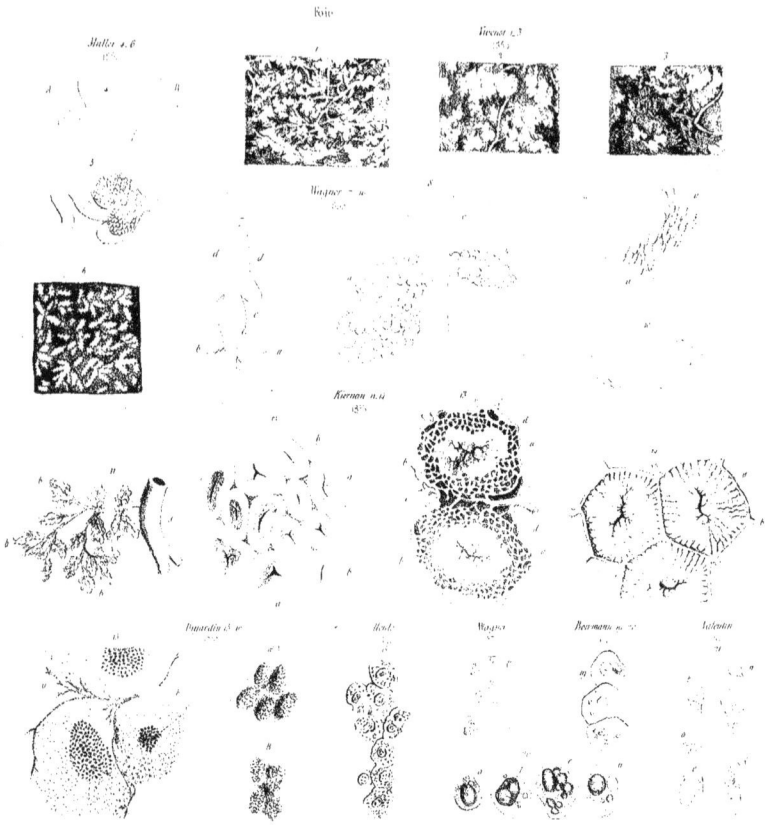

Glandes vasculaires.

Rathke

Muller

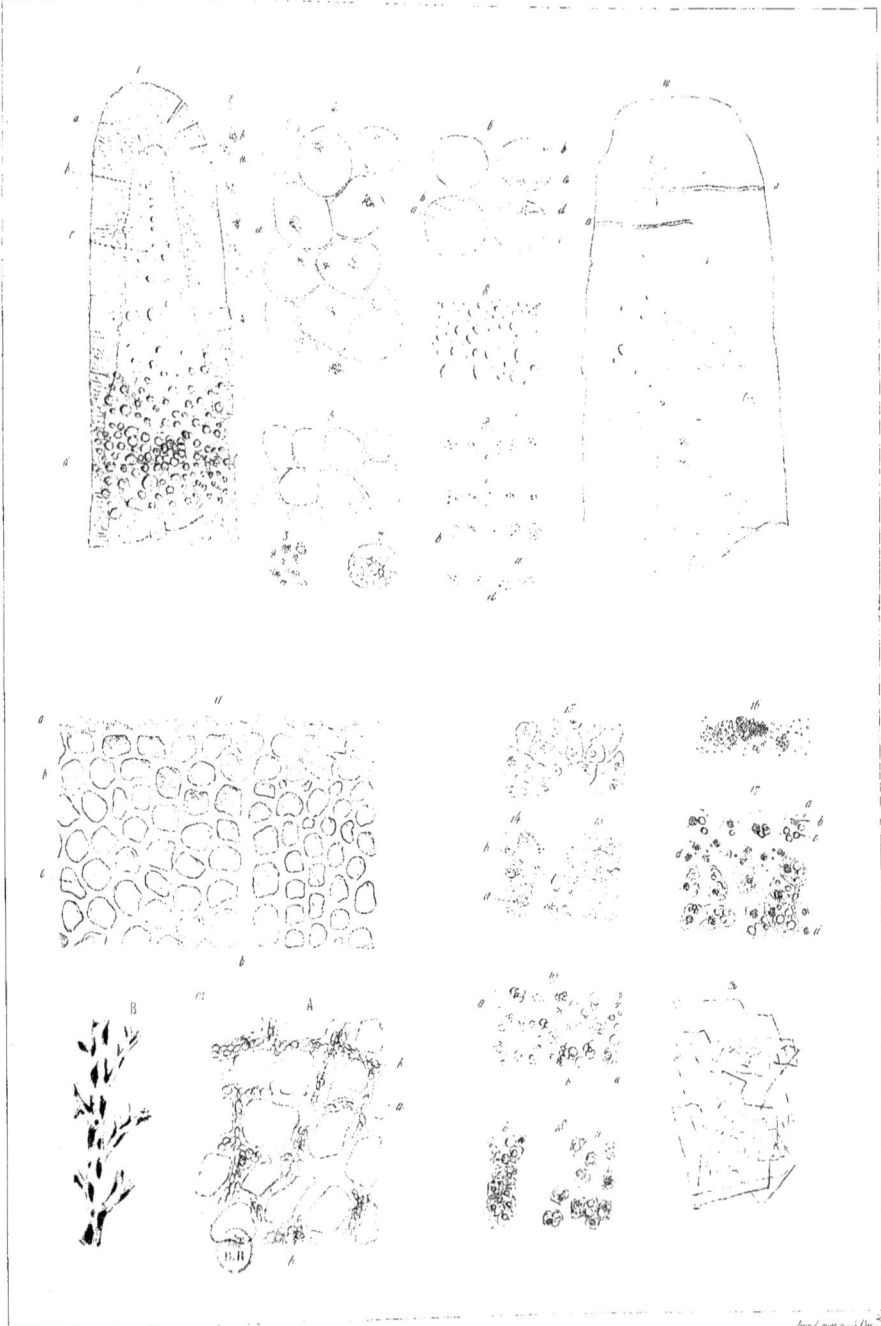

Swammerdam 1.2.Leeuwenhoek.Willis 6.7.Malpighi 4.5.

Reisseisen 10-13.Home.

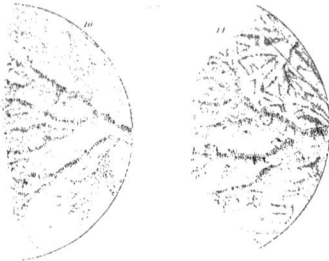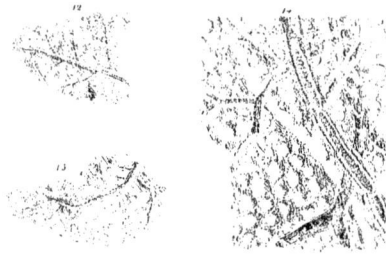

Müller.Bourgery.Wagner 18-22.

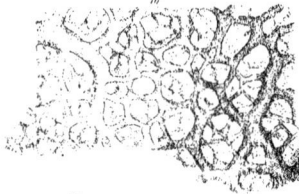

Leuckart.Valentin 23-28.

Gerber.

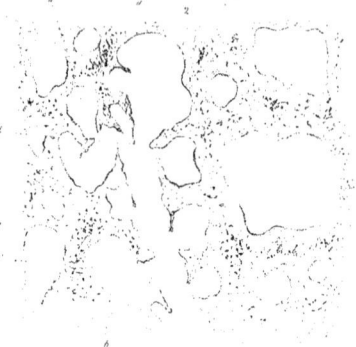

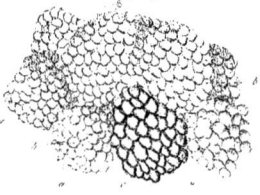

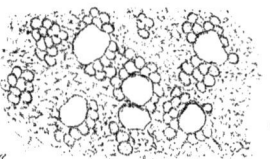

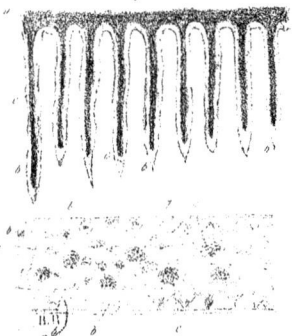

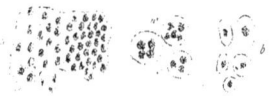

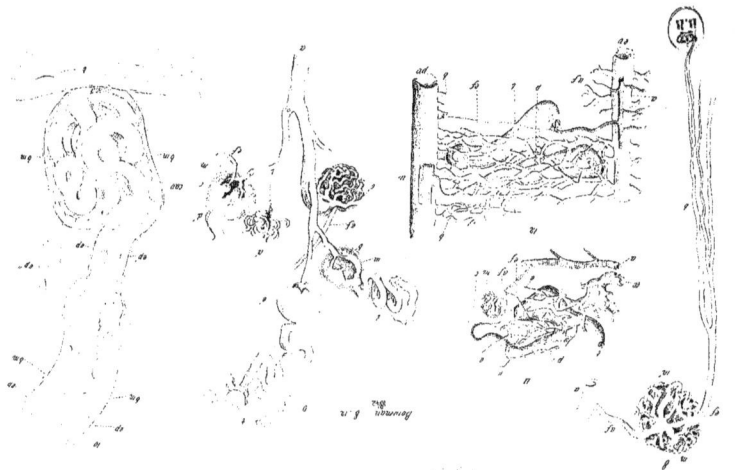

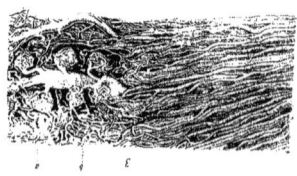

Hartmann B.R.

Schlund u.Sp
1. 1839
Magen 3.4
2. 1839
Darm
3. 1831

Muskeln
1. 1841
Muschln
2. 1841

Haut
3. 1831

Caylu
1839

Videln
1845

B.R

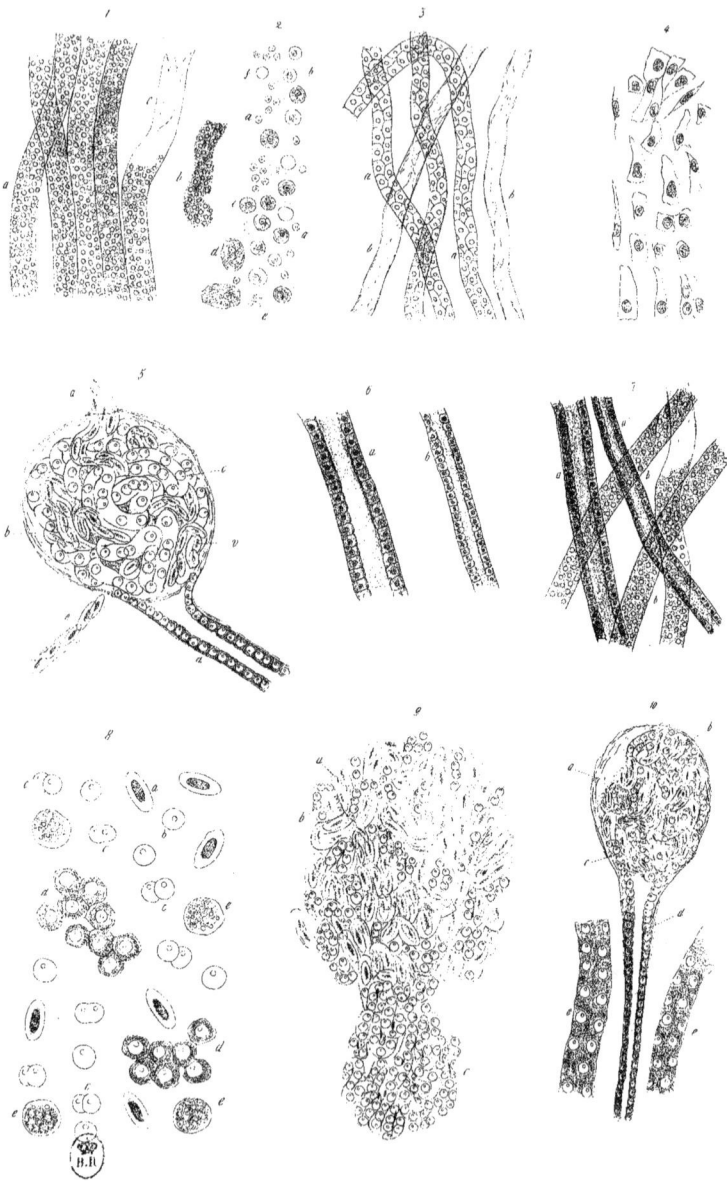

Imp. Lemercier à Paris

Luith
1833

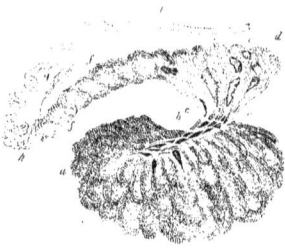

Berres
1836

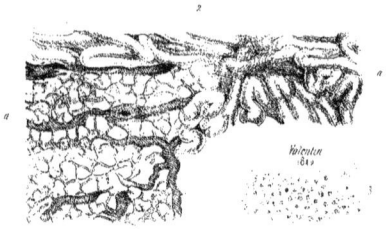

Valentin
1844

Wagner 4.5
1839

Bischoff 7-13
1842

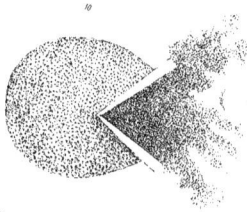

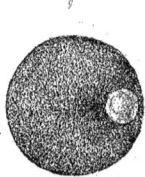

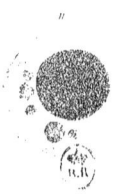

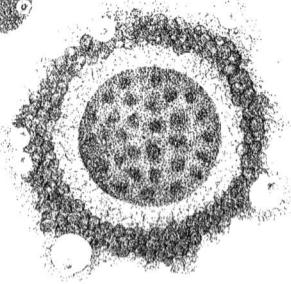

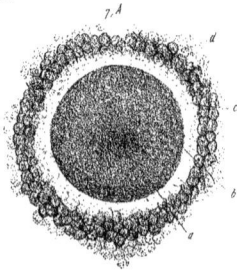

Weber t.8
1846.

Sharpey 9

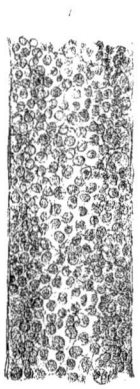
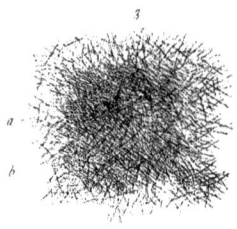
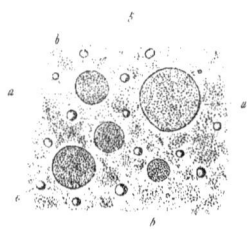

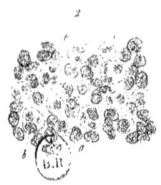
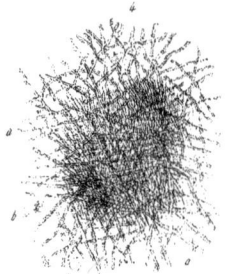
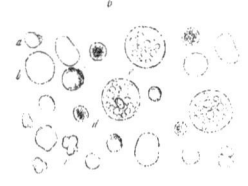

H. Hartmann del.
Imp. Lemercier à Paris

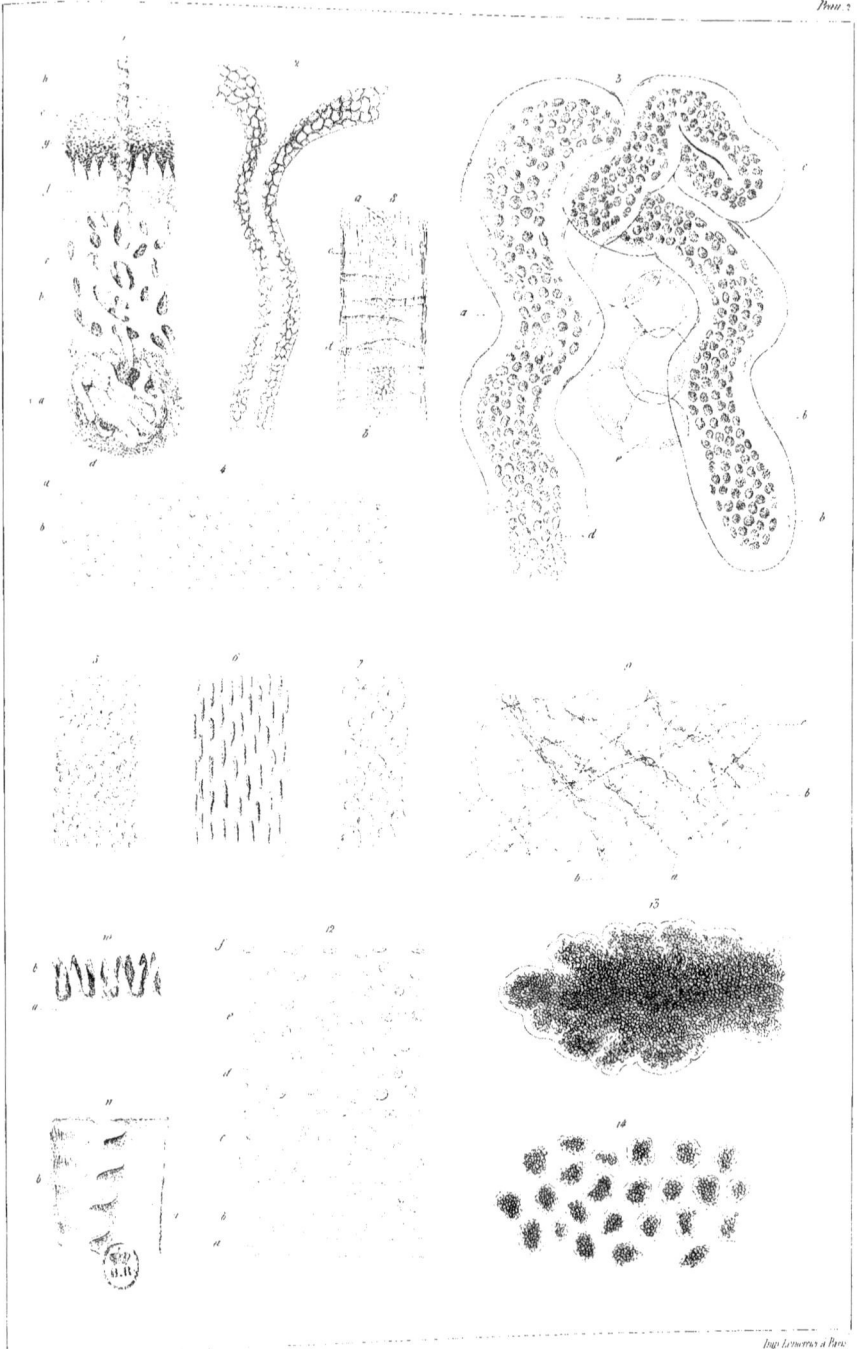

Speett Boyd 7. 10
1830

Bischoff 10. 14
1838

Boehm 1. 6
1835

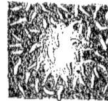

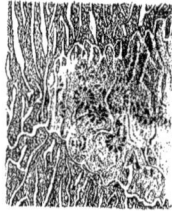

Wasmann 15. 18
1839

Wagner 19. 21
1834

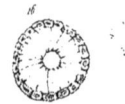

Todd
1842
26

Henle 22. 25
1841

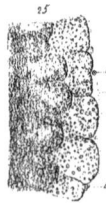

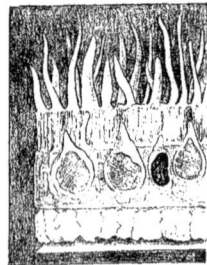

Imp. Lemercier à Paris

R. Hartmann sc.

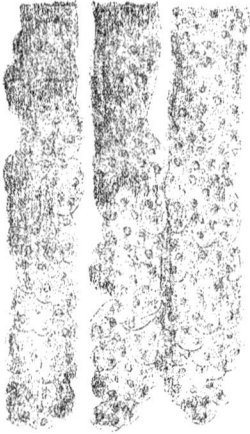
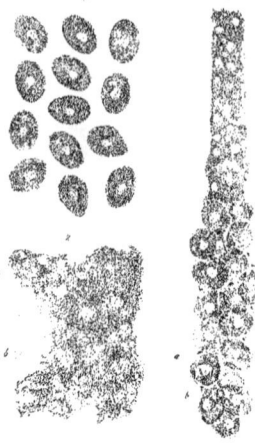

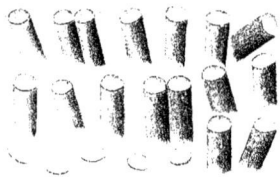

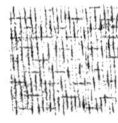
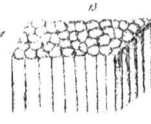

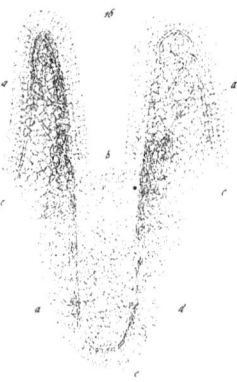
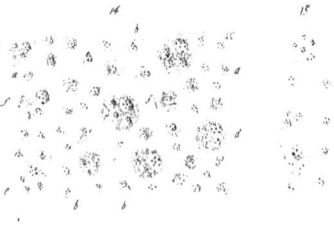

Imp Lemercier à Paris

Leeuwenhoek 1, 2.
1684

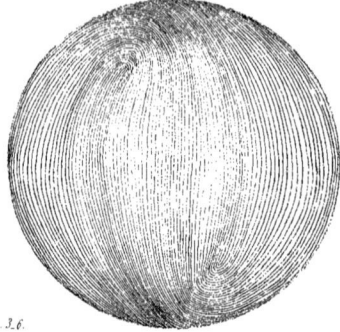

Ledermüller 3, 6.
1760

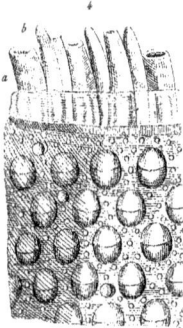

Pappenheim 7, 11.
1842

Henle 12, 14.
1841

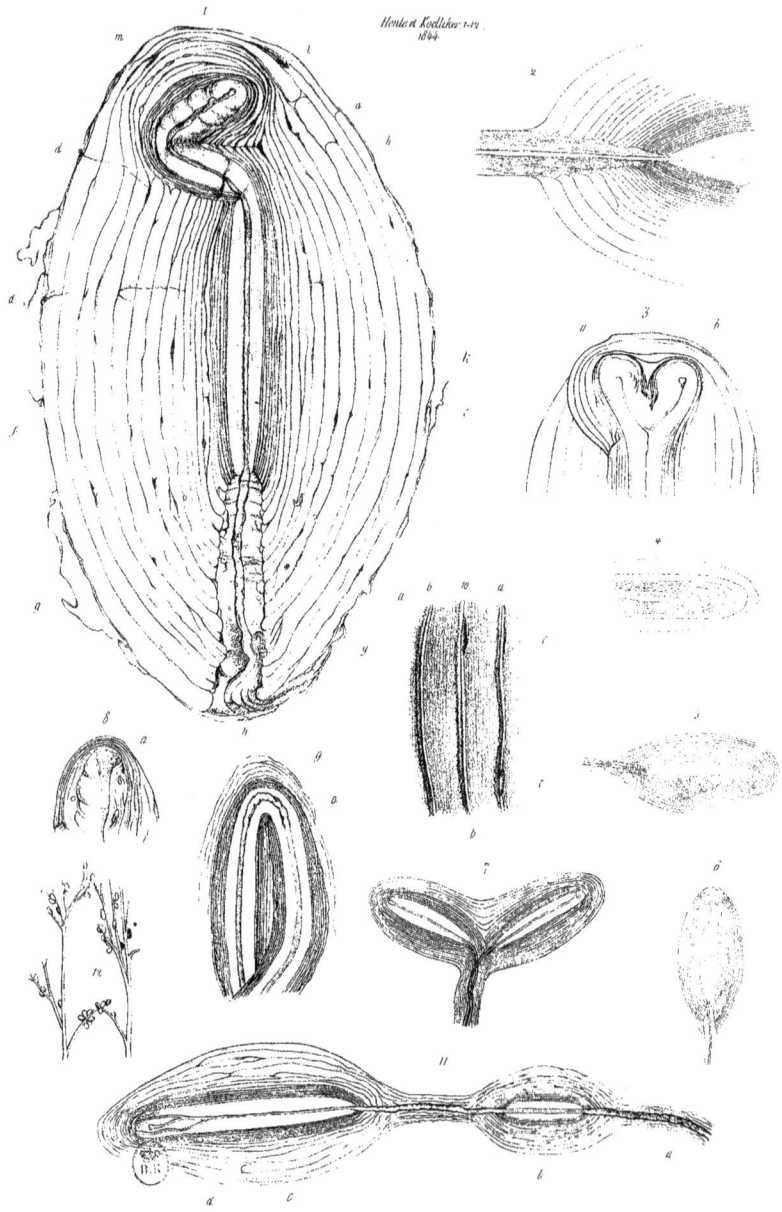

Henle et Koelliker 1-12.
1844.

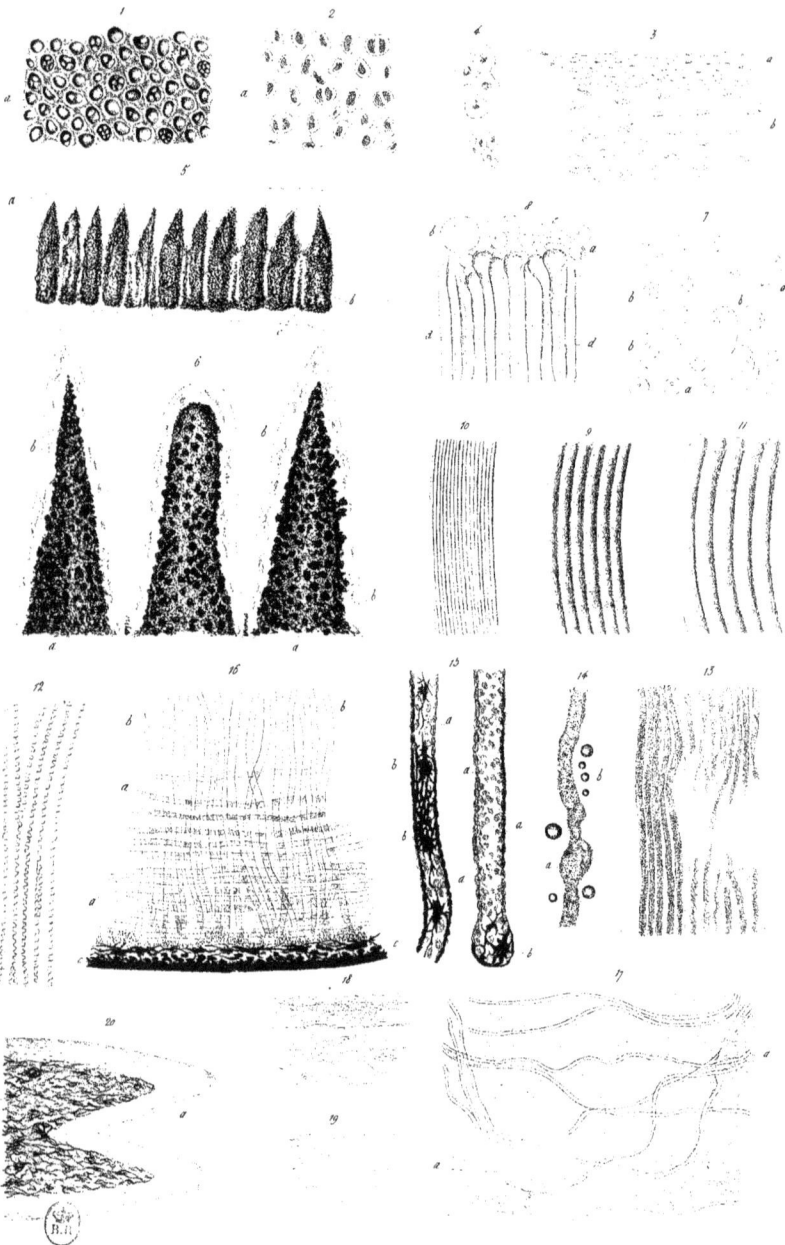

Leeuwenhoek. 1-7.
1673 - 1722.

Porta. Torre. 8 - 13.
1765.

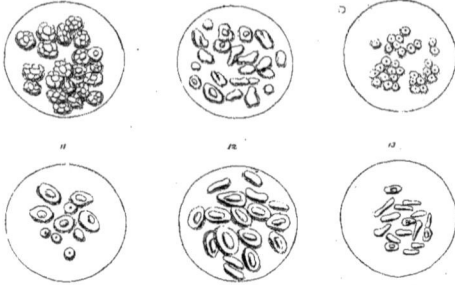

Fontana.
1781.

Hewson. 14 - 26.
1773.

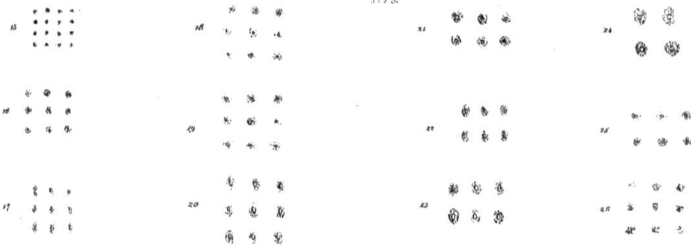

Poli. 27 - 30.
1791.

Bauer et Home 31 - 34.
1818.

Prevost et Dumas 35 - 38.
1821.

Gruw.
1826.
35

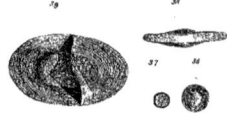

Schultz. 40 - 46.
1838.

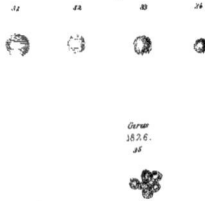

Wagner 47 - 54.
1833 - 1838.

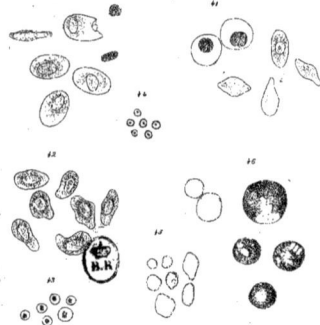

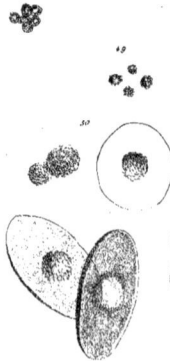

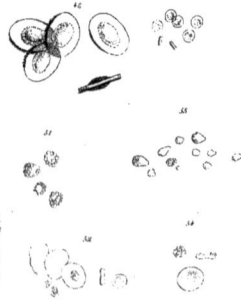

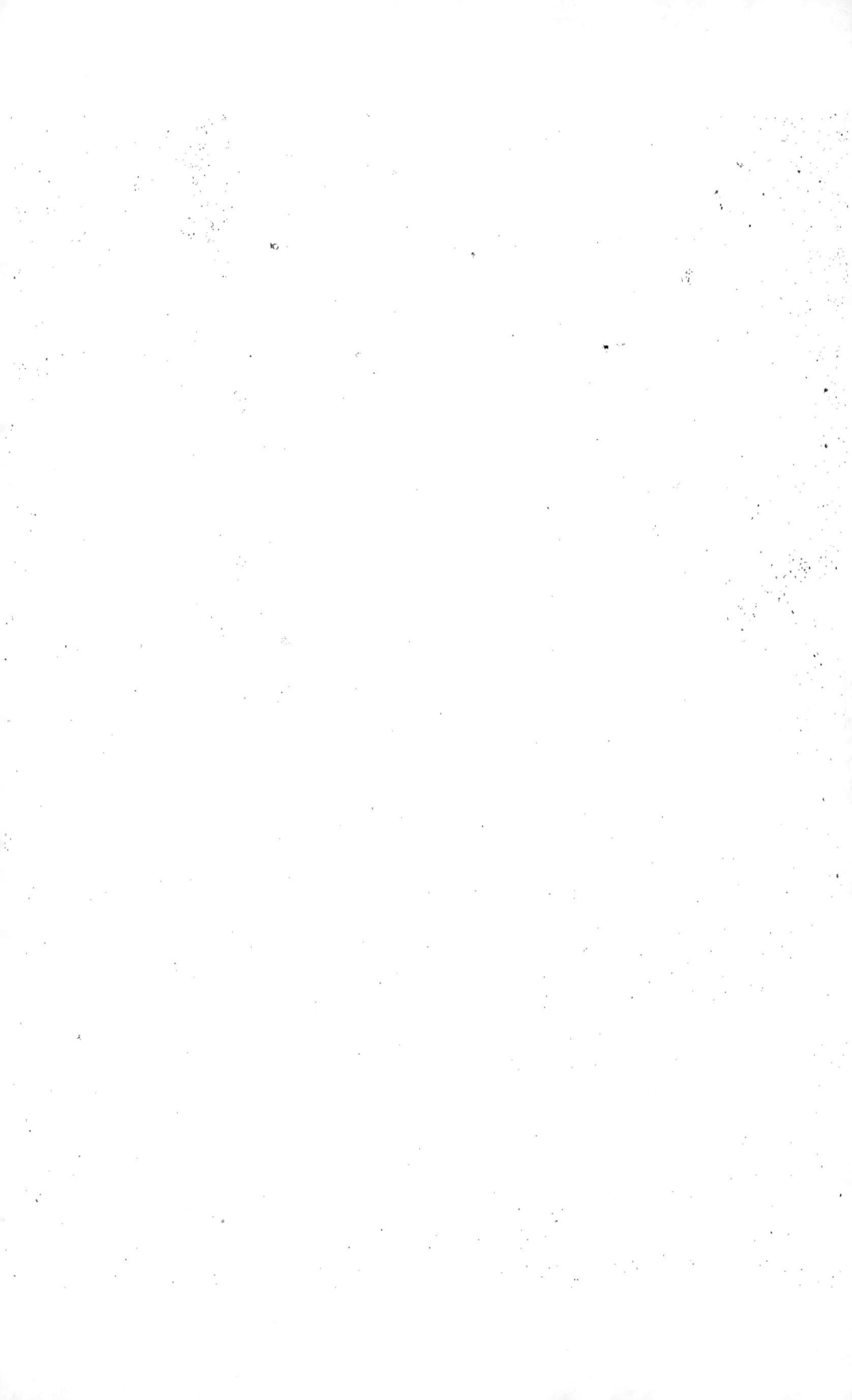

Homme

Boue de l'Inde

Eliphant
3

Dromadaire
4

Alpaca

Perroquet
5

Ibis Rouge
6

Maquette
7

Poule Sultan
8

Grenouille
9

Salamandre
10

Orvet
11

Lézard
12

Carpe
13

Anguille
14

Lotte
15

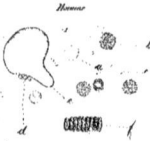

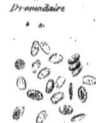

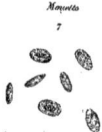

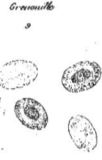

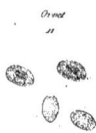

No. de Millimètre pour les figures de
1 - 20.

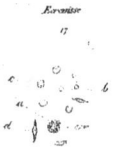

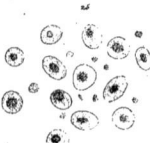

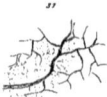

16

Ecrevisse
17

Escargot
18

Oryctès Nasicornus
19

Ver de terre
20

21

22

23

24

25

26

27

28

29

30

31

32

33

No. de millimètre pour les figures 21-31.

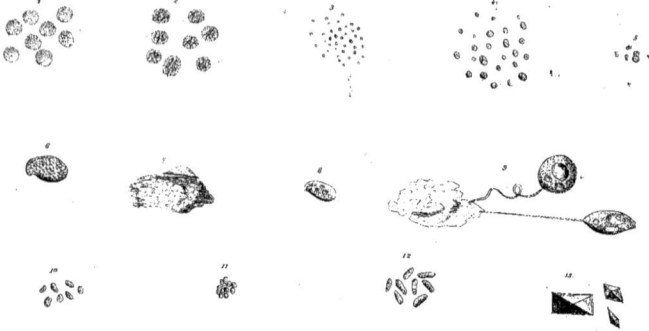

Gruithuisen. 1 — 13
1809.

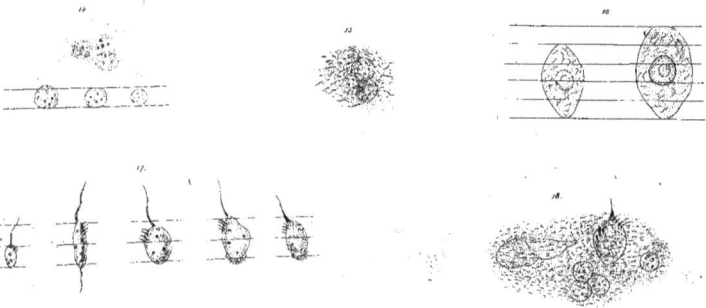

Donné. 14 — 18
1837.

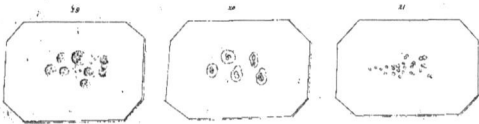

Gutterbock. 19 — 21
1837.

Vogel.
1838.

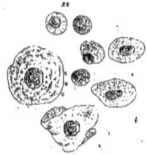

Henle. 22 — 26
1838.

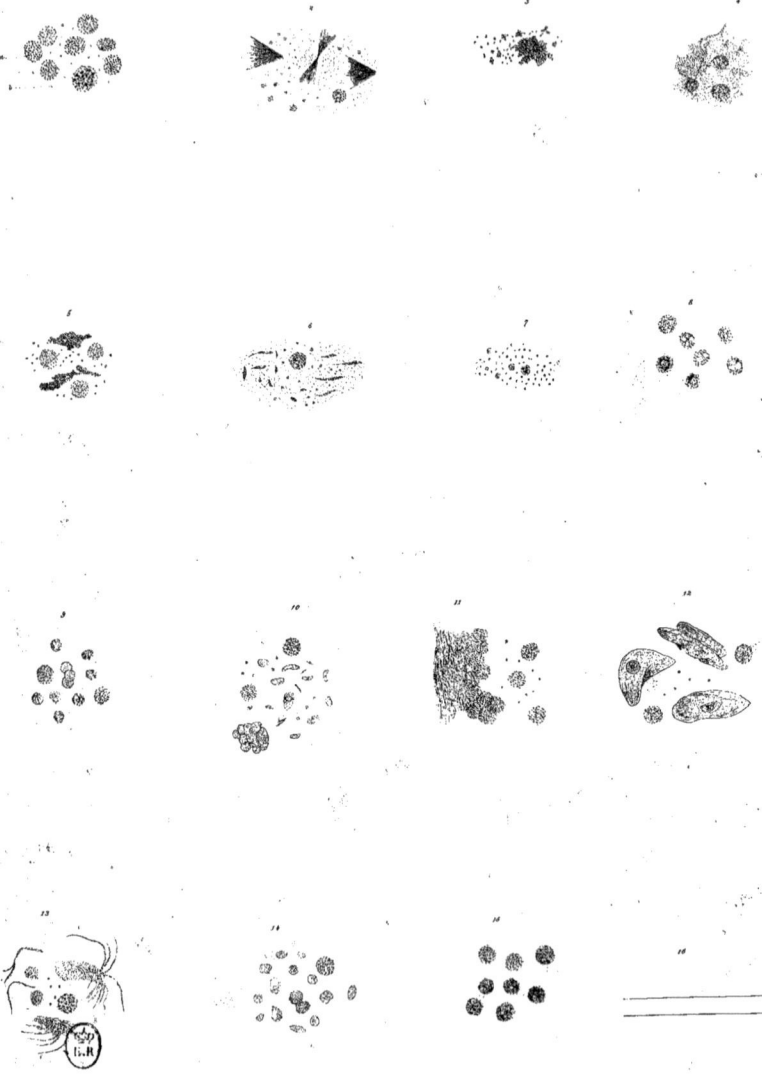

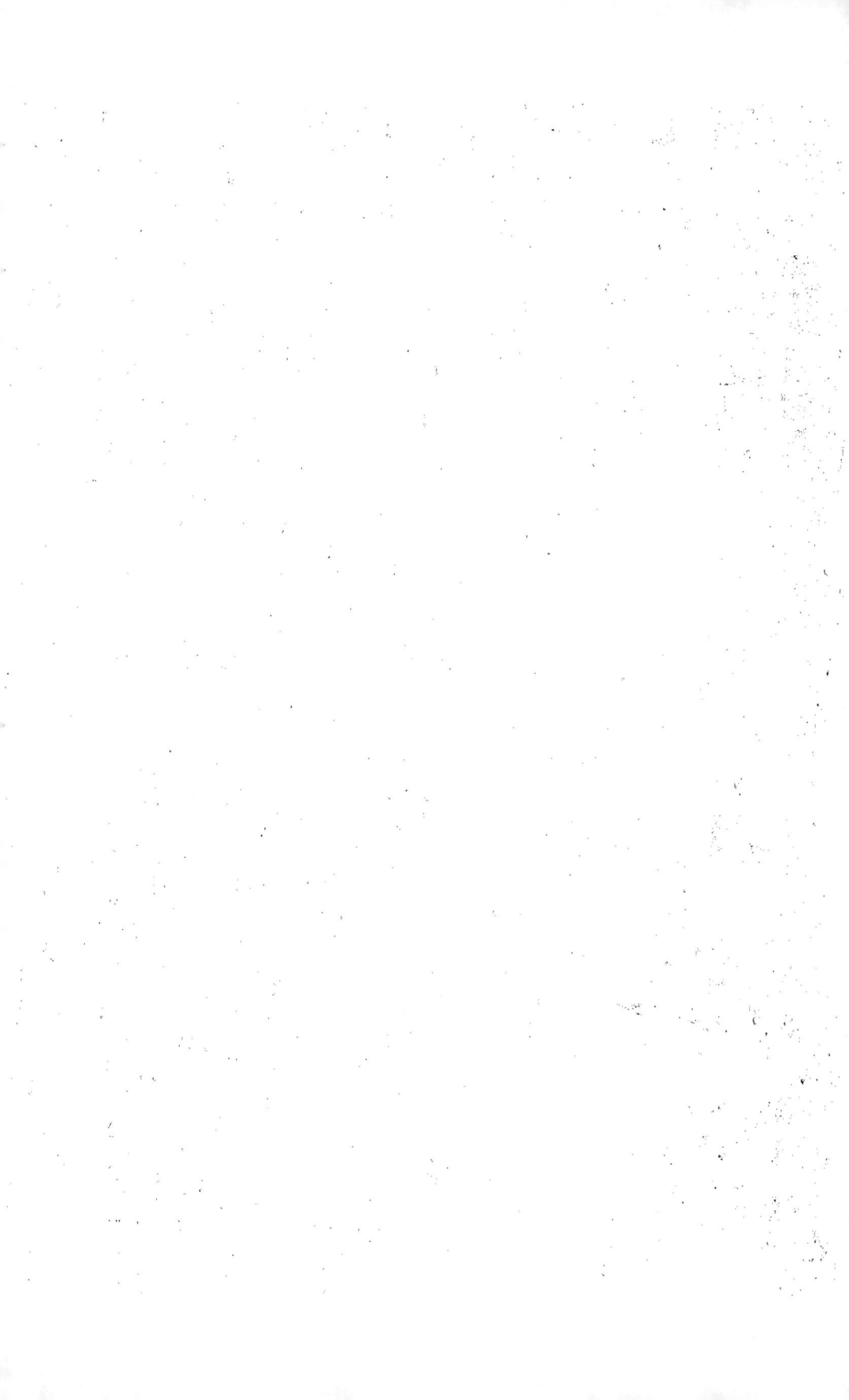

Pl. 3

Hooke 1.2.

Leeuwenhoek

Ledermüller

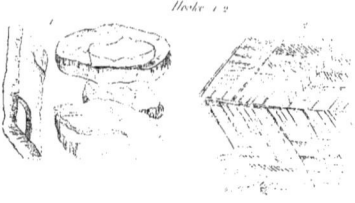
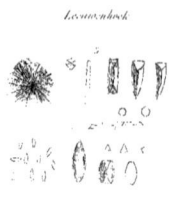

Vogla 3.4.

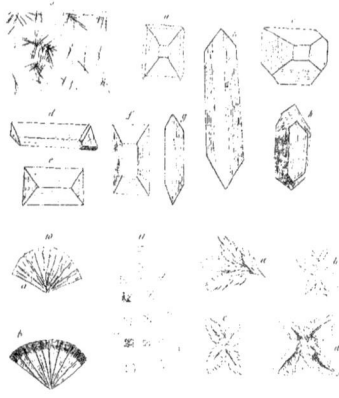

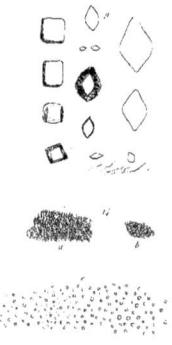

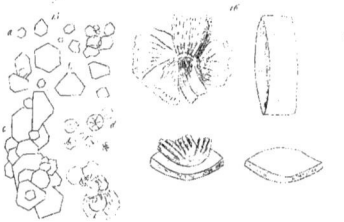
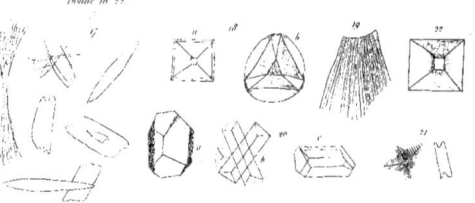

Mandl

Donne 16.22.

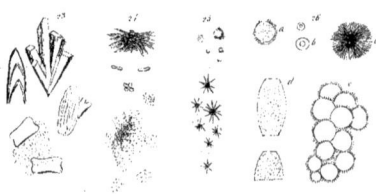
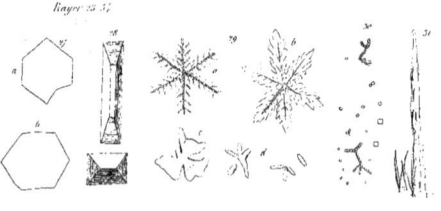

Bayer 23.34.

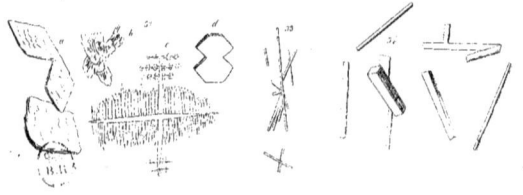

Leyel 35.36.

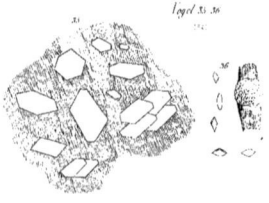

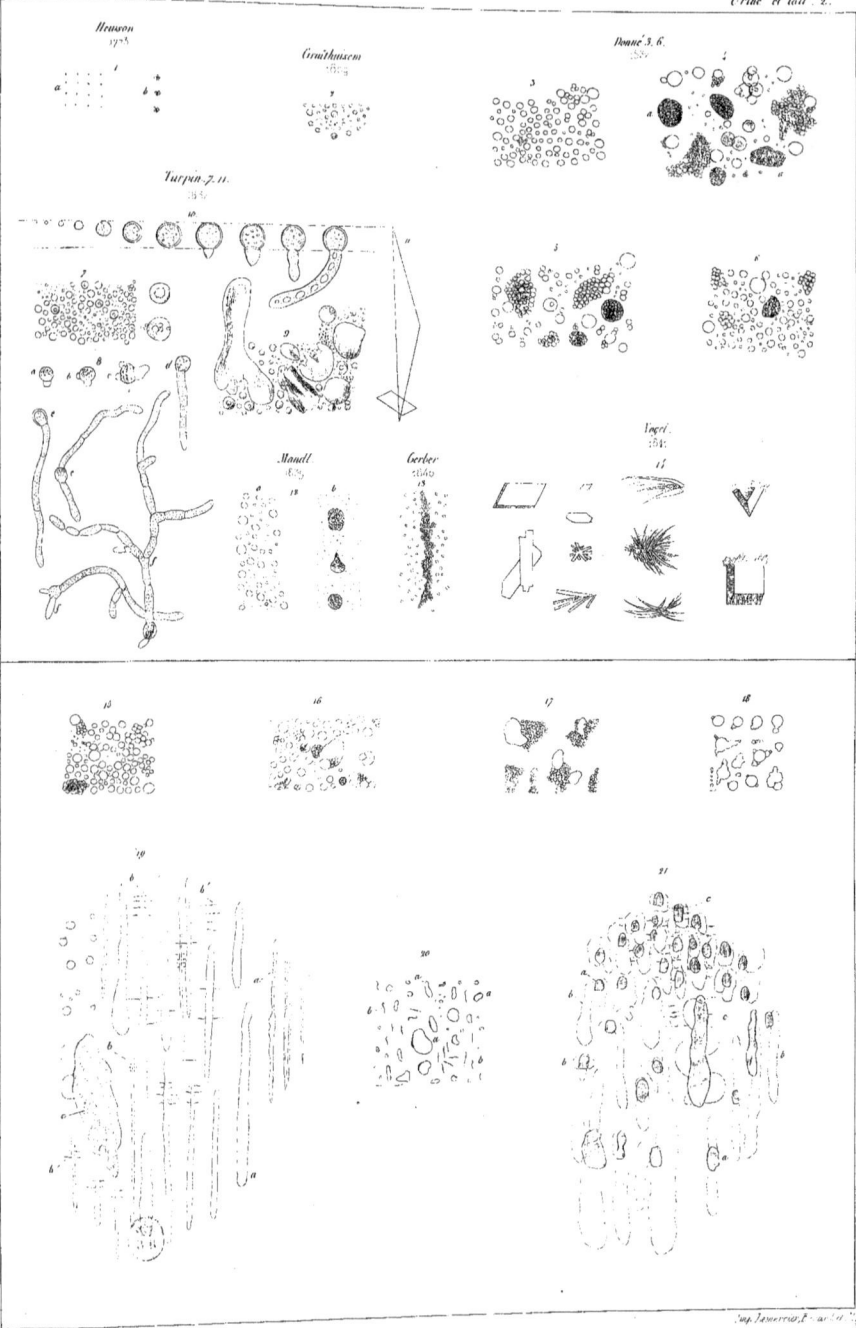

Heusson
1775

Gruithuisen
1809

Donné 3. 6.

Turpin. 7. 11.

Mandl

Gerber
1849

Engel
1841

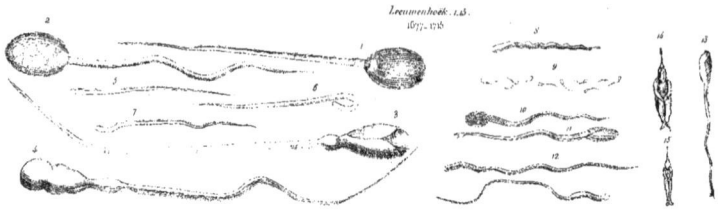

Leeuwenhoeck . 1.13 .
1677 - 1716

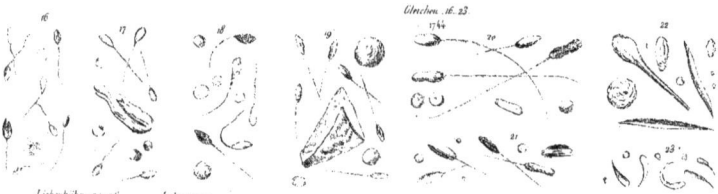

Gleichen . 16 . 23 .
1744

Lieberkühn 24 . 28'   Ledermüller   Prary . 30 . 53 . 1815
1715   1760.

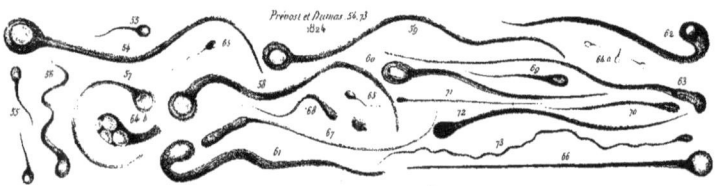

Prévost et Dumas . 54 . 73
1824

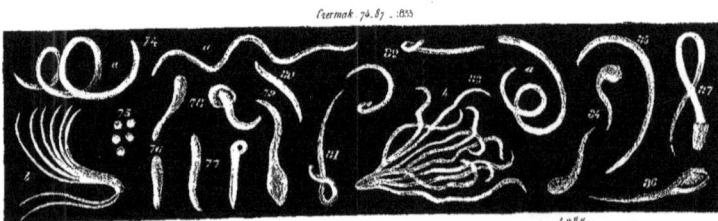

Czermak . 74 . 87 . 1833

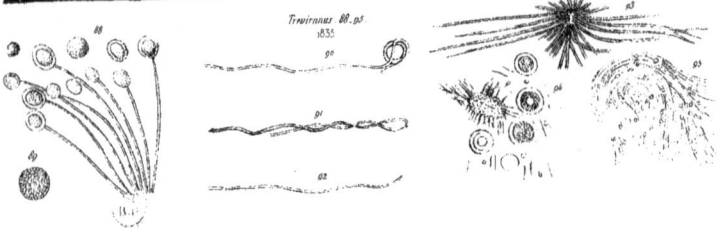

Treviranus . 88 . 93
1833

Hartmann scul.
Imp. Lemercier à Paris .

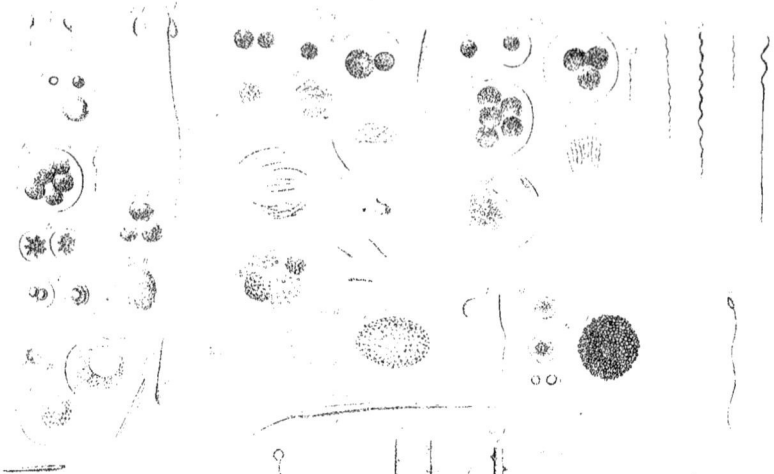

Dujre

Lallemant 19 22

Cillibes 23 28

Dujardin 29 49

Imp Lemercier. Paris.

www.ingramcontent.com/pod-product-compliance
Lightning Source LLC
Chambersburg PA
CBHW060841220326
41599CB00017B/2357